黑龙江省基层气象台站简史

黑龙江省气象局　编

气象出版社
China Meteorological Press

内容简介

本书全方位、多角度地反映了新中国成立60年来黑龙江省气象事业的发展变化，真实记录了全省各级（省级、地市级、区县级）气象事业的发展进程、机构历史沿革、气象业务发展、职工队伍建设、法制建设、文化建设、台站基本建设等情况，是一部具有留存价值的气象台站史料文献，同时也是一本进行气象台站史教育的教科书。

图书在版编目(CIP)数据

黑龙江省基层气象台站简史/黑龙江省气象局编. —北京：气象出版社，2010.2

ISBN 978-7-5029-4931-0

Ⅰ.①黑… Ⅱ.①黑… Ⅲ.①气象台-史料-黑龙江省②气象站-史料-黑龙江省 Ⅳ.①P411

中国版本图书馆CIP数据核字(2010)第022551号

Heilongjiangsheng Jiceng Qixiangtaizhan Jianshi

黑龙江省基层气象台站简史

黑龙江省气象局 编

出版发行：气象出版社

地　　址：北京市海淀区中关村南大街46号　　邮政编码：100081

总 编 室：010-68407112　　发 行 部：010-68409198

网　　址：http://www.cmp.cma.gov.cn　　E-mail：qxcbs@263.net

责任编辑：白凌燕　于建慧　　终　　审：汪勤模

封面设计：燕　彤　　责任技编：吴庭芳

印　　刷：北京中新伟业印刷有限公司

开　　本：787 mm×1092 mm　1/16　　印　　张：32.25

字　　数：830千字　　彩　　插：4

版　　次：2010年3月第1版　　印　　次：2010年3月第1次印刷

印　　数：1～2000　　定　　价：90.00元

《黑龙江省基层气象台站简史》编委会

主　任：杨卫东

副主任：尹福安　孙永罡　陈永生　邓树民

　　　　高玉中

委　员：王海林　单文庆　廉九月　阮丽萍

　　　　宋英华　何兴奎　涂　群　王志德

《黑龙江省基层气象台站简史》编写组

主　编：何兴奎

成　员：张广学　徐少先　赵秋红　袁　成

　　　　贾　然

总序

2009年是新中国成立60周年和中国气象局成立60周年，中国气象局组织编纂出版了全国气象部门基层气象台站简史，卷帙浩繁，资料丰富，是气象文化建设的重要成果，是一项有意义、有价值的工作，功在当代，利在千秋。

60年来，气象事业发展成就辉煌，基层气象台站面貌发生翻天覆地的变化。广大气象干部职工继承和弘扬艰苦创业、无私奉献，爱岗敬业、团结协作，严谨求实、崇尚科学，勇于改革、开拓创新的优良传统和作风，以自己的青春和智慧谱写出一曲曲事业发展的壮丽篇章，为中国特色气象事业发展建立了辉煌业绩，值得永载史册。

这次编纂基层气象台站简史，是建国以来气象部门最大规模的史鉴编纂活动，历史跨度长，涉及人物多，资料收集难度大，编纂时间紧。为加强对编纂工作的领导，中国气象局和各省（区、市）气象局均成立了编纂工作领导小组和办公室，制定了编纂大纲，举办了培训班，组织了研讨会。各省（区、市）气象局编纂办公室选调了有较高文字修养、有丰富经历的人员从事编纂工作。编纂人员全面系统地收集基层气象台站各个发展阶段的文字、图片和实物等基础资料，力求真实、客观地反映台站发展的历程和全貌。我谨向中国气象局负责这次编纂工作的孙先健同志及所有参与和支持这项工作的同志们表示衷心感谢。

知往鉴来，修史的目的是用史。基层气象台站史是一座丰富的宝库。每个气象台站的发展史，都留下了一代代气象工作者艰苦奋斗、爱岗敬业的足迹，他们高尚的精神和无私的奉献，将永远给我们以开拓进取的力量。书中记载的天气气候事件及气象灾害事例，是我们认识气象灾害规律、发展气象科学难得的宝贵财富。这套基层气象台站简史的出版，对于弘扬优良传统和作风，挖掘和总结历史经验，促进气象事业科学发展，必将发挥重要的指导和借鉴作用。

中国气象局党组书记、局长 郑国光

2009年10月

序

在庆祝新中国60华诞之际，编撰一本《黑龙江省基层气象台站简史》，记述60年黑龙江省气象事业从小到大、从弱到强，从落后到先进的发展历程，确实是可喜可贺的大事。

60年来，黑龙江省气象局编纂了两部《黑龙江省志·气象志》，第一部志书记述了1949—1985年的气象史，第二部志书编撰了1986—2005年的气象史。两部志书都是从宏观角度，记载全省气象事业发展的历史。而基层气象台站统一编撰60年发展史，还是第一次，这无疑是对全省《气象志》的重要补充，是非常必要的、重要的。

黑龙江省是全国解放最早的地区之一。人民气象事业创建起步较早。为了适应全国解放战争的需要，1949年1—9月，在日伪气象台站残留的旧址上，迅速建立了7个气象站。之后一批批经过培训的气象人，响应党的号召，从南方奔赴北疆，不畏严寒，艰苦奋斗，跋山涉水，克服重重困难，在荒凉的山区、原始的北大荒和人烟稀少的城郊，建起一批批气象台站，铸造了艰苦创业，敬业爱岗，无私奉献的气象人精神。人们不会忘记文化大革命的动乱年代，在社会上停产、停课"闹革命"的严重干扰下，广大基层气象人员坚守岗位，坚持工作，使宝贵的气象记录保持了连续性，照常制作发布每一份天气预报，经受住动乱的考验。改革开放的30年，是基层气象台站持续、快速发展的30年，是进入现代化建设的30年。广大气象人员以前所未有的政治热情，投身到改革开放、业务建设和气象服务之中。经过30年的发展，黑龙江省基层气象台站的面貌发生了历史性的巨变，全面实现了现代化。气象探测以自动化取代了手工劳动，并拓展了监测领域；气象预报进入自动化、客观化、精细化、人性化发展阶段；气象信息实现了卫星通信和地面网络通信的高速传输；气象服务深入到社会经济各个领域，服务能力和服务效益极大提高；台站基础设施得到根本性改善，工作生活环境焕然一新，多数达到当地一流水平。

《黑龙江省基层气象台站简史》具有存史、咨政、育人的重要价值，是进行爱国主义、改革开放教育和艰苦奋斗光荣传统教育的重要素材。读史可明智，我相信一定会促进黑龙江省气象事业的科学发展，推进基层台站各方面的建设。

向参与编撰和支持编纂《黑龙江省基层气象台站简史》的各级领导和同志们表示衷心感谢！

黑龙江省气象局党组书记、局长　杨卫东

2009 年 10 月

吕维峰副省长（左二）在人影指挥中心检查指导工作

时任中国气象局副局长郑国光（前左二）在哈尔滨市宾县气象局调研（2006年1月23日）

中国气象局副局长许小峰（左二）视察大兴安岭地区漠河县气象局（2008年）

中国气象局副局长王守荣（中）到牡丹江市气象局视察工作（2007年）

中纪委驻中国气象局纪检组组长孙先健（右三）视察佳木斯市气象局（2008年）

原中国气象局副局长李黄视察佳木斯市气象局时题词

荷兰风能专家在佳木斯市气象局进行风能考察

中外气象专家考察扎龙湿地

中外气象专家考察杜蒙境内湿地

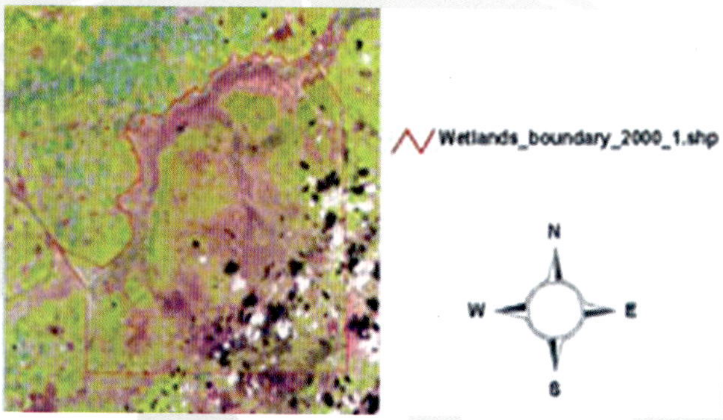

洪河湿地遥感监测图——2001年9月9日TM资料

扎龙保护区遥感影像图

洪河保护区遥感影像图

中外气象专家在黑龙江省考察湿地

黑龙江省沙尘暴监测服务产品

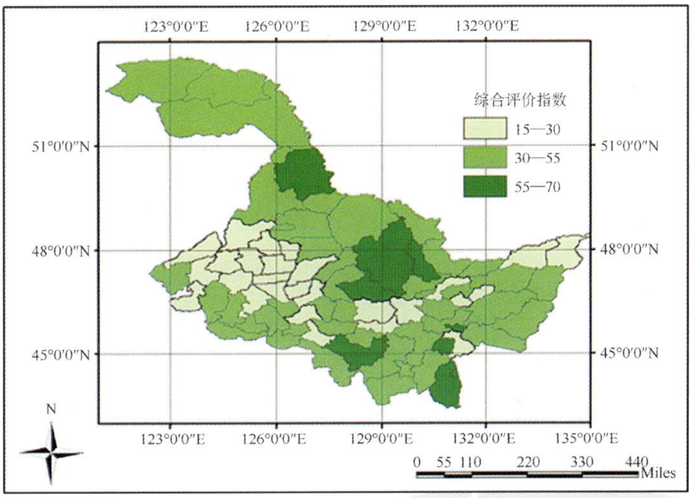

黑龙江省生态质量气象评价监测服务产品

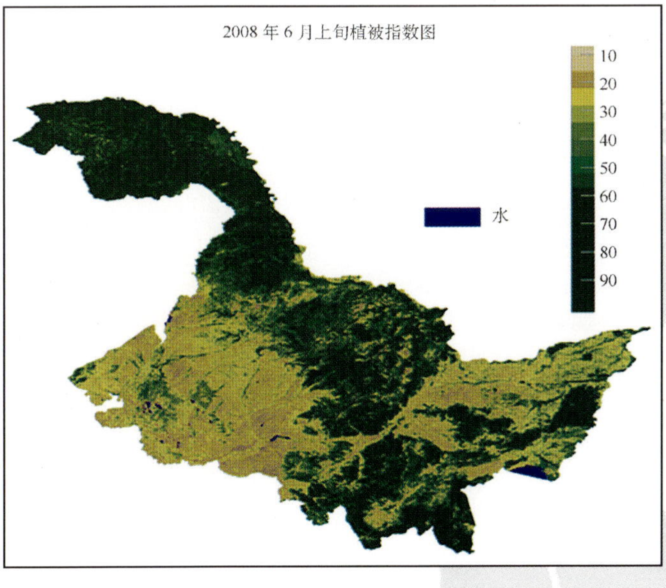

黑龙江省植被指数监测服务产品

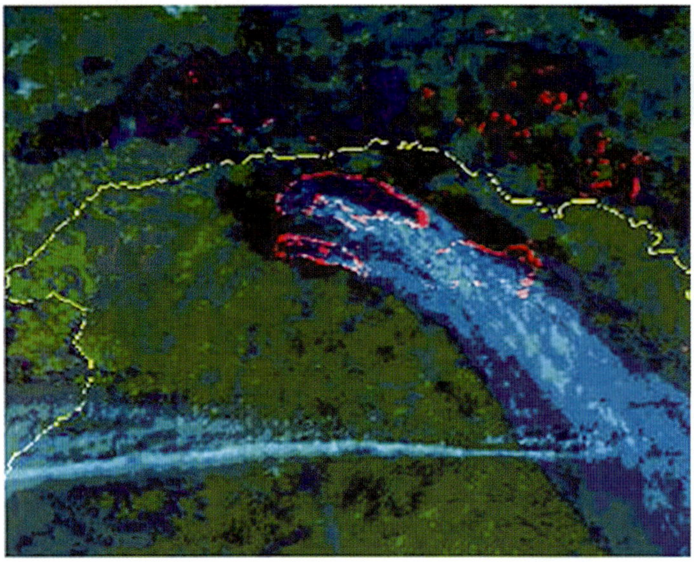

1987年大兴安岭森林
火灾火场监测图

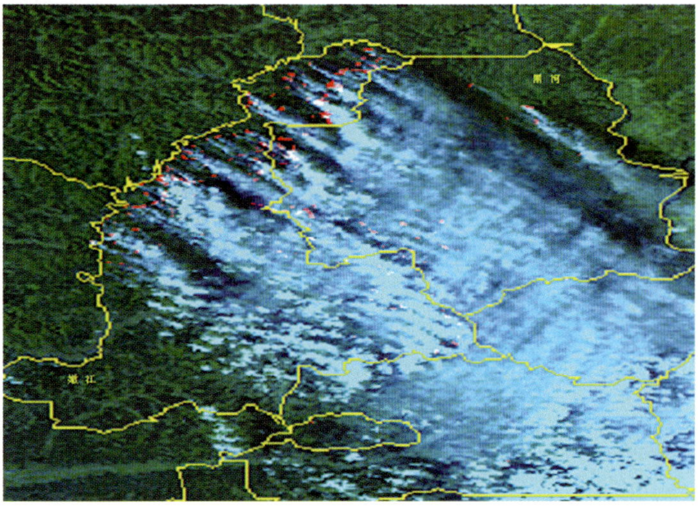

2004年10月13日黑河地区
火场监测图

佳木斯地面卫星站接收的
第1幅FY3A卫星云图

拖车式火箭

火箭人工增雪

大兴安岭地区气象局新一代天气雷达楼

佳木斯市气象局新一代天气雷达楼

哈尔滨江北气象灾害监测预警基地

牡丹江市气象局新一代天气雷达楼

齐齐哈尔市气象局新一代天气雷达楼

目 录

黑龙江省气象台站概况

黑龙江省位于祖国东北部，幅员面积 45.48 平方千米。北部、中部为山地，东北部为三江平原，西南部为松嫩平原，为世界三大黑土带之一。耕地面积和育林面积均居全国各省之首。境内有松花江、黑龙江等四大水系。共有 13 个市(地区)、市地辖区 69 个、县级市 14 个、县 46 个。

天气气候特点

黑龙江省属温带、寒温带大陆性季风气候。冬季寒冷漫长，夏季雨热同季，春秋气候多变。全省年平均气温－4℃至 5℃之间，大部地区全年有 5 个月的平均气温在 0℃以下，极端最低气温达－52.3℃(漠河)。年平均降水量在 400～650 毫米，分布趋势为东多西少，中部山区最多，年雨量常达 650 毫米以上。全省无霜期在 100～160 天。受季风气候影响，黑龙江省气候资源较为丰富。光照时间长，全省年光照时数为 2400～2800 小时。光能主要集中在农作物生长期。夏季雨量集中，4—9 月农作物生长季降水量占全年雨量 85%～95%，高温高湿，水热同季，有利于农作物生长。风能资源分布广泛，平原河谷地区丰富，年有效风速时数为 4700～5400 小时，有利于发展风电产业。冬季漫长，冰雪资源十分丰富，具有发展冰雪旅游的巨大潜力。

随着全球气候变暖，20 世纪 80 年代以来，黑龙江省呈现明显增暖趋势，是全国明显变暖的地区之一。与 1949—1979 年比，冬季变暖最为明显，平均气温升高 1.5℃以上；春季气温也明显升高，增温 1℃左右，终霜提前；夏季低温冷害减少，气温小幅度升高。1978 年完成的农业气候区划，对全省划分了 5 条积温带，到 21 世纪初，各积温带均已北移 0.5～1.0 纬度。热量条件的改善，有利于发展喜温高产的水稻、玉米等作物，为黑龙江省粮食持续增产提供了十分有利的条件。

主要气象灾害

黑龙江省是气象灾害多发省份之一，主要有干旱、洪涝、低温冷害、霜冻、冰雹、大风和暴雪等。20 世纪 80 年代前，夏季低温冷害频发，平均 2～3 年出现一次，是粮食作物大幅度减产的主要因素。1970 年以后，干旱几率增加，洪涝灾害加重。春季全省大部分地区少雨，松嫩平原西南部“十年九旱”，2000 年以来经常出现春夏连旱，影响农业生产。北部林区由于少雨，春秋两季火险等级偏高，经常发生森林火灾。1987 年 5 月 6 日大兴安岭特大森林火灾，2000 年以来的几次重大、特大森林火灾都发生在少雨干旱背景下。6—8 月大范围暴雨和局地暴雨，常造成江河水位暴涨，引发洪水、山洪等灾害。如 1957 年、1998 年松花江都发生超历史记录的特大洪水，给人民生命财产造成重大损失。此外，霜冻、冰雹、大风等气象灾害时有发生，对农业生产造成一定危害。冬半年的大到暴雪对交通运输影响较大。

所辖台站概况

黑龙江省气象事业从 1949 年创建起，在中国气象局、省委省政府的领导下，60 年来从小到大，由弱到强，不断发展。目前，已建成覆盖全省的现代化气象监测网和遍布各市县的公共气象服务体系及气象防灾体系。气象服务领域空前扩大，气象服务的社会经济效益显著提高。

机构历史沿革　黑龙江省气象观测历史较长。1898 年沙皇俄国在中国东北修建中东铁路时，在哈尔滨建立第一个测候所。之后又在黑龙江地区先后建立 9 个测候所。日俄战争后，1928 年日本关东厅在齐齐哈尔设立观象所。1932 年起，伪满洲国中央观象台先后建立 32 个观象台(所)，直至 1945 年 8 月停止工作。

1948 年东北解放后，东北军区司令部在黑龙江省地区创建气象台站。1949 年 1 月至 9 月，在残留的气象站旧址上，建立了哈尔滨、齐齐哈尔、牡丹江、佳木斯、嫩江、鸡西、克山 7 个气象站。1953 年后，特别是开发三江平原、松嫩平原，建设大型农场、林场的需要，加快了气象站建设的步伐。到 1959 年全省已建 112 个气象台(站)。1960 年底根据中央气象局的部署，将建在农场、林场以及民航部门的 44 个气象站移交给所在专业部门。之后，根据国家开发大兴安岭等需要，到 1970 年又新建 16 个气象台(站)。至此，国家气象台站网覆盖了全省各市、县(区)。

由于大型国营农场和林业生产的需要，从 1961 年起，黑龙江农垦总局、森林工业总局在接收省气象局移交的部分气象站的基础上，陆续新建了一批气象台(站)。到 2008 年底，全省农垦、森工、监狱和民航系统共有 148 个气象台(站)，这些台(站)多分布在三江平原、松嫩平原北部和大小兴安岭等山区，填补了国家气象站网的空白。

新中国成立以来，黑龙江省气象领导体制多次变动。1949—1953 年属军队建制，由东北军区司令部气象处黑龙江省、松江省军事部气象科领导。1953 年 8 月 1 日气象台站转为各地政府建制，划归省农林水利厅领导。1954 年 8 月两省合并后，气象科划归黑龙江省财经委员会领导，直接管理基层气象台站。1955 年 2 月 22 日省气象局成立。1958 年 8 月气象管理体制下放，实行以地方政府为主的双重领导体制，省气象局并入省水利厅，成立气象水文局(副厅级)。1962 年 5 月，经省人民委员会批准，气象台(站)实行省气象局为主与地方政府的双重领导体制。1963 年 12 月省气象局独立。1968 年 8 月“文化大革命”期间，省气象局撤销，气象台(站)实行地方为主的管理体制。1971 年 3 月省气象局恢复建制，全省气象部门实行以省军区为主与省革命委员会的双重领导体制。1973 年 7 月全省气象部门移交地方政府领导。1980 年 2 月基层气象台(站)实行省气象局为主与地方政府的双重领导。1983 年 2 月省气象局实行中央气象局为主与省人民政府的双重领导，一直延续至今。

全省市(地)气象管理机构逐步健全。1985 年全省建立了 8 个地(市)气象局，其中，4 个局一度对 16 个市、县站，实行跨行政区管理，双重领导体制管理不顺。从 1989 年起，陆续在 4 个市建立气象局(台)，将该行政区内的县站划归其管理。1997 年经省编委和中国气象局批准，大庆市政府建制的气象台改称气象局，实行以市政府为主的双重领导，对其行政区内所属的 4 个县气象站改以大庆市气象局为主与县政府的双重领导，全市气象部门实行“一市两制”。至此，13 个市(地)全部建立了气象局，彻底理顺了基层台站的领导关系。

机构设置 2008 年底，全省设有省气象局，省气象局直属事业单位有：省气象台、省气象科学研究所(省农业气象中心)、省气候中心(省气象档案馆)、省大气探测技术保障中心(省气象计量鉴定所)、省人工影响天气办公室、省气象科技服务中心(省气象影视宣传中心、防雷中心)、省后勤保障中心、五常龙凤山大气本底污染监测站(副处级)、佳木斯气象卫星地面站(副处级)。各市(地)全部(13 个)设有市(地)气象局(台)，71 个县(市、区)设有气象局(站)。

人员状况 全省气象部门现有人员 1795 人。其中，硕士研究生学历 70 人、本科学历 824 人、大专学历 502 人、中专及以下学历 399 人，研究员 3 人、副高级技术职称 164 人、中级技术职称 821 人、初级技术职称 559 人。

法规与气象行政管理 目前实行的地方气象法规、规章主要有《黑龙江省气象台观测环境保护规定》、《黑龙江省人工增雨防雹管理条例》、《黑龙江省实施〈中华人民共和国气象法〉办法》、《黑龙江省气象灾害防御条例》及《哈尔滨市人工增雨防雹管理条例》。省、市、县政府还制发了有关天气预报发布归口管理、探测环境保护、人工影响天气、雷电防护管理等方面的规范性文件。为了加强气象行政管理和执法工作，省、市(地)气象局建立了法制工作机构，各级气象部门建立了人工影响天气办公室和雷电防护管理办公室，履行行政管理职能。经培训考核，全省气象部门已建立一支有 324 人持证上岗的气象执法队伍，加强了探测环境保护执法及雷电防护和施放气球管理工作。针对非气象部门气象台站多的情况，从 1991 年起，开始实施气象行业管理工作。省、市(地)气象局对本行政区内的专业台站加强业务指导、监督和服务，促进了专业台站气象观测标准化、现代化建设和业务水平的提高。

主要业务范围

从 1949 年 1 月创建气象台站起，60 年来随着国家发展强盛和科学技术进步，黑龙江省已经建立起集地面、高空、太空，立体、多点、多项、比较现代化的综合气象观测系统。

1. 全省业务开展情况

地面气象观测 全省共有国家地面气象观测站 83 个。其中，基准气象站 8 个，基本气象站 27 个，一般气象站 48 个。从 2006 年起，各站全部改以自动气象站监测为主，观测数据传输实现了自动化。另外，农垦、森工、监狱、民航等部门的 147 个气象站，同时开展地面气象观测，并有 80%的专业台站建成自动气象站，与国家气象部门实现了资料共享。2008 年全省地面气象监测网共由 230 个气象站和建在乡镇、林区的 875 个加密雨量、温度自动站组成，监测能力大幅度提高。

高空气象探测 从20世纪50年代起，开展高空气象探测。目前，全省有4个高空气象探测站。其中，一级探空站1个（哈尔滨），二级探空站3个（齐齐哈尔、嫩江、伊春）。2008年，全部改用L波段二次测风雷达探测高空风，实现了自动化操作。

太阳辐射观测 1959年9月省气象台开始进行太阳辐射观测，到2008年全省有5个台站开展此项业务。其中，一级站2个、二级站1个、三级站2个。

天气雷达探测 从1973年省气象台开始使用711天气雷达起，陆续在市（地区）气象台增配天气雷达，并逐步换型。到2008年底，全省已有新一代天气雷达站5个，711、713、718型数字化天气雷达站6个。另外，农垦系统气象台站设有新一代天气雷达1部、711型天气雷达7部，开展季节性探测。全省气象台站通过网络可接收新一代天气雷达实时监测资料。

极轨气象卫星遥感资料接收处理 1989年大兴安岭气象台为加强林火监测，建立了极轨气象卫星遥感资料接收处理系统。之后，黑龙江省气象台、伊春及哈尔滨等市气象台建立该系统。2008年底，省、市气象台共有5部极轨气象卫星遥感资料接收处理系统，用于林火、干旱、植被、洪水、积雪等监测。2008年佳木斯气象卫星地面站建成，负责遥感资料接收传输等工作。

雷电监测 2005年起大兴安岭地区率先建立雷电监测站，到2006年全省建成了由22个闪电定位站组成的雷电监测网。在黑龙江省气象台、大兴安岭地区气象台建立了雷电监测资料处理中心。

大气化学观测 20世纪60年代初，黑龙江省气象台开展酸雨观测，目前全省有15个台站承担此项任务，其中，一级酸雨站7个、二级酸雨站8个。1991年五常龙凤山大气本底污染监测站建立后，开展了大气成分、大气化学监测，目前观测项目已增至6大项，30多小项，为评估全球大气状况提供资料。2004年省、市（地）气象台全部开展太阳紫外线观测，在哈尔滨等7个油田、煤城气象台配置了干湿沉降观测仪器。

农林等生态气象观测 从20世纪50年代后期起，14个台站开展农业气象观测。到2008年全省已有1个一级（哈尔滨）、1个二级（佳木斯）农业气象试验站；一个一级林业气象试验站（五营）；21个一级、9个二级农业气象观测站。农业气象观测作物主要有玉米、大豆、水稻、小麦及马铃薯等。从2003年起有6个站增加牧草物候观测，5个站增加森林可燃物观测。五营林业气象试验站观测林内小气候、红松及落叶松等林木物候，2005年起增加碳通量、森林边界层等观测任务。2002以后，在齐齐哈尔扎龙湿地保护区，大兴安岭洛古河、南瓮河生态保护区建立湿地生态监测站，开展生态气象观测。

区域雨量、温度加密观测 经过2年建设，到2007年全省已在乡镇、市区、林场等地建成875个两至六要素加密自动监测站，自动上传监测数据，补充监测空白。由于与水利等部门实现了雨情资料共享，全省区域雨量网点已达2000多个。

风力资源观测 2006年后，已在11个地区建成100米高测风塔3个、70米高测风塔20个，进行低空风梯度观测，为风电场选址提供依据。

气象监测站网 国家气象部门设有地面气象观测站83个、高空探测站4个、新一代天气雷达站5个、常规数字化天气雷达站6个、农林气象站33个、气象卫星地面站1个、大气本底污染监测站1个、酸雨监测站15个、雷电监测站22个、太阳辐射监测站5个、极轨卫星资料接收站5个、风力资源观测站23个、区域雨量温度自动监测站875个。另有,省农垦总局、森工总局和民航等系统气象台站148个。2006年以后,气象部门各台站和80%的农垦、森工等系统专业台站,均以自动气象站为主进行地面观测,并实现资料汇交与共享。

2. 基层台站业务情况

黑龙江省基层台站的业务工作,从初期的气象观测,已逐步发展为天气预报、农业气象、气象服务、人工影响天气和雷电防护等多项业务,组成了由省气象台、13个市(地区)气象台、71个县(市、区)气象站的公共气象服务体系。

天气预报业务 目前各级台站均采用气象卫星综合应用系统接收各种天气图表、卫星云图等资料,应用数值预报产品、新一代天气雷达实时资料、可视化天气会商及上级台的指导预报,制作短时和临近天气预报、短期和中期天气预报及气候预测。短期天气预报除常规项目外,普遍增加了群众生活指数、健康指数、地质灾害、森林城镇火险等级、灾害天气预警信号、旅游景点和公路沿线天气等多种预报内容。县级气象站制作发布各乡镇的天气预报。短期天气预报正向人性化、多样化、精细化发展。中期预报一般制作发布旬天气预报、3～5天重要天气预报以及节假日和一周天气预报。短期气候预测,一般制作发布年度、各季、月的天气趋势预测、春秋两季防火期森林火险趋势预测。

农业气象业务 农区气象台站普遍开展了农业气象年景分析预测,旱涝、低温等灾害对农作物影响的分析及预测。各级台站围绕春播、夏季田间管理、麦收、秋收等开展15项系列化情报、预报服务。1995年以来,根据气候变暖的新情况,普遍开展了农业气候资源调整和区划细化工作,为农作物结构调整提供科学依据。

人工影响天气业务 从20世纪70年代起,开展人工增雨防雹作业,到2008年,全省97%的国家气象台站建立了人影组织机构,开展此项业务。省级开展飞机人工增雨抗旱和森林灭火作业。同时,农垦系统80多个农场开展人工影响天气作业。2008年全省共有作业高炮836门、火箭发射架252部,人工增雨作业影响面积9万多平方千米。人工增雨防雹作业在缓和旱情、扑灭森林火灾、减轻雹灾、保护生态环境、促进农业丰收中发挥了积极作用。

雷电防护管理业务 1999年防雷管理划归气象部门后,各台站成立了相应机构,开展防雷装置检测、安装等业务。24个台站的防雷技术服务机构取得甲、乙、丙级防雷工程设计施工资质,开展防雷工程设计与施工服务。雷电防护管理普遍开展起来,认真开展对新、改、扩建工程防雷图纸的审核及防雷工程验收工作。

信息网络 各台站均建成以卫星通信为主,地面宽带专用广域网相结合的气象信息网络及台站内部的微机局域网,实现了各种业务、行政信息的快速传输和内部资源共享。各级台站全部建成电视电话天气预报会商(会议)系统。全省乡镇、村建立了7500人的气象信息员队伍,协助传播预报预警信息,收集上报灾情。87个农垦、民航系统等气象台站实现了与国家气象信息网络连通,其中85个专业气象站向省气象网络中心传递自动站的实时观测数据,实现了资料汇交。

60年来,基层气象台站的工作、生活条件不断改善。特别是从20世纪90年代以来,经过两轮台站基础设施改善，台站面貌发生了巨大变化，多数台站的办公环境达到了当地一流水平。

3. 气象服务情况

各级气象台(站)均开展公众气象服务、决策气象服务和专业专项服务。在公众气象服务中，以防灾减灾和农业生产为重点，公开发布短时、临近天气预报和预警信号、森林城镇火险等级预报、道路冰雪预报、地质灾害预报以及人性化的短期天气预报。中期天气预报和短期气候预测主要围绕农业生产、防汛、抗旱、森林防火等制作系列化预报和情报，为党政领导提供决策服务。气象服务在电视、广播、印发材料等常规手段的基础上，普遍增加了网络服务、手机气象短信和电子屏幕等服务方式。针对气候变暖的新情况，省、市(地)气象部门开展了热量资源调查及对农业生产影响的分析，对种植结构调整提出了科学建议。多年来，气象服务在防灾抗灾和促进社会经济发展上，取得了显著成绩，特别在1987年5月6日大兴安岭特大森林火灾等多次扑火斗争中，在1957年、1964年、1998年松花江大洪水等江河抗洪抢险中，在充分利用变暖的热量资源，促进粮食持续增产中，气象部门都作出了突出贡献，受到各级领导的充分肯定和高度赞扬。

哈尔滨市气象台站概况

哈尔滨市地处黑龙江省南部，现辖 8 区 7 县 3 市，总面积为 5.3068 万平方千米，市区面积为 7086 平方千米，总人口为 989 万。

哈尔滨市属中温带大陆性季风气候，冬季漫长寒冷，夏季短暂炎热，春、秋季气温升降变化快。年平均气温 3.3℃，年平均降水量为 578 毫米。

气象工作基本情况

始建情况 1898 年 5 月 8 日，沙俄中东铁路局在哈尔滨建立气象观测所，同年 6 月 9 日开始观测。1909—1939 年间，沙俄中东铁路局曾在尚志、依兰、一面坡、通河建有气象观测站。1935 年 8 月伪满洲国中央气象台在哈尔滨建立观象台，一直工作到 1945 年 8 月。新中国成立后，现辖的气象站中，尚志气象站建于 1952 年，1992 年定为国家基准气候站。通河气象站建于 1952 年、依兰气象站建于 1958 年，为国家基本气象站。双城气象站始建于 1956 年，2007 年定为国家基本气象站。呼兰气象站建于 1949 年，五常、木兰气象站始建于 1957 年，延寿、宾县气象站始建于 1958 年，巴彦、方正气象站始建于 1959 年，均属国家一般气象站。

哈尔滨气象台于 1949 年 1 月 1 日恢复工作，1955 年 6 月更名为黑龙江省气象台。1958 年成立哈尔滨气象水文总站，1963 年成立哈尔滨地区气象台，1965 年 7 月改称松花江地区气象台，哈尔滨市无气象机构。1989 年 2 月，成立哈尔滨市气象管理处，1992 年 8 月，成立了挂靠市农委的哈尔滨市气象局（二级局）。1997 年 1 月 1 日，原松花江地区气象局（台）和原哈尔滨市气象局合并，组建新的哈尔滨市气象局。1998 年，哈尔滨市气象局升格市政府所属一级局（副厅级），1999 年 3 月 18 日，哈尔滨市气象台挂牌成立，正式对外发布哈尔滨市天气预报。

领导体制 1949 年由东北军区司令部气象处领导。1954 年转为地方建制。1955 年至 1970 年，实行气象部门领导为主、地方政府领导为主的体制变动 3 次。1971 年实行军事部门与地方政府双重领导、以军队为主的管理体制。1973 年实行地方政府与气象部门双重领导、以地方为主的管理体制。1980 年实行以省气象局和地方政府双重领导、以省气象局为主的管理体制，一直延续至今。

人员状况 1998年全市气象部门定编185人，其中市气象局60人（省气象编制54人，市政府事业编制6人）；县（市）气象局125人。2008年在编职工180人，其中市气象局65人，县（市）气象局115人。本科以上学历78人、大专学历57人，高级职称17人、中级职称102人。

主要业务范围

地面气象观测 全市有地面气象观测站12个，其中1个国家基准气候观测站，3个国家基本气象站，8个国家一般气象站。区域自动气象站197个，其中两要素站154个，三要素站30个，四要素站8个，五要素站3个，六要素站2个。

国家一般气象观测站承担全国统一观测项目任务，观测内容包括：云、能见度、天气现象、气压、气温、湿度、风、降水、雪深、日照、蒸发（小型）和地温。每天08、14、20时3次定时观测并向省气象信息中心拍发天气加密电报。

尚志国家基准气候观测站，每天进行24次定时观测并拍发4次天气电报和4次补充天气报告。通河、依兰、双城国家基本气象观测站，每天进行02、08、14、20时（北京时）4次定时观测，并拍发天气电报，进行05、11、17、23时补充定时观测，拍发补充天气报告。尚志、通河、依兰站增加电线积冰厚度与重量观测和E-601大型蒸发观测。通河站是全球气象情报交换站，担负国际气候月报交换任务。尚志、通河、五常3个站承担航空危险天气发报任务。

2003年各站开始建设地面自动观测站，改变了人工观测的历史，实现了地面气压、气温、湿度、风向风速、降水、地温（包括地表、浅层和深层）自动记录。2007年全市完成了197个区域自动气象站建设。基层台站的气象资料全部按时按规定上交到省气象档案馆。

2007—2008年在通河、呼兰、双城和哈尔滨市建立测风塔。

可提供风能项目使用的测风塔位置及建塔时间

序号	测风塔名称	纬度	经度	海拔高度（米）	建塔时间（年月日）
1	通河县三站乡（70米）	46°03′392″	128°52′958″	160	2007年1月24日
2	通河县祥顺镇（50米）	46°04′172″	129°02′328″	145	2007年1月24日
3	呼兰县杨林	46°01′31″	127°07′48″	124	2008年5月4日
4	双城测风塔	45°37′42″	126°02′06″	120	2008年8月24日
5	道外区	45°53′03″	126°46′35″	143	2008年5月10日

气象预报服务 哈尔滨各站的天气预报业务，从人工绘制天气图制作预报，发展到现在的由卫星云图、雷达探测、数值预报和计算机自动化平台相结合的综合天气预报业务体系。

1999年市气象局建立了VSAT小站，2000年12个县站建成PC-VSAT单收站。每天接收国家气象中心发出的各种实时气象数据，气象产品，卫星云图和可视图文、图像等信息，提高了气象数据的时效性和天气预报的准确性。

气象服务从单一的公众服务发展到现在的决策服务、公众服务、专业专项服务等全方位、多层次的服务体系，气象服务的总体效益有了显著提高，在为国民经济建设和保障人民生命财产安全中发挥了重要作用。

气象信息网络 1986年底，建成甚高频电话网，用于天气会商，收集雨情、指挥人工增雨防雹作业。1990年起各县站建立气象警报网，乡镇、村布设气象警报接收机471部，全区建立雨量网点87个，同年，在宾县建立甚高频(VHF)差转台。提高了无线通话能力。1994年在市局开通与县站的甚高频电话通讯系统。1995年，市气象局建立NOVELL网络。

1998年建成市气象台与12县气象站"169"网微机终端，检修了高山差转台，更换了差转机，保障了市台与县站的无线电话通讯，建立了与市委、市政府的微机联网终端。

1999年建立了气象卫星通信网，市级小站以及12个县级单收站，组成了卫星通信专用网。2000年建立了12县(市)局分组数据交换网和微机局域网。2002年建成哈尔滨市农业气候监测信息网(乡镇自动温度雨量监测网)，开始安装哈尔滨华良公司"RT"自动监测设备。2004年9月开始安装多要素区域自动站。2005年建立了省—市—县三级可视化天气会商系统，提高了天气预报质量和市台对县站的指导水平。

人工影响天气 从20世纪70年代采用土炮防雹起，人工影响天气作业已发展到利用气象卫星、多普勒天气雷达等探测手段监测降雨和冰雹云团，使用增雨防雹火箭与"三七"高炮相结合作业的新局面。2002年由市县两级政府投资购置了12部车载火箭。现在全市有4区10县(市)开展人工影响天气工作，拥有人工增雨防雹"三七"高炮127门，车载火箭架12部，牵引式火箭发射架15部，作业炮手和火箭手达500余人，作业惠及90余个乡镇，年均受益农田1400余万亩①，经济效益达2亿元以上。

哈尔滨市气象局

机构历史沿革

1. 始建情况

1898年5月8日，沙俄中东铁路局在哈尔滨建立气象观测所，同年6月9日开始观测。1935年8月伪满洲国中央气象台在哈尔滨建立观象台，一直工作到1945年。

东北全境解放后，1949年1月1日哈尔滨气象台在旧址上重建，根据中国气象局一地不设两站(台)的规定，1955年6月哈尔滨气象台更名为黑龙江省气象台，哈尔滨市气象观测、预报业务工作由省气象台承担。1958年12月哈尔滨市建立了气象管理机构，设在哈尔滨气象水文总站(道里区地段街哈尔滨水文站)，负责哈尔滨所辖各县的气象站管理任

① 1亩=1/15公顷，下同。

务。1963年10月，哈尔滨地区气象台(科级)正式成立，办公地点在省气象台大楼内，开展哈尔滨地区预报服务工作。

1965年7月，哈尔滨市变省直辖市。所辖8个县划归松花江地区行署，哈尔滨地区气象台更名为松花江地区气象台，哈尔滨市无气象机构，气象预报服务工作由省气象台负责。1973年7月松花江地区气象台改称松花江地区气象局(处级)实行局台合一。松花江地区气象局承担11县(市)(依兰县当时归属佳木斯管理)气象业务管理工作，设预报室但不对外发布预报。

呼兰、阿城划归哈尔滨市管辖后，经哈尔滨市政府与省气象局协商，1989年2月成立了哈尔滨市气象管理处，市编制3人，气象编制3人。主要任务是管理呼兰、阿城两县(市)气象局的业务工作和协调指挥两县(市)的人工增雨防雹作业。1990年，因哈依煤气工程的建设，哈尔滨市辖呼兰、阿城、宾县、方正、依兰5县(市)后，哈尔滨市气象管理处负责5个站的管理工作。1992年8月，经中国气象局同意，成立了哈尔滨市气象局，为挂靠市农委的二级局，人员增加到14名，其中市编制人员6名，省气象编制人员8名，管理5县(市)气象局的业务工作和协调指挥人工增雨防雹作业。

1996年底，国务院批准，撤销松花江地区与哈尔滨市合并，组建新哈尔滨市政府。1997年1月1日，原松花江地区气象局(台)和原哈尔滨市气象局合并，重新组建了新的哈尔滨市气象局。1998年哈尔滨市政府与省气象局协商并报中国气象局审批同意后，哈尔滨市气象局升格市政府所属一级局(副厅级)，并成立新的市气象台。1999年3月18日，哈尔滨市气象台挂牌成立，办公地址搬迁到南岗区和兴路149号，正式开始对外发布哈尔滨市天气预报。

2. 建制及人员情况

领导体制　1958年至1963年10月以气象部门领导为主。1989—1995年实行省气象局与市政府的双重领导。1997年后，实行以省气象局为主的双重领导体制。目前，哈尔滨市气象局机构规格为副厅级，其机构设置如下：

局机关内设机构：办公室(政策法规处)、计划财务审计处、人事教育处(党组纪检组)、业务科技处。

直属事业单位：哈尔滨市气象台、哈尔滨市气象科技服务中心(哈尔滨市人工影响天气中心、哈尔滨市气候环境评价中心)、哈尔滨市大气探测技术保障中心(哈尔滨市气象信息中心、哈尔滨市太阳能风能资源评估中心)、哈尔滨市气象局后勤服务中心(哈尔滨市气象局财务结算中心)。

地方气象机构：经哈尔滨市相关部门批准成立，由哈尔滨市气象局管理的机构有，哈尔滨市人工降雨防雹办公室、哈尔滨市防雷设施检测中心、哈尔滨市风能太阳能测量评估中心。

人员状况　1998年市气象局定编60人，其中气象编制54人，市政府事业编制6人。2008年底定编64人，在编职工65人(含退养3人)，其中气象编制59人，地方编制6人。59～50岁7人、49～40岁21人、39～30岁25人、29岁以下12人，本科以上学历47人、大专学历12人，高级职称15人、中级职称28人，党员50人。

名称及主要负责人变更情况

姓名	单位	职务	任职时间
刘永富	哈尔滨市气象管理处	处长	1989 年 2 月—1992 年 7 月
刘永富	哈尔滨市气象局	局长	1992 年 8 月—1996 年 12 月
袁献生	松花江地区气象局	局长	1995 年 7 月—1996 年 12 月
尹福安	哈尔滨市气象局	局长	1996 年 12 月—
		党组书记	1998 年 12 月—

气象业务与服务

哈尔滨气象局(台)承担全区气象工作管理业务和全市天气预报、气象服务等任务。哈尔滨市地面、高空气象监测由省气象台负责。

1. 气象业务

自动监测站建设 2002 年在市区、旅游景点建了 10 个多要素加密自动站,2006 年在内河流域建了 11 个自动站,2007 年建了 30 个含有土壤墒情监测的自动站和 6 个地质灾害自动站。截至 2008 年,已建成 197 个加密区域气象灾害信息观测站,其中 13 个四要素及以上自动监测站,与 12 个区、县(市)气象局大气监测自动站共同构成了新一代加密气象灾害信息观测网络。

卫星遥感监测 2003 年建立极轨气象卫星遥感资料接收处理系统后,增加了风云系列(FY-1C、FY-1D)卫星遥感信息的接收,与全市布设的地面土壤水分监测站(巴彦)和 30 个含有土壤墒情监测的自动站、国家基本农业气象站(五常、巴彦、双城、方正)一起,构成了全市生态环境气候监测系统,在作物估产、干旱、洪涝、森林火点、地面植被、沙尘天气及大雾、城市热岛监测等方面发挥了重要作用。

信息网络 1970 年用无线莫尔斯抄收气象电报。1979 年用单边带接收各种气象情报,由人工操作改为机器操作。1998 年完成了市气象台一体化业务环境建设;安装了静止气象卫星接收系统和 711 数字化测雨雷达。

1999 年建成 VSAT 小站,开通了数据通信和语音通讯,建立了以卫星通信为主,地面分组数据交换为辅的新的通信系统。2001 年建立了与市政府互联的 Internet 网。2003 年建成了市局办公局域网。2004 年对地面气象通信网络进行升级,建成 2 兆 SDH 宽带气象专用地面通信网络,加密气象灾害信息和观测网系统的信息通过专用地面通信网络进行传输、分发和共享。

预报业务 1999 年市气象台研制了新一代预报业务流程,建立了信息子系统、会商子系统、预报产品编辑子系统、预报产品分发子系统、管理子系统、监控子系统等 6 个子系统,改变了资料获取、天气会商、天气预报制作、传递和预报产品制作及上对下指导预报的方式,形成预报制作无纸化、预报产品传递自动化、产品格式规范化、预报评分客观化。同年还研制了指导预报业务系统。该系统包括信息系统、短期分县指导预报、短期区域指导预报、中期指导预报、长期指导预报、评分管理系统、监视系统、传输系统 8 个部分。2002 年建立了哈尔滨地区中尺度灾害性天气监测预警系统，对业务平台现代化设备进行了升级换代，提高了对灾害性天气的监测、预警能力。2003 年建立了多普勒雷达远端接收处理系统、中尺度灾害性天气监测系统、灾害性天气预报警报服务系统、通信网络系统、防雷分系统，安装了极轨遥感卫星遥感资料接收系统，对静止卫星接收系统进行了升级改造，与省网络中心采用数字光纤进行专线传输，实现了市气象台对省多普勒雷达资料的实时接收，提高了短时临近天气预报能力。极轨卫星资料接收系统，提高了对洪涝、干旱、森林火点、农作物长势等监测能力。2005 年建立了省—市—县三级可视化天气会商系统，提高了重要天气预报准确率和市台对县站的指导能力。

2. 气象服务

公众气象服务 在市电视台、广播电台、报纸等新闻媒体推出了 24 小时、48 小时、72 小时天气预报及空气质量预报、紫外线辐射强度预报、穿衣气象指数预报、人体舒适度指数预报、疾病气象指数预报、晨练指数预报、旅游景点天气预报等 10 余项内容。每周在《新晚报》上发布一周天气预报，2002 年 10 月正式启动运行了网上气象台和哈尔滨市(县)农业经济信息网，使各种气象和农业经济信息直接进入到千家万户。

决策气象服务 每年围绕全市农业生产、防火、防汛等工作，向政府领导及有关部门提供农业年景分析、春播期气象条件分析、森林防火期火险等级预报、汛期天气预报、早霜预报及粮食产量预测等预报和情报。在市政府举办的重大活动，如哈洽会、市直机关运动会、冰雪节等，积极主动提供气象服务，收到良好效果，深受领导的好评。为防汛、防火指挥部建立了微机终端服务，与市政府办公厅实现了专线网上办公。通过终端，为防火指挥部提供 12 县(市)逐日预报、旬月报、天气概况、卫星遥感图像分析等，特别是对大风和降水天气，随时出现随时汇报。近两年，为各级主管领导配备了移动气象服务终端——手机掌上电脑，实现了准确快捷的气象信息传递。

专业与专项气象服务 在各大宣传媒体上发布清明节、端午节、中秋节、五一、十一、元旦、春节等节日天气预报，高(中)考期间天气预报。开展了保险、粮食仓储、交通运输、清冰雪等专项预报服务。2005 年为市清冰雪指挥部安装了清冰雪网络终端，采取逐日滚动预报和下雪前、下雪时短信提示相结合的方式提供服务。1993 年，哈尔滨市人民政府成立了人工降雨防雹办公室，设在市气象局。哈尔滨市政府先后投入 40 万元分别在 2002 年和 2007 年购置了 1 部车载增雨火箭和 1 部牵引式增雨火箭，在 2002 年、2004 年、2006—2009 年抗旱的关键时刻发挥了重要作用。

气象科技服务 从 1997 年起为保险用户提供气象灾情凭证服务。2002 年为市粮食仓储处提供旬预报、月预报、季预报等专项天气预报服务。2003 年建立了气象短信平台，在移动、联通、小灵通手机上发布天气预报、天气警报信息。从 2003 年起，为市超高压供电局、大庆交通电台提供预报服务。2004 年为市文化公园亚洲最高摩天轮立项提供气候可行性论证和专项预报服务。从 2005 年起为丰田汽车技术中心(中国天津)提供专项气象服务，从 2007 年起为哈大高速铁路工程提供专项预报服务。手机气象短信服务已经形成温馨提示型、生活指数型、防灾预警型、假日休闲旅游型、气象保健型、综合信息型、节日提示型、气象科普型和农业气象型等 9 个类型 20 多种版本，短信服务用户已达 11.07 万户。

气象科普宣传 1999年11月1日与哈尔滨经济广播电台“972”合作，播出“气象与生活”节目，向群众宣传气象知识。同时，开发研制了《哈尔滨气象热线》，开办了网上气象台。2000年7月在哈尔滨经济广播电台“972”节目开办了《友诚聊天气》、《天气预报与实况》等专栏，出版了《专家聊天气》、《气象与生活》两本电子书籍在全省推广。2001年4月7日，市区出现了几十年少见的扬沙天气，利用各大媒体和科技活动周，向广大市民进行了宣传，提高了市民的环保意识。在《新晚报》上开辟了气象专栏，宣传气象科学知识。每年“3·23”世界气象日，都在市区繁华地段设置宣传台，发放宣传材料，开放气象台，积极开展气象科技宣传活动。2005年市气象台被市科协命名为“哈尔滨市科普基地”。

法规建设与管理

气象法规建设 《哈尔滨市人工防雹管理条例》于1995年10月26日经市十届人大常委会第十八次会议审议通过，12月15日省人大常委会批准，1996年1月9日正式施行。2002年修订为《哈尔滨市人工影响天气管理条例》，经省人大常委会批准，于2004年2月1日正式颁布实施。

依法行政和社会管理 2004年7月举办施放气球人员培训班，向合格人员发放资格证，并为13家符合条件的单位颁发了施放气球资质证。2006年市政府办公厅转发了《国务院办公厅关于进一步做好防雷减灾工作的通知》，2006—2008年与市安监局联合印发了《关于加强全市防雷安全工作的通知》；2007年与市公安局会签了《关于加强民用爆炸物品使用单位库房防雷减灾安全工作的通知》；2008年与市房产住宅局协商将“防雷装置安全有效”明确写入了《哈尔滨市物业服务收费暂行办法》，每年在《哈尔滨日报》上刊登《关于开展雷电防护装置安全年度检测的通告》。为加强气象执法工作，2002年10月21—24日，与市法制办合作举办了气象部门行政执法培训班，33人取得了行政执法证，提高了行政执法水平。2001年市气象局成立法规处，加强了气象行政管理工作。近几年已累计查处近90起违反有关法律法规的案件，其中给予行政处罚并通过法院强制执行的案件16起。通过执法将联通公司全省198信息台22万用户整合到全省统一的气象短信平台上。对《都市资讯报》非法转发气象信息等事件进行了行政执法。对几十家非法施放氢气球的单位进行了批评教育和警告，对其中6家公司进行了行政处罚。对哈尔滨市区太平国际机场、联通公司通信基站等多家重点单位和中、小学校的防雷安全情况进行了执法检查，对其中5所学校进行了行政处罚。对多起影响气象探测环境的案件进行了查处。市气象局连续6年被哈尔滨市政府评为“行政执法责任制考评优秀单位”。

行业管理 加强了气象行业管理。行政区内有亚布力、高楞、和平、苇河、山河屯5个森工气象站，通过业务指导，其测报业务已基本达标，初步实现气象信息共享。

政务公开 2004年，市气象局将防雷装置设计审核、防雷装置竣工验收、升空无人驾驶自由气球、系留气球施放作业范围审批等10项审批核准事项纳入市行政服务中心，设立一个窗口进行集中受理、审批。现在仍保留4项行政许可项目。同时，不断简化市行政服务中心窗口审批手续，受到市政府以及当事人的好评。为加强政务公开工作，市局成立了局长任组长的政务公开工作领导小组，建立了“一把手挂帅、分管领导具体抓、责任到处室、落实到人头”的工作机制，建立了《哈尔滨市气象局局机关及局直属各单位政务公开规定实施细则》等6项制度，确定经常性工作定期公开、阶段性工作逐段公开、重大事项和临时性工作随时公开。对社会公开主要通过互联网的形式，对内部公开的，主要通过召开各种会议、下发文件、设立公开栏，通过局内网络、内部通报、信息简报等形式公开。同时，每个处室、各个区、县（市）气象局都设立一名政务公开工作监督员，聘请多名社会义务监督员，反馈社会上对气象工作的意见和建议。

制度建设 2001年组建法制机构以来，不断完善相关制度建设，制定了《哈尔滨市气象部门行政执法过错责任追究办法》、《哈尔滨市气象局依法行政重大决策专家咨询论证制度》等30几项制度，为依法行政奠定了制度基础。2002年经市法制局、市财政局批准，建立了罚没账户，实现了罚缴分离。

党建与气象文化建设

1. 党建工作

党组织建设情况 1998年市气象局成立党组。1999年市气象局设机关党总支，隶属市直机关工委，现有党支部4个，党员50名。2004年成立哈尔滨市气象局党组纪检组。多年来，坚持抓党建、带队伍、保发展、促和谐的工作思路，全面推进党的思想、组织、作风和制度建设，党组织发挥了政治核心作用和战斗堡垒作用。

党风廉政建设情况 加强了党风廉政建设和反腐败工作，重视党员的反腐倡廉教育，每年开展不同主题的党风廉政宣传教育月活动，构筑党员干部的思想道德防线。建立一系列工作制度，用制度管人，管事。党员干部为构建和谐健康的发展环境提供了保障。2003年，市局党组被哈尔滨市委授予党风廉政建设先进集体。2005年起，市局在所属区、县（市）设置廉政监督员。

2. 气象文化建设

精神文明建设 坚持开展精神文明建设活动，重视提高职工队伍整体素质。制定了气象服务标准，并向社会公示，规范职工文明行为，引导职工注重礼仪、文明服务。丰富职工的文化生活，经常组织开展文体活动，营造了团结和谐、开拓进取的良好氛围。从1998年开始一直被市政府评定为优秀达标单位。团支部连续8年荣获“红旗团支部”荣誉。

文明单位创建情况 1998年被命名为市直机关文明单位，1999年被命名为市直机关文明单位标兵，2001年被命名为市级文明单位，2004年被命名为市级文明单位标兵，2007年被命名为省级文明单位。

2005年、2006年分别被授予黑龙江社会信誉“百姓口碑最佳单位”和黑龙江人民满意的“金牌形象使者”称号。

3. 荣誉

1998年，被评为市抗洪抢险先进标兵单位，省抗洪抢险先进集体，全国气象部门抗洪抢险先进单位。1999年，市气象局档案室晋升为省级标兵单位。2000年，全省气象部门双文明建设先进单位、全省人工增雨防雹工作先进单位。2002年被评为全省气象部门“双文明”建设先进单位。2003 年被评为全省气象部门“双文明”建设先进集体标兵。2003 年、2004 年、2005 年被市法制办评为行政执法工作优秀单位。2005 年被评为 2004 年度全省气象部门“双文明”建设先进单位。2006 年被评为全省人工增雨防雹工作先进单位。2006 年、2007 年、2008 年，市气象台获黑龙江省重大气象服务先进集体。2006 年、2007 年、2008 年被哈尔滨市政府评为行政执法责任制优秀单位。2007 年哈尔滨市气象局荣获市政府节能减排先进单位。

台站建设

台站综合改造 1997 年市气象局刚组建时，办公楼面积 650 平方米，条件较差。1999 年市政府投资 350 万，自筹资金 400 万元，在南岗区和兴路 149 号购置了办公楼，建筑面积 3800 平方米，经过装修，业务用房符合标准，布局基本合理，外形美观，能满足气象业务现代化、办公自动化和台站美化的需要，办公条件有了较大的改善。2007 年到 2008 年，市政府先后投资 4000 余万元，在哈尔滨松花江北岸建造气象灾害监测预警基地，占地面积 30000 平方米，综合业务楼建筑面积 10000 平方米（含附属用房）。工程完工后，将使工作环境和生活环境进一步改善。

测候所照片（1898 年）

江北气象灾害监测预警基地

呼兰区气象局

机构历史沿革

1. 始建情况

1949 年末，原松江省（今黑龙江省）农事试验场建有一个气象观测组，每日观测 1 次，主要为当时的农业实验工作服务。1954 年 10 月由黑龙江省气象局接管，重新设置了场地和各种观测仪器，正式改称为黑龙江省呼兰气候站，地处北纬 45°59′，东经 126°38′，海拔高度127.4米，位于呼兰县（现为哈尔滨市呼兰区）的南部。

站址迁移情况 1966年10月，气象站迁移至呼兰镇东大直街，位于北纬46°00′，东经126°36′，海拔高度为127.4米。2002年9月10日，呼兰县气象局由原址迁至西20米的新建办公楼，观测场由原址迁至呼兰县双井镇的护路村（临时），位于北纬46°02′，东经126°41′，海拔高度为129.9米。2003年12月1日，观测场搬迁到哈尔滨市利民经济技术开发区的世纪路，位于北纬45°53′，东经126°35′，海拔高度为116.79米。2004年10月15日，呼兰区气象局全部搬迁至此。2008年12月31日，观测场迁至哈尔滨市利民经济技术开发区的靳家屯东三家子民堤北，位于北纬45°56′，东经126°34′，海拔高度为118.3米。

2. 建制情况

领导体制 从建站至1958年5月，以省气象局为主领导。1958年6月至1962年以地方政府为主领导，由县水利局管理。1962年至1968年，以气象部门为主领导。1971—1973年划归军队管理，由呼兰县人武部领导。1973—1979年转为地方建制，由县农业科领导。1980年至今，实行气象部门为主与地方政府双重领导体制。

机构设置 1972年7月，改称呼兰县气象科。1984年6月，改称呼兰县气象局，实行局站合一。2004年呼兰县撤县设区，改称哈尔滨市呼兰区气象局。2005年机构升格为处级单位，内设基础业务股、人工影响天气办公室、防雷检测站和综合服务股。另有一直属企业，即呼兰区气象科技服务中心。

人员状况 1950—1960年期间，职工人数6～7人。1966—1976年期间，全站人员最少时仅3人，最多时达16人。呼兰区气象局现有职工17人，其中2名少数民族职工（壮族、回族各1名），职工年龄在24～52岁之间，大学学历3人、大专学历9人、中专学历3人、高中1人。中级职称11人、初级职称1人、技术员4人、高级技师1人，党员12人。

领导更替情况 1954—1958年历任领导人有倪素萍、王秀兰。1958—1962年历任领导有王秀兰、陈修义。1962年7月—1972年6月历任领导有哈忠实、李树清、朱荣华。1972年7月至1984年6月呼兰县气象科时期，历任领导有阎俊、祖国祯、段显庭、高树棠、张德。1984年6月—2004年呼兰县气象局期间，历任领导有王广生、哈忠实、吕伟、隋玉山。2004—2008年呼兰区气象局期间，领导人为隋玉山。

气象业务与服务

1. 气象业务

建站以来，呼兰气象业务和综合服务水平不断提高。现在已全面开展气象测报、气象预报、农业气象、人工影响天气、防雷检测及庆典服务等项业务。

气象观测 1954年10月建站时，每日进行4次定时观测，观测项目有：气温、水汽压、相对湿度、云、能见度、降水、天气现象、蒸发量、雪深及密度、风向风速、地温、日照等。后来又陆续增加了一些新的观测项目：1962年增加了冻土观测，1964年增加了雨量自计观测，1965年增加了气压表和气压自计观测，1972年增加了温度和湿度自计观测，1974年改用电接风向风速计观测风向与风速，从此结束了观测员仰着脖子望风向杆的历史。1985年7

月开始改为3次定时观测,夜间不守班。除了观测、统计上报气象报表以外,从20世纪50年代开始,承担以下发报任务:天气旬报,重要天气报,小天气图报,预约的航空报和危险天气电报等,电报都是通过县邮电局传递。1995年改为辅助站业务。1998年恢复气候站业务,6月开始使用微机制作气表。2008年12月31日自动站正式投入使用,20时开始自动站与人工站双轨运行。

气象信息网络 建站后,气象电报长期由邮电局转发。1991年4月30日,架设了气象警报发射塔,安装了气象警报发射机,通过警报网向各乡镇及有关单位广播气象信息。2000年11月,启用分组数据交换网,上传和调用信息全部通过分组数据交换网进行。从2004年起,又改用宽带网传输,同年建成微机局域网,局内微机实现了信息互通,大幅度提高了传输速率和传输量。2006年12月11日,呼兰区气象局天气预报可视化会商系统安装完毕,实现了与省气象台、市气象台、县气象站的天气会商。2006年11月—2007年7月,建成16个雨量、温度区域自动站,覆盖全区所有乡镇和社区。区域雨量网正式运行。2008年在全省率先组建乡镇气象协管员队伍,使呼兰区的气象工作真正达到了上下贯通。紧接着又完成了185名村级气象信息员档案库建设,使气象服务体系更加完善,气象服务领域不断扩大。

1997年10月建成标准化档案室(40平方米,达到省级标准),2000年晋升为国家二级档案管理单位;2007年12月,购买了档案管理软件,档案实现了电子化管理。2008年6月30日将1955—2003年的气象记录档案气簿-1、温度、湿度、气压、风速风向、雨量自记纸及农气簿-1、农气簿-2、农气簿-3整理归入黑龙江省气象档案馆,区气象局只保留5年的气象记录档案。

气象预报 天气预报工作呈阶段式发展。20世纪50年代中期,对一些专业部门需要的天气预报,由气象站通过长途电话向省气象台询问后再用电话传给用户。从20世纪60年代开始,开展了补充订正天气预报工作,即根据上级台的预报,结合单站资料、观测实况和预报人员的经验综合分析,制作24～48小时的短期预报。1962年起,开展了长期天气趋势预报,采取"土洋结合"的办法,在访问和吸取老农经验的基础上结合单站资料制作图表进行综合分析。20世纪70—80年代初,开始绘制亚欧地面天气图、高空图、时间剖面图等,通过对天气图和各种资料图表的综合分析进行预报。

1983—1990年,使用123传真机接收天气图表的数量和内容增多,数据统计方法在预报中广泛使用,增加了MOS预报方法,预报质量有了提高。1990年,计算机在预报中应用,提高了计算速度。1998年8月预报由原来的无线数传改为有线数传。从1999年8月建成PC-VSAT单收站,接收的预报信息大幅度增加,可综合应用云图、数值预报产品及上级台的指导预报,天气预报制作方式发生根本性变化。2005年建成哈尔滨新一代天气雷达资料共享系统,开始制作短时、临近天气预报。

农业气象 呼兰农业气象观测始于1956年,当时结合呼兰主要作物玉米和甜菜进行作物发育期和土壤湿度等项观测,1988年取消部分农气观测,只有其中的土壤湿度观测一直延续至今(注:2003年根据省气象局〔2003〕4号文件精神取消5厘米土壤湿度观测)。近年来又开展了粮食作物产量预报、季度农业气候分析等项工作。2006—2007年完成了农业气候网络建设。

2. 气象服务

呼兰气象服务已经由单一的传递方式发展到现在全方位的综合服务体系。

公众气象服务 本着为经济社会发展和人民群众安全提供服务的宗旨，不断扩大公众服务面，改进服务方式。20 世纪 50 年代末，开始向有关部门传递省气象台的天气预报。1962 年广泛开展了短、中、长期天气预报，为社会公益服务。短期天气预报通过县广播站公开发布。1990 年建立了气象警报系统，全县的 22 个乡镇全部设立了警报接收机，可以每天 3 次播报天气预报、气象科普知识与常识、生产建议等。1998 年 2 月，建立电话天气预报制作系统，开始发布各乡镇的天气预报。同年建成“121”电话天气预报自动查询系统，2004 年“121”电话经数字化改造后语音信箱由 3 个增加到 10 个，内容更加丰富，更加贴近群众生活，每年答询 4 万次以上。2003 年 5 月 1 日开通移动手机短信业务。2004 年 8 月开通联通、小灵通手机短信业务。

决策气象服务 决策气象服务的内容与形式不断丰富，更加精细化。向领导提供的天气预报细化为短时临近预报、短期天气预报、3～5 天天气预报等；报送的气象信息专报包括重要气象信息、决策气象信息、气象专报、干旱监测信息、雨量图等；农业气候服务包括土壤墒情报告、产量预报、季度气候影响评价、季度农业气候分析等；遥测遥感信息包括自动气象站信息、卫星云图信息、天气雷达信息等，另外还增加了生产建议等内容。在服务手段上尽量提高及时性，凡遇关键性、转折性、灾害性天气时，采取专报、电话、传真、手机短信、广播等形式，及时向区政府和有关部门报告。局领导亲自向区政府领导汇报，组织跟踪服务。仅 2008 年，向区委、区政府报送《气象信息》34 期、《决策气象信息》6 期、气象专报 5 期、干旱监测信息 21 期、雨量图 20 期。在 2008 年上报的决策气象服务材料中有 4 次得到了区政府领导的批示。1998 年的特大洪水服务、2005 年 6 月 17 日的暴雨预报、2007 年秋季的防早霜预报等，由于及时向县（区）领导汇报，及时采取防范措施，将灾害损失都降到了最低点。

专业与专项气象服务 从 1974 年起，采用土炮进行防雹工作。1976 年开始使用“三七”高炮进行人工增雨防雹工作。到 2000 年，共在 10 个乡镇建起了 12 个防雹站，拥有高炮 13 门。

2002 年 5 月，市政府与县政府共同投资配置了车载火箭发射架；2007 年 8 月 2 日，又配置了牵引式增雨火箭及车辆。近几年，平均每年作业 100 次，在缓和旱情，减轻雹灾上发挥了重要作用。

1999 年开始进行防雷装置检测工作。2002 年 8 月，成立了专职防雷检测站，负责辖区内防雷装置的周期检测、组织管理雷电灾害防御工作，雷电灾害的调查、鉴定、统计和上报工作。2004 年防雷装置检测工作，配置了地阻检测仪，检测范围由呼兰老城扩展到新建的利民开发区。

2004 年以来，为促进呼兰区社会经济发展，开展多种形式的专业专项气象服务工作。不仅为区内企业提供免费的气象资料、气象信息、风向玫瑰图等，还从 2005 年冬季起，开展了冬季采暖“看天烧火”专项气象服务，仅一个供暖期星辰热力公司就节约燃煤 5000 多吨，价值 200 多万元。

气象科技服务与技术开发 1985 年开始，开展专业气象有偿服务。1994 年起开展了氢气球与电视天气预报广告业务。2003 年成立了呼兰县气象科技服务中心，气象科技服务扩大为专业有偿服务、气象信息咨询、防雷设施检测、防雷设施安装、人工影响天气服务、电视天气预报广告、庆典服务等。2004 年购置了条幅机、刻字机与缝纫机，使得庆典服务能力提升。同年，开展了防雷工程的设计与施工专业技术服务。近几年已承揽10个单位的防雷工程设计与施工。

气象科普宣传 每年"3·23"世界气象日都开放气象站，接待中小学生和群众参观，向他们普及气象知识，同时组织职工积极参加科技活动周、农村科技大集和科技之冬等活动，现场开展气象咨询活动，宣传气象科技知识。近几年还利用报纸、电视、网络进行宣传。宣传覆盖呼兰城乡，提高了人们对气象的认知度。

法规建设与管理

1. 气象法规建设

围绕气象工作，地方政府和相关部门下发的规范性文件主要有：2002年县防雷办与县安全办联合下发的《关于进一步加强全县雷电安全防护管理工作的通知》（呼防雷办〔2002〕1号）；2003年县气象局与县教育局联合下发的《关于加强各类学校防雷设施安全检测的通知》（呼气联发〔2003〕3号）；2004年区气象局与区安全办联合下发的《关于进一步加强雷电安全防护工作的通知》（哈呼气联发〔2004〕6号）；2006年区气象局与区安全办联合下发的《关于加强雷电安全防护工作的通知》（哈呼气联发〔2006〕1号）、区政府办公室下发的《哈尔滨市呼兰区人民政府办公室关于自动雨量监测站建设工作的通知》（哈呼政办发〔2006〕23号）；2007年与区建设局、区规划局联合下发的《关于加强建设项目防雷工程管理工作的通知》（哈呼建联发〔2007〕2号），2007—2008年区气象局与区安全办联合分别下发的《关于加强防雷装置安全检测工作的通知》（哈呼气联发〔2007〕1号与哈呼气联发〔2008〕1号）。在气象法规建设工作中，呼兰区局不断加强依法行政理念，实施气象行政许可。在"四五"普法工作中，获"哈尔滨市气象系统'四五'普法先进集体"称号。

2. 社会管理

行业管理 建站以来，不断加强对气象探测环境的保护。2005年4月13日，向呼兰区政府、利民开发区管委会、区规划局、区建设局等单位递交了《关于气象探测环境保护的报告》，增强了政府及相关部门对气象探测环境保护的支持力度。2006年，在利民开发区管委会对气象探测环境保护进行了备案。同时，不断加强对探测环境的执法监督，遇有破坏气象探测环境的行为立即查处。

从2003年起，建立了气象行政执法队伍，依法对施放气球、防雷检测单位等进行执法监督。2004年7月，气象行政审批进驻呼兰区政府行政服务中心，依法开展防雷工程设计、图纸审核、工程竣工验收及施放氢气球审批工作。7月26日，与呼兰区建设局、呼兰区规划局联合下发了《关于加强建设项目防雷工程管理工作的通知》（哈呼建联发〔2007〕2号），进一步规范防雷工程的设计、审核和竣工验收工作。

政务公开 为把政务公开工作做实、做细，透明度更高，呼兰气象局建立健全了工作组织，完善工作制度，局务公开工作已经形成制度化、规范化。对内实行"六公开"，即公开单位财务收支情况、领导干部自律情况、单位职工关心的重大事项、单位职工福利待遇及奖金分配情况、各项规章制度、干部人事安排情况，群众满意度100%，2005年被中国气象局评为“政务公开先进单位”。

党建与气象文化建设

1. 党建工作

党支部组织建设　1960 年之前，全站仅 1 名党员。1970 年开始成立党小组，同年发展成立了党支部。1972—2002 年期间，发展党员 6 人，党员最多时达 8 人，占人员总数的 50%以上。2004 年 1 月至 2008 年 12 月，全局共有党员 12 人，此间共培养积极分子 3 名，发展党员 3 名。

党风廉政建设　重视党风廉政建设，开展经常性思想教育工作，政治理论学习常抓不懈。成立了领导小组，建立了转变工作作风激励机制，实行党风廉政工作目标责任制、领导干部廉政承诺制、责任追究制等。2005 年 3 月开始实行了廉政监督员制。由于廉政建设开展得扎实有效，1993—2003 年，4 次被县直属机关工委评为“党风廉政建设先进集体”，2 次被县委评为“党风廉政建设先进集体”。2005 年，被呼兰区直属机关工委评为“保持共产党员先进性教育活动先进单位”。

2. 气象文化建设

精神文明建设　坚持三个文明一起抓、同步发展的工作思路，把文明建设放到重要位置。在精神文明建设工作上，实行目标责任制，成立文明单位创建工作领导小组、宣传小组。同时，不断完善工作纪律、考勤制度、安全管理制度、局务会议制度、科学民主决策制度等各项规章制度，建立奖惩制度，激励职工文明办公、优质服务，提高质量，提高自身素质的积极性。

文明单位创建　1997 年为县级文明单位，2000 年晋升为县级文明单位标兵，2005 年创建了市级文明单位。多次获得全省、全市气象部门双文明建设先进集体和先进集体标兵称号。

文体活动开展情况　积极参加市、县（区）及气象部门举办的文体活动。2003 年 7 月，在县直机关第七届职工篮球比赛中获得体育道德风尚奖。2004 年建立职工活动室，2007 年购置了乒乓球台，为职工文体生活创造条件。

3. 荣誉

集体荣誉　1992—1993 年被省气象局分别授予全省气象部门“双文明建设先进单位”称号，2000 年被省气象局授予全省气象部门“双文明建设先进集体标兵”称号，2004—2005 年被评为全省气象部门“双文明建设先进单位”称号，2007 年被省气象局授予“全省气象部门先进气象台站”；2008 年被省气象局评为“全省气象部门先进气象台站标兵”。

1998—2000 年及 2003—2004 年，5 次被市气象局授予全市气象部门“双文明建设先进单位”，2005—2008 年，4 次被评为全市气象部门“双文明建设先进集体标兵”。

1998—1999 年与 2001—2002 年，被呼兰县委、县政府 4 次授予“社会治安综合治理先进集体”。

个人荣誉 隋玉山先后8次被当地政府评为先进工作者或劳动模范；17次被哈尔滨市气象局评为“双文明”建设先进个人或记功奖励；9次被黑龙江省气象局评为先进工作者。

台站建设

呼兰区气象局历经多次搬迁，2003年建成了集预报服务和综合观测于一体的80平方米业务平台。2004年2月，整体搬迁到利民开发区，新建办公楼1250平方米、附属用房200平方米。设有会议室、阅览室和职工活动室、职工食堂，办公环境大大改善。

2008年气象探测环境再次受到影响，呼兰区气象局被迫再次搬迁，新址占地面积由原来的10000平方米增加到22665平方米。

呼兰站旧貌(1988年)

呼兰站新貌(2008年)

阿城区气象局

阿城区距哈尔滨市中心区23千米，幅员面积2445平方千米，总人口58万。年平均气温4.0℃，≥10℃积温为2783.3℃，年平均日照为2604.2小时，年均降水量为543.8毫米。

机构历史沿革

始建情况 阿城区气象局始建于1959年5月1日，创建时名称为黑龙江省阿城县气象服务站，并于当年5月1日正式开始地面气象观测。位于阿城区西南门外城乡大队，北纬45°31′，东经126°57′，海拔高度174.3米。建站后没有经历过迁站。

建制情况 1959年5月1日建站，初期由县人委领导，水利科代管。1962年6月，改由省气象局为主领导。1968—1971年3月划归地方建制。1971—1973年，转以军队为主领导。1973年7月—1979年以县革命委员会为主领导，主要由农办代管。1980年起实行气象部门为主与地方政府的双重管理体制。1996年前由哈尔滨市气象管理处管理。1996年后由哈尔滨市气象局领导。2006 年 8 月阿城县改为哈尔滨市直辖区,改名为阿城区气象局(站)。

名称及主要负责人变更情况

名称	时间	内设机构	主要负责人
阿城气象服务站	1959.5—1959.6	预测报组	任淑琴
阿城气象服务站	1959.6—1960.11	预测报组	赵福臣
阿城气象服务站	1960.12—1971.12	预测报组	李文江
阿城县气象站	1972.1—1973.5	预测报组	陈世俊
阿城县气象站	1973.5—1975.1	测报组、预报组	马凤阁
阿城县气象科	1975.1—1992.12	测报组、预报组、人控组	王维政
阿城市气象局	1992.12—1996.9	测报股、预报股、人控股	周　仁(代理局长)
阿城市气象局	1996.9—2001.3	测报股、预报股、人控股防雷办	周　仁
阿城市气象局	2001.3—2002.8	测报股、预报股人控股防雷办	陶凤华(代理局长)
阿城市气象局	2002.8—2006.3	测报股、预报股人控股防雷办	陶凤华
阿城区气象局	2006.3—	业务股、人控股、防雷办	张禹祥

人员状况　1959 年成立时只有 3 人,全部为中专学历。到 1978 年,有气象职工 14 人。2008 年底,有职工 17 人,其中本科学历 4 人、大专学历 5 人,党员 4 人,工程师 3 人,50 岁以上 4 人、40～49 岁 5 人、40 岁以下 8 人。

气象业务与服务

1. 气象业务

气象观测　1959 年始建时,气象观测项目主要有温度、湿度、风向风速、降水、积雪、云、天气现象、能见度、日照时数、0～20 厘米地温、蒸发、地面状态等。每天进行 4 次定时观测。1960 年 7 月 1 日起观测时次改为 3 次,分别是 08、14、20 时,夜间不守班。1971 年 1 月 1 日开始又改为 4 次观测。1985 年 1 月 1 日起又改回 3 次观测至今。温度自记从 1968 年 3 月 31 日 14 时开始观测,湿度自记从 1975 年 10 月 31 日 14 时开始观测,气压自记从 1965 年 8 月 31 日 14 时开始观测,风向风速自记从 1970 年 4 月 29 日 13 时开始观测,虹吸雨量自记从 1962 年 5 月开始观测,温、压、湿及风向风速自记从 2008 年 6 月 1 日 20 时停止观测。自建站开始,地面气象观测全部为手工操作。1985 年 8 月采用 APPLE-Ⅱ计算机,用于测报气表审核打字专用。1992 年 6 月配备了 386 新型计算机,使用安徽地面测报业务软件,完成编发报及气表的输入和制作。2001 年 4 月 1 日 08 时开始编发天气加密报。2003 年 10 月,完成自动气象站的安装调试工作,建成了 DYYZ-Ⅱ型自动气象站,实现了数据的实时上传。自动气象站观测项目有气压、气温、湿度、风向、风速、降水、地温,观测项目全部由仪器自动采集、记录,替代了人工观测。经过 2004 年和 2005 年双轨运行后,2006 年 1 月 1 日,进行单轨观测,自动气象站正式投入业务运行。

气象信息网络　自建站起,气象电报通过邮电部门转发。1990 年建成农村气象服务网,在乡镇布设雨量点和警报接收机,设兼职气象助理,形成了区域雨量监测网,雨后上传雨情,供服务使用。1993 年建立甚高频电话,与地区内台站会商天气,指挥本县人工影响天气作业。2000年9月启用分组数据交换网，实现了省、市、县台站联网，气象报文开始通过分组数据交换网上传。2005年实现光缆通讯，提高了传输速率和传输质量。公文接收由原来的分组交换网接收改为通过Notes邮箱收发。2003年，在各乡镇建立雨量自动站，逐步形成全市雨量监测网，2007年改造成雨量、温度自动监测站，自动采集数据，自动上传至区气象局。

自2004年1月1日开始，所有的气象记录和有关文件都实现了纸质与电子版同时保存归档。2008年5月将1959—2003年的气象记录档案气簿-1、温度、湿度、气压、风向风速、雨量自记纸整理后统一归入黑龙江省气象档案馆，区县气象局只保留5年的气象记录档案。

气象预报 自建站以来一直承担着长期、中期和短期天气预报的制作与发布工作。开始天气预报的制作，主要收听省电台广播的天气形势数据，绘制天气图，结合本站方法和资料，并参考省、市台的预报，制作与发布未来24小时、48小时、3～5天以及月、季、年等各种时效的天气预报。1981年8月开始使用“123”传真机接收天气图并制作中、短期天气预报。1984年3月使用PC-1500计算机筛选预报因子。1996年9月购置了486微机和无线数据传输机一台，用于接收天气预报信息。1999年PC-VSAT气象卫星小站建成，接收卫星云图与高空及地面天气资料，县站预报信息量大幅度增加，提高了预报能力。2001年开始通过预报传输流程向哈尔滨市气象台上传预报。2006年建成哈尔滨新一代天气雷达实时资料共享系统，开始制作短时和临近重要天气预报。同年建设预报可视化会商系统，实现了与省、市气象台的天气会商。2008年开始短期预报改为全区各乡镇精细化预报。

2. 气象服务

公众气象服务 从1960年开始发布天气预报，通过县广播站向公众广播，服务于百姓生活。1999年开始在本市电视台播发天气预报。1989年建立天气预报警报网向各乡镇和粮库发布24小时天气预报和重大天气预报。1998年气象局自建电视天气预报制作系统，开始通过县电视台播报24小时各乡镇的天气预报，方便农村使用气象信息。1999年建立“121”天气预报自动查询系统，通过电话可查询24小时天气预报，未来3天天气趋势预报及各种气象信息。

决策气象服务 阿城气象灾害主要有干旱、暴雨、大风、冰雹、寒潮、霜冻等。气象局把决策服务放在首位，以防灾减灾为重点，向县(区)领导及有关部门提供各时段的天气预报和气象情报。多年来取得了明显效果。如1994年夏季是降水最多的一年，河流、水库水位暴涨。7月13日—14日降水131.1毫米，使阿城出现百年一遇的洪水灾害。气象局提前准确预报了这场暴雨，县政府据此紧急采取有效措施，使灾情损失降到了最低。2006年9月8日，气象局预报9月9日夜间低洼地块有霜冻，及时向政府领导汇报并提出预防措施，区领导专门召开会议部署防霜工作，与此同时气象局在电视台和网站及时发出了早霜预报及防霜措施等。由于预报及时准确，预防措施得力，农作物没有受到霜害。

专业与专项气象服务 1974年起开展人工影响天气工作，当时在小范围内开展试验，直到1985年后大范围广泛开展起来。1989年全市设8门“三七”高炮，1994年在阿城新乡乡又设立1门高炮，至此阿城共有9门作业高炮。2002年5月年增设车载火箭发射架1部。2006年两个乡镇划归道外区管辖后，阿城现有高炮7门，分别布设在蜚克图、杨树、料甸、新华、红星以及双丰(2门)6个乡镇。近几年平均每年作业20次，在缓和旱情、减轻雹灾中发挥了积极作用，受到了各级领导和农民群众的好评。

1999 年开展防雷设施检测、图纸审核、竣工验收等工作。2005 年 4 月防雷正式纳入行政审批大厅，防雷工程的图纸审核纳入建筑审批必要件之中，规定凡到规划部门办理规划许可的建筑单位，均需到气象局办理图纸审批。近几年，平均每年检测防雷装置 110 个，验收防雷工程 48 个。

阿城的森林覆盖率在 40%以上，原始森林较多，春秋两季的森林防火是气象服务的重点之一，从 20 世纪 70 年代开始，气象局开展火险预报专项服务，到目前为止，阿城林区连续 30 年无火灾发生，气象部门做出了积极贡献。

气象科技服务与技术开发 1985 年起开展气象专业有偿服务，1990 年后通过气象警报广播为用户服务。1999 年起与电信部门合作开展“121”电话天气预报自动答询业务，平均每年答询 3 万多人次。1998 年开始在电视天气预报的画面中插播广告。2004 年 6 月起开展手机气象短信业务。

气象科普宣传 每年“3・23”世界气象日邀请中小学生到气象站参观，同时在市区设立咨询台，回答群众询问、发放宣传材料、设置宣传板向群众宣传。同时还通过电视台、网站等媒体进行科普宣传。2002 年起参加科信局举办的科技活动周活动，现场发放气象科技资料，进行气象知识宣传等。

法规建设与管理

1. 气象法规建设

1991 至 2008 年间，围绕强化气象部门的社会管理职能和业务建设下发的文件主要有，气象局与公安局联合发出的《关于加强气象部门与公安局防火科密切搞好防火工作的联合通知》(〔1991〕4 号)，公安局与气象局联合发出的《关于施放民用氢气球管理办法的通知》(〔1995〕17 号)，阿城市安全委员会下发的《关于做好防雷设施安全检测工作的通知》(阿安发〔1999〕15 号)，阿城编制委员会下发的《阿城市机构编制委员会关于成立阿城市雷电防护设施安全管理领导小组的通知》(阿编发〔1998〕35)、《关于做好防雷设施安全检测工作的通知》(阿安发〔2004〕11 号)，2000 年建设局下发的《关于加强建设项目防雷工程管理工作的通知》(阿建发〔2000〕33 号)等文件。

2. 社会管理

行业管理 2003 年将气象探测环境保护标准在规划局进行了备案，探测环境保护标准正式纳入城市规划管理的范畴。1989 年成立人工增雨防雹办公室，负责全区人工影响天气管理及作业指挥工作。1999 年成立了防雷办，负责雷电防护管理工作。通过培训考试，有 1 名同志取得了执法资格证，负责探测环境保护执法、施放气球管理和雷电防护管理。1999 年成立了防雷检测站，对全区防雷装置进行周期检测，同年起防雷管理纳入了区政府安全监管范围。2006 年正式下发了关于加强氢气球施放管理的通知，常务副区长批示后，在电视台上进行了播放，进一步规范了阿城施放氢气球市场。每年春季、秋季，气象局都与安监部门进行防雷安全检查。

政务公开 从2003年起开展政务公开工作，对内设立公示栏，对外设立公开板，在网站上设立局务公开网站。对外公示内容包括机构设置及职能，防雷装置检测、收费项目标准，依法行政依据和范围，气象专业服务收费项目标准。对内公开栏内容包括年度人事任用、财务收支、重大事项决策等。

党建与气象文化建设

1. 党建工作

支部组织建设情况 1980年成立党支部。支部组织建设逐渐得到加强，在气象事业发展和服务地方经济建设中发挥模范带头作用。截至2008年气象党支部共有8名党员，其中在岗5人，退休3人。5名同志先后荣获过"优秀共产党员"、"先进党务工作者"称号和"党风廉政建设先进个人"荣誉称号。

党风廉政建设情况 按照党风廉政建设责任制的要求，立足于教育，着眼于防范，坚持从严治党、从严治政，加强党风廉政教育，规范从政行为，以求真务实、艰苦奋斗的作风，努力营造公平、公正、高效、优质的工作环境。同时，建立健全领导干部廉政档案、重大事项报告制度以及领导廉政承诺制度等。2007年获得区直机关党风廉政建设先进集体称号。

2. 气象文化建设

在精神文明建设工作中，坚持把提高职工素质、加强思想政治工作与改善办公环境相结合，有效促进了精神文明的创建和气象局整体工作的提高。1990年起历届班子均成立了精神文明创建机构，同时制定了文明单位创建近期计划和长远规划，精神文明创建做到了年初有计划、年终有总结。

文明单位创建成效显著。2002年被阿城市委、市政府授予"文明单位"称号，2004年晋升为"文明单位标兵"。2007—2008年连续被评为"市气象部门双文明先进单位"。

3. 荣誉

建站以来，阿城气象局共获各类集体与个人荣誉100余项，其中获市级以上表彰奖励50余次。突出的有，1994年获"全国气象系统抗洪先进集体"称号；在1992—2008年，3次被评为全省"人工降雨和防雹工作先进单位"，12次获市"人工影响天气工作先进单位"。2007—2009年连续2年获"市气象局双文明建设先进单位"，周仁、韩成勤、王永生等先后荣获"市气象系统先进工作者"、"劳动模范"称号。

台站建设

建站以来，阿城气象局办公楼经过了两次扩建，一次更换房盖，一次室内装修，办公条件有所改善。随着经济的发展和城市建设步伐的加快，2007年底，气象局受城市整体规划的影响，经省气象局批准，新站址选定在阿城区五一路南端(距原气象局1900米远)，占地面积11000平方米，将于2009年开工建设。新址建成后，办公楼总建筑面积1106.86平方米(其中办公楼面积 934.63 平方米,附属房面积 172.23 平方米),附属房将包括食堂、车库、锅炉房等。办公楼设有业务一体化平台、人工影响天气指挥平台、防雷检测站、业务值班室、仪器室、传达室、资料室、活动室、会议室等,办公桌椅、微机也将全部更换。

1991 年办公楼

2007 年气象局大门

2007 年办公楼及观测场

巴彦县气象局

巴彦县位于黑龙江省中部偏南,松嫩平原腹地,总面积 3135 平方千米,辖 18 个乡镇、116 个行政村,人口 70 万。属于中温带大陆性季风气候。年平均气温为 3.0℃,极端最高气温为 37.9℃,极端最低气温为-42.5℃,≥10℃积温平均为 2682.0℃,年平均降水量为 573.7 毫米,年平均日照为 2620.9 小时。

机构历史沿革

历史沿革　1934 年伪满洲国中央观象台在巴彦建立了气象观测所,至 1945 年停止观测。1959 年 12 月 21 日巴彦县气象站建立，观测场位于北纬 46°11′，东经 127°21′，海拔高度 135 米。1976 年 1 月 1 日，迁至巴彦县南门外，观测场位于北纬 46°05′，东经 127°21′，海拔高度 134.1 米。2008 年 12 月 31 日后定为国家一般气象观测站。

建制情况　始建时属地方政府建制，业务归省水利厅气象水文局领导。1962 年 6 月至 1968 年 7 月改以省气象局为主领导。1968 年 8 月改由巴彦县革命委员会领导为主。1971 年 3 月改由军队领导为主。1973 年 7 月归县革委会为主领导，业务隶属于松花江地区气象局，1975 年 7 月成立县气象科，实行科站合一体制。1980 年 5 月起实行以气象部门为主的双重领导体制。1984 年 7 月气象科改称气象局。

名称及主要负责人变更情况

名称	任职时间	负责人
巴彦县气象站	1959.6—1963.6	罗泽春
巴彦县气象站	1962.7—1969	张中全
巴彦县气象站	1970—1971	王　信
巴彦县气象站	1971—1975	曲　震
巴彦县气象科	1975—1977	郭振兴
巴彦县气象科	1977—1978.6	刘振民
巴彦县气象科	1978.7—1978.8	孙福禄
巴彦县气象科	1978.9—1980.5	林树森
巴彦县气象科	1980.6—1984.7	于梦海
巴彦县气象局	1984.8—1995.10	左书元
巴彦县气象局	1995.11—1997.8	谢开云
巴彦县气象局	1997.9—2002.3	赵和源
巴彦县气象局	2002.4—2004.1	栾忠阁
巴彦县气象局	2004.2—2006.3	张禹祥
巴彦县气象局	2006.4—	栾忠阁

人员状况　1960 年初建时期只有 2 人。现有在职职工 10 人，退休职工 6 人，聘用 1 人，其中大学学历 4 人、大专学历 4 人，中级专业技术人员 4 人、初级专业技术人员 3 人，50～55 岁 2 人、40～49 岁 2 人、40 岁以下 6 人，党员 8 人。

气象业务与服务

1. 气象业务

①气象观测

伪满康德元年(1934 年)到伪满康德十二年(1945 年)，巴彦气象观测所每天在 10 时观测 1 次，上报伪中央实业部和克山县试验场。

1960 年 1 月 1 日，巴彦站建立后，承担一半气象观测站任务，2007 年起，承担国家基本气象站观测任务。

观测时次　1960 年 1 月 1 日至 2004 年 12 月 31 日，每天 02、08、14、20 时 4 次观测。

2005 年 1 月 1 日至 2006 年 12 月 31 日，每天 08、14、20 时 3 次观测，每天白天守班。2007 年 1 月 1 日起，每天 02、05、08、11、14、17、20、23 时 8 次观测，昼夜守班。观测项目有云、能见度、天气现象、气压、气温、湿度、风向风速、降水、雪深、日照、蒸发、地温等。

发报内容 天气报的内容有云、能见度、天气现象、气压、气温、风向风速、降水、雪深、地温等；重要天气报的内容有暴雨、大风、雨凇、积雪、冰雹、龙卷风；旬（月）报的内容有气温、降水、大风、日照等。编制的报表有 3 份气表-1、3 份气表-21，向省、市气象局各报送 1 份，本站留底本 1 份。2006 年通过分组数据交换网向省气象网络中心传输原始资料。

现代化观测系统 2005 年建成自动气象观测站。自动气象站观测项目有气压、气温、湿度、风向风速、降水、地温等，观测项目全部采用仪器自动采集、记录，替代了人工观测。2006 年 6 月，县政府投资 25 万元，在 17 个乡镇建成温度、雨量两要素自动观测站，同年 8 月开始运行。

②天气预报

1962 年，开始作 24 小时天气预报。当时主要收听省电台广播的气象数据，绘制天气图，结合气象指标、物候现象以及气象谚语，加以综合分析，制作补充订正短期天气预报。1965 年根据省气象台天气形势图、广播和本站要素的变化分析制作中、长期天气预报。1975 年引进数理统计预报方法，综合使用二级分辨和多元回归等方法制作数值天气预报。天气预报由主观定性开始向客观数值方面迈进。在 20 世纪 80 年代初期，对各种灾害性天气个例、对气候分析材料、预报服务调查、灾害性天气调查、预报方法使用效果、预报质量月报表、预报技术材料等建立业务技术档案。1982 年配备了“123”型传真机，每天定时接收天气图。1986 年配备 PC-1500 小型微机，应用国家气象中心发布的 16 个物理量数值，制作 MOS 方程。2000 年建立 PC-VSAT 小站，接收大量预报信息，短中期预报能力明显提高。2005 年后，应用新一代天气雷达实时监测资料开展短时临近天气预报警报。

20 世纪 80 年代初，中期天气预报通过传真接收中央气象台、省气象台的旬天气预报，结合本地方法，短期天气形势，天气过程的周期变化等分析制作一旬天气过程趋势预报。长期天气预报主要运用数理统计方法和常规气象资料图表等方法，制作春播预报、汛期（5—9 月）预报、年度（3—10 月）气候预测、秋季霜冻预报。

2．气象服务

1962 年开始由县广播站广播短期天气预报，为公众服务。1991 年建立气象警报接收系统，每天 2 次通过警报广播向农村及服务用户传递天气预报等信息。1998 年与电信部门合作，建立了“121”电话天气预报答询系统。1998 年建立电视天气预报节目制作系统，通过电视台发布各乡镇天气预报。2006 年对天气预报制作系统进行了数字化改造。

决策服务坚持以防灾减灾和农业服务为重点，定期和不定期向县领导及有关部门提供短、中、长期天气预报和雨情、墒情等情报。多年来，决策服务在领导组织防灾抗灾和指导农业生产中发挥了积极作用。在做好公益服务的同时，1988 年开始推行气象有偿服务，主要是为用户提供中、长期天气预报和气象资料，一般以旬、月天气预报为主。气象防灾减灾服务从 1976 年起，使用土炮开展人工防雹作业。1986 年 6 月成立了巴彦县人民政府人工降雨防雹领导小组，在气象局设办公室，气象局长兼任办公室主任。同年在西集镇、华山乡、松花江乡建立了 3 个固定防雹站，使用”三七”高炮进行人工增雨防雹作业。1992 年、

1995 年县政府先后出资购置高炮 16 门。目前，全县共有“三七”高炮 19 门，分布在 12 个乡镇，有车载火箭发射架 1 部，每年进行多次作业，在抗旱防雹工作中发挥了积极作用。如 2003 年春夏连续干旱，正值亚麻快长期，气象局根据天气形势分析，在重点亚麻种植地开展人工增雨作业，受益面积达 20 万亩，经济效益达 200 多万元。

法规建设与管理

法规建设 围绕气象工作下发的法规性文件主要有，1999 年县编委下发的《关于成立巴彦县雷电防护设施检测站的通知》(巴编发〔1999〕14 号)，2000 年与建设局联合下发的《关于加强建设项目防雷工程管理工作的通知》(巴联发〔2000〕1 号)，2004 年与县发展计划局、建设局联合下发的《关于将防雷图纸审核、工程验收纳入县基本建设计划审批程序的通知》(巴计联发〔2004〕1 号)，2005 年、2006 年与县安全生产监督管理局联合下发的《关于开展全县雷电安全检查工作的通知》(巴安联发〔2005〕1 号、〔2006〕5 号)，2007 年、2008 年与县教育局联合下发的《关于做好中、小学防雷安全工作的通知》(巴气联发〔2007〕1 号、〔2008〕1 号)等。

行业管理 1995 年施放氢气球纳入了县政府监管范围。1998 年，成立巴彦县防雷领导小组办公室，防雷工程从设计、施工到竣工验收，全部纳入气象行政管理范围。每年定期对液化气站、加油站、民爆仓库等高危行业和非煤矿山的防雷设施进行检查，对不符合防雷技术规范的单位，责令进行整改。春季、秋季与安监部门进行防雷安全检查。将气象探测环境保护标准到县规划局进行了备案，取得主管部门对探测环境保护的支持。

政务公开 对气象行政审批办事程序、气象服务内容、服务承诺、气象行政执法依据、服务收费依据及标准等，采取了通过户外公示栏、电视广告、发放宣传单等方式向社会公开。气象局内部的干部任用、财务收支、目标考核、工程招投标等内容采取职工大会方式向职工公开。财务每半年公示一次，年底对全年收支、职工奖金、福利发放、领导干部待遇、劳保、住房公积金等向职工作详细说明。

党建与气象文化建设

支部建设 1963 年至 1968 年，有党员 1 人，编入农业局党支部。1969 年至 1970 年，有党员 2 人，编入种子公司党支部。1974 年建立气象局党支部，有党员 6 人，归农业局党委领导，1985 年起归县直机关工委领导。现有党员 8 人。

严格执行党风廉政建设责任制，制定了保持共产党员先进性长效机制，建立了“三会一课”制度、党员民主评议制度、党员联系群众制度、党建目标管理制度、政治学习制度、政务公开制度、领导廉政承诺制度以及发展党员规划等。

气象文化建设 坚持以人为本，弘扬自力更生、艰苦创业精神，深入持久地开展文明创建工作。成立了精神文明创建机构，建立了学习和考核制度、岗位练功制度及文明单位创建规划等。始终把文明建设与业务服务工作紧密结合起来，把领导班子的自身建设和职工队伍的思想建设作为文明创建的重要内容，通过开展经常性的政治理论学习，提高职工队伍的素质。多次选送职工到南京信息工程大学、成都信息工程学院、黑龙江大学、哈尔滨师范大学学习深造。全局干部职工及家属无违法违纪和刑事民事案件。

每年在“3·23”世界气象日组织科技宣传，发放科普宣传材料5000余份，普及防雷知识。每年接待大量学生到气象站参观学习。积极参加县组织的文艺汇演和全民健身运动会。

荣誉 建站以来，巴彦县气象局1988—1993年、1996—1998年连续获省人工影响天气工作先进单位。1989年、1990年、1993年、1997年、1998年先后被地区、市气象局评为先进单位和双文明先进单位。1984年、1987—1991年、1997年、1998年被巴彦县委、县政府评为支农先进单位。

2人次获中国气象局“质量优秀测报员”称号，3人次获全省“全能观测员”称号。

台站建设

建站初办公条件极其艰苦，办公室、值班室、宿舍同为一间，只有1人。1975年因气象探测环境受到严重影响，迁至现站址。1997年投资20万元进行综合改造，修建了办公楼，办公条件有所改善。2004年、2005年先后投入资金10万元，对办公楼外墙、屋顶、门窗和室内进行了改造和装修，办公条件明显改善。2008年，省气象局投资20万元，对县气象局环境进行了绿化改造，重新整修了大门、围栏、桥涵，在庭院内修建500平方米硬化路面，铺设马路砖1100平方米，新建观测场白钢围栏100延长米。气象园区进行了美化、绿化。目前，气象局占地面积1.1万多平方米，其中办公楼310平方米，锅炉房28平方米，车库33.2平方米。

1983年时的巴彦气象站

2008年巴彦气象局新貌

宾县气象局

宾县位于张广才岭向松嫩平原过渡地带低山丘陵区，总面积3861.5平方千米。年平均气温4.4℃，极端最低气温为－37.7℃，极端最高气温为36.6℃，≥10℃积温为2780.0℃·日。年平均降水量为578毫米。

机构历史沿革

历史沿革 宾县气象站始建于1957年12月，为国家一般气象站，观测场设在宾县东门外第一示范农场郊外，东经127°29′，北纬45°47′，海拔高度192.3米，租用农场的两间草房，1958年1月1日正式开始地面观测工作。原址处在城市的下风方，不符合规范要求，1964年1月1日迁到现址宾县西门外郊外，观测场位于东经127°27′，北纬45°47′，海拔高度192.2米，承担国家一般观测站任务。

建制情况 宾县气象站从成立至1958年4月，隶属省气象局。1958年5月至1962年5月以地方政府领导为主。1962年6月至1968年7月实行气象部门为主的领导体制。1968年8月至1971年再次实行地方政府为主的管理体制。1971—1973年以军队为主领导，由县武装部管理。1973年6月改以地方政府为主领导，归农业科管理。1975年宾县气象科成立，为科站合一。1980年起实行气象部门与地方双重领导、以气象部门为主的管理体制，宾县站归松花江地区气象局管理。1983年改称宾县气象局。1992年12月起划归哈尔滨市气象局管理。

名称、主要负责人及内设机构变动情况

名称	时间	内设机构	主要负责人
宾县气象站(气候站、水文气象站、气象站)	1957.12—1958.09 1958.09—1959.11 1959.11—1962.04 1962.04—1963 1970 1970.01—1973.12 1971.08—1973	测报股 预报服务股	陈继修 杨新民 李德海 杨新民 任同民 高德清 于　勇
宾县气象科	1975 1979.04—1982.04 1982.09—1984.07	测报股 预报服务股	姜达川 赵云路 高　福(代)
宾县气象局	1984.07—1986.07	测报股、预报服务股	李　华
宾县气象局	1986.07—1988.04	测报股、预报服务股	王玉文
宾县气象局	1988.04—2000.12	测报股、预报服务股	高　福(副局长主持工作，1995年为局长)
宾县气象局	2000.01—	基础业务股、综合服务股、人控防雷中心	杨　君

人员状况 宾县站1957年成立时只有2人。1975年，县编委为气象站定编11人。目前，在职职工8人，其中本科学历3人、大专学历5人、中专学历1人，党员4人，工程师5人，50岁以上1人、40～49岁4人、40岁以下3人。

气象业务与服务

1. 气象业务

气象观测 1957年始建时气象观测项目主要有气温、湿度、降水、蒸发、地温、风向风速、云、天气现象、能见度、日照时数、蒸发等。使用地方平均太阳时 01、07、13、19 时为观测时间，每天进行 4 次定时观测。执行 GD-21、GD-22 电码。1960 年 7 月 1 日撤销地方时改为北京时，02、08、14、20 时为观测时间。1963 年 1 月 1 日增加曲管地温观测。1987 年 1 月由 4 次定时观测改为 3 次定时观测，夜间不守班。2003 年 7 月 21 日，按照统一部署，完成了自动气象站的安装调试工作，开始试运行，自动气象站数据定时向省气象网络中心上传。2004 年开始自动气象站与人工气象站双轨运行平行观测（以人工站为主），以自动站数据进行编发电报。2006 年自动气象站进入单轨运行。宾县气象站向省气象台每天编发 3 次加密报、重要天气报及旬、月报。

气象信息网络 建站后，气象电报通过电话传给邮电局转发。1988 年建成与地台、县站进行业务联系的甚高频电话系统，1992 年建成覆盖各乡镇的气象警报网，用于传播天气预报等信息。2001 年 3 月 1 日，开始启用分组交换网，传递气象电报和各种信息，2005 年通过宽带网络，每小时向省气象网络中心上传自动站实时数据，上传和调用的信息量及速率大幅度提高。2006 年建成了 16 个乡镇自动雨量站，区域雨量网正式运行，同年，完成天气预报可视化会商系统，可以与省、市、县气象台站进行天气会商及业务联系，建立新一代天气雷达实时资料共享系统，为开展短时预报提供了重要信息。2008 年 7 月将 1957—2003 年的气象记录档案气簿-1、温度、湿度、气压、风向风速、雨量自记纸整理归入黑龙江省气象档案馆，县气象局只保留 5 年的气象记录档案。所有的气象记录和有关文件都实现了纸质与电子版同时保存归档。

气象预报 自建站以来一直承担着长期、中期和短期天气预报的制作与发布工作。短期天气预报主要预报未来 24～120 小时的天气。开始以“收听加看天”制作天气预报，后采用“123”传真机接收天气图等资料，结合本站的资料和方法参考省、市局和临近县的预报资料，制作与发布各种时效的天气预报。2000 年建立电视天气预报节目制作系统，电视台播出天气预报细化到乡镇，预报信息传送到千家万户。2000 年安装了气象信息综合分析处理系统（卫星单收站），通过卫星直接接收云图和各种天气图，提高了县站预报能力。2001 年 1 月 1 日开始通过分组交换网接收哈尔滨市气象台的指导预报，并编发宾县的城镇天气预报及各区预报（将各乡镇分成几个区域）。2006 年使用新一代天气雷达实时监测资料，开始制作发布未来 6 小时的短时预报和未来 3 小时的临近预报。

2. 气象服务

公众气象服务 宾县气象局从 1958 年开始通过县广播站发布天气预报，为公众服务。1992 年建立天气预报警报网向各乡镇、粮库以及林场发布 24 小时天气预报、重要天气预报等信息，扩大了服务面。2000 年开始通过县电视台播报 24 小时天气预报，使广大群众能够收看到本县的天气预报。1999 年建立“121”天气预报自动查询系统，通过电话答询 24 小时天气预报，未来 3 天天气趋势预报及各种气象信息。

决策气象服务 宾县境内发生的气象灾害主要有干旱、暴雨、大风、暴雪、寒潮、霜冻等等，如 1994 年 7 月 13 日大暴雨造成的特大洪涝灾害、1997 年霜冻等都给当地农业和经济造成了不可估量的损失。气象局坚持以防灾减灾为重点，把决策服务放在首位，采取多种方式，积极有效地开展决策服务。从 1988 年开始发布年景分析及各季节性长期预报。从

1992年起开展15项农业系列化服务，为县委县政府指导农业生产提供决策依据。2007年开始发布灾害性天气预警信息，为防灾减灾提供服务。由于决策服务及时，灾害性天气预报准确，各地提前做好预防工作，从而减轻了灾害损失。1991年畜牧砖场接到大雨预报，提前做了防范，保护了砖坯，防止窑门进水熄火，减少损失7000多元；入冬时又及时提供了回暖预报，职教中心抓住了时机捣制屋面，抢了进度，保证了质量；成功地为县全民运动会、宾西水泥厂二期工程开工、宾西地方铁路开工剪彩等大型活动提供准确的气象服务。多年来，在公益服务、决策服务、专项服务、科研服务方面都取得了显著的经济和社会效益。

专业与专项气象服务 宾县雹灾多，防雹任务重。1970年起开展土炮人工防雹，现有作业高炮20门，车载火箭发射架4部。设立20个高炮作业点，8个火箭预定作业点。每年平均作业300次，在保障烤烟等作物丰收上发挥了重要作用，深受农民欢迎。近几年火箭作业多用于人工增雨，2001年开展了开发空中云水资源，为二龙山灌区增水进行人工增雨作业，人工增雨缓解、解除了旱情。2000年开展防雷设施检测安装、图纸审核、竣工验收、工程施工等，近9年共检查150个单位防雷装置、审核图纸80份，承揽防雷工程12个。2000年开始电视天气预报制作，设置8个画面，5个区域预报。2000年起开展气球庆典服务。

气象科技服务与技术开发 1985年起开展专业气象有偿服务。1996年3月起与电信合作开展“121”电话天气预报自动答询业务。2000年开始在电视天气预报上插播广告。2001年先后开展为二龙山举办的国际、国内冰雪赛事气象服务；2002年开展烟草生产气象服务；2003年为宾县林业局所属林场开展了森林火险等级预报服务；同年3月为筹建大型水泥厂进行气候可行性论证。

气象科普宣传 1999年起参加县政府每年举办的科普之冬活动，进行科技讲座和年景分析宣传，1999年至2008年，宾县气象局在科普之冬活动中，每年发放科普材料都达2000余份。2002年起参加县政府举办的科技大集，现场开展气象咨询、发放气象科技资料，进行气象知识宣传。2003年起将气象局观测场设为气象科普基地，每年“3·23”邀请中小学生进行参观，宣讲气象知识。2008年在局内建成气象科普长廊，悬挂各种气象科普宣传图30幅，供群众参观学习。

法规建设与管理

1. 气象法规建设

围绕业务建设和气象服务，当地政府下发的文件主要有：《宾县人民政府关于推动气象事业又好又快发展的实施意见》(宾政发〔2007〕2号)；《宾县人民政府办公室关于印发宾县自动雨量站监测网建设实施方案的通知》(宾政办发〔2007〕21号)；《关于做好防雷减灾工作的通知》(宾政办发〔2009〕8号)。2007年3月进入县行政审批中心，履行气象行政管理职能。

2. 社会管理

行业管理 为了加强气象行政管理工作，2005年经培训考核，有6人取得了行政执法资格证书，负责气象执法工作。2003年将气象探测环境保护标准到县规划局进行了备案，取得主管部门对探测环境保护的支持。2007年对水利机械公司在气象观测场西北角违法建设办公住宅楼成功进行了执法,保护了探测环境。施放氢气球和防雷管理纳入了县政府监管范围,由气象局负责有关审核、审批工作。每年春季、秋季与安监部门联合进行防雷安全检查。

政务公开 从2005年起开展政务公开工作,对内设立公开栏,对外设立公示板。公示板内容包括机构设置及职能,防雷装置检测、收费项目标准,依法行政依据和范围,气象专业服务收费项目标准。对内公开内容有:单位财务收支情况、领导干部廉洁自律情况、单位职工关心的重大事项、各项规章制度、职工福利待遇及奖金分配情况、干部人事等。

党建与气象文化建设

1. 党建工作

支部建设 建站之初有党员2名,1970年气象局成立党支部。2000年至2008年,宾县气象支部共发展3名党员。在气象事业发展和服务地方经济建设中发挥模范带头作用,支部组织建设不断得到加强,2006年和2008年,气象局党支部被宾县县委评为先进党支部。2001—2005年,宾县气象党支部连续被评为县农业系统先进党支部。

党风廉政建设 高度重视党风廉政建设工作,建立了党风廉政建设责任制,制定了保持共产党员先进性长效机制,建立了"三会一课"制度、党员民主评议制度、党员联系群众制度、党建目标管理制度、政治学习制度、发展党员规划、政务公开制度以及领导廉政承诺制度。2002年、2003年被宾县委授予"党风廉政先进集体"。

2. 气象文化建设

精神文明建设 从1995年起历届班子均成立了精神文明创建机构,同时建立了学习制度、岗位练功及业务工作规划、学习和考核制度及文明单位创建规划等。精神文明创建做到了年初有规划、年终有总结。文明单位创建成效显著。1996年被宾县授予文明单位称号。2005年被哈尔滨市委、市政府命名为"市级文明单位"。

宾县气象局重视气象文化建设,建立了图书阅览室,职工活动室,建成乒乓球、篮球等体育活动场地,并购置了体育器材。建成了气象科普长廊和青少年科普活动基地,每年接待大量学生参观学习。

3. 荣誉

建站以来,宾县气象局获各类集体荣誉70余次,其中,获市级以上表彰奖励50余次。突出的有,1958—1963年为省气象系统标兵单位,1985年和1994年获省气象局汛期气象服务先进集体,1996年、1998年、2001年、2004年、2005年、2006年度获省政府人工降雨办公室授予的先进单位。2000年、2002年、2003年、2004年、2007年和2008年度获哈尔滨市政府人工降雨办公室授予的先进单位。2005年、2006年、2008年获哈尔滨市气象局双文明建设先进单位。2006年获县全民运动会"特殊贡献奖"。2005年度被哈尔滨市气象局授予防雷减灾工作先进单位,2004年、2005年度被宾县安委会授予"安全工作先进单位标兵"。2007年1月被哈尔滨市气象局评为"四五"普法先进单位。2008年3月被县委、县政府评为"包乡工作先进单位",7月被中共宾县县委授予"先进党支部"称号。2007—2008年度被黑龙江省气象局授予“全省气象部门先进台站”。2009 年 3 月被宾县县委、县政府授予“新农村帮建先进单位”。2007 年 1 月被宾县县委授予“支援经济开发区建设先进单位”。

台站建设

台站综合改造 建站初期，办公条件差，租用房屋办公。1946 年新建 3 间泥瓦房用于办公。1978 年建“一头沉”办公用房 242 平方米，办公条件有所改善。1995 年 10 月建办公楼。2004 年对原气象局办公用房进行综合改造，同时新增加面积 153 平方米，2005 年建高炮炮件库房 24 平方米。2007 年对外部环境进行综合改造，更换了节能变压器，改造了供电线路，打通了新的道路，修建水泥路面 90 延长米，修建庭院硬化面积 1000 平方米，新建铁艺围墙 80 延长米、砖墙 180 延长米，新建电动伸缩门和铁艺大门。2008 年改造办公楼暖气设备，实现了集中供热。改建后办公条件显著改善，办公楼设有微机室，值班室、仪器室、传达室、资料室、室内卫生间、图书室、活动室、会议室等，并更换了部分办公桌椅和微机。

园区建设 园区建设共分为两部分，一部分为观测区，观测场采用铁围栏，场内及周边用水泥步道砖和大理石铺设甬道 150 延长米。一部分为职工活动区，建成两个凉亭、三个花坛，一个葡萄架长廊，绿化栽植树木 640 棵、榆树墙 300 延长米，院内实现了亮化。修建水泥面 500 平方米，铺设砖面 800 平方米，建成职工篮球场、羽毛球场等活动区，园区环境发生了根本性变化。

宾县气象局旧貌（摄于 1989 年）

宾县气象局新办公楼

园区一角

改建后的观测区（摄于 2007 年 8 月）

方正县气象局

方正县位于松花江中游南岸，张广才岭西北麓丘陵地区。幅员面积为2996.3平方千米，人口23万。大陆季风性气候，年平均气温3.4℃，极值最低气温－40.2℃，极值最高气温36.8℃。全年积温平均为2689.9℃·日。低温冷害、干旱、暴雨、早霜为农业生产的主要灾害。

机构历史沿革

历史沿革 方正县气象局始建于1958年7月，于1959年1月1日开始正式观测，为国家一般气象站。站址位于方正县城西大桥西300米路南，观测场位于东经128°48′，北纬45°50′，海拔高度119米。1959年3月因火灾办公室烧毁，损失了全部观测资料和部分器材，仍坚持人工地面观测，同年5月，观测场站址迁移到方正县域东南角。1964年经方正县批准，迁站至城西新建办公室(195平方米)，观测场位于北纬45°51′，东经128°51′，海拔高度119米。

建制情况 建站起至1962年5月，气象站属地方建制，业务工作由牡丹江地区气象台管理。1962—1968年以省气象局领导为主，地方由县水利科管理。1968年8月至1971年3月改以地方政府为主领导。1971—1973年实行军队为主的双重领导体制。1973年7月起改为地方政府领导为主，1975年7月成立方正县气象科(站)，隶属于方正县革命委员会，业务由松花江地区气象局管理，1980年起改为气象部门为主的双重领导。1981年改称县气象局，仍实行局站合一。

主要负责人内设机构及人员变动情况

时间	任职领导	职务	职工人数	内设机构	说明
1958年	黄楚雷	副站长	2		
1964年	董德宝	负责人	3		
1969年	李天上	负责人	5		派遣驻军代表
1969年7月	陈万方	负责人	5		
1969年	李中民 王 斌	军代表 副站长	10		
1971年8月	乔 清	副站长	10		
1975年	王永良	科长	10	测报、人影	
1979年	冯立功	副科长		测报、人影	
1981年	花永兴	局长	12	测报、人影	
1984年	徐家骕	局长	12	测报、人影、防雷	
1997年	王 清	局长	12	测报、人影、防雷办公室	
2002年	孙喜库	局长	9	综合业务、基础业务、防雷、人影	

气象业务与服务

1. 气象业务

气象观测 1959年1月1日开始地面气象观测，进行记录积累。主要观测项目有气温、空气湿度、每天的日照时数、0～20厘米的地表温度、小型蒸发、地面状态等，每天进行4次定时观测。1985年7月1日改为3次定时观测，夜间不守班。根据省气业〔1989〕177号文件，定为国家农业气象基本站。建站后一直承担旬月报、重要天气报发报任务。2003年1月1日开始编发加密天气报。2005年7月1日按照统一部署，完成了自动气象站的安装调试，开始试运行。2005年1月1日自动站开始了正常运行，其数据定时向省气象网络中心上传。2005年1月1日自动站与人工气象观测双轨运行同时上传，2007年1月1日自动站开始单独进行编发上传。

气象信息网络 建站后，气象电报均由人工编制用电话上传到邮电局转发。1984年后采用PC-1500机、微机进行数据处理和编发电报。1984年12月8日建立甚高频电话系统，与地区气象台及全区县站进行天气会商等业务联系。1989年起建立气象警报网，向各乡镇及有关单位传递天气预报、情报，扩大了服务面。1999年1月开始起用分组数据交换网络传递和接收各种信息数据。2000年1月开始起用宽带网络，向省气象网络中心传送观测数据，接收有关气象信息。其传输速度和传输量大幅度提高。2006年3月开始组建乡镇自动雨量、温度监测站，现有7处，分别设在5乡2镇，区域雨量网正式运行。2008年10月1日将温度、湿度、气压、风向、风速、雨量等自记纸数据整理后交由省气象档案馆留存，本站只保留近五年的数据资料。

气象预报 方正气象县局自建站以来一直承担着长期、中期和短期天气预报的制作与发布工作。开始收听省气象台的天气形势广播，绘制简易天气图，结合本站的方法和资料，制作补充订正短期天气预报。1981年起使用“123”传真机接收天气图表，预报能力有所增强。1999年安装了气象信息综合分析处理系统(卫星单收站)，直接接收卫星广播等云图和各种天气图，预报信息量大幅度增加。2001年1月1日开始通过分组交换网接收哈尔滨市气象台的指导预报，并编发方正县的城镇天气预报。2004年开通与国家、省、市、县气象台站等可视化会商系统，提高了灾害性、关键性、转折性天气预报能力。2007年建成哈尔滨新一代天气雷达实时资料共享系统，开始制作发布未来6小时的短时预报和未来3小时的临近预报。

2. 气象服务

公众服务 方正县气象局从1960年开始发布天气预报，通过县广播站向公众广播，服务于百姓生活。1989年建立气象警报网向各乡镇和粮库发布24小时天气预报和重大天气预报，提高了服务的时效性。1997年建立“121”电话天气预报自动答询系统，通过电话答询24小时天气预报、未来3天天气趋势预报及各种气象信息。1998年气象局建立电视天气预报制作系统，通过县电视台播报各乡镇24小时天气预报。

决策服务 低温、冷害、早霜、暴雨、干旱是方正县的主要农业灾害。在决策服务中，以防灾抗灾为重点，围绕农业生产和防灾，县气象局每年都向县政府和有关决策部门提供年度气象预测，年景分析，对适宜栽培的主要作物和品种提出建议。在防汛、抗旱、森防期间都及时提供季、月、旬及重要天气预报和情报，为防灾决策提供依据，从而取得了明显效果。如2003年，在年景分析中预测有倒春寒发生，建议三大作物应种植中、早熟品种，抗低温、抗病虫害较强的品种，县政府高度重视，按此建议部署农业生产。当年累计增产80万～100万千克水稻，经济效益为96万～120万元。受到县政府及广大农民的好评。2005年预测汛期降水量偏多，属于中等汛情，不会发生内涝或较大水灾。县政府根据此建议部署防汛工作，沿江大堤节省土方4.2万立方米，节省用工支出126万元。

专业专项服务 1979年起开展人工影响天气工作，当时主要是人工防霜。1985年起使用“三七”高炮开展人工防雹和人工增雨作业。现有作业高炮7门，车载火箭发射架1部，牵引火箭发射架1部。在乡镇设立7个高炮作业点，火箭实行流动作业。据不完全统计，自开展人影工作以来，共实施作业200余次，有效地减轻了雹灾，缓解了旱情，在农业抗灾夺丰收中发挥了重要作用，创造的经济效益约10亿元。自2000年，组建防雷检测站以来，防雷检测等工作全面展开，防雷工程图纸审核和验收达90%以上。1985年开展了气象有偿服务业务，每年为保险部门出证10次以上。利用氢气施放资质，为社会各界提供了礼仪庆典服务。

气象科普宣传 自2000年起，县气象部门每年都参与科普大集活动，每年的“3·23”世界气象日都对社会开放气象站，向参观者讲解气象常识，还组织人员开展气象知识、气象法规等宣传，印制宣传材料和气象知识小册子，发给农民朋友。近几年，举办了2期有相关部门领导和技术人员参加的防雷知识培训班，使社会各界对气象知识及防雷减灾知识有了进一步的了解和掌握。

法规建设与管理

自国家气象立法后，方正县气象局一直坚持有法必依、执法必严、违法必究和学法、执法与地方立法相结合的原则，加强了气象法规建设和执法工作。

法规建设 2003年到2009年县政府分别以“方政发”、“方办发”的规格，下发了《关于加强建筑防雷工作的几点意见》、《关于建筑防雷施工中图纸送审的紧急通知》、《关于加大防雷设置检测工作的通知》、《关于报送雷电灾害情况的通知》等地方规范性文件5份。与此同时，县气象局与县教育局、县建设局等部门联合下发了相关《通知》、《意见》等约束性较强的文件3份。

法律宣传 《中华人民共和国气象法》及地方气象法规出台后，方正气象局加大了宣传力度，在2003年和2005年，先后2次在方正县行政干校举办气象法律法规培训班，对全县科(局)领导干部进行培训，邀请地方行政干校教员、省气象专家、防雷专家进行专题辅导、讲座。自2004年开始在“3·23”世界气象日期间，进行气象法律法规的宣传，编印近3000份宣传材料和法规单行本，发到社会各界人士手中，并邀请县政协、县人大、县政府领导参与宣传和讲座。

依法行政 2005年将气象探测环境保护标准在县建设局、规划局和国土局进行了备案，取得主管部门对探测环境保护的支持。防雷减灾办法修订再版以后，县气象局同哈尔滨市气象局法规处分别于2005年8月和2006年3月对方正县第一中学校舍防雷设施违规事件进行了调查处理，对其建筑施工过程中的违反相关法规现象进行了批评教育和纠正。每年春季都与县安监部门对易燃、易爆的场所和单位等防雷装置进行安全检查。每年春秋两季，对乡镇高炮作业点进行安全检查，发现问题，限期改正。

政务公开 对内公开内容：单位财务收支情况、领导干部廉洁自律情况、用人晋级和提拔等单位重大事项。对外公开内容：服务项目收费标准及有关政策法律依据，服务承诺、投诉途径及处理办法，办理事项所需具备的文件资料程序，法律、法规、规章规定的办理时限。

党的建设与气象文化建设

1. 党建工作

党支部建设 方正县气象站自1969年建立党的支部委员会，当时有党员4名。多年来，党支部加强组织、思想、作风建设，充分发挥党支部战斗堡垒作用和党员的先锋模范作用。培养发展7名党员，壮大了党员队伍。1978年、1979年、1983年、1999年和2000年被县直工委评为先进党支部，先后有9名党员被评为优秀共产党员。

党风廉政建设 认真落实党风廉政建设责任制，领导干部和全体共产党员坚持清正、廉洁、公平、公正、公开、公信理念，先后建立了党的“三会一课”制度、公开评论党员制度、机关政务公开制度、党员联系群众制度、年度党建目标管理制度等28项制度，用纪律和制度约束党员，促进党风廉政建设。

2. 气象文化建设

精神文明建设 坚持做到“两手抓、两手都要硬”的工作思路，把两个文明建设紧密结合起来。引导职工以特有的气象文化理念武装自己的头脑，牢固树立气象服务于地方经济建设、服务于社会民生、服务于党和政府决策的思路，以建一流班子、带一流队伍、创一流业绩、建一流台站为目标进行了不懈努力，并围绕这个目标开展政治思想教育、职业道德教育、岗位练兵竞赛和文化体育比赛等多项精神文明创建活动。1984年被评为县级文明单位，2003年被评为市级文明单位。

3. 荣誉

集体荣誉 1977年被省气象局授予“双学先进集体”称号；1985年被省气象局评为“气象系统职工教育先进单位”；1990年被省气象局评为“双文明建设先进单位”；1996年、1998年被评为“省人工防雹先进单位”；2000年在国家气象局组织的测报标准建设评比中获“东三省”第一名。

个人荣誉 1977年王金玉、徐家骕被评为黑龙江省气象局系统先进工作者。

台站建设

1958年建站之初，气象站同林业苗圃共用一栋办公楼。1959年因火灾后迁址至城东南角租用一间草泥民房临时办公。1964年迁址以后也仅建100平方米的办公室，职工在附近临时租房居住，到1973年新建130平方米办公室，原办公室改为职工宿舍。1980年由省气象局和地方共同出资建造了270平方米的办公用房，原办公室改为职工宿舍。1986年由省气象局出资为4户职工建造了职工住宅。随着经济的发展和城镇建设步伐的加快，1998年春，由省气象局和地方共同投资，新建860平方米办公楼一栋，办公条件和环境得到了彻底改善。2004年由政府拨款和自筹资金20余万元，共建炮库6间，库房2座，办公楼内改造装修，设有微机室、天气会商室、仪器室、档案资料库、会议室和各(股)室的办公室和职工休息室。

自2004年开始依据建一流台站、创一流环境的目标建设气象园区。先后改建了观测场，植草坪3000平方米、灌木树丛500株，建花坛8处，室外场地硬化、绿化、美化达到了省级文明单位标准。在职工活动场内增设体育器材4件，建立了羽毛球、排球场地，气象园区环境焕然一新。

1983年11月气象站

2009年8月站貌

2009年8月气象站园区

尚志市气象局

尚志市原名珠河县。为纪念抗日英雄赵尚志，于1947年5月与苇河县合并，改名尚志县。1989年10月撤县设市。尚志市地域广阔，山地、丘陵相间，平原、河流并存。

机构历史沿革

历史沿革 1909年,俄中东铁路修建时,曾在现尚志地区一面坡建立气象观测站(停止观测时间不详)。1937年、1938年伪满洲国中央观象台先后在高岭子、老爷岭建立气象观测站,1945年停止观测。

1952年4月,尚志气象站筹建,观测场位于东经127°58′,北纬45°13′,海拔高度191.0米。8月1日正式开始观测。1972年成立尚志县气象科。1984年10月更名为尚志县气象局,1988年10月更名为尚志市气象局。1987年1月1日确定为国家基本气候站,1992年1月1日变更为国家基准气候站,2007年1月1日改为尚志国家气象观测站一级站。

建制情况 1952年8月到1953年9月,隶属于松花江军事部气象科,业务工作归东北军区司令部气象管理处领导。1953年10月,划为松江省人民政府气象科建制,业务领导归东北气象处。1958年9月,以地方政府领导为主,归尚志水利科管理。1962年6月起,实行省气象局为主的管理体制。1968年8月,实行以地方政府领导为主的管理体制。1970年7月,实行军队与地方双重领导,以军队领导为主的管理体制。1975年8月改以地方政府领导为主。1980年4月,实行气象部门为主,与地方政府的双重领导体制,一直延续至今。

主要负责人变更情况

职务	负责人	任职时间
站长	姚国跃	1952.8—1953.3
站长	姬涛书	1953.4—1953.9
站长	薛耿发	1953.9—1956.1
站长	陈国富	1956.1—1964.5
站长	严孙锟	1964.5—1969.10
站长	杨广仁	1971.10—1972.3
科长	赵汝令	1972.3—1975.9
科长	金浩柱	1975.11—1983.6
局长	苏　武	1983.7—1992.11
局长	林建卿	1992.11—1995.10
局长	韩润双	1995.10—1996.6
局长	黄义峰	1996.6—1998.6
局长	何兴奎	1998.6—2002.7
局长	朱利君	2002.7—

人员状况 建站初期,共有职工3人,全部为高中学历,没有党员。2008年年底有在编职工15人、聘用1人,本科学历7人、大专学历6人、中专学历3人,中级专业技术人员9人、初级专业技术人员7人,40～49岁7人、30～39岁6人、30岁以下3人,党员7人。

气象业务与服务

1. 气象业务

气象观测 1952年8月1日至1986年12月31日，每天进行02、08、14、20时4次观测及发报。1987年1月1日起，每天进行02、05、08、11、14、17、20时7次观测和发报。1992年1月1日改为国家基准站，每天进行24次观测。2003年9月建成CAWS600-SⅠ型自动气象站，12月1日开始试运行。气压、气温、湿度、风向风速、降水、蒸发、地温等观测项目全部采用仪器自动采集、记录。2007年1月1日起，每天进行02、05、08、11、14、17、20、23时8次观测和发报。每天夜间守班。观测项目有云、能见度、天气现象、气压、气温、湿度、风向风速、降水、雪深、日照、蒸发、地温等。

1987年1月1日起，承担向8个军用、民航机场拍发固定和予约航危报任务，每年拍发的航危报量3万余份。每月向省台发月报1次，旬报3次，同时拍发重要天气报。

气象站编制的报表有气表-1和气表-21，向国家气象局、省气象局、市气象局各报送纸质报表1份，本站留底本1份。2000年开始通过分组数据交换网向省气象网络中心传输原始资料，停止报送纸质报表。

气象信息网络 建站初期，气象电报采用手工编报，通过邮电局转发。20世纪80年代初，通过传真接收机接收欧洲气象中心和日本东京发布的形势预报图、实况图及能量分析图。1998年建成PCVSAT单收站，接收国内外各种实时气象数据、数值预报产品、卫星云图等气象信息。同年，气象电报改用分组数据交换网直接传送到省气象网络中心。2007年改用宽带网络传输气象信息。2005年，由于PC-VSAT小站PC机老化，通过共享市气象局局接收机方式接收气象资料。2006年1月1日，自动气象站正式投入业务运行。2007年建成了16个CAWS600-RT型温度、雨量观测站，区域雨量网正式运行。2008年7月，将1952—2003年气象资料移交给省气象档案馆，本站只保留5年的气象记录档案。

短期天气预报 1958年秋季开始制作单站补充短期天气预报，主要运用本站资料，制作的曲线图、剖面图、点聚图和简易天气图，结合群众看天经验做出补充天气预报。20世纪70年代，将统计学方法引入气象预报工作之中。20世纪80年代初期开始利用欧洲气象中心和日本东京发布的形势预报图、实况图及能量分析图等资料制作短、中期天气预报。1998年后，通过卫星单收站接收大量天气图，结合本站方法制作短期预报。近几年使用新一代天气雷达资料，开始制作短时临近天气预报。加之，省、市气象台站加强了指导预报和开通可视化天气预报会商系统，短期灾害性、关键性、转折性天气预报水平明显提高。

中期天气预报 围绕主要农事活动，制作旬天气预报和3～7天的天气预报。主要有水稻最佳育苗期和移栽期天气预报、大田播种期天气预报、春季回暖期预报、大风预报、连阴雨天气预报、转折性天气预报以及为防汛服务的暴雨预报，为森林防火开展的森林火险等级天气预报，为粮食仓储提供的粮食晾晒期天气预报，为滑雪节及比赛提供的降雪预报等等。

长期天气预报 20世纪60年代初开展长期天气预报业务。当时主要采用历史曲线演变法分析和群众经验相结合方法,同时使用相关、相似、韵律等方法。20世纪60年代中期,贯彻中央气象局提出的天气预报工作"图、资、群结合,以群为主"的技术方针,主要是利用天气谚语,老农看天经验作长期天气预报。20世纪70年代,数理统计方法用于长期预报工作之中,如回归分析、周期分析、谐波分析、时间序列分析等,与相关图、点聚图、天气谚语等方法结合制作长期天气预报。20世纪80年代后,开始利用天气学的分析方法,使用北半球500百帕高度场资料、太平洋海温资料以及气象要素历史演变分析、地面气象资料相关分析、大气韵律活动分析、天气概率和数理统计方法制作长期天气预报。长期预报开展的项目主要有:年景分析(含年度天气预报)、春季(3—5月)、汛期(6—8月)、秋季(9—10月)、冬季(11月至翌年2月)天气预报、作物生育期天气预报、透雨预报、大田播种期预报、终霜冻预报等等。

农业气象 1958年春季起开展农业气象观测。观测的作物有玉米、高粮、谷子及土壤湿度观测。1959年观测作物为大豆、玉米、水稻、谷子、小麦、马玲薯。1960—1966年主要观测大豆、玉米作物。1962年以后增加农气旬月报,1963年增加谷子观测。1965年增加了小麦的观测。受"文化大革命"的干扰,1967年停止农业气象观测,1979年恢复农气观测,观测作物品种为玉米和大豆。1987年至1990年间调整为水稻和黑豆。1991年以后固定为玉米和水稻。每年从2月28日起至11月8日,逢8进行测土,测定土壤墒情,向省气象台拍发土壤墒情旬、月报。遇有旱象出现时,对全市有代表性的岗、平、洼地块,加密进行土壤墒情测定。

20世纪70年代末至90年代末,先后2次开展农业气候区划的普查、分析工作,为政府制定农业发展规划、调整品种布局提供科学依据。

1987年开始制作农业产量预报,一般在8月中旬做出产量预报。多年来,产量预报比较准确,受到当地领导的重视与好评。

2. 气象服务

公众气象服务 1958年起短期天气预报通过县广播站广播,为公众提供服务。1990年,通过气象警报系统将天气预报、突发性天气警报以及农业气象预报情报、适用技术、科技信息等广播到乡镇和农户。1996年建立"121"天气预报自动查询系统,向公众提供24~48小时、3~5天天气预报及火险等级、穿衣指数等各类气象信息查询服务。1999年开始,尚志电视台播出天气预报。1999年1月建成电视天气预报节目制作系统,每天18时55分由电视台播出,2005年实现硬盘输出,电视画面更加清晰。2006年开始向公众和有关部门发布气象灾害预警和短时临近预报。从2007年开始为百事通公司互动电视制作电视天气预报,增加了电视天气预报的覆盖面。2007年前,中、长期天气预报通过书面形式提供给党政机关和有关部门。同年起改用E-mail发送给服务对象。

决策气象服务 为市领导机关提供决策服务,一直是气象服务工作的重点。主要围绕农业生产和防灾抗灾开展服务。主要内容包括年景分析预测,中长期天气预报,短期灾害性、关键性、转折性天气预报和产量预报以及雨情、墒情和气候分析等情报。如1990年初,市领导根据气象局的预报,指导农民正确选种中、晚熟作物品种,全市粮食作物喜获丰收,市领导给予高度评价。1983 年出现的低温冷害、2006 年出现的早霜冻以及 2003 年心连心艺术团演唱会、2007 年滑雪节开幕式等重要活动，都为市委市政府提供了及时、准确的预报服务，为大型活动的正常开展以及农业防灾减灾提供了科学依据。

专业与专项气象服务 1973 年开始采用空炸炮进行人工防雹，从 1981 年起使用高炮防雹。到 1991 年，全市已有高炮 9 门，分别布设在尚志、帽儿山、一面坡、老街基、黑龙宫、庆阳、元宝各 1 门，长寿乡 2 门。2006 年底，增加火箭发射架 1 部，作业车 2 辆。人工增雨防雹作业效果明显，领导满意，群众欢迎。2000 年 7 月 4 日黑龙江电视台专题报导了亮珠防雹站多年开展防雹取得明显效益的事迹。

1999 年正式开展避雷检测工作，2001 年取得防雷工程设计、施工丙级资质证书，并与建委合作，开始对新建的防雷工程进行检测验收。

气象科技服务与技术开发 20 世纪 80 年代中期起开展气象专业有偿服务。20 世纪 90 年代初，根据部分地区通信不畅的情况，利用上级批准的无线通信频点，为部分乡镇组建无线对讲通讯网，为部分单位组建内部无线对讲网，取得了较好效果。1996 年末开发了“121”气象信息自动答询系统，起始阶段每天都有近千人通过该系统询问天气预报。1999 年完成数字化改造，中继线由初始的 2 条，发展到现在的 8 条。1999 年 1 月在电视天气预报中开始插播广告，16 幅画面全部占满，取得较好的经济效益。1989 年起开展施放气球、礼炮，彩虹门等庆典、礼仪服务，效益比较明显。

2002 年 5 月 2 日，中央电视台科技频道“今日气象”栏目对尚志气象局科技服务产生的社会效益和经济效益进行了宣传报道。

气象科普宣传 每年在“3·23”世界气象日，都要在大型集会场所悬挂宣传标语、展示板，设立咨询台，发放宣传材料。在每年的科技活动周中深入乡镇，为农户提供上门服务，并利用电视、网络、报刊等媒体，加大宣传力度，使广大市民对气象科普知识有了更深一步的了解。

2002 年“3·23”世界气象日进行科普宣传

法规建设与管理

1. 气象法规建设

近几年下发的主要文件有，尚志市气象局、教育局联合下发的《关于加强中小学防雷装置安全检测的通知》(尚防雷联发〔2003〕1 号)，2004 年后市政府办公室先后发出《关于开展全市雷电防护设施安全大检查工作的通知》(尚政办〔2004〕1 号)、《关于气象探测环境保护备案的函》(尚气发〔2007〕8 号)、《尚志市人民政府办公室关于印发开展全市雷电防护设施安全管理工作的通知》(尚政办发〔2009〕6 号)等文件。

2. 社会管理

行业管理 为了加强气象行业管理,2003 年市防雷办公室取得了行政执法许可。同年有 2 名同志取得了市政府法制办颁发的执法证。2004 年 6 月对民委楼进行了行政执法,使该建筑按照探测环境保护标准由原来的 6 层降低为 5 层。2005 年将气象探测环境保护标准在市规划局进行了备案,取得主管部门对探测环境保护的支持。近年来未发生违反影响探测环境案件。施放氢气球和防雷管理纳入了市政府监管范围,进入了行政审批程序,对多家建筑部门防雷工程图纸进行了审核。每年春季、秋季与安监部门进行防雷安全检查,通过安全检查发现 13 起不合格设施,并责令进行了整改。

政务公开 1999 年起开展了政务公开,对内设立公开栏,对外设立公开板。公开板内容包括机构设置及职能,防雷装置检测、收费项目标准,依法行政依据和范围,气象专业服务收费项目标准。公开栏内容包括年度预算决算、工程发包、人事任用、重大事项决策、职工福利、固定资产状况、气象服务质量等。

党建与气象文化建设

1. 党建工作

支部组织建设情况 1971 年 10 月前,尚志气象站由于党员仅一人,未建立党支部。1971 年末成立了党支部,有党员 3 人。1973 年 7 月,党支部参加农业党总支活动。1975 年后归政府机关党委管理。在加强组织建设的同时,组织党员深入学习邓小平理论和“三个代表”重要思想,用科学理论武装头脑,努力在思想上、政治上、工作上、作风上保持先进性,不断加强党的建设。

党风廉政建设情况 认真贯彻落实党风廉政建设责任制,建立健全各项规章制度。按照党风廉政建设责任制的要求,明确领导干部作风建设的具体责任,及时解决领导干部作风方面的问题,以加强领导干部作风建设,推动党风好转。积极开展反腐倡廉宣传教育活动,不断提高职工反腐倡廉意识和遵纪守法的自觉性。积极推进党务公开,坚持廉政监督员制度。

2. 气象文化建设

精神文明建设 1987 年被县委县政府评为“文明单位”。1987 年、1988 年、1989 年、2001 年、2002 年被省气象局评为“双文明先进单位”,1990 年、1992 年被省气象局评为“双文明标兵单位”。1999 年 10 月,被尚志市委授予“市级文明单位”,2000 年,被尚志市委授予“文明单位标兵”称号。

文体活动 1982 年 8 月,为纪念建站 30 周年,组织篮球邀请赛,延寿、阿城、通河、五常等县气象站参加。2005 年 6 月任淑英参加尚志市直机关工委举办的乒乓球比赛,获得三等奖。2006 年 7 月有 3 名同志参加了尚志市全运会三个比赛项目。

3. 荣誉

集体荣誉 1976年12月先后被尚志县委、县政府授予“农业学大寨先进气象站”，被松花江地区气象局评为“先进集体”，被省气象局评为“全省气象站学大寨先进单位”。1980年被松花江地区气象局评为“气象业务工作成绩显著单位和预报单项标兵”，被省气象局评为“气象工作先进单位”。1983—1986年连续4年被省气象局评为“五好仪器站”。1987年被县委、县政府评为“气象工作成绩显著单位”和“森防先进单位”，被地区气象局评为“先进单位”。

个人荣誉 先后有2人获“全省气象系统劳动模范”称号，8人次获“250班无错情”，3人次获省气象局“全能观测员”称号。

台站建设

建站初始，办公室和业务值班室与县农场共用一栋平房。1972年1月1日拥有了自己的办公场所。1980年，省气象局投资新建办公楼312平方米，年末搬入新办公楼办公。1991年10月，接办公楼100平方米。2001年新建办公楼372.12平方米，办公条件明显改善，并对观测站环境进行改造，观测值班室由原来的99平方米扩建到230平方米，院内铺设水泥甬道，安装路灯，种植花卉、草皮、果树等，绿化面积达到80％，改造后达到了花园式观测站标准。

1980年办公室

2001年新建办公楼

1980年观测场

2005年自动站建成后的观测场

双城市气象局

双城市建于清嘉庆十七年(1812 年),位于松嫩平原中部,距省会哈尔滨市 30 千米。属中温带大陆性季风气候。

机构历史沿革

1. 历史沿革

双城市气象局始建于 1956 年,位于双城市北门外新城区,名称为双城气候站。观测场海拔高度 166.5 米,东经 126°14′,北纬 45°22′。地面观测开始于 1956 年 12 月 1 日,每天观测 4 次。

1957 年 8 月 24 日气候站迁到双城县第一示范农场。1961 年 5 月 26 日迁到双城县南门外,位于东经 126°19′,北纬 45°20′。1967 年 10 月 1 日迁站到双城镇北门外现址,位于东经 126°18′,北纬 45°23′,海拔高度 166.5 米。

2. 建制情况

体制与机构 双城市气象局建站至 1958 年实行省气象局为主的双重领导。1958 年 1 月领导体制改以地方政府为主,更名为黑龙江省松花江专区水利局气象水文科。1960 年 5 月 13 日,又更名为双城县气象水文中心站。1962—1968 年实行省气象局为主的双重领导体制。1968—1971 年以地方政府领导为主。在 1971—1979 年先后实行军队为主和以地方政府为主的双重领导体制。1976 年 3 月改称双城气象科,1980 年起实行以气象部门为主的双重领导体制。1984 年改称双城县气象局,1988 年县改市后,更名为双城市气象局。目前,内设测报股、预报股、防雷检测站、人控股。

1999 年经双城市机构编制委员会(双编发〔1999〕3 号文件)批准,成立双城市防雷办,防雷检测站。2008 年经双城市机构编制委员会(双编发〔2008〕9 号文件)批准成立双城市人工降雨办公室。

人员状况 气象局始建时有职工 6 人,均为中专学历,中共党员一人,均为汉族。现有职工 13 人,其中本科学历 5 人、大专学历 7 人、中专学历 1 人,有中共党员 7 名,中级技术职称 5 人、初级技术职称 8 人。满族 1 人、汉族 12 人。

主要负责人变更情况

负责人	任职时间
刘淑荣	1956.11—1957.12
邵滋丰	1958.1—1964.8
裴守义	1964.9—1968.12
姜伯奇	1969.1—1976.2

续表

负责人	任职时间
程绍贤	1976.3—1982.12
刘玉学	1983.1—1983.12
安郁昌	1984.1—1988.6
刘玉学	1988.7—1990.7
王玉文	1990.8—1995.12
王春华	1996.1—2004.4
高丽馨	2004.5—2006.11
裴贵才	2006.12—

气象业务与服务

双城市气象局主要担负着地面气象观测、农业气象观测、长中短期天气预报、人工增雨、雷电灾害防御、气象服务等任务。

1．气象业务

气象观测 地面观测开始日期为1956年12月1日，实测次数4次(01、07、13、19时)。1960年1月1日起地面观测由4次观测改为3次观测。观测时间从7月1日起由地方时改为北京时，观测时间为08、14、20时。2007年1月1日起由3次观测改为8次观测，执行国家基本站发报任务。

自建站开始，地面气象观测全部为手工操作。自1984年1月1日起使用PC-1500袖珍计算机取代人工编报，提高了测报质量和工作效率。1986年购置了APPLE-Ⅱ计算机，用于测报气表审核。1992年配备了新型计算机，利用安徽地面测报业务软件，完成气表的输入和制作。2002年10月双城市气象局作为全省示范站，建成了DYYZ-Ⅱ型自动气象站，并实现了数据的实时上传。自动气象站观测项目有气压、气温、湿度、风向、风速、降水、地温，观测项目全部采用仪器自动采集、记录，替代了人工观测。经过人工站和自动站一段时间的双轨运行后，2005年1月1日，自动气象站正式投入业务运行，取消了人工观测。

乡镇自动雨量观测站自2005年开始建设，第一批安装5个乡镇。截止2007年10月完成了全市23个乡镇自动雨量站点的建设，实现了乡镇温度、雨量的无线自动传输。

气象信息网络 自建站起，通过邮电部门转发气象电报。2000年加入分组数据交换网，实现了省、市、县三级气象部门联网，气象报文通过分组交换网上传。2005年实现了光缆通讯，提高了传输速率和传输质量。公文接收由原来的分组交换网接收改为通过Notes邮箱收发。

1990年建立遍布全市24个乡镇的气象警报网，用于传播天气预报等信息。

气象预报 气象预报工作开始于1959年，当时只做短期天气预报。1963年开始接收省气象台气压形势与小天气图广播，结合本地资料等制作天气预报。1983年1月开始使用123型传真机接收天气形势图，并开始制作中长期预报、短期天气预报。中长期预报主要制作年度预报、季度预报、月份预报。1993 年开通高频电话，用于与地区及邻县台站的通讯联络和会商天气。1996 年 9 月购置了 486 微机 1 台，LQ-1600K 打印机 1 台，无线数据传输机 1 台，用于天气预报业务。1999 年 10 月建成 VSAT 小站，直接接收卫星云图与天气形势图及各类预报产品，提高了预报准确率。2001 年开始通过预报传输流程向哈尔滨市气象台上传预报，2005 年建设了预报可视化会商系统，实现了与省市气象台的天气会商。同年，使用新一代天气雷达实时监测资料开始制作短时临近天气预报。

农业气象 农业气象观测始于 1958 年，主要进行小麦、谷子、大豆的物候观测与固定地段土壤湿度测定。1980 年观测作物改为玉米、大豆，固定地段土壤湿度用玉米作物地段代替，同时开始开展产量预报制作。

2. 气象服务

公众气象服务 从 20 世纪 70 年代初开始进行气象公益服务，通过有线广播向全县发布天气预报。20 世纪 90 年代后期，服务手段不断加强，服务领域也不断拓宽。1990 年建成农村气象服务网，通过警报广播，把气象信息送到农村。1997 年建成“121”天气预报自动答询系统，为群众提供服务。近几年的公众服务又增加了电子邮件、手机短信等服务形式。

决策气象服务 为县委、县政府、县农办提供各项气象资料，气象预报及墒情雨情服务，20 世纪 80 年代在决策服务中增加了中长期预报服务项目。向市委市政府领导提供决策服务，内容有春季旱涝分析、大风预报、透雨预报、夏季的暴雨预报、秋季的霜冻预报以及重大转折天气预报服务。从 1980 年开始制作全市农作物产量预报，为各级领导指挥农业生产、抢险救灾起到了参谋助手作用。2006 年气象局预报 9 月 9 日夜间双城市低洼地块有轻霜，在向市领导汇报的同时，也在市电视台发布了早霜预报。由于预报及时准确，有关乡镇采取了预防措施，保护农田面积 1.2 万亩，创造经济效益 96 万元。

专业与专项气象服务 1983 年开始进行气象专业有偿服务，签定气象专业有偿服务合同 30 余份。1990 年服务用户增加到 78 个，其中有 45 户安装气象警报接收机。1996 年专业有偿服务用户发展到 89 家。

人工影响天气工作开始于 2007 年 8 月，首次采用人工增雨火箭实施人工增雨抗旱作业，填补了双城人工影响天气工作的空白。目前，拥有车载火箭发生装置 1 台。2007 年 8 月 8 日成功开展了人工增雨作业，有效缓解了旱情。

1999 年起开展防雷设施安全检测，负责防雷工程设计、图纸审核、施工监督和竣工验收。通过近 10 年的运行，防雷工作已经形成了相对规范的运行模式。每年对近 200 个单位的防雷装置进行检测。

气象科普宣传 气象局利用每年的“3·23”世界气象日、农业科技大集、科技活动周等大型的活动进行气象科普宣传，采用设立咨询台、发放传单，制作宣传板、通过电视台等方式进行宣传。

法规建设与管理

1. 气象法规建设

1999年至2008年，双城市政府及有关部门共下发13个法规性文件。主要有双城市政府下发的《双城市雷电防护管理办公室关于做好今年防雷减灾工作的通知》（双政办发〔2000〕1号）、《双城市雷电防护管理办公室关于新建建筑物工程竣工防雷设施验收工作的通知》（双雷办发〔2001〕3号）等文件。为规范双城市防雷市场的管理，提高防雷工程的安全性，气象局联合市建设委员会发出《双城市建设委员会、双城市气象局关于加强建设项目防雷工程管理工作的通知》。

2. 社会管理

探测环境保护 2004年依法制止了某开发商在气象局西侧开发影响探测环境的商品楼，避免了气象探测环境受到破坏。为了保护环境，经请示市政府于2008年公布双城市气象局气象探测环境保护标准。

施放气球管理 为加强对施放气球活动的管理，规范施放气球活动，保障活动安全，双城市气象局对施放单位资质、人员资格、批准内容、操作规范等5个方面加强监督管理。

防雷管理 在全市范围内对防雷装置实行定期检测制度，一般防雷装置每年检测一次，对爆炸危险环境场所的防雷装置每半年检测一次。

政务公开 2004年，气象局在对外政务公开上做了大量工作。2007年10月，气象局入驻双城市行政审批大厅，对气象行政审批程序、气象服务内容、服务承诺、气象行政执法依据、服务收费依据及标准等，采取了通过户外公示栏、电视告示、发放宣传材料等方式向社会公开。2008年，又设立了气象探测环境展示板、气象知识普及宣传板、气象灾害预警信号及防御指南展板等。

气象局内部政务公开，主要对于干部任用、财务收支、目标考核、基础设施建设等内容，采取职工大会或在局公示栏张榜等方式向职工公开。每半年公开一次财务情况，年底对全年收支、职工奖金福利发放、领导干部待遇、住房公积金等向职工作详细说明。职工晋职、晋级等及时向职工公示或说明。

党建与气象文化建设

1. 党建工作

支部组织建设 1956年至1957年，气象局有中共党员1人，编入农业局党支部。1958年至1968年有党员3人，编入农业局党支部。1976年5月，气象科成立党支部。从1970年至1984年发展3名新党员，现有党员7人。

党风廉政建设 气象局坚持把理论学习和工作实际紧密结合起来，把转变作风和改进工作结合起来，改进工作作风。认真落实党风廉政建设目标责任制，积极开展廉政教育和廉政文化建设活动，努力建设文明机关、和谐机关和廉洁机关。局财务工作每年接受上级的审计，并将结果向职工公布。

2. 气象文化建设

精神文明建设 气象局成立了精神文明建设领导小组，进一步加强职工思想政治教育，引导职工不断提高思想政治素质。各股室认真落实有关精神文明建设工作的安排，组织职工学习掌握好本专业知识，加强岗位技术练兵，增强职工的凝聚力、向心力，积极为两个文明建设做出贡献。

文明单位创建 气象局把领导班子的自身建设和职工队伍的思想建设作为文明创建的重要内容，通过开展经常性的政治理论、法律法规学习，培养清正廉洁的干部队伍和高素质的职工队伍。通过开展文明单位创建活动，促进气象事业的发展和职工队伍素质的提高。目前，双城市气象局“三个文明”建设协调发展，干部职工精神饱满，面貌一新，各项工作稳步推进。

文体活动 每年参加市直机关和省、市气象局组织的文艺汇演和户外健身活动，丰富职工的业余文化生活。

3. 荣誉

从1982年至2008年双城市气象局共获集体荣誉20余项。1982年参加国家土壤测墒实验项目，受到国家农委和国家科委的联合表彰奖励。1985年、1999年被黑龙江省气象局授予“双文明先进单位”。2008年被哈尔滨市政府授予“文明建设先进单位”。

从1957年至2008年，气象局个人获奖共100余人(次)。其中4人次被命名为黑龙江省全能观测员，1人被国家气象局授予“质量优秀测报员”称号，多人次获哈尔滨市气象局先进个人等奖励。

台站建设

台站综合改造 1992年气象局新建二层办公楼。2002年市气象局申请资金16万元，对办公楼进行了外部改装，把原来的二层楼接为三层楼，改造了楼的外观，楼面加贴外墙砖。2003年进行了办公楼内部综合改造，更换新门窗，铺设了大理石地面和楼梯，新建了室内卫生间，装修了测报值班室，建设了预报一体化工作平台。2005年进行了电路改造和亮化。2008年重点改造了庭院环境，新建四周围栏320延长米，新铺设步道板1200平方米，改造了气象局的大门，建设了大理石门垛，安装了电动伸缩式大门，增加草坪1500平方米，对自来水供水进行了改造，与城市供水主管线相通。

经过几年的建设，气象局的办公条件和职工生活条件有了明显改善。内外环境焕然一新，供电、供水、供暖安全可靠，计算机不断更新，职工工作生活心情舒畅。

园区建设 经过2005—2008年的建设，气象局院内共种植草坪2000平方米，栽种风景树200多棵，布置了两个大花坛，绿化率达到了40%以上，路面硬化面积1200平方米。整个单位庭院实现了环境的美化、绿化、硬化。

1967 年办公室

2002 年改造后的新办公楼

通河县气象局

机构历史沿革

历史沿革 通河气象站成立于 1952 年 8 月，站址在通河县通河镇一街六组，位于东经 128°44，北纬 45°58′，海拔高度 108.6 米。1970 年 1 月 1 日站址迁到通河镇西北郊外新建街，观测场位于东经 128°44′，北纬 45°58′，海拔高度 108.6 米。1968 年定为国家基本气象站。1975 年称通河县革命委员会气象科，1984 年 6 月改称通河县气象局。2007 年 1 月 1 日定为通河国家气象观测站一级站。

建制情况 自建站至 1953 年 12 月，属军队建制，由县人武部领导。1954 年起改由省气象局领导为主，1958 年以地方政府领导为主。1962 年改为省气象局领导为主，1968 年改为县革委会领导，1970 年 1 月至 1973 年底以军队领导为主，由县武装部管理。1973 年 7 月至 1979 年 4 月改为地方政府领导为主。1980 年 5 月起至今实行气象部门和地方双重管理的领导体制，以部门领导为主。

名称及主要负责人变更情况

名称	任职时间	姓名	职务
松花江军区通河气象站	1952.4—1953.1	李化学	负责人
通河气象站	1953.2—1955.7	江礼善	负责人
通河气象站	1955.8—1958.1	莫日根	站长
通河气象水文站	1958.2—1961.12	莫日根	站长
通河气象站	1962.1—1969.7	莫日根	站长
通河气象站	1958.11—1962.6	宫国兴	副站长
通河气象站	1964.4—1968.9	杨树春	指导员
通河气象站	1968.9—1970.1	江维云	指导员
通河气象站	1970.2—1982.9	魏立杰	副站长

续表

名称	任职时间	姓名	职务
通河气象站	1971.1—1973.8	杨　华	指导员
通河气象站	1974.4—1975.10	李居生	站长
通河县革委会气象科	1975.11—1979.12	宫万昌	副科长
通河县革委会气象科	1978.8—1980.9	张永山	副科长
通河县革委会气象科	1979.12—1980.9	闫风金	副科长
通河县革委会气象科	1980.10—1983.9	闫风金	科长
通河县革委会气象科	1983.9—1985.2	李春发	科长
通河县气象局	1984.9—1985.2	董彦平	副局长
通河县气象局	1985.3—1986.5	董彦平	局长
通河县气象局	1986.1—1987.4	孙播炎	副局长
通河县气象局	1986.5—1988.11	仲伟杰	副局长
通河县气象局	1988.12—1992.11	仲伟杰	局长
通河县气象局	1990.8—1990.12	王占和	副局长
通河县气象局	1992.3—1994.4	邢广敏	副局长
通河县气象局	1994.4—1996.5	邢广敏	局长
通河县气象局	1996.6—1997.7	李文芳	局长
通河县气象局	1997.8—	张立波	局长

人员状况　1952 年建站时只有 6 人，2002 年定编为 14 人，2008 年底有在职职工 12 人，聘用 4 人，其中大专学历 5 人、中专以下学历 6 人，高级专业技术人员 1 人、中级专业技术人员 8 人，50～57 岁 7 人、40～49 岁 4 人、39 岁以下的人有 4 人。

气象业务与服务

1. 气象业务

①气象观测

通河站为国家基本气象站，全球资料交换站。每天在 02、05、08、11、14、17、20、23 时进行 8 次观测，观测项目有云、能见度、天气现象、气压、气温、湿度、风向风速、降水、雪深、日照、蒸发、地温等。2003 年 9 月建成 DYYZ-Ⅱ型自动气象站，气压、气温、湿度、风向风速、降水、蒸发、地温等观测项目全部采用仪器自动采集、记录，2004 年 1 月 1 日正式与人工站对比运行，2005 年 1 月 1 日以自动站为主采集数据。2006 年增加闪电定位仪监测任务。

1953 年 1 月 1 日增加危险天气通报，目前承担向 3 个军民航机场拍发固定和预约航危报任务，每年拍发的航危报量 6 千余份。每月向省气象台发月报 1 次，旬报 3 次，同时向省气象台拍发重要天气报。

气象站编制的报表有气表-1，向省、市气象局各报送纸质报表 1 份，本站留底本 1 份。2000 年开始通过分组数据交换网向省局转输原始资料，停止报送纸质报表。

②气象信息网络

在 2001 年以前，测报采用手工编报，气象电报通过电话传给邮电局转发。20 世纪 80 年代初，通过传真接收机接收欧洲气象中心和日本东京发布的形势预报图、实况图及能量分析图。1998年建成PC-VSAT单收站，接收国内外各种实时气象数据、数值预报产品、卫星云图等气象信息。同年，气象电报改用分组数据交换网直接传送到省气象网络中心。2005年通过共享市局接收机方式接收气象资料。2007年在乡镇建成了7个CAWS600-RT型温度、雨量自动监测站，区域雨量网正式运行。2008年7月，将1952—2003年气象资料移交给省气候中心档案馆，本站只保留5年的气象记录档案。

③气象预报

短期天气预报 1958年开始制作单站补充天气预报，主要运用本站资料、简易天气图，结合群众看天经验做出补充天气预报。1981年，配备"123"传真机，开始利用欧洲气象中心和日本传真图资料，结合形势分析图、实况图及能量分析图等资料制作短期天气预报。2006年建成可视化天气会商系统，有利于提高重大天气预报能力和水平。1982年以来，县气象站根据预报需要共抄录整理55项资料、共绘制简易天气图等9种基本图表。在基本档案方面，主要对建站后有气象资料以来的各种灾害性天气个例进行建档，对气候分析材料、预报服务调查与灾害性天气调查材料、预报方法使用效果检验、预报质量月报表、预报技术材料、中央省地各类预报业务会议材料等建立业务技术档案，从1986年开始制作本县年度气候评价。2006年开始制作发布未来6小时的短时预报和未来3小时的临近预报。

中期天气预报 20世纪80年代初，通过传真机接收中央气象台，省气象台的旬、月天气预报和日本24～144小时物理量预报图，中央气象台实况图、卫星云图，再结合分析本地气象资料、短期天气形势、天气过程的周期变化等制作一旬天气过程趋势预报。从2006年开始用欧洲格点预报，制作5～7天中期预报。

长期天气预报 从20世纪70年代中期开始起步，为适应预报工作发展的需要，组织力量采用历史曲线演变法分析和群众经验相结合方法、相关、相似、韵律等方法，建立一整套长期预报的特征指标和方法，这套预报方法一直沿用至今。目前长期预报内容有：年度预报、春播预报、春季护林防火预报、汛期(5—9月)预报、秋季预报、秋季护林防火预报。

2. 气象服务

公众气象服务 早期的短期天气预报通过县广播站广播，为公众提供天气预报服务。从1990年开始将天气预报、突发性天气警报以及农业气象预报情报、科技信息等通过气象警报系统每天2次传播到乡镇和农户。1996年建立"121"电话天气预报自动查询系统，向公众提供24～48小时、3～5天天气预报及火险等级等各类气象信息服务。1999年起通过县电视台播出天气预报节目。

决策气象服务 多年来主要通过书面形式向县党政机关、有关部门提供中、长期天气预报和情报。2006年开始提供气象灾害预警和短时临近预报。遇有重要天气，都及时通过电话或当面向县领导汇报。多年来，决策气象服务在领导指挥防灾抗灾和农业生产中发挥了积极作用。如每年的春季播种、育苗期的决策服务，1998年松花江抗洪抢险服务，2006—2008年松花江大桥建设服务以及每年的通河登山节气象服务等，都获得县委、县政府的肯定。

专业与专项气象服务 为了防御地区干旱、冰雹危害，气象局于1978年成立了人工增雨防雹办公室。目前已有7门高炮和2部火箭车，在全县建设了7个炮站(浓河、富林、凤山镇四马村、凤山镇双合村、三站、祥顺、清河各有高炮1门)，开展人工增雨防雹作业，在农业抗灾减灾中发挥突出作用。从1999年正式开始的防雷检测工作，检测范围逐年扩大，到目前为止基本涵盖通河地区应检部门和相关单位，近10年未发生重大雷击事件。

气象科技服务与技术开发 1985年后开展专业有偿气象服务。主要面向涉农部门。从最初的提供简易的中长期天气预测开始到近期开展的有针对性的气象服务，从简单的三大作物生产服务到烟草生产、药材生产、蔬菜种植服务等多领域。1991年7月建立天气预报警报网，每天2次向服务单位发布24小时天气预报和气象知识。1990年起开展礼炮、施放气球、彩虹门、庆典礼仪服务。1997年9月，与电信局合作正式开通"121"天气预报自动答询电话，2006年1月"121"电话改为"12121"。1998年9月建成电视天气预报制作系统，2006年8月该系统升级为线性编辑系统。

在2005年开展的风力资源普查工作中，通河县气象局发挥自身业务优势，在全县范围内选定16个风场，架设50米高和70米高测风塔共12座，其中有大规模开发潜力的地点10个，为企业进入建厂打下深厚基础，同大唐电力、龙源集团、美国流磁集团等多家企业签订意向开发协议，从此为通河县风能资源开发利用打开了大门。

气象科普宣传 利用县内节日多、活动多的特点广泛利用各种机会积极宣传气象工作，尤其是在每年的"3·23"世界气象日都设立宣传咨询台、发放宣传材料，组织学生参观气象局业务平台，在每年的科技活动周及法律宣传月中充分利用电视、广播等媒体，加大宣传力度，深入乡镇，为农户提供上门服务。

法规建设与管理

1. 气象法规建设

2003年5月，通河县人民政府办公室发文将通河地区防雷检测、竣工验收纳入气象行政管理范围。同年6月县法制办为气象局3名干部办理了行政执法证。2003年成立防雷检测站，2005年1月改为气象局防雷中心，负责全县防雷安全管理，定期对建筑物、构筑物、易燃易爆等危险场所的防雷设施进行周期检定。2001年与县安全办联合下发《关于开展全县防雷防静电装置检测的通知》，2005与县安全办、县公安局联合下发《关于开展雷电安全防护装置检测工作的通知》。

2. 社会管理

行业管理 为规范通河县防雷市场的管理，提高防雷工程的安全性，加强建设项目防雷装置防雷设计、跟踪检测、竣工验收工作，1999年成立了防雷管理办公室和防雷中心，负责全县范围内的防雷工程管理及防雷设备的年度检测，在充分发挥本部门职能的同时广泛与消防、建委、安全部门合作，增强管理效果和力度，获得可喜效果。施放氢气球的管理正式纳入了气象局监管范围，并与防雷管理一起正式进入县行政审批大厅。从2005年开始，气象探测环境保护标准在县规划局进行了备案，取得主管部门对探测环境保护的支持。近年来未发生违反探测环境案件，观测环境综合排名进入全省前十名。

政务公开 对气象行政审批办事程序、气象服务内容、服务承诺、气象行政执法依据、服务收费依据及标准等，采取户外公示栏向社会公开。干部任用、财务收支、目标考核、基础设施建设、工程招投标等内容则采取职工大会或本局公示栏等方式向职工公开，对于工资批复、职工奖金福利发放、劳保、住房公积金等向职工作详细说明。

党建与气象文化建设

1. 党建工作

支部组织建设 建站初期到1989年由于党员数量少，以党小组开展党的工作，先后被编入农林、武装部、水利党支部参加活动。1989年成立了党支部，1991年2名干部入党。现有党员8人。

党风廉政建设 认真落实党风廉政建设目标责任制，积极开展廉政教育和廉政文化建设活动，努力建设文明、和谐、廉政机关。主动接受上级财审部门年度审计，并将结果向职工公布。

2. 气象文化建设

始终坚持文化立局、以人为本、艰苦创业精神，积极组织职工参加健康的文体活动，2003年被哈尔滨市委市政府授予军警民共建共育先进集体标兵。

通河县气象局把领导班子的自身建设和职工队伍的思想建设作为文明创建的重要内容，通过政治理论和法律法规的不断学习，干部懂法、护法意识高，无违法违纪现象。

3. 荣誉

1998年通河县气象局被省气象局授予“98防洪抗洪气象服务”先进集体，2003年被哈尔滨市委、市政府授予“哈尔滨市军警民共建共育活动”先进集体标兵。1人次被省气象局授予抗洪抢险先进个人。2人次被县直机关工委授予优秀党员。

台站建设

2003年使用综合改善资金15万元，装修改造业务用房和办公楼。2004年争取资金12万元修建电动大门和改造了办公楼楼盖。2007年使用资金13万元，硬化院内道路1500平方米，绿化3000平方米，使单位院内变成了风景秀丽的花园。2008年底中国气象局拨款90万元，地方政府匹配20万元，计划新建办公楼850平方米。为建设花园式台站建设打下坚实基础。

1970年办公楼观测场

2005年观测场

2005 年办公楼近景

五常市气象局

机构历史沿革

1. 始建情况

五常气象站始建于 1957 年 10 月，12 月 1 日开展气象观测。站址位于五常市五常镇尽朝晖街六委一组外贸路 10 号，处于东经 127°09′，北纬 44°54′，海拔高度 196.4 米。建站后从未迁移，为国家一般气象站。

2. 建制情况

领导体制与机构设置 1957 年以省气象局为主领导。1958 年 5 月划归地方建制，先后隶属于县农业科、水利科。1962 年改以省气象局为主的双重领导。1971—1973 年实行军队为主的领导体制，隶属于县武装部。1973 年 7 月—1979 年改以地方政府领导为主。1980 年起至今，实行以气象部门为主的双重领导体制。1975 年 11 月 1 日，成立五常县气象科，1984 年 9 月，更名为五常县气象局，1992 年 8 月 28 日，县改市后，更名为五常市气象局。

人员状况 建站初期有 6 人。现有 12 人，其中，党员 6 人，大学本科学历 3 人、大专学历 4 人、中专学历 2 人，工程师 8 人、助工 4 人，40～50 岁 6 人、30～40 岁 4 人、30 岁以下 1 人，汉族 11 人，少数民族 1 人。

主要领导更替情况 1957 年 3 月，刘汉杰任站长。1971 年 1 月，潘占文任站长。1973 年 5 月王峰任站长。1973 年 10 月，何文润任站长。1975 年 8 月秦玉峰任科长。1976 年 8 月贾明金任科长。1983 年 4 月，彭焕义任副局长（主持工作）。1986 年 7 月曹振有任局长。

1995年10月，杨春和任局长。2000年6月隋玉山任局长。2002年8月，孙雨任局长。

气象业务与服务

主要气象业务有：地面气象测报、气象预报服务、农业气象观测、人工影响天气、雷电防护等。

1. 气象业务

气象观测 地面气象观测始于1957年12月1日，每天观测4次，为01、07、13、19时（地方时）。观测项目有云状、云量、能见度、天气现象、气压、气温（最高、最低气温）、相对温度、降水、小型蒸发、风向风度、日照、积雪深度、积雪密度、地面温度、最高、最低温度、雨凇、冻土。1960年7月1日，观测时间改为北京时，并由4次观测改为3次观测。1971年7月1日，将3次观测改为4次观测。1988年1月1日，将4次观测又改为3次定时观测。1961年1月5日，开始观测40～320厘米深度地中温度。1962年1月1日，停止蒸发观测，1964年7月1日，恢复蒸发观测。1980年1月1日，停止40、80厘米直管地温、积雪密度和冻土观测。2003年6月建成自动气象站，大部分项目实现遥测自动化，取代人工观测。目前，观测项目有云状、云量、能见度、天气现象、气压、最高气温、最低气温、风向、风速、降水、小型蒸发、日照、积雪深度、地面温度等。

天气预报 1958年至1966年为县站订正预报时期，主要收听省气象台的天气形势广播，结合本站方法，经集体讨论，做出补充订正预报。1984年开始使用日本传真图制作天气预报。1997年后，使用MICAPS系统制作短、中、长期预报。2006年后开始使用天气雷达图制作短期临近预报。

1985年率先开展森林火险等级预报，每年为森林防火创造20多万元的经济效益。1998年7月15日暴雨预报获得省气象系统重大天气预报成果二等奖，同时，受到国家气象局奖励。1989年汛期暴雨预报获得省气象系统重大天气预报成果二等奖。1991年7月，龙凤山水库决策预报获省气象系统重大天气预报服务二等奖。2000年，被哈尔滨市气象局评为县站单点预报第一名。

农业气象 1958年4月，开展水稻、玉米物候观测。1962年增加土壤湿度观测。1967年因受“文化大革命”影响，农业气象工作被迫停止。1978年恢复农业气象观测。1979年，因人员问题停止农业气象观测。1980年，恢复农业气象观测及预报服务，开展县级农业气候区划，同年开展自然物候观测。多年来，还开展了农业气象试验研究，其中，“水稻栽培不同密度的气候效应”、“棚栽西瓜气象效应的分析”和“千亩大棚果菜早熟高产多茬综合技术开发研究”等成果推广后，都取得很好的经济效益。

气象信息网络 建站起，气象电报一直由邮电局转发。1981年9月，采用传真机接收大台等天气图表，结束了手工绘制天气图的历史。1986年建立了气象警报系统，面向有关部门、乡、镇、村农业大户和企业等传送天气预报警报信息发布服务。1996年6月，使用计算机远程终端接收预报图表和卫星云图，信息量明显增加。同年启用分组数据交换网，传送电报，调用气象信息，其传输速度和信息量大幅度增加。1999年8月，建立卫星单收站，接收各种天气图表和卫星云图。2004年9月，使用宽带网传输气象信息。2006年12月4

日安装可视化会商设备，实现了与省、市气象台的天气会商。2006年建成新一代天气雷达实时资料共享系统，为开展短时临近天气预报创造了条件。

2. 气象服务

公众气象服务 1958年起，通过县广播站发布天气预报，为人们日常生产、生活提供气象服务。20世纪80年代初期县电视台开始播发天气预报，1986年气象警报网建成后，每天2次播发天气预报，提高了气象信息传播的及时性。1996年建成“121”电话气象答询系统，向公众提供短、中期预报、雨情和气象知识。1997年建成电视天气预报制作系统，通过电视台播出各乡镇的天气预报，扩大了公众服务面。2008年10月10日，在市区安装了2米×3米的双色电子显示屏，向公众发布天气预报。

决策气象服务 紧紧围绕防灾抗灾和农业生产开展决策气象服务。在年初和汛期前为市委、市政府及有关部门提供年度、汛期预报，平时提供中期预报及重要天气预报。1985年，开展提供森林火险等级预报，由于预报准确，服务及时，有关部门提前采取防范措施，五常市20年没有出现林火灾害。与此同时，为领导安排和指导农业生产，开展了农业15项系列化服务和产量预报。决策服务在防灾中发挥了重要作用。1991年汛期的汛情严峻，省防汛总指挥孙魁文副省长亲临五常市龙凤山大型水库指挥抗洪工作。7月28日，省领导做出了每秒800～1000立方米的泄洪决定。次日，根据气象站近期没有大到暴雨，汛情不会恶化的预报，省领导决策减少水库放流量，不仅保证了水库安全，也避免了加大放流给下游村屯造成的巨大损失。

专业与专项气象服务 1972年开始使用空炸炮进行人工防雹，一度发展到115门，防护农田面积达20多万亩。1983年起使用“三七”高炮防雹，以后逐年增加。现有9门高炮和2套火箭发射装置，在乡镇设9个作业点。2007年旱情严重，进行火箭、高炮增雨作业，取得了减轻旱情等良好效果，受到市领导的好评和群众的赞誉。1999年成立了五常市人民政府雷电防护设施管理领导小组，办公室设在气象局，并成立了雷电防护设施检测站，进行雷电防护设施周期检测工作。近几年平均每年常规检测近200个单位。2001年12月份，成立了五常市华云防雷工程有限责任公司，获得了国家丙级防雷工程设计和施工资质。

气象科技服务与技术发展 1985年后，开展专业气象有偿服务，一度发展用户30家。1988年，开始施放庆典氢气球服务。后来，成功研制了庆典礼炮，并逐步改进为电子点火、遥控点火，获得国家专利，并在全省范围内广泛推广。

气象科普宣传 多年来，利用世界气象日、科技之冬、农村科普大集等活动，进行气象科普宣传。主要形式是设讲台开展现场咨询，向群众讲解气象科普知识；开放气象站，向群众和中小学生传播气象知识，受到了群众的好评。

法规建设与管理

1. 气象行政执法

2000年以来，五常市认真贯彻落实《中华人民共和国气象法》及地方气象法规。市委、市政府多次召开五常市气象工作会议，专门研究五常市气象工作和气象事业的发展。2007

年12月19日下发了《五常市各类气象探测环境保护标准》(五政发〔2007〕65号)。2008年10月成立的气象行政执法队,5名同志通过省政府法制办培训考核,持证上岗。2008年绘制了《五常气象观测环境保护控制图》,并在市规划部门备案,为气象探测环境保护提供了重要的依据。2001年至2003年,市技术质量监督局为防雷工作所属权等事宜诉讼到法院,后经哈尔滨市中级法院审理,五常市气象局胜诉,用法律武器捍卫了气象的权益。

2. 社会管理

行业管理 建站伊始,探测环境较好。近几年,随着经济的发展,四周先后兴建了外贸公司、种子公司、燃料公司、果品公司、学校等机构。气象局按照《中华人民共和国气象法》等法律法规,与其交涉,宣传保护探测环境等规定,开展执法工作,从而使新建单位办公楼的高度控制在允许的范围之内。与此同时,加强了施放庆典气球的市场管理。2003年6月,磨盘水库开工庆典,哈尔滨市一家礼仪庆典公司违反了气象法规,现场施放氢气球,气象局及时进行了行政执法处罚。

1999年9月,雷电防护管理归口气象部门后,加强了行政管理工作。2009年9月1日防雷、气球等行政许可项目进入市政府行政服务审批大厅。

政务公开 自实行政务公开之日起,五常市气象局制作了政务公开办公提示板,内部公开的项目主要有财务收支状况、重大事项、重大决策以及人事变动等内容。外部公开主要是单位的审批、收费的项目和标准以及办理时限。还有单位职工职务、职责公开。2006年5月份,更新为电子视屏公开板。内容丰富,更换容易,操作方便。

党建与气象文化建设

1. 党建工作

支部组织建设 1968年成立党支部。1985年后,共发展8名党员,党建工作实现了制度化、规范化和标准化。

党风廉政建设 自五常气象站建立以来,历任领导干部坚持勤俭奉公,严以律己,勤政廉洁。建立了党风廉政责任制等制度,以制度约束党员。2005年设立兼职党风廉政监督员。2006年起,每年开展局领导班子党风廉政述职报告活动和党课教育活动。

2. 气象文化建设

精神文明建设 多年来,重视"双文明"建设工作,先后荣获县级和省、市气象部门"双文明"建设先进单位称号。2005年被哈尔滨市气象局评为"双文明"建设先进单位标兵,同时,被评为全省气象部门"双文明"建设先进单位标兵。2006—2008年,连续3年被评为哈尔滨市气象系统"双文明"先进单位标兵。

文体活动 积极组织职工参加市里及市机关工委组织的各项文体活动。2002年9月参加市直机关篮球赛,获得精神文明奖。2006年8月参加市直机关乒乓球赛,获得特别组织奖。2008年9月参加市直机关篮球赛,获得第三名。

集体荣誉 1959—2008年,共获得地市级以上的集体荣誉31项。其中,1990年五常市气象局被国家气象局评为科技扶贫二等奖。2000—2008年，多次被省气象局评为“双文明”先进单位。2005年被中国气象局评为“局务公开先进单位”。

个人荣誉 曹振有1982年被省气象局评为劳动模范，被松花江地区气象局记大功奖励，1984年被省气象局评为模范工作者、晋级奖，1988年被省气象局评为先进工作者，1989年被省政府评为先进工作者。赵正保1982年被松花江地区气象局记功奖励。贺尚义1982年、1987年、1989年、1995年被松花江地区气象局记功奖励，1997年被哈尔滨市气象局记功奖励。隋玉山1990年被松花江地区气象局记功奖励，1998年被哈尔滨市气象局记功奖励，2000年被省气象局评为双文明先进个人。丁铁2000年被哈尔滨市气象局记功奖励，2007年评为哈尔滨市气象局双文明先进个人。孙雨2008年评为哈尔滨市气象局双文明先进个人。

台站建设

台站综合改造 1979年，修建锅炉房，实现集中供热，结束了火炉取暖的历史。同年，修建35平方米的仓库和8平方米的厕所。1980年，新建435平方米的家属宿舍，解决10户住房。1988年，投资20万元新建办公楼420平方米，办公条件明显改善。将原来的办公室改造为3户住宅、锅炉房和车库。2003年9月，新建了二层办公楼，建筑面积为560平方米。楼内有业务一体化平台及各股办公室、活动室、阅览室和资料室等。

五常市气象局占地面积为10552平方米。办公楼前栽种了榆树墙。观测场外修建了环行甬道，甬道内侧种植了花卉和草坪，园区绿化面积6000平方米。

2003年改造后的台站新貌

延寿县气象局

延寿县位于黑龙江省东南部，张广才岭西麓，东经127°54′20″～129°4′30″，北纬45°10′10″～45°45′25″。地域广阔，山地、丘陵相间，平原、河流并存，地貌结构为七山半水，二分半田。

机构历史沿革

历史沿革 1958年9月在延寿县的西门外正式建立延寿县气象站。1975年10月延寿县气象科成立，为局站合一。1984年更名为延寿县气象局，仍为局站合一。延寿站为国家一般气象站。观测场位于东经128°18′，北纬45°27′，海拔高度155.3米。

建制情况 1958年9月建站起，为地方建制，归县水利局领导，业务上隶属省气象局。1959年县气象站与县水文站合并成立了县气象水文中心站，隶属未变。1962年6月，气象、水文分开，气象站改为以气象部门领导为主。1968年8月划归地方政府建制，归县农业科领导。1971—1973年，实行军队与地方双重领导，以军队领导为主的管理体制。1973—1979年县气象站改为地方建制，1973年成立县气象科，实行科、站合一。1980年起实行以气象部门为主的双重领导体制。

名称及主要负责人变更情况

名称	负责人	任职时间
延寿县气象水文中心	王万夫	1958—1963
延寿县气象站	赵学圣	1964—1965
延寿县气象站	付成财	1966—1974
延寿县气象科	张庭山	1975—1979
延寿县气象科	韩忠利	1980—1983
延寿县气象局	尹基龙	1984—1986
延寿县气象局	黄义峰	1986—2006
延寿县气象局	刘　鹏	2006—2007
延寿县气象局	吴常杉	2007—

人员状况 建站初期有3人。现有在编职工8人、聘用2人，本科学历3人、大专学历2人，中级专业技术人员2人、初级专业技术人员5人，40～59岁4人、30～40岁3人、30岁以下1人，党员4人。

气象业务与服务

1. 气象业务

气象观测 延寿县气象站是国家一般气象站，1958年9月1日至1980年12月31日，每天进行02、08、14、20时4次观测。1981年1月1日起，每天改为08、14、20时3次观测，夜间守班。观测项目有云、能见度、天气现象、气压、气温、湿度、风向风速、降水、雪深、日照、蒸发、地温等。

每天3次天气加密报，向省气象台拍发重要天气报，每月向省台编发月报1次，旬报3次。加密天气报的内容有云、能见度、天气现象、气压、气温、风向风速、降水等；重要天气报的内容有暴雪、霜冻、25毫米以上降水、大风、雨凇、积雪、冰雹、龙卷风等。2008年6月1日起，增加雷暴、视程障碍现象（霾、浮尘、沙尘暴、雾）等发报项目。2003年9月DYYZⅡB

型自动气象站建成，12 月 1 日开始试运行。气压、气温、湿度、风向风速、降水、地温等观测项目全部采用仪器自动采集、记录，人工观测。2006 年 1 月 1 日，自动气象站正式投入业务运行。

气象站编制的报表有气表-1 和气表-21。向省气象局、市气象局各报送 1 份，本站留底本 1 份。2000 年通过分组交换网向市气象局传输原始资料，停止向省气象局报送纸质报表。

气象信息网络 建站起，气象电报编发后，传至邮电局转发。2001 年建成甚高频电话与地区台和相邻站会商天气，进行业务联系。1990 年建成由乡镇雨量网、警报网和气象助理组成的农村气象服务网，通过警报网向农村播发天气预报等信息，通过雨量网手机发送各乡镇雨量，为领导机关提供服务。1998 年开始启用分组数据交换网传送和调用气象信息。2004 年起改用宽带网传输信息，传输速率和传输量大幅度提高。2006 年建成新一代雷达实时资料共享系统，为开展短时预报创造了条件。2007 年建成了 9 个乡镇温度、雨量自动监测站，区域雨量网正式运行。

在天气预报信息获取上，20 世纪 80 年代采用“123”传真机接收天气形势预报图、实况图及能量分析图。1998 年后使用，PC-VSAT 单收站接收软件接收国内外各种实时气象数据、数值预报产品、卫星云图等气象信息，信息量成十倍增加。2005 年，PC-VSAT 小站 PC 机严重老化，不能接收数据。通过共享市局机方式收看接收气象资料，更加方便。2006 年建成可视化会商系统，能与省、市、县台站进行天气会商。2008 年 7 月，将 1958—2003 年气象资料移交给省气象档案馆，气象站只保留 5 年的气象记录档案。

气象预报 1958 年秋季开始开展单站补充天气预报，主要运用反映单站气压、温度、湿度、风等 4 种要素时间变化的曲线图和剖面图，气象要素之间前后相关的点聚图以及收听省台广播后制作的简易天气图，结合群众看天经验，进行综合分析，做出补充天气预报。20 世纪 70 年代，统计学方法引入气象站预报工作之中，县站预报采用了数据统计方法。20 世纪 80 年代初期，通过传真接收机接收欧洲气象中心和日本东京发布的形势预报图、实况图及能量分析图，结合本站方法制作短、中期预报。1998 年气象卫星单收站建立后，预报信息量大幅度增加，提高了短期预报的准确性。2006 年后，利用雷达资料开始制作短时临近预报。

中期预报主要针对农事活动制作发布的旬天气预报、3～5 天或 5～7 天的灾害性、关建性天气预报，以及服务单位需求的具有专业特点的中期预报。中期预报围绕农业生产制作发布水稻最佳育苗期天气预报、水稻移栽天气预报、大田播种期天气预报、春季回暖期预报、大风预报、连阴雨天气预报及转折性天气预报。以及为防汛服务的暴雨预报，为森林防火服务的森林火险等级天气预报，为粮食仓储提供的粮食晾晒期天气预报等。

20 世纪 60 年代初起开展长期天气预报业务。当时主要采用杨鉴初的历史曲线演变法和群众经验相结合的方法制作。同时还利用相关、相似、韵律等方法。后来，执行“图、资、群”结合，以群为主的技术方针，主要是利用群众谚语，老农看天经验作长期天气预报。20 世纪 70 年代，应用数理统计方法，如回归分析，周期分析，谐波分析，时间序列分析等与相关图、点聚图，天气谚语等方法结合制作长期天气预报。20 世纪 80 年代后，开始利用天气学的分析方法，从大气环流的变化入手，寻找导致天气变化的原因，如利用北半球 500 百帕高度场资料、太平洋海温资料以及气象要素历史演变分析、地面气象资料相关分析、大气韵律活动分析、天气概率和数理统计方法制作长期天气预报。长期预报开展的项目主要有：年景分析(含年度天气预报)、春季(3—5月)、汛期(6—8月)、秋季(9—10月)、冬季(11—2月)天气预报、作物生育期天气预报、透雨预报、大田播种期预报、终霜冻预报等等。

2. 气象服务

公众气象服务 建站后，天气预报通过县广播站播发，为公众服务。1990年，建立气象警报系统后，每天2次将天气预报、突发性天气警报以及农业气象预报情报、适用技术、科技信息等传播到乡镇和农户，扩大了公众服务面。1996年建立"121"天气预报自动查询系统，通过电话查询24～48小时、3～5天天气预报及火险等级等各类气象信息。1999年起每天18时55分在延寿电视台播出24小时各乡镇天气预报，为广大农民提供服务。2007年开始为百事通公司互动电视制作电视天气预报，增加了天气预报的覆盖面。2006年开始向公众和有关部门发布气象灾害预警和短时临近预报。

决策气象服务 决策气象服务是气象服务的重点。决策服务包括年景分析预测，长期中期天气预报，灾害性和关键性天气预报服务，雨情、墒情服务和产量预报服务等。在灾害性、关键性天气到来之前及时向党政领导机关汇报和提供天气预报、气象情报，并提出生产、防灾建议。此外还为各种大型活动的正常开展提供了气象服务保障。2003年5月7日再次预报7日夜间到9日有强霜冻发生。气象站第二次向县委、县政府领导和农委汇报，建议采取措施做好预防，并在当天的电视天气预报中发出了降温警报。在县、乡领导的组织下，广大农户提前采取防范措施，尽管出现了－3℃～4℃的强霜冻，全县26300个大棚的水稻、烤烟、万寿菊等秧苗免受冻害，受到领导和群众的高度赞扬。

专业与专项气象服务 1992年开始采用"三七"高炮防雹。目前全县已有高炮9门，分别部署在延寿镇2门、青川乡2门、延河镇2门、玉河乡、安山乡、六团镇各1门，到2006年底，又增加火箭发射架1部，作业车2辆。每当出现冰雹天气过程，各防雹站在取得空域后，都不失时机地开展作业，平均每年作业50次，减少了冰雹的危害。每遇天气过程，气象局领导都亲临指挥第一线，现场指挥，提高作业效果。近几年，春夏之交经常出现干旱，气象局积极组织火箭、高炮人工降雨作业，在缓和旱情上发挥了重要作用。人工增雨防雹作业的效果，广大农民认可，各级领导满意。

气象科技服务与技术开发 1985年后，开展专业气象有偿服务。1992年前后，开展了无线通讯组网服务，为15个乡镇和部门组建了无线对讲通讯网，解决当时通讯困难问题。1996年末开发了"121"气象信息自动答询系统，后又完成了数字化改造，中继线由初始的2条，发展到现在的8条，起始阶段每天都有近千人通过该系统询问天气预报。1999年1月电视天气预报制作系统建成，在电话天气预报中插播广告，经济效益较好。1999年正式开展避雷检测工作，经过努力，取得丙级防雷工程设计施工资质证书。与建委合作，实施对新建工程的防雷设施检测、验收工作。每年检测新建单位4个。近几年，还利用施放气球、礼炮，彩虹门等开展庆典礼仪服务。

气象科普宣传 每年在"3·23"世界气象日，都在大众广场等大型集会场所悬挂宣传标语，设立咨询台、展示板，发放宣传单。在县里每年举办的科技活动周期间，都组织人员深入乡镇，为农民提供现场咨询和宣传气象知识。利用电视、网络、报刊等媒体，进行气象知识的广泛宣传，使广大群众对气象知识有深一步的了解。

法规建设与管理

1. 气象法规建设

围绕业务建设和气象服务下发的文件主要有《关于加强雷电防护工作的通知》(延政办〔1998〕39 号)、《关于成立延寿防雷设施检测的通知》(延编发〔1999〕19 号)、《关于加强全县防雷设施安全检测的通知》(延安联字〔2000〕1 号)、《关于气象探测环境保护备案的函》(延建复〔2007〕11 号)等。

2. 社会管理

行业管理 为加强气象行政管理工作，1993 年成立人工增雨防雹办公室，1998 年成立防雷办公室。经过培训考核，有 2 名同志取得了行政执法资格证书。为保护气象探测环境，2005 年将气象探测环境保护标准在市规划局进行了备案，取得主管部门对探测环境保护的支持。近年来未发生违反探测环境案件。施放氢气球和防雷管理纳入了县政府监管范围，由气象局负责有关审核、审批工作。每年春季、秋季与安监部门进行防雷安全检查，检测数量 20 个单位。

政务公开 1999 年起开展了政务公开，对内设立公开栏，对外设立公开板。公开板内容包括机构设置及职能，防雷装置检测、收费项目标准，依法行政依据和范围，气象专业服务收费项目标准。公开栏内容包括年度预算决算、工程发包、人事任免、重大事项决策、职工福利、固定资产状况、气象服务质量等。

党建与气象文化建设

1. 党建工作

支部组织建设 建站时无党员。1970 年延寿气象站党支部建立，归农业党委领导，1988 年划归政府机关党委。现有党员 4 名。党支部注重加强组织建设和党员的政治思想工作，充分发挥党支部的核心作用和党员的先锋模范作用。

党风廉政建设 认真贯彻落实党风廉政建设责任制，建立健全各项规章制度。明确了领导干部作风建设的具体责任，及时发现和解决领导干部作风方面的苗头性、倾向性问题。积极开展反腐倡廉宣传教育活动，不断提高职工反腐倡廉意识和遵纪守法的自觉性。推进党务公开，建立廉政监督员制度，党风廉政建设工作取得一定成绩。

2. 气象文化建设

精神文明建设 组织干部职工深入学习贯彻十六大、十七大精神和科学发展观。坚持以与时俱进的科学理论武装头脑，在思想上保持先进性；坚持理想信念、组织纪律和民主集中制原则，在政治上保持先进性；坚持推进社会发展和全心全意为人民服务，在工作上保持先进性；坚持开拓创新、廉洁奉公和艰苦奋斗，在作风上保持先进性。牢记党的宗旨，不断提升气象服务能力。

集体荣誉　1976 年被评为“省气象系统先进集体”。1978 年被评为“全省财政系统先进集体”。1992 年被黑龙江省气象局评为“标准五好仪器站”。1994 年被中国气象局授予“汛期气象服务先进集体”称号。1996 年被授予“黑龙江省气象部门双文明建设先进单位”。

个人荣誉　1978 年尹基龙被评为“全国气象系统先进个人”。

台站建设

1971 年 10 月在气象站原址建一栋办公室，条件有所改善。1977 年 10 月在气象站原址东侧 200 米建一栋办公楼(二层)，同步观测场东移 200 米。1996 年在原址翻建二层综合楼。办公室面积扩大为 418 平方米。楼内建立了测报值班室、预报室、微机室、人影值班室、会议室等，办公条件明显改善。

1996 年时的观测场

现观测场

1996 年时的办公楼

依兰县气象局

依兰古城，史称三姓。地处盆地式半山区、半丘陵地带。年平均气温为3.6℃，历年极端最高气温为38.6℃，历年极端最低气温为零下37.2℃。年平均降水量为555毫米，≥10℃积温平均为2700℃·日。由于地理位置特殊，风力资源丰富。

机构历史沿革

1. 始建情况

1939年伪满洲国中央观象台在依兰设立观测站，至1945年停止观测。依兰县气象站始建于1958年，1959年1月1日正式开始地面气象观测。站址位于依兰县依兰镇城郊东南门外，北纬46°18′，东经129°35′，观测场海拔高度100.1米，站址一直未变。

2. 建制情况

领导体制与机构设置演变情况　建站至1962年6月，以地方政府领导为主，业务由气象部门管理。1962年6月至1980年4月，先后以省气象局、县政府及军队为主领导。1980年4月至今，实行以气象部门为主的双重领导体制。先后隶属于佳木斯市气象局、哈尔滨市气象管理处、哈尔滨市气象局。建站初期，只有一个业务小组，负责预测报工作。2008年内设预报股、测报股、综合服务股、人工影响天气办公室、防雷减灾办公室和检测中心6个职能机构。

人员状况　成立时只有5人，除1人为中专学历外，其余为初中文化。现有在编职工13人，聘用职工4人，其中本科学历6人、大专学历8人，党员10人，工程师9人，50岁以上2人、40～49岁以上4人、30～39岁以上3人、其余均在30岁以下。

名称及主要负责人变更情况　1958年建站至1967年，称气象服务站；1968年末至1973年，改称气象站；1973年8月组建依兰县气象科；1980年4月更名为依兰县气象局，前后历任的14位主要领导是：

站　长：张忠诚(1958.08—1959.08)

站　长：谷德生(1959.08—1959.09)

站　长：张　荣(1961.01—1969.03)

站　长：李学斌(1971.01—1973.01)

指导员：秦守才(1971.01—1971.07)

指导员：陈万选(1971.07—1972.05)

指导员：王国安(1972.06—1973.08)

站　长：向学智(1973.01—1973.08)

科　长：王景峰（1974.09—1978.04）

科　长：宋永禄（1978.04—1979.05）

局　长：杜　山（1979.05—1982.03）

局　长：张代基（1982.03—1989.09）

局　长：李仁智（1989.09—1998.10）

局　长：张所蓬（1998.10—　　　）

气象业务与服务

1. 气象业务

气象观测　1959年建站时观测项目有云、能见度、天气现象、气压、温度、湿度、风向风速、降水、积雪、日照时数、蒸发、地温（0～320厘米）、冻土、地面状态等。每天进行4次定时观测，夜间守班。1960年1月1日开始编发天气报、制作各类报表。1975年开始编发固定航空报，1994年取消航空报。1982年增加电线积冰观测。1985—1999年，逐步实现计算机编发气象电报，提高了测报质量和工作效率。2003年5月建成地面自动气象站，同年10月投入试运行，2004年1月1日，开始人工与自动气象站对比观测。2005年1月1日，自动气象站资料作为正式记录，进行编发电报上传数据。同年建成了9个乡镇自动雨量站，区域雨量、温度自动监测网正式运行。2006年自动气象站进入单轨运行，大部分观测项目实现自动化。2007年1月1日，增加酸雨观测项目并编发电报、制作报表。

气象信息网络　1997年开始启用分组数据交换网传递气象电报和各种信息，结束了气象电报通过邮电局转发的历史。1998年农业经济信息网平台建成。1999年安装了卫星单收站，开始通过卫星接收气象资料。2003年10月，通过宽带网络向省气象网络中心上传自动站实时数据。2006年可视化会商系统建成开通，实现了天气会商可视化。2008年，将1958—2003年期间的气簿-1、气压、温度、湿度、风向风速、雨量自记纸等气象记录档案整理上交省气象局档案馆，县气象局只保留5年的气象记录档案。所有的气象记录和有关文件都实现了纸质与电子版同时保存归档。

气象预报　自建站以来，一直承担着长期、中期和短期天气预报的制作与发布工作。1980年之前，通过广播收听天气形势，结合本站气象资料，绘制天气图表，制作和发布24小时日常天气预报。20世纪80年代开始，接收中央气象台、省气象台的旬、月天气预报等传真资料，再结合分析本地气象资料、短期天气形势、天气过程的周期变化等制作中期天气过程趋势预报。县气象站在制作长期天气预报时，一贯坚持“大中小、图资群、长中短相结合”技术原则，运用数理统计方法和常规气象资料图表及天气谚语、韵律关系等方法，分别作出具有本地特点的补充订正预报。1997年后，随着分组数据交换网、卫星单收站和指导预报的开通，特别是可视化会商系统投入业务运行后，为天气预报提供了大量信息，使县站能够制作与发布各种时效的天气预报、预警信息和气象情报。目前，全县短期天气预报制作已细化到乡镇。

农业气象　2005年春季，县农业技术推广中心在气象局试验安装了虫情监测设备，2006年正式与气象局合作，开始虫情观测业务。气象局根据观测结果进行分析、预报，开展病虫害防治专项工作。

2. 气象服务

公众气象服务 1959年开始制作短期天气预报，通过县广播站向社会公众发布。1989年建立气象警报系统，定时向9乡镇及粮库等相关部门发布24小时天气预报、预警信息和重大气象情报。1997年天气预报电话答询系统建成开通，社会公众可通过电话查询24小时天气预报，未来3天天气趋势预报及各种气象信息。1999年建立电视天气预报节目制作系统，通过电视台定时播报，使气象信息传递到千家万户。

决策气象服务 依兰县主要气象灾害有低温、旱涝、霜冻、冰雹、大风等5种。近年来，低温、旱涝最为严重。针对上述自然灾害，气象部门积极主动为县委县政府提供各种天气预报、气象情报，取得了明显效果。1998年发生的特大洪涝灾害，由于准确及时的气象服务，县委县政府决策正确，相关部门防范措施得当，避免了重大损失。2003年在风能资源普查的基础上，向县委县政府提出开发风能资源，发展风电事业的建议。2004年底，县委县政府采纳了气象局的建议，将气象局确定为风电开发牵头单位，提出“开发风能资源，打造风电之都”的口号。至2008年底，全县共建成投产5座总装机容量为30万千瓦的风力发电站，增加县财税收近亿元，取得了良好的社会经济效益。

专业与专项气象服务 1978年起开展人工影响天气工作，当时只有2门高炮，主要用于烟田防雹。1985年后，人工影响天气规模不断扩大，截至2008年末，作业高炮增至14门，火箭发射装置2部，基本建成覆盖全县三分之二耕地面积的增雨防雹网络。每年平均作业30余次，耗弹1500余发，在减轻雹灾和干旱程度上发挥了重要作用。1996年成立防雷装置检测站，开展防雷检测工作。2000年1月1日，随着《中华人民共和国气象法》的颁布实施，防雷装置检测、图纸设计审核、防雷工程施工及竣工验收等工作全面展开。防雷检测覆盖面达95%以上，平均每年审查图纸5个，承接防雷工程2个。2005年县委县政府成立了以县委书记、县长为组长的风力发电领导小组，在气象局设立办公室负责日常工作。同年，气象局开展了风能资源详查和风电场定点选址等专业服务工作，先后协助选择场址15处，安装测风设备18套，目前投产风力发电站5座。

气象科技服务与技术开发 1984年起开展专业气象有偿服务，提供专业气候分析、预报、情报和气象资料。1997年开展气象信息电话自动答询服务业务。1999年开始制作电视天气预报，设置10个画面，覆盖全县9个乡镇，早、中、晚3次定时播报，并插播广告。2006年起开展手机气象信息服务业务。

气象科普宣传 每年“3·23”世界气象日和科技活动周期间，都举办气象科普宣传活动，张贴标语、悬挂条幅、摆放宣传图版，发放气象科普传单、卡片和资料，设立对外开放日，邀请中小学生和社会各界人士到气象局参观。每年都积极参加地方政府组织的科技下乡活动，进行气象科技讲座、现场答询。

法规建设与管理

1. 气象法规建设

1998年，经县第十三届人大常委会批准，以政府令形式发布实施《依兰县人工增雨防雹管理办法》。2000年,县政府办公室先后下发了《关于加强全县雷电安全防护管理工作的通知》、《关于加快乡镇自动雨量监测网建设的通知》和《关于加快依兰县气象事业发展的实施意见的通知》以及《关于加强气象探测环境保护的通知》等相关文件。2002年起,针对雷电安全防护管理工作,每年与县安全办、县建委、县教委、县公安局等职能部门联合下发文件。

2. 社会管理

行业管理 2005年、2007年分2次将气象探测环境和设施保护的标准及相关法律法规文件,在县土地、建设、规划部门进行了备案。2005年随着风能资源开发利用进程的加快,各大风电企业纷纷进驻依兰,气象局依法对风电资源的开发进行行业管理。2006年防雷管理、施放气球管理工作纳入政府安全监管范围,定期与安全部门联合开展安全检查。2007年防雷工程审批、图纸审核、竣工验收等工作纳入了行政管理范围。

政务公开 2005年实行了政务公开,对内设立公开栏,对外设立公开板。公开板内容包括机构设置及职能,文明单位创建目标,防雷装置检测、收费项目标准,依法行政依据和范围,气象专业服务收费项目标准。公开栏内容包括年度预、决算,工程发包,人事任免,年度计划,重大事项决策,目标管理,职工福利,固定资产状况,气象服务质量等。

党建与气象文化建设

1. 党建工作

支部组织建设 1978年成立党支部。现有党员11名。历届党支部坚持开展思想政治工作,注重对党员和群众进行荣誉教育、爱岗敬业和艰苦奋斗、团结协作的集体主义教育。从1998年起,连续8年被县直机关工委评为先进党支部,先后15人次被授予"优秀党员"和"优秀党务工作者"称号。

党风廉政建设 县气象局高度重视党风廉政建设工作,坚持和健全民主集中制,坚持标本兼治、综合治理、惩防并举、注重预防的方针,建立了党风廉政建设责任制,制定了保持共产党员先进性长效机制,建立了"三会一课"制度、党员民主评议制度、党员联系群众制度、党建目标管理制度、政治学习制度、发展党员规划制度、政务公开制度以及领导廉政承诺制度。

2. 气象文化建设

精神文明建设 历届班子均重视精神文明建设工作,由党支部牵头成立组织机构,注重发挥党支部的战斗堡垒和党员模范带头作用,团结干部职工完成各项工作任务。同时,建立健全了有关精神文明创建的各项规章制度。2000年获得县级"文明单位"称号。2000—2005年,连续5年被哈尔滨市气象局评为"双文明建设优秀达标单位"。

文体活动 2000年为组织职工开展各项文体活动,平整场地1500平方米,购置和制作安装了篮球架、单杠、秋千等8套体育健身器材。2003年建立了乒乓球室。2005年至今,先后设立了电教播放室、图书阅览室、职工活动室,购置和安装了电教播放设备,更新了室内外文体活动器材,完善了室内外文体活动场所。

3. 荣誉

集体荣誉 2000年获得“县级文明单位”称号。2000—2005年，连续5年被哈尔滨市气象局评为“双文明建设优秀达标单位”。1999年台站综合改造、测报标准化建设获全省第一名。

个人荣誉 1996—2002年，5人次获中国气象局“质量优秀测报员”称号。1988—2000年，6人次获省气象局“全能观测员”称号。

台站建设

1958年建站时占地10000平方米，办公室只有68平方米，冬季靠土炉子取暖。经常停电，油灯蜡烛照明，办公环境非常恶劣。1982年新建了138平方米的办公用房，改造了观测场，使办公环境初步改善。

1991年起先后进行了3次台站综合改造，特别是2003年与地面自动气象站建设同时进行的改造，新建办公楼840平方米，其他用房200平方米，占地面积扩展到30000平方米，功能齐全，设施完备，办公和生活条件明显改善，台站面貌焕然一新。

1965年依兰气象站观测场

1983年依兰气象站观测场

2007年综合改造后的依兰气象站观测场

2007年综合改造后依兰气象站全貌

木兰县气象局

木兰县位于黑龙江省中南部、小兴安岭南麓支脉延伸处，地处松花江中游北岸。面积3600平方千米。属于中温带季风性气候，年平均气温3.1℃，极端最高温度36.5℃，极端最低气温零下42.9℃，无霜期在129天左右，年平均降水量609.0毫米。

机构历史沿革

历史沿革 1956年11月1日，木兰气象站成立，站址位于木兰县木兰镇北大营郊外，观测场位于北纬45°57′，东经128°02′，海拔高度112.1米，为一般气象站。1967年5月1日，观测场由原来位置向西南平移35米。1974年，成立木兰县气象科，1981年改称木兰县气象局。

建制情况 自建站至1958年，以省气象局领导为主。1958年至1962年5月，改为地方建制由县人事局管理。1962年6月到1968年，以气象部门管理为主。1970年至1973年，实行军队为主的领导体制，由县人武部管理。1973年至1979年，改由木兰县革委会为主领导。1980年后，实行气象部门和地方的双重领导，以部门领导为主的管理体制。

人员状况 1956年建站时只有2人。目前在职职工10人，其中气象编制8人，地方编制2人。全部为大专以上学历，其中本科学历7人，学士学位3人，工程师4人，助理工程师6人，中共党员6人，35～45周岁3人，25～35周岁7人，汉族9人，满族1人。

主要负责人变更情况

负责人	任职时间
王扬勋	1956.11—1965.3
李凤山	1965.3—1970.10
李艳春	1970.10—1973.1
丛玉彬	1973.1—1976.3
李凤岐	1976.3—1983.3
马德财	1983.3—1984.8
王玉文	1984.8—1986.7
王日美	1986.7—1993.8
马吉春	1993.8—1998.11
李　华	1998.11—2000.1
赵　勇	2000.1—2009.1
徐朝晖	2009.1—

气象业务与服务

1. 气象业务

气象观测 1956 年始建时,气象观测项目主要有云量、云状、能见度、天气现象、气温、地温、降水、蒸发、湿度、风向风速、地面状态、雪深、积雪密度、深层地温、冻土等,每天进行 4 次定时观测,夜间不守班。1987 年 1 月 1 日,开始改为 3 次定时观测,夜间不守班。观测项目有云、能见度、天气现象、气压、气温、湿度、风向风速、降水、雪深、日照、蒸发、地温。1997 年 5 月开始用微机编制报表。1998 年 1 月开始用微机发报、编制报表。2001 年 4 月 1 日 08 时开始编发天气加密报。2003 年 10 月,按照统一部署,完成了自动气象站的安装调试并开始了试运行。自动气象站数据定时向省气象网络中心上传。2004 年开始自动气象站与人工气象站双轨运行平行观测。2005 年开始以自动站数据进行编发电报。2006 年自动气象站进入单轨运行。

气象信息网络 建站后,长时间气象电报由人工编报,通过电话传报给邮电局转发。1988 年建立了高频电话,与地区台及邻近县站会商天气,进行业务联系。1988 年建成农村气象服务网,通过气象警报网向各乡镇及有关单位传播天气预报等信息,通过乡镇雨量网收集各地雨情。2001 年 3 月,开始启用分组数据交换网传递气象电报和各种信息。2005 年,改用宽带光纤网向省气象网络中心上传和调用信息、数据。2005 年建立乡镇雨量自动站,2007 年进行乡镇雨量自动站升级改造,实现自动监测,自动传输数据。同年,建成与省、市、县台站的可视化天气会商系统。2008 年 5 月将 1957—2003 年的气象记录档案气簿-1、温度、湿度、气压、风向风速、雨量自记纸整理归入黑龙江省气象局档案馆,县气象局只保留近 5 年的气象记录档案。所有的气象记录和有关文件都实现了纸质与电子版同时保存归档。

气象预报 短期天气预报从 1978 年开始制作发布。开始以收听省台等天气形势广播为主,绘制简易天气图,结合本站资料、方法,进行补充订正。1983 年起采用"123"传真机接收天气图表。2002 年建成 PC-VSAT 单收站后,预报信息量大幅度增加,提高了县站预报能力。2003 年建成新一代天气雷达资料共享系统后,开始制作短时邻近天气预报。中期天气预报在 20 世纪 80 年代初通过传真接收中央气象台,省气象台的旬、月天气预报,结合分析本地资料方法,制作一旬天气过程趋势预报。长期天气预报 20 世纪 70 年代中期开始起步,主要运用数理统计方法和常规气象资料图表及天气谚语、韵律关系等,作出具有本地特点的补充订正预报。目前,主要有年度预报、春季预报、春播预报、森林防火期预报、汛期预报、秋季预报。

2. 气象服务

公众气象服务 坚持"围绕中心、服务大局"的指导思想,以"三农"服务为主,以灾害性天气为重点努力做好公众服务。从 1983 年开始,短期天气预报通过县广播站发布,为大众服务。1986 年使用气象警报网,向乡镇及有关单位传送短、中、长期天气预报,深化了公众服务。2001 年起县电视台播发天气预报,2001 年 4 月木兰气象局建立电视天气预报制作系统，开始制作发布乡镇天气预报，服务面进一步扩大。1997 年与邮电部门合作建成“121”电话天气预报自动答询系统，向群众传递短期天气预报和气象情报。2005 年与通信部门联合开展手机短信业务，天气预报以短信形式向公众发布。

决策气象服务 木兰县境内发生的气象灾害主要有干旱、暴雨、大风、暴雪、寒潮、霜冻等等。在决策服务中，以防灾抗灾服务为重点，主要向县领导及有关部门提供短期重要天气、中期预报和年、季气候预测以及墒情、雨情等情报。遇有转折性和灾害性天气及时向有关领导汇报，为领导决策提供科学依据。特别在春播期、汛期、森林防火期和政府组织重大活动等关键时期，加强决策气象服务，从 1992 年起开展农业系列化服务，为领导指导生产提供决策依据。多年来，决策气象服务取得了显著成效。1994 年，木兰县出现春旱，气象局主动协助县农委开展大面积测墒，为当地农业春耕生产提供了第一手材料。1998 年木兰县遭遇百年不遇的特大洪水灾害，在这次抗洪工作中，气象局抽调业务副局长到县防汛指挥部工作，协助县委、县政府为抗洪抢险提供了现场预报服务。2005—2008 年连续出现干旱，在做好预报服务的同时，建议县里积极组织开展人工增雨作业，从而极大地缓解了旱情，并在香磨山水库附近，进行长时间人工增雨作业，增加水库蓄水，缓解了水田渴水。2005 年 9 月 1 日，木兰县建县 100 周年，为组委会提供了及时准确的天气预报，使百年县庆活动取得圆满成功。

专业与专项气象服务 1976 年起开展人工影响天气工作，现有高炮 10 门，车载火箭发射架 2 部，在乡镇设立 10 个高炮作业点，火箭流动作业。2005 年建成人影作业无线指挥系统，提高了作业指挥能力。近几年，平均每年作业 50 多次，有效地减轻了灾害，缓解了旱情，为农业抗灾夺丰收做出了积极贡献。1999 年开展防雷设施检测及图纸审核、竣工验收和防雷工程施工等。近几年平均每年检测 1000 多个防雷装置，审核 20 多份图纸，验收 10 多个防雷工程。1993 年开展气球庆典服务。

气象科技服务与技术开发 1984 年起开展专业气象有偿服务。1997 年起与电信合作开展电话自动答询天气预报业务。2002 年开始在电视天气预报上插播广告。2005 年起开展手机短信业务。

气象科普宣传 积极参与县里组织的科普之冬活动，将气象服务送下乡，宣传普及气象知识，在给领导和群众送去宣传资料和信息的同时，广泛搜集对气象服务需求，有针对性的改进气象服务工作。每年“3·23”世界气象日期间，开放气象站，将气象站设为气象科普基地，邀请中、小学生参观，为学生讲解气象科普知识。在向社会进行普及气象知识的同时，也提高了气象部门知名度。

法规建设与管理

1. 气象法规建设

2001 年，县建设局、县气象局联合下发了《关于加强建设项目防雷工程管理工作的通知》(木建发〔2001〕19 号)。2003 年县政府下发了《木兰县人民政府办公室关于进一步加强我县雷电安全防护管理工作的通知》(木政办发〔2003〕18 号)。2004 年县建设局、县气象局联合下发了《关于加强建设项目防雷管理的通知》(木气发〔2004〕2 号)。2006 年县气象局、县发展改革局、县建设环境保护局联合下发了《关于将防雷图纸审核及工程验收纳入基本建设管理程序的通知》(木气联发〔2006〕1号)。2008年县气象局下发了《关于涉外气象探测和非气象部门从事气象观测活动及时上报的函》(木气函〔2008〕1号),要求各乡镇政府和有关部门要高度重视此项工作,对出现涉外气象探测活动,要及时上报县气象局。

2. 社会管理

行业管理 为加强气象行政管理工作,1985年成立人工增雨防雹办公室,1999年成立防雷办公室。经培训考核,有3人取得了气象行政执法资格证书,负责气象执法工作。为保护探测环境,2006年将气象探测环境保护标准在县建设环境保护局进行了备案,取得主管部门对探测环境保护的支持。防雷管理纳入了木兰县政府安全检查范围,每年都与木兰县公安局和木兰县安监局联合进行防雷安全检查,重点对易燃易爆场所和学校进行检查,每年检查单位都在20个以上。

政务公开 从2002年开展政务公开工作。对社会公开栏的内容包括:单位职责、办事依据、办事程序及要求、每位工作人员的职责和职务、服务承诺、违诺违纪的投诉处理途径等。内部办事公开栏的内容包括:精神文明建设、党建和党风廉政建设的情况、重要事项和重大决策,涉及群众切身利益的热点难点事项;内部财务公开栏的内容包括:财务管理公开、每月的财务报表、科技服务和产业经营效益等。公开时间与公开的内容相适应。办事公开栏的内容根据情况随时公布,财务公开栏每月定期公布。在监督保障和责任追究上,对科技服务设立了举报监督电话,每天24小时负责接待和答复用户提出的问题;为保证群众的参与权、知情权,设立意见箱,实行举报电话制;实行责任追究制、首问责任制等,收到较好的效果。

党建与气象文化建设

1. 党建工作

组织建设 党支部成立于1987年,现有党员6人,全部为大专以上学历,平均年龄33周岁。近几年来,通过不断加强党组织的思想、组织和作风建设,党支部的凝聚力和战斗力有了明显增强,党员的先锋模范作用得到充分发挥,促进了机关作风建设和气象事业的发展,三个文明建设取得了显著成绩。2005—2008年连续4年被木兰县委授予"木兰县先进基层党组织"称号。

廉政建设 局领导班子把加强党风廉政建设列入重要议事日程,认真学习贯彻有关加强党风廉政建设的要求和有关规定,结合实际,成立了党风廉政建设领导小组,认真贯彻落实党风廉政建设责任制,形成一把手亲自抓,分管领导具体抓的格局。在每年一次的党风廉政宣传教育月活动中,重点抓好理想信念教育、宗旨意识教育、勤正廉政教育,不断完善各项纪律约束制度和考核制度,以制度来规范各项工作,从源头上预防和控制不正之风的发生。

2. 气象文化建设

精神文明建设 始终把文明单位创建活动作为机关建设等重要目标之一。把文明单位创建工作作为提高职工素质、凝聚职工力量、推进各项工作再上新水平的出发点。制定了切实可行的文明单位创建规划，不断完善了此项工作的机制，做到年初有规划，工作有措施，活动有内容，年终考核有标准，确保了此项工作有计划、有步骤、有措施、有实效。在文明单位创建工作中领导起表帅作用。凡是要求群众做的，领导首先做到。从领导到群众都有比较强的创建意识，形成了人人参与、全员共建的良好氛围。文明单位创建工作取得了明显的成绩。2001 年，被命名为“县级文明单位标兵”，2003 年晋升为“市级文明单位”，2005 年晋升为“市级文明单位标兵”。2008 年晋升为“省级文明单位”。

木兰县气象局十分重视气象文体活动的开展，建成了图书阅览室，职工活动室，设立了篮球架，安装 4 套体育健身器材，1 部跑步机和乒乓球桌，每年定期或不定期地开展文体活动。

3. 荣誉

集体荣誉 建站以来，木兰县气象局多次获各类集体荣誉。1973 年被木兰县委、县政府评为“先进集体”，1974 年被木兰县革命委员会评为“先进集体”，1977 年被省气象局评为“学大寨、学大庆先进集体”，1979 年被省气象局评为“百班无错情先进集体”、“抗灾夺丰收人影先进集体”，被松花江地区气象局评为“先进集体”，1985 年被省气象局评为“防汛模范单位”，1991 年被木兰县委、县政府评为“防汛先进单位”。

近 5 年获得荣誉：2003 年获哈尔滨市文明单位，木兰县支农服务先进单位，木兰县第十九届先进集体劳动模范表彰大会先进单位，木兰县“创先争优”团支部，木兰县社会治安综合治理先进集体；2004 年获木兰县支农服务先进单位，木兰县全民运动会先进单位，木兰县第二十届先进集体劳动模范表彰大会先进单位，木兰县社会治安综合治理先进集体；2005 年获哈尔滨市文明单位标兵，木兰县支农服务先进单位，木兰县社会治安综合治理先进集体；2006 年获木兰县保持共产党员先进性教育活动先进党支部；2007 年获哈尔滨市平安示范单位；2008 年获哈尔滨降雨防雹先进单位，木兰县服务“三农”先进单位，木兰县先进基层党组织。

个人荣誉 1996 年，马吉春被黑龙江省气象局评为劳动模范。

台站建设

建站初期，气象站办公用房仅 56 平方米，条件较差。1984 年进行了台站办公楼建设，办公条件有所改善。2000 年起，根据实际情况，着眼于发展，制定了综合改造实施方案，本着绿化、美化、净化环境，改善办公条件的思路，坚持少花钱，多办事的原则，保持规划建设十年不落后的标准，实行环境改造一年一个样，三年大变样的目标。2001 年自筹资金，植绿地 3000 多平方米，栽常绿云杉 9000 棵，建花坛 5 个 100 平方米，铺彩砖甬路 240 延长米，建成花园式气象站。同时又建 80 延长米的抹灰砖墙、160 延长米的贴磁砖垛的铁艺围墙、带有门库的电动伸缩门。2003 年，对旧办公楼进行了修缮，将原有木制窗更换为塑钢窗，装修了测报值班室，预报微机室，建成了室内卫生间，全面粉刷了办公楼。2004年，拆除了破旧的老办公室、建设60延长米的砖墙、80平方米的炮库、更换房盖，打水泥地面，内外墙抹灰、粉刷。院内打水泥地面350平方米，增设篮球架，4套体育健身器材。2005年，在原办公楼西侧续接200平方米办公楼，建附属用房30平方米，内外装饰了旧办公楼，使新旧楼形成一体。院内铺彩砖，打水泥地面600平方米，安装路灯。室内进行了装修、更换实木门、窗台板、吊棚，地面铺设了复合地板，更换了所有的办公桌椅，购置了沙发、会议桌。使职工在一个优美、舒适的环境中工作、学习、生活。改造后的办公条件与美化、绿化后的园区形成了美观、大方、科学、合理的布局，形成了具有独特风格的当地一景。

1989年气象局面貌

木兰县气象局台站新貌

齐齐哈尔市气象台站概况

齐齐哈尔市始建于1691年，是黑龙江省第二大城市。“齐齐哈尔”是达斡尔族语“边疆”之意，位于松嫩平原腹地，嫩江中游，黑龙江省西部，是国家重要的工业基地、商品粮基地和畜牧业基地。先后被国家命名为“全国优秀旅游城市”、“中国绿色食品之都”、“全国魅力城市”，全市辖8县、1市、7区，幅员面积4.23万平方千米，人口560万。齐齐哈尔属于中温带、半湿润、大陆性季风气候类型，市区年平均气温3.8℃，≥10℃积温为2513.3℃·日，年均降水量426.5毫米。

气象工作基本情况

历史沿革 齐齐哈尔气象观测始于1901年7月1日，中俄合办中东铁路时期在昂昂溪建立气象站点，1928年日俄战争日本取得东北地区权益后，日本关东厅在市内设立气象观测所，1938年伪满洲国中央观象台在齐齐哈尔设立观象台。齐齐哈尔解放后，1949年6月在旧址上建立了气象站，1954年扩建成气象台，1973年建立了气象局，实行局台合一。

管理体制 建国60年来，气象部门管理体制经历了“两军三上四下”历程，即2次军队建制，3次垂直管理，4次地方建制。即1949年7月—1953年7月齐齐哈尔气象站归黑龙江省军区司令部建制，1953年8月—1954年7月齐齐哈尔气象台归黑龙江省财政经济委员会管理，1954年8月—1959年2月齐齐哈尔气象台由黑龙江省气象局垂直管理，1959年3月—1960年3月齐齐哈尔气象台属地方建制，1960年4月—1968年2月嫩江地区气象台以省气象局为主管理，1968年3月—1969年8月嫩江地区气象台归嫩江地区革委会建制，1969年9月—1973年8月嫩江地区气象台归嫩江军分区管理，1973年9月—1978年11月嫩江地区气象台以地方政府为主管理，1978年12月以后实行省气象局为主的双重领导体制，一直沿用至今。

所辖台站 到2008年底，所辖的9个县（市）气象局，除克山局1948年建站（1935年伪满时期建立气象观测站，约至1945年停止观测）外，其他县（市）气象局均在1950—1960年间建站。其中富裕1956年始建，泰来1957年始建，龙江1957年始建，讷河1953年始建，依安1956年始建，克东1959年始建，甘南1954年始建，拜泉1956年始建。1997年3月以前林甸、杜蒙站归齐齐哈尔市气象局管理，后划归大庆市气象局管理。1960—1968年期间，嫩江、明水、青岗、北安、安达等站曾归嫩江地区气象台管理。原所属的查哈阳气象站于1973年6月移交农场系统。1957年建立的齐齐哈尔民航气象台，于1961年2月移交民航系统。富拉尔基曾于1955年10月—1957年2月设立气象观测站点，后撤销。

建国初期，规模很小，除齐齐哈尔站有7人外，其他县站只有1人或几个人负责观测，齐齐哈尔全地区有气象人员不足25人。目前全市气象部门已有在册职工158人，其中高级工程师10人，工程师89人；本科以上学历71人。

主要业务范围

1. 气象业务

气象观测 齐齐哈尔市现在台站类型有：国家基准气候站1个（富裕）；国家基本气象站4个（齐齐哈尔、克山、泰来、龙江），国家一般气象站5个（讷河、依安、克东、甘南、拜泉）。国家一级农气站2个（富裕、泰来），国家二级农气站3个（克山、龙江、拜泉），国家三级辐射站1个（富裕）。探空站1个（齐齐哈尔），湿地生态气象站1个（齐齐哈尔扎龙自然保护区），乡镇自动雨量站120个。

2002年以前，全市地面测报观测主要有云、能、天及器测项目。2002年新增沙尘暴项目观测（富裕），2004年新增紫外线、干湿沉降监测任务（齐齐哈尔），2006年开始酸雨业务观测（齐齐哈尔、拜泉）及闪电定位的自动传输业务（齐齐哈尔）。

气象预报 齐齐哈尔地区从20世纪50年代开始陆续制作发布长、中、短期预报，20世纪80年代初期开始发布短时预报，2005年开始制作临近预报。随着20世纪90年代初期Novell网、卫星地面接收站以及2006年省—市—县电视可视化会商系统等现代化传输手段的应用，短期预报准确率有一定提高。

气象网络 1954年，齐齐哈尔气象台成立了通信组，最初采取无线莫尔斯通信收发气象信息，1981年12月开始使用1000型有线电传，接收省气象台转发的国内外气象情报。1978年开始使用传真机接收国内外各种天气图表。1984年起使用气象警报系统，开展对外服务。1985年气象传真业务在齐齐哈尔地区各类台站普及，1987年市气象台开始使用自动填图机。1987年建成了全市甚高频无线通话网，使市、县气象部门可以进行直接通话。2001年3月，开始启用分组交换网传递气象电报和各种信息，2005年建成了气象信息专线宽带网络，大幅度提高了传输速率。

2. 气象服务

公众决策服务 齐齐哈尔市是气象灾害频发区，尤其以干旱、夏季暴雨、冬季大风雪损害最为严重。市县气象部门以防灾减灾为重点，提供决策气象服务，取得了明显效果。特别在1983年4月29日大风雪、98'特大洪水及近几年抗旱保丰收的服务中做出了突出贡献。公众气象服务内容不断充实，服务形式已广泛采用电视、广播、报纸、电话答询、手机短信、网上气象台等多种现代化手段。

专业专项服务 齐齐哈尔市从1971年开展人工增雨防雹作业，目前全市已发展到拥有19部增雨火箭、11部增雨火箭车、65门高炮，每年全市累计实施增雨防雹作业60～100

次，取得了可观的社会、经济和生态效益。齐齐哈尔市从1994年起开展防雷检测和防雷工程的设计安装，目前全市10家独立法人防雷单位，其中，1家具有专业防雷乙级资质，7家具有专业防雷丙级资质。齐齐哈尔市专业气象服务始于1982年。20多年来，服务内容、手段、形式逐步多样和更新，效益逐步提高，目前已扩展到电业、建筑、交通、医疗、商业、铁路等30多个行业和部门。

齐齐哈尔市气象局

机构历史沿革

历史沿革 1928年日俄战争日本取得东北权益后，曾在齐齐哈尔市设立气象观测站。

齐齐哈尔市1945年前气象站点情况

名称	时间	地点	地理位置及其它
齐齐哈尔气象观测站点	1901年7月1日	昂昂溪	北纬47°10′，东经123°43′
齐齐哈尔气象观测所	1928年	市第一幼儿园	北纬47°20′，东经123°56′
齐齐哈尔观象台	1938年	第二机床厂南	北纬47°20′，东经123°56′

1949年7月东北军区司令部气象处在日伪观象台旧址建立齐齐哈尔气象站。新中国成立后，齐齐哈尔气象站共迁移2次，局台合一后气象局办公地点迁移1次。

1949年7月—1963年12月，地址位于齐齐哈尔市商埠路气象台街1号(即第二机床厂南)，北纬47°20′，东经123°56′，海拔高度147.0米；1964年1月—2001年12月，迁至文化路西侧、林干校东侧(即林青街)，北纬47°23′，东经123°55′，海拔高度145.9米；2002年1月—2008年12月，迁至现址，位于齐齐哈尔市建华区明月北市区新江路60号。地理位置位于北纬47°23′，东经123°55′，海拔高度147.1米。

1968年10月，嫩江地区气象台由商埠路气象台街1号迁至新明街2号，2004年6月齐齐哈尔市气象局迁至党校街68号。

建制情况 建国60年来，气象部门领导管理体制经过了“两军三上四下”历程，其沿革情况如下表：

名称及主要负责人变更情况

名称	时间	主要负责人	领导体制	管理部门
齐齐哈尔气象站	1949年7月—1951年7月	潘希禹	气象部门归军队建制	黑龙江省军区司令部
齐齐哈尔气象站	1951年8月—1953年7月	韩恩富	气象部门归军队建制	黑龙江省军区司令部
齐齐哈尔气象台	1953年8月—1954年7月	张玉泰	气象部门归政府建制	黑龙江省财政经济委员会

续表

名称	时间	主要负责人	领导体制	管理部门
齐齐哈尔气象台	1954年8月—1956年5月	张　平	气象部门实行垂直管理	黑龙江省气象局
齐齐哈尔气象台	1956年6月—1958年2月	刘克宁	气象部门实行垂直管理	黑龙江省气象局
齐齐哈尔气象台	1958年2月—1959年2月	张　平	气象部门实行垂直管理	黑龙江省气象局
齐齐哈尔气象台	1959年3月—1960年3月	刘克宁	气象部门归政府建制	齐齐哈尔市水利局
嫩江地区气象台	1960年4月—1968年2月	张　平	气象部门实行垂直管理	黑龙江省气象局
嫩江地区气象台	1968年3月—1968年8月	陈树人	气象部门归政府建制	嫩江地区革委会
嫩江地区气象台	1968年9月—1969年8月	刑荣庆	气象部门归政府建制	嫩江地区革委会
嫩江地区气象台	1969年9月—1971年8月	于兴善	气象部门归军队为主领导	嫩江军分区
嫩江地区气象台	1971年10月—1972年8月	邱瑞廷	气象部门归军队为主领导	嫩江军分区
嫩江地区气象台	1972年10月—1973年8月	毛德欲	气象部门归军队为主领导	嫩江军分区
嫩江地区气象局	1973年8月—1977年7月	刘荣久	气象部门归政府建制	嫩江地区革委会
嫩江地区气象局	1977年8月—1978年11月	于学忠	气象部门归政府建制	嫩江地区革委会
嫩江地区气象局	1978年12月—1984年5月	李宗启	气象部门实行垂直管理	黑龙江省气象局
齐齐哈尔市气象局	1984年5月—1994年12月	刘书元	气象部门实行垂直管理	黑龙江省气象局
齐齐哈尔市气象局	1995年1月—1996年4月	尹福安	气象部门实行垂直管理	黑龙江省气象局
齐齐哈尔市气象局	1996年5月—	胡连生	气象部门实行垂直管理	黑龙江省气象局

机构设置　齐齐哈尔市气象局内设4个职能科室:办公室、业务科技科(政策法规科)、人事教育科(与党总支合署办公)、计划财务审计科(财务结算中心)。直属5个正科级事业单位:气象台、气象科技服务中心、气象技术装备中心(防雷中心)、后勤服务中心、齐齐哈尔国家基本气象站。

人员状况　1949年,建站时有7人。到1978年,气象职工已发展到65人,其中,大学本科学历8人,大学专科学历4人,中专学历13人,工程师1人,中共党员20人,少数民族2人(1人满族,1人达斡尔族,其余均为汉族)。2008年底,共有在职职工70人,其中硕士研究生3人(在读博士研究生1人),本科学历43人(在读硕士研究生3人),大专学历9人,党员33人(含中共预备党员1人),高级工程师10人、工程师44人、技师1人,40岁以下31人、40～49岁27人、50岁以上12人,男职工41人、女职工29人,均为汉族。

气象业务与服务

1. 气象业务

①气象观测

齐齐哈尔的气象观测包括地面、高空、雷达、卫星等项目的观(探)测。

地面观测　1949年始建时气象观测项目主要有温度、湿度、风向风速、云、能见度、天气现象、降水量、蒸发、气压、草温、日照时数、地面温度、地中温度、云量、云状、云向及云速。天气观测发报时次为8次,同时编发航危报。2003年8月,完成自动气象站的安装调试并开始试运行。2004年开始自动气象站与人工气象站双轨运行平行观测。从2005年开始以自动站数据进行编发电报。2006年自动气象站进入单轨运行。2006年增加紫外线记录。2007年开始闪电定位仪监测和酸雨测量工作。现在观测的项目有:温度、湿度、风向风速、云、能见度、天气现象、降水量、蒸发、气压、草温、日照时数、地面温度、浅层地温、深层地温、冻土、电线积冰、积雪深度。

高空气象 建国后，从1949年一直担负高空气象探测任务，每天01、07、19时(北京时)3次小球高空测风工作，采用经纬仪观测方法。1979年10月1日，改为雷达(701型)探空综合探测，每天07、19时2次，以后逐步发展到自动接收机接收探空信号，PC-1500微型计算机整理探空记录。01时进行雷达单独测风。1991年1月，01时雷达测风奉令停止，探空信号通过计算机终端进行接收和处理记录，实现了半自动化运行，一直持续到2008年12月31日止。2009年1月1日测风雷达正式换型为L波段雷达，探空仪实现数字化改造，每天07、19时进行雷达综合探测，计算机综合处理记录。

天气雷达 1982年起采用711型天气雷达测雨。每年5—9月每天08、11、13、16时定时开机并根据天气情况随时开机探测云雨。2004年6月新一代天气雷达建成并开始运行，主要负责齐齐哈尔及周边地区灾害性、突发性天气的监测预警。

气象卫星 齐齐哈尔市气象局现有TES、PES、PC-VSAT、FY-2四套卫星接收及发送系统，负责云图、地面、高空等卫星资料的接收和发送工作，终端系统随着DVBS的安装使用，每天接收的数据量很大，可以接收FY2C、FY2D、MTSAT卫星资料，预报能力明显增强。

生态监测 2002年8月在扎龙湿地建成了全国第一个湿地生态气象站，除进行九要素气象观测外，开展了大气干湿沉降、植被生长环境等监测。

开展湿地监测

②气象信息网络

气象通信工作先后经历了无线莫尔斯阶段、有线电传阶段、气象传真阶段、计算机传输网阶段。

在1986年7月以前，气象电报由人工编报，通过邮电局转发。1986年7月开始使用PC-1501计算机编报。1998年7月使用奔腾4计算机编发报及制作气表；2001年3月，开始启用分组数据交换网，通过网络传递气象电报和各种信息。2005年建成了气象信息专线—宽带网络，每小时向省气象网络中心上传自动站实时数据。

2004年6月新一代天气雷达楼建成后，计算机局域网建成，楼与楼之间采用光纤方式通过3层交换机网络完成，与上下级业务及资料传输采用SDH(2M光纤)进行通信，使用BDCOM3600 SERIES30M INTERNET通信设备及线路运行稳定，同时采用外网光纤、软件VPN作3层备份，保证了信息可靠稳定的传输。

1980年成立了资料室承担全市气表审核资料整编和对外服务。自1983年始，每年编撰出版年度气候评价，除上报省气象局外，还报送市党政领导机关和广大用户单位，深受欢迎;多普勒雷达基地建成后对气象档案室进行了标准化建设。2008 年对近 50 年的气象资料进行了整理清查,并顺利移交到省气象档案馆保存。

③气象预报

1950 年起开展中期预报业务。1958 年起开展短期气候预测业务,通过多年的实践,积累了大量基本资料和方法。目前短期气候预测的重点是春夏旱涝趋势、夏季低温冷害和秋霜的预报等。1979 年开始制作发布旬及 3～5 天或 5～7 天的不定期天气预报和专业系列化项目的中期预报。

1982—2003 年,短时预报主要是依托 711 测雨雷达进行强对流天气的预报。2004 年新一代天气雷达正式投入业务运行后,短时临近预报有了明显的发展,从 2005 年起汛期每天发布 3 次未来 6 小时的短时预报及未来 2 小时的临近预报。

2. 气象服务

公众气象服务 齐齐哈尔市气象局从 1950 年开始对外公开发布 24 小时天气预报,现在除了每天在电台、电视台、报纸上发布 24～48 小时天气预报外,还通过“12121”每天发布未来 3～5 天的预报、旬报、一周天气趋势预报,节假日、双休日预报、重大天气预报、紫外线预报、空气质量预报、舒适度预报等,冬季发布节能预报,夏季发布晨练预报以及天气预警等信息。2002 年起,公众可通过定制手机气象短信的方式查询当地天气预报。2004 起在中央电视台一套和新闻频道播发齐齐哈尔城市天气预报。2005 年起齐齐哈尔市气象局开始对可能造成气象灾害的天气发布预警信号,通过“12121”、电台、电视台、手机短信等手段及时对外公开发布,防御和减轻气象灾害造成的影响和损失,保护国家和人民生命财产安全。中期的不定期及旬预报和月、季、年的短期气候预测主要通过内部渠道向领导机关和有关部门提供服务。

决策气象服务 决策气象服务以“准确及时、优质服务”为理念,以农业服务为重点,紧紧围绕重点,关注热点,定期、不定期地为市委、市政府及有关决策部门提供指挥生产、防灾减灾、应对气候变化、环境保护等方面的决策气象服务信息,及时为重点工程、重大活动保驾护航,受到了市委、市政府及有关部门领导的高度赞扬。

1983 年 4 月 28—30 日,全区出现了历史上罕见的特大暴风雪天气。灾害造成了停水、停电、交通瘫痪、通信中断,直接经济损失 1.43 亿元,死亡 37 人。气象台提前 24 小时发布了中雨夹雪及寒潮、大风预报,并向有关的服务用户提前通报了“结凌预报”,在一定程度上减小了灾害造成的损失。1998 年夏季,嫩江发生了 300 年来有记录的最大洪水。气象台在年度气候预测和汛期预报中,提前预报盛夏多雨,汛情严重,可能出现大水,建议立足防大汛,抗大涝。市委、市政府和防汛指挥部据此预报提前组织预防。由于准备充足,灾害损失降低到最低程度,受到国家、省、市领导的肯定和好评。

人工影响天气与防雷服务 齐齐哈尔市从 1971 年开始人工增雨防雹作业。目前有“三七”高炮 1 门、车载火箭发射架 2 部,每年实施人工增雨防雹作业 8～10 次。1994 年 4 月 27 日,市政府防雷办公室成立,同时成立防雷装置监测站。1999 年 8 月 23 日成立齐齐哈尔市防雷中心,负责雷电防护设施的安全检测,承担防雷工程的设计和施工以及全市防雷工程图纸的审查、防雷新技术推广、雷电灾害事故的调查、统计和技术鉴定等工作。每年检测单位 50 余家，400 余座建构筑物，审查图纸 150 余份。

专业气象服务 始于 1982 年，1984 年成立气象服务科，气象服务效益连创新高。1986 年省气象局在齐齐哈尔市召开现场会，向全省推广专业有偿服务的做法和经验。1995 年开启了“121”电话自动答询系统。2003 年开通了联通手机用户拨打“121”，服务用户更加广泛。2003 年起开通网上服务，目前专业服务用户近 200 户，涉及农业、工业、电业、商贸、医疗、交林业等近 20 个行业。近 30 来，特别在为军工生产、施工设计、铁路实验、电业等部门提供的专业服务都取得了明显效果。如齐齐哈尔氧化塘围堤设计、热力部门供热可行性论证、新型火炮试验和新武器低温试验以及机车燃油低温试验专业气象服务，都受到好评。1993 年 10 月起开展影视广告业务，对富裕老窖酒类产品进行了系列化宣传。1998 年成立的华云广告有限责任公司，开展广告设计制作、庆典礼仪等项目。

气象科普与气象宣传 多年来，积极与新闻媒体合作开辟气象科普专版、专栏。积极利用“3·23”世界气象日、科技周、减灾日等广泛开展宣传活动。先后编辑出版气象科普书籍 5 部，各类科普图片、资料 30 余种，累计 20 余万份，2007 年由辽宁科技出版社出版《天人合一话保健》气象科普专著 1 部，有 1 人被吸纳为中国科普作家协会会员。2007 年自行设计制作了“气象科普文化宣传系统”在齐齐哈尔市新一代天气雷达基地展出，每年都吸引大批群众参观。并被省内外 10 余家气象部门借鉴采用。

2008 年建成的气象科普文化长廊

利用农民秧歌队进行气象防灾减灾知识宣传

齐齐哈尔市气象局率先在全省气象部门实施“12345”气象宣传工程，并被齐齐哈尔市委评为“工作突破成果”。把气象宣传做成一种文化的理念和做法得到上级部门和同行的充分肯定与认可，2005 年、2007 年 2 次在全省介绍宣传工作经验。近 5 年在《中国气象报》上发表新闻、信息、科普文章 120 余篇。先后在 10 余家中央和地方新闻媒体发表气象作品 100 余篇，每年在市级新闻媒体发表宣传稿件 80 余篇。

法规建设与管理

气象法规建设 围绕气象防灾减灾、气象服务和气象依法行政通过齐齐哈尔市政府下发的重要文件有：2002 年通过市政府办公厅下发了《关于加强全市云水资源开发工作的通知》(齐政办发〔2002〕35 号)，全市一次性购置火箭发射架 19 部，火箭车 11 台；2005 年 8 月，市政府办公厅下发了《关于通过手机短信发送气象情报警报的通知》(齐政办文〔2005〕

44号)，市县乡村领导5000余户定制了气象短信；2006年7月，齐齐哈尔市人民政府办公厅向各县(市)、区人民政府下发了《关于印发齐齐哈尔市自动雨量监测网建设实施方案的通知》(齐政办发〔2006〕50号)，要求在全市范围内建设120个自动雨量站，市、县两级共落实建设资金382万元，当年建成并投入使用；2008年6月，齐齐哈尔市政府办公厅下发了《关于加强乡(镇、街道)村气象灾害应急信息联络员队伍建设的通知》，当年落实气象信息员2200余名，其做法受到省气象局充分肯定并被各市地借鉴；2008年9月，为了加强气象灾害应急工作，通过市人民政府突发事件应急委员会就重大暴雨灾害、重大冰雹灾害、重大暴雪灾害及大风与沙尘暴灾害应急保障预案下发了5个正式文件，气象应急保障工作得到加强。

行业管理 多年来，齐齐哈尔市气象局始终把保护气象探测环境纳入重要日程，通过执法，成功保护了701测风雷达、711天气雷达以及地面测报的探测环境。2007年6月通过市政府下发了《关于印发齐齐哈尔市气象探测环境保护标准的通知》(齐政办文〔2007〕52号)，为保护全市各站的气象探测环境提供了有力支持。

齐齐哈尔市气象局始终由专人负责施放气球的审批和管理。2005年在《齐齐哈尔日报》上全文刊登了《施放气球管理办法》，并在市政府政务大厅设立窗口负责施放气球资质和作业的审批。几年来，先后组织执法检查100余次。

2008年7月通过市政府下发了《关于加强全市雷电安全防护管理工作的通知》(齐政办发〔2008〕62号)，明确了雷电安全防护工作的组织领导、职责分工和具体要求，推动了全市雷电防护工作的有序开展；每年与市安监局下发文件并联合开展防雷安全检查。

政务公开 齐齐哈尔市气象局始终坚持权力在“阳光”下运行，让职工和公众知晓内情，加强监督。制定了《齐齐哈尔市气象局政务公开实施办法》，在对内公开方面，主要围绕“三重一大”和“人、财、物”管理使用等权力运行关键环节，坚持通过会议、文件、公示等形式公开。对外坚持把单位履行的社会管理和公共服务职能作为公开的重点。

党建与气象文化建设

1. 党建工作

支部组织建设情况 1949年初建时只有2名党员。1971年已发展为17名党员，组织关系隶属于嫩江军分区后勤党委部。1985年地市合并到现在，党组织关系隶属于齐齐哈尔市直机关工委。目前齐齐哈尔市气象局有中共党员33名，气象局党总支下设5个支部。

党风廉政建设情况 认真执行“三会一课”制度、党员民主评议制度、党员联系群众制度、党建目标管理制度、政治理论学习制度，建立了保持共产党员先进性长效机制。严格执行《党政领导干部选拔任用工作条例》，按时召开领导班子廉洁自律专题民主生活会，认真履行“一岗双责”。从2001年起至现在每年确定一个主题开展党风廉政宣传教育月活动。

2. 气象文化建设

精神文明建设 局领导班子高度重视精神文明建设。1993年开展“忆创业、讲传统、比贡献”、“二五”、“三五”普法活动。1994 年开展了精神文明建设 10 项活动。1996 年开展了“四好三优一满意”和“引导国有企业和农民进入市场”大讨论等活动，1997 年开展了“双学双评”活动。1997—2004 年围绕思想作风建设，每年选定一个主题开展学习、教育活动。2005—2006 年开展了创建“学习型、创新型、服务型”机关活动，2007—2009 年开展了创建“学习型、创新型、服务型、廉洁型、和谐型”机关活动和“三服务”活动，努力推进文明建设。

文明单位创建 1990 年开始组织文明单位和文明行业创建活动，成立了以一把手为组长的领导小组。1993 年市局机关跨入市级文明单位行列，2000 年被市委市政府命名为“市级文明单位标兵”。在市县局的共同努力下，2001 年被市委市政府命名为“市文明行业建设先进系统”，2006 年被市委市政府命名为“市文明行业建设先进系统标兵”，2007 年市气象局被省委省政府命名为“省级文明单位”。

文体活动 建立了图书室、老干部活动室、健身房、羽毛球室、台球室、篮球场等，购置了健身器材。每年组织游泳、乒乓球赛等体育活动。积极参加省气象局和市直机关组织的乒乓球赛、羽毛球赛、爬楼梯比赛等活动。成功组织全市演讲比赛，参加省气象局组织的两届演讲比赛，均获二等奖。参加市直机关文明礼仪知识大奖赛获二等奖。

3. 荣誉

集体荣誉 历年来，齐齐哈尔市气象局共获国家部委，省、市政府等上级单位表彰奖励 360 余次。其中，1993 年获国家局气象服务先进集体，1998 年被国家科技部授予“抗洪抢险气象服务先进单位”称号，被省委省政府授予“抗洪抢险先进集体”称号、被中国气象局授予“抗洪抢险气象服务先进单位”称号，2000 年被国家人事部、中国气象局授予“全国气象系统先进集体”称号，2006 年被市委市政府授予“党风廉政建设先进集体”称号，同时获市直机关“领导班子表率奖”，2007—2008 年荣获市直机关“三服务”先进集体，2009 年被齐齐哈尔市委、市政府授予“创建人民满意机关示范单位”。

个人荣誉 周炯尧 1960 年光荣参加黑龙江省农业群英会，荣获“黑龙江省农业社会主义建设先进生产者”称号。获省部级以下综合表彰的共 1 人次。

台站建设

齐齐哈尔市气象局办公和生活条件逐年得到改善。特别是 2004 年迁入新址，位于美丽的嫩江之滨，占地面积 8077 平方米，业务用房 5500 平方米，附属用房 530 平方米。院内为绿地，铺彩色步道砖，建成了由奇石、仙鹤以及各类鸟、动物组成的“小品”景观。

齐齐哈尔国家基本气象站 2001 年迁入现址，办公条件大为改观。共占地面积 2 万多平方米，业务用房 1048 平方米，制氢室、锅炉房、收发室 3 处建筑总面积 300 平方米左右。2005 年将业务用房的平屋顶改为彩钢板坡屋顶，院内部分路面进行了硬化。

过去市气象局家属区多为平房，环境条件较差。2001 年建成了 3000 平方米职工住宅楼，近期进行了环境美化建设，使职工的生活条件大幅改善。

1968 年气象局旧址

2004 年齐齐哈尔新一代天气雷达基地

拜泉县气象局

拜泉县年平均气温 1.8℃，极端最高气温 38.4℃，出现在 2001 年 6 月 25 日，极端最低气温零下 39.6℃出现在 1977 年 1 月 31 日和 1980 年 1 月 16 日；年平均降水量 496.3 毫米。

机构历史沿革

1. 始建及站址迁移情况

拜泉县气象站始建于 1956 年 12 月 1 日，站址在县城东花园镇内。1993 年 10 月 17 日原观测场向东平移 35 米。1994 年 7 月 1 日原站址县城东花园镇内改为政府街曙光路 74 号。

2. 建制情况

领导体制与机构设置 从建站至 1970 年先后实行 2 次以气象部门为主、2 次以地方政府为主的双重领导体制。1971—1973 年，县气象科以军队为主领导。1973 年 6 月至 1979 年，改由地方政府为主领导。1980 年起改由气象部门和地方政府双重领导、以气象部门领导为主的双重领导体制，一直延续至今。建站初期只有 1 个预测报组，1975 年起分设测报组、预报组，1978 年起设测报组、预报组、人控组，1985 年起改设测报股、预报股、人控股，现内设机构为业务股、人控股和雷电检测站。

人员状况 1956 年 12 月 1 日建站时只有 2 人。2006 年定编为 9 人。现有在编职工 8 人，临时工 1 人。其中本科学历 2 人、大专学历 3 人、中专学历 1 人、高中学历 2 人，中级专业技术人员 5 人、初级专业技术人员 3 人，50～57 岁 3 人、40～49 岁 4 人、40 岁以下的有 1 人。

名称及主要负责人变更情况

名称	姓名	职务	学历	任职时间
拜泉气候站	张志国	站长		1958.11—1962.11
拜泉气候站	李为龙	副站长(主持工作)	中专	1962.12—1968.5
拜泉气象站	孙　财	站长		1968.6—1970.9
拜泉气象科	袁有明	科长	初中	1970.10—1973.12
拜泉气象站	袁有明	局长	初中	1974.1—1988.10
拜泉气象局	车仁海	局长	大学	1988.11—1997.11
拜泉气象局	朱长利	局长	中专	1997.12—2007.4
拜泉气象局	王松柏	局长	本科	2007.5—

气象业务与服务

1. 气象业务

建站伊始，老一代气象工作者发扬艰苦奋斗的光荣传统，克服人员短缺，经费不足等实际困难，自力更生、艰苦奋斗，完成了拜泉气候站的各项基础设施建设。业务实行规范化管理。从字码练习开始，所有职工都练就了过硬的业务本领，多次在上级业务部门开展的“比武”活动中获得优胜。预报方法不断创新，预报准确率稳步提高。业务学习上形成了比、学、赶、帮、超的良好局面，多次获得省、市气象局的表彰奖励，1977 年荣获历史最高荣誉——全国气象系统先进集体。

气象观测　1956 年 12 月 1 日—1959 年 12 月 31 日，1971 年 2 月 1 日—1986 年 12 月 31 日，本站进行 4 次定时观测(02、08、14、20 时)，夜间守班；1960 年 1 月 1 日—1970 年 1 月 31 日，1987 年 1 月 1 日至今，进行 4 次定时观测(02、08、14、20 时)夜间不守班。现在气象观测项目主要有温度、湿度、气压、风向风速、降水、积雪、云量、云状、天气现象、能见度、日照时数、地温(地面、浅层、深层)、蒸发、草温等。2001 年 4 月 1 日 08 时开始编发天气加密报。2003 年 11 月按照统一部署，完成了自动气象站的安装调试工作并开始试运行。2004 年 1 月 1 日开始自动站双轨运行(人工站为主)，2005 年 1 月 1 日自动站双轨运行(自动站为主)。2006 年自动气象站进入单轨运行，定时向省气象网络中心上传资料。

气象信息网络　在 2001 年以前，气象电报都是通过电话传报给邮电局转发。2001 年 3 月 1 日，开始启用分组交换网，从此开始通过网络传递气象电报和各种信息。2005 年建成了气象信息专线—宽带网络，每小时向省气象网络中心上传自动站实时数据。2006 年建成了 15 个乡镇自动雨量站，区域雨量网正式运行。2008 年 5 月将 1957—2003 年的地面气象观测记录气簿-1、温度、湿度、气压、风向风速、雨量自记纸和农业气象观测记录簿整理归入省气象局档案馆，县气象局只保留 5 年的气象记录档案。所有的气象记录和有关文件都实现了纸质与电子版同时保存归档。

气象预报　拜泉站自建站以来一直承担着长期、中期和短期天气预报的制作与发布工作。1960—1980 年，根据图、资、群，结合本地气候规律和经验，制作补充天气预报。短期天气预报主要预报未来 24～120 小时的天气。1958 年前后，开始采用“123”传真机接收天气预报图表，用于制作短、中期天气预报。1999 年安装了卫星单收站，直接接收云图和各种天气图。2001 年 1 月 1 日开始通过分组交换网接收齐齐哈尔市气象局的指导预报，并编发拜泉县的天气预报。

农业气象 从 1958 年起，开展农业气象工作，主要承担作物发育期观测、自然物候观测、土壤墒情测定等。观测作物为大豆，马铃薯。同时开展农业气象情报、预报等服务。1983 年完成了《拜泉县气候区划》、1991 年完成了《拜泉县农业开发区气候区划细化》，为生态农业的建设与发展提供了科学依据。

2. 气象服务

公共气象服务 从 1960 年开始，通过县广播站发布天气预报。1989 年建成气象警报系统后，每天上、下午通过警报向各乡镇、粮库及有关单位广播 24 小时天气预报和重要天气预报。1999 年建成天气预报自动电话答询系统，答询 24 小时、未来 3 天天气预报及其它气象信息。

决策气象服务 以防灾减灾为重点，紧紧围绕农业生产开展决策气象服务，取得了显著成效。如 1986 年 5 月 6 日预计 24 小时降温幅度在 10℃以上，有强寒潮入侵，并及时通知到相关单位，从而使灾害损失降到最低限度。1988 年 6 月末预计 7 月上旬有一场大暴雨过程，县领导听取汇报后，及时组织各单位做好防汛准备工作，在全县普降大暴雨情况下，灾害损失降到了最低程度。1996 年 7 月 29 日拜泉突降大雨。气象局提前一天向县领导进行了汇报，并通知农委和水利局等相关单位，同时用警报系统发出中—大雨、局部有暴雨的警报。由于各乡镇及时采取有效措施，在大暴雨袭来时人员顺利转移，在大灾之下无人员伤亡。2004 年春末和初夏拜泉县降水特少气温偏高，大风次数偏多，全县各乡镇出现了严重干旱，拜泉县气象局开展火箭和高炮人工增雨作业，全年实施 6 次有效的人工增雨作业，对缓解旱情促进农作物生长起到了十分有效的作用。2005 年春，拜泉县气象局先后 3 次向县领导汇报前春干旱后春涝，县政府根据建议制定了早春抗旱后春防涝保春种的具体措施，由于预报准确服务超前，保证了春播任务的完成。据农委估算，全县根据预报采取了相应对策，避免粮食减产 400 万千克，增加经济效益 320 余万元。

专业与专项气象服务 1985 年后开展专业气象有偿服务。1976 年起开展人工影响天气工作，现有高炮 6 门，火箭发射装置 1 部。在三道镇、国富镇、长春镇、龙泉镇、兴农镇设有高炮作业点。2008 年起，每年 20 万元的地方补充经费正式纳入财政预算，为拜泉气象事业的进一步发展奠定了坚实的基础。2001 年开始防雷检测和竣工验收工作。特别是近年来拜泉气象局在防雷和行政执法方面取得了重大突破，防雷设施安全检测、图纸审核、竣工验收已全面展开。及时排查安全隐患，确保了人民生命、财产安全和公共安全。服务收费数额连年攀升，平均每年检测 120 多个单位。

气象科普宣传 拜泉气象局积极组织开展宣传活动，内容包括雷电防御安全知识、气象法律法规、防灾减灾常识等。每年在世界气象日（3 月 23 日）、防灾减灾日（5 月 12 日）进行集中宣传，普及气象科普知识，增强全社会的防灾减灾意识。

多年来，拜泉气象局积极与新闻媒体合作开辟气象科普专版、专栏，积极策划活动，取得显著社会效益。先后编印各类科普图片、资料 20 余种，累计 10 余万份。

近5年在《中国气象报》发表新闻、信息、科普20余篇，先后在《黑龙江日报》、黑龙江新闻网、中国气象网等国家和省级媒体发表气象新闻作品10余篇，在市级新闻媒体每年发表宣传稿件10余篇。

法规建设与管理

气象法规建设 围绕防雷管理和气象探测环境保护，县政府下发的法规性文件有《关于建立拜泉县雷电防护管理领导小组的通知》(拜政办发〔2001〕9号)、《关于加强雷电安全防护管理工作的通知》(拜政办发〔2001〕17号)、《关于拜泉县城镇开发建设管理办法》(拜政办发〔2007〕23号)等。

气象信息发布、重大灾害性天气预警、雷电防护与管理、民用氢气球管理、探测环境保护等法律法规在拜泉气象局已逐一落实，并在县人大和相关的城市规划部门进行了备案。充分利用电视等媒体进行气象法律法规的宣传，让更多的人了解和遵守气象法律法规，自觉维护气象探测环境。2001年4月拜泉县人民政府办公室发文将防雷设施安全检测、图纸审核、竣工验收全部纳入气象行政管理范畴。经省人民政府批复县气象局有行政执法主体资格，并有4名人员办理了行政执法证，成立行政执法队伍。暂无执法事件。

政务公开 拜泉气象局从2005年起开展政务公开。公开形式包括对内、对外公开。对内设立公开栏，对外设立公开板。公开板公示内容包括机构设置及职能、文明单位创建目标、防雷装置检测、收费项目标准，依法行政依据和范围，气象专业服务收费项目标准。公开栏内容包括年度预、决算，工程发包，人事任免，年度计划，重大事项决策，目标管理，职工福利，固定资产状况，气象服务质量等。

党建与气象文化建设

1. 党建工作

支部组织建设情况 1971年6月1日县气象局成立党支部，有党员5人。1980年至2008年气象支部共发展6名党员。1985年在两个文明建设中，被县委评为“先进党支部”，1989年被齐齐哈尔市委评为“先进党支部”，1986年、1996年被拜泉县委授予“先进党支部”称号。

党风廉政建设情况 党支部注重加强党风廉政建设，认真贯彻落实党风廉政建设目标责任制，努力建设廉政机关，充分发挥党员的模范带头作用。认真执行“三会一课”制度、党员民主评议制度、党员联系群众制度、党建目标管理制度、政治理论学习制度，建立了保持共产党员先进性长效机制。严格执行《党政领导干部选拔任用工作条例》，按时召开领导班子廉洁自律专题民主生活会，认真履行“一岗双责”。局党支部在廉政建设方面多年受到县委和市气象局的表扬。1984年被嫩江地委授予整顿党风先进支部。

2. 气象文化建设

拜泉气象局始终把领导班子的自身建设和职工队伍的思想建设作为文明创建的重要

内容，通过开展经常性的政治理论、法律法规学习，培养高素质的职工队伍。近几年来，对政治上积极要求进步的年青职工，党支部进行重点培养，条件成熟及时发展。多次选送职工到南京信息工程大学学习深造。全局干部职工及家属子女无一人违法违纪，无一例刑事民事案件，无一人超生超育。

在文明单位创建中，始终坚持以人为本，弘扬自力更生、艰苦创业精神，深入持久地开展文明创建工作，政治学习制度健全，文体活动形式多样，电化教育设施完备，职工生活丰富多彩。

1990 年被拜泉县委、县政府命名为县级文明单位，2000 年晋升为县级文明单位标兵。2002、2003 连续 2 年被市气象局评为“双文明建设先进单位”。

3. 荣誉

自 1972 年至 2008 年拜泉气象局共获集体荣誉 94 余项，其中获市级以上表彰奖励 64 余次。1976—1977 年被省气象局授予“气象系统先进集体”称号，1977 年获“全国气象系统先进集体”，1979 年被省委、省政府授予“先进单位”，1985 年被省委省政府授予“支农服务先进单位”。1998 年被市气象局评为“双文明建设先进单位”。

从 1972 年至 2008 年，拜泉气象局个人获奖共 120 人(次)，其中 1977 年袁有明作为先进集体参加全国气象系统先进集表彰大会。1988 年高源被省气象局评为先进工作者。

台站建设

1956 年始建时期办公室为平房，条件简陋。1986 年建成 2 层办公楼，建筑面积 356 平方米，办公条件得到初步改善。1993 年与土地局合建宿舍楼，职工享受优惠住房待遇。2003 年对车库和炮库进行了维修。2005 对办公楼进行了维修，并更换了办公桌椅，办公条件得到进一步改善。2007 年硬化路面 800 平方米，规范了观测场四周作物的种植。2008 年硬化路面 500 平方米，改建围栏 200 延长米，修水泥边沟 160 延长米，建自动伸缩门一个，院内进行绿化、美化，局内外环境得到彻底改善。

拜泉县气象局旧貌

拜泉县气象局新貌

富裕县气象局

富裕县始建于1929年，位于黑龙江省西部，嫩江中游左岸。年平均气温2.8℃，极端最低气温为零下40.3℃，极端最高气温为40.7℃，≥10℃积温为2650℃·日，年平均降水量为442.2毫米。

机构历史沿革

历史沿革 富裕气象站始建于1956年，当年10月6日正式开始观测。地处北纬47°39′，东经124°41′，海拔高度162.8米。

1975年1月，迁至现址，富裕县富裕镇朝阳路气象街东侧，北纬47°48′，东经124°29′，海拔高度162.7米。

1994年1月1日定为基准气候站，2007年1月1日在“三站四网”调整中定为国家气象观测站一级站，观测内容没有变，2009年1月1日定为国家基准气候站。

建制情况 1956年10月至1957年12月属气象局建制，由县人民委员会领导。1958年1月至1963年12月改为县人民委员会建制，业务仍由气象部门领导。1964年1月至1968年11月改为省气象局建制。1968年12月至1970年12月“三权”下放，以县革委会为主领导。1971年1月至1974年2月实行军队为主的双重体制。1974年3月至1980年1月改以县革委会为主领导。1980年2月起至今，实行以气象部门为主的双重领导体制。富裕县气象站在1977年改称县气象科，1978年改称县气象局，实行局(科)站合一。

名称及主要负责人变更情况

名称	任职时间	内设机构	主要负责人
富裕气象站	1956.10—1959.6	预测报组	余自雄
富裕县气象站	1959.7—1961.12	预测报组	李作芳
富裕县气象站	1962.1—1968.10	预测报组	姜培华
富裕县气象站	1968.11—1969.4	预测报组	柳长贵
富裕县气象站	1969.5—1976.5	预测报组	杨洪稳
富裕县气象站	1976.6—1977.3	测报组、预报组	孙　挺
富裕县气象科	1977.4—1978.7	测报股、预报股	王明臣
富裕县气象局	1978.8—1982.3	测报股、预报股	王明礼
富裕县气象局	1982.4—1991.7	测报股、预报股、人控股	刘洪滨
富裕县气象局	1991.8—2005.2	测报股、预报股、人控股、检测站	李卫东
富裕县气象局	2005.3—	测报股、预报股、人控股、防雷办	马繁东

人员状况 富裕气象站1956年成立时有5人。从建站到1962年7年间，人员流动频繁，先后有21人离开本站，随着气象事业发展，人员逐渐稳定。1994年基准站成立，人员

编制17人。到2008年底，共有职工17人，非在编职工4人。其中，本科学历3人、大专学历8人，党员7人，工程师7人，50岁以上3人、40～49岁7人、40岁以下7人。

气象业务与服务

1. 气象业务

气象观测 1956年始建时气象观测项目主要有气压、温度、湿度、风向风速、降水、积雪深度、地面状态、云、天气现象、能见度、蒸发等，夜间守班。1956年11月开始日照观测。1967年3月1日至1971年1月31日停止02时观测，夜间不守班。1975年1月1日开始编发天气报。1986年5月起，开始使用PC-1500计算机进行记录整理和编发电报，提高了准确率，减轻了劳动强度。1992年8月增加总辐射自动观测，为辐射三级站。1994年起，承担国家基准气候站任务，每天24小时定时观测，观测项目有气压、温度、湿度、风向风速、降水、雪深、雪压、日照、蒸发、0～20厘米浅层地温、40～320厘米深层地温，电线积冰、云、天气现象、能见度等。2003年8月，按照统一部署，完成了自动气象站的安装调试工作并开始了试运行。自动气象站通过各种传感器分别将风向风速、温度、湿度、气压、总辐射、各层次地温、降水等数据传到采集器，计算机数据处理业务软件将数据打包后形成文件，自动定时向省气象网络中心上传，实现了气象观测数据处理及传输的划时代变革。2004年开始自动气象站与人工气象站双轨运行平行观测。2005年开始以自动站数据进行编发电报，气象月报表以自动站为主，人工站为辅。人工观测照常进行。2007年由02、05、08、14、17时5次发报增加为02、05、08、11、14、17、20、23时8次发报。

气象信息网络 从建站起，气象电报通过邮电局转发。1989年建成甚高频电话，实现了与市台、县站的无线通话天气会商等业务联系。1986年建成覆盖各乡镇的气象警报网，用于播发天气预报。1999年1月1日，开始启用分组数据交换网，开始通过网络传输气象电报和各种信息。2001年10月取消纸质气象报表开始用网络传输。2005年建成了气象信息专线——光纤网络，每小时向省气象网络中心上传自动站实时数据。2006年建成了8个乡镇自动雨量站，区域雨量网正式运行。2007年建成可视化会商系统，实现了与省、市、县台站的可视化天气会商。2008年5月将1956—2003年的气象记录档案气簿-1、温度、湿度、气压、风向风速、雨量自记纸全部送交省气象档案馆，县气象局只保留5年的气象记录档案。所有的气象记录和有关文件都实现了纸质与电子版同时保存归档。

气象预报 建站以来，陆续开展短期、中期、长期天气预报的制作与发布工作。初期以“收听加看天”方法制作补充订正短期天气预报。1983年起使用“123”传真机，接收北京、日本气象中心的传真天气图，结合本站资料和方法制作短期天气预报。长期天气预报主要采用统计、相似、韵律、模型等方法进行制作。1999年安装了气象信息综合分析处理系统(卫星单收站)，直接接收卫星云图和各种天气图，预报能力明显增强。2000年开通电视天气预报后，开始制作各乡镇的天气预报。2001年1月1日开始接收齐齐哈尔市气象台的指导预报，并编发富裕县的城镇天气预报。2004年开始制作发布未来6小时的短时预报和未来3小时的临近预报。2007年开始利用新一代天气雷达实时资料，制作短时临近预报。目前，中期天气预报主要有定期的旬预报和不定期的3～5天预报。长期天气预报主要有年度预报、春季预报、汛期预报、秋季预报。

农业气象 富裕局1961年开展农业气象工作，工作任务时断时续。1979年定为国家一级农气站后，正式开展农业气象观测、农业气象服务、农业气象实用技术实验推广等工作。自开展农业气象观测以来，先后对小麦、玉米、大豆、甜菜、向日葵等农作物进行了生长发育状况观测和土壤水分观测，对杨树、家燕、豆雁进行了物候观测，对霜冻、土壤解冻、冻结、雪覆盖融化、雷、闪、虹等项目进行了水文气象要素观测。在省局的安排下，开展了“向日葵秋播高产技术”，“玉米地膜覆盖的气象效应”，“三高瓜菜引种”等农业气象实用技术的实验工作。1985年在PC-1500微机上开发的土壤湿度计算程序在全市推广。1992年在APPLE-Ⅱ微机上开发的“县级农业气象综合系统”在全省推广。

2. 气象服务

公众气象服务 从1956年10月开始发布天气预报，通过县广播站播放，服务于生产生活。1986年通过气象警报网向各乡镇和粮库发布24小时天气预报和重大天气预报，提高了气象信息传播的及时性。1997年建立”121”天气预报自动查询系统，通过电话查询24小时天气预报、未来三天天气趋势预报及各种气象信息。2000年建成电视天气预报节目制作系统，通过电视台播发各乡镇天气预报，扩大了农村服务面。2005年起播发灾害性天气预警信号，提醒公众预防灾害性天气。

决策气象服务 富裕县境内发生的气象灾害主要有干旱、暴雨、大风、暴雪、寒潮、冰雹、霜冻等。气象局坚持以防灾减灾和农业生产为重点，开展决策气象服务工作，定期和不定期地向县领导及有关部门及时提供各种天气预报和气象情报。在农业决策服务中开展了年景分析，小麦、大田最佳播期预报，全县土壤墒情监测分析，异常天气对农业生产的影响，农业产量预报，农作物病虫害预报等农业气象服务。多年来，决策气象服务取得了显著成效。1986年5月6日，预报24小时降温幅度在10℃以上，将有霜冻，在县政府有关部门组织下，广大农户对棚室育苗、蔬菜、畜禽等采取了防护措施，减轻了冻害造成的损失，受到了县政府的表扬。1994年5月末，预报6月份降水特少，并专题向县政府汇报，全县开展了打井等一系列抗旱活动，取得明显效果。1998年夏季异常多雨，出现历史罕见的洪涝灾害，气象局对出现的6次暴雨和大暴雨，报准了5次，并及早向县政府汇报，为抗洪抢险赢得了主动，由于提前加固堤防，死看死守，险情得到了及时有效的排除。县领导多次表扬了气象局的工作，被省气象局和县委县政府授予“98’抗洪抢险先进集体”称号。

专业与专项气象服务 1976年起开展人工影响天气工作。现有作业高炮5门、火箭发射架2部。在10个乡镇设立高炮作业点。车载火箭在县内机动作业。近几年，平均每年作业7次，受益面积1100平方千米，在缓和旱情，减轻雹灾，保障农业丰收中发挥了重要作用。1999年起开展雷电防护管理工作，开展的项目有，防雷设施检测安装，防雷工程设计图纸审核及工程竣工验收。1999年成立富裕蓝天防雷技术服务部，承揽防雷工程。2005年取得国家丙级专业防雷工程资质，承揽专业防雷工程。近5年共检测85个单位的防雷装置，承接了116个防雷工程设计与施工。2005年开展施放气球业务，主要服务于大型庆典活动。2007年起开展病虫害防治专项预报。

气象科技服务与技术开发 1985年起开展专业气象有偿服务。1999年与电信部门合作开展“121”电话天气预报自动答询业务。2000年在电视天气预报的画面中插播广告。2006年开展手机气象短信业务。2008年建立风能资源普查观测塔，为开发利用风能资源提供科学依据。

气象科普宣传　每年利用“3·23”世界气象日、法制宣传月、科技三下乡、防灾减灾日等机会，上街发传单，利用宣传板、广播、电视、报纸等媒体宣传气象科普和防灾减灾知识，每年发放材料4000余份。每年“3·23”世界气象日开放气象站，接待上百名中小学生参观。2006年富裕气象站建站50周年，组织员工开展了大规模的宣传活动，扩大了气象防灾减灾知识普及范围。2007年向全县中小学生赠送了防雷避险科普挂图及影像资料，受到欢迎。同年参加富裕县科技宣讲团，到农村向农民讲解农业气象知识。2008年对90名农村气象信息员进行了如何科学使用天气预报、自动雨量站维护、灾情调查上报等内容的培训。报纸、电视、科普长廊、网络已成为气象科普的重要阵地。

法规建设与管理

1. 气象法规建设

围绕加强社会管理、业务建设和气象服务下发的文件主要有：《富裕县人民政府关于加快气象事业发展的意见》(富政发〔2007〕23号)，《富裕县人民政府办公室关于进一步加强防雷安全工作的通知》(富政办发〔2007〕66号)，《富裕县人民政府办公室关于进一步加强基层气象防灾减灾管理体系建设的通知》(富政办发〔2008〕42号)，《富裕县人民政府办公室关于加强对乡镇自动雨量站管理的通知》(富政办发〔2007〕44号)，富裕县建设局、气象局《关于加强建设项目防雷工程管理工作的通知》(富建气联发〔2008〕1号)，富裕县安全生产监督管理局、气象局《关于明确防雷装置安装安全监督管理程序的通知》(富安气联发〔2009〕1号)。

2. 社会管理

行业管理　为加强气象行政管理工作，经培训考核，已有4名同志取得气象执法资格证书，负责执法工作。2007年将气象探测环境保护标准在县规划局进行了备案，规划局对探测环境保护工作实行了关口前移，凡可能影响气象探测环境的建设项目必须得到气象局同意后，规划局才履行审批手续。此规定在2005年成功制止了一起影响气象探测环境的建楼项目，保护了探测环境。2007年在县政务大厅开设了气象行政审批窗口，施放氢气球、防雷管理已纳入县政府监管范围。近5年审核新建工程的防雷图纸125份，验收防雷工程106个。每年都与安监部门联合进行防雷安全检查。

政务公开　从2005年起开展了政务公开工作，坚持制度化，规范化。对内设立公开栏，内容包括人事公开、财务公开、重大事项公开，目标管理、业务质量、服务质量公开等。对外设立公开板。内容包括机构设置及职能、人员及分工、文明单位创建目标、防雷装置检测及收费项目标准、依法行政依据和范围、气象专业服务收费项目及标准。

党建与气象文化建设

1. 党建工作

支部组织建设 建站之初只有1名党员。1972年成立了党支部,有4名党员。党支部一直隶属农业系统党委。截至2008年,共有党员12名,支部组织建设不断加强。党支部在加强组织建设的同时,不断加强思想、作风建设,坚持开展党员学习教育、慰问老党员、扶贫济困等活动。

党风廉政建设 党风廉政建设已作为干部教育管理的日常工作,认真落实党风廉政建设目标责任制。2005—2008年每年开展党风廉政建设教育月活动,组织干部职工观看廉政教育警示片,用正反面典型教育干部职工,努力建设文明单位、和谐单位和廉洁单位。建立了党建目标管理制度、"三会一课"制度、党员民主评议制度、政务公开制度以及领导干部廉政承诺制度。坚持对"三重一大"(即:重大问题决策、重要干部任用、重大项目投资决策、大额资金使用)进行集体研究决策。强化内部监督机制,发挥廉政监督员作用,财务账目每年接受上级财务部门年度审计,财务状况及时向职工公布。

2. 气象文化建设

精神文明建设 以坚持内强素质、外树形象作为精神文明建设工作的指导思想,注重发挥精神文明对提高职工素质的导向作用。从1982年起成立了精神文明创建小组,坚持把精神文明建设作为常规工作任务来抓,先后开展了"三个代表"重要思想学习活动、党员先进性教育活动和学习实践科学发展观活动。建立了政治、业务学习考核制度、岗位练功及考核制度等,积极鼓励和支持职工进修学习,提高文化水平。从1984年开始到2008年,职工在上学期间工资等待遇不变,学费、路费、书本费全部报销,每天还发补助费。从最初的补习初、高中课程到进修大、中专学历,先后有20人次完成脱产或函授继续教育。职工学历水平普遍提高,2008年大专以上学历已占在职人员71%。1985年、1986年连获"全省气象系统职工教育先进单位"称号,提高了职工的整体素质。

文明单位创建 制定了文明单位创建工作规划,做到年初有规划、年终有总结。开展了创建五好家庭、文明股室评比活动和"四好三优一满意"活动。文明单位创建取得成效,1984年首次获得富裕县文明单位称号,2006年获得市级文明单位称号。

文体活动情况 自2002年开始相继建起了职工健身场地,活动室、阅览室及科普长廊,职工文体活动健康开展,还积极参加县农业系统组织的篮球、乒乓球比赛,2007年取得农业系统篮球赛第二名。

3. 荣誉

建站以来,富裕县气象局获各类集体荣誉140余项,其中获市级以上表彰奖励60余次。突出的有,1983年获省气象系统预报服务优秀奖,1990—1995年、1998年获"全省人工增雨防雹工作先进单位",1990年、1992—1996年、2000年、2002—2003年被省气象局评为"双文明建设先进单位",1998年获黑龙江省气象系统"抗洪抢险先进集体",2006年获中国气象局“政务公开先进单位”和全省气象系统“先进气象台站”称号，2008 年获富裕县优化发展环境先进单位，富裕县安全工作先进单位。2000 年李卫东获富裕县十大女杰荣誉称号、2004 年被评为全省气象系统劳动模范。

台站建设

台站综合改造 建站以来富裕县气象局进行台站综合改造 3 次。1975 年新站址办公用房落成，面积 359 平方米，办公条件有所改善。1990、2002 年各建 2 间炮库，总面积 272 平方米。1994 年新建办公楼 410 平方米。2003 年气象局进行综合改造，办公楼房盖更换为彩钢铁皮房盖，对走廊地面和室内进行装修，将所有门窗更换为：铝合金大门、实木门、塑钢窗，建室内卫生间一处。接通了自来水改变了吃井水历史。2004 年改由大网集中供热，达到了温度高、污染小、噪音低的效果。2004 年拆除原办公用房，新建 292 平方米库房和办公室。

办公条件和生活改善 建站以来，办公条件和生活环境发生巨大变化，在取暖上，由煤炉取暖改为自建小锅炉取暖，到大网集中供热。在交通工具上，由牛车马车，到农用四轮车，配上江铃宝典轿货车。在办公空间上，地面测报值班室由不足 12 平方米(2007 年以前)扩大到 37 平方米(2008 年)，天气预报会商室由 15 平方米(2007 年以前)扩大到 100 平方米(2008 年)。在办公方式上，1994 年取消传统机械打字，改由微机录入自动打印输出。从 2002 年开始实现微机接入国际互联网，2006 年 Notes 办公网正式开通，取消纸质文件传输，各办公室实现微机网络化办公。在改善职工生活方面：2008 年，男、女休息室已实现家居化、人性化，全局职工除 1 人住平房外全部住上楼房。

园区建设 富裕气象局占地总面积 17580.10 平方米，2003 年修了一条由大门通向办公楼 5 米宽的水泥路。整个园区分为三块，一块是观测区，观测场采用铁艺围栏，2003 年由四边形改为八角形，观测场四周种植 4650 平方米的草坪。一块是传统农田区，夏半年种植农作物，冬半年裸地或积雪覆盖。一块是办公区活动区，2003 年建造了 254 平方米的健身场地，安装了健身器材，2004 年新铺了 411.3 平方米水泥地面和 222 平方米的步道板，2005 年修建了花坛和凉亭，成为院内一景。

富裕县气象局旧址

富裕县气象局新貌

甘南县气象局

甘南县始建于1926年，位于黑龙江省西部，地处大兴安岭南麓。年平均降水量462.0毫米，年平均气温3.5℃，极端最高气温41.4℃，极端最低气温零下35.4℃，≥10℃积温为2659.2℃·日。

机构历史沿革

始建情况 甘南县气象站始建于1954年11月，位于县城东南角，地处北纬47°56′，东经123°30′。观测场面积625平方米，海拔高度185.2米。现为国家一般气象站。建站以来观测场地址一直未有变动。

建制情况 1954年建立甘南县气象站，为省气象局建制。1958年起改由甘南县人民委员会为主领导，业务由齐齐哈尔气象台管理。1962年改以气象部门为主领导。1968年起三权下放，改由县革命委员会为主领导。1971年起实行军队为主的双重领导体制。1973年起改以县革委会为主领导。1980年起实行以气象部门为主的双重领导体制。同年成立县气象科，实行科站合一。1983年改称县气象局，为局站合一单位。

人员状况 1954年建站时有职工5人。2008年末气象局共有职工10人，其中党员5人，大学本科7人、大学专科2人、中专1人，中级职称人员4人、初级职称人员6人，50岁以上1人、40～49岁3人、40岁以下6人。

主要领导更替情况 1954—1963年，站长白殿臣，1963—1969年副站长任传忠（主持工作），1969—1970年副站长刘喜斌（主持工作），1970—1977年副站长任传忠（主持工作）（其中1971—1972年指导员陈士杰），1977—1979年站长于连发，1979—1997年副科长、科长、局长丁玉清，1997年至今局长张智勇。

气象业务与服务

建站时主要以地面观测为主，1958年后开展天气预报、气象服务业务。之后，陆续开展了人工影响天气、雷电防护管理等工作。

1. 气象业务

气象观测 1954年建站时，每天02、08、14、20时进行4次地面气象观测，拍发绘图天气报告8次，昼夜值班，承担航空报任务。观测项目有云状、云量、能见度、天气现象、气压、气温、湿度、风向、风速、降水量、雪深、冻土等。1955年起增加拍发气候旬、月报。1961年3月取消了02时观测，每天3次向省气象台发天气电报。1971年恢复昼夜值班，4次观测，并拍发3次天气电报。1978年执行GD-21电码、GD-22电码，1980年执行新的《地面气象观测规范》，1982年执行GD-01电码，1983年执行HD-02电码。1985年改用PC-1501微机编制报文，1987年改用苹果微机编制。1988年使用苹果微机编制月报表。1988年1月1日，地面气象观测改为4次观测，3次拍发天气报，夜间不守班。2003年10月自动气象站开始试运行，2004年1月人工观测和自动观测双轨运行。2006年建成9个乡镇2～4个要素自动气象站。2006年改由自动气象站单轨运行。

气象信息网络 建站以后，气象电报长期通过电话传给邮电局转发。1986年建立甚高频电话，通过无线通信与市台、县站进行天气会商等业务联系。1996年7月建成无线数据传输终端试运行，各类气象数据由无线终端传输，1997年5月起正式运行。2001年3月，启用分组数据交换网，气象电报及各种信息开始通过网络传输。2005年通过网通公司光缆接通全省气象专用网，自动上传气象数据及接收各类信息；2006年各乡镇自动气象站建成运行，自动上传气温、降水、风力、风速等气象要素。2008年将全部气象资料档案移交省气象档案馆。县气象局只保留近5年的气象记录。

气象预报 1958年起主要是接收省台的天气形势广播，绘制简易天气图，利用本站的气象资料，采用相关、相似、趋势等方法制作补充订正天气预报。1983年利用传真机接收北京、日本气象中心传真天气图，先后采用数理统计方法、气象要素剖面图、多因子编码、MOS预报等方法，制作短期、中期、长期天气预报。1996年建成PC-VSAT卫星单收站，接收大量天气图表和卫星云图等资料，使预报能力明显增强。1999年起使用新一代天气雷达资料，开始制作短时临近天气预报。2006年建成可视化会商系统，可与省、市、县台站进行天气会商，提高了灾害性、关键性天气预报能力。目前短期天气预报已细化到乡镇。中期预报制作一旬及不定期3～5天的预报。长期天气预报已建立了一套特征指标和方法，主要制作发布春季、汛期、秋季及年度天气趋势预测。

农业气象 1962年开展农业气象观测，1984年停止观测。

2. 气象服务

公众气象服务 1958年甘南站天气预报，利用县广播站向广大群众播发。20世纪90年代初县电视台开始播出天气预报节目。1999年9月气象局建成电视天气预报制作系统，乡镇天气预报开始在电视台播出，扩大了农村服务面。1997年11月正式开通了“121”电话自动答询天气预报业务，为公众提供短、中期天气预报和天气实况。2001年1月1日开始接收齐齐哈尔市气象台的指导预报，并开始编发甘南县的城镇天气预报。2001年7月新一代非线编辑电视天气预报预报制作系统启用。2002年7月甘南县气象局农业经济信息网正式开通，为广大群众提供天气预报等信息。

决策气象服务 多年来，甘南局一直把决策气象服务作为重点，向县领导及有关部门提供各种天气预报及雨情、墒情等服务。准确、及时的服务受到各级领导好评。1982年3月份5次重大天气预报准确，使粮库晒粮减少损失5万多元。1986年3月11日发布13—15日大风雪天气预报，及时通知有关单位，全县9个粮库提前采取措施，1万多吨粮食避免了损失，经济效益数十万元。1998年甘南县出现了历史罕见的洪水灾害。在抗洪抢险的关键时刻，8月5日大胆预测7—8日有大—暴雨，及时把预报服务材料送交县委县政府及各乡镇领导。7—9日普降大到暴雨，过程降水量超过200毫米。县城附近的音河水库告急，随时有垮坝危险。在县政府的组织下，甘南镇及临近村屯人员全部撤离，避免了人员伤亡。1999年开展了向日葵生产系列化气象服务，在县领导的组织下，当年向日葵获得大丰收，农民增收1亿元。

为向日葵生产开展跟踪气象服务

为音河水库现场服务

专业与专项气象服务 1975年开始采用“空炸炮”进行人工防雹试验，并在中兴公社建立防雹炮厂。1976年开始使用高炮进行人工增雨试验，当时有2门高炮，由气象站进行技术指导，县政府组织人员操作，年人工增雨受益面积超过35万亩。1986年增至3门高炮，人工影响天气受益面积增加到50万亩。从此，每年由县政府组织，由气象局牵头，有关部门配合开展高炮增雨、防雹作业。2002年4月由地方政府投资，配置了3个火箭发射装置、1辆火箭发射装置载用车和3门高炮。

1999年5月，成立了雷电防护管理领导小组办公室，负责县域内雷电防护管理工作及新建、扩建、改建防雷工程的图纸审核及安全评估工作。雷电防护管理办公室多次与政府有关单位联合发文，规范防雷市场，依法开展雷电防护管理工作。1999年7月，甘南县雷电防护设施检测站正式开展工作，负责全县的雷电防护设施检测及其新建、改建、扩建防雷工程的图纸审核和竣工验收工作，近几年，平均每年检测防雷装置120个，审核防雷工程图纸14份，验收工程14个。

科技服务与技术开发 1985年起开展专业气象有偿服务工作。1998年与县邮电局合作开展“121”电话天气预报自动答询业务。1999年在电视天气预报画面上开始插播广告业务。2005年开展手机气象短信业务。

气象科普宣传 从1986年开始，每年利用“3·23“世界气象日开展气象宣传活动。积极参加在全县开展的科技之冬和“三下乡”活动，通过制作宣传板、开展现场气象知识解答，发放气象科普书籍、宣传单等多种形式向广大人民群众普及气象知识，并与县科技局、教委等联合，在气象局建成青少年科普示范基地，接待中小学生参观，接受气象知识教育。

法规建设与管理

1. 气象法规建设

气象法规建设 1999年甘南县人民政府办公室发文明确将雷电防护设施工作由气象局管理。2001年甘南县人民政府办公室发文要求进一步加强雷电防护管理工作，将防雷工程的设计、施工到竣工验收，全部纳入气象行政管理范围。2002年甘南县人民政府法制办批复，县气象局具有独立的行政执法主体资格，同年县气象局4名同志通过考试取得了市、县法制办颁发的行政执法证书，县气象局执法队伍成立。2003年县气象局被列为甘南县安全生产委员成员单位，负责雷电防护、系留气球施放的安全管理工作。

围绕气象灾害应急和气象环境保护等工作，近几年，县政府还出台了有关规范性文件，主要有《关于印发甘南县加密自动气象站管理暂行办法的通知》(甘政发〔2007〕32号)、《关于印发甘南县气象灾害应急预案的通知》(甘政发〔2007〕42号)、《关于做好全县气象探测环境保护工作的通知》(甘政发〔2007〕67号)等。

2. 社会管理

行业管理 在施放氢气球管理上坚持对施放者进行资质认定，实行许可制度，通过多次执法，使施放气球市场井然有序。从1999年至今，加强了防雷工程专业设计、施工的资质行政管理，10年间共审核防雷工程图纸120，验收防雷工程114个。从未出现无资质设计与施工的现象。

2008年6月，由于县气象局业务办公楼，影响气象探测环境，由中国气象局投资、地方政府匹配资金，新建了560平方米业务用房，现符合气象观测环境要求。

政务公开 为加强政务公开，对外设立了公示板。公开板公开的内容包括机构设置及职能、文明单位创建目标、防雷装置检测收费项目标准、依法行政依据和范围、行政审批办事程序、气象专业服务收费项目标准等。对局内设立公开栏，内容包括年度预(决)算，工程发包、人事任用、年度计划、重大事项决策、目标管理、职工福利、固定资产状况。气象服务质量等。2005年甘南县气象局被评为全国气象部门局务公开先进单位。

党建与气象文化建设

1. 党建工作

党支部建设 1954年建站时有中共党员1名。1961年气象站成立党支部，党员3名。1961年4月—1964年3月，与水利科成立联合党支部。1968年气象站成立独立党支部。近10年先后发展4名党员，党的组织建设得到加强。2007年气象局党支部被县委评为先进党支部。

党风廉政建设 遵循“为民、务实、清廉、高效”的要求，坚持“标本兼治、综合治理、惩防并举、注重预防”的方针，建立健全了党风廉政建设目标责任制，坚持开展廉政教育和廉政文化建设活动。定期开展班子成员述职述廉和民主评议活动，制作了党风廉政建设图板、行政许可和收费标准事项公示牌等，每年利用廉政教育宣传月开展丰富多彩的廉政教育活动。

2. 气象文化建设

精神文明建设 从20世纪80年代起，甘南县气象局就把精神文明建设列入工作重点，成立了文明创建领导小组，一把手任组长负总责，分管领导具体负责。在精神文明建设工作中，坚持以人为本，以公民道德、职业道德建设为重点，加强理论学习，加强思想作风和工作作风建设，提高职工的文化水平，确保精神文明建设规划落到实处。从1998年起，已连续多年在省市气象系统文明单位建设工作中获奖，现已进入市级文明单位标兵行列。

文明单位创建情况 1986年被县委、县政府授予文明单位；1987年被齐齐哈尔市气象局授予双文明建设先进单位，1998—2006年连续获得齐齐哈尔市气象系统双文明建设先进单位(标兵)，2000—2006年连续多年获得省气象系统文明单位(标兵)建设先进单位，2001年被县委、县政府命名为文明单位标兵。2003年被齐齐哈尔市委、市政府命名为市级文明单位，2007年晋升为市级文明单位标兵。

文体活动 重视职工文体活动，在气象局院内设立了篮球场地，设置健身器材4套。室内设有综合活动室、乒乓球台、室内健身器材。建立了图书室，藏书500余册。2004年成功举办了齐齐哈尔市"蓝天杯"全市气象系统乒乓球邀请赛，并获得优秀组织奖。

3. 荣誉

集体荣誉 建站以来共获得集体荣誉100余项。主要有，1999年荣获省、市气象系统抗洪先进单位，1999—2001年荣获全省人工影响天气先进单位，2005年荣获全国气象部门局务公开先进单位，2006年荣获全省人工影响天气先进单位，2007—2008年度获全省气象系统先进气象台站，2008年获全省人工影响天气先进单位，2004—2008年连续荣获齐齐哈尔市安全生产先进单位称号。

个人荣誉 1987年，万景元被齐齐哈尔市委、市政府评为全市劳动模范。1999年和2001年张智勇2次被省气象局评为全省气象系统劳动模范。

台站建设

建站初期，办公用房建筑面积150平方米，气象站周围全是草甸子，东南方向5000米之内无人烟。工作生活条件十分艰苦。1984年进行第一次综合改造，在原址翻建312平方米二层业务办公楼，办公条件有所改善。2008年5月进行第二次综合改造，在原址建设530平方米业务用房，办公条件得到根本改善。与此同时，加强了园区建设。按照"一站一景"的要求，取消气象观测场围栏，按规划在四周种植40厘米宽树墙。截至2008年底，共种植草坪近3000平方米，种植各种观赏树木近百株。铺设步道砖1000平方米，硬化地面800平方米，院内设篮球场和健身器材。办公室两侧各修建一处小花坛，在办公室与观测场之间，修建草坪、树墙、风景树，草坪内小路弯曲迂回，绿化面积达65%，使气象局院内变成了秀美的花园。

建站初期办公楼

2008年办公室

克东县气象局

克东县始建于1929年，位于小兴安岭南麓，松嫩平原北缘。年平均气温1.9℃，极端最低气温为零下37.1℃，极端最高气温为38.3℃，≥10℃积温为2420.7℃·日，年平均降水量为513.7毫米。

克东县气象局位于克东县克东镇东北，地理位置位于北纬48°02′，东经126°15′，海拔高度291.8米。现为国家一般气象站。

机构历史沿革

始建及站址迁移情况 克东县气象局始建于1959年1月1日，地址位于克东县南门外农业试验场，北纬48°05′，东经126°15′，观测场海拔高度为306.4米。1966年1月1日迁至克东县克东镇保安街一委九组，北纬48°02′，东经126°15′，观测场海拔高度为294.0米，2006年11月21日迁到克东镇东北，经纬度没有改变，观测场海拔高度为291.8米。观测场四周探测环境完全符合规范要求，可以正常进行气象要素的观测。

建制情况 1959年1月1日始建时，建制归县人民委员会，业务由齐齐哈尔气象台管理。1962年6月，改由气象部门领导为主。1968年12月改由当地政府为主领导。1971年1月1日实行军队为主的双重领导体制，由县武装部领导。1980年至2008年实行双重领导，以气象部门为主的管理体制。1974年起改称克东县气象科，1983年成立克东县气象局，实行局站合一。

主要负责人变更情况

姓名	职务	任职时间
聂龙赞	站长	1959—1963.12
赵爱民	站长、局长	1964—1990.9
王笃惠	副局长(主持工作)	1990.9—1991.7
孙广友	局长	1991.8—2001.4
王可伟	局长	2001.4—

人员状况 克东站成立时只有6人，中专学历2人，1名党员。到2008年年底，气象局有职工8人，其中本科学历4人、大专学历4人，5名党员，工程师2人，50岁以上1人、40～49岁2人、40岁以下5人。

气象业务与服务

1. 气象业务

气象观测 1959年始建时气象观测项目有：温度、湿度、风向风速、降水、积雪、云、天气现象、能见度、日照时数、0～20 厘米地温、蒸发、地面状态等。1991 年开始由 4 次改为 3 次定时观测，夜间不守班。1995 年按照省气象局规定，调减了部分观测项目，调减的项目有云、能见度、蒸发、积雪、地温、气压等。天气现象只记录符号，不记录起止时间，重要天气报只发降水，不上报气表。1999 年起恢复一般站的测报工作任务。从 2001 年 4 月 1 日 08 时开始编发天气加密报。2003 年 10 月 16 日，按照省气象局的统一部署，完成了自动气象站的安装调试工作并开始了试运行。自动气象站通过各种传感器分别将风向风速、温度、湿度、各层次地温、降水等数据传到采集器，计算机数据处理业务软件将数据处理打包后形成文件定时向省气象网络中心上传，使气象观测数据准确及时，消除了人工观测所造成的误差。2004 年开始自动气象站与人工气象站双轨运行平行观测。2005 年开始以自动站数据进行编发电报。2006 年自动气象站进入单轨运行。

气象信息网络 建站以前，气象电报长期通过电话传给邮电局转发。1989 年建立甚高频电话，通过无线通信网与市台、县站进行天气会商业务联系。1995 年建成气象警报网，定时向各乡镇及专业用户广播天气预报等信息。2001 年 3 月 1 日，开始启用分组数据交换网，通过网络传递气象电报和接收各种信息。2005 年建成了气象信息专线—宽带网络，每小时向省气象网络中心上传自动站实时数据，同时调用各种业务信息，传输速度和信息量大幅度增加。2006 年建成了 6 个乡镇自动雨量站，区域雨量站正式运行。2008 年 5 月 20 日将 1959—2003 年的气象记录档案气簿-1、温度、湿度、气压、风向风速、雨量自记纸统一送到省气象档案馆，克东县气象局只保留 5 年的气象记录档案。所有的气象记录和有关文件都实现了纸质与电子版同时保存归档。

气象预报 克东县气象局自建站以来一直承担着短期、中期和长期天气预报的制作与发布工作。建站初期，短期天气预报主要采取“收听加看天”方法制作补充订正预报。1982 年起采用“123”传真机接收北京、日本气象中心发出的传真天气图，结合本站的方法，制作短、中期天气预报。1998 年安装了气象信息综合分析处理系统（卫星单收站），通过卫星可直接接收云图和各种天气图，提高了县站短中期天气预报的能力。中期天气预报分为定期的旬报和不定期 3～5 天预报两种形式。长期天气预报主要采用多元回归方程、曲线图、点聚图等方法，制作全年和各季节的天气趋势预测。1999 年开通了电视天气预报后，开始制作发布各乡镇的天气预报。2001 年 1 月 1 日开始接收市气象局的指导预报、编发本县的城镇天气预报。2006 年开始制作发布未来 6 小时的短时预报和 3 小时的临近预报。经过几十年的不断探索，技术手段不断的改进，已经形成了一整套天气预报方法，预报准确率不断提高。

2. 气象服务

公众气象服务 建站后，坚持以农业服务为重点，注重为农业、农村、农民服务。初期，天气预报通过县广播站为大众服务。1995 年建成了天气预报警报系统，在各乡（镇）村屯及广大用户中普遍布设了预报警报接收机，每天 3 次播发天气预报等信息，扩大了服务面，提高了传播时效。1999 年建立“121”电话天气预报自动答询系统，公众可通过电话了解短、中期天气预报等信息，进一步扩大了服务面。同年建成电视天气预报节目制作系统，通过电视台播发各乡镇天气预报，使气象信息遍及全县城乡。近几年，在公众服务中，开始通过电视等媒体发布灾害性天气预警信号，在冬季，增加发布一氧化碳污染潜势预报，提醒广大居民预防一氧化碳中毒。目前,公众气象服务已采用“12121”、手机气象短信、电视播放和网络传输等多种渠道,尽量做到了传递及时,服务到位。

决策气象服务 决策气象服务坚持以农业生产和防灾减灾为重点,在农业生产的各个关键环节,为县领导及有关部门提供各种预报情报。年初,提供年度气候趋势预测,为领导安排农业生产提供决策信息。在春季,进行全县范围测墒,提供墒情和旱情分析,做出农业气象年景分析,并提出防灾减灾的具体措施。在夏季,预测汛期降水趋势和大—暴雨天气,为各级领导安排防汛工作提供决策依据。在秋季,重点提供秋霜冻及强降温预报,为保丰收增效益提供服务。近年来,还为当地森防部门提供春季和秋季防火气象服务,安全地度过了防火期。2006 年 8 月在克东举行的中央电视台“激情广场大家唱”活动,由于天气预报准确,服务及时,使这一活动顺利进行,受到县领导和群众的好评。2007 年 8 月 10 日大—暴雨,3 个乡镇降雨量达 40.0 毫米,造成了严重洪涝灾害,由于气象局提前做出准确预报,县政府根据预报及时作出部署,将灾害损失减少到最低程度。

专业与专项气象服务 1976 年开展人工影响天气工作,现有高炮 7 门,车载火箭发射架 1 部,在克东镇、玉岗镇、千丰镇、宝泉镇、润津乡、昌盛乡、金城乡设立 7 个高炮作业点。火箭车在克东县镇内流动作业。近几年平均每年作业 8 次,受益面积 1850 平方千米,在缓和旱情、减轻雹灾,保障农业丰收中发挥了重要作用。从 2001 年起开展防雷检测工作。2001 年成立了雷电防护办公室,2002 年成立了天宇防雷有限责任公司。目前,防雷工作开展的项目有,防雷设施检测安装,图纸审核,竣工验收,工程施工。近 5 年平均每年检测防雷装置 115 个,共承接 84 个防雷工程的设计和施工。2004 年起开展了病虫害防治专项预报以及春季和秋季森林火险气象预报。

气象科技服务与技术开发 1985 年后,开展专业气象有偿服务。1999 年与电信部门合作开展“121”电话天气预报自动答询业务。1999 年在电视天气预报 8 个画面中插播广告。2006 年起开展手机气象短信业务。

气象科普宣传 从 1990 年起每年参加县政府举办的科普之冬活动,举办气象科技知识讲座。2004 年起参加县政府举办的科技下乡活动,派人深入乡镇进行气象知识和农业年景预测宣传,现场发放气象科技资料。近几年,平均每年发放气象科普宣传材料 4000 余份。2006 年起将气象局观测场设为气象科普基地,每年“3·23”世界气象日,接待中小学生参观,现场普及气象知识。2008 年在局内建成气象科普长廊,悬挂气象科普宣传图版 45 块,供群众参观。

法规建设与管理

1. 气象法规建设

围绕业务建设和气象服务下发的文件主要有:《克东县人民政府关于印发克东县乡镇自动雨量站管理办法的通知》(克东政发〔2007〕10 号),《关于克东县气象信息员建设管理办法的通知》(克东政发〔2008〕19 号),《克东县气象局、建设局关于新建改建扩建工程防雷装置有关规定的通知》(克东联发〔2003〕2 号)。

2. 社会管理

行业管理 为了加强探测环境保护、防雷及施放气球管理与执法工作，经培训考核，已有4名同志取得气象执法资格证书。从2007年起将气象探测环境保护标准到县规划局进行了备案，取得了有关部门对保护气象探测环境的支持。施放氢气球和雷电防护管理已纳入县政府监管范围。新、改、扩建的防雷工程图纸审核进入行政审批程序，近5年共审核图纸75份，验收防雷工程70个。每年春季、秋季都与安监部门进行防雷安全检查。2008年共检查25个单位的防雷设施，责成两个单位限期整改。

政务公开 克东县气象局从2005年起开展了政务公开，公开形式包括对内、对外公开。对内设立公开栏，对外设立公开板。公开板公开内容包括机构设置及职能，文明单位创建目标，防雷装置检测等收费项目标准，依法行政依据和范围，专业气象服务收费项目与标准。公开栏公开内容包括年度预、决算，工程发包，人事任用，年度计划，重大事项决策，目标管理，职工福利，固定资产状况，气象服务质量等。

党建与气象文化建设

1. 党建工作

支部组织建设 建站之初只有党员1名。1964年成立党支部。截至2008年气象支部共发展5名党员。党支部在加强组织建设的同时，加强了思想、作风建设，党支部在事业发展和气象服务中发挥了政治核心作用，党员发挥了模范带头作用。先后多次被克东县委评为先进党支部。

党风廉政建设 高度重视党风廉政建设工作，认真落实党风廉政建设责任制，制订了保持共产党员先进性长效机制，建立了“三会一课”制度、党员民主评议制度、党员联系群众制度、党建目标管理制度、政务公开制度以及领导廉政承诺制度。以制度约束党员，领导干部以廉洁自律带动党员，强化内部监督，不断促进党风廉政建设。

2. 气象文化建设

精神文明建设情况 从1986年起历届班子均成立了精神文明创建小组，坚持两个文明一起抓，使精神文明建设融入业务服务工作之中，重点提高职工的整体素质。为此，建立了政治业务学习和考核制度、岗位练功制度、退休干部管理规划以及文明单位创建规划等，开展了创建五好家庭和“四好三优一满意”活动。积极鼓励职工提高文化、专业技术水平。通过近几年的努力，先后有5名同志经过进修学习，有2名取得了中级技术职称资格，3名同志取得了初级技术职称资格。

文明单位创建 制定了文明单位创建工作规划，努力做到年初有规划、年终有总结。文明单位创建成效显著。1988—2003年多次被评为县级文明单位标兵。2003年、2007年2次被评为齐齐哈尔市文明单位标兵。

文体活动 高度重视气象文化建设，建立了图书阅览室，职工活动室，购置了乒乓球台、多功能健身器等体育器材，组织职工开展文体活动。建成了气象科普长廊和青少年科普活动基地。

3. 荣誉

建站以来，克东县气象局获各类集体荣誉150余项，其中获市级以上表彰奖励50余次。突出的有：1960年被评为克东县农业社会主义建设先进集体，1968年和1969年被评为克东县“四好”单位先进集体，1970年被评为全省气象系统先进集体和全国气象系统先进集体，1971年被评为嫩江地区先进集体单位，1981年被省政府评为“农业靠科学”先进单位，1982年被嫩江地委命名为“发展农业生产的好哨兵”，2003—2008年度连续5年被评为全市气象部门目标管理优秀达标单位。

台站建设

台站综合改造 建站以来克东县气象局在1966年和2006年2次更换办公地址，2002年进行1次综合改造。2006年进行整体迁站。新站址占地面积17200平方米，其中新建办公楼530平方米，建设炮库7间、仓库1间，暖库2间，办公大楼一层设有微机室，值班室，仪器室，传达室，资料室，防雷办，室内卫生间、淋浴间。二层设有图书室，活动室，室内卫生间。全部更换了办公桌椅，办公环境和工作条件得到了根本改善。

园区建设 在观测区，用彩色步道砖铺设甬道100延长米；绿化区，共栽植各类树木500余株，路灯6盏，设置篮球架1座；在办公区铺设草坪400平方米，白色路面2800平方米。园区环境达到了净化、美化、绿化标准。

1959年建站时全貌

2006年克东县气象局

克山县气象局

克山县位于松嫩平原西部，属中温带大陆性季风气候，冬长夏短，四季分明。年平均气温1.9℃，历史上最低气温为零下42.4℃，历史上最高气温为38.7℃，≥10℃积温为2612.9℃·日，年平均降水量为510.0毫米。

机构历史沿革

始建情况 日伪时期，伪满中央气象台1935年5月在克山建立气象观测站，于1936年正式观测，直到1945年停止工作。抗战胜利后，克山县民主政权建立后，由在日伪时期任克山气象所观测员的王若恢复了克山气象所的工作，1948年10月2日正式开始观测工作。1949年和沈阳东北气象台取得联系后，克山气象所的历史掀开了新的一页。

站址变迁 克山气象站原址在克山农业试验场院内，纬度48°04′，经度125°52′，观测场海拔高度223.4米。1955年9月1日，因原站址不合乎规范要求，迁至现址克山县克山镇西门外路南侧，北纬48°03′，东经125°53′，海拔高度234.6米。现为国家基本气象站。

建制情况 初建时，克山气象站属农业试验场建制和领导。1950年1月1日，由中国人民解放军东北军区司令部气象处直接领导，并定为甲级气象所。1951年7月1日，属黑龙江军事部建制，由县武装部进行行政领导，业务领导仍由东北气象处。1953年10月转建后，历经黑龙江省农业厅、水利局气象科、黑龙江财委会气象科领导。1955年省气象局成立后，一直实行气象部门与地方政府的双重领导，其中，建制多次变动。1980年1月起至今，为双重领导，实行以气象部门管理体制为主的双重领导体制，1951年6月之前，称克山县气象科，1951年7月起改称克山县气象站，1958年2月称克山中心气象站，曾承担北片台站管理任务。1958年8月撤销克山中心站，恢复克山气象站。1978年称克山县气象科，1983年称克山县气象局，隶属于齐齐哈尔市气象局。

名称、机构及主要负责人变更情况

名称	时间	内设机构	主要负责人
克山气象所	1948.10—1951.6	测报组	王　若
克山县气象站	1951.7—1951.10	测报组	张善同
克山县气象站	1951.11—1966.3	测报组、预报组	丛育滋
克山县气象站	1966.4—1968.4	测报组、预报组	冯国忠
克山县气象站	1968.5—1973.3	测报组、预报组	李殿财
克山县气象站	1973.4—1977.12	测报组、预报组	刘兴汉
克山县气象站	1978.1—1978.5	测报组、预报组	蒋绍本
克山县气象科	1978.6—1982.12	测报组、预报组	刘福禄
克山县气象局	1983.1—1986.8	测报组、预报组	李亚东
克山县气象局	1986.9—1991.8	测报组、预报组	范前伟
克山县气象局	1991.8—2004.1	业务股、预报组、检测站	吕英魁
克山县气象局	2004.1—	业务股、预报组、检测站	谢志刚

人员状况 1948年建站时只王若1人，既是所长又是观测员。1978年在册职工13人。2008年年底，有职工12人，其中，中共党员5人，本科学历4人、大专学历4人，工程师3人，50岁以上2人、40～49岁3人、40岁以下7人。

气象业务与服务

1. 气象业务

地面气象观测 1948年10月2日开始地面气象观测，观测时次02、08、14、20时，夜间守班，开始观测项目有：云状、云量、能见度、天气现象、风向、风速、温度、湿度、降水、地温、蒸发、雪深、地面温度、草温、地面状态等。现在观测项目有：云、能见度、天气现象、气压、空气温度和湿度、风、降水、雪深、雪压、日照、蒸发(小型)、地温(地面、浅层)、冻土、电线积冰、E-601型蒸发。1949年1月1日，开始执行气象观测规程，1949年11月16日开始编发天气报。1950年6月15日始发航危报。从2006年6月1日起，08—12时编发固定时次航危报。编发重要天气报和气象旬(月)报，按规定制作月、年报表。1998年1月1日开始使用AHDM软件编发电报及形成日、月、年数据文件。2001年3月1日开始启用分组交换网拍发气象电报。2003年9月1日，按照黑龙江省气象局的统一部署，完成了自动气象站的安装调试工作并开始试运行。自动气象站通过各种传感器分别将风向风速、温度、湿度、各层次地温、降水等数据传到采集器，计算机数据处理业务软件将数据处理打包后形成文件定时向省气象网络中心上传，使气象观测数据准确及时。2004年1月1日，开始自动气象站与人工气象站双轨运行平行观测，以人工观测为主。2005年1月1日，自动气象站与人工气象站双轨运行，以自动站数据为主进行编发电报。2006年1月1日，自动气象站进入单轨运行，保留20时人工观测。2008年5月31日20时停止使用温度计、湿度计、气压计、EL型风向风速计的记录器。现在天气观测发报的时次为02、05、08、11、14、17、20、23时8次。

气象信息网络 建站始期，气象电报通过电话传给邮电局转发。1986年开始使用PC-1500机自动编报。1988年建成甚高频电话，与市台及邻近县站开通无线通话，进行天气会商。1989年建成气象警报系统，每天向各乡镇及用户传递天气预报等信息。1998年使用AHDM软件编报，并形成月、年数据文件，通过分组交换网向省气象网络中心传输报文及数据文件，以纸制报表和拷贝数据文件软盘两种方式归档。2004年使用自动气象站软件编报并通过组网接口软件、网络设备传输数据和报文。2005年建成了气象信息专线——宽带网络(光纤)，每小时向省气象网络中心上传自动站实时数据，同时调用各种业务信息。2006年建成了14个乡镇自动雨量站，区域雨量网正式运行。同年，建成可视化天气会商系统，实现了省、市、县台站的可视化天气会商。2008年5月将1957—2003年的气象记录档案气簿-1、温度、湿度、气压、风向风速、雨量自记纸整理报送到齐齐哈尔市气象局，由齐齐哈尔市气象局统一送到省气象档案馆，县气象局只保留5年的气象记录档案。所有的气象记录和有关文件都实现了纸质与电子版同时保存归档。

气象预报 自1958年以来一直承担着长期、中期和短期天气预报的制作与发布工作。初期，以“收听加看天”方法，制作补充订正天气预报。1988年起，使用123型传真机，接收北京、日本的传真天气图，结合本站方法制作短、中期天气预报。长期天气预报主要发布全年和各季节的天气趋势预测，分析旱涝趋势，提出农业生产建议，为各级领导安排指挥农业生产和防灾减灾趋利避害当好参谋。中期天气预报分为定期和不定期两种形式，在天气现象可能出现72小时之前发布，尤其是要抓住转折性、关键性等重大天气不漏报。短期天气预报主要预报未来24～120小时的天气。天气预报工作经过几十年的不断发展探索，已经形成了一整套行之有效的预报方法，手段技术不断的改进，准确率不断提高。1998年安装了气象信息综合分析处理系统（卫星单收站），通过卫星可直接接收云图和各种天气图。1998年建成电视天气预报节目制作系统后，开始制作发布各乡镇的天气预报。1999年起通过卫星单收站，直接接收卫星云图和各种天气图，预报信息量大幅度增加。2001年1月1日开始接收齐齐哈尔市气象台的指导预报，并编发克山县的城镇天气预报。2006年安装可视化天气会商系统。同年开始制作发布未来6小时的短时预报和未来3小时的临近预报。

农业气象　1986开始农业气象观测，承担国家农气基本站任务。观测项目有：作物小麦、马铃薯发育期状况、土壤水分观测（固定地段、作物地段）、自然物候观测（榆树、小叶杨）。开展农业气象预报情报业务，主要包括：作物生长期月、旬气象预报，麦播期、麦收期天气预报，大田作物播种期、收获期预报，不定期农业气象情报，作物病虫害预报等农业气象预报情报业务。

2. 气象服务

公众气象服务　从1960年开始发布天气预报，通过广播向公众播放，服务于百姓生活。1989年通过气象警报系统，向各乡镇和粮库发布24小时天气预报和重大天气预报，提高了气象信息传播的及时性。1998年建立电视天气预报制作系统，每天通过电视台播报24小时天气预报，扩大了服务面。1999年建立“121”电话天气预报自动答询系统，公众可通过电话查询24小时天气预报、未来三天预报及其它气象信息。

决策气象服务　以防灾抗灾和农业生产为重点，开展决策服务。以书面和汇报等形式，向县领导及有关部门提供长、中、短期及短时预报和雨情、墒情等。从1988年起开始提供年景分析等服务。1992年开展15项农业系列化服务，为县委县政府指导农业生产提供决策依据。2007年开始发布灾害性天气预警信息，及时为防灾减灾提供决策依据。多年来，决策服务取得了显著成效。如1992年6月4日，预报5日将出现霜冻，及时向县领导汇报并发出霜冻天气预报。由于预防措施得力，减轻了灾害造成的损失，受到政府的表扬。2008年7月8日18时15分，接到市气象台发布的突发强降水预警后，结合本站的监测分析，立即向县政府主要领导汇报，未来2小时将出现局地暴雨天气，并伴有冰雹。并在第一时间把气象预警发给各有关单位。与此同时，派出防雹作业队实施了防雹作业。这次暴雨和冰雹共造成3个乡受灾，由于紧急转移群众868人，在房倒屋塌情况下未死1人，减少了灾害损失。

专业与专项气象服务　1979年起开展人工影响天气工作。现有作业高炮8门、车载火箭发射架1部，分别在古城、西联、西城、北联、曙光、双河、河北、克山等8个乡镇设立了高炮作业点，火箭流动作业。2006年共进行防雹增雨作业9次，耗人工增雨弹500发、火箭弹10枚，累计受益面积500万亩，经济效益达800万元。2007年共进行防雹增雨作业4次，耗火箭弹13枚，累计受益面积600万亩，经济效益达900万元。2008年共进行增雨作业4次，耗火箭弹8枚、炮弹490发，累计受益面积700万亩，经济效益达1000万元。1999年起开展防雷设施检测安装、防雷工程图纸审核和竣工验收、承接防雷工程施工。平均年周期检测50户，累计承接防雷工程施工近10万米。2004年开展庆典气球服务。2007年开展农业病虫害专项预报。

气象科技服务与技术开发　1985年开展专业气象有偿服务，一度发展260多个用户。1999年与电信部门合作开展“121”电话天气预报自动答询业务。1999年开始在电视天气预报节目中插播广告。2006年开展手机短信业务。

气象科普宣传　1989年起，每年参加县政府举办的科普之冬活动，进行气象科技讲座和年景分析，向农民普及气象知识，2002年起参加县政府每年举办的科技大集，现场发放气象科技资料，进行气象知识宣传。1999年以来，在“3·23”世界气象日开放气象站接待中小学生参观，开展气象科普宣传教育。

法规建设与管理

1. 气象法规建设

县政府及有关部门下发的规范性文件主要有：《克山县人民政府办公室关于加强防雷设施安全检测工作的通知》（克山政办发〔2001〕20号）、《克山县人民政府办公室关于开展防雷设施安全检测工作归口统一管理的通知》（克山政办发〔2002〕34号）、《克山县人民政府关于依法确认行政处罚主体及行政处罚权的通知》（克山政办发〔2004〕29号）。2004—2008年每年与县安监局联合下发了《关于开展雷电防护设施安全检验检测的通知》。

2. 社会管理

行业管理　2001年将气象探测环境保护标准到县规划局进行了备案，取得了主管部门的支持。2004年气象探测环境保护、氢气球施放、人工影响天气、防雷减灾被县政府确认县气象局为行政处罚主体，并授予行政处罚权。为了加强执法工作，经培训考核已有4名同志取得气象执法资格证书，负责上述4项执法工作。2002年县消防队准备在距离观测场50米的消防队院内进行营房改造，新建3层楼。气象局依法启动执法程序，通知消防队和规划局，责令停止报批，并向县委、县政府做了汇报。最后，县委县政府决定在城西村征地新建消防队营房。

政务公开　从2003年起开展了政务公开，对内设立公开栏，对外设立公开板。公开板公开内容包括机构设置及职能，文明单位创建目标，防雷装置检测、收费项目标准，依法行政依据和范围，气象专业服务收费项目标准。公开栏内容包括年度预、决算，工程发包，人事任免，年度计划，重大事项决策，目标管理，职工福利，固定资产状况，气象服务质量等。

党建与气象文化建设

1. 党建工作

支部组织建设　1987年建立党支部，至2008年底共发展10名党员。党支部现有在职党员5名，退休党员4名。党支部在加强组织建设的同时，加强思想、作风建设，注重发挥党支部的政治核心作用和党员的先锋模范作用，促进了两个文明建设。1999年被克山县委评为“先进党支部”，吕英魁、谢志刚分别于2002年、2006年被克山县委授予“优秀共产党员”称号，亢晋霞于2008年被克山县委组织部授予“优秀党务工作者”称号。

党风廉政建设 高度重视党风廉政建设工作，建立了党风廉政建设责任制，制定了保持共产党员先进性长效机制，实行了“三会一课”制度、党员民主评议制度、党员联系群众制度、党建目标管理制度、政治学习制度以及领导廉政承诺制度，以制度约束党员，领导干部以廉政勤政带动党员，推进党风廉政建设。

2. 气象文化建设

精神文明建设 从1985年起历届班子均成立了精神文明创建机构，坚持两个文明一起抓，把精神文明建设融入业务服务工作之中，建立了政治、业务学习和考核制度、岗位练功及文明单位创建规划等，引导职工爱岗敬业，文明办公，热心服务，不断提高文明素质。

文明单位创建 1992年被评为县级文明单位，1993年晋升为县级文明单位标兵。1999年被齐齐哈尔市委、市政府命名为市级文明单位，2001年晋升为市级文明单位标兵，2005年被齐齐哈尔市委、市政府授予市级文明标兵单位称号。

文体活动 建立了职工活动室，购置了乒乓球台等体育器材，开展丰富多彩的职工文体活动。并积极参加市气象局和县直机关工委组织的乒乓球赛、扑克赛等群众体育活动。

3. 荣誉

建站以来，克山县气象局获各类集体荣誉160余项，其中获市级以上表彰奖励60余次。主要荣誉有：1960年被县政府授予先进单位，出席县群英会。1976年、1977年被省气象局评为先进集体。1977—1981年连续5年被嫩江地区气象局评为先进集体，1992—1996年连续5年被评为全市气象部门双文明单位。1993—1997年连续3年被省气象局评为双文明单位，连续2年评为双文明建设先进集体标兵单位。

1997年吕英魁被省气象局评为双文明建设先进个人。

台站建设

建站后，1955年迁至现址，占地10000平方米，办公面积200平方米。1988年新建2层办公楼，420平方米。2003年进行一次房盖和门窗改造。院内硬化1000平方米，绿化、美化1000平方米。局内外环境得到彻底改善。

1955年气象站全景

2008年气象局全景

龙江县气象局

龙江县地处黑龙江省西部，是产粮大县之一。地处大兴安岭东麓，与松嫩平原接壤的过渡地带。小气候特征明显，干旱、洪涝、大风、冰雹、霜冻等自然灾害时有发生，有“十年九旱”之称。年平均气温 3.7℃，极端最低气温达零下 36.4℃，极端最高气温 41.2℃，≥10℃积温为 2653.2℃・日，无霜期西部为 120～135 天。降水量西北多，东南少，年平均在390～480 毫米。

机构历史沿革

始建及站址变迁情况 1957 年 9 月筹建气象站。1958 年 1 月 1 日投入使用。站址位于龙江镇北郊，北纬 47°21′，东经 123°10′，海拔高度 189.2 米。后因观测环境不利，于 1967 年迁至龙江镇青山路 2 号。观测场位于龙江县城北郊，北纬 47°20′，东经 123°11′，观测场海拔高度为 190 米。现为龙江国家基本气象观测站。

建制情况 1958 年建站时以气象部门领导为主，隶属于齐齐哈尔气象台。1959 年 5 月改以县政府为主领导，隶属于县水利局。1962 年 6 月改由气象部门为主领导，隶属于嫩江地区气象台。1969 年 3 月改以县革命委员会为主领导。1971 年 2 月实行军队为主的双重领导，归县人民武装部管理。1973 年 11 月改以地方政府领导为主。1980 年起实行上级气象部门为主与地方政府的双重领导体制。1978 年称县气象科，1983 年更名为县气象局，实行局站合一。

名称及主要负责人变更情况

名称	姓名	职务	任职时间
龙江县气象站	王国清	站长	1960 年 1 月
龙江县气象站	刘景文	站长	1961 年 8 月
龙江县气象站	陶汝溪	副站长(主持工作)	1962 年 8 月
龙江县气象站	刘万发	指导员(主持工作)	1971 年 2 月
龙江县气象站	高奇佳	站长	1972 年 8 月
龙江县气象站	张同信	站长	1972 年 9 月
龙江县气象科	丛树文	科长	1979 年 4 月
龙江县气象科	鲁庆余	副科长(主持工作)	1983 年 8 月
龙江县气象局	鲁庆余	副局长(主持工作)	1984 年 3 月
龙江县气象局	黄仁跃	副局长(主持工作)	1985 年 9 月
龙江县气象局	黄仁跃	局长	1988 年 9 月
龙江县气象局	王　彬	局长	1997 年 4 月

人员状况 建站时2人。2008年在岗职工9人，聘用1人，共有人员为10人。其中，党员4人，大学学历4人、大专学历2人，中级技术人员3人、初级技术人员4人，40岁以下为5人、40～55岁4人，其中大学、大专学历的人员均为40岁以下的年轻人。

气象业务与服务

建站以来，主要开展地面气象观测、农业气象观测、天气预报业务和气象服务工作，负责本区域防雷减灾和升空气球管理及人工影响天气等。

1. 气象业务

气象观测 1958年1月1日起，开展地面气象观测，其项目主要有云、能见度、天气现象、风向风速、温度、湿度、气压、降水、蒸发等地面气象要素观测任务，曾承担每天08、14、20时的天气报发报任务。2005年7月，DYYZⅡ型自动气象站成功安装并开始试运行，2006年1月1日起，自动气象站正式开展观测，实行自动和人工观测双轨运行。2007年1月1日转入单轨运行。同年，龙江气象站升为国家气象观测一级站，开始按照基本站业务流程开展工作，开展云、能见度、天气现象、风向风速、温度、湿度、气压、地温、降水、积雪等项目观测，承担05、08、11、14、17、20、23、02时8次天气报(补充天气报)及每天08—18时的航空天气报、不定时重要天气报和旬(月)报等气象电报拍发任务。2009年1月1日定为国家基本气象站。

气象信息网络 建站初期气象电报主要通过邮电局转发，在干扰严重时会造成传递失败成为缺报或过时报。1982年开始使用气象传真机接收天气图。1997年建立气象警报网，向各乡镇及用户传送天气预报等信息。1981年建立甚高频电话加入地区气象无线通信网，与市台、县站进行天气会商等业务联系，提高了气象信息的传输效率。2001年，开始使用分组数据交换网络，进行气象电报及各种气象信息的传输。2005年改用气象信息专线宽带网，每小时向省气象网络中心上传自动站实时数据，调用各种气象信息，实现了信息传输网络化。

气象预报 从建站起开展天气预报业务。短期天气预报，时效为24～48小时以内的天气预报；中期天气预报主要制作未来10天内的天气过程及稳定趋势；长期预报时效为10天以上，一个月、一季度和一年的天气趋势。中短期天气预报开始使用“收听加看天”的方法，后来建立了单站预报方法。1982年后使用传真天气图，结合本站方法制作，1997年起，使用卫星单收站接收的大量天气图表及市台的指导预报参考本站资料、方法制作预报。从2004年起使用新一代天气雷达实时资料，制作短时、临近天气预报。长期预报主要应用数理统计方法和常规气象资料，建立了一套长期预报特征指标和方法。现在每年都制作发布年、季、月的长期预报。

农业气象 龙江站现为国家二级农业气象基本观测站。1958年3月开始农作物物候观测。1959年6月正式开展工作。主要观测玉米、大豆2种作物，每月逢8进行土壤湿度测定，同时进行杨树、榆树的自然物候观测。每旬(月)拍发农业气象电报，开展区域内农业气象灾害调查，制作发布农业气象情报。

2. 气象服务

公众气象服务 建站后，短期天气预报通过县广播站播出，为公众服务。1997年起气象警报网建成后，每天2次向各乡镇及专业用户广播天气预报等信息，提高了服务的及时性。1998年建立了电视天气预报制作系统，通过县电视台播报各乡镇的短期天气预报。1996年建成"121"电话天气预报自动答询系统，1998年起开展手机短信服务，随着短时临近天气预报的开展，在预报有重大灾害性天气时，还通过手机短信和电视节目滚动字幕发出预警信息，提醒公众预防。由于齐齐哈尔市碾子山区地处龙江县域内，龙江站一直承担该区的预报服务工作。

决策气象服务 干旱、洪涝、大风、冰雹、霜冻等气象灾害，影响龙江县农业生产和县域经济发展。在决策气象服务中坚持以防灾减灾和农业生产为重点。每年都为县领导机关和有关部门提供实时天气资料和长中短期天气预报。在农事季节还提供15项系列化预报情报。遇到关键性、转折性、灾害性天气，及时向县委、县政府、碾子山区委、区政府和有关部门提供天气预报，并发出灾害性天气预报预警信号，提醒预防。1997年龙江县出现罕见的旱灾，气象站及早做出预报，并及时向县领导汇报，提出抗旱救灾建议，县政府组织各方面力量，全力开展抗旱救灾工作，减轻了春夏连旱造成的损失。1998年遭遇百年不遇的特大洪水灾害，在抗洪抢险关键时刻，县气象局及时准确地将第一手气象信息送到县领导及各个决策部门，并开展了连续滚动的预报情报服务，为领导决策提供了大量的气象依据，使全县洪水灾害损失降到了最低程度。受到县委、县政府多次通报表扬并授予抗洪救灾先进单位。2001年龙江县全年降水量仅195毫米，春旱、夏旱连秋旱，气象局作出预报后，向县委、县政府及有关决策部门提出了立足抗大旱、打持久战的建议，在县政府组织下，全县掀起了抗旱热潮，气象局还抓住有利时机开展人工增雨作业，为抗旱救灾做出了贡献。

专业与专项气象服务 1985年以后，开展了专业气象有偿服务。1973年起开展人工影响天气工作，开始使用空炸炮进行人工防雹作业。1981年起使用"三七"高炮进行人工防雹作业。目前全县有作业高炮8门，车载火箭发射架3部，近几年平均每年进行人工增雨防雹作业14次，受益面积达1500多平方千米，在缓和旱情，减轻雹灾，保障农业丰收上发挥了积极作用，受到了领导和群众的好评。1996年起开展"121"电话自动答询服务，为社会公众提供中短期天气预报和天气实况。1997年，开始组织开展庆典服务，对外提供拱门、施放氢气球、礼花等服务。1998年7月1日，自行制作电视天气预报节目后，开展了在画面中插播广告业务。

1999年雷电防护管理归口气象部门后，在全县开展了防雷装置安全检测工作。2000年获防雷资质证后，开展了防雷工程设计和施工。近5年共检测了500多个单位的防雷装置，承接了130多个单位防雷工程的设计与施工。

气象科普宣传 每年利用"3·23"世界气象日进行宣传，开展全县性的气象科普宣传活动，开放气象观测场，供群众参观，普及气象知识。与县教育部门合作，结合中小学生课程，开展气象知识讲演，积极参加县政府组织的"科技三下乡"活动，派员深入乡镇进行气象科普宣传，发放气象科技资料，普及气象知识。

法规建设与管理

1. 气象法规建设及管理

为了贯彻《中华人民共和国气象法》等法律法规，县政府及有关部门制发了一系列规范性文件。主要有：1998年龙江县政府下发的《关于龙江县氢气施放市场管理办法》（龙政发〔2007〕15号），对施放庆典气球作出明确规定、《关于加强雷电防护设施安全管理工作的通知》（龙政办发〔1998〕95号）。在行业管理方面，龙江县气象局在县政府进行了探测环境保护标准备案，在2009年依据此标准对探测环境进行保护，成功对违法建筑进行执法2次，近几年在防雷审核图纸、验收工程近100多个。

建立了政务公开制度，设立政务公开公示板，半年公示一次，公示内容包括经费收支、奖金福利、干部管理、工程招投标、气象工作动态、气象预警信号发布、重大决策及执行情况、党的建设、职称评审、廉政建设、政策规章制度建立、气象行政执法、防雷检测审核、报建，施放气球审批，防雷检测、施放气球管理服务承诺，服务流程等。

2. 气象文化建设

党建工作　1971年成立党支部，至2008年底共发展党员8名。党支部加强组织建设的同时，不断加强思想、作风建设，注重发挥党支部的政治核心作用和党员的模范带头作用，不断加强党的建设。

党风廉政建设　认真执行党风廉政建设责任制，积极开展党风廉政学习教育活动，不断增强党员廉洁自律意识。党员干部率先垂范，依法施政，廉洁自律，努力做到“自重、自省、自主、自立”。建立了党风廉政的有关制度和规定，加强内部监督，促进党风廉政建设。

气象文化建设　坚持“两个文明一起抓”，建立了精神文明建设领导小组，制定了精神文明建设工作计划，建立了精神文明创建制度及考核评比内容公示板，营造浓厚的创建氛围。在创建工作中，把职工队伍的建设与文化素质的提高相结合，精神文明建设与改造工作环境相结合，做到年年有提高，步步上台阶。积极组织职工开展政治学习和文化业务学习，先后有20名职工参加省、市、县三级文化补习和业务培训。每年召开一次职工思想动态分析会，及时把职工的思想问题和出现的矛盾消灭在萌芽之中，职工思想稳定，形成了团结和谐氛围。积极组织职工开展文体活动。2007年建成120平方米的职工活动室，配备了3套健身器材和乒乓球台，为职工开展文体创造了条件。组织职工积极参加全市气象系统乒乓球赛和县里举办的排球赛，职工业余文体生活丰富多彩。

3. 荣誉

1958—2008年龙江县气象局共获先进个人、先进集体荣誉100余项次。集体荣誉主要有1998年被评为全省气象系统双文明建设先进单位。2001—2005年连续5年被评为齐齐哈尔市气象系统双文明建设先进单位。1998—2008年连续10年获省市人工增雨（防雹）工作先进集体称号，2004年被评为全市气象部门森林扑火先进集体，1993年荣获局地大到暴雨预报服务重要天气预报服务三等奖。

1998 年王彬被省气象局授予“劳动模范”光荣称号。

台站建设

龙江县气象局的台站综合改造工作，主要在近几年进行。办公楼始建于 1992 年，320 平方米，办公条件较差。原有二层办公楼 2003 年进行了重新装修，办公条件有所改善。2004 年新建办公楼 410 平方米，将原二层办公楼进行了扩建并与现在办公楼打通，建成了新的业务值班室和会议室，保证了业务发展用房的需要。2005 年对办公楼东侧旧库房进行了翻盖，重新装修，与办公楼和家属楼形成了一个统一整体。同时，对院内外地面进行了硬化，面积达 3000 多平方米。2006 年又扩建了 120 多平方米房屋，作为职工文体活动室和图书室，在气象大院内新建了 5 个花坛，主干道两侧栽植了树木和花卉，绿化面积达到 40%。2008 年更换大院围栏，全部采用新式材质围栏，整洁大方，所有楼房取暖改由热力集团统一供暖，上下水、供电等全部与市政管网接通。经过几年的努力，站容站貌发生了巨大变化。

1988 年县政府领导慰问气象工作者

龙江县气象局现貌

讷河市气象局

讷河县始建于 1913 年，1992 年 10 月撤县设市。讷河市位于小兴安岭南麓，松嫩平原北缘。属于寒温带大陆性季风气候，冬季漫长而严寒，夏季高温多雨，易发内涝，春季干旱少雨多大风，秋季短促，降温急剧，初霜较早。年平均气温 1.5℃，历史上最低气温为零下 42.2℃，历史上最高气温为 39.9℃，≥10℃积温为 2500℃·日，年平均降水量为 465.4 毫米。

机构历史沿革

始建及站址迁移情况 讷河气象站始建于 1953 年 11 月，站址位于讷河镇南门外西侧郊外，北纬 48°29′，东经 124°51′，海拔高度 199.0 米。1954 年 1 月 1 日开始正式记录。1965 年 1 月迁至讷河镇东门外路北郊外，位于北纬 48°29′，东经 124°51′，海拔高度 202.8

米，现为国家一般气象站。

建制情况 1953 年 11 月始建至 1954 年 8 月，讷河气象站隶属于地方建制。此后，直到 1958 年以气象部门领导为主。1958 年 6 月至 1962 年 9 月以县人民委员会为主领导。1962 年 10 月起实行气象部门为主的双重领导体制。1968 年 12 月改由县革委会领导为主。1971 年 11 月实行军队为主的双重领导体制。1973 年 4 月改以县革委为主领导，隶属农业科。1980 年 2 月起至 2008 年 12 月改为以上级气象部门领导为主，与地方政府双重领导。1980 年改称讷河县气象科，1984 年改称讷河县气象局，1993 年 1 月改称讷河市气象局。

名称、机构及主要负责人变更情况

名称	时间	内设机构	主要负责人
讷河气象站	1953.11—1954.12	预测报组	刘景恩
讷河气象站	1955.1—1955.12	预测报组	王济深
讷河气象站	1956.1—1956.12	预测报组	江礼善
讷河气象站	1957.1—1959.12	预测报组	周帮良
讷河气象站	1960.1—1960.12	预测报组	陈希文
讷河气象站	1961.1—1962.5	预测报组	阚中正
讷河县水文气象站	1962.6—1964.3	预测报组	阚中正
讷河气象服务站	1964.4—1968.12	预测报组	阚中正
讷河县气象站	1969.1—1971.10	预测报组	张　录
讷河县气象站	1971.11—1973.3	预测报组	张向林、张　录
讷河县气象站	1973.4—1980.1	预测报组	张　录
讷河县气象科	1980.2—1984.6	测报股、预报股、人影办	周惠仁
讷河县气象局	1984.6—1988.4	测报股、预报股 人影办、服务股	岳艺文
讷河县气象局	1988.5—1992.12	测报股、预报股 服务股、人影办	温风岐
讷河市气象局	1993.1—	测报股、预报股、服务股、 人影办、防雷检测站	杜玉会

人员状况 建站初期有 4 人。到 1980 年气象职工已发展到 12 人，其中 2 人为大学和大专学历，2 人为气象中专学历，党员 7 人，工程师 3 人。2008 年底，有职工 10 人，其中女职工 3 人，中共党员 3 人，大专学历 3 人、其余为中专与高中学历，工程师 2 人、其余为助理工程师。50 岁以上 4 人、40～49 岁 2 人、40 岁以下 4 人。

气象业务与服务

1. 气象业务

气象观测 建站初期气象观测项目有温度、湿度、风向风速、降水、积雪、云、能见度、天气现象、日照时数、0～20 厘米地温、0.8～3.2 米直管地温、冻土深度、蒸发等。1971 年 1

月1日改为昼夜值班，4次观测。1973年1月1日改为夜间不守班，02、08、14时向省台编发天气电报。1988年1月1日由4次观测改为3次。1973年1月1日开始预约航危报，1994年1月1日停发预约航危报，2004年1月1日增加08—18时定时航危报。2001年4月1日08时开始编发天气加密报。2003年10月，完成了自动气象站的安装调试工作并开始了试运行。自动气象站通过各种传感器分别将风向风速、温度、湿度、各层次地温、降水等数据传到采集器，计算机数据处理业务软件将数据处理打包后形成文件，定时向省气象网络中心上传。2006年开始自动气象站与人工气象站双轨运行平行观测，2008年自动气象站进入单轨运行。从1980年以来，地面观测实现百班无错情20余人次，250班无错情达3人次。近10年来，测报质量保持在0.0～0.1‰。

气象信息网络 建站以来，气象电报长期通过电话传给邮电局转发。1988年建成气象警报广播系统，向各乡镇及专业用户传递天气预报等信息。1986年建立甚高频电话，加入地区无线通信网，实现了市台、县站的天气会商等业务联系。2001年3月1日，开始启用分组数据交换网，传输气象电报和气象信息。2005年建成了气象信息专线—宽带网络，每小时向省气象网络中心上传自动站实时数据，接收各种业务信息。2006年建成了15个乡镇自动雨量站，区域雨量网正式运行。2008年5月将1954—2003年的气象记录档案气簿-1，温度、湿度、气压、风向风速、雨量自记纸整理报送省气象档案室。讷河市气象局只保留近5年的气象记录档案。

气象预报 1958年以后陆续开展短期、中期和长期天气预报业务。初期，短期天气预报以"接收加看天"方法制作。1986年起使用"123"传真机接收北京、日本等气象中心发出的传真天气图，结合本站方法制作短、中期天气预报。长期天气预报主要使用资料、相似年份、参考省、市天气预报方法制作，主要项目有旱涝趋势、降水、温度、积温、初终霜等，逐步发展到数理统计、动力统计。1999年安装了气象信息综合分析处理系统（卫星单收站），直接接收卫星云图和各种天气图，预报能力明显增强。2001年1月1日开始通过分组交换网接收齐齐哈尔市气象局的指导预报，并编发讷河市的天气预报。2006年开始制作未来6小时的短时预报和未来3小时的临近预报。目前已制作乡镇天气预报。

2．气象服务

公众气象服务 从1958年开始通过广播发布天气预报，服务于生产生活。1988年通过气象警报广播和无线对讲机向各乡镇和粮库、部队、农场等发布24小时天气预报及重大灾害性天气预报，提高了服务的及时性。1998年建立电视天气预报节目制作系统，通过电视台每晚2次播报24小时全县各乡镇天气预报，扩大了对农村的服务面。1999年建立"121"电话天气预报自动答询系统，公众可通过电话了解未来24小时及未来3天天气预报及其他气象信息。

决策气象服务 讷河市境内发生的气象灾害主要有干旱、暴雨、大风、暴雪、霜冻等。在决策服务中，以防灾抗灾和农业生产为重点，及时向县领导及有关部门提供决策需要的短、中、长期天气预报和雨情、墒情等气象情报。服务方式以书面材料和电话汇报为主。目前已发展到手机气象短信预警、网络传输等方式。多年来，决策气象服务取得了显著成效。1992年6月4日预报，次日早晨可能出现霜冻，及时向市领导作了汇报，当晚县五大班子及各有关单位领导汇集气象局，听取气象局长汇报后分头到各乡镇组织农民进行预防。当晚全市出动17万8千人，点燃火堆7万多个，使部分蔬菜、大豆、玉米、烤烟等作物得到有效保护，减少损失500万元以上。2005年7月16日，一场特大暴雨袭击讷河，由于提前一天作出准确的预报并及时向市领导汇报，各乡镇按照统一部署组织预防，沿江河及低洼地区提前转移5400多人，避免了因洪水造成人员伤亡，减少了财产损失。

专业与专项气象科技服务 从1985年开展气象专业有偿服务，服务对象是各乡镇、各粮库、供销社、农机站、驻军农场、城镇工厂及企事业单位。到1988年签订有偿服务合同单位达80多个。1976年起开展人工影响天气工作，现有高炮8门，车载火箭发射架2部，在老莱、同心、六合、二克浅4个乡镇设立了高炮作业点，火箭在讷河市域内流动作业。2006—2009年人工增雨防雹作业13次，总受益面积846万亩，2006年6月2日受益区降水均在20毫米以上，增雨量达76%，受益面积230万亩，效益458万元，大大缓解了旱情，市领导为气象局举办了庆功宴，并奖励3万元以资鼓励。此次成功降雨已在《中国气象报》刊载。

1999年成起开展防雷技术服务。主要项目有：防雷设施检测安装、防雷工程图纸审核和竣工验收、防雷工程设计与施工。近三年来共检测单位885个，施工数量105个。1998年开始在电视天气预报画面中插播广告，同年与电信部门合作开展“121”电话天气预报自动答询业务。1999年起开展庆典气球广告服务。2005年开展手机气象短信服务。

气象科普宣传 1988年起参加政府每年举办的科普之冬活动，专门派人到乡镇、村屯进行气象科技知识讲座。从2002年起，每年参加市政府举办的科技大集，现场发放气象科技资料，进行气象知识宣传。同年起将气象局观测场设为气象科普基地，每年“3·23”世界气象日在中心街区设立宣传台，进行科普知识宣传，并邀请中小学生到气象局参观学习。2008年在局内办公室和走廊建成气象科普长廊，悬挂各种气象科普宣传图版46块，供群众参观学习。

法规建设与管理

1. 气象法规建设

为了全面贯彻气象法律法规，市政府及有关部门下发了一系列规范性文件，主要有：讷河市公安局、气象局联合发的《关于开展我市大风、火险安全工作的通知》（讷公发〔1993〕23号）、《讷河市人民政府办公室关于对从事防雷工作的单位实行资质管理的通知》（讷办发〔2002〕21号），市政府办公室下发的《关于计算机信息网络系统必须安装防雷装置的通知》（讷政办发〔2004〕46号）及《关于雷电灾害防御及检测单位归属讷河市防雷办管理的通知》（讷政办发〔2006〕4号），市防雷办公室、建设局联合下发的《关于对新建、改、扩建工程防雷设施实行监督检测和竣工验收的通知》（讷防雷字〔2006〕4号）等文件。

2. 社会管理

行业管理 重点加强探测环境保护和雷电防护管理工作。2008年将气象探测环境保护标准到市规划局进行了备案。1978年对观测场不足20米远，影响探测环境的一排杨树，按有关规定进行砍伐。2000年某建设公司要在观测场东侧建楼，这将影响观测环境，通过及时执法，使其改变了计划，保护了探测环境。施放气球和防雷管理均已纳入市政府监管范围。每年春、秋两季都与市安全管理部门对防雷安全进行检查。2008 年联合检查 4 次，纠正数量 15 个。为了加强气象执法工作，经培训考核，已有 3 人取得执法资格证书，负责市域范围气象执法工作。

政务公开 从 2002 年起开展了政务公开。对内设立了公开栏，公示内容包括年度预、决算，工程发包、人事任用、重大事项决策、目标管理、职工福利、气象服务质量、人工降雨防雹效果等。对外设立公开版，其内容包括：机构设置及职能、文明单位争创目标、防雷装置检测及专业气象服务收费标准、依法行政依据和范围等。

党建与气象文化建设

1. 党建工作

支部组织建设 建站初期只有党员 1 名，1965 年与地质队联合成立了党支部，1980 年成立了气象支部。1965 年至 2008 年气象支部共发展 10 名党员，支部在加强组织建设的同时，不断加强思想、作风建设，提高了党支部的政治核心作用，党员在气象事业发展和服务地方经济建设中发挥了模范带头作用。1994—1996 年、2006—2008 年被讷河市委评为先进党支部。

党风廉政建设情况 讷河市气象局高度重视党风廉政建设工作，建立了党风廉政建设责任制，开展创建“标准化”党支部活动，认真执行“三会一课”制度、党员民主评议制度，党建目标管理制度，政务公开以及领导廉政承诺制度。建立内部监督机制，党员领导干部注重自身廉洁的表率作用，不断促进党风廉政建设。2006—2008 年连续被讷河市委评为“党风廉政建设先进集体”。

2. 气象文化建设

精神文明建设 从 1986 年起，历届班子均成立了精神文明创建机构，坚持两手抓两手都要硬的方针，将精神文明建设与思想政治工作和中心任务紧密结合，充分调动了全局职工的积极性，又好又快地完成了各自的工作任务。同时建立实行了政治与业务学习和考核制度，测预报练功制度，不断提高职工的整体素质。

文明单位创建 文明单位建设有规划、有部署、有检查，在全局努力形成创建双文明单位的浓厚氛围。1990—2008 年连续被评为讷河市精神文明建设先进单位。2005 年被省气象局和市气象局评为双文明建设先进单位。2007 年度被中共齐齐哈尔市委、市政府命名为市级文明单位。

文体活动情况 2000 年建立文化体育活动室，内设多样的健身器材，建成图书阅览室。组织职工参加上级机关组织的文体活动。2006 年在齐齐哈尔市气象部门乒乓球比赛中，1 名同志获得亚军。群众性的体育活动丰富多彩，2008 年被讷河市总工会授予“先进职工之家”称号。

3. 荣誉

建站以来，讷河市气象局获得各类集体荣誉达100余项。突出的奖项有：1999年获得省气象局气象科技服务奖，2004—2008年被齐齐哈尔市人民政府连续授予“安全工作先进单位”称号，2005—2008年被省气象局、省人工降雨办公室连续授予“全省人工增雨防雹工作先进单位”称号，2005—2008年被齐齐哈尔市气象局连续评为“全市气象部门目标管理优秀达标单位”。自国家气象局开展质量竞赛以来，从1981—1985年，温凤岐同志3次被国家气象局授予“质量优秀测报员”称号。

台站建设

台站综合改造 建站初期只有一间值班室、一间办公室，条件十分简陋。1965年迁站后虽有改善，但仍不适应事业发展需要。2005年利用中国气象局投资的27万元，对气象局业务楼进行了全面装修改造。办公与生活条件明显改善。目前，办公楼面积为400平方米，内设地面值班室、微机室、防雷办、人影办、测报室、会议室、财务室、室内卫生间、值班宿舍等。办公楼西侧设有文体活动室、资料库和档案室、仪器室。另有炮库3间、仓库1间，车库3间。所有房盖改为红色彩钢瓦盖，全部更换了办公桌椅、沙发和卷柜，设置微机10台。气象职工基本都住上了楼房。

园区建设 园区建设共分为两部分，一部分是观测区，观测场采用铁艺围栏，铺设大理石步道板150延长米，另一部分是绿化区和办公区，绿化区逐步进行绿化，共栽植榆树球20株，铺设草坪200平方米，白色路面960平方米。

目前，讷河市气象局已发展成为基础设施齐全、工作条件舒适、环境优美的台站。

1953年始建时的讷河气象局

讷河市气象局综改后全貌

泰来县气象局

泰来县始建于1910年，位于黑龙江省西南部，嫩江下游，大兴安岭东南余脉和松嫩平原西部边缘的过渡地带。全县总面积3996平方千米，管辖8个镇2个乡，总人口32万，有14个民族。年平均气温4.9℃、极端最高气温41.6℃、极端最低气温零下33.9℃，年平均降水量392.6毫米，≥10℃积温2930.6℃·日。

机构历史沿革

始建情况 泰来县气象站，始建于1957年7月，1957年12月1日开始观测，属国家基本气象站。地处泰来镇北，北纬46°24′4″，东经123°25′1″，观测场海拔高度149.5米，占地面积1508.22平方米。建站后一直未迁站。

建制情况 1957年建站时，由气象部门管理。1958年9月管理体制下放，以县人民委员会为主管理，业务工作由齐齐哈尔气象台管理。1962年6月，改以省气象局建制。1968年8月，改以县革委领导为主。1971年4月，实行军队为主的双重领导。1973年4月，改以县革命委员会为主领导。1980年3月至今，实行以气象部门管理为主，和地方政府的双重管理体制。1980年3月改称泰来县气象科，1984年3月，改称泰来县气象局。

名称、机构及主要负责人变更情况

名称	时间	内设机构	负责人	批准机关
泰来县气象站	1957.8—1959.7	测报组、预报组	伍世伟	齐齐哈尔气象台
泰来县气象站	1959.8—1960.5	测报组、预报组	于宝和	泰来县人民委员会
泰来县气象站	1960.5—1960.8	测报组、预报组	韩长禄	泰来县人民委员会
泰来县气象站	1961.5—1962.7	测报组、预报组	任　富	嫩江地区气象台
泰来县气象站	1962.8—1965.6	测报组、预报组	伍世伟	齐齐哈尔气象台
泰来县气象站	1965.7—1968.6	测报组、预报组	石福祥	嫩江地区气象台
泰来县气象站	1968.7—1971.10	测报组、预报组	张国栋	泰来县革委会
泰来县气象站	1970.9—1972.8	测报组、预报组	张邵山	泰来县革委会
泰来县气象科	1973.8—1977.5	测报股、预报股	袁海涛	泰来县革委会
泰来县气象科	1977.10—1978.10	测报股、预报股	张树森	泰来县革委会
泰来县气象科	1978.11—1979.10	测报股、预报股	张树春	泰来县政府
泰来县气象科	1979.11—1980.12	测报股、预报股	李忠满	泰来县政府
泰来县气象局	1980.8—1989.12	测报股、预报股	任传忠	齐齐哈尔市气象局
泰来县气象局	1990.4—1999.3	测报股、预报股	殷振茹	齐齐哈尔市气象局
泰来县气象局	1999.3—2001.3	测报股、预报股、检测站	劳兴良	齐齐哈尔市气象局
泰来县气象局	2001.3—2008.10	业务股、检测站	伍召民	齐齐哈尔市气象局
泰来县气象局	2008.10—	业务股、检测站	王明辉	齐齐哈尔市气象局

人员状况 泰来站1957年成立时有6人。1957年7月至2008年底先后在泰来站工作的人员有67人，其中有2人从建站到退休始终在本站工作。现有职工12人，其中党员7人，本科学历5人、大专学历7人，50岁以上2人、40～50岁9人、30～40岁1人。

气象业务与服务

1. 气象业务

气象观测 泰来气象站建站至今为国家基本气象站。建站时观测项目有温度、湿度、气压、风向风速、降水、积雪、蒸发、云、天气现象、能见度、日照时数、0～20厘米地温、蒸发、地面状态、云向云速等观测项目。每天02、05、08、11、14、17、20、23时8次观测,02、05、08、11、14、17、20时7次发报。同时担负着航空报、危险报的观测发报任务。1959年1月取消云向云速观测项目,1959年11月增加冻土观测任务。现增加的观测项目有40～320厘米地温、大型蒸发、电线结冰。地面发报任务无变化,航空报和危险报变为齐齐哈尔机场每小时固定观测发报任务。

1986年1月1日,开始使用PC-1500机计算编发气象电报,替代了手工编报,提高了报文的准确率。1998年10月31日,开始使用分组数据交换网上传气象电报,传统式邮局电报传报文的方式退出了历史舞台。2004年1月1日建成自动气象站,2006年1月1日,自动气象站进入单轨运行,除冻土、日照及目测项目外,所有气象要素均实现自动采集、自动处理、自动形成报文、自动上传,使气象数据更加准确、传输更加及时。目前,本站观测的项目有温度、湿度、气压、风、降水、0～360厘米地温、冻土、日照、大型蒸发、小型蒸发、天气现象等。气表有月报表、年报表。每天(02、05、05、11、14、17、20、23时)8次观测,每天(02、05、08、11、14、17、20时)7次发报。同时担负着24小时固定航空报、危险报的观测发报任务。建站50年来,全站共实现5个250班,100余个百班无错情,4人获得全能观测员称号。

气象信息网络 1986年10月建成高频电话,实现与市、县台站的天气会商业务通话。1998年10月31日,气象报文启用分组数据交换网传输,从此进入气象信息网络时代。1991年7月气象警报广播系统向各乡镇及其它用户迅速传递天气预报等信息。1998年5月1日,"121"电话气象语音自动答询系统开通,自动回答短、中天气预报等气象信息。1999年8月气象卫星地面单收站建成,通过卫星直接接收云图和各种天气图。2007年7月,县政府投资32万元建成了可视化会商系统和9个乡(镇)自动雨量站,区域雨量网开始运行。2005年建成气象宽带网络。2008年6月,全县每乡(镇)及村屯,设气象信息员1名,气象信息通过手机短信方式上下互传。2008年5月18日,将1957—2003年本站气象资料整理上交省气象档案馆,仅保存5年资料,采用纸质和电子版两种方式保存。

气象预报 泰来站建站至今一直承担着天气预报的制作和发布。预报的种类有短期城镇天气预报、中期天气预报和每年2月末发布的年度预报、3月初发布的春季预报、5月末发布的汛期预报、9月初发布的秋季预报及不定时地为地方政府提供预报和情报。2005年7月起使用新一代天气雷达资料,开始制作短时、临近天气预报。2006年8月开通了电视可视化会商系统,每天早9时30分收看省、市指导预报并发布本地城市预报,灾害性天气预报能力明显增强。

农业气象 20世纪70年代初,开始农业气象观测,当时的工作还不规范。1982年定为国家基本农业气象站至今。农业气象观测项目有农作物观测、自然物候观测、土壤湿度测定。观测的作物有玉米、高粱。编发农业气象电报和报表，制作农业产量预报与年景分析。

2．气象服务

公众气象服务 从1958年开始对外发布天气预报，通过县广播站播发，为公众服务。1998年通过气象警报广播网即时向农村及有关单位，播发短中期预报等气象信息。1998年5月，开通"121"电话自动答询系统，设有城镇24小时预报、3～5天预报、旬天气预报、昨日天气实况、专业专项预报等语音信箱，为公众回答气象预报等信息。2000年5月，开通了电视天气预报节目，时长3分钟，天气预报细化到乡镇，把气象信息传送农村千家万户。50年来，预报服务手段不断更新，服务内容不断增加，为社会各界提供及时的气象信息服务。

决策气象服务 泰来县主要的气象灾害有旱、涝、风、雹等。在决策服务中，坚持以防灾减灾和农业生产为重点，向县领导及有关部门提供天气预报和气象情报。多年来取得了明显效益。2001年5月20日，预计23—24日将有一次1℃～8℃的明显降温过程，20日下午发出低温冷害重要气象情报。当时正值稻田插秧期，秧苗可能遭受冻害。建议没插秧苗的地块停插、已插秧苗的地块放水防冻。在县领导的组织下，广大农民采取预防措施，全县水稻秧苗未受冻害影响。2004年8月16日泰来县二龙涛河水猛涨。8月16日至8月22日，泰来县气象局每天了解上游降水情况及未来3～5天天气趋势，并形成服务材料上报县领导。8月22日，上游地区出现大雨，气象局分析后，立即向县领导提出二龙涛河将出现漫堤预报，23日县、乡政府组织沿河群众转移，24日早5时河水漫堤，淹没了农田，冲垮了部分房屋，由于提前做好了准备，损失降到最低程度。

专业专项气象服务 1980年起开展人工增雨防雹工作。当时有3门"三七"高炮。现有8门高炮、3部火箭发射架，分设在两条雹带8个乡镇。近几年平均每年作业8次，年受益面积800平方千米，在缓和旱情，减轻雹灾，保障农业丰收中发挥了重要作用。1999年开展防雷管理工作。成立了防雷设施检测站，开展的项目有，防雷设施技术检测、防雷工程图纸审核、施工监督与竣工验收、雷电灾害评估等。近几年，平均每年检测100个单位的防雷装置。

人工增雨作业现场

气象科技服务与技术开发 1985年开展专业气象有偿服务。1998年5月1日与县电信局合作开展电话"121"电话气象信息语音答询业务。2000年5月5日，与县广电局合作开展电视天气预报广告业务。2006年开展手机气象短信业务。2002年5月，成立泰来县天宇防雷技术有限责任公司，开展建筑物防雷设施施工工作。几年来，共承接大小防雷工程60余个。

气象科普宣传 从2002年起，每年参加县政府举办的科技下乡活动，派气象技术人员到乡镇讲解气象知识和年景分析。2004年县科协将气象观测场确定为气象科普基地，常年对外开放。每年的“3·23”世界气象日，邀请中小学生到气象站参观学习。

法规建设与管理

1. 气象法规建设

气象法规建设 为贯彻落实气象法律法规，县政府及有关部门制发了一系列规范性文件。2001年县安全生产委员会下发了《关于全县防雷防静电安全检测工作统一归口管理的通知》，明确归口单位为县气象局。2005年县安全委员会下发了《关于加强全县雷电安全防护管理工作的通知》。2005年县人民政府发布了《关于依法确认行政许可主体资格及权限的公告》，明确了气象局行政许可主体资格及权限。2008年县人民政府下发了《关于泰来县基本建设项目审批验收相关程序的有关规定的通知》，规定防雷图纸审核及验收费由建设局代收。

规章制度建设 建立健全内部目标管理考评办法、业务质量考评制度、财务管理制度、政务公开制度、物品采购管理制度、文明办公守则等相关制度。

2. 社会管理

行业管理 2001年气象探测环境保护标准在县建设局进行备案，并按技术标准要求加强了探测环境保护工作。防雷管理纳入政府管理范围，防雷设施常规检测每年1次，作为县政府年终安全考核项目之一，每年都与县安全生产监督管理局对防雷安全进行1次联合检查。对重点单位的雷电防护工作进行抽查。

政务公开 几年来，不断加强气象政务公开工作。对气象行政审批办事程序、气象服务内容、服务承诺、气象行政执法依据、服务收费依据及标准等采取户外公示栏公示。内部岗位调整，公开透明。财务收支情况每半年向群众公布一次，年底对全年收支、职工奖金、福利发放等向职工作详细说明。

党建与气象文化建设

1. 党建工作

支部组织建设 1980年成立气象局党支部，1985年至2008年支部共发展党员5名。党支部在加强组织建设的同时，不断加强思想、作风建设，充分发挥了党支部的政治核心作用和党员的模范带头作用。2004年至2007年连续4年气象支部被县机关工委评为优秀党支部。

党风廉政建设 每年认真组织开展党风廉政教育宣传月活动。按照地方党委要求，积极开展党员进社区一帮一活动。认真落实党风廉政建设目标责任制，积极开展廉政文化建设活动，制定了保持共产党员先进性长效机制，严格执行“三会一课”制度、党员民主评议制度、党员联系群众制度及领导廉政承诺制度，努力建设文明机关、和谐机关和廉政机关。

2. 气象文化建设

精神文明建设 泰来县气象局历届班子重视精神文明建设，成立以局长为组长的精神文明建设小组。坚持两个文明一起抓，把文明建设融入到日常服务工作中。为了营造气氛，先后制作了文明单位创建规划栏、局务公开栏和文明建设标语。建立了政治业务学习制度、文明股室评比制度、文明办公制度、文明接待等制度、规范了文明服务用语，开展了“四好三优一满意”活动，积极组织职工参加地方政府举办的文体活动。

文明单位创建 1998年被县委县政府命名为县级文明单位，2005年被齐齐哈尔市委市政府命名为市级文明单位，现正在创建市级文明单位标兵。

3. 荣誉

泰来站建站以来，获得集体荣誉主要有：1990—1998年连续8年获省气象局人工增雨防雹先进集体，1998年获中国气象局防汛抗洪先进集体。

台站建设

1957年建站时兴建了“一头沉”办公房，一直使用到1989年。1990年，新建两层办公楼，建筑面积315平方米。内部简单装修，条件有所改善。2003—2007年先后投入40余万元进行综合改造，办公楼内外装修，改造标准微机室40平方米，职工文体活动室60平方米，更换全部办公桌椅，院内改造了观测场，修建了白色路面3000平方米，建起3个花坛，绿化面积370平方米，目前，基本达到办公自动化、庭院绿化亮化、道路硬化的花园式台站。

1957年建站时观测站

泰来县气象局综改前办公楼(1992年拍摄)

现在的办公楼

依安县气象局

依安县始建于 1923 年，位于小兴安岭南麓，松嫩平原北缘。年平均气温 2.4℃，1 月气温最低，平均气温在零下 21.1℃，历史上最低气温为零下 39.8℃，出现在 1957 年 2 月 9 日，7 月份最热，平均气温在 22.3℃，历史上最高气温为 39.0℃，出现在 2001 年 6 月 25 日；≥10℃积温为 2513.3℃·日，年平均降水量为 471.5 毫米。

依安县气象局现址位于依安县依安镇北门城外，观测场位于北纬 47°54′，东经 125°18′，海拔高度 226.4 米，现为国家一般气象站。

机构历史沿革

始建及站址迁移情况 依安县气象局始建于 1956 年，并于当年 12 月 1 日正式开始地面气象观测，地理位置为依安农场(场部)，北纬 47°43′，东经 125°05′，海拔高度 216.34 米。始建后共经历了 3 次迁移，1962 年 1 月—1967 年 12 月，迁至依安镇东北街(街内)，北纬 47°54′，东经 125°18′，海拔高度 216.3 米；1968 年 1 月—2006 年 10 月，迁至依安镇北门(城郊)，北纬 47°54′，东经 125°18′，海拔高度 217.9 米；2006 年 11 月—2008 年 12 月，迁至依安镇北门(城外)，北纬 47°54′，东经 125°18′，海拔高度 226.4 米。

建制情况 1956 年 12 月建站，人员编制 3 人，体制以气象部门领导为主，地方隶属于依安农场；1960 年 1 月起，以地方政府领导为主，隶属于依安县水利科，业务由气象部门管理；1962 年 1 月起，改由气象部门为主，地方隶属于依安县农业科；1968 年起，又改以地方政府领导为主；1970 年 1 月起，实行以军队为主的双重领导体制，隶属于依安县武装部；1973 年 3 月至 1979 年 12 月，实行以地方为主的双重领导体制，隶属于依安县委员会；1980 年 1 月至 2008 年 12 月，改由气象部门为主的双重管理体制。

名称、机构及主要负责人变更情况

名称	时间	内设机构	主要负责人
依安气候站 (1956.11959.2) 依安县水文气象站 (1959.3—1961.12) 依安气象服务站 (1962.1—1967.12)	1956.12—1967.12	预测报组	鲁庆余
依安县气象站	1968.1—1969.12	预测报组	祖志业
依安县气象站	1970.1—1973.2	预测报组	张国强
依安县气象站	1973.3—1974.6	预测报组	杨德兴
依安县气象科	1974.7—1976.9	测报组、预报组	王文洲
依安县气象科	1976.10—1982.12	测报组、预报组、人控组	刘忠信

续表

名称	时间	内设机构	主要负责人
依安县气象局	1983.1—1985.8	测报股、预报股、人控股	许　贵
依安县气象局	1985.9—1989.1	测报股、预报股、人控股	杨伟泽
依安县气象局	1989.2—1992.5	测报股、预报股	时志亭
依安县气象局	1992.6—1997.3	测报股、预报股	刘忠山
依安县气象局	1997.4—2001.3	业务股、人控股、防雷办	万永文
依安县气象局	2001.4—	业务股、人控股、防雷办	陈兆海

人员状况　依安站1956年成立时只有3人，全部为中专学历，其中2人为党员。到1978年，气象职工11人，其中，1人为大专学历，5人为中专学历，9人为党员。2008年底，气象职工10人，其中本科学历3人，大专学历7人，党员5人，工程师2人，50岁以上4人，40～49岁2人，40岁以下4人。

气象业务与服务

1. 气象业务

气象观测　1956年始建时气象观测项目主要有温度、湿度、风向风速、降水、积雪、云、天气现象、能见度、日照时数、0～20厘米地温、蒸发、地面状态等，每天进行4次定时观测。1991年开始改为3次定时观测，夜间不守班。2001年3月1日开始启用分组交换网编发气象电报。2001年4月1日08时开始编发天气加密报。2003年10月16日，按照黑龙江省气象局的统一部署，完成了自动气象站的安装调试工作并开始了试运行。自动气象站数据定时向省气象网络中心上传。2004年开始自动气象站与人工气象站双轨运行平行观测。2005年开始以自动站数据进行编发电报。2006年自动气象站进入单轨运行。

气象信息网络　在2001年以前，气象电报都是人工编报，通过电话传报给邮电局转发。2001年3月1日，开始启用分组交换网，传递气象电报和各种信息。2005年通过宽带网络，每小时向省气象网络中心上传自动站实时数据。2006年建成了15个乡镇自动雨量站，区域雨量网正式运行。2008年5月20日将1957—2003年的气象记录档案气簿-1、温度、湿度、气压、风向风速、雨量自记纸整理归入黑龙江省气象局档案馆，县气象局只保留5年的气象记录档案。所有的气象记录和有关文件都实现了纸质与电子版同时保存归档。

气象预报　依安县气象局自建站以来一直承担着长期、中期和短期天气预报的制作与发布工作。根据本站的观测资料并参考省、市气象局和有关县的预报资料与信息，制作与发布各种时效的天气预报。短期天气预报主要预报未来24～120小时的天气。2006年开始制作发布未来6小时的短时预报和未来3小时的临近预报。1998年开通本县电视天气预报节目，使气象信息迅速及时地传送到千家万户。1999年安装了气象信息综合分析处理系统（卫星单收站），通过卫星直接接收云图和各种天气图。2001年1月1日开始通过分组交换网接收齐齐哈尔市气象局的指导预报，并编发依安县的城镇天气预报。目前，全县天气预报已经制作到乡镇。

2. 气象服务

公众气象服务 依安县气象局从1960年开始发布天气预报，通过县广播站向公众广播，服务于百姓生活。1989年建立天气预报警报网向各乡镇和粮库发布24小时天气预报和重大天气预报。1998年通过县电视台播报24小时天气预报。1999年建立"121"天气预报自动查询系统，通过电话查询24小时天气预报，未来3天天气趋势预报及各种气象信息。

决策气象服务 依安县境内发生的气象灾害主要有干旱、暴雨、大风、暴雪、寒潮、霜冻等等，如1983年4月29日暴风雪、1998年超百年一遇的特大洪涝灾害等，都给当地农业和经济造成了不可估量的损失。气象部门积极有效地开展气象服务，取得了显著成效。如1986年5月8日寒潮预报、1992年6月5日霜冻气象服务、1998年2场大暴雨的预报，由于及时向县领导汇报，及时采取防范措施，避免重大损失。从1988年开始发布年景分析及各季节性长期预报。从1992年起开展15项农业系列化服务，为县委县政府指导农业生产提供决策依据。2007年开始发布灾害性天气预警信息，为县域经济发展和防灾减灾提供服务。

专业与专项气象服务 1976年起开展人工影响天气工作，现有高炮7门，车载火箭发射架1部。设立7个高炮作业点，火箭流动作业。1999年开展防雷设施检测安装、图纸审核、竣工验收、工程施工等。1998年开展电视天气预报制作，设置9个画面，7片乡镇预报，每天在晚20时、晚21时、早7时3次播放。2005年开展气球庆典服务。2007年开展病虫害防治专项预报。

气象科技服务与技术开发 1985年起开展专业气象有偿服务。1999年起与电信合作开展"121"自动答询业务。1999年开始在电视天气预报上插播广告。2006年起开展手机短信业务。

气象科普宣传 1989年起参加县政府举办的科普之冬活动，进行科技讲座和年景分析。2002年起参加县政府举办的科技大集，现场发放气象科技资料，进行气象知识宣传。2003年起将气象局观测场设为气象科普基地，每年"3·23"世界气象日都邀请中小学生进行参观。2008年建成气象科普长廊，悬挂各种气象科普宣传图版36块。

法规建设与管理

1. 气象法规建设

围绕业务建设和气象服务下发的文件主要有：《依安县人民政府办公室关于印发依安县自动雨量监测网建设实施方案的通知》(依政发〔2006〕51号)、《依安县人民政府办公室关于加快我县气象事业发展的意见》(依政发〔2007〕17号)、《关于加强雷电安全防护管理及防雷电、静电检测的通知》(依政办发〔2003〕25号)，依安县建设局、气象局联合下发的《关于加强建设项目防雷工程管理工作的通知》(依建发〔2005〕3号)等。

2. 社会管理

行业管理 将气象探测环境保护标准到县规划局进行了备案，取得主管部门对探测环境保护的支持。2006 年对联通、移动公司在气象观测场西南角 104 米处违法兴建通讯塔的违法行为成功进行了执法，保护了探测环境。施放氢气球纳入了县政府监管范围。防雷管理纳入了县政府监管范围，每年春季、秋季与安监部门进行防雷安全检查。

政务公开 从 2005 年起开展了政务公开，对内设立公开栏，对外设立公开板。公开板内容包括机构设置及职能，文明单位创建目标，防雷装置检测、收费项目标准，依法行政依据和范围，气象专业服务收费项目标准。公开栏内容包括年度预、决算，工程发包，人事任免，年度计划，重大事项决策，目标管理，职工福利，固定资产状况，气象服务质量等。

党建与气象文化建设

1. 党建工作

支部组织建设情况 支部组织建设不断得到加强，在气象事业发展和服务地方经济建设中发挥模范带头作用。建站之初有党员 2 名，1980—2008 年气象支部共发展 10 名党员。1984 年在两个文明建设中被依安县委评为先进党支部，1985 年被齐齐哈尔市委评为先进党支部，1986 年被依安县委授予先进党支部称号。

党风廉政建设情况 高度重视党风廉政建设工作，建立了党风廉政建设责任制，制定了保持共产党员先进性长效机制，建立了“三会一课”制度、党员民主评议制度、党员联系群众制度、党建目标管理制度、政治学习制度、发展党员规划制度、政务公开制度以及领导廉政承诺制度。

2. 气象文化建设

精神文明建设情况 从 1985 年起历届班子均成立了精神文明创建机构，同时建立了学习制度、岗位练功及业务工作规划、学习和考核制度、测报练功制度、预报练功制度、退休干部管理规划以及文明单位创建规划等。精神文明创建做到了年初有规划、年终有总结。

文明单位创建成效显著。1985 年被齐齐哈尔市委、市政府命名为市级文明单位，1986 年晋升为市级文明单位标兵，1988—2008 年一直保持市级文明标兵单位称号。1987 年被省气象局评为双文明建设标兵单位。2004、2005 连续两年被省气象局评为双文明建设先进单位。

依安县气象局 2008 年建成气象科普长廊

依安县气象局重视气象文化建设，建立了图书阅览室，职工活动室，购置了体育器材。建成了气象科普长廊和青少年科普活动基地，每年接待大量学生参观学习。1989 年至 2008 年，依安县气象局年年参加科普之冬活动，每年发放科普材料 5000 余份。

3. 荣誉

建站以来，依安县气象局获各类集体荣誉 150 余项，其中获市级以上表彰奖励 50 余次。突出的有，1977 年获全国气象系统先进集体，1998 年获省气象局防汛抗洪气象服务先进集体，2003—2005 年连续获省气象局人工增雨防雹工作先进单位，2004—2005 年获省气象局双文明建设先进单位，2007 年被依安县委、县政府评为县域经济发展优质服务单位，2007 年和 2008 年被依安县委、县政府先后评为支农、科普、优质服务等先进单位。1977 年刘忠信参加全国气象系统先进集体表彰大会。1988 年时志亭被齐齐哈尔市委、市政府授予“全市劳动模范”称号。

台站建设

台站综合改造 建站以来，依安县气象局更换办公地址 3 次，分别是 1962 年、1968 年、2006 年。1999 年、2003 年先后对原气象局进行综合改造。随着经济的发展和城市建设步伐的加快，2006 年，气象局探测环境已受到严重影响，经省气象局批准，新站址选定在依安县城北（距原气象局 1000 米）非农田，水资源保护地，占地面积 14000 平方米。

办公条件和生活改善 新站建成后办公条件显著改善。其中业务办公用楼 580 平方米，建设炮库 8 间、仓库 1 间、暖库 2 间，招待所和食堂 3 间，锅炉房和锅炉工休息室 2 间。办公楼设有微机室、男女值班室、仪器室、传达室、资料室、室内卫生间、图书室、活动室、会议室等。全部更换了办公桌椅，购买微机 8 台。迁站时每名职工按优惠价分住宅 1 套（99.81 平方米）。

园区建设 园区建设共分为两块，一块是观测区，观测场采用塑钢围栏，用彩色步道砖铺设甬道 100 延长米。一块是绿化区和办公区，绿化区栽植榆树球 40 株，云杉球 40 株，路灯 10 盏，购买室外健身体育器材 7 件套，在办公区铺设草坪 400 平方米，白色路面 2800 平方米。

1968 年气象局旧站址

2006 年新站址

牡丹江市气象台站概况

牡丹江市地处黑龙江省东南部，现辖6个县(市)4个城区，面积4.06万平方千米，总人口275万。

牡丹江市属中温带大陆性季风气候，年平均气温4.5℃。

极端最高气温为38.4℃(1997年)，极端最低气温为零下38.3℃(1963年)，年平均降水量537.0毫米。

气象工作基本情况

历史沿革 伪满洲国中央观象台曾于1936年、1940年在牡丹江、东宁、八面通建立气象观测站，至1945年停止工作。解放后，牡丹江气象观测站于1948年5月建立，为国家基本气象站，1956年改名为牡丹江气象中心站。曾管理尚志、方正、延寿、虎林、饶河、密山、鸡西、绥芬河、东宁、穆棱、林口、东京城等12个气象站。1985年牡丹江市气象局管辖的气象站有鸡西、绥芬河、东宁、穆棱、林口、海林、宁安、虎林、密山、鸡东。1991年至今牡丹江市气象局管辖绥芬河、宁安、穆棱、林口、海林、东宁6个县(市)气象局。

绥芬河市气象站始建于1952年，为国家基本气象站。穆棱市气象站始建于1956年，宁安市气象站始建于1958年，均为国家一般气象站、国家农业气象一级站。林口气象站始建于1956年，东宁气象站始建于1957年，海林市气象站始建于1966年，均属国家一般气象站。

领导体制 建站至1953年为军队建制。当年8月1日转为地方建制，以省气象局领导为主。1958年以牡丹江专员公署为主领导。1962年起以省气象局为主领导。1970—1973年实行军队为主的双重领导，归牡丹江军分区管理。1973年6月起改由牡丹江专员公署为主领导。1980至今，实行省气象局和地方政府双重领导，以省气象局为主的管理体制。

人员状况 全市气象部门1948年7人，1956年130人，1988年109人。2008年定编为116人，在编人数109人。大专以上学历79人，其中本科46人，中级以上职称59人，其中高级职称4人。

党建与文明创建 全市气象部门有党支部7个，党员44人。牡丹江市气象局每年与各科室和县气象局签订党风廉政责任状，没有出现违法违纪现象。2008年底，全市气象部门共有县级文明单位1个，市级文明单位5个，省级文明单位1个。

主要业务范围

全区有地面气象观测站7个，其中2个国家基本站，5个国家一般站。1个站承担航空危险天气发报任务，向民航发报。区域乡镇自动气象站共96个，其中两要素站95个，四要素站1个。1个国家一级农气站。

国家一般气象站（宁安、林口、海林、穆棱、东宁）的观测项目有云、能见度、天气现象、气压、气温、湿度、风、降水、雪深、日照、小型蒸发、地温等，每天08、14、20时3次定时观测，每天3次拍发加密气象观测报以及重要天气报、气象旬（月）报。

绥芬河国家基本气象站、市局观测站增加冻土、电线积冰、雪深、雪压和E-601B型蒸发器观测。每天进行02、05、08、11、14、17、20、23时8次观测，拍发8次天气报、重要天气报、气象旬（月）报。绥芬河国家基本气象站承担航空报、危险天气报发报任务。

国家一级农气站（宁安、穆棱）观测项目有农作物观测和自然物候观测、土壤湿度观测。

2003年自动站建成，2004—2005年12月进行了平行对比观测，对比观测阶段仍以人工站为主。2006年1月各自动气象站开始单轨运行。

短时天气预报（0～12小时）和短期天气预报（12～72小时）主要面向社会公众，每天通过电视、报纸、广播电台（站）、12121电话、手机气象短信、气象网站、电子显示屏等多种渠道向公众传递天气信息。中期天气预报（预报时效4～10天）和长期天气预报（预报时效10天以上）主要服务于政府有关部门及专业服务用户。随着气象现代化建设的发展，气象卫星综合应用业务系统、卫星云图接收系统、省—市—县气象信息传输系统等各种先进技术的运用，预报准确率提高，天气预报向精细化、个性化方向发展，以不断满足社会各界和广大人民群众的需求。

1977年，牡丹江市开始进行人工增雨防雹作业。宁安、东宁、林口、穆棱、海林等5个县（市）利用“三七”高炮开展防雹作业，共有作业高炮25门，主要布设在烤烟、甜菜等经济作物和粮食主产区。2003年，由市政府及所属各县（市）政府共同出资，购置了5部车载火箭发射装置。

牡丹江市气象局

机构历史沿革

1. 历史沿革

牡丹江市气象观测站始建于1948年5月，位于东经129°36′，北纬44°35′，海拔高度240.3米。1949年1月1日正式观测记录，5月1日开始编发天气报。后改名为东北军区司令部气象处松江省牡丹江气象台，管辖鸡西气象站、佳木斯气象站及牡丹江海浪机场气象站。1956年改名为牡丹江气象中心站，管辖12个气象站。1958年7月1日搬迁至牡丹江市西三条路立新街，改为牡丹江市气象台后称地区气象台，观测场位于东经129°36′，北纬44°34′，海拔高度是241.4米。1982年经上级批准，成立牡丹江市气象局，实行局台合一。1999年市气象局迁至西三条路立新街海浪路67号，距原址500米处，2003年建成新一代多普勒天气雷达楼，市气象局业务平台整体搬迁到新址办公楼，地址在牡丹江市爱民区东新荣街33号。观测站仍在原址工作。

2. 建制及人员情况

领导体制和机构设置 1949年牡丹江观测站由东北军区司令部气象处领导，1951年松江省军事部气象科领导。1953年8月起由松江省人民政府财委领导。1954年起以省气象局为主领导。1958年起以牡丹江专员公署领导为主。1962—1968年以省气象局为主领导。1968—1970年改以地方政府为主领导。1970—1973年以军队为主领导，由派军代表进驻管理日常工作。1973年7月起由牡丹江专员公署为主领导。1980至今，实行省气象局和地方政府双重领导，以省气象局为主的管理体制。

牡丹江市气象局现内设综合办公室、业务科技科、计划财务审计科3个职能科室，直属气象台、信息技术中心、科技服务中心、后勤服务中心4个事业单位。牡丹江气象观测站由市气象局直接管理。经牡丹江市人民政府有关部门批准，牡丹江市气象局成立并管理2个地方气象机构（防雷办、人影办）。

人员状况 1948年建站时，只有2人，后增至7人。现有在职人数61人，其中研究生2人、大学本科31人、大学专科16人、中专5人，中共党员25人，高级专业技术人员4人、中级专业技术人员37人、初级专业技术人员14人，年龄50岁以上9人、40～49岁22人、40岁以下24人。

名称及主要负责人变更情况

单位名称	姓名	职务	任职时间
牡丹江气象观测站	梁成山	站主任	1948年—1955年
松江省牡丹江气象台	王秋石	站长	1950年—1951年
牡丹江气象中心站	薛耿发	站长	1955年—1958年
牡丹江市气象台	杜继康	站长	1958年3月—1958年7月
牡丹江地区气象台	丁风举	台长	1958年—1961年
	张子珂	台长	1962年—1969年
工宣队	孟庆志	队长	1969年—1970年
军分区军事接管委员会	李　晶	台长	1970年—1972年
牡丹江地区气象台	张子珂	台长	1972年—1976年
	丁风举	台长	1976年—1982年5月7日
牡丹江市气象局	李明俊	副局长	1983年—1984年（主持工作）
	陆　选	局长党组书记	1984年5月—2000年1月
	陈玉军	副局长（主持工作）	2000年1月—2000年11月
	陈玉军	局长党组书记	2000年11月10日—

气象业务与服务

1. 气象业务

气象观测 1949年牡丹江气象观测站，由4次观测增至8次，并开始拍发气象电报。观测项目有：云、能见度、天气现象、气温、湿度、地面温度、曲管地温、直管地温、降水、蒸发、气压、风、雪压、雪深、电线积冰、日照、冻土。编发气象旬(月)报和雨情报。1952年增加了高空测风观测，每天08时、20时2次进行小球测风观测，1988年1月停止观测。1957年向哈民航增发预约航危报，1962年增报年报表，1982年装备了遥测雨量计。1986年后PC-1500系列、"苹果"系列、"IBM"系列等微机进入测报工作中。1988年2月上报气表改为机制气表。2003年自动站建成，2004—2005年12月进行了平行对比观测，对比观测阶段仍以人工站为主。2004年7月开始紫外线观测，2005年6月闪电定位仪建立，并试运行。2006年1月自动气象站开始单轨运行，2006年起每年6月1日至8月31日，加发汛期雨情报。2008年5月31日20时起停止人工观测仪器的温度计、湿度计、气压计和EL型风向风速计的记录器、遥测雨量计。虹吸雨量计继续使用，以便自动站在缺测时用该记录代替。全市基层台站的气象资料按时按规定上交到省气象局档案馆。

气象信息网络 1958年10月成立牡丹江地区气象台，建立了无线电通讯业务，人工莫尔斯抄收气象电报，地面观测编发等电报通过邮电局转发。到20世纪70年代，牡丹江地区的气象通信工作飞快发展。1974年10月起采用有线电传自动接收气象资料，取代莫尔斯收报。1975年5月增设气象卫星云图接收机。1978年配备了气象图片传真机设备，每天收集我国和日本、欧洲等国的气象信息和资料，1980年无线DCY电传机单边带开始工作。1989年前后，全区台站实现M7高频电话通信，用于会商天气和业务联系。1987年单板机自动处理接收气象资料由自动填图代替人工填图。20世纪90年代初，由原来的用电传收发电报改为由计算机网络通信。1993年人工气表审核被计算机制气表审核制作所代替。1997年，完成了VSAT小站建设，通信速率和信息量大幅度增加，各科室之间形成卫星电话通信。

2000年建成2兆光纤宽带网组，取代分组数据交换网，通信速率进一步提高。2004年建成牡丹江新一代天气雷达基地，于2005年8月18日建成投入试运行。2005年，市气象局建成风云二号静止卫星数据接收处理系统。"121"市—县统一平台暨牡丹江农业气象110呼叫中心正式开通运行。2006年5月全市完成可视化会商系统，实现了省市县三级台站可视化天气会商。2006年7月自动雨量网建设全面开展，进入乡镇，及时反馈当地的雨情，提高了预报服务能力。

气象预报 气象预报包括短时天气预报、短期天气预报、中期天气预报和短期气候预测。

短时天气预报。2005年8月新一代多普勒天气雷达投入正式运行，利用天气雷达、卫星云图资料和自动气象站的观测记录对雷电、暴雨、冰雹等灾害性天气信息作出临近预报或警报。短时预报视气象灾害影响程度或服务需要，不定时制作发布。

短期天气预报。1985年建立711天气雷达，其探测资料开始用于短期天气预报。1988年起制作市区及6个县(市)短期天气预报。1997—1998年，市气象局组织课题攻关组开发和研制出了先进的 MICAPS 预报业务应用软件系统和重大关键性天气预报方法，建立了新的天气预报一体化业务流程，预报实时业务实现了无纸化运行，进一步完善了以人机交互系统制作本地各种预报产品的专家系统，并在全省气象部门交流、推广。1993 年以后，随着 Novell 网、PC-VSAT 卫星地面接收站、可视化会商系统的应用，短期预报准确率稳步提高。近几年已开始发布精细化乡镇天气预报。

中期天气预报。20 世纪 70 年代中期开始制作旬天气预报。20 世纪 80 年代中期，随着数值预报产品的应用，预报人员运用数值预报对形势的分析，结合本地气象资料、短期天气形势、天气过程的周期变化等制作中期天气预报。

短期气候预测。与中期天气预报业务同步开展。预报种类有月预报、季预报、年预报以及汛期预报、春防、秋防、春播生产等专题预报。20 世纪 80 年代末，运用数理统计和韵律等相结合的方法；20 世纪 90 年代中期引进了预报模式，根据当地的具体情况建立并完善了数据预报指标库、预报方法，20 世纪 90 年代末至今，运用数理统计、天气学、动力学等方法，随着数值天气预报产品内容的增多，短期气候预测准确率有了提高。

1997 年之前，对县站的指导预报通过电话的方式进行。1998 年起，通过局域网以网络信息、甚高频电话和电话相结合的方式对县站进行指导。2006 年可视化会商系统建成后，对县站的指导预报有了明显加强。

2. 气象服务

公众气象服务　1971 年以前，公众气象服务的服务方式主要是利用电话开展天气预报咨询。1971 年起，通过牡丹江广播电台和牡丹江日报向社会刊播短期天气预报。1985 年起，牡丹江电视台每天定时播发全市天气预报。1989 年 8 月起，黑龙江人民广播电台向社会播发牡丹江市天气预报。1991 年，开通了“121”气象预报自动答询业务；2005 年 3 月，“121”升位到“12121”。1993 年起，市气象局开始制作电视天气预报节目，增播各旅游景点天气预报。2001 年 7 月 1 日，牡丹江市天气预报在中央电视台全国旅游城市天气预报节目播发，2002 年初，又在中央人民广播台第一套节目全国旅游城市天气预报节目中播发。2001 年 11 月起，公众可通过定制手机气象短信的方式查询牡丹江天气预报。2005 年 8 月起，建立了预警信号发布流程，经市委宣传部批复后，开始通过电视等媒体向社会发布气象灾害预警信号。

决策气象服务　1989 年前，决策气象服务主要以用书面形式为主，内容是旬、月、季、年的天气预报、情报，为市政府及有关部门安排生产和防御气象灾害提供气象服务。1990 年开始，开展了农业、防火、防汛系列化服务。2003 年，修订和完善了《牡丹江市气象局决策服务周年方案》，使气象决策服务工作进一步专业化、系列化和规范化。2005 年 5 月，开始通过手机短信的形式向市委、市政府及有关部门的领导发布气象灾害预警信息。2006 年 6 月起，“气象决策服务系统”投入使用。多年来，决策气象服务在防灾减灾中发挥了重要作用。如 2007 年，准确地预报了 3 月 4—5 日的暴雪、7 月 7 日穆棱市大暴雨天气过程、8 月 16 日全国木博会暨同一首歌—走进牡丹江晚会的天气预报，及时启动应急预案，进入紧急状态，加强监测、会商，加密发布天气预报预警信息，及时准确向各级部门和公众服务，为防暴雪、防洪抢险胜利提供了重要信息。

专业与专项气象服务 20世纪80年代初开始开展专业气象服务工作。1986年成立气象服务科，先后开展几十种专业性预报。1987年开始建立气象警报网，向企事业单位等用户，传送天气预报等信息。

1977年，牡丹江市开始进行人工增雨防雹作业。目前主要在宁安、东宁、林口、穆棱、海林等5个县(市)开展。

气象科技服务与技术开发 1989年开始建设气象信息自动答询系统(即"121"系统)，开始采用录音机播放方式。1991年开始借助邮电局168信息服务系统对外开展语音气象服务。1998年引进了"121"气象信息自动答询系统(当为8路模拟系统)，2000年完成了市气象局"121"系统的数字化改造，引进了一号信令三十路数字系统。2003年4月份引进了七号信令60路气象信息自动答询系统。2005年2月21日成功开通了牡丹江"12121"市县一体化平台，取消了各县(市)气象局的"121"平台。2006年4月份"12121"系统又进行了一次大规模升级，开通了"12121"包月和语音气象短信两项业务。

2003年市气象局开通了联通气象短信业务，2004年又开通了移动气象短信业务。2005年在省气象局的统一安排下开始通过哈尔滨市气象局的平台给牡丹江地区的联通和移动用户发送气象短信。到2006年时累计发展了8万用户。2006年春季，市气象局和6个县气象局先后建立了应急气象短信发布平台。2007年与市农委合作利用中国移动的农村信息机在农村气象灾害预警发布"最后一千米"问题上取得了突破性成果，获得了2007年度全省气象部门特殊贡献一等奖。2008年又开通了小灵通文字气象短信业务。

2000年开始研制开发气象终端服务系统。几年里共开发了3套系统，发展了10余个终端用户，把各种最新的气象信息每天不间断地送达到终端用户。2001年市气象局建设了牡丹江农业经济信息网。10月开始筹建网上气象台，2002年1月网站正式开通。1995年正式成立广告公司，投入电视节目编录设备，自己制作节目，开展广告经营业务。2003年建立演播室，电视天气预报由主持人播讲。到2005年气象电视节目发展到6套。2007年至今实现节目宽带传输。

气象科普宣传 采取多种形式开展世界气象日宣传活动。每年都以市长讲话的形式在报纸上发表纪念世界气象日文章，组织职工在市区设置宣传台，散发宣传材料。组织报社、电视台记者采访气象台台长，宣传世界气象日主题，气象台、观测站对市民开放。每年还组织科技人员参加农民节、农民科技大集、科技活动周活动，普及气象知识。

法规建设与管理

气象法规建设 2005年2月成立政策法规科。2006年牡丹江市人民政府下发了《关于加强全市雷电防护安全工作的通知》(牡政防雷字〔2006〕1号)，2008年与安监局联合下发了《关于加强全市雷电防护安全工作的通知》(牡政防雷发〔2008〕1号)，《关于进一步加强防雷电安全工作的紧急通知》(牡政防雷发〔2008〕2号)，与教育局联合下发《关于做好中小学校防雷安全工作的通知》(牡教联发〔2008〕2号)等文件。

探测环境保护 与当地建设规划部门建立了相关的备案制度。2007年，市政府及各县(市)政府相继下发了《关于加强气象探测环境保护工作的通知》，对加强气象探测环境保护工作提出了具体而明确的要求。同年，市气象局作为市城乡规划审批管理委员会成员单位之一，主要负责气候影响评价、气象探测环境保护等工作。为改善气象探测环境，通过执法、协商，较好地解决了东宁、绥芬河、海林站迁移问题。

气象行业管理 牡丹江市地区有8个林业局气象站、23个林场气象哨。全部林业气象站实现了计算机制作气表，并有7个安装了与牡丹江市气象台联网的网络终端，进行了资料汇交，随时接收各种气象资料和信息，提高了业务能力。市气象局加强了气象行业管理工作。每年都举办林业气象人员培训班，提高气象专业技能。每年都对林业气象站的工作进行联合检查。

1998年底成立牡丹江市人民政府防雷设施监测站，负责全市防雷检测工作。2001年更名为牡丹江市雷电防护中心，同年获市机构编制委员会批复(牡编发〔2001〕20号)。2001年成立牡丹江华云防雷工程有限责任公司，获得全省首批防雷工程乙级设计、施工资质。自1999年起连续11年与市安全生产监督管理局联合下发全市防雷安全工作通知，并多次与公安局、教育局、建设局等相关部门下发防雷安全工作文件，2次以政府办公室名义下发防雷安全工作文件，3次召开市政府会议，以政府会议纪要方式规范防雷安全工作。

2004年气象局进入市政府行政审批中心。系留、无人驾驶自由气球施放活动、施放气球单位资质认定、防雷装置使用许可、防雷装置设计审核和竣工验收、公共媒体传播气象信息登记等6项行政许可项目实行社会管理。2001年起，市气象局被列为市政府安全委员会成员单位。

政务公开 自2001年，开展局务公开工作。2004年制定了《牡丹江市气象局政务公开工作实施方案》，建立了组织机构、规定公开内容、时间、方法；2007年制定了《牡丹江市气象局机关局务公开实施办法》，进一步提高了机关管理和服务水平。

党建与气象文化建设

1. 党建工作

党组织建设 牡丹江市气象局党支部成立于1958年，局党组成立于1974年。近几年每年发展1～2名党员，现有党员48人，其中在职党员24人，离退休党员24人。1987年4月成立牡丹江市气象局党组纪检组。

党风廉政建设 坚持围绕气象事业的发展大局，从教育、制度、监督几个方面全面加强党风廉政建设和反腐败工作。建立了党建工作系列制度，每年都开展不同主题的党风廉政宣传教育月活动，构筑了党员干部的思想道德防线。通过加强反腐倡廉制度建设，加强了对权利运行的监督，确保权利的正确行使，为全市气象事业的健康发展提供了政治保障。2004年、2006年、2008年被市直机关工委评为“党风廉政建设先进集体”。近些年加大了反腐倡廉宣传力度。采取征集反腐倡廉建设作品、廉政漫画展览、在宣传板、宣传栏中建立廉政专栏、在办公楼电子大屏幕中每天定时滚动播出廉政格言警句、科级以上干部用廉政警句设置为电脑的屏幕保护、设计廉政桌面、重大节假日发送廉政短信，和组织党员干部参加反腐倡廉建设知识竞赛等多种形式，大力营造“以廉为美、以廉为乐、以廉为荣、以贪为耻”尊廉崇洁的氛围。

2. 气象文化建设

精神文明建设 先后制定了《牡丹江市气象局创建"文明科室、文明职工"活动方案及考评办法》、《牡丹江市气象局文明科室标准、文明职工标准》、《政治理论学习制度》、《文明办公守则》、《窗口单位规范化服务标准》。组织开展了"满意在基层，争做好公仆"、"四好三优一满意"、"创建学习型组织，争做知识型职工"、"靓化工程"活动。凝炼出"严谨求实，无私奉献，团结协作，争创一流"气象人精神。2004 年重新修订了《牡丹江市气象局关于职工参加继续教育的规定》，利用"冬训"集中时间进行岗位培训。从 2006 年开始先后与江苏盐城、扬州、吉林松原等多个地市气象局结为共建友好单位，进行对口交流。改善职工生活条件，作为文明建设内容之一。先后为 30 多户职工解决了住房，解决了职工上下班通勤车和午餐、午休问题，为 70 岁以上的离退休职工办理了免费乘车卡，每年组织离退休和在职职工体检，安排职工到外地疗养，职工的婚丧嫁娶、生病住院，局领导都前往探望和慰问。

文明单位创建情况 1988 年被评为市级文明单位，2000 年被评为市级文明单位标兵，2006 年被评为省级文明单位，2008 年被评为省级文明单位标兵。2005 年被中国气象局授予"全国气象部门局务公开工作先进单位"荣誉称号，2008 年被中国气象局授予"全国气象部门文明台站标兵"荣誉称号。

文体活动情况 每年举办春节联欢会、迎新春卡拉 OK 歌曲大赛活动。2004 年获市直机关职工庆祝建国 55 周年文艺汇演优秀组织奖，2005 年获首届全省气象人精神演讲个人比赛二等奖。2006 年，获市直机关工委廉政歌曲演唱比赛优秀组织奖。

2004 年获黑龙江省气象部门首届职工乒乓球比赛男子团体第一名；2004—2008 年获市直机关职工乒乓球比赛优秀组织奖和团体前六名奖励。

3. 荣誉

集体荣誉 1991 年获国家、省、市政府"抗洪抢险"先进单位称号。2001—2004 年被省气象局评为气象部门"双文明"建设先进单位标兵和地(市)局目标管理优秀达标单位。2001 年被牡丹江市政府授予安全生产管理优秀奖，2003 年、2004 年度被牡丹江市政府评为安全工作先进集体，被市委、市政府授予驻牡优秀中省直单位。2003 年、2005 年被省气象局授予审计工作先进单位，2007 年全国被中国气象局评为气象科技服务先进集体，2008 年 1 月获重大气象服务奖。

个人荣誉 1987 年陆选获全省模范工作者称号。2002 年陈玉军获全省气象部门劳动模范称号。伏建霞、祝健为牡丹江市政府劳模。王敏华、邢丽艳获牡丹江市"三八红旗手"。

台站建设

1949 年 1 月牡丹江市气象站用房(400 多平方米)为日伪时期遗留下来的房产。1958 年 4 月筹建牡丹江市气象台，面积 280 平方米，站址座落于牡丹江市海浪路 67 号。1973 年在气象局大院内新建办公楼建筑面积 1057 平方米。1979 年在原办公楼北侧新接 360 平方米办公用房，并在 2000 年和 2009 年进行了 2 次内部装修改造，办公条件有所改善。1999 年新建办公楼建筑面积 2100 平方米，2003 年建成新一代多普勒天气雷达楼 4400 平方米，楼内设有健身活动场所、乒乓球和台球室（各类体育健身器材上百件）、高级音响设备、爱国主义教育基地、阅览室等。各办公室配备了电脑、电风扇、饮水机，楼内外摆放盆景和花盆花坛，更换了办公桌椅等办公设备，购置了大屏幕投影仪、电子触摸屏等，该雷达办公楼成为当地的标志型建筑。基础设施的综合改造，使办公条件和环境得到了根本改善，气象部门的社会地位和形象明显提高。

1986 年起职工家属区改造了上下水管道并入市政大网，整修硬化了 2000 多平方米道路，为职工居住的楼道安装了防盗门，改造了大院围墙 300 多延长米。庭院大门改造成自动伸缩门，院内的房盖全部更换成新型防水材料彩钢瓦，墙体进行了粉刷。在庭院内修建了草坪、花坛和榆树墙，栽种了垂扬柳等树木，设有健身活动场地及各种健身器材。

1958 年牡丹江市气象局

2005 年牡丹江市气象局多普勒雷达业务楼

东宁县气象局

东宁县建于 1913 年，地处黑龙江省东南边陲，东与俄罗斯接壤，南与吉林省珲春市、汪清县毗邻，总面积 7139 平方千米。年平均气温 5.5℃，≥10℃积温为 2915.9℃·日，年平均降水量为 494.8 毫米。

机构历史沿革

1. 历史沿革

1936 年伪满洲国时期，日本帝国主义为了侵华战争需要，曾在东宁建立气象观测站，直至 1945 年。现在的东宁县气象站建于 1957 年，创建时称为东宁气候站，观测场位于东经 131°11′，北纬 44°06′，海拔高度 116.6 米。2000 年 11 月由于办公地点变化观测场搬至东宁县万鹿沟村，观测场位于东经 131°08′，北纬 44°05′，海拔高度 148.6 米。

2. 建制情况

领导体制与机构设置 1957年，建站时实行以气象部门为主的领导体制。1958—1962年转为地方政府建制。1963—1968年以省气象局为主领导。1968年又转为地方政府建制。1971—1973年以军队领导为主．1973—1979年改以地方政府领导为主。1980年起实行以气象部门为主的双重领导体制，改称东宁县气象局。

人员状况 建站时人员编制为3人，其中2人为初中学历，1人为中专学历。现有在职、退休职工17人，其中在职8人，年龄在25～45岁之间，学历均在大专以上，其中，本科4人，工程师1人，朝鲜族2人。

名称及主要负责人变更情况

名称	时间	主要负责人
黑龙江省东宁气候站 (1957.11—1958.9) 黑龙江省东宁气象水文中心站 (1958.9—1962.9) 黑龙江省东宁气象站 (1962.9—1965.11)	1957.9—1965.11	杨文举　负责人
黑龙江省东宁气象站	1965.11—1981.11	冯传明　站长
黑龙江省东宁气象站	1981.11—1990.4	徐林彦　副站长(主持工作)
黑龙江省东宁气象站	1990.4—1990.12	傅志杰　站长
黑龙江省东宁气象局	1990.12—1994.11	傅志杰　局长
黑龙江省东宁气象局	1994.11—1999.8	刘　琳　局长
黑龙江省东宁气象局	1999.8—2000.8	金秀东　副局长(主持工作)
黑龙江省东宁气象局	2000.8—	金秀东　局长

气象业务与服务

1. 气象业务

地面气象观测 建站时，每天02、08、14、20时4次观测，夜间不守班。观测项目有气温、湿度、云状、云量，能见度、积雪、降水、天气现象、风向、风速等。1958年增加蒸发、地面温度、曲管温度观测、虹吸式和翻斗式雨量自记观测。1960年4月开展40、80、160、320厘米深层地温观测。1960年11月由每日4次观测改为3次定时观测。从1962年起报送月、年报表。1971年开始夜间守班，并增加02时观测。1974年1月1日改为夜间不守班。1980年取消深层地温及冻土观测。

1983年开始拍发旬月报、雨情报和重要天气报。1994年开展机制报表业务，使用AHDM业务软件。2001年4月1日开始增加拍发天气加密报，时次为08、14、20时。2004年11月建成DYYZ-Ⅱ型自动气象观测站，实行人工、自动双轨观测业务，2006年1月开始自动站单轨运行，停止人工手抄报表，全部实现自动化业务。2007年增加重要天气报影响能见度天气及雷暴等不定时发报。2008 年取消压、温、湿、风自记观测项目。

气象信息网络 在 2001 年以前，气象电报均为人工编报，通过电话传报给邮电局转发。2001 年 3 月开始启用分组数据交换网，传递气象电报和各种信息，2005 年改用宽带网，每小时向省气象网络中心上传自动站实时数据。2005—2006 年建成了 12 个乡镇雨量、温度自动监测站，区域雨量网正式运行。2008 年 5 月将 1957—2003 年的气象记录档案气簿-1、温度、湿度、气压、风向风速、雨量自记纸整理归入黑龙江省气象局档案馆，县气象局只保留 5 年的气象记录档案。所有的气象记录和有关文件都实现了纸质与电子版同时保存归档。

气象预报 自建站以来一直承担着长期、中期和短期天气预报的制作与发布业务。初期收听省台播发的天气形势及预报结合本站资料和方法制作补充订正预报。1985 年后，采用“123”传真机接收上级气象台播发的预报图表，结合本站方法制作与发布天气预报。1997 年开始制作各乡镇的短期预报。1999 年建成卫星单收站，通过卫星直接接收云图和各种天气图，预报信息量大幅度增加。2001 年 1 月开始通过分组交换网接收牡丹江市气象台的指导预报。2006 年后，先后建立了市县台站及与省台的可视化天气会商系统，以及新一代天气雷达实时信息共享系统，开始制作发布未来 6 小时的短时预报和未来 3 小时的临近预报。气象预报准确率明显提高。

2. 气象服务

公众气象服务 1957 年通过县广播站为公众提供天气预报。1989 年建立气象警报系统，在各乡镇、村屯设置警报接收机 100 个，通过警报接收机每天 2 次发布天气预报和重要天气情报。

1998 年 9 月自建电视天气预报制作系统，通过电视台播发乡镇预报。同年底开通模拟信号天气自动答询系统，公众通过电话查询 24 小时天气预报和未来三天天气趋势预报及各种气象信息。2006 年建立短信群发平台，及时向各级领导和相关部门发送短时临近灾害性天气信息。

决策气象服务 东宁县气象灾害主要有干旱、暴雨、大风、暴雪、寒潮、霜冻等。在决策服务中以防灾减灾为重点，在每年的春秋两季防火期、夏季防汛期及主要的农事季节，都以服务材料、当面和电话汇报等形式向各级领导及相关部门提供决策服务。目前决策服务产品主要有火险预报、汛期预报、旱涝分析、第一场透雨预报、作物播种及生长季天气分析、病虫害预报、灾害性和转折性天气预报、年景分析、产量预报等。

专业与专项气象服务 从 1978 年起开展人工增雨防雹等工作。现有”三七”高炮 5 门，增雨火箭架 4 部，火箭发射车 1 台，其中 1997 年购置 2 门高炮，2003 年增设 1 门高炮和 1 部火箭发射架，2004 年新购 1 门高炮，2006 年购置 3 部火箭发射架，在抗旱防雹服务中发挥了积极作用。1999 年起开展防雷设施检测、图纸审核、竣工验收、工程施工等。

气象科技服务与技术开发 1988 年起开展专业气象有偿服务。1998 年起与电信合作开展“121”自动答询业务。1997 年开始在电视天气预报上插播广告。2006 年起开展手机短信业务。

气象科普宣传 每年利用“3・23”世界气象日、地方科技大集、安全日等活动，走上街头，深入农村，宣传气象法律法规、气象知识、防灾减灾知识等，向群众发放传单累计10万余份，发放东宁县气象服务应用手册3000余本。每年定期举行气象站开放活动，接待群众及中小学生参观，并向他们普及气象科学知识。

法规建设与管理

1. 气象法规建设

1999年县政府下发了《关于落实黑龙江省人民政府办公厅加强雷电防护设施安全管理工作的通知》。2000年与公安局联合下发《关于加强计算机信息网络系统(场站地)雷电防护工作的通知》。同年与建设局联合下发《关于加强新建建(构)筑物防雷设施监测的通知》。2004—2008年每年都与安全生产监督管理局联合下发《关于加强雷电防护安全工作的通知》。

2. 社会管理

行业管理 2003年将气象探测环境保护标准到县规划局进行了备案，形成了专项规划，取得建设主管部门对探测环境保护的支持。施放气球纳入了执法监管范围，认真执行施放气球管理办法，加大了执法力度。防雷管理纳入了县政府监管范围，每年春季、秋季与安监、建设等部门进行防雷安全联合检查，共检查80多个单位，整改了一些不合格单位。

政务公开 对气象行政审批办事程序、气象服务内容、承诺、行政执法依据、服务收费依据标准等，采取户外公示栏，政府网站等方式向社会公开。对于干部任用、财务收支、目标考核、基础设施建设、工程招投标等采取职工大会、公示栏等方式向职工公开。每半年在局内公示一次财务状况。年底对全年收支、职工奖金福利发放、领导干部待遇、劳保、住房公积金等向职工详细说明。

党建与气象文化建设

1. 党建工作

支部组织建设情况 1992年气象站成立党支部，隶属于县直机关党委，现有党员8人，其中在职党员4人，退休党员4人。支部紧紧抓住培训教育、强化管理、发挥作用三个环节，不断加强和改进党员教育，坚持政治理论学习，保证一年不少于100小时的集体学习时间。近年来先后开展了学习“八荣八耻”、围绕十七大精神开展解放思想、深入学习实践科学发展观等活动。党支部定期召开民主生活会，开展民主评议党员活动。注重发挥党支部的战斗堡垒和党员的模范带头作用，带动群众完成各项工作任务。金秀东、修俊梅多次获得县直机关“优秀党员”荣誉称号。

党风廉政建设情况 高度重视党风廉政建设工作，建立了党风廉政建设责任制，制定了保持共产党员先进性长效机制，建立了“三会一课”制度、党员民主评议制度、党员联系群众制度、党建目标管理制度、政务公开制度以及领导廉政承诺制度。多年来，全局干部群众无一例违法违纪行为。

2. 气象文化建设

历届领导班子均高度重视气象文化和精神文明创建工作，坚持引导职工发扬爱岗敬业、无私奉献、艰苦奋斗、争创一流精神，精神文明创建做到了年初有规划、年终有总结。为创建文明单位，建立健全了政治业务、学习和考核制度、练功等制度，形成浓厚的文明创建氛围。

东宁县气象局重视职工文化生活，积极组织职工参加地方和上级部门组织的文体活动，同时建立了图书阅览室，职工活动室，购置了部分健身器材，为职工文体生活创造条件。

3. 荣誉

集体荣誉 1977年黑龙江省气象部门学大寨先进集体。1977年牡丹江地区学大寨气象标兵。1977年牡丹江地区科学试验先进集体。1978年黑龙江省气象系统气象红旗。1978年黑龙江省农业学大寨先进集体。1978年牡丹江地区学大寨先进集体。1978年全国气象部门学大寨学大庆先进单位。2000年牡丹江市文明单位。2002年牡丹江市文明单位标兵。2002年为农服务先进单位。2004年县支农先进单位。2004年县抗洪救灾先进单位。2005年牡丹江市文明单位标兵。

个人荣誉 1人被东宁县人民政府评为科技先进工作者称号，多人次被东宁县人民政府评为农业先进工作者称号。

台站建设

台站综合改造 始建时有平房240平方米，作为办公室使用。1993年投资20万元，翻修扩建为500平方米二层办公楼，办公条件明显改善。2000年迁站后，在进城公路旁新建450平方米办公楼一座，仓库1间、锅炉房1间。办公楼设有微机室、值班室、仪器室、传达室、资料室、室内卫生间、图书室、活动室、会议室等。全部更换了办公桌椅，购买微机6台。

园区建设 园区建设共分为两块，一块是观测区，观测场采用铁栅栏，用鸡刨石砖铺设甬道100延长米；一块是绿化区和办公区，绿化区修建了300平方米的葡萄园，围墙四周栽植果树40余棵，改善了职工工作和生活环境。通过综合改造，使东宁气象局面貌焕然一新。

1971年气象局旧址

1993年气象局办公楼

现在的气象局办公楼

海林市气象局

海林市位于黑龙江省东南部，素有“中国雪乡”之称。自然资源富集，生态环境优良，文化底蕴深厚。海林属中温带大陆性季风气候，在复杂地形影响下，冬季漫长寒冷干燥，夏季高温多雨，春季短促，气候多变。

机构历史沿革

1. 历史沿革

海林气象站于1966年春季开始建设，位于海林县海林镇斗银河东，北纬44°35′，东经129°24′，海拔高度260.8米。同年9月1日正式投入使用并开始观测工作，属国家一般气象站。随着城市建设的发展，气象观测环境恶化，2005年7月省气象局同意海林气象局整体搬迁，并与市政府达成搬迁协议，同年8月开始建设新站，2006年9月30日20时正式进行了新旧站业务切换，迁站工作圆满完成。新站址位于海林市经济开发区北平街北侧，北纬44°36′，东经129°24′，海拔高度292.1米。

2. 建制情况

领导体制与机构设置 1966年建站以后至1971年，领导体制变动，2次以气象部门为主，2次以地方政府为主领导。1971—1973年6月改为军队为主管理。1973—1979年以县政府领导为主，更名为海林县气象科。从1980年开始改名为海林县气象局，实行以气象部门为主的双重领导体制。1992年10月18日海林撤县建市，更名为海林市气象局，内设测报股、预报股、气象科技服务中心。目前海林市气象局下设测报股、预报股、气象科技服务中心、防雷设施检测站、人工影响天气办公室。

人员状况 1966年建站初期只有2人，其中党员1人。至20世纪80年代末，共有气象职工9人，其中，朝鲜族3人，大学学历1人、中专学历6人，党员1人，中级专业技术人员 3 人、初级专业技术人员 6 人。

2008 年底，气象局在职职工 7 人，其中，朝鲜族 2 人，党员 1 人、预备党员 1 人，大学以上学历 2 人、大专学历 2 人、中专学历 1 人，中级专业技术人员 2 人、初级专业技术人员 3 人，年龄 50 岁以上 2 人，40～49 岁 1 人，40 岁以下 4 人。

主要负责人变更情况

职务	姓名	任职时间
站长	徐建文	(1966.06—1971.04)
站长	王康宣	(1971.04—1983.05)
局长	徐建文	(1983.05—1991.09)
局长	金正浩	(1991.09—1995.04)
局长	杜大梁	(1995.04—2007.12)
局长	张　辉	(2007.12—　　　)

气象业务与服务

1. 气象业务

气象观测　1966 年 9 月 1 日起，每天采用北京时 02、08、14、20 时进行 4 次观测，观测项目有云、能见度、天气现象、气压、气温、湿度、风向风速、降水、雪深、日照、蒸发、地温等。从 1985 年 7 月 1 开始改为每天 08、14、20 时 3 次观测，夜间不守班。2003 年 10 月 16 日，完成自动气象站的安装调试工作并开始试运行，自动气象站数据定时向省气象网络中心上传。2004 年开始自动气象站与人工气象站双轨运行平行观测。2005 年开始以自动站数据进行编发电报。2006 年自动气象站进入单轨运行。2005 年在 9 个乡镇建立雨量、温度自动监测站，区域雨量网开始运行。2006 年又在防汛重点村屯建成 10 个两要素自动监测站，进一步提高了气象监测能力。

在拍发气象电报上，1983 年开始拍发旬月报、雨情报，每年 4 月 1 日—10 月 15 日 05 时报，10 月 16 日—次年 5 月 31 日 08 时报重要天气报等，不定时拍发。气象电报传递方式主要通过邮电局传递，2001 年 4 月 1 日开始增加拍发天气加密报，时次 08、14、20 时，通过局域网上传至省气象局，2008 年取消压、温、湿、风自记观测项目，2007 年执行新规范，增加重要天气报影响能见度天气及雷暴等不定时发报。

气象信息网络　在 2001 年以前，气象电报都是人工编报，通过电话传报给邮电局转发。2001 年 3 月 1 日，开始启用分组数据交换网，传递气象电报和各种信息。2003 年通过宽带网络，每小时向省气象网络中心上传自动站实时数据。2004 年通信网络改造，实现了 2 兆光纤传输，大大提高了气象资料传输速度。2005 年开始应用网络移动信息平台向社会发布预警信息，同年建成了与市台及周边县站的可视化会商系统。2006 升级为全国可视会商网。2008 年 5 月将 1966—2003 年的气象记录档案气簿-1，温度、湿度、气压、风向风速、雨量自记纸，农气簿-2 整理归入黑龙江省气象局档案馆，县气象局只保留 5 年的气象记录档案。所有的气象记录和有关文件都实现了纸质与电子版同时保存归档。

气象预报 自建站以来一直承担着长期、中期和短期天气预报的制作与发布业务。建站至 20 世纪 80 年代初,因条件限制,根据不多的预报工具和天气学的基本理论,制作补充天气预报,预报能力非常有限。1983 年装配了气象图片传真接收机,接收天气图、卫星云图及数值预报等气象信息和图表,结合本站资料并参考省、市台和有关县的预报信息,制作与发布各种时效的天气预报。

进入 21 世纪之后,引进了新设备以及现代天气预报学理论,结合国家、省、市气象台指导预报,提高了预报准确率和时效性。2000 年地面卫星单收站建成,2005 年实现了天气雷达信息共享,使短时、短期、中短期天气预报和灾害性天气预报的准确率有了明显提高。2006 年开始制作发布未来 6 小时的短时预报和未来 3 小时的临近预报。目前,全市短期天气预报已经制作到乡镇。

2. 气象服务

公共气象服务 从 20 世纪 70 年代初开始通过县广播站向公众广播天气预报,服务于生产生活。1980 年后公益服务主要以电话通知、印发预报材料,县广播局广播等方式为有关领导、单位和群众提供气象服务。1989 年建成气象警报系统,在各乡镇、村屯设置警报接收机,气象局每天早 8 时、晚 16 时向广大用户进行天气广播。1998 年通过县电视台播报天气预报。同年底开通"121"天气预报自动答询系统,通过电话答询 24 小时天气预报,未来三天天气趋势预报及各种气象信息,每年答询 7 万余次。1999 年气象局电视天气预报制作系统建成后,每天预报 9 个乡镇短期天气预报,得到全县人民的好评。2008 年装备了短信群发设备,使公众服务增加气象短信服务新手段。

决策气象服务 海林境内干旱、暴雨、大风、雷电、冰雹、暴雪、寒潮、霜冻等气象灾害频发。在决策服务中,以防灾减灾为重点,建立了海林市天气预测预警中心,制订和执行了气象决策服务方案和灾害性天气短时临近预报流程。在决策服务制度中,明确了决策服务内容,服务范围,服务方法,以及决策建议和依据,从而保证气象决策服务质量。决策服务手段已在电话机当面汇报,报送服务材料的基础上,发展到网络、手机气象短信等传递气象信息的服务方式。决策服务取得了明显效益。1991 年海林县遭遇了特大洪涝灾害。气象局提前向县委县政府和防汛部门发布了 6—8 月汛期预报,重点提出了 7 月份降水偏多,雨量分布不均,有发生局地暴雨和洪涝的可能。7 月 24 日海浪河洪峰通过海林镇,大堤受到破坏。如果再有大的降水,将会随时造成山洪暴发。气象局做出了"7 月 25—28 日,大部地区以晴天为主;29—30 日,有强降水过程",根据这一天气预报,县政府动员全县力量,抓住天气晴好的有利时机,抢修海浪河大堤,并安排部署了安全转移工作,保证了第二次、第三次洪峰的顺路通过。气象局的决策气象服务,对抗洪防汛工作起到了关键性的作用,全县人员无伤亡,水库无溃坝,降低了经济损失,受到了县委县政府的高度评价。2003 年春季,海林市出现了干旱和阶段性低温寡照天气,针对此情况,气象局普查了大量的气象资料,发布了"大田播种最佳期预报",并预测 5 月初有一次小到中雨天气过程,建议各乡镇争取 4 月末完成播种,5 月初小到中雨如期而至,对农作物的出苗起到了很好的作用。

专业与专项气象服务 从20世纪70年代末开展人工影响天气工作。现有““三七”高炮”2门，车载人工增雨火箭架1部，作业点分别设在冰雹易发的海林镇东德家村和文明村，每年开展数次增雨、防雹作业，有效地减轻了干旱、冰雹等气象灾害，为大田作物、烤烟丰收提供了保障。1998年开展防雷设施检测、防雷工程图纸审核和竣工验收等。至2008年底，防雷设施检测率达到80%，对建筑工程进行跟踪检测和验收，检测面积超过8万余平方米，合格率达100%。

气象科技服务与技术开发 1985年起开展专业气象有偿服务。1999年起与电信合作开展“121”电话自动答询业务。2006年起开展手机短信业务。在科技服务上主要提供长、中期天气预报及专业需要的短期预报，同时对专业用户开展咨询业务等。

气象科普宣传 每年利用“3·23”世界气象日、地方科技大集宣传气象法律法规、气象知识、防灾减灾知识等，向群众发放出传单累计8万余份，发放宣传手册1万余份，举办气象科普讲座50余次，台站对外开放60余次，接待参观学生1000余人次。

法规建设与管理

1. 气象法规建设

2000年以来，海林气象局在认真贯彻落实有关法律法规的同时，加大了气象法律法规的宣传力度，积极争取地方政府出台配套的法规性文件。2006年下发了关于《研究加强雷电防护管理工作有关事宜》(海林市人民政府专题会议纪要〔2006〕第31次)，《关于印发海林市雨量监测网络管理办法的通知》(海政办发〔2006〕22号)，2008年下发了《关于加强全市雷电防护安全工作的通知》(海安联发〔2008〕1号)等文件。

2. 社会管理

行业管理 海林市气象局根据《中华人民共和国气象法》及有关法规，将探测环境保护标准在海林市城乡规划建设局备案，城市建设规划部门已将气象探测环境的保护纳入城市规划中。同时，对施放气球加强管理。1998年，根据《关于成立海林市雷电防护管理领导小组的通知》(海编发〔1998〕71号)的要求，成立了海林市防雷设施检测站，主要对全市的雷电安全工作进行管理、监督检查，为市政府防雷减灾提供决策服务。进一步加强人工影响天气管理，做到人影工具年检率100%，合格率100%，炮手持证上岗率100%。与市政府签订安全责任状，与乡镇政府签订炮弹安全存放责任状，确保人影工作有效、安全的开展。

政务公开 从2004年起实行了政务公开。对内设立政务公开栏，对外设立公开板。公开板内容包括机构设置及职能，文明单位创建目标，防雷装置检测、收费项目标准，依法行政依据和范围，气象专业服务收费项目标准。公开栏内容包括年度预、决算，工程发包，人事任免，年度计划，重大事项决策，目标管理，职工福利，固定资产状况，气象服务质量等。

党建与气象文化建设

党建工作 1983 年成立了海林气象站党支部，隶属于机关工委。现有党员 3 人，其中在职党员 1 人，退休党员 2 人，预备党员 1 人。党支部高度重视党风廉政建设，建立了党风廉政建设责任制，制定了保持共产党员先进性长效机制，建立了“三会一课”制度、党员民主评议制度、党员联系群众制度、党建目标管理制度、发展党员规划以及领导廉政承诺制度，支部建设不断得到加强，在气象事业发展和服务地方经济建设中发挥战斗堡垒作用。2000—2008 年有 2 名党员多次被海林市机关工委授予“优秀共产党员”光荣称号。

气象文化建设 海林气象局始终注重气象文化建设，坚持以人为本的思想，建立了学习和考核制度、测报练功制度、预报练功制度、文明单位创建规划等。注重加强年轻同志的培养，营造浓厚的文明创建氛围。鼓励职工参加继续教育，目前已有 3 人完成本科和大专的在职进修。精神文明创建做到了年初有规划、年终有总结。

文明单位创建成效显著。1984 年被海林县委县政府评为文明单位先进集体。1986 年在两个文明建设中成绩显著，受到省气象局表扬。1986 年获得海林县委县政府授予的一级文明单位称号。1990 年被牡丹江市气象局授予“双文明标兵单位”。1990 年被黑龙江省气象局授予“双文明建设先进单位”。2002 年被海林市委市政府评为“文明单位标兵”。2008 年荣获牡丹江市市级“文明单位”称号。

在文明单位的创建中重视文体活动的组织和文化设施的建设，先后建立了阅览室、职工活动室、室外羽毛球场、休闲小广场，健身设施齐全，积极参加上级气象部门和地方政府组织的各项文体活动。

荣誉 建站以来，海林气象局获各类集体荣誉 100 余项，其中获市级以上表彰奖励 30 余次，个人获得各类荣誉 100 余项。突出的有：1979 年被省气象局评为人控工作先进集体；1986 年在两个文明建设中成绩显著，受到省气象局表扬；1990 年被黑龙江省气象局授予“双文明建设先进单位”；1991 年被黑龙江省气象局评定为“地面测报三优站”；2006 年荣获全省人工增雨防雹工作先进单位；1990 年被牡丹江市气象局授予“双文明标兵单位”1991 年被牡丹江市气象局授予“双文明建设文明单位”；1997 年荣获牡丹江市气象部门“双文明单位”称号；2008 年荣获牡丹江市级“文明单位”称号；1982 年海林县委县政府授予海林气象站技术档案工作先进集体；1984 年被海林县委县政府评为创建文明单位先进集体；1986 年获得海林县委县政府一级文明单位称号；1997 年、1999 年分别获得海林市“档案工作先进集体”称号；2002 年被海林市委市政府评为“文明单位标兵”。

1991 年防汛抗洪中，徐建文被黑龙江省政府、黑龙江省气象局评为“先进个人标兵”；2000 年，杜大梁被海林市委市政府授予“农业先进工作者”称号；2008 年任爱臣荣获“黑龙江省县域优秀农村科技人才”称号。

台站建设

1966 年海林气象站，办公面积仅 93.6 平方米。1987 年夏对办公楼进行改造，办公楼面积增至 309.8 平方米。2003 年 9—10 月，对办公楼房盖、外墙面装饰改造，次年 6—8 月，对办公楼室内部分装饰改造。

2005 年由海林市政府出资对海林气象局整体搬迁，8 月在海林市经济开发区北平街北侧动工建设新站，2006 年 9 月建成。

新址总占地面积近 8000 平方米，办公楼一幢 530 平方米，附属房 120 平方米。观测场为新颖的半径 12.5 米的圆形场地，院内种植草坪 4400 多平方米，绿篱 220 多平方米，栽种绿化树、果树 60 余棵，硬化地面 1000 多平方米。现在气象局庭院错落有致、设计新颖，探测环境良好，办公楼宽敞明亮，办公设施等一应俱全，初步建成"现代化花园式台站"。

1966 年建站初期观测场及办公楼

2006 年观测场全貌

林口县气象局

林口县位于黑龙江省东南部，张广才岭、老爷岭和完达山脉交界处，属寒温带大陆性季风气候，年平均气温 3.3℃，降雨量 530 毫米，日照 2607.4 小时。县辖 12 个乡镇，总人口 43 万。

机构历史沿革

1. 始建及站址变迁情况

林口县气象站于 1956 年 10 月建站，位于东经 45°22′，北纬 130°16′，观测场海拔高度 238.0 米。建站时称黑龙江省林口新城气候站。1960 年 7 月份迁至林口镇南郊处，观测场位于东经 45°16′，北纬 130°17′（海拔高度未测）。后因代表性差，1962 年迁至南山，观测场位于东经 130°16′，北纬 45°17′，海拔高度 311.5 米。1974 年 12 月因交通、工作生活不便，迁站至林口镇西郊，位于北纬 45°16′，东经 130°14′，海拔高度 274.7 米。

2. 建制情况

领导体制与机构设置演变情况 建站至1958年8月，隶属于黑龙江省气象局建制。1958年8月改由县政府为主领导。1962—1968年省气象局建制。1968—1970年以地方政府为主领导。1971—1973年7月实行军队为主的领导体制。1972—1980年4月，以县政府为主领导。1980年5月起气象部门为主与县政府的双重领导体制，同年称气象科，1985年6月称林口县气象局，内设基础业务股，科技服务中心。现在，气象局下设基础业务股，气象服务中心，防雷设施检测站，广告公司。

人员状况 1956年10月建站时有职工6人。现有职工10人，其中中级技术职称4人、初级技术职称3人，本科1人、大专5人、中专及高中学历4人，满族、朝鲜族、回族各1人、其余为汉族。

名称及主要负责人变更情况

名称	任职时间	负责人
林口新城镇气象站	1956.10—1957.02	邵同春
林口气象水文中心站	1957.03—1962.01	彭太林
林口气象服务站	1962.02—1964.09	孙明斌
林口气象服务站	1964.10—1970.07	姜延福
林口气象站	1970.08—1977.02	田坤祥
林口气象站	1977.03—1980.04	刘汉章
林口气象科	1980.05—1986.07	姜延福
林口气象局	1986.08—2001.01	张启祥
林口气象局	2001.02—	朱明胜

气象业务与服务

1. 气象业务

气象观测 林口县气象站为一般观测站，从1956年起一直担负气象观测、编制月年气象记录报表、向省市台编发气象电报任务。20世纪80—90年代初，有预约航危报任务。观测项目有空气温度、湿度、最高最低温度、大气压力、地面温度、地面最高(低)温度，土壤5、10、15、20厘米温度，地中40、80、160、320厘米温度，日照时数、云、能见度、天气现象、风向风速、冻土(现已取消)、降水量、蒸发、积雪深度、积雪密度(现已取消)等项目。每天02(已取消)、08、14、20时定时观测。自动气象观测站实行自动和常规仪器并行观测。1987年采用PC-1500编报，2003年10月建成自动气象站，2006年1月自动站单轨运行。

气象信息网络 建站后，气象电报主要通过邮电局转发。天气预报主要靠收音机收听天气信息，1984年装配了ISQ-IB气象图片传真接机，接收气象图表等信息。1993年自建气象警报网，通过这一网络向用户发布天气预报。1998年建成天气预报电话答询系统，自动回答气象预报等信息。1999年建成了电视天气预报制作系统，通过县电视台播出16个乡镇的天气预报。2000年建成了卫星单收站，使天气预报信息量大幅度增加。2003年采用因特网传输气象数据及信息。2005 年增设了新一代天气雷达资料共享系统，为开展短时预报提供了条件。同年建成了两要素自动气象站 18 处，组成了区域雨量监测网。2006 年建成了自主短信平台，和专业气象短信系统，增加了为用户服务的渠道。2008 年 5 月，将 1966—2003 年的气象记录档案气簿-1，温度、湿度、气压、风向风速、雨量自记纸，农气簿-2 整理归入黑龙江省气象局档案馆，县气象局只保留 5 年的气象记录档案。所有的气象记录和有关文件都实现了纸质与电子版同时保存归档。

气象预报 1958 年开展短期天气预报补充、订正和发布工作。1964 年后开始采用本站资料绘制 p、Te 曲线图、点聚图、相关分析和群众经验等方法来预报短、中、长期天气预报。1980 年后开展专项气象预报，主要项目有农业、防汛、防火、烤烟生产等专业预报。采用相关分析、气候分析与数理统计相结合等方法。1984 年后装配了气象图片传真接收机，接收北京等气象信息和图表，丰富了预报信息。2000 年以来，引进了计算机预报程序，对多要素计算结合本站预报方法进行综合分析，并结合市台指导预报，预报准确性有一定提高。特别是地面卫星单收站的建立和 2005 年天气雷达实时资料的使用，使短时、短期、中短期天气预报和灾害性预报的准确率有了明显提高，24 小时晴雨预报达到 90%以上，降水预报达到 70%以上，重大长期天气趋势分析达到 75%以上。

农业气象 林口气象站于 1982 年定为农业气象观测站，主要开展烟草、玉米发育期以及杨树、榆树、果树的物候观测。并承担土湿观测、农气报表的编制和农气旬报、月报编发等任务，至 1994 年农气业务撤销为止。同时开展农业气象预报、气候评价和农业气象年景分析、产量预报服务。

2. 气象服务

公众气象服务 1968 年起通过县广播站利用农村有线广播每日播放 2 次天气预报。1992 年 6 月建起气象警报系统，每日早晚 2 次向 400 多用户发布天气预报和气象情报。1998 年气象局使用非线性编辑系统自制电视天气预报节目，在电视台向公众播放，扩大了服务面。1998 年 7 月与县电信局共同建成“12121”气象信息台，每年为群众答询天气预报 30 余万次。2006 年开通手机自主短信平台，每天通过短信平台发布天气预报和预警信息，受众面进一步扩大。

决策气象服务 从 1958 年起开展决策气象服务。当时主要通过当面汇报，电话通知、印发预报材料等方式向县委、县政府及相关单位提供服务。2000 年以来，进一步完善了决策服务制度和流程，增加了服务内容和服务手段。在服务项目上，已在过去短、中、长期预报的基础上，发展到短时和临近天气预报，围绕农时的系列化服务，以及森林防火、防汛抗旱、烤烟生产等专项决策服务。在服务手段上，增加了手机短信服务，遇有重要天气及时向县五大班子领导、乡镇党政领导、各部门、各乡镇及易发山洪泥石流的村屯领导等 500 多人发布预报预警信息，提高了决策服务的时效性。

多年来决策服务为防灾减灾和经济建设做出积极贡献。如 2006 年 6 月 15 日林口县普降暴雨，气象局提前 2 天做出预报并及时向县领导汇报。据此，县里决策提前炸掉影响防洪的青山乡大桥围堰，在降雨 126 毫米情况下，避免了洪水进镇、淹民房的悲剧发生。2008 年 5 月 8 日至 19 日，柳树镇万寿村发生罕见的村屯火灾，气象局每一小时提供一次天气实况和未来天气预报，并派人在扑火现场提供现场风向、风力预报，为指挥扑火提供了重要信息，受到县指挥领导的一致好评。

专业与专项气象服务 林口县是春夏干旱，冰雹等灾害易发区。1976年采用"三七"高炮1门，开展人工增雨防雹作业。1996年县政府又新购高炮2门，2003年又购置车载火箭发射架1部，目前，共有5门高炮，分别在5个村镇进行人工增雨防雹作业，使50万亩大田作物和5万亩烤烟作物减轻了冰雹和干旱危害。

1998年成立林口县防雷检测站，1999年对机关与企业、易燃易爆场所雷电设施开展检测。到2009年止，防雷设施检测率达到85%，同时对县里的新建防雷工程进行跟踪检测和验收，合格率达100%。

气象科技服务与技术开展 20世纪60年代，研制了一些预报方法，如"倒槽分析与利用应用"等成果编入省科技经验汇编。20世纪80年代后到90年代，开展了林口县热量条件的分析和利用、夏季雨量分析与预测、低温冷害影响与防御方法的研究，其中有些成果获市县科技成果奖。

1990年完成的《林口县农业气候热量资源区划》获得市科技成果奖，成为指导农业种植计划，良种选用的主要工具书。1985年根据国务院文件开展专业有偿服务，服务用户50户，1998年开展电视广告、庆典气球服务，2003年开通手机短信。

气象科普 20世纪80年代主要对中小学校开展气象科普教育。20世纪90年代后经常为中小学校、职高讲解大气探测、天气预报、农业气象等方面的知识，并安排中小学校、职高到气象局参观现代化设备，了解天气预报制作过程，现场普及气象知识。每年还利用世界气象日、科技下乡等活动，宣传气象知识和实用技术，仅2008年现场发放宣传材料5000余份。另外在气象局大门前悬挂气象科普宣传版，进行科普宣传。

气象法规建设与管理

1. 气象法规建设

气象法规建设 1998年与县技术监督局、县安全局联合发文《关于建筑物防雷检测的通知》等文件，规范了防雷等相关工作。2003年气象探测环境保护纳入当地城市规划。2007年县建设局印发《关于气象探测保护的通知》。当年5月24日，县政府召开专题会议并形成会议纪要《关于建立防雷工程管理规定》等文件，组织执法人员参加执法培训班学习，气象局全体人员参加了县政府组织的普法学习班。经县法制局考核全部合格，现已有正副局长等5人具有省级行政执法资格。目前，气象局已建立法规档案，将有关法律法规及各种机关规定制度，组装成册共四部存入计算机保存。

规章制度建设 根据有关法律法规，制订了《林口县气象局行政执法责任制公示制度》、人工影响天气的空域请示等十条制度和规定，进一步规范了人工影响天气工作。同时健全了财务、业务、车辆使用等10项工作制度，推进了各项工作有序发展。

2. 社会管理

行业管理 为保护气象探测环境，气象局将有关法律法规交县城乡规划建设局备案，

2002年依法制止了一次在观测场南部栽植树木的规划，现在当地城市建设规划部门已将气象探测环境保护纳入城市规划中。近年来，对庆典施放气球的活动加强了监管，实行了审批制度。防雷管理始于1998年，当年成立了林口县防雷设施检测站，负责全县的防雷装置定期检测及新建改建扩建工程的防雷设计图纸的审核和工程竣工的验收。经过10多年的努力，全县防雷装置的定检率达到90%以上，工程图纸审核及竣工验收率达到95%以上，为防灾减灾做出了贡献。

政务公开 林口县气象局认真执行政务公开工作，成立了局长为首的政务公开领导小组，制定了工作方案和制度，并认真执行。凡是重要决策事先征求职工意见，形成决策后向全体职工公开，做到征求意见民主，决策公开透明。在工作中，对外服务项目公开，工程图纸审核、验收、防雷检测及收费项目和标准全部公开；对内财务管理、工程招投标、车辆使用及先优评比、奖金发放等均向全体职工公示。2005年被中国气象局授予"局务公开先进单位"称号。

党的建设与气象文化建设

1. 党的建设工作

党支部组织建设 1971年10月建立党支部。现有中共党员6人，其中在职职工4人，离退休2人。支部的建设和组织生活，严格按照地方党委安排部署进行。2003年以来，气象局党支部被政府机关党委评为优秀党支部，几名党员也多次获得县委表彰，同时注意年轻知识分子的培养，不断壮大党组织力量，推进事业的发展。2008年经县委组织部检查验收确定为"全县基层党组织五个基本建设达标单位"。

党风廉政建设 从2002年起，连续7年开展党风廉政建设教育月活动。先后制订了廉政责任、廉政监督、局务公开等制度40项，规范工作行为。党风廉政建设多年来受到地方党委和政府领导的充分肯定，2008年林口县气象局被县委授予"党风廉政建设先进集体"，2004—2006年、2006—2008年局长被授予党风廉政建设先进个人。

多年来全体职工奉公守法，没有违法违纪现象发生，2007年作为东北大区党风廉政建设迎检单位受到好评。

2. 气象文化建设

坚持开展经常性的政治理论和法律法规学习，加大对年轻人的培养力度，加强党外积极分子的培养，提高职工素质。加大文明单位创建力度，对业务平台进行了系统装修，精心制作局务公开栏、科学发展观活动室，法制宣传室，文明创建揭示板，气象探测环境保护栏等十余块宣传板。建职工活动室、学习室、小型体育场等，购置了健身器材，积极组织职工参加县直机关的文体活动。目前图书室拥有各种图书数千册，极大地丰富了职工的业余生活。林口县气象局从1998年起被评为县级文明单位，2001年获得县级文明单位标兵称号，2003年晋升为市级文明单位，2005年晋升为市级文明单位标兵。

3. 荣誉

集体荣誉 局务公开先进单位(2005 年,中国气象局)人工影响天气先进单位(1994 年、1996 年、1998 年、2000 年、2002 年、2003 年、2007 年,省政府);全省气象部门双文明建设先进单位、先进气象台站、先进台站标兵(2003 年、2005 年、2007 年);全县安全工作先进单位、为农服务先进单位、支持烤烟生产先进单位(2004—2008 年);市气象部门双文明建设先进单位、双文明建设先进单位标兵(2004—2008 年)。

个人荣誉 2001—2008 年有 48 人次获上级单位奖励。其中李文祥被评为全省人工影响天气先进个人 3 次,朱明胜先后获牡丹江市政府优秀科技工作者和林口县委优秀党员、县劳动模范、党风廉政建设先进个人称号,孙东吉被评为牡丹江市科协优秀科技工作者等。

台站建设

台站综合改善 2003 年起林口县气象局开始对办公楼及园区进行综合改善,总投入 140 余万元,其中国家投资 98 万元,县政府投资 30 万元,本站自筹 10 余万元。扩建办公楼 267 平方米,办公楼总面积为 660 平方米。装修了业务平台和会议室,办公室。现气象局占地 10000 平方米,办公楼一栋,职工住宅六栋 600 平方米,车库及附属用房 205 平方米,办公与生活条件明显改善。

园区建设 从 2003 年起,分期分批对院内外进行了全面整改,院内修硬化路面 1600 平方米(含小型体育场),建仿古凉亭一座。种草坪、花坛 3100 平方米,绿化景观树 300 余棵,基本建成花园式气象站,已成当地一景。

2003 年办公大楼

2008 年办公大楼

宁安市气象局

宁安市位于黑龙江省东南部,张广才岭和老爷岭之间的牡丹江谷地。总土地面积 7923.95 平方千米。年平均气温 4.0℃,历史上最低气温为零下 41.2℃,最高气温为 37.5℃,≥10℃积温为 2634.7℃·日,年平均降水量为 511.2 毫米。

机构历史沿革

始建情况 宁安市气象局始建于 1958 年,位于宁安县宁安公社红城大队“队部”,东经 129°28′,北纬 44°20′,海拔高度 267.9 米。1962 年 6 月,迁至原址西南方向 80 米处,经纬度未变,海拔高度 267.9 米,为国家一般气象站。

建制情况 建站时以气象部门领导为主。1960 年 5 月起,以地方政府领导为主。1962 年 6 月起,改由气象部门为主领导。1968 年 7 月起,又改以地方政府领导为主,隶属于宁安县农林组。1971 年 1 月起,实行以军队为主的双重领导体制,隶属于宁安县武装部。1973 年 1 月至 1980 年 4 月,以地方政府领导为主,隶属于宁安县农林办。1980 年至今,实行以气象部门为主的双重管理体制。1972 年 1 月建立宁安县气象科,1990 年 8 月改称宁安县气象局,1993 年 5 月宁安县升为县级市,宁安县气象局更名为宁安市气象局。

名称及主要负责人变更情况

名称	任职时间	主要负责人
宁安气候站(1959.1—1959.2) 宁安县农林水利局宁安气候站(1959.3—1960.4) 宁安县水利局宁安气候站(1960.5—1961.2)	1958.10—1961.2	刘振东(负责人)
宁安县宁安气候服务站(1961.3—1962.8) 黑龙江省宁安气象服务站(1962.9—1962.12)	1961.3—1962.12	徐建文(负责人)
黑龙江省宁安气象服务站(1963.1—1968.6) 黑龙江省宁安县气象站(1968.7—1971.12)	1963.1—1971.12	赵冠唐(负责人)
黑龙江省宁安县气象科(1972.1—1976.9)	1972.1—1976.9	刘启伦(副科长)
黑龙江省宁安县气象科(1976.10—1980.4) 黑龙江省宁安气象站(1980.5—1981.4)	1976.10—1981.4	陈常连(科长)
黑龙江省宁安县气象站(1981.5—1990.7)	1981.5—1990.7	彭瑞贵(科长)
黑龙江省宁安县气象局(1990.8—1997.12)	1990.8—1997.12	彭瑞贵(局长)
黑龙江省宁安县气象局(1998.1—2006.2)	1998.1—2006.2	周泽民(局长)

续表

名称	时间	主要负责人
黑龙江省宁安县气象局（2006.3—2007.9）	2006.3—2007.9	郭明凯（局长）
黑龙江省宁安县气象局（2007.10—2007.12）	2007.10—2007.12	张　辉（副局长）
黑龙江省宁安县气象局（2008.1—至今）	2008.1—	杜大粱（局长）

人员状况　宁安站成立时只有2人，全部为初中学历，1人为党员。2008年底，气象职工11人，其中，本科学历2人、大专学历5人，党员4人，工程师3人，50岁以上3人、40～49岁4人、40岁以下4人。

气象业务与服务

1. 气象业务

气象观测　始建时气象观测项目主要有气温、湿度、风向风速、降水、积雪深度与密度、云状、云量、天气现象、能见度、日照时数、地面温度、0～20厘米地温、蒸发、地面状态等，每天进行4次定时观测，1960年11月改为3次定时观测，1971年1月改为4次定时观测，夜间守班。1974年1月开始改为夜间不守班，1985年7月改为3次定时观测，夜间不守班。1960年1月取消地面状态观测，增加冻土深度、40～320厘米直管地温观测。1961年5月增加气压计观测。1962年8月增加温度计、湿度计观测。1970年2月增加EL型风向风速自记观测。1981年1月取消深层地温及冻土观测。1962年1月开始向上级业务部门报送月、年报表。1994年微机使用AHDM业务软件编制报表。2001年3月开始启用分组数据交换网编发电报。2001年4月开始编发天气加密报。2003年10月10日，按照统一部署，完成了自动气象站的安装调试工作并开始了试运行，定时向省气象网络中心上传。2004年1月开始自动气象站与人工气象站双轨运行平行观测。2005年1月开始以自动站数据进行编发电报。2006年1月自动气象站进入单轨运行。

气象信息网络　建站后，气象电报长期通过电话传给邮电局转发。2001年3月开始启用分组数据交换网，传送气象电报和各种信息。2005年启用宽带网络，向省气象网络中心上传自动站实时数据。2005—2006年建成了23个乡镇雨量、温度自动站，区域雨量网正式运行。2008年5月将1959—2003年的气象记录档案气簿-1、温度、湿度、气压、风向风速、雨量自记纸整理归入省气象档案馆，县站只保留5年的气象记录档案。所有的气象记录和有关文件实现了纸质与电子版同时保存归档。

气象预报　自建站以来一直承担着长期、中期和短期天气预报的制作与发布工作。初期，以“收听加看天”方法，制作补充订正天气预报。1980年起使用“123”传真机，接收天气图，结合本站资料方法并参考省、市气象局的预报信息，制作与发布各种时效的天气预报。1997年建立电视天气预报节目制作系统，开始发布各乡镇的短期预报。1999年安装了气象信息综合分析处理系统（卫星单收站），直接接收卫星云图和各种天气图，预报能力增强。

2001 年 1 月开始通过分组数据交换网接收市台的指导预报，并编发宁安市的城镇天气预报。目前，全市天气预报已经细化到乡镇。2006 年建立了市县可视化会商系统，同年使用新一代天气雷达实时资料，开始制作发布未来 6 小时的短时预报和未来 3 小时的临近预报。气象预报准确率明显提高。

农业气象观测 1959 年 4 月开始进行农业气象观测，作物观测主要有马铃薯、大豆和水稻，1978 年后改为玉米和水稻，2000 年后改为甜菜和水稻。物候观测主要有小叶杨、榆树、蒲公英等自然物候。1978 年开始增加土壤湿度观测。

2. 气象服务

公众气象服务 从 1970 年开始通过信函、电话等形式为市领导和有关部门提供报务。1989 年建立天气预报警报网，每天 2 次向各乡镇和用户发布 24 小时天气预报和重大天气预报。1997 年通过市电视台播报 24 小时天气预报。1998 年建立“121”电话天气预报自动答询系统，公众可通过电话查询 24 小时天气预报和未来 3 天天气趋势预报及各种气象信息。2006 年开始建立了手机短信平台，通过手机短信向各级政府领导、有关部门和重点村屯适时发布各种预报预警信息，在防范突发气象灾害及其衍生灾害中发挥重要作用。

决策气象服务 宁安市境内发生的气象灾害主要有干旱、暴雨、大风、暴雪、寒潮、霜冻等，如 1991 年 50 年一遇的特大洪涝灾害、2005 年 6 月 10 日沙兰短时特大暴雨、2007 年 3 月 4 日特大暴雪、2007 年 8 月 17 日城区 40 年一遇暴雨等都给当地农业和经济造成了重大的损失。在决策服务中，坚持以防灾抗灾和农业服务为重点，定期提供各种预报和情报。从 1985 年开始发布年景分析及春播期、汛期、秋季等各季节长期预报。从 1992 年起开展农业生产 15 项全程系列化服务，为市委市政府指导农业生产提供决策依据。2006 年开始发布灾害性天气预警信息，为市域经济发展和防灾减灾提供服务。服务方式一般以发送预报、情报为主，遇有重要天气及时用电话或当面汇报等形式向市领导及有关部门报告。

2005 年 6 月 10 日沙兰镇出现突发性百年一遇的洪灾，造成了人员伤亡和财产损失。局领导带队立即赶赴灾区第一线，开展救灾气象服务工作，昼夜 24 小时在沙兰镇值班，为救灾指挥部提供天气预报，使领导在第一时间掌握天气变化，组织救灾工作，取得了满意的效果。2007 年 3 月 4 日至 5 日，宁安出现历史罕见的特大暴雪灾害。3 月 3 日下午，经与市气象台会商后，预报 4 日开始有一次暴雪过程，雪后伴有大风、强降温天气，并向市领导汇报，电话通知政府办、应急办、安全办、农委等部门，并通过手机短信平台发布大到暴雪临近预报，发布范围延伸到各村屯。之后，4 日又陆续发布雪灾、大风、道路结冰橙色预警信号和雪灾红色预警信号，并开展了跟踪服务。至 5 日 08 时，境内降雪量达 35.4 毫米，全市平均雪深达 50 厘米。特大暴雪造成了很大危害，但由于预报准确、服务及时，各级政府和有关部门提前启动应急措施，受到各级政府和广大人民群众的充分肯定。

专业与专项气象服务 1978 年起采用”三七”高炮进行人工影响天气作业，现有高炮 9 门，车载火箭发射架 1 部。在乡镇主要烤烟区设立 9 个高炮作业点，火箭流动作业。平均每年作业 60 余次，受益面积 80 多万亩，人工防雹和增雨在保护烤烟生产和农业丰收中发挥了重要作用，受到了农村干部群众的欢迎。1999 年起开展防雷设施检测、图纸审核、竣工验收、工程施工等。近几年，平均每年检测 50 多个单位的防雷设施。

气象科技服务与技术开发 1988 年起开展专业气象有偿服务。1998 年起与电信合作开展“121”电话天气预报自动答询业务。1997 年开始在电视天气预报上插播广告。2006 年起开展手机短信业务。

气象科普宣传 1990 年起参加市政府举办的科普之冬活动，进行气象科技讲座和讲解年景分析。2003 年起参加市政府举办的科技大集，现场发放气象科技资料，进行气象知识宣传。同年起将气象局观测场设为气象科普基地，邀请中小学生进行参观。每年“3·23”世界气象日，在市中心设立咨询台，开展宣传科普活动。

法规建设与管理

1. 气象法规建设

气象法规建设 围绕气象工作开展下发的规范性文件主要有：《宁安市人民政府办公室关于落实省政府办公厅〈加强雷电防护设施安全管理工作的通知〉的通知》（宁政办发〔1998〕58 号）；宁安市公安局、气象局联合下发的《关于计算机信息网络系统防雷设施专项检测的通知》（宁防雷联发〔2001〕2 号）；《宁安市人民政府办公室关于印发 2006 年宁安市人工防雹减灾工作实施方案的通知》（宁政办发〔2006〕25 号）；《宁安市人民政府办公室关于印发宁安市二〇〇七年人工增雨防雹减灾工作实施方案的通知》（宁政办发〔2007〕46 号）；《宁安市人民政府办公室关于印发宁安市乡镇雨量监测网管理办法的通知》（宁政办发〔2008〕31 号）。2005 年以来每年均与安全局联合下发《关于加强全市雷电防护工作的通知》，与建设局联合下发《关于加强全市新建改建扩建项目防雷装置检测验收工作的通知》。为了加强执法工作，经过培训考核，已有 4 人取得了行政执法资格证书。

2. 社会管理

行业管理 为了加强气象行政管理，1987 年成立了宁安县人工影响天气办公室，1999 年成立了雷电防护管理办公室。为了保护气象探测环境，2007 年将气象探测环境保护标准在市规划局进行了备案，形成了专项规划，取得建设主管部门对探测环境保护的支持。施放气球纳入了执法监管范围，认真执行施放气球管理办法，加大了执法力度。防雷管理纳入了市政府监管范围，每年春季、秋季与安监、建设等部门进行防雷安全联合检查。

政务公开 从 2005 年起开展了政务公开，对内设立公开栏，对外设立公开板。公开板内容包括机构设置及职能，文明单位创建目标，防雷装置检测、收费项目标准，依法行政依据和范围，气象专业服务收费项目标准。公开栏内容包括年度预、决算，工程发包，人事任免，年度计划，重大事项决策，目标管理，职工福利，固定资产状况，气象服务质量等。

党建与气象文化建设

1. 党建工作

支部组织建设 1971 年成立宁安气象站党支部，隶属于武装部，1973 年隶属于农业委员会，1981 年隶属于县政府机关党委，1994 年后至今气象局党支部隶属于市直机关工委。截至 2008 年底，气象局党支部共有党员 6 名，其中离退休党员 2 名。支部组织、思想、作风建设不断加强，在气象事业发展和服务地方经济建设中发挥政治核心作用。1980 年被中共宁安县农业委员会评为先进党支部，2008 年被市直属机关工委评为先进党支部。

党风廉政建设情况 高度重视党风廉政建设工作，建立了党风廉政建设责任制，制定了保持共产党员先进性长效机制，建立了“三会一课”制度、党员民主评议制度、党员联系群众制度、党建目标管理制度、政治学习制度、发展党员规划制度、政务公开制度以及领导廉政承诺制度。以制度管人、管事，不断推进党风廉政建设。

2. 气象文化建设

在精神文明建设工作中，坚持以人为本，倡导敬业爱岗、无私奉献、艰苦创业精神，建立了岗位练功、学习和考核等制度，注重提高职工的整体素质。精神文明创建做到了年初有规划、年终有总结。

文明单位创建成效显著。1998 年被宁安市委、市政府命名为市级文明单位，2002 年晋升为市级文明单位标兵。2006 年至 2008 年一直保持牡丹江市级文明单位称号。1996 年被省气象局评为双文明建设单位。1997—2001 年、2003 年被省气象局评为双文明建设先进单位标兵。

宁安市气象局重视气象文化建设，积极参加地方和上级部门组织的各种活动，2004 年建立了图书阅览室、职工活动室，购置了健身器材和体育设施，丰富干部职工文体生活。

3. 荣誉

建站以来，宁安市气象局获各类集体荣誉 120 余项，其中获市级以上表彰奖励 50 余次。突出的有：1991 年、2002 年、2003 年、2008 年获省气象局人工增雨防雹工作先进单位；1996 年获省气象局双文明建设先进单位；1997—2001 年、2003 年获省气象局双文明建设先进单位标兵；2000 年、2005 年被宁安市委、市政府评为支持烟叶生产先进单位；2006 年获牡丹江市气象局双文明建设先进单位；同时荣获牡丹江市级文明单位称号。2007—2008 年被宁安市委、市政府评为支农工作先进单位；2008 年被宁安市委、市政府评为招商引资服务先进单位。

台站建设

台站综合改造 1959 年宁安气象站办公面积为 230 平方米。1986 年新建办公楼 558 平方米，办公条件明显改善。2003 年对办公楼外墙面、室内地面、塑钢窗等进行了综合改造。同年，种植花草、绿地 2000 多平方米，栽绿化树木 30 多棵。2008 年拆除旧办公楼，新建附属房 246 平方米，改造自来水及办公楼上下水管道 400 延长米，建设铁艺围栏 400 延长米，建设硬质路面 800 平方米，同时对供热系统进行了全面改造。

综合改造后办公条件显著改善。其中业务办公楼 558 平方米，建设炮库 4 间、仓库 1 间、锅炉房和锅炉工休息室 1 间。办公楼设有微机室、值班室、仪器室、传达室、资料室、室内卫生间、图书室、活动室、会议室等。全部更换了办公桌椅，购买微机 4 台。园区实现了美化、绿化。

1986年建综改前办公楼

现办公楼

绥芬河市气象局

绥芬河市位于黑龙江省的最东部，与俄罗斯接壤。属大陆性季风气候，四季分明。年平均气温为2.9℃，无霜期为125天，年平均稳定通过10℃的有效积温2123℃·日。

机构历史沿革

始建及站址变迁情况 1935年5月伪满洲国中央观象台在绥芬河设立气象观测站，至1945年停止工作。新中国成立后，绥芬河市气象站建于1952年8月1，位于绥芬河镇二街南端“山腰”，北纬44°23′，东经131°09′，观测场海拔高度512.4米。1958年8月—1970年12月，迁站到绥芬河镇第三街北端“山腰”，北纬44°23′，东经131°09′，观测场海拔高度497.8米。1971年1月观测场海拔高度降低1.1米，其他未变化。因城市发展，观测环境受到影响，2003年7月第二次迁站到绥芬河市南环路振兴路南侧，北纬44°23′，东经131°10′，观测场海拔高度567.8米。

建制情况 绥芬河气象站最初为军队建制。1953年9月—1954年8月转为地方政府建制。1954年8月起实行省气象局为主领导。1958年7月改由地方政府建制。1962—1968年7月2日实行省气象局为主的领导体制。1968年再次转由地方政府为主领导。1971年1月实行军队为主领导，由绥芬河边防站管理。1973年起以市政府领导为主。1980年以后一直实行以气象部门为主的双重领导体制。

名称及主要负责人变更情况

姓名	职务	任职时间	离站时间
王忠全	负责人	1952.4	1953.7
严孙锟	副站长	1952.4	1964.4
姚国耀	负责人	1953.7	1954.9
方正中	负责人	1953.10	1956.9
杨炳如	站长	1955.8	1958.3

续表

姓名	职务	任职时间	离站时间
程积坤	负责人	1956.9	1957.9
李万祥	副站长	1957.8	1962.1
陈国富	站长	1964.5	1985.5
王啓发	负责人	1965.10	1970.9
邹振秀	副站长	1969.8	1977.4
梁克柱	副站长	1970.12	1983.3
滕慧杰	副局长	1983.3	2001.2
张　顺	局长	1985.5	1988.3
滕慧杰	局长	1988.3	1993.3
郭明凯	局长	1993.1	2004.5
臧广涛	局长	2004.5	

人员状况　绥芬河气象局建站时只有 3 人。截至 2008 年底，先后有 80 人曾在气象站工作过。现有在编职工 12 人，其中本科学历 10 人、大专学历 2 人，工程师 5 人、助理工程师 7 人，党员 4 人，汉族 11 人、满族 1 人。

气象业务与服务

1. 气象业务

气象观测　1952 年始建时进行 02、08、14、20 时 4 个时次气候定时观测，7 次天气观测，夜间守班，开始观测项目有云状、云量、能见度、天气现象、空气温度、湿度、气压、蒸发、风向、风速、降水、日照、地面状态、地面温度、草温、雪深。现在按规定每天进行 02、05、06、07、08、09、10、11、12、13、14、15、16、17、18、20、23 时 17 个时次地面观测，观测项目有云状、云量、能见度、天气现象、空气温度、湿度、气压、风向、风速、降水、日照、蒸发、地面温度、地面最高(低)温度、土壤 5、10、15、20 厘米温度、地中 40、80、160、320 厘米温度、雪深、雪压、电线积冰、冻土等。每天编发 02、08、14、20 时 4 个时次的基本地面天气报和 05、11、17、23 时 4 个时次的补充地面天气报，以及 06 时到 18 时 13 个时次航空报。按时制作气象月报和年报报表，每月向北京传输气候月报。

2004 年建成了 DYYZ-Ⅱ 型自动气象站。2005 年 8 月建成雨量、温度自动监测站 4 处，2006 年 7 月又新建 2 处。2006 年 1 月 1 日实现自动气象站单轨运行，观测项目包括温度、湿度、气压、风向风速、降水、地面温度、草面温度，以自动站资料为准发报。自动站采集的资料与人工观测资料存于计算机中互为备份，每月定时复制光盘归档、保存、上报。2007 年 1 月 1 日增加了 23 时发报任务。

气象信息网络　20 世纪 80 年代以前主要靠收音机收听气象本地天气图，气象电报通过电话传给邮电局转发。1983 年装配了 ISQ-IB 气象图片传真接收机。自 1986 年 12 月 1 日起使用 PC-1500 袖珍计算机取代人工编报，提高了测报质量和工作效率。2000 年建成了地面气象卫星接收站。2003 年启用分组数据交换网传输气象信息。2005 年建立了 MOS 和天气雷达系统。2006 年建成了短信平台和可视化会商系统。截至 2008 年底，所有的气象记录和有关文件都实现了纸质与电子版同时保存，并上报省气象局档案馆归档。

气象预报 主要开展短、中、长期天气预报。建站至1999年，主要收听上级气象台的天气形势广播，结合本站资料和方法制作短期、中期天气预报。1998年电视天气预报开播后，制作发布全市8个地区短期天气预报，得到全市人民的好评。随着2000年建成地面卫星接收站、2005年建成天气雷达实时资料共享系统以及6个两要素自动气象站建成后，重点加强短时、临近预报、短期预报和灾害性天气预报。目前，每旬一次的中期天气预报，以及春播预报、汛期预报(5—9月)、年度预报、秋季预报都提供给县乡领导及相关单位。

2. 气象服务

公众气象服务 1966年气预报通过电话传给市广播电台播出，2004年8月开始通过市电视台播出，为广大公众服务。1999年3月开通"121"天气预报自动答询系统，平均每年答询天气预报等信息3万次。2004年8月气象台开始制作电视天气预报节目，每天晚上19时50分通过电视台向全市人民发布8个地区未来24小时天气预报。此外，每天在《绥芬河日报》刊登未来24小时天气预报。2006年建成气象短信系统，向全市各有关部门、各乡镇、部分村屯等领导和个人发布气象信息。

决策气象服务 绥芬河市气象局制订了气象决策服务方案和制度，明确决策服务内容，服务范围，服务方法以及决策建议和依据。决策服务以灾害性天气预报和短时、临近预报为重点，采用当面向领导汇报，电话报告及报送服务材料等方法，近几年又增加了手机短信等方式传送重要天气信息。2005年7月24日出现暴雨，由于短信预警及时，防灾组织得力，使得强降水没有造成大的损失。2008年8月27—29日第四届中国(牡丹江)—俄罗斯(远东)木业博览会在绥芬河市召开，绥芬河市气象局为焰火晚会提供了有力的气象保障，确保了晚会圆满举办，受到市政府好评。

专业与专项气象服务 1988年开展气象专业有偿服务。1998年开展防雷设施检测安装、图纸审核、竣工验收、工程施工等服务。截至2008年年底年度检测150项，防雷装置设计审核89项，新建防雷工程验收114项。2005年开展气球庆典服务。2007年开展病虫害防治专项预报。

气象法规建设与管理

1. 气象法规建设

绥芬河市气象局组织执法人员参加省市气象部门执法培训班进行学习和培训，并组织全局人员参加市政府组织的普法学习班，经法制局考核全部合格，现已有5人持有行政执法证。

绥芬河市气象局根据《中华人民共和国气象法》和《黑龙江省气象灾害防御条例》等法律法规制定了《绥芬河市气象局行政执法责任制公示制度》、《绥芬河市气象局局务公开制度》及财务制度、业务制度、车辆使用制度、预报发布制度等10余项制度。

2. 社会管理

行业管理 根据有关法律法规，对探测环境保护，在市城乡规划管理局备案，城市建设规划部门已将气象探测环境的保护纳入城市规划中。实施施放气球的管理工作，负责各单位在庆典时施放气球的审批工作。参与建筑物的防雷设施的审批工作和施工监督及验收工作。1998年以来对市内机关与企业、易燃易爆场所雷电设施进行检测，对市建筑的防雷工程进行跟踪检测和验收。2007年对全市12所中小学校进行防雷安全检查时，发现大部分学校防雷设施不完善，气象局提出了整改意见，市教育局拨付25万元为12所中小学校完善了避雷设施。

政务公开　认真执行政务公开工作，成立了局长为首的政务公开领导小组，制定了工作方案和制度，对外设立政务公开板。公开板内容包括机构设置及职能，文明单位创建目标，防雷装置检测、收费项目标准，依法行政依据和范围，气象专业服务收费项目标准。对内设立公开栏，公开本单位财务状况、接收文件情况、明确人员责任分工、杜绝暗箱操作、对台站设施综合改造问题向全体职工征求意见等。

党建与气象文化建设

1. 党建工作

支部组织建设　建站时只有3人，均为中共党员或共青团员。1982年1月绥芬河气象局设党支部，现有党员4人，其中1人为预备党员。历届党支部坚持开展政治理论学习，健全“三会一课”制度，全面推进党的思想、组织、作风建设，充分发挥党支部的战斗堡垒作用和党员先锋模范作用。

党风廉政建设　绥芬河市气象局把廉政建设融入气象业务建设、领导班子建设、政务公开建设之中，以教育为基础、以制度为保障、以监督为重点，不断增强廉政意识。1996年、1997年、2005年先后获得绥芬河市党风廉政建设先进集体称号。

2. 气象文化建设

1997年7月建立了精神文明创建机构，坚持开展“讲文明、树新风”活动。建立了文明单位创建规划及有关制度等。

绥芬河市气象局文明单位创建成效显著。2001年、2007年度获牡丹江市气象部门“双文明”建设先进单位。2008年度获牡丹江市气象部门文明单位建设先进单位。

3. 荣誉与人物

自建站以来多次获得集体荣誉。其中突出的有：1996年、1997年、2005年先后获得绥芬河市党风廉政建设先进集体称号，2001年度获牡丹江市气象部门“双文明”建设先进单位，2000年到2004年连续5年被市委、市政府评为“为农服务”先进单位，2007年度获牡丹江市气象部门“双文明”建设先进单位；2008年度获牡丹江市气象部门文明单位建设先进单位。

自建站以来涌现出一批先进工作者，其中，获省部级以下奖励的同志共49人次。其中，2005年臧广涛获市政府先进个人称号，2007年度被评为文明职工标兵。

人物简介

范学凤　女，1956年出生，1976年12月参加工作。1978年10月出席全国气象部门“双学”代表大会，受到党和国家领导人的接见，1979年、1980年被共青团省委授予“青年新长征突击手”光荣称号，1979年被共青团中央授予全国“新长征突击手”称号，1980年被黑龙江省人民政府授予“农业劳动模范”，1981年、1982年被黑龙江省授予“三八红旗手”光荣称号。

台站建设

台站综合改造 1952年建站初期办公条件十分简陋，仅有90平方米办公室，冬季土炉子取暖。1958年8月—1970年12月，迁站到绥芬河镇第三街北端“山腰”，建砖木结构平房进行办公，工作用房10间，使用面积180平方米，设有25米×25米观测场，办公条件初步得到改善。2003年7月第二次迁站到绥芬河市南环路振兴路南侧，建办公楼，业务用房面积520平方米，观测场面积25米×25米，2004年投资15万元对台站环境进行绿化，共植树20棵，绿化面积4000平方米。2006年投资12.5万元对自来水管道及护坡进行了改造，2008年投资15万元对办公楼内外墙面及塑钢窗进行了综合改造。

办公条件和生活改善 新建业务用房面积520平方米，办公楼内设有90平方米天气预报会商室、90平方米会议室、男女值班室、仪器室、传达室、资料室、室内卫生间、活动室、会议室。庭院内修建240平方米硬化路面，院内设职工食堂，修建了篮球场、休闲凉亭，种植了草坪和绿化景观树，努力构建生态优美、环境宜人的花园式台站。

1958年气象站全貌

绥芬河气象局现办公楼

绥芬河市气象局远景

穆棱市气象局

穆棱市位于黑龙江省东部属于温带大陆性季风气候。年平均气温 3.3℃，年平均降水量为 503.8 毫米。穆棱市气象局位于穆棱市八面通镇。

机构历史沿革

1. 始建及站址迁移情况

1940 年伪满洲国中央观象台曾在穆棱八面通建立气象站，至 1945 年停止工作。穆棱气象站始建于 1956 年 5 月。由于地方农林业生产急需，当时的穆棱县农业科与省气象局签订建站合同，同年 12 月穆棱气象站建成，12 月 1 日正式开始地面气象观测，位于穆棱县良种繁殖农场，北纬 44°56′，东经 130°33′，海拔高度 265.5 米。1977 年 11 月末办公地点迁至现址，观测场搬至原址东北方向 100 米处，经纬度未变，海拔高度 266.3 米。

2. 建制情况

领导体制与机构设置 建站至 1958 年以气象部门为主领导，1958 年 5 月至 1962 年 5 月划归地方政府，隶属于穆棱县委办公室领导。1962 年 8 月至 1971 年 3 月先后实行气象部门为主、地方政府为主的双重领导体制，1971—1973 年改为军队为主领导，隶属于县武装部。1973 年 8 月改由地方政府领导，隶属于县农业科。1980 年气象部门体制上收，实行以气象部门为主的双重领导体制。改名为穆棱县气象局。1995 年穆棱县升格为县级市，气象局更名为穆棱市气象局。

人员状况 建站时共有 2 人。目前在职职工 7 人，年龄 25～36 岁，学历均在大专以上，其中本科 4 人，工程师 1 人，党员 3 人。

名称及主要负责人变更情况

姓名	职务	任职时间
何维章	站长	1956.12—1957.08
霍金钊	站长	1957.09—1989.12
曹庆振	副局长	1989.12—1996.04
臧广涛	局长	1996.05—2002.01
王兴贺	局长	2002.1—

气象业务与服务

1. 气象业务

地面气象观测 建站起，每天实测时间为02、08、14、20时，夜间不守班。观测项目：气温、湿度、云状、云量，能见度、积雪、降水、天气现象、风向、风速。1958年增加蒸发、地面温度、曲管温度观测、虹吸式和翻斗式雨量自记观测，1959年9月开展深层地温40、80、160、320厘米观测，1960年11月由每日4次观测改为3次定时观测，1971年1月1日，开始夜间守班，增加02时观测。1974年1月1日改为夜间不守班。1980年取消深层地温及冻土观测。1971年增加EL型风向风速自记观测。2004年11月建成DYYZ-Ⅱ型自动气象观测站，实行人工、自动双轨观测业务，2006年1月开始自动站单轨运行，全部实现自动化业务。2008年取消压、温、湿、风自记观测项目。

1962年开始向上级报送月、年报表，1994年开展机制报表业务，使用AHDM业务软件。1983年开始拍发旬月报、雨情报及重要天气报等。2001年4月1日开始增加拍发天气加密报，时次为08、14、20时。2007年增加重要天气报。

气象信息网络 建站起20世纪80年代末气象电报都是通过邮电局传递。1989年开始采用高频电话，与市气象台和邻近站气象会商天气，进行工作联络。同年建成气象警报广播网，向220个用户传送气象信息。2000年开通分组数据交换网(X.25专线)，传输气象信息及政务信息。2004年取消X.25专线，改由2兆光纤专线传输。同时相关的业务用微机不断更新。2005年在9个乡镇建立雨量自动观测站16个，区域雨量网开始运行。气象报表的制作与存储也由早期的手工制作纸质报表装订存档，到2003年转变为自动化电子报表、光盘刻录，使气象资料存储更方便，存储时间更长。

气象预报 1958年先后开展短期、中期、长期天气预报业务。建站初期天气预报主要贯彻“听、看、谚、地、资、商、用、管”八字方针，实行长中短结合，大中小结合，图资群结合，逐步创立了一些预报方法。1980年安装了“123”传真机，直接接收天气图及数值预报等，预报能力明显增强。1999年由国家、地方政府共同投资建设PC-VSAT单收站，接收卫星云图及各种天气图表和数值预报产品，预报能力有了明显增强。2005年后使用牡丹江新一代天气雷达实时资料，开始制作短时临近天气预报。2006年建立了市—县可视化会商系统，在全省率先实现了市—县台站可视会商天气，为提高重大天气预报准确率创造了有利条件。

农业气象 始于1958年，观测作物主要为玉米、大豆、小麦、谷子、水稻。1978年至现在，主要观测大豆、水稻。土壤湿度观测，分为固定地段和非固定地段，1983年开始增加自然物候观测，主要观测小叶杨、榆树、蒲公英及其它自然物候现象。1980年前后，开展县级农业气候区划，并积极推广区划成果，在推进水稻直播改插秧的改制上发挥了重要作用，受到县政府的好评。

2. 气象服务

公众气象服务 1985年起短期天气预报通过县广播站广播，为广大群众提供服务。

1989 年建立气象警报网，每天早 8 时、晚 16 时 2 次向各乡镇、村屯等用户传递天气预报。1998 年开始，县电视台播发短期天气预报，使公众服务面扩大。同年 9 月气象局建成电视天气预报节目制作系统，使电视台播发的天气预报细化到乡镇，方便群众使用。同年底，开通“121”电话天气预报自动答询系统，使群众多个渠道获取气象信息。2002 年开通移动、联通无线发送气象短信业务。2006 年建立短信群发平台，及时向各级领导，群众播发短时临近灾害性天气信息。

决策气象服务 重点围绕农业生产和防灾抗灾开展决策气象服务工作。一直是以报送材料、当面或电话汇报等方式，向市领导及有关部门提供天气预报和气象情报。目前在春秋两季防火期、夏季防汛期及重要农事季节，向各级领导提供年景分析、作物播种期预报、旱涝分析、第一场透雨预报、生长季天气分析、病虫害预报、森林防火期预报、汛期预报、转折性天气预报、农业产量预报等，每年平均 30～40 期。多年来，决策气象服务取得了明显成绩。如，2007 年 7 月 6 日，预计 7 日有中—大雨，局地可达暴雨，立即向主管市长及防汛办进行了汇报，建议做好预防。7 日上午发出局地强降水，并伴有雷雨大风冰雹等强对流天气的短时临近预报。通过手机短信发送给市、乡镇领导，并用电话向主管市长详细汇报。下午 13 时 35 分发布暴雨黄色预警信号，16 时 05 分发出暴雨红色预警信号，并以短信告知各级领导，3 小时部分乡镇降雨已近 100 毫米并持续，请注意防范。由于提前准确地预报预警，服务及时，各地及时防范，暴雨造成的洪涝灾害降到了最低程度，受到市政府领导的好评。

专业与专项气象服务 20 世纪 80 年代开展人工降雨，防雹作业。现有”三七”高炮 2 门，车载人工增雨火箭架 1 部，分布在冰雹易发的马桥河镇、福录乡，每年开展数次防雹作业，消耗炮弹 200～400 发，火箭弹 10～20 发，有效地降低了冰雹灾害，防区内无重大雹灾，受到百姓的欢迎及领导的表扬。

1999 年成立了穆棱市防雷办和防雷设施检测站。近几年来每年平均检测 100 余家防雷设施，帮助整改 10 余家，排除防雷安全隐患 80 多处，每年联合安全生产监督管理局开展防雷安全检查，组织防雷安全宣传 1～2 次，发放宣传单 5000 余份，防雷工程竣工验收率达 90％以上。截至目前，全市没有发生因防雷设施不合格而引起的雷电灾害。

1985 年穆棱市气象局开展气象专业有偿服务。到 1994 年服务用户达 12 户。主要涉及农业、工业、电业等行业。

气象科普宣传 每年在“3・23”世界气象日、科技大集等到街头设置宣传台，开展咨询活动，宣传气象知识和气象法律法规等。近 5 年向群众发放宣传材料累计 10 万余份，发放宣传手册 15000 余份，宣讲气象科普知识 50 余次，台站对外开放 100 余次，接待参观学生 1000 余人次。

气象法规建设与管理

1. 气象法规建设

2000 年穆棱市政府下发了《关于加强雷电防护设施安全管理工作的通知》(穆政办发〔2000〕49 号)，2006 年印发的市政府第 3 届 118 次市长办公会议纪要，要求各部门要进一步提高对防雷电工作的认识；气象局要担负起全市防雷减灾的组织管理和指导工作；安全生产监督管理局在制定全市安全责任目标时，要把防雷安全作为一项考核内容纳入目标管理；建设局要在新建改建扩建工程防雷项目上严格把关，防雷设计图纸须经气象主管机构审批后方可施工；消防大队对申报验收的有雷击危险的场所和单位，必须达到防雷标准等。2006年市气象局与公安局联合发出《关于加强计算机信息网络系统（场站地）雷电防护工作的通知》（穆雷联发〔2006〕1号），2006年、2007年、2008均与安监局联合发出《关于加强全市雷电防护安全工作的通知》，与建设局联合发文《关于加强穆棱市新建改建扩建项目防雷装置检测验收工作的通知》。

2. 气象行业管理

政务公开 对气象行政审批办事程序、行政执法依据、气象服务内容、承诺及服务收费依据、标准等，采取户外公示栏和政府网站公布等方式向社会公开。对局内干部任用、财务收支、目标考核、基础设施建设、工程招投标等内容，采取职工大会等方式向职工公开。每半年公布一次财务情况，年底对全年收支、职工奖金福利发放、领导干部待遇、劳保、住房公积金等向职工详细说明。

行业管理 制定了施放气球管理办法，加大了执法力度，近几年查处10余次非法施放氢气球行为。重视探测环境保护工作，在规划局形成备案。加强人工影响天气管理，做到人影工具年检率100%，合格率100%，炮手持证上岗率100%，并与市政府签订人影安全责任状，与乡镇政府签订炮弹安全存放责任状，确保了人影工作安全。

党建与气象文化建设

1. 党建工作

1994年成立了党支部，隶属于机关工委。现有党员6人，其中在职党员3人，退休党员3人。党支部紧紧抓住培训提高、强化管理、发挥作用三个环节，不断加强和改进党员教育管理，使党员综合素质得到提高，党支部的创造力、凝聚力和战斗力得到了增强，党支部的战斗堡垒作用得到了充分体现。2002年、2003年、2007年、2008年被地方党委评为优秀党支部，2000—2008年臧广涛、刘福菊、王兴贺、李宪萍等同志多次获得优秀共产党员、优秀党务工作者称号。

2. 气象文化建设

始终坚持把精神培育、道德建设放在文明建设的第一位，通过经常性政治理论学习，职工的政治理论水平、自身素质明显提高，全局营造了浓厚的精神文明创建氛围。为了巩固创建成果，健全和完善了文明创建责任机制，把文明创建的各项目标责任分解落实到科室和个人，实行"服务承诺制"、"问责制"、"限时办结制"，形成文明创建工作"事事有人抓，处处有人管"的工作格局。出台支持性政策鼓励职工参加继续教育，目前在职进修本科的有4人，职工的文化素质不断提高。2002年被评为穆棱市文明单位标兵，2008年被评为牡丹江市文明单位标兵。

每年参加机关党委组织的机关事业单位职工运动会，我局职工积极参与，2008 年取得女子 60 米跑第一名，男子 100 米跑第二名的好成绩。2002 年建设图书角，购买多媒体电脑。

3. 荣誉与人物

集体荣誉 1982 年被省政府评为“农业靠科学”先进单位，1984 年被省委、省政府授予“社会服务标兵”光荣称号。1985 年、1986 年被评为黑龙江省先进集体标兵单位，1990 年被牡丹江市气象局评为双文明先进单位标兵，1991 年被评为牡市气象系统防汛抗洪先进集体，1992 年、1993 年被省、市气象局评为双文明标兵单位，1995 年、1997 年、2002 年被牡丹江市气象局评为双文明先进单位，2000 年被穆棱市授予文明单位，2002 年被穆棱市授予文明单位标兵称号，2003 年被牡丹江市气象局评为双文明先进单位标兵，2006 年被牡丹江市委、市政府授予牡丹江市级文明单位称号，2008 年被牡丹江市委、市政府授予牡丹江市级文明单位标兵。

人物简介

霍金钊 男，1938 年出生，广东省惠州人。1956 年参加工作。1958 年建设气象哨成绩突出，次年参加全国群英会。在其任站长的 20 余年间，工作出色，为县域经济发展作出突出贡献，气象站 4 次受到省委、省政府的表彰，1984 年省政府授予劳动模范称号。

台站建设

穆棱气象站始建时，办公室为平房 100 平方米。1977 年迁站后建 2 层办公楼面积 240 平方米，办公条件有所改善。1986 年由县政府、省气象局各出资 5 万元，修建 500 平方米办公楼。2002 年以后对办公楼房盖、墙面、供暖进行综合改造，更换彩钢瓦房盖，外墙贴白瓷砖、室内装大理石地面，改用塑钢门窗，改造会商室，更换办公桌椅，增加供暖面积，办公条件发生根本性变化。院内修水泥地面 600 多平方米，种植花草、绿地 1000 多平方米，栽绿化树木 20 多棵，绿色树带 50 多延长米。通过综合改造，气象站面貌焕然一新，成为当地的一道亮丽风景。

1989 年气象站办公楼原貌

2008 年穆棱气象局办公楼

佳木斯市气象台站概况

佳木斯市位于黑龙江省东部三江平原，东经 129°30′～135°05′，北纬 45°57′～48°28′之间，现辖佳木斯、汤原、桦南、桦川、富锦、同江、抚远 7 个市县。

气象工作基本情况

始建情况 1935—1939 年伪满洲国曾在富锦、佳木斯、桦南建有气象观测站，至 1945 年停止工作。东北解放后，在原合江地区陆续建立一批气象站。1949 年 1 月建立佳木斯气象站，1952 年 7 月建成富锦气象站，1955 年建立双鸭山、鹤岗气象站，1956 年建成宝清、萝北、集贤气象站，1956 年建立虎林气象站，1958 年建立桦南、汤原、依兰、勃利、饶河气象站，1966 年建立绥宾气象站、同江气象站、桦川气象站，1968 年建立抚远气象站(以上均有原合江地区气象台领导)。1970 年虎林气象站划归牡丹江气象局领导。1993 年 1 月依兰县气象站划归哈尔滨市气象局领导。鹤岗气象站于 1992 年 9 月 10 日升格为市气象局，其行政区内的绥宾、萝北气象站划归鹤岗市气象局领导。同年，9 月 15 日双鸭山市气象局正式挂牌，其行政区内的宝清、集贤、饶河县气象站划归双鸭山市气象局领导。1993 年 10 月 1 日勃利县气象站划归新成立的七台河市气象局领导。

领导体制 1949 年 1 月佳木斯气象站由东北军区司令部气象管理处领导。1954 年 1 月转制后至 1958 年 4 月，以省气象局领导为主。1958 年 5 月气象体制以地方政府为主领导。1962 年 6 月改为省气象局建制。当时称合江地区气象台，管理 16 个台站。1968 年 8 月起，由合江地区革命委员会为主领导。1971 年 3 月 2 日实行军队为主的领导体制，归合江军分区管理。1973 年 9 月实行双重领导，以地方政府为主的体制。1980 年 8 月，实行省气象局和地方政府双重领导，以省气象局为主的管理体制。1992 年后鹤岗、双鸭山、绥宾、萝北、宝清、集贤、饶河、勃利、依兰县气象站隶属关系划出。目前，佳木斯市气象局管辖富锦、同江、桦南、汤原、桦川、抚远 6 个县(市)气象局。

人员状况

单位名称 \ 人数	年代	人数	平均年龄	学历							民族				职称			党员
				硕士	大学	大专	中专	高中	初中	小学	汉族	满族	蒙族	鲜族	副研	中级	初级	
佳木斯市气象局	2008	70	43	1	31	20	8	9	1		66	3	1		8	40	19	22
	建站	7			3				3	1	7							
抚远县气象局	2008	8	39		2	3	3				5	2	1			3	5	3
	建站	12			3		4		2		12							4
同江市气象局	2008	7	39		1	3	2	1			7					3	4	1
	建站	2					2				2							2
富锦市气象局	2008	14	44		3	5	4	1	1		14					6	6	3
	建站	6						1	5		6							
桦川县气象局	2008	7	41		3	2	2				7					7		2
	建站	2	23				2				2							
桦南县气象局	2008	10	39		3	5	1	1			8	2				6	4	4
	建站	2					1		1		1	1						
汤原县气象局	2008	6	35			5	1				5			1		3	3	3
	建站	2					1	1			2							

主要业务范围

1. 气象业务

地面观测 全市现有地面气象观测站7个。其中抚远、同江、桦川、桦南、汤原等5个站为国家一般气象站，富锦为国家基本气象站，在一般气象站业务基础上增加冻土、电线积冰、雪压和E-601B型蒸发器观测，每天进行02、05、08、11、14、17、20、23时8次观测，编发8次天气报，承担气候月报和重要天气报、气象旬(月)报发报任务。佳木斯为国家基准气候站、酸雨监测站、国家二级农气试验站，每天进行24小时地面观测，编发02、05、08、11、14、17、20、23时8次天气报、气象旬(月)报、重要天气报，每天编发08—18时固定航危报，承担记录紫外线各时累积值和辐射资料的自动传输任务，测量降水样品的pH值与电导率，每天13时前上传酸雨日数据文件，编制酸雨观测报表。农业气象进行大豆、玉米物候观测和土壤墒情的测定等业务。富锦、桦南、汤原、抚远为农气观测站。全区布设70个两要素区域自动气象站和1个雷电监测站(佳木斯)。1986年地面观测全部使用PC-1500微机编报。2005年后各站全部使用自动气象站进行地面观测。

气象预报 各台站均开展短时临近、短期、中期天气预报和气候预测业务，通过大众媒体等多种渠道向社会公众发布短时天气预报和短期天气预报。中期和长期天气预报主要服务于政府有关部门及专业服务用户。

信息网络 20世纪80年代初以前，县站主要接收省广播电台播发的全省30个站点的资料用于制作预报，各台站通过邮电局传送各类气象电报。1983年5月开始，县站使用短波传真接收机接收传真天气图。1988年建立全区无线甚高频对讲网，进行全市台站天气会商。1990 年建成全市气象警报网，向农村传送气象信息。1999 年地面观测使用分组数据交换网传递数据，同年起，全市台站陆续建成 PC-VSAT 小站，接收气象卫星广播的资料和远程教育。2000 年全区台站建成 2 兆光纤宽带网，2005 年加入全省气象信息广域网。2006 年全市完成可视化会商系统建设，实现省市县三级台站可视化天气会商。2008 年建成 70 个乡镇自动雨量、温度监测网。

2. 气象服务

①公益服务

公众气象服务方式已从过去的电台广播、邮寄材料等方式发展到现在电视台、电话、手机短信、网络等媒体传递天气预报预警信息。1999 年借助电信局信息服务系统，全部开通了“121”气象预报自动答询业务，2005 年“121”升位到“12121”。各台站全部开展决策气象服务，以农业生产和防灾抗灾为重点，以多种方式向党政领导机关及有关部门及时提供各类天气天气预报和气象情报。多年来，决策气象服务取得了明显成效。

②专业专项服务

人工影响天气　20 世纪 70 年代初期，以人工防霜为主。1972 年 10 月全区相继开展了人工增雨防雹业务，1976 年全区配备 16 门“三七”高炮。2003 年 5 月地方政府投资 152 万元购置人工增雨火箭发射车 7 部。截至 2008 年年底，全市共有火箭发射车 9 部，作业高炮 53 门，人工增雨作业影响面积 700 万亩。

雷电防御　1998 年雷电防护管理工作正式划归气象部门负责。1999 年各县(市)成立了雷电防护设施管理领导小组，办公室设在气象部门。同年各级气象部门成立了雷电防护设施检测站，开展防雷检测和防雷工程施工业务，并成为建筑工程竣工验收成员单位。2004 年、2005 年后，佳木斯、富锦、同江气象局防雷审批工作先后进入审批大厅，其余各市县进入审批程序。

③专业气象有偿服务

从 20 世纪 80 年代中期开展专业气象有偿服务，涉及的部门包括林业、水利、供电、粮食、航运、交通、保险、建筑、城镇防火及乡镇等。服务方式由开始的邮寄材料和警报广播等发展到电话答询、手机短信等形式。20 世纪 90 年代中期开展电视天气预报广告和庆典气球服务。

佳木斯市气象局

机构历史沿革

历史沿革　1937 年 10 月 25 日，伪满洲国海关组建佳木斯观象台，观测场位于北纬 46°49′，东经 132°21′分，海拔高度 95.0 米。1945 年日本投降前拆除，仪器和资料全部流失。解放后，1948 年组建佳木斯气候所，1949 年 6 月 1 日正式开始观测，观测场位于北纬 46°49′，东经 132°21′，海拔高度 95.0 米。1955 年 10 月 25 日迁至北纬 46°49′，东经130°17′，海拔高度 81.2 度米，改称佳木斯市气象台。2003 年 7 月观测场向西北方向平移 60 米，经纬度及海拔高度均未变。2007 年 1 月 1 日，佳木斯国家国家基准站迁至北纬 46°47′，东经 130°18′，海拔高度 82 米。

建制情况 建站后，为军队建制。1954 年 1 月建制转为地方，由气象部门管理。1955 年 10 月 25 日改称为佳木斯市气象台。1958 年 9 月起以合江专署领导为主，改称合江地区气象台。1962 年 6 月体制上收，为省气象局建制，管理 16 市县(包括佳木斯市、鹤岗市、双鸭山市等台站)，行政和思想政治工作，由合江行署领导。1965 年 1 月，在合江地区气象台设立政治处(处级)领导全面工作，属省局派出机构。1968 年 8 月建制转为地方，以合江地区革命委员会为主领导。1971 年 3 月 2 日起实行军队为主领导，归合江军分区管理，7 月 22 日建立了气象台临时党委。1973 年 9 月实行以地方政府领导为主的双重领导。1975 年 1 月改称合江地区气象局，1976 年 3 月组建气象局党组。1980 年 8 月起，实行双重领导，以省气象局为主的管理体制。1985 年地方机构改革，合江地区气象局改称为佳木斯市气象局。

人员状况 1948 年筹建时期工作人员 4 人。1949 年 6 月 1 日业务运行时 7 人，其中大专 3 人。2008 年工作人员 66 人(其中参公人员 17 人)，平均年龄 43 岁，硕士学历 1 人、大学本科 31 人、大专 20 人、中专 8 人、高中及以下 10 人，副高职称 8 人、中级职称 40 人，党员 22 人，少数民族 4 人。

名称及主要负责人变更情况

单位名称	姓名	职务	任职时间
佳木斯气候所	李录曾	所长	1949 年 3 月—1955 年 5 月
佳木斯气象站	常树翰	站长	1952 年—1957 年 6 月
佳木斯市气象台	刘　贵	副台长 主持工作	1955 年 10 月—1958 年 7 月
合江地区气象服务台	孙继起	台长	1958 年 7 月—1976 年 3 月
	安帮群	书记	1971 年 7 月 31 日—1973 年 5 月 28 日
合江地区气象台	曲宏声	政治处主任	1973 年 5 月 28 日—1976 年 3 月 8 日
	顾士德	党组副书记、台长	1976 年 3 月 8 日—1979 年 4 月 10 日
	王之扬	党组副书记、台长	1979 年 4 月 10 日—1984 年 5 月
佳木斯市气象局	薛耿发	党组副书记、局长	1984 年 5 月—1986 年 3 月
	薛耿发	党组书记、局长	1986 年 3 月—1987 年 3 月 24 日
	王守仁	党组副书记、局长	1987 年 3 月—1987 年 10 月 14 日
	王守仁	党组书记、局长	1987 年 10 月 14 日—1994 年 9 月 5 日
	张连福	党组书记、局长	1994 年 9 月 5 日—1998 年 1 月
	周立民	党组副书记、副局长	1998 年 1 月 11 日—1999 年 3 月 17 日
	王　军	党组副书记、副局长	1999 年 3 月 17 日—2000 年 6 月 12 日
	王　军	党组书记、局长	2000 年 6 月 12 日—

气象业务与服务

1. 气象业务

①气象观测

1949年6月1日正式开始观测,7月1日开始编发02、08、14、20时4次地面天气报和气象旬(月)报。观测项目有:风向、风速、气温、湿度、云量、云状、地温、能见度、天气现象、降水、蒸发(小型),8月增加日照观测。1953年1月10日增加危险天气通报。1954年7月至1959年1月开展云向、云速观测。1956年1月至1962年4月开展探空工作。1968年5月装备电接风。1975年1月装备风向风速自记及压、温、湿自记仪器。1982年7月开始遥测雨量计观测。1985年6月1日增加E-601型蒸发观测。1986年起使用PC-1500袖珍计算机取代人工编报。1987年1月1日开始每天进行24次地面观测,观测项目有云、能见度、天气现象、气压、气温、湿度、风、降水、雪深、雪压、日照、电线积冰、冻土、蒸发、地面温度、浅层地温及深层地温、太阳辐射。1992年1月1日增加遥测日射观测、酸雨观测。1994年7月配备了386微机进行计算编报,1999年起停止报送纸质报表,改用分组数据交换网传输数据。2002年开始4—9月份观测E-601B型蒸发器,其它时间观测小型蒸发器。2004年建成了CAWS600-S型自动气象站,同时开始辐射自动观测,同年7月17日开始紫外线观测,2005年1月1日自动站正式投入业务运行。从2005年6月17日起,开展闪电定位仪监测传输工作,同年8月开展酸雨观测。2006年1月—2007年12月每天编发06—18时固定航危报。2007年1月起增加为02、05、08、11、14、17、20、23时8次地面天气报。

②气象信息网络

1955年10月25日建立无线电通讯,抄收天气预报等气象数据。地面气象电报通过邮电局传输。1972年10月1日开通有线电传,自动接收气象数据。1973年9月有线电传通讯与国家气象中心、区域气象中心联网。1976年配备了气象图片传真机设备,1979年使用无线DCY电传机单边带通讯。1988年建成甚高频无线电话系统,全区台站可进行天气会商等业务联系。20世纪90年代初期,使用单板机自动处理接收气象资料、自动填绘天气图,取消人工操作。20世纪90年代中期,建成VSAT双收站,各科室之间建立卫星电话通信。1999年启用分组数据交换网传输天气电报等信息。2000年省地县三级台站建成2兆光纤宽带网。2006年全市台站建成可视化会商系统,实现省市县三级台站可视化天气会商。2007年建设乡镇自动雨量站。

③天气预报

1955年10月25日开始制作天气预报。目前,已开展短时临近天气预报、短期、中期天气预报、短期气候预测。

短时临近天气预报 1987年开始使用711测雨天气雷达不定时为周边部分县站制作1~3小时临近天气预报,用于指导人工增雨防雹作业,不对社会发布。2003年11月新一代天气雷达投入使用后,在每年汛期对雷达警戒区的短时强降水、冰雹、大风等灾害性天气进行24小时监测,并向相关气象台站发布警报。同时利用手机短信对佳木斯市区发布灾害性天气预警信号。

短期天气预报 1984 年前，制作本站和全区的 24 小时和 48 小时天气预报。主要应用逐日气象要素曲线分析、天气图形势外推法、MOS 预报方法、完全预报方法，预报员经验等。1984 年后，市级气象台能及时获取大量的观测资料和数值预报产品，以及省气象台的实时指导，天气预报准确率逐步提高。从 2007 年起，开展精细化预报，开始内部制作和评定未来 5 天的逐日晴雨和气温的预报，上报省气象局科技减灾处评定，现已基本形成业务能力，其预报产品已对政府及专业用户的服务。

中期天气预报 20 世纪 50 年代末，开展中期天气预报业务，主要制作每旬天气预报和未来 3～5 天预报。主要应用天气形势及过程的周期分析和数理统计方法，灾害性关键性天气分型预报指标以及中期数值预报释用等。

短期气候预测 预报种类有月预报、季预报、年预报以及汛期、春季、秋季防火期等专题预报。20 世纪 80 年代，运用数理统计和韵律等相结合的方法，20 世纪 90 年代中期引进了预报模式，根据当地的具体情况建立并完善了数据预报指标库、预报方法，20 世纪 90 年代末至今，运用数理统计、天气学、动力学及国家气候中心建立的短期气候预测模式等方法，随着数值天气预报产品内容的增多，短期气候预测准确率有所提高。

④农业气象

1961 年建立农业气象试验站，从事农业气象观测和试验研究工作。1979 年开展《农业气候区划》工作。1985 年开发、应用 PC-1500 农业气象实用程序包，并参加全国微机成果展。1993 年起开展农业气象情报预报服务，定期发布《年景分析》和《产量预报》及农业十五项系列化服务。1996 年 3 月 5 日成立佳木斯市农业气象服务中心，向市领导及有关部门提供农业生产及防灾抗灾方面的气象情报。

2. 气象服务

公众气象服务 1956 年 6 月气象预报在有线电台开始播出，为大众服务。1973 年 9 月通过广播电台对外发布预报。1990 年在佳木斯电视台、佳木斯市有线电视台发布天气预报；1992 年在中央 2 台发布佳木斯市天气预报。1999 年开展农村公益服务，在乡镇建立农村警报网，通过警报广播为农民传送天气预报。1999 年建立电视天气预报制作系统，开始制作发布全区各市县天气预报，服务面扩大。2006 年 4 月起，发布短时、临近天气预报预警信号。

决策气象服务 每年定期给市委、市政府及时提供气象预报情报，重点为市领导指挥农业生产、春季防火、抗旱、防汛等工作提供决策依据，为市政府等组织的大型活动、招商引资提供决策信息。1997 年完成市政府项目《佳木斯市农业气候资源深入开发及其利用》，成果印刷成书由市农委下发乡(镇)以上政府应用。2000 年 8 月 22 日，在江泽民主席视察佳木斯期间，向省、市领导提供了 3 期《重要天气信息》，为顺利完成接待江主席的重要任务提供了有利保障。2002 年春季麦播期，根据决策服务提供的预报，市政府对抗旱工作重新安排，节省 300 多万元抗旱资金，受到市委书记王国学的表扬。2008 年 2 月 15 日，在市政府春季旱涝分析会议上，其他部门提出“春旱已成定局”的倾向性结论，佳木斯市气象局做出“春季降水略多”的正确预报，得到市领导采纳，改变原来抗大旱计划，节约了大量抗旱资金和人力。

专项气象服务 1972年开展人工增雨防雹作业。现有“三七”高炮4门，人工增雨火箭车2部，主要在市郊农业区进行人工增雨防雹作业，多年来取得了良好效果。

1999年3月成立佳木斯市雷电防护设施检测站，负责全市防雷检测工作。2001年4月成立佳木斯市华云防雷公司，获得乙级防雷资质，形成了建(构)筑物防雷设计、图纸审批、工程施工、分段检测、工程验收和周期检测一条龙式的工作格局。近5年来年均周期检测260多个单位，承接40多个防雷工程设计与施工，审核防雷工程图纸及工程验收100多项。

气象科技服务与技术开发 在1955年10月25日开始开展对电业、铁路、粮库、工程部门等单位进行专业服务。20世纪80年代初对《大马哈鱼产量预报》、《煤矿井下气压预报》和《合江地区流行病防止气候区划》进行研究。1984年开展了森林火险等级预报等30余种专业性预报。1987年建立气象警报网，通过警报广播向用户提供天气预报等信息服务。目前，专业气象有偿服务已向行业发展，同粮食、保险、电力、铁路、交通、热化、发电等10多个行业系统建立了服务关系。1999年开通“121”电话天气预报自动答询系统。2005年“121”升位到“12121”，11月1日取消各县(市)气象局“12121”平台，统一由市气象局自动答询天气实况、天气预报等信息。2002年11月开通佳木斯气象网站。2003年与两家通信运营公司合作开通手机气象短信服务业务。

气象科普宣传 为中小学生制作了气象科普教育、人工影响天气和防灾减灾知识的幻灯片，每年向中小学生进行气象科普教育达2000人次。2008年10月30日在佳木斯市首届“四进”活动中，被授予“科普进校园活动基地”。在“12121”电话自动答询系统和佳木斯气象网站建立了科普专栏和信箱。经常在报刊上发表科普宣传文章，在电台宣讲科普知识。每年世界气象日组织职工到街头、农村进行宣传，开展现场答询。每年参加“科技周”、“科技下乡”等活动，年均300多人次。

法规建设与管理

1. 气象法规建设

1987年同中国人民保险公司佳木斯市支公司联合下发了《关于加强保险气象服务工作联合通知》。2001年市政府办公室下发了《佳木斯工程建设项目开工及竣工验收管理程序补充规定》，防雷工程列入管理程序。2005年同教育局联合下发了《关于对全市中校学校防雷安全检测的通知》。2006年与市安全生产监督管理局联合下发了《关于开展防雷安全检查工作的通知》，2007年又联合下发了《关于进一步加强防雷安全工作的通知》。2007年与市教育局联合下发了《关于加强学校防雷安全工作的通知》。2008年与市安全生产监督管理局联合下发了《关于进一步加强雷电安全检工作的通知》。2008年与市国家安全局联合下发了《关于加强涉外气象探测和资料管理工作的通知》。2008年与市安全生产监督管理局联合下发了《关于加强施放气球管理工作的通知》。

2003年2月成立法制科，2005年改称政策法规科，负责本辖区的气象行政执法，承担有关行政复议和行政诉讼工作。2007年市气象局聘用职业律师为法律顾问。

2. 社会管理

行业管理 加大气象探测环境保护力度。近些年，随着城市建设和发展，基层台站气象探测环境均受到影响和破坏，通过协调和执法，解决了富锦、桦川、桦南、佳木斯、同江、汤原、抚远7个台站由地方投资进行迁移问题，改善了探测环境。1996年同市消防队联合开展施放气球等管理。近几年，对各种媒体发布天气预报进行清理。1998年后，加强了全市防雷工作管理。2005年基建工程防雷电审批项目进入佳木斯市行政服务中心。

政务公开 从2000年开展局务公开工作，建立了组织机构，制订了有关制度。2007年5月制订了市气象局局务公开实施细则。对外公开的主要内容包括：市气象局机关职责和内设机构职能、局领导分工；国家和省市出台的气象法律、法规、规章、规范性文件以及局机关制定的各类规范性文件，行政服务事项办理的条件、程序、过程、时限和结果，服务承诺相关制度。公开方法：通过报纸、电视、气象网站、文件、会议、电子屏幕等方式公布。内部的重要工作及涉及群众切身利益的事项及时召开会议向群众公开。

2005年被中国气象局授予“气象部门局务公开先进单位”。

党建与气象文化建设

1. 党建工作

党支部建设 1976年3月19日成立佳木斯气象局党支部。截至2008年年底，历任九届，隶属佳木斯市直机关工作委员会领导。现有党员22人。2007年王军当选为佳木斯第十一次人大代表大会的代表、佳木斯第十次党代会代表。1970年成立团支部，历任十一届。

党风廉政建设 先后制定和完善了《佳木斯市气象局党政领导班子、领导干部责任考核内容和追究办法》、《中共佳木斯市气象局党组关于领导干部和工作人员清正廉洁的规定》、《中共佳木斯市气象局党组关于党风政风建设责任制及具体实施办法》等一系列制度。每年开展不同主题的党风廉政宣传教育月活动。2003年在每个县气象局设置副科级廉政监督员，参加县局领导班子会议，促进了党员干部健康发展。

2. 气象文化建设

精神文明建设 坚持“两个文明一起抓”的工作思路，加强精神文明建设领导，1982年成立精神文明建设领导小组。先后制订和完善《创建文明单位实施方案》、《职工政治理论学习制度》、《佳木斯市气象局调研工作实施方案》、《中共佳木斯市气象局党组关于加强思想政治工作的意见》、《佳木斯市气象局弘扬气象文化实施办法》、《佳木斯市气象局工作制度》等30多项制度。

文明单位创建 1986年被永红区区委、区政府委授予“文明建设先进单位”称号，1994年被永红区区委、区政府委授予“文明建设先进单位标兵”称号，1998年被佳木斯市委、市政府委授予“佳木斯市文明建设先进系统”称号，2000年被佳木斯市委、市政府委授予“文明单位标兵”称号，2002年被中央文明委授予“全国创建文明行业工作先进单位”称号，

2003年被黑龙江省委、省政府授予“文明单位标兵”称号，2007年5月10日被重命名为省级文明单位标兵，2008年10月20日被中国气象局授予“全国气象部门文明台站标兵”荣誉称号。

文体活动 2003年依托多普勒天气雷达基地的建设，建立了职工阅览室、气象文化长廊100余平方米。职工体育活动室总面积400余平方米，仅乒乓球区就投资15万元，配置了比赛设施，达到国家比赛场馆标准，2006年作为政府机关乒乓球活动基地。建立老干部活动中心，面积150多平方米。修建室外健身场地1200平方米，投资10多万元安装28件健身器材。建篮球场地1个。2004年6月7日—6月11日参加全省气象职工乒乓球比赛获得男子单打第五名、大会优秀组织奖。2006年参加佳木斯市职工篮球赛，获得第四名及精神文明道德奖，同年获黑龙江省气象部门首届职工篮球赛佳木斯赛区第一名、最佳组织奖。2008年4月，成功主办了气象部门“东极杯”乒乓球精英赛。2008年5月21日，在市直机关职工篮球赛中获市直机关第一名。此外还多次组织全区和机关内部运动会。2000年至2008年每年组织一次离退休人员到所属县气象局及风景旅游区组织参观、调研活动。

3. 荣誉与人物

集体荣誉 2002年被中央文明委授予“全国创建文明行业先进单位”称号。2005年被中国气象局评为“气象部门局务公开先进单位”。2008年10月20日被中国气象局授予“全国气象部门文明台站标兵”称号。1984年被黑龙江省委、省政府委授予“为农村生产服务先进单位”称号。1985年被黑龙江省委、省政府委授予“为农村生产服务先进单位”称号。1998年被黑龙江省委、省政府授予“抗洪抢险先进单位”称号。2003年被黑龙江省倡导绿色家园指导委员会授予“绿色机关”称号。2008年12月在全省首届气象行业测报技能竞赛中，被黑龙江省气象局、省总工会授予“团体第一名”。

个人荣誉 1996年张连福被市委、市政府授予“劳动模范”称号。2005年楚志刚被中国气象局授予“第六届全国优秀青年气象科技工作者”称号。

从建站至2008年年底，共有获表彰的有黑龙江省技术能手3人次、全省气象部门模范工作者5人次、全省气象部门先进工作者35人次、全省气象部门优秀局站长1人次、全省气象部门优秀中青年9人次。

人物简介

王一大 男，1938年10月出生，原籍吉林省双阳县人。1956年9月北京气象学校毕业分配到佳木斯气象台参加工作，1965年8月北京大学地球物理系气象专业函授毕业。1997年6月入党。省劳动模范。曾担任过探空员、观测员、预报员、预报室主任、总工程师，1997年12月退休。在任期间在预报方法研究中有多项成果获奖，主编《合江气候手册》实用价值高，得到广泛使用。1957年为省气象系统先进工作者，1990年为市政协先进委员，1991年为市抗洪抢险先进个人，1989—1991年为市森林防火模范工作者，1992年为市政协优秀提案先进个人，1992年为市科技管理先进工作者，1994年为省抗洪抢险救灾先进个人，1994年为市政协先进委员。1997年被黑龙江省委、省政府授予“全省劳动模范”称号。

王军 男，1954年8月出生，原籍黑龙江省依兰县人。1971年3月参加工作，1978年

7月入党，省劳动模范。曾任佳木斯大学校报编辑部主任，佳木斯市委新闻中心正科级记者，市委常委会秘书(副处级)。1998年4月调入佳木斯市气象局工作，任副局长，纪检组长，1999年3月主持全局工作。2000年8月至今任市局党组书记、局长。在任期间，领导工作出色，带领佳木斯气象局屡创佳绩，多次获得奖励和表彰。2001年被评为全国气象系统先进个人、全市优秀共产党员，同年被省委、省政府授予“全省劳动模范”称号，2002年、2003年全省气象系统模范工作者，2004年全国气象系统先进个人，2005年佳木斯市市委、市政府授予“全市松花江水污染防控工作先进个人”、“农业先进工作者”、“防汛工作先进个人标兵”荣誉称号。

台站建设

1948年佳木斯气候所在现西林公园内。1955年迁入现址，占地面积为12.6万平方米。

办公设施　1954年建办公楼798.69平方米，经过2次改造，面积达到1365.57平方米。20世纪70—80年代，先后5次建仓库、车库、炮库，面积772平方米，建食堂及独身宿舍244.2平方米。1999年拆除违章建筑50余处，收回用地5000平方米，修建加高围墙、建大门、警卫室。2000年对老式办公楼、食堂、宿舍进行改造，建成了一个高标准的可容纳80～100人的会议中心和一个可容纳60人就餐的食堂。2001年将旧车库改造为多功能会议中心，具备接待中小型会议的住宿、就餐条件。2002年6月18日建成多普勒天气雷达基地，总体建设面积为13200平方米，办公环境达到当地一流水平。2006年4月2日观测场动迁，新观测站占地面积13227平方米，建观测站办公室300平方米，观测环境及办公条件进一步改善。

家属房建筑　20世纪80年代前，职工家属房均为平房，条件较差。1990年建家属楼一栋20户，居住条件有所改善。2006年对平房家属区进行货币动迁，新建4栋职工住宅楼，建筑面积2万平方米，改善了所有职工居住条件。

环境改造　1999年以来，对气象局大院进行绿化、美化、净化，修建办公区、家属区和通往市政的道路3千多延长米。院内种植绿化树、果树地，葡萄树等上万棵。在办公区、家属区种植各类花草绿地5千多平方米，初步实现花园式庭院建设。

1949年佳木斯气候所旧址

2003年佳木斯国家基准气候站

2003 年新一代天气雷达及佳木斯市气象局

抚远县气象局

抚远县地处祖国东极，是最早将太阳迎进祖国的地方。南临饶河县，西与同江市接壤。东、北两面与俄罗斯隔岸听潮。县城坐落在黑龙江南岸的大鹏鸟山左翼，依山傍水，清洁秀丽。属温带大陆季风气候，冬长冷、夏短热。全年平均气温 2.7℃，平均日照时数 2532.6 小时，平均降水量 626.3 毫米，平均风速为 3.4 米/秒。≥10℃积温为 2607.3℃·日，无霜期在 112～185 天。

机构历史沿革

1. 始建及站址迁移情况

抚远县气象局始建于 1968 年 1 月，称抚远县气候站，站址座落在抚远县抚远镇平安街 6 号。观测场位于东经 134°17′，北纬 48°22′，海拔高度 66.6 米。1968 年建站时，有 101 平方米办公用房。1980 年 4 月在原址新建办公楼 243 平方米。2002 年因城市发展，原站址失去代表性，迁至原址以北 2000 米处的县城沿江公园西侧，占地 2553 平方米，位于东经 134°17′，北纬 48°22′，海拔高度 40.0 米。新建办公楼 297 平方米，2003 年 1 月 1 日正式开展业务工作。

2. 建制情况

领导体制与机构设置演变　1968 年 1 月建站时，由县革委会领导为主，每天进行 4 小时观测 3 次发报。1970 年由县人民武装部领导，业务归省气象局。1971 年更名为抚远县气象站。1971年4月至1973年6月，实行以军队为主与地方政府双重领导体制，直到1973年7月中苏关系缓和后结束军管，体制划归县革委会领导。从1980年起，实行以气象部门领导为主的双重领导管理体制。2007年1月1日，根据中国气象局业务体制改革方案调整为抚远国家气象观测站一级站，执行8次观测、8次发报任务，24小时守班。2009年1月1日重新改回一般站。

人员状况 1968年建站初期有9人，三江地区气象局派人进行轮流观测。1978年全站共有人员13人，其中有本科生2人，中专生4人。2008年全局有干部职工15人，在职9人，企业编制2人，平均年龄33.5岁。其中，本科3人、专科6人、中专2人、党员7人。

历届领导变动情况

姓名	职务	级别	任职时间	进出时间
李清源	站长		1968年1月—1971年1月	1971年1月调出
李　黄	副站长		1971年1月—1979年1月	1979年1月调出
万金财	站长	正科级	1978年3月—1980年3月	1980年3月调出
王景林	站长	正科级	1980年4月—1984年8月	1984年8月离休
刘邦治	局长	正科级	1984年4月—1986年8月	1986年8月调出
王积玉	副局长	副科级	1986年8月—1988年8月	1988年8月调出
杨丙如	局长	正科级	1988年8月—1989年7月	1989年7月调出
吴廷刚	副局长	副科级	1989年7月—1990年7月	
吴廷刚	局长	正科级	1990年7月—	现任

气象业务与服务

建站之初，抚远气象站业务项目主要以地面气象观测和天气预报为主，后增加农业气象观测任务。随着地方经济发展需要，相继开展了公益服务、决策服务、专业和专项有偿服务、人工影响天气服务、雷电防护管理和检测服务、"12121"预报自动答询服务、电视天气预报服务、礼仪庆典及广告服务等。

1. 气象业务

气象观测 1968年1月正式开展业务观测，主要观测项目有云、能见度、天气现象、气温、气压、湿度、风向风速、地温、降水、蒸发、雪深、雪压、冻土、日照、深层低温，每天进行4次观测，3次发报。1979年12月停止雪压观测。1980年6月停止冻土深度观测，同年执行地面新规范。1987年1月1日至2006年12月31日地面观测改为3次观测3次发报。2005年建成自动站，2006年1月1日开始执行人工观测与自动观测双轨运行。2007年1月1日改为抚远国家气象观测站一级站，每天进行8次观测8次发报。2008年1月1日执行自动观测单轨运行。2009年1月1日重新改回一般站，每天3次观测3次发报。

气象信息网络 从建站到20世纪80年代初以专线电话通过邮电局传递各类气象电报。1986年地面观测使用PC-1500微机编报。1988年安装了无线甚高频电话，用于同市台及邻近台站会商天气等。1990年建成全县气象警报网，向农村传送气象信息。1999年地面观测开始使用分组数据交换网传递数据，同年9月建成VSAT小站，开始接收气象卫星广播的资料。2005年加入全省气象信息广域网。2006年地面自动观测站正式投入业务运行，气象观测数据通过宽带网自动传输。2006年根据《关于加快全省乡镇自动雨量监测点建设工作的通知》(黑政办〔2005〕64号)、《关于加快全市乡镇自动雨量监测网点建设实施方案的通知》(佳政办法〔2006〕47号)要求，建成乡镇两要素自动气象站9个，为及时准确全面掌握各地的雨情信息，增强防灾减灾能力，发挥了重要作用。

气象预报 建站初期开始制作短期天气预报，天气预报信息是接收省广播电台播发的全省30个站点的资料，进行手工绘图分析，主要以"听、看、资、谚"等方法制作24小时预报。1983年5月以后，开始使用123传真机，接收传真天气图，用来制作48小时内短期预报。1999年建成VSAT小站后，制作120小时预报，每日用电码的形式向省气象台发报。从1985年开始制作发布中期和长期天气预报，主要使用数理统计分析方法制作，以文字材料的形式报送当地政府和农村乡镇。

农业气象 1980年开始进行农作物物候观测、土壤湿度观测，观测作物主要有大豆和小麦，1991年停止观测农作物，只开展物候观测和土壤湿度观测。1977年11月开始第一次全省农业气候区划工作。1979年增加了农业气象周年服务活动。1982年开始制作农作物产量预报。1983年开展农作物生育期热量资源分析及其预报。

2. 气象服务

公众气象服务 已从过去的电台广播、邮寄材料等方式发展到现在通过广播电视、电话答询、手机短信、网络传输等方式传递天气预报和灾害性天气警报，受到社会各界的广泛关注。1997年7月增设"12121"天气预报自动咨询系统。1998年8月抚远县气象局建成电视天气预报制作系统，每天将全县各乡镇的短期预报制成节目带，送电视台播出。2007年5月购置了微智达剑鱼三代XAPLUS数字实时非线编电视天气预报节目制作系统，原来的模拟带改为数字带。

2006年5月增加短时临近灾害性天气预警，并开展灾情评估和直报业务。

决策气象服务 以防灾减灾为重点，主要向县领导提供定期、不定期的天气预报、气象情报、气候影响评价等信息服务，取得了显著的社会经济效益。2007年抚远发生了严重的春涝。气象局开展了全县范围内的土壤墒情普查，准确预测了5月15日至5月26日为晴好天气，以重大气象信息专报县领导。县政府紧急召开春播现场会，相关部门及时采取有效措施，根据气象局的预报及建议动员各地抢播，为夺取农业丰收奠定了基础。2008年黑瞎子岛回归，各级领导都十分重视。气象局以重大气象信息专报的形式向县领导和外事办、交通、供电等部门报送了天气预报。根据预报材料上级领导确定回归签署仪式日期定在10月14日。当天天空晴朗，最高气温12℃，西南风2级，签署仪式顺利举行，各级领导对气象服务给予了高度评价，县委牛学有书记称赞说："你们的服务很主动，预报的很准啊！"

专业与专项气象服务 2000年6月配置"三七"高炮2门，开展人工增雨防雹业务，2002年"三七"高炮增加到5门，2003年6月配置车载火箭1部。全县有作业炮手和火箭发射手26名，全部持证上岗。2005年起人工影响天气经费(年均10万元)已列入县财政预算。在防雹和抗旱关键期，人工影响天气作业取得了较好的效果，受到了领导和群众的好评。

1998年雷电防护设施管理正式划归气象部门负责。1999年县政府成立了雷电防护设施管理领导小组，办公室设在气象局。同年气象局成立了雷电防护设施检测站，积极开展防雷检测和施工，年平均检测单位40余家，年承揽防雷施工面积9万平方米。

气象科技服务与技术开发 从20世纪80年代中期开始开展天气预报有偿服务，涉及的服务部门包括林业、水利、供电、粮食、航运、交通、保险、建筑、城镇防火及乡镇村屯等。服务方式由开始的邮寄材料和警报广播等发展到电话自动答询、手机短信等形式。20世纪90年代中期开展电视天气预报广告和庆典气球服务。

气象科普宣传 利用“3·23”世界气象日，农业科技大集，农村工作会议，“放流仪式”等活动进行现场气象科普宣传，散发宣传单和气象情报、预报及科普文章等。还利用电视台宣讲气象科普知识。组织中小学生参观气象站。

法规建设与管理

1. 气象法规建设

自《中华人民共和国气象法》颁布后，县气象局先后有3人通过培训取得执法证书，负责本辖区的气象行政执法工作。依法在区域内开展了探测环境保护、防雷工程等气象行政执法工作。

2004年5月16日，县人大批准《抚远县农村集体经济管理规定》中明确：“各镇防雹费由县级财政列支，不得再向农民集资”。自2005年起抚远县人工影响天气防雹经费正式列入抚远县财政预算。2008年抚远县政府成立了行政服务中心，县气象局防雷审批工作正式进入审批大厅。

2. 社会管理

行业管理 主要是依法加强气象探测环境的保护，雷电防护设施的管理及民用飞行器的管制。2002年探测环境受到严重影响，通过积极争取，气象局整体搬迁，探测环境得以保护。2007年通过备案县规划局在制定城市发展规划和审批有关建设项目时，将事先征得具有行政审批权限的气象主管机构的同意。1999年协助部队在乌苏镇建立东方第一哨气象观测站。2002年5月协助三江湿地管理局建立气象观测站。每年对其进行业务指导、人员培训和设备维护。对辖区内三个国营农场气象站在自动站建设及业务技术等方面给予指导。结合3个农场气象站和三江保护区观测站资料，对全县风能气候资源开发利用项目进行气候可行性论证。

2006年县政府下发了《关于调整一般建设项目(房地产开发)工程行政事业性收费标准的通知》，明确了气象部门防雷管理职能，规定了在防雷审批中的收费标准。2002年成立了县、乡两级人工影响天气组织管理机构5个，成立了由农业副县长任组长的领导小组，办公室设在气象局。

政务公开 县气象局把局务公开作为一项重要工作，建立组织机构，制定了《抚远县气象局局务公开实施细则》。公开的主要内容，一是工作职责和内设机构职能、局领导分工等。二是国家和省市出台的气象法律、法规、规章、规范性文件以及局机关制定的各类规范性文件。三是各类政务信息，计划、总结，重大活动。四是行政服务事项办理的条件、程序、过程、时限和结果。五是服务承诺、政务公开的相关制度。六是内部的重要工作及涉及群众切身利益的事项。

党建与气象文化建设

1. 党建工作

支部组织建设 1968 年建站时有党员 1 人，气象局党支部成立于 1982 年，当时有党员 4 人。多年来抚远县气象局党支部为气象事业的发展起到了重要作用。2003 年之后在职党员人数增加较快，至 2008 年在职党员共 7 人。2008 年被县委、县政府授予全县农村工作先进单位和先进党支部称号。1999—2008 年连续 10 年被农委党委授予先进基层党组织。

党风廉政建设 先后制定和完善了《抚远县气象局党政领导班子、领导干部责任考核内容和追究办法》、《抚远县气象局关于领导干部和工作人员清正廉洁的规定》、《抚远县气象局关于党风政风建设责任制及具体实施办法》，2003 年起设立廉政监督员，参加局领导班子会议。

2. 气象文化建设

精神文明建设 气象局领导班子高度重视文明单位创建工作，成立了由局长任组长的文明单位创建工作领导小组。制定了文明单位创建规划和实施方案，组织职工加强政治理论学习，不断加强精神文明建设。

文明单位创建 在文明单位创建工作中，局领导班子始终坚持“三个文明一起抓”的方针，在加强物质文明建设的同时，不断加强政治文明和精神文明建设，坚持精神文明建设工作与其它业务工作同部署、同落实、同检查、同奖惩，大力加强党组织建设和党风廉政教育。全局以服务社会、营造优美的办公及生活环境为目标，在组织建设、制度建设、基础设施建设等方面下工夫，使三个文明建设工作有长足发展。1992 年获得了抚远县文明单位称号。1996 年获得抚远县文明单位标兵称号。2000 年破格晋升为市级文明单位标兵。

文体活动 为了更好地开展全局群众性体育活动，购置了篮球架和象棋等，为职工文体活动提供了条件。2004 年组织职工参加了佳木斯市气象局举办的乒乓球比赛，获得了男子个人组第一名的好成绩。每年都组织职工参加农委系统的篮球比赛和象棋比赛，参加县里举办的乒乓球比赛，并多次获奖，积极参加每年春节、元宵节以及县里的大型活动。

3. 荣誉

集体荣誉 1996年被县委授予县级文明单位标兵。1998年被县委、县政府、市气象局授予抗洪抢险先进单位。1999年获得国家科学事业档案管理二级单位，分别被中国气象局，省、市、县当地政府授予档案管理工作先进集体。2000年由于文明单位创建突出被佳木斯市委授予文明单位标兵。同年被抚远县委授予政治思想工作思想先进单位。2000—2001年被省、市气象局授予双文明建设先进集体。2003—2004年被省、市气象局授予双文明先进单位，被佳木斯市委、市政府授予气象工作先进县，被县委、县政府授予支农先进单位。2006年被佳木斯气象局授予目标管理优秀达标单位。同时被县委、县政府授予农村工作先进单位。2007年被县委、县政府授予支农先进单位。被地方党委授予抗旱先进集体。

个人荣誉 李黄1968—1979年间7次获县委、县政府授予先进个人奖励。刘邦治1968—1986年间4次获县委、县政府授予先进个人和佳木斯市气象局记功奖励。蔡登松1981年获全省气象部门先进工作者称号。孙明会1981年获县委、县政府授予先进个人称号。刘朋善1977—2003年间3次获县委、县政府授予先进个人称号。吴廷刚1977—2008年间30次获县委、县政府授予先进个人称号，8次获黑龙江省部门先进个人称号。管敬民1991—2008年间7次获县委、县政府授予先进个人称号。吴艳1998—2008年间5次获县委、县政府授予先进个人称号。于芳2000—2008年间5次获县委、县政府授予先进个人称号。

台站建设

从2003年起投资46万元，对供暖、饮用水、道路、围墙及庭院大门等进行综合改造。道路硬化1000多平方米，庭院绿化700多平方米，围栏180余延长米，台站面貌焕然一新。

1968年建站时的办公楼

1985年气象局全景

现抚远县气象局办公楼

富锦市气象局

富锦市地处黑龙江省东部三江平原腹地，属半湿润气候区，具有大陆性季风特点。由于受季风的影响，富锦的季节变化比较明显，春夏秋冬特征分明。全年平均气温 3.2℃，平均日照为 2407.0 小时，平均降水量 515.9 毫米。稳定通过 10℃积温为 2683.4℃・日，无霜期在 117～188 天。

富锦市主要气象灾害有低温冷害、霜冻、干旱、洪涝、大风、冰雹等。

机构历史沿革

1. 始建情况

伪满时期，伪满中央观象台于 1935 年 5 月在富锦建立了观象台，直至 1945 年 8 月停止观测。富锦国家基本气象站始建于 1952 年 7 月，当时站名为松江省军事部富锦气象站。观测场位于东经 131°59′，北纬 47°14′，海拔高度 59.7 米。站址座落于富锦县富锦镇二街 162 号。1952 年建站时，办公和生活用房共计 126 平方米。

站址迁移 建站后，富锦市气象局先后共有两次迁站。第一次迁站在 1969 年。因观测环境失去代表性，新站址迁至原址西南方 3000 米处，占地 13980 平方米。新站址位于东经 131°59′，北纬 47°14′，海拔高度 64.2 米。共建办公室 150 平方米，宿舍 250 平方米，10 月 1 日正式开展业务工作。第二次迁站在 1998 年，也是由于观测环境原因，迁站至距原址西 2700 米处，占地 15000 平方米。新站位于东经 131°59′，北纬 47°14′处，海拔高度 66.4

米。新建办公楼500平方米，附属用房206平方米，库房407平方米，于1999年1月1日正式投入业务运行。

2. 建制情况

领导体制与机构设置演变 1952年7月建站时，建制归松江省军事部气象科，地方由富锦县武装部领导，业务归东北军区空军司令部气象管理处领导。1953年1月1日按照上级命令改为乙种站，每天进行24小时观测12次发报。1954年1月体制由军队转为地方，划归松江省人民政府气象局，业务归东北军区空军司令部气象管理处领导，更名为松江省气象站。同年8月松江省取消，建制划归黑龙江省气象局管理，更名为黑龙江省富锦气象站。1957年将富锦气象站改为中心气象站，兼管双鸭山等8个气候站业务。1958—1971年气象管理体制又经历2次以地方为主，1次以气象部门为主的管理体制变动。

1971年4月至1973年6月，实行以军队为主地方政府双重领导的管理体制。从1980年起，实行上级气象部门与同级人民政府双重领导，以气象部门领导为主的管理体制。2007年根据业务体制改革方案定为国家气象站一级站。

人员状况 1952年建站初期有6人，均是经短训班培训上岗工作的。1978年全站共有人员16人，其中有大专生1人，中专生9人。2008年全局有干部职工18人，在职14人，平均年龄44.5岁。其中，本科3人、专科6人、中专4人、党员5人。

主要负责人变更情况

姓名	职务	级别	任职时间	进出时间
薛耿发	站长		1952.7—1953.1	1953.1调出
尚宝荣	站长		1953.1—1964.4	
付裴然	站长		1957—1959	
尚宝荣	站长		1959—1964.3	1964.4调出
潘春贵	站长		1964.4—1968	
许年明	站长		1968—1970	
胡文秀	站长		1970—1973	
王永昌	站长		1973—1973.4	
纪富才	站长		1973.5—1975.8	1975.9—调出
刘素琴	站长		1975.9—1977.10	
李振玉	站长		1977.11—1979.3	
陈九海	站长	正科级	1979.4—1983.12	1984.1离休
吴永铭	局长	正科级	1984.1—1986.3	1986.3调出
潘印国	副局长	副科级	1986.4—1988	1990调出
祖万林	局长	正科级	1988—1996.12	
段永国	局长	正科级	1996.1—2001.9	2006年调出
朱安东	副局长	副科级	2001.10—2003.3	2003.10调出
张佩友	局长	正科级	2003.4—	现任

气象业务与服务

建站之初，富锦气象站业务项目主要以地面气象观测和天气预报为主，后增加农业气象观测任务。随着地方经济发展需要，相继开展了公益服务、决策服务、专业和专项有偿服务、人工影响天气服务、雷电防护管理和检测服务、“12121”预报自动答询服务、电视天气预报服务、礼仪庆典及广告服务等。

1. 气象业务

气象观测 1952 年 8 月正式开展业务观测，主要观测项目包括：云状、云量、能见度、天气现象、气温、气压、湿度、风向风速、地温、降水、雪深、雪压等，每天进行 11 次观测 4 次发报。1953 年改为 24 小时观测 12 次发报，增加了日照项目观测。1954 年 1 月 1 日起开始执行《气象观测暂行规范》，每天增加 4 次气候观测承担 8 次发报任务及预约航危报任务。1955 年开始拍发气候旬月报，9 月份增加电线积冰观测。1962 年停止 1.6 米、3.2 米地温观测。1981 年增发 24 小时固定航危报，1983 年停止固定航危报拍发任务。2003 年建立自动观测站。2004 年 1 月 1 日开始执行人工观测与自动观测双轨运行。2006 年 1 月 1 日执行自动观测单轨运行，每天进行 8 次观测 8 次发报。

气象信息网络 从建站到 20 世纪 80 年代初以专线电话通过邮电局传递各类气象电报。天气预报信息是接收省广播电台播发的全省 30 个站点的资料，进行手工绘图分析，制作 24 小时的预报。1983 年 5 月以后，开始使用短波传真接收机，接收传真天气图，用来制作 48 小时内短期预报。

1986 年地面观测使用 PC-1500 微机编报。1988 年安装了无线甚高频对讲机，与市台及邻近台站会商天气等。1990 年建成全市气象警报网，向农村传送气象信息。1999 年地面观测开始使用分组数据交换网传递数据，同年 8 月 VSAT 小站建成，开始接收气象卫星广播的资料，用于天气预报。2005 年加入全省气象信息广域网，同年土壤湿度自动观测系统建成。2006 年地面自动观测站正式投入业务运行，气象观测数据通过宽带网自动传输。

气象预报 20 世纪 60 年代初期开始制作短期天气预报，当时制作预报主要以“听、看、资、谚”等方法完成。1983 年 5 月以后，开始使用短波传真机接收天气资料，开始制作 48 小时短期预报。

1999 年建成 VSAT 小站后，制作的 120 小时的预报，每日用电码的形式向省气象台发报。

从 1960 年开始制作发布中期和长期天气预报，主要使用数理统计分析方法制作，以文字材料的形式报送当地政府和农村乡镇。从 1997 年起 24 小时短期预报通过电视向全市发布。1997 年富锦气象局建成电视天气预报制作系统，每天将全市各乡镇的短期制成节目带，送电视台播出。

农业气象 1958 年开始进行农作物物候观测、土壤湿度观测，到 1962 年停止观测。1977 年 4 月恢复农业气象观测，同年 11 月开始第一次全省农业气候区划工作。1979 年增加了农业气象周年服务活动。1982 年开始对小麦、甜菜作物各个发育期的全面观测，增加了作物观测地段土湿观测。开始制作观测作物产量预报。1990 年增加大豆观测项目。

2005年土壤自动观测系统建成，并投入运行。2007年因种植业结构调整，观测作物由小麦改为玉米。

2. 气象服务

公众气象服务 已从过去的电台广播、邮寄材料等方式发展到现在通过广播电视、电话答询、手机短信、网络传输等方式传递天气预报和灾害性天气警报，受到社会各界的广泛关注。

决策气象服务 始终是气象服务的重点。主要向市领导机关提供的定期、不定期的天气预报、气象情报、气候影响评价等信息服务。在决策服务中以防灾减灾为重点，取得了显著的社会经济效益。

2003年富锦发生严重春旱，气象局提前通过对全市分岗、平、洼的墒情测查，发现干旱严重，以“重要气象信息”的形式报市政府领导，并提出合理化建议。市里紧急召开全市抗春旱保春种动员大会，确保春播生产顺利完成。2005年5月上中旬低温多雨严重影响了大田播种。5月20日预报未来5天对大田播种非常有利。根据这一预报市领导动员各地抢播，5月底全部完成了大田播种，为粮食丰收奠定了基础。2006年3月9日，预报未来两天将有大—暴雪。在上报市委、市政府的同时，通过电视向全市播出提醒预防。此次降雪量13毫米，有关部门紧急调动车辆抢推雪阻道路，保障了公路畅通。

专业与专项气象服务 富锦市耕地面积570多万亩，从20世纪90年代开始由于气候的变化，干旱和冰雹灾害较为严重。自20世纪80年代初开始，开展人工增雨作业。经过近10多年的发展，目前拥有作业高炮15门，车载火箭2部。防护面积已达到1000多平方千米，年经济效益都在3000万元左右。在组织管理上，成立了市、镇两级人工影响天气组织管理机构10个，市政府组成了由农业副市长任组长的领导小组，领导小组办公室主任由气象局局长担任，并配备专职人影管理人员负责日常工作。全市有作业炮手和火箭发射手65名，全部持证上岗。人工影响天气经费(年均40万元)从2004年起已列入市财政预算。

人工影响天气取得了显著效益，特别是1998年6月防雹，2007年夏旱以及2008年6月防雹等人工影响天气作业中取得了明显的防灾减灾效果，受到了领导和群众的好评。

雷电防护设施管理，从1998年正式划归气象部门负责。1999年成立了富锦市人民政府雷电防护设施管理领导小组，下设办公室(气象局)，简称防雷办。同年成立了雷电防护设施检测站，自此防雷管理与检测工作相继开展。2004年富锦市政府成立了行政服务中心(联合审批大厅)，市气象部门防雷审批工作正式进入审批大厅。同时，气象局积极开展防雷检测和施工，年平均检测单位50余家，年承揽防雷施工面积20多万平方米。

气象科技服务与技术开发 从20世纪80年代中期开始开展天气预报有偿服务，服务领域从城市到农村，涉及的服务部门包括林业、水利、供电、粮食、航运、铁路、交通、保险、建筑、城镇防火及乡镇村屯等。开始以邮寄材料和警报广播等服务方式，后来发展到电话自动答询、手机短信等形式。20世纪90年代中期开展电视天气预报广告和庆典气球服务等，取得了较好的经济效益。

气象科普宣传 利用“3·23”世界气象日，农业科技大集，农村工作会议，“金豆节”等活动进行现场气象科普宣传，散发宣传单和气象情报、预报及科普文章等。还利用电视台

“三农指南”栏目宣讲气象科普知识。组织中小学校学生参观气象站，激发中小学生热爱科学的热情。

法规建设与管理

1. 气象法规建设

自《中华人民共和国气象法》颁布以来，富锦市气象局先后有三人通过培训取得执法证书，负责本辖区的气象行政执法，承担有关行政复议和行政诉讼工作。依法在区域内开展了探测环境保护、防雷工程等气象行政执法工作。

2003 年 8 月 22 日市人大批准《富锦市农村集体经济管理规定》中明确“各镇防雹费由市级财政列支，不得再向农民集资”。自 2004 年起富锦市人工影响天气防雹经费正式列入富锦市级财政预算。

2. 社会管理

行业管理 主要是依法加强气象探测环境的保护，雷电防护设施的管理及民用飞行器的管制。1998 年探测环境受到严重影响，通过执法和争取，市政府投资，气象局整体搬迁，探测环境达到了标准。2007 年通过备案，富锦市规划局同意在制定城市发展规划和审批有关建设项目时，将主动听取气象部门的意见，并事先征得具有行政审批权限的气象主管机构的同意。2008 年充分利用国家风能资源详查的契机，将拟建测风塔，地址选在了气象站相邻的地块，市政府同意将此地无偿划拨给气象局作为风能观测用地。自此，气象探测环境由原有的 15000 平方米增加到 28579 平方米。

为贯彻落实《防雷减灾管理办法》，2004 年富锦市人民政府下发了“富锦市人民政府《关于调整一般建设项目（房地产开发）工程行政事业性收费标准》的通知，明确了气象部门防雷管理职能，规定了在防雷审批中的收费标准。开始依法行使管理职能。

政务公开 富锦市气象局把局务公开作为一项重要工作，建立组织机构，制定了《富锦市气象局局务公开实施细则》。公开的主要内容，一是工作职责和内设机构职能、局领导分工等。二是国家和省市出台的气象法律、法规、规章、规范性文件以及局机关制定的各类规范性文件。三是各类政务信息，计划、总结，重大活动。四是行政服务事项办理的条件、程序、过程、时限和结果。五是服务承诺、政务公开的相关制度。六是内部的重要工作及涉及群众切身利益的事项。

党建与气象文化建设

1. 党建工作

支部组织建设 富锦气象局党支部成立于 20 世纪 70 年代，当时有党员 5 人，多年来局党支部为气象事业的发展起到了重要作用。从 1997 到 2000 年由于党员人数过少，未成立独立党支部。2001 年在职党员人数发展到 3 人，重新成立局党支部。现有党员 5 人。

党风廉政建设 先后制定和完善了《富锦市气象局党政领导班子、领导干部责任考核内容和追究办法》、《富锦市气象局关于领导干部和工作人员清正廉洁的规定》、《富锦市气象局关于党风政风建设责任制及具体实施办法》,2003年起设立廉政监督员,享受副科级待遇,参加局领导班子会议。2005年11月段某因犯贪污罪,被县人民法院判处有期徒刑三年,缓期四年。

2. 气象文化建设

精神文明建设 富锦市气象局几任领导班子高度重视文明单位创建工作,成立了由局长任组长的文明单位创建工作领导小组。制定了文明单位创建规划和实施方案,制作了文明单位创建目标图版及文明单位创建的奋斗目标,组织职工加强政治理论学习,不断加强精神文明建设。

文明单位创建 1985年获得了富锦市文明单位称号。1996年获得佳木斯市级文明单位称号。2004年获得佳木斯市市级文明单位标兵。

文体活动 为了更好的开展全局群众性体育活动,购置了乒乓球台和台球桌,为职工文体活动提供了条件。2004年组织参加了佳木斯市气象局举办的乒乓球比赛,获得了男子团体第二的成绩;2006年组织参加了富锦市城镇职工运动会,参加了田径项目的比赛。

3. 荣誉

集体荣誉 1985年富锦市级文明单位。1996年佳木斯市级文明单位。1997—1999年全省气象系统双文明建设先进单位。2004年富锦市气象局被授予佳木斯市文明单位标兵。2004—2005年连续2年被省气象局授予双文明建设先进单位,2004—2005年被佳木斯市委、市政府授予气象工作先进县。2006年被富锦市委、市政府授予支农服务先进单位。2003—2008年连续6年被机关工委授予先进基层党组织。2008年再次获得佳木斯市文明单位标兵。

个人荣誉 张代基1978年被授予"全省气象系统双学先进个人"称号,同年10月参加了在北京举行的全国气象系统双学代表大会。刘德1987—2007年间14次获市委市政府授予的"先进个人"和佳木斯市气象局记功奖励。吴彬1993—2002年5次获佳木斯市气象局记功奖励。陈光1994—2003年4次获佳木斯市气象局记功奖励。张佩友2003—2008年被中共富锦市委、市政府授予"农业工作先进个人"称号,2004年度被中共富锦市委、市政府授予"先进个人"、"优秀共产党员"。孙永胜获市直机关工委优秀共产党员称号1次。

台站建设

富锦市气象局自第二次迁站后办公环境有了较大改善,从2004年起使用国家近60多万元投资,对房盖、供暖、门窗、饮用水、道路、围墙及庭院大门等进行综合改造。改造后的办公楼宽敞明亮,道路硬化2000多平方米,庭院绿化1000多平方米,围栏500余延长米,台站面貌焕然一新。

1952 年建站初期的富锦气象站观测场全景

20 世纪 80 年代的富锦市气象局办公楼

富锦市气象局现貌

桦川县气象局

桦川县地处黑龙江省东北部，松花江下游南岸。全县有 4 镇 5 乡。年平均气温为 3.2℃。

机构历史沿革

始建及站址迁移情况 桦川县气象局(站)始建于 1966 年 7 月，1967 年 1 月 1 日正式开展业务工作。观测场位于东经 130°43′，北纬 47°01′，海拔高度为 78.4 米。1997 年 7 月，因城市建设发展，探测环境恶化，迁站至悦来镇南郊，观测场位于东经 130°43′，北纬47°00′，海拔高度为 78.0 米。建站后一直承担一般气象站任务，2008 年 12 月 31 日改为国家气象观测基本站。

管理体制 建站至 1970 年先以省气象局为主管理，后改由县政府为主领导。1971 年至 1973 年实行军队为主的管理体制。1973 年 6 月以后以地方政府领导为主。1980 年气象体制上收，实行以气象部门为主的双重领导体制。同年4月改称气象科。1984年改称气象局，内设预报股、测报股、防雷检测站、人工降雨办公室。

名称及主要负责人变更情况

名称	时间	负责人
桦川县气象站	1967.6.—1970.9	姜本融
	1970—1973.11	王　义
	1973.12.—1977.5	贾鹤鸣
	1977.6.—1977.12	丁维俊
	1978.1—1980.3	张玉林
桦川县气象科	1980.4—1980.8	张玉林
	1980.9—1983.5	陈继修
	1983.6—1983.12	孙志信
桦川县气象局	1984.1—1986.1	孙志信
	1986.2.—1998.1	孙学仪
	1998.2.—2005.9	张忠江
	2005.10—2007.2	孙喜华
	2007.3—	刘兆金

人员状况　1967年建站时只有3人。现有在编职工7人，聘用2人。其中，党员3人，大学学历4人、大专学历3人、中专学历2人，中级专业技术职称7人、初级专业技术职称1人，40～49岁5人、40岁以下4人，全部为汉族。

气象业务与服务

目前，主要业务工作是：地面气象观测、天气预报、气象服务、人工影响天气、雷电防护管理和检测等。

1. 气象业务

地面观测　1967年1月1日至1986年12月31日，每天进行02、08、14、20时4次观测。1987年1月1日起，每天进行08、14、20时3次观测，夜间不守班。观测项目有云、能见度、天气现象、气压、气温、湿度、风向风速、降水、雪深、日照、蒸发、地温等。发报内容：天气报的内容有云、能见度、天气现象、气压、气温、风向风速、降水、雪深、地温等。拍发重要天气报，其内容为暴雨、大风、雨凇、积雪、冰雹、龙卷风等。2005年10月，AMS-Ⅱ型自动气象站建成，11月1日开始试运行。自动气象站观测项目有气压、气温、湿度、风向风速、降水、地温等，观测项目全部采用仪器自动采集、记录。2006年1月1日，自动气象站正式投入业务运行，替代了人工观测。2006年7月，在苏家店镇、新城镇、横头山镇、东河乡、梨丰乡、四马架乡、星火乡建成自动雨量观测站。8月，建成8个ZQZ-A型温度、雨量两要素自动观测站，区域雨量网开始运行。

桦川县气象站编制的报表有3份气表-1，3份气表-21。向省气象局、地(市)气象局各报送1份，本站留底本1份。2000年11月通过分组数据交换网向省气象局气象网络中心转输原始资料，停止报送纸质报表。

气象信息网络 从建站到20世纪80年代初以专线电话通过邮电局传递各类气象电报。1986年地面观测使用PC-1500微机编报。1988年安装了无线甚高频对讲机，与市台及邻近台站会商天气等。1990年建成全市气象警报网，向农村传送气象信息。1999年起，气象电报等开始使用分组数据交换网传递，同年8月VSAT小站建成，开始接收气象卫星广播的资料，用于天气预报。2005年加入全省气象信息广域网，实现了各种数据网上传输和调取及无纸化办公。2006年加入宽带网，传输的速度和信息量大幅度提高。

气象预报 建站初期，开始制作短期天气预报，主要以"听、看、资、谚"等方法完成。1983年，开始使用短波传真机接收天气图，开始制作48小时短期预报。1999年卫星单收站建成后，使用计算机处理数据和资料，更多的数值预报产品和卫星云图的应用，提高了预报准确率。2006年，安装了可视化天气会商系统，实现了省、市、县三级会商。2006年实现了与佳木斯市多普勒天气雷达实时监测资料共享，开始制作短时临近预报。从1983年开始制作发布中期和长期天气预报，主要运用数理统计方法和常规气象资料图表及天气谚语、韵律关系等方法。中期预报由旬预报和不定期重要天气预报，长期预报由4～10个月预报、年度预报、春播预报、麦收预报、汛期(6—8月)预报、秋季预报、森林火险趋势预报等。

2. 气象服务

桦川县属大陆性季风气候。灾害性天气主要有干旱、大风、冰雹、雷电、暴雨、大雪等。桦川县气象局始终把决策气象服务融入到经济社会发展和人民群众生产生活中。

公众气象服务 从过去的县广播站广播、气象警报广播、邮寄材料等方式发展到现在通过电视台、电话自动答询、手机气象短信、网络等传播天气预报和灾害性天气信息。1998年12月，电视台开始播放桦川县天气预报，天气预报信息由气象局提供。1997年11月，开通"121"天气预报自动咨询电话。2005年1月，"121"电话升位为"12121"。2006年增加短时临近灾害性天气预警，并开展灾情评估和直报业务。

决策气象服务 始终是气象服务的重点。主要向县委、县政府领导和有关单位提供定期、不定期的天气预报、气象情报、气候影响评价等信息。2006年建成自动雨量观测网后，可以及时准确为地方政府和各有关部门提供雨情信息。多年来决策气象服务取得了明显效益：如1996年10月13日，县气象局及时发布无霜冻订正预报，在县乡组织下，延迟一周采收烤烟，烟叶产量及品质明显提高，经济效益1000余万元。1998年桦川县发生洪水灾害，气象局组成服务小组，跟踪服务，及时为县委、县政府抗洪防汛决策提供第一手材料，确保松花江大堤的安全，受到县委、县政府的表彰奖励。2003年秋季，县气象局及时发布秋收预测，尤其是初霜冻和第一场大雪预测及时准确，为秋菜适时采收及大田作物延迟收获提供了可靠信息，增加经济收入1000余万元。

专业专项气象服务 1975年桦川县开展人工增雨和烟雾防霜。1982年，与县农委、县武装部、县林业局、收获机械厂等部门联合组成由14人组成的人工影响天气组，使用1台高炮在全县范围内流动作业。1990年人工降雨办公室成立，作业高炮由原来的1门增加至10门。2005年，增配车载火箭发射架1部，主要用于增雨抗旱作业。多年来，人工增雨防雹作业在缓和旱情、减轻雹灾上发挥了重要作用。1998年1月，防雷检测站成立，负责全县防雷安全管理，定期对液化气站、加油站等高危行业和中小学校等单位的防雷设施进行检测。

气象法规建设与管理

1. 气象法规建设

2000年10月，桦川县人民政府批复确认县气象局具有独立的行政执法主体资格，并为3名干部取得了行政执法证。2001年成立桦川县防雷办，县政府办公室发文，将防雷工程从设计、施工到竣工验收，全部纳入气象行政管理范围。1999—2008年，每年桦川县人民政府都下发关于防雷检测工作的通知，2004年桦川县人民政府下发的《关于调整一般建设项目(房地产开发)工程行政事业性收费标准》的通知，明确了气象部门防雷管理职能，规定了在防雷审批中的收费标准。开始依法行使管理职能。

2. 社会管理

行业管理 主要是依法加强气象探测环境的保护，雷电防护设施的管理及民用飞行器的管理。要求各施放氢气球单位和个人必须到气象局申请备案。1995年后，因城市建设发展，观测环境恶化，通过向县领导积极宣传气象探测环境的重要性，争取了县里投资，于1997年迁站，使探测环境达到了标准。2008年充分利用国家风能资源详查的有利契机，在横头山西朝阳建成了测风塔。

政务公开 桦川县气象局把局务公开作为一项重要工作，建立了组织机构，制定了《桦川县气象局局务公开实施细则》。公开的主要内容，一是工作职责和内设机构职能、局领导分工等。二是国家和省市出台的气象法律、法规、规章、规范性文件以及局机关制定的各类规范性文件。三是各类政务信息，计划、总结，重大活动。四是行政服务事项办理的条件、程序、过程、时限和结果。五是服务承诺、政务公开的相关制度。六是内部的重要工作及涉及群众切身利益的事项。

党建与气象文化建设

1. 党建工作

建站初期，有党员1人。目前有党员3人。多年来未建立独立党支部，一直与县农委合建党支部。为加强党风廉政建设，先后制定和完善《桦川县气象局党政领导班子、领导干部责任考核内容和追究办法》、《桦川县气象局关于领导干部和工作人员清正廉洁的规定》、《桦川县气象局关于党风政风建设责任制及具体实施办法》。2003年起按照省局统一部署，设立廉政监督员，参加局领导班子会议，加强廉政监督工作。

2. 气象文化建设

精神文明建设 桦川县气象局几任领导班子高度重视文明单位建设工作，成立了由局长任组长的文明单位创建工作领导小组，坚持“两手抓，两手都要硬”的工作思路。制定文明单位创建规划和实施方案，组织职工加强政治理论和业务学习，不断提高整体素质，创造浓厚的文明建设氛围。

文明单位创建 1986年获桦川县文明单位称号。1988年获得佳木斯市级文明单位称号。1990年被评为佳木斯市级文明单位标兵。1992年在全省县级气象部门中首获省级文明单位称号。近20年来，先后6次获全省气象部门双文明建设先进单位称号。

文体活动 为了更好的开展全局群众性体育活动，购置了乒乓球台和台球台，为职工文体活动提供了条件。2004年组织参加了佳木斯市局举办的乒乓球比赛，获男子团体第一的成绩。

3. 荣誉与人物

集体荣誉 1986年桦川县县级文明单位，全省气象系统两个文明建设先进单位；1988年佳木斯市市级文明单位，全省气象系统两个文明建设先进集体；1990年桦川县气象局被授予佳木斯市文明单位标兵，全省气象系统两个文明建设先进集体；1992年全省气象系统两个文明建设先进集体，黑龙江省省级文明单位；2004—2005年连续2年被省气象局授予双文明建设先进单位，被佳木斯市委、市政府授予气象工作先进县称号。2005年被中国气象局评为“气象部门局务公开先进单位”。2006年被桦川县委、县政府授予支农服务先进单位称号。

个人荣誉 孙学仪1979—1987年度全省气象部门先进工作者；1987年被授予全省气象部门先进工作者称号；1988年全省气象部门模范工作者；1989年全国气象部门双文明建设先进工作者；1993年全省优秀局(站)长、全省气象部门模范工作者；1990—1994年度全省先进工作者。孙喜华1992年获得黑龙江省优秀青年工作者，1986—2006年间8次获市委市政府授予先进个人和佳木斯气象局记功奖励。刘兆金1993—2008年1次获佳木斯市气象局记功奖励4次被县委评为优秀共产党员。王洪军1992—2008年9次获佳木斯市气象局记功奖励，1次被黑龙江省气象局授予人工影响天气先进个人。

台站建设

1967年，建成183平方米的砖瓦结构“一头沉式”办公楼，当时的办公条件比较优越。1990年，增建一幢250平方米的办公楼和一栋200平方米的家属楼，对气象大院进行整治，进行美化、绿化，工作与生活环境明显改善。1997年7月，迁站后新建办公用房730平方米，办公环境有了较大改善，从1997年起使用国家近40多万元投资，对房盖、供暖、饮用水、围墙及庭院大门等进行综合改造。改造后的办公楼宽敞明亮，庭院绿化1000多平方米，围栏420余延长米，台站面貌焕然一新。

桦南县气象局

桦南县地处完达山西麓丘陵地带，属寒温带大陆性季风气候。年平均气温为3.6℃，年平均降水量524.0毫米，年平均日照时数为2355.8小时，≥10℃积温为2611.0℃·日，无霜期在130～140天。

机构历史沿革

1. 历史沿革

桦南县气象站始建于1958年10月1日。地址为当时的桦川县湖南营镇西郊外，观测场位于东经129°50′，北纬46°16′，海拔高度181.039米，占地10000平方米。1960年10月1日，因县城整体搬迁，气象站迁至新县城西，观测场位于东经130°31′，北纬46°12′，海拔高度182.4米，占地30000平方米。1964年9月，行政区划变更，原来的桦川县分为桦南、桦川两个县，桦川县城原址改为桦南县，站名随之变更为桦南气象站。2003年4月，因城市发展，原站址失去了代表性，搬迁至桦南县桦南镇南郊，东经130°33′，北纬46°13′，海拔高度187.0米，占地38500平方米。

2007年1月1日，更名为桦南国家气象观站一级站(由于人员少，观测任务没有改变)。2009年1月1日恢复原国家一般气象站名称。

2. 建制情况

领导体制与机构设置　1958—1962年先后实行以气象部门为主和以地方政府为主的双重领导体制。1962年6月至1968年7月，以省气象局领导为主。1968—1971年，由桦南县革委会领导，业务领导为省气象局。1971—1979年先实行以军队为主的管理体制，后6年实行以地方政府为主的双重领导体制。1980年4月由气象站改称气象科。同年4月，实行气象部门为主的双重领导体制。1984年8月，改称桦南县气象局。内设机构有：测报股、预报服务股、雷电防护设施检测站、佳木斯华云科技信息广告公司桦南分公司，及县编委批准成立的人工影响天气办公室、雷电安全管理办公室。

人员状况　桦南站1958年成立时只有2人。2008年底，气象在职职工10名，企业编制职工3人，其中本科学历4人、大专学历6人、中专和高中学历3人，党员5人，工程师4名，10人为汉族、2人为满族，50岁以上1人、40～45岁7人、35岁以下5人。

主要领导更替情况

站长　赵庆康(1958—1959年)

站长　饶纪俭(1960—1969年)

站长　彭丽侠(1970—1971年)

站长　朱德仁(1972—1976年)
站长　张乃吉(1976—1979年)
科长　朱明本(1980—1983年)
局长　秦巨洲(1984—1986年)
局长　关景洲(1987—1990年)
局长　姬亚斌(1991年3月—2000年8月)
局长　孙喜华(2000年8月—2003年9月)
局长　董德庆(2003年9月—2005年6月)
局长　朱安东(2005年6月—　　　　)

气象业务和服务

1. 气象业务

建站之初,业务工作主要有地面测报、天气预报、气象服务、农业气象。随着社会的需要及事业发展,增加了人工影响天气、气象科技服务、庆典礼仪服务及防雷管理与检测等业务。

气象观测　1967年1月1日至1986年12月31日,地面观测为02、08、14、20时4次观测。1987年1月1日至今,地面观测为08、14、20时3次观测,夜间不守班。观测项目有风向、风速、气温、气压、云、能见度、天气现象、降水、日照、小型蒸发、地面温度、草面温度、雪深等,承担加密天气报、旬月报、重要天气报及汛期雨量报任务。2005年7月建地面观测自动气象站。2006年建成14个乡镇自动雨量点,及时准确地为政府及有关部门提供雨情信息。2007年1月1日,地面观测实行人工观测和自动观测双轨运行,以自动站资料为准发报。

气象信息传输　从建站到1999年,采用专线电话通过邮电局传送各类气象电报。天气预报信息以接收省广播电台播发的全省30个站点的资料为主,进行手工绘图分析,制作24小时的预报。1983年5月,开始使用短波传真接收机,接收传真天气图。1988年安装无线甚高频对讲机,与佳木斯市气象台及周边台站会商天气。1999年开始使用分组数据交换网(X.25)传输数据。1999年9月卫星地面接收系统(VSAT小站)建成,开始接收气象卫星广播的各种预报资料,信息量大幅增加。2005年气象信息传输由原来的X.25分组数据网升级为2兆SDH光纤网,大大地提高了带宽和传输速度。

天气预报　20世纪60年代初期,以群(群众看天经验)、资(收集周边和本站观测资料)、图(省台的简易天气图)三结合的办法预报天气。后来逐步总结出适合当地的短、中期预报方法。1983年5月,随着短波传真接收机的使用,预报时效和准确率有了提高。1999年卫星单收站建成后,更多的数值预报产品和卫星云图的应用,提高了预报准确率。2006年,安装了可视化天气会商系统,实现了省、市、县三级天气预报会商。2006年实现与佳木斯市多普勒天气雷达实时监测资料的数据共享,县气象局根据雷达回波图,开展了短时、临近预报和灾害天气的预报预警。

2. 气象服务

公众气象服务 桦南局已从过去的电台广播、电话、邮寄材料等方式发展到现在通过电视台播发、手机气象短信、网络等媒体传递天气预报和灾害性天气预报和预警信息。1989年建立天气预报警报网向各乡镇和服务用户发布24小时天气预报和重大天气预报。1998年起通过县电视台播报24小时天气预报。1999年建立"12121"天气预报自动查询系统,公众可通过电话查询24小时天气预报、未来5天天气趋势预报及各种气象信息。全县运动大会、县南瓜籽节、建县60周年县庆、省电视台首场《咱这也有文艺人》及中央电视台7套《农民时尚风》走进桦南万人现场广场表演等大型活动,都提前2天做出准确的天气预报和提供现场气象服务,受到当地政府和群众的一致好评。

决策气象服务 决策气象服务始终是气象服务的重点。坚持以防灾减灾为重点,主要向县委、县政府领导和有关单位提供定期、不定期的天气预报、气象情报、气候影响评价等服务。从1988年开始发布年景分析及各季节性长期预报。从1992年起开展15项农业系列化服务,为县委县政府指导农业生产提供决策依据。2007年开始发布灾害性天气预警信息,为县域经济发展和防灾减灾提供服务。多年来,决策服务取得了显著的社会经济效益。如1995年9月14日及1997年9月12日早霜冻,由于提前准确发出预报,并及时向县领导汇报,在县乡的组织下,广大农民及时收割烤烟等怕冻作物,避免了经济损失。1994年7月,几次大暴雨的预报,由于及时向县领导汇报,各乡镇及时采取防范措施,避免了重大损失。

专业与专项气象服务 1976年起开展人工影响天气工作,现有高炮7门,车载火箭发射架2部,在乡镇设立7个高炮作业点,火箭流动作业。人工影响天气取得了显著效益,特别是2005年6月防雹作业,2007年夏季抗旱增雨作业以及2008年6月防雹作业都取得了明显的防灾减灾效果,受到了领导和群众的好评。

雷电防护设施管理,从1998年正式划归气象部门负责。1999年开展防雷设施检测与安装、图纸审核、竣工验收、工程施工等。

气象科技服务与技术开发 1985年起开展专业气象有偿服务,涉及农业、林业、水利、供电、粮食、航运、铁路、交通、保险、建筑、风能开发、城镇防火及乡镇村屯等。1989年建立天气预报警报网,用户用警报接收机接收天气预报;1998年开展电视天气预报节目制作,在背景画面中插播广告。1999年开展气球庆典服务。同年起与电信合作开通"121"电话自动答询业务。2006年起开展手机气象短信业务。

气象科普宣传 每年"3·23"世界气象日,都在县城繁华地区,设置宣传台和气象科普宣传图版,开展咨询和气象知识宣传活动,同时,邀请中小学生到气象站进行参观,增长气象科技知识。

法规建设与管理

1. 气象法规建设

围绕业务建设和气象服务,县政府及有关部门下发的规范性文件主要有:《桦南县人民政府关于房地产开发及建设工程行政事业性收费实施"一站式"收费管理的通知》(桦政发

〔2004〕10号)，明确了气象部门防雷管理职能，规定了在防雷审批中的收费标准。开始依法行使管理职能。《桦南县人民政府办公室关于加强防雷设施安全周期检测工作的通知》(桦政办发〔2005〕32号)。《关于加强学校防雷安全工作的紧急通知》(桦雷联发〔2007〕1号)等文件。桦南县气象局先后有5人次通过培训取得执法证书，负责本辖区的气象行政执法，承担有关行政复议和行政诉讼工作。依法在区域内开展了探测环境保护、防雷工程等气象行政执法工作。

2. 社会管理

行业管理 将气象探测环境保护标准到县建设局进行了备案，取得主管部门对探测环境保护的支持。施放氢气球和防雷管理纳入了县政府监管范围，每年春季、秋季县气象局都与安监部门进行防雷安全检查。对全县防雷装置开展了周期检测，2006年对县第五小学防雷设施不合格及拒绝检测成功进行了执法。2006年6月县政府成立了行政服务中心(联合审批大厅)，防雷审批等工作正式进入审批大厅。

政务公开 2002年起开展政务公开工作，建立了组织机构，制定了《局务公开实施细则》。公开的主要内容，一是工作职责和内设机构职能、局领导分工等。二是国家和省市出台的气象法律、法规、规章、规范性文件以及局机关制定的各类文件。三是各类政务信息，计划、总结，重大活动。四是行政服务事项办理的条件、程序、过程、时限、收费项目标准和结果。五是服务承诺、政务公开的相关制度。六是内部的重要工作及涉及群众切身利益的事项。

党建与气象文化建设

1. 党建工作

支部建设 1986年8月20日建立桦南县气象局党支部。现有党员5名，预备党员1名，4名离退休党员已转入社区党支部。气象局党支部坚持加强自身建设，经常开展党性、党风、党纪和反腐倡廉教育，使党组织的凝聚力和战斗力不断得到加强。2007年被县直属机关工委授予“先进党组织”称号。

党风廉政建设 建立了党风廉政建设责任制，制定了保持共产党员先进性长效机制，建立和完善了“三会一课”制度、党员民主评议制度、党员联系群众制度、党建目标管理制度、政治学习制度、发展党员规划制度、政务公开制度以及领导廉政制度。用制度管人、管事，并强化内部监督，不断推进党风廉政建设。

2. 气象文化建设

精神文明建设 气象局领导班子坚持“两个文明一起抓，两个成果一起要”的工作思路，把精神文明建设与业务服务工作紧密结合起来，注重提高职工的整体素质。组织职工加强政治理论和业务学习，文明单位创建做到有规划、有实施措施、有总结，不断推进精神文明建设。

文明单位创建 文明单位创建成效显著，1987年获得桦南县“文明单位”称号，1997年、2002年、2003年被省气象局评为“双文明建设先进单位”，2006年获全省气象部门“先进气象台站”称号。

文体活动 购置了乒乓球台和台球桌，设立了图书阅览室，为职工文体活动提供了条件。组织职工开展各项文体活动，积极参加市气象局及县工委举办各项体育比赛，激发职工积极向上的工作热情。

气象科普宣传 利用“3·23”世界气象日、农业科技大集、农村工作会议等活动，开展现场咨询活动，发放宣传材料、设置气象科技图版、进行科普宣传。利用电视台“科技之冬”栏目，宣讲气象年景分析和气象科普知识。组织中小学校学生到气象站参观，了解气象常识及天气预报制作过程，激发中小学生热爱气象科学的热情。

3. 荣誉

建站以来，桦南县气象局获省、市、县表彰的集体荣誉50余项，其中获市级以上表彰奖励30余次。

获奖名称	获奖时间	授奖单位
黑龙江省气象部门双文明建设先进集体	1997年12月	黑龙江省气象局
抗洪抢险先进集体	1998年9月	省委、省政府
人工增雨防雹先进单位	1999年3月	黑龙江省降雨办
人工增雨防雹先进单位	2002年3月	黑龙江省降雨办
双文明建设先进单位	2002年3月	黑龙江省气象局
双文明建设先进单位	2003年1月	黑龙江省气象局
气象工作先进县	2006年3月	佳木斯市委、市政府
先进气象台站	2007年1月	黑龙江省气象局
支农工作先进单位	2008年4月	中共桦南县委、县政府
2006—2007年度模范集体	2008年4月	桦南县政府
支农工作先进单位	2009年3月	中共桦南县委、县政府

获得个人荣誉50余项，其中获市级以上表彰奖励70余次。

台站建设

台站综合改造 1958年建站初期，办公条件简陋，为旧民房。1960年县城整体搬迁，迁站至新县城时，办公室为100多平方米的平房，交通不便，没有水、电，条件十分艰苦。1991年对办公室进行一次综合改造，办公条件有所改善。2003年，迁站至桦南县城南，占地面积38000平方米。新站的建设费用全部由政府承担。其中业务办公用楼566平方米，楼内设有微机室、仪器室、传达室、资料室、室内卫生间、图书室、活动室、会议室等，全部更换了办公桌椅，购买微机8台。建成后办公条件显著改善。另建库房250平方米(含车库2间、食堂2间、锅炉房及锅炉工休息室各1间)。迁站时每名职工按优惠价分住宅1套(80平方米以上)。2005年，国家投资5.8万元对供暖设备进行改造，加之自筹资金累计投入30多万元对房盖、道路、室内及庭院等进行综合改造，改造后的办公楼宽敞明亮，布局合理，台站面貌焕然一新。

园区建设 园区建设共分为两块，一块是观测区，观测场及甬道两侧种植草坪，用机刨石铺设甬道 80 延长米。一块是绿化区和办公区，绿化区栽植柳树 60 余株，云杉球 120 株，草坪 600 平方米，花坛 5 个，绿化 1000 多平方米，在办公区白色路面 500 平方米，园区实现了美化、绿化。

20 世纪 80 年代的桦南气象局办公楼

2009 年桦南气象局办公楼

2009 年桦南气象局观测场全景

汤原县气象局

汤原县位于黑龙江省三江平原西部，北依小兴安岭南麓。属温带大陆性季风气候，夏季高温多雨，冬季寒冷干燥，常年盛行西南风。年平均气温为 2.9℃，7 月份温度最高，平均气温为 21.8℃，历史上极端最高气温为 38.0℃，1 月份气温最低，平均气温为零下 20.0℃，历史上极端最低气温为零下 41.0℃，≥10℃积温为 2559.5℃ · 日，年平均降水量为 536.8 毫米。

机构历史沿革

1. 始建及站址迁移情况

汤原县气象局始建于1958年，于当年10月1日正式开始地面观测，站址在汤原县汤原镇西门里“城郊”，观测场位于东经129°53′，北纬46°43′，海拔高度91.9米。后因城市建设，探测环境恶化，1974年迁至汤原镇西北郊外，占地2.1万平方千米，观测场位于东经129°53′，北纬46°44′，海拔高度为91.0米，现为国家一般气象站。

2. 建制情况

1958年建站时称汤原气候站，以气象部门领导为主。1959年以汤原县人民政府农林水利局领导为主；1960年6月30日成立汤原县水利电力局气象水文中心站，改称气候服务站，1962年6月份气象水文中心站撤销。1962年6月起以气象部门领导为主，更名为汤原气象服务站。1968年以汤原县农业革命委员会领导为主，改称汤原县农业革命委员会气象站领导小组；1971年实行以军队为主的领导体制；1973年归汤原县革命委员会领导为主。1979年起实行以气象部门为主的领导体制，更名为汤原气象科。1984年更名为汤原气象局。

人员状况 始建时有人员2人，全部为中专学历。现有气象职工14人，退休7人，全部为党员，在职7人，有4名党员。在职职工平均年龄31周岁，本科学历2人、大专学历4人、中专学历1人，工程师3人，有1人为朝鲜族，其他均为汉族。

主要负责人变更情况

姓名	职务	上任时间	离任时间
韩宝身	副站长(负责人)	1958.7	1961.8
马根生	站长	1961.9	1969.5
袁振福	站长	1969.6	1971.11
陈兴凯	指导员	1971.11	1973.7
伯　志	副站长(负责人)	1973.8	1975.4
陈泽民	站长	1974.3	1977.4
凌文藻	站长	1977.7	1979
陈新春	科长	1979.1.23	1987.4
董德庆	局长	1987.4	2003.9
朱安东	局长	2003.9	2005.6
朴春兰	局长	2005.6	在任

气象业务与服务

1. 气象业务

气象观测 建站之初观测项目主要有日照、降水、气温、湿度、地温(0～20厘米)、风向、风速、云、能见度、地面状态、天气现象、蒸发、积雪深度密度等，每天进行4次定时观测，夜间不守班。此后陆续增加自计等其他观测业务，同时观测项目、观测时次、气象报文等发生了多次反复的变动，1988年开始改为3次定时观测，夜间不守班。1987年PC-1500投入使用，用于制作气表。1999年开始拍发3次加密报。2006年6月开始安装自动观测设备，与人工观测实行对比观测，以人工站为主。2007年双轨运行以自动站为主。2008年1月1日开始实行单轨运行，取消压、温、湿、风自计观测项目，自记降水观测项目被保留，20时人工观测一次。

农业气象 1959年开展农业气象观测，观测项目有春小麦、水稻、玉米发育期观测，以及目测土壤湿度等。1960年开始观测项目发生多次反复增减变动，1985年增加物候观测项目，延续水稻、玉米和土壤湿度观测。物候观测项目木本植物有紫丁香、杏，草本植物有蒲公英，动物观测有蛙、家燕、豆雁，同时还对土壤解冻、冻结、河流流冰、虹、雷电等现象进行观测。1989年定为国家级农气基本站。

气象预报 建站之初预报员每天通过广播电台接收气象信息，手工绘制天气图表进行分析。制作长、中、短期天气预报。1985年开始使用CZ80传真接收机接收气象信息图表。1999年安装了气象信息综合分析处理系统，通过卫星直接接收云图和各种资料。2001年4月起向佳木斯市气象台传送城镇天气预报。2006年可视化会商系统正式运行，实现了省、市、县三级天气会商。2008年7月正式执行精细化天气预报业务。

气象信息与网络 从建站到20世纪80年代初气象月报、重要报报文通过邮电局传递。1989年12月开通甚高频电话会商，1991年高频电话作为气象辅助通讯网传递旬月报。1995年安装计算机终端设备，接收数值预报产品。1999年建设气象卫星单收站，2000年10月安装分组数据交换网。2004年宽带网正式投入使用，自动传输观测数据。2006年建立(多少个点)乡镇雨量自动监测网。

2. 气象服务

公众服务 建站之初通过县广播站向公众发布短期天气预报。1989年建立气象警报网，对气象专业用户进行定时广播服务。1999年制作城镇电视预报，通过县电视台向公众播放24小时天气预报。同年建立天气预报语音自动答询系统，公众可通过固定电话查询24小时天气预报、未来3天趋势预报及各种气象信息。2006年开始通过电子邮箱向各乡镇和有关单位传递气象信息。2007年开始通过手机短信、电视台滚动字幕等形式发布气象灾害预警信息。2007年汤原新闻网、2009汤原政务网年开通后在网站登载天气预报。

1998年抗洪，汤原县气象局在防洪大堤进行气象服务

决策气象服务 汤原县主要气象灾害有大风、冰雹、暴雨(雪)、霜冻、寒潮以及干旱、洪涝等灾害，气象灾害对汤原县农业生产和县域经济的发展造成了不可低估的损失。气象部门积极开展气象服务，为地方政府呈送《重大气象信息专报》、《重要气象信息》等，雨

情、旱情、墒情等气象信息成为地方政府指挥农业生产、防灾减灾的重要决策依据。2007年夏季重大旱情和2008年严重春旱，由于及早预测、及早发现、及早报告，为全县抗旱工作赢得了主动。

专业与专项气象服务 20世纪70年代后期开始人工防霜工作，1980年省气象局配备2门高炮，2003年后增加2门高炮和2部车载火箭，目前已拥有10门高炮、2部车载火箭，作业期内10门高炮布在乡镇、村屯10个作业点，火箭由气象局操作流动作业，高炮、火箭在抗旱、防雹、森林扑火工作中发挥了重要作用。2006年、2009年2次赴伊春火场支援扑火。气象局适时开展农作物病虫害防治等专项预报服务，在农业、林业、防汛抗旱工作中得到群众和地方政府的好评。2006年在现代农业科技示范园区把气象科技带到田间地头，协助大亮子河森林景区建设气象站，提供旅游气象服务。

气象科技服务与技术开发 1985年开展有偿气象服务，服务方式主要通过邮寄和警报广播等，后来发展到电话自动答询、手机短信等形式。20世纪90年代末期开展电视天气预报广告和礼仪庆典服务等，都取得了较好的经济效益。

气象科普宣传 利用"3·23"世界气象日、科技之冬、送科技下乡等活动，广泛进行气象科普宣传，发放宣传单和气象情报、预报等。还利用电视台开设气象科普知识、气象灾害应急避险常识等栏目，增强公众应对灾害避险自救意识。定期组织对外开放活动，接待中小学生来参观。

气象法规建设与管理

1. 气象法规建设

汤原县气象局有6项行政审批(许可)得到县法制办认可。先后有4人具有行政执法资格并在法制办备案，依法开展了探测环境保护、防雷工程等气象行政执法工作。2004年政府办下发《汤原县人民政府办公室关于建立乡镇雨量网的通知》(汤政办发〔2004〕14号)，全县10个乡镇和5个水库建成了人工雨量监测站，为2006年自动雨量网的建设打下基础。2002年汤原县雷电防护管理领导小组办公室和汤原县安全委员会办公室联合下发《关于进一步加强雷电安全防护管理工作的通知》、2004年气象局与建设局联合下发《关于加强建设工程项目雷电防护设施安全管理工作的通知》、2006年气象局与安监局联合下发《关于做好雷电防护安全工作的通知》、2005年汤原县安全委员会下发《关于加强防雷设施安全周期检测工作的通知》。

2. 社会管理

行业管理 1988年成了县人工降雨防雹领导小组。1999年重新调整人工降雨防雹领导小组，县长任组长，加大了人工影响天气管理力度。同年成立雷电防护管理领导小组，办公室设在气象局。同年汤原县气象局成立雷电防护检测站，进行雷电常规检测。2004年防雷办成为汤原县建筑工程竣工验收成员单位。2006年汤原县气象局成为汤原县安委会成员单位。2007年汤原县气象局探测环境保护在建设局、规划局备案。1999年对施放氢气球资质进行审批，气象局成立礼仪庆典公司，经营氢气球施放、庆典礼炮、电视广告等业务，2006 年因安全因素取消了施放氢气球业务。2007 年成立佳木斯市华云科技信息广告汤原经营部。

政务公开 汤原县气象局制定了《汤原县气象局局务公开实施细则》，对内、对外公开的主要内容明确具体，对内部有公示板，对外在网站上登载。重大事项、重大问题实行报告制度和民主决策制度。2007 年起参加全县行风测评活动，通过电视向社会做公开承诺。

党的建设与气象文化建设

1. 党建情况

支部组织建设 1971 年气象局接收了 3 名从部队入党的转业人员，组建了气象局党支部。支部自成立以来，已培养发展了 10 名党员。现有 4 名党员，党员占职工总人数比例始终保持在 80%以上。党支部战斗堡垒作用突出，连续多年被县直机关工委评为优秀党支部。

党风廉政建设 建立了党风廉政建设责任制，进一步完善党政领导班子、领导干部责任考核内容和追究办法，坚持民主生活会制度，开展经常性的廉洁自律教育。2003 年起设立廉政监督员，健全了廉政监督机制。2005 年党支部被县直机关工委评为党风廉政建设先进集体。

2. 气象文化建设

精神文明建设 着力提高全员思想素质教育，依法行政、文明执法、主动服务、规范答询。1989 年获"汤原县文明单位"称号，1998 年获"汤原县文明标兵单位"称号，2006 年获"佳木斯市文明单位"称号。

文体活动 2005 年建立职工图书阅览室，购置排球、篮球等开展健身运动，2004 年组织参加佳木斯市气象局举办的乒乓球比赛，获得了男子团体第一。

3. 荣誉

集体荣誉 汤原建站以来，气象局获得各类集体荣誉 80 多项。主要有 1988—2008 年间多次获得省气象局、市气象局双文明建设先进单位(标兵)称号。1991 年、1998 年分别被佳木斯市市委、市政府和汤原县县委、县政府授予的防汛抗洪先进单位。2006—2008 年被县委、县政府授予的支农服务先进单位、森林防火先进单位、扶持烟叶生产工作先进单位。2007 年获佳木斯市气象局重大气象服务先进集体。2007 年、2008 年获省气象局人工影响天气工作先进单位称号。

个人荣誉 建站 51 年间先后有 30 多人获得省、市气象局和地方政府的表彰奖励达 100 多人次，其中获市级以上的奖励主要有：1981 年朴秀吉获全省气象部门"先进工作者"称号；1987 年董德庆、岳德宝获得市气象局记大功奖励；1994 年穆玉琨、唐家富获佳木斯市气象局记功奖励。

台站建设

建站时房屋为84平方米的泥草房，一半用于办公，另一半用做家属房。1965年8月建成150平方米的砖木结构房舍，设有工作室三间，面积为49平方米。1975年迁站时办公室面积为240平方米，炮库面积为180平方米。2003年建设300平方米业务用房，办公条件有所改善。庭院硬化1000平方米，道路两侧、家属区门前统一栽种树木和花草。2006年完成了锅炉等基础设施综合改造。2007年自主筹集资金为家属区修建砖墙。2008年开始进行大门、围墙等综合改造项目，项目实施完成后，汤原气象局的探测环境用地将会得到更有效的保护。

1971年办公楼

汤原县气象局现状

同江市气象局

同江市地处三江平原腹地，与俄罗斯犹太自治州隔江相望。辖区面积6300平方千米，总人口17万。属于大陆性季风气候，四季差别明显。全年平均气温2.5℃，极端最低气温零下40.8℃，极端最高气温37.7℃。平均日照为2497.4小时，平均降水量542.8毫米，≥10℃积温为2450℃·日，平均无霜期在148天。

机构历史沿革

1. 始建及站址迁移情况

同江市气象局(站)始建于1966年7月，位于东经132°30′，北纬47°39′，海拔高度53.6米。1997年因观测环境失去代表性，迁至原址西南方1700米处，占地6800平方米，位于东经132°30′，北纬47°38′，海拔高度58.4米。2006年，又因观测环境受到影响，迁站至距原址西东北3700米处，占地10000平方米，位于东经132°32′，北纬47°40′处，海拔高度57.5米。

2. 建制情况

领导体制与机构设置演变 建站至1968年7月，以省气象局领导为主。1968年8月起以地方领导为主，由县革命委员会管理。1971年至1973年以军队领导为主。1974年划归地方革委会为主领导。1980年起实行以气象部门为主的双重领导体制，更名为气象科。1984年气象科改称气象局，下设测报股、预报服务股、人工降雨防雹办公室、同江市雷电防护设施检测站、同江市华创防雷工程处、同江市华美广告有限公司。

人员状况 建站时只有1名人员，现有人员10人，在职8人。其中，大学本科2人、中专2人，党员1人，均为汉族，平均年龄38岁。

主要负责人变更情况

姓名	职务	级别	任职年代	进出时间
艾　果	站长	正股	1966—1982	1966—1982 病退
朱如义	副局长	副科	1983—1985	1966—1997 退休
朱如义	局长	正科	1985—1986	1968—1988 调离
吴永铭	局长	正科	1986—1990	1986—1995 退休
刘邦治	局长	正科	1990—1995	1986—1998 去世
张佩友	局长	正科	1996—2003	1983—2003 调离
姬亚斌	局长	正科	2003—2008	1985—
王锦冬	局长	正科	2008—	1985—

气象业务与服务

1. 气象业务

地面观测 主要观测项目包括：云状、云量、能见度、天气现象、气温、气压、湿度、风向风速、地温、降水、雪深、雪压等。

1967年1月1日至1986年12月31日，进行4次定时观测。1986年地面观测使用PC-1500微机编报。1987年1月1日至2007年12月31日，进行3次定时观测。2005年建立自动观测站，2006年1月1日开始双轨运行，2007年1月1日自动站开始单轨运行。2006年1月1日，被定为国家气象观测二级站。2008年1月1日，改为国家一般气象站。2007年在9个乡镇建成乡镇自动雨量、温度监测网，区域雨量网正式运行，每小时自动采集数据并上传省气象信息中心。

气象预报 建站初期，开始制作短期天气预报，主要以“听、看、资、谚”等方法，结合本站资料制作发布天气预报。1983年5月，开始使用短波传真机接收天气资料，制作48小时预报。2000年11月建成VSAT小站后，通过卫星直接接收云图和各种天气图，预报信息量大幅度增加，开始制作的120小时的预报。2006年使用新一代天气雷达实时监测资料，开始制作发布未来6小时的短时预报和未来3小时的临近预报和预警，并开展灾情评估和直报业务。2007年建成可视化天气会商系统，加强了与上级气象台天气预报的交流与沟通，可视化会商系统在重大天气、转折性天气、关键性天气预报服务中发挥了重要作用。

建站起,开展中长期预报主要有旬、月、季、年的预报。预报方法多为统计预报法及周期迭加法。

气象信息网络 从建站起,气象电报长期通过邮电局转发。天气预报信息主要靠接收省广播电台播发的气象资料,绘制简易天气图。1983 年 5 月,开始使用短波传真接收机,接收传真天气图,预报信息量增加。1988 年安装了无线甚高频对讲机,与市台及邻近台站进行天气会商等业务联系。1999 年开始使用分组数据交换网传递气象信息。2000 年 11 月 PC-VAST 小站建成,接收卫星广播的气象资料,预报信息量大幅度增加。2005 年加入全省气象信息广域网。2006 年建成了 9 个乡镇自动雨量站,区域雨量网正式运行。2007 年地面自动观测站,气象观测数据通过光纤网自动传输。2008 年 5 月 20 日将 1957—2003 年的气象记录档案气簿-1、温度、湿度、气压、风向风速、雨量自记纸整理归入黑龙江省气象局档案馆,只保留 5 年的气象记录档案。

2. 气象服务

公众气象服务 建站后长时间通过县广播站播发天气预报,服务于百姓生活。1986 年建立天气预报警报网向各乡镇和粮库发布 24 小时天气预报、中期天气预报和重大天气预报。1998 年自建电视天气预报制作系统,并在电视台播出天气预报,扩大了公众服务面。1998 年建立”121”电话天气预报自动答询系统,向公众答询 24 小时天气预报、未来 3 天天气趋势预报及各种气象信息。服务方式从广播、邮寄材料发展到现在通过广播、电视、电话答询、手机短信、网络传输等。

决策气象服务 气象灾害主要有干旱、暴雨、大风、暴雪、寒潮、霜冻等。气象部门坚持在决策气象服务以防灾抗灾为重点,围绕农业生产和防汛抗旱、防霜冻,为市领导及有关部门提供各种时效的天气预报、气象情报,积极有效地开展气象服务,取得了显著成效。2003 年气象局提前通过对全市的岗、平、洼地段进行墒情测查,发现旱情,以《重要气象信息》形式报市政府领导,并提出建议。市政府采纳了气象局建议,召开了全市抗春旱、保春种动员大会,部署抗旱春播工作,确保了春播生产顺利完成。

专业与专项气象服务 自 20 世纪 80 年代初开始,开展人工增雨作业。经过多年的发展,目前拥有作业高炮 2 门、车载火箭 1 部,作业影响面积 600 多平方千米,年经济效益 1500 万元左右。健全了组织领导,成立了市、镇两级人工影响天气组织管理机构,市政府组成了由农业副市长任组长的领导小组,领导小组办公室主任由气象局局长担任,并配备专职管理人员负责日常工作。全市有作业炮手和火箭发射手 10 名,全部持证上岗。人工影响天气经费从 2008 年起已列入市财政预算。在 1998 年防雹、2007 年夏旱以及 2008 年 6 月防雹等人工影响天气作业中,取得了明显的防灾减灾效果,受到了领导和群众的好评。

1998 年雷电防护设施管理正式划归气象部门负责。1999 年成立了防雷办和雷电防护设施检测站,防雷管理与检测工作相继开展。2005 年正式进入市政府行政服务中心。近 10 年,年平均检测单位 30 余家,承揽防雷施工面积 20 多万平方米。

气象科技服务与技术开发 从 20 世纪 80 年代中期开始开展专业气象有偿服务,服务领域从城市到农村,涉及林业、水利、供电、粮食、航运、铁路、交通、保险、建筑等行业。20 世纪 90 年代中期开展电视天气预报广告和庆典气球服务等,取得了较好的经济效益。

1998年起与电信部门合作开展“121”自动答询业务。

气象科普宣传 利用“3·23”世界气象日，农业科技大集，农村工作会议等活动进行现场气象科普宣传，发放气象情报、预报及科普文章等宣传材料，组织中小学校学生参观气象站。2009年与同江市第一小学联合建立了校园红领巾气象站，气象技术人员定期赴校园进行技术指导，举办气象科普知识讲座。每年还在电视台相关栏目宣讲气象科普知识。

法规建设与管理

1. 气象法规建设

2003年与安监局、公安局联合下发《关于进一步加强全市雷电安全防护管理的通知》。2007年市政府防雷办与同江市教育局联合下发《关于对全市中小学防雷安全检测的通知》。2007年7月市政府下发了《同江市人民政府关于授予同江市行政服务中心各窗口单位工作人员权限的通知》(同政发〔2007〕8号)。

2. 社会管理

行业管理 经过培训考核，市气象局先后有4人取得了行政执法资格证书，负责本辖区的气象行政执法，承担有关行政复议和行政诉讼工作。2007年将气象探测环境保护标准到市规划局进行了备案，在制定城市发展规划和审批有关建设项目时，市规划部门将事先征得气象主管机构的同意。每年春季与安监部门进行防雷安全检查。2008年共检查15处，下发整改通知书10份。

政务公开 气象局把局务公开作为一项重要工作，制定了《同江市气象局局务公开实施细则》。对外公开：机构设置及职能，文明单位创建目标，防雷装置检测、收费项目标准，依法行政依据和范围，气象专业服务收费项目标准，行政服务事项办理的条件、程序、过程、时限和结果，服务承诺、政务公开的相关制度。对内公开各类政务信息，计划、总结，目标管理，固定资产状况，重大活动，重要工作及涉及群众切身利益的事项。

党建与气象文化建设

1. 党建工作

支部组织建设 20世纪70年代成立气象局党支部，当时有党员3人。现有党员1人，积极分子2人。党支部注重加强组织、思想、作风建设，充分发挥战斗堡垒作用和党员先锋模范作用。2006—2008年连续被评为“先进党组织”。

党风廉政建设 高度重视党风廉政建设工作，坚持开展党风廉政的教育活动，党员领导干部在廉政勤政上发挥表率作用。建立了党风廉政建设责任制，先后制定和完善《同江市气象局党政领导班子、领导干部责任考核内容和追究办法》、《同江市气象局关于党风政风建设责任制及具体实施办法》。2004年起设立廉政监督员，享受副科级待遇，参加局领导班子会议。

2. 气象文化建设

精神文明建设 高度重视文明单位创建工作，成立了文明单位创建工作领导小组，制定了文明单位创建规划和实施方案，制作了文明单位创建目标图版及文明单位创建的奋斗目标，组织职工加强政治理论学习，不断提高自身素质。文明单位创建做到了有规划、有检查、有总结，力争年年有新进展。2003 年获同江市市级文明单位称号。

文体活动 2007 年购置了乒乓球台并修建篮球场，为职工文体活动提供了条件。每年组织参加了市城镇职工运动会，参加田径项目的比赛和机关工委组织的乒乓球、篮球、书法、摄影等比赛。

3. 荣誉

集体荣誉 2003 年同江市级文明单位。2009 年佳木斯市先进单位综合评比第一名。

个人荣誉 周国军，1987—2002 年 4 次获佳木斯市气象局给予的记功奖励；1998 年获同江市优秀科技工作者称号；1997—2008 年 6 次被同江市机关工委授予优秀共产党员称号。王金玲，1989 年被佳木斯市气象局记功奖励 1 次。

台站建设

建站初期，办公楼仅有 200 平方米，条件较差。1997 年迁站后，新建办公楼 350 平方米，办公楼内设有微机室、仪器室、传达室、资料室、室内卫生间、健身房、会议室等，并全部更换了办公桌椅，办公环境有了较大改善。近几年，先后投资 46 万元，对房盖、墙面、供暖、门窗、饮用水、道路、围墙及庭院等进行综合改造，道路硬化 2000 多平方米，庭院绿化 1000 多平方米，建围栏 700 余延长米，台站面貌焕然一新。

1997 年气象局站貌

现在同江气象局办公楼

绥化市气象台站概况

绥化市位于黑龙江省中南部，松嫩平原腹地。下辖肇东、安达、海伦3市，望奎、兰西、明水、青冈、庆安、绥棱6县和北林区。幅员面积40724平方千米，人口575万。年平均气温2.9℃，极端最高气温为38.3℃(1980年)，极端最低气温为零下44.9℃(1976年)，年平均降水量509.3毫米。

气象工作基本情况

台站概况 绥化市原为松花江专署管理。1960年10月绥化市气象局前身松花江地区气象台正式成立，负责12个县气象站气象业务管理工作。县站有：绥化、海伦、安达、明水、青冈、兰西、望奎、绥棱、庆安、肇东、肇洲、肇源。1996年7月1日肇洲、肇源2县划归大庆市管辖，1997年3月肇洲、肇源气象局正式移交大庆市气象局。绥化市气象局现辖10个县站，其中，国家基准站1个(海伦)、国家基本站3个(北林、安达、明水)，一般站6个(青冈、兰西、望奎、绥棱、庆安、肇东)。

始建情况 海伦气象站始建于1952年，属国家基准气候站，2007年7月1日改称国家气象观象台，2008年12月31日更名为海伦国家基准气候站。

北林区气象站原名绥化气象站，2000年更名为北林区气象站。始建于1952年，国家基本气象站。2005年6月增设闪电定位仪，进行雷电灾害的监测和预警。2007年7月1日更名为国家气象观测站一级站。2009年1月恢复国家基本气候站名称。

安达气象站始建于1952年，国家基本气象站，2007年7月1日更名为国家气象观测站一级站。2009年1月恢复国家基本气候站名称。1959年开始进行农业气象观测，2004年春季增加牧草观测项目。

明水气象站始建于1953年，国家基本气象站。2007年7月1日更名为国家气象观测站一级站。2009年1月恢复国家基本气候站名称。

肇东气象站始建于1959年，国家一般站。2007年7月1日更名为国家气象观测站二级站。2009年1月恢复国家一般气候站名称。

庆安气象站始建于1957年，国家一般站。2007年7月1日更名为国家气象观测站二级站。2009年1月恢复国家一般气候站名称。从1958年开始农业气象观测至现在，省级农气站。

望奎气象站始建于1957年,国家一般站。2007年7月1日更名为国家气象观测站二级站。2009年1月恢复国家一般气候站名称。

绥棱气象站始建于1960年,国家一般站。2007年7月1日更名为国家气象观测站二级站。2009年1月恢复国家一般气候站名称。

兰西气象站始建于1956年,国家一般站。2007月1日更名为国家气象观测站二级站。2009年1月恢复国家一般气候站名称。

青冈气象站始建于1956年,国家一般站。2007月1日更名为国家气象观测站二级站。2009年1月恢复国家一般气候站,该站为国家一级农气站。为国家农气站,在1961—1963年、1966—1977年期间停止了该业务,1978年恢复农气观测直至现在。

领导体制 1960年10月建立松花江地区气象台时,仍属地区水利局建制。1962年9月体制改为双重领导,以省气象局为主。1964年6月从水利局划出,为独立科级单位。1965年8月更名为绥化地区气象台,辖1台15站(包括伊春、铁力、五营、萨尔图),1966年10月萨尔图站划归大庆石油管理局。1968年9月气象管理体制下放,以地方为主管理,伊春、铁力、五营站划出。1968年10月绥化地区气象台解散。1969年11月恢复,定为处级单位。1971年1月改以军队为主领导,军代表入驻气象台。1973年12月改以地方为主管理。1976年8月更名为绥化地区气象局。1977年6月20日绥化地区气象局观测站划归绥化县,成立绥化县气象科。1980年5月双重领导改以省气象局为主。1981—1982年各县气象科先后更名为气象局。1997年3月肇州、肇源站移交大庆市气象局管理。2000年4月绥化地区气象局更名为绥化市气象局,原下辖绥化市气象局更名为绥化市北林区气象局。绥化市气象局现管辖绥化市北林区、安达市、肇东市、海伦市、兰西县、青冈县、望奎县、明水县、庆安县、绥棱县10个县(市、区)气象局(站)。

人员状况 2008年12月,全区气象局(台站)共有编制163个,实有人数146人,其中,参照公务员管理人员14人、事业编制人员132人,平均年龄39.6岁,汉族144人、朝鲜族1人、满族1人,副高级工程师5人、工程师54人、助理工程师及以下70人、工勤人员3人,硕士研究生3人、大学学历51人、大专学历38人、中专学历39人,中共党员85人、中共预备党员2人。

主要业务范围

1. 气象业务

地面观测 全市现有地面气象观测站10个,其中1个国家基准气候站、3个国家基本气象站、6个国家一般气象站。区域两要素(雨量、温度)自动气象站152个。2个国家一级农气站,2个国家二级农气站。

国家一般气象站(庆安、兰西、青冈、望奎、肇东、绥棱)的观测项目有云、能见度、天气现象、气压、气温、湿度、风、降水、雪深、日照、小型蒸发、浅层及深层地温、草面(雪面)温度等,每天进行自动观测项目24次定时观测,人工观测项目3次(08、14、20时)定时观测并发加密天气报、重要天气报、气象旬(月)报。

国家基本气象站(明水、安达、北林)的观测项目有云、能见度、天气现象、气压、气温、湿度、风、降水、雪深、日照、小型蒸发、浅层及深层地温、草面(雪面)温度、冻土、电线积冰和E-601B型大型蒸发器等。每天进行自动观测项目24次定时观测,昼夜守班。人工观测项目4次(02、08、14、20时),辅助观测4次(05、11、17、23时),编发8次(02、05、08、11、14、17、20、23时)天气报,承担航空报、危险天气报和重要天气报、气象旬(月)报发报任务。

国家基准气候站(海伦)观测项目有云、能见度、天气现象、气压、气温、湿度、风、降水、雪深雪压、日照、小型蒸发、浅层及深层地温、草面(雪面)温度、冻土、电线积冰和E-601B型大型蒸发器等。每天进行自动观测项目24次定时观测,昼夜守班。人工观测项目24次,编发8次(02、05、08、11、14、17、20、23时)天气报、气候月报、气象旬(月)报、重要天气报。

国家一级农气站(海伦、青冈)进行玉米、马铃薯、小麦、大豆、水稻物候及自然物候观测,土壤墒情的测定。

国家二级农气站(安达、庆安)进行玉米、谷子、水稻物候及自然物候观测,土壤墒情的测定。安达站2004年春季增加牧草观测项目,主要观测羊草的返青期至黄枯期。

雷电监测站(北林)进行雷电灾害的监测和预警。

2003年开始建设地面自动气象站,改变了人工观测的历史。2003年8月1日—2005年12月31日,绥化、海伦、安达、明水、青冈、兰西、望奎、绥棱进入双轨运行,2006年1月1日转入单轨运行。2004年9月1日—2006年12月31日庆安、肇东进入双轨运行,2007年1月1日转入单轨运行。

气象预报 目前,各台站均开展短时、短期、中期和长期天气预报。短时、临近、短期天气预报,主要面向社会公众,通过电视、报纸、广播电台、“12121”电话、手机气象短信、网站、电子显示屏等多种渠道向公众传递天气信息。中期天气预报和长期天气预报主要服务于政府有关部门及专业服务用户。随着气象现代化建设的发展,新一代天气预报人机交互处理系统MICAPS、气象卫星综合应用业务系统、卫星云图接收系统、省—市—县气象信息传输系统、多普勒天气雷达等各种先进技术的运用,预报准确率提高,天气预报向精细化、个性化方向发展,不断满足社会各界和广大人民群众的需求。

气象信息网络 绥化市台的气象通信工作起步于莫尔斯收发电报。1975年后开始使用电传机进行通信。1989年开始使用计算机收发报。1987年全区建成VHF气象通信网,1995年试用无线数据传输,全区气象通信工作上了新台阶。1998年分组数据交换网开始在全区使用,通信速率和信息量大幅度增加。1998年4月,绥化市气象局VSAT小站投入使用,1999年开始县站安装PC-VSAT接收站,气象信息网络进入了以卫星通信为主、地面通信备份时代。2000年后,计算机局域网开始在全区台站建成,通过分组网,市县台站计算机成功实现联网,中文远程通信投入运行。2005年,开通2兆气象专用宽带网,随后,省—市气象台可视化会商系统建成。2006年全市乡镇雨量网、市—县台站可视化会商系统建成并投入使用。2007年市气象局VSAT接收设备升级为DVBS系统,接收气象信息量再次大幅增加。

2. 气象服务

公众气象服务 1971年以前,公众气象服务的服务方式主要是利用电话开展天气预报咨询。1971 年起,各台站通过当地广播站和报纸向社会发布短期天气预报。1989 年 8 月起,黑龙江人民广播电台播发绥化市天气预报。1995 年 3 月起,绥化等市县电视台每天定时播发全市天气预报。1995 年后,各台站陆续开通了“121”电话气象预报自动答询业务。1998 年对农村实行了公益服务。关键的季节组织科技人员到农村进行义务咨询,年均 400 多人次走向街头进行宣传、咨询。2001 年 11 月起,公众可通过定制手机气象短信的方式查询绥化天气预报。2005 年 8 月起,建立了预警信号发布流程,开始通过电视等媒体向社会发布气象灾害预警信号。

专业专项气象服务 1974 年起,各市县相继开展人工影响天气工作,最初使用土炮防雹。1982 年起使用“三七”高炮进行人工增雨作业。2003 年开始使用 RY1-6300 火箭系统进行人工增雨防雹作业。目前,全市有人工增雨防雹火箭车 13 部、高炮 102 门,人工增雨作业受益面积 700 万亩。2008 年赴伊春林区扑火现场进行专项气象服务,对扑灭山火起到决定性作用。

雷电防御工作于 1998 年正式划归气象部门负责。1999 年 3 月成立绥化市雷电防护设施检测中心(防雷中心),各市县陆续开展防雷检测业务。2001 年形成了建(构)筑物防雷设计、图纸审批、工程施工、分段检测、工程验收和周期检测一条龙式的工作格局。

绥化市气象局

机构历史沿革

始建与建制 绥化市气象局始前身为松花江地区气象台,成立于 1960 年 10 月成立。1963 年该台从哈尔滨迁至绥化县,改称绥化地区气象台。此间,先后实行地方政府为主、以省气象局为主的管理体制。1968 年 10 月地区气象台解散,1969 年 11 月恢复,定为处级单位。1971 年 1 月实行军队为主领导。1973 年 6 月改以地方领导为主,1976 年 8 月气象台正式改称地区气象局。1977 年 6 月 20 日所属观测站划归绥化县气象科。1980 年起,实行以气象部门为主的双重领导体制。2000 年 4 月随地改市的实施,更名为绥化市气象局。2006 年 6 月绥化市气象局迁至市党政办公大楼,迎滨路 2 号。

绥化市气象局现设办公室、人事教育科、业务科技科、计划财务科 4 个职能科室,气象台、网络中心、气象科技服务中心、防雷中心、后勤中心 5 个直属单位。

人员状况 2008 年人员编制 51 人。现有人员 52 人,其中参照公务员管理人员 14 人,平均年龄 38.45 岁,硕士学历 2 人、大学本科 28 人、大专 12 人、中专 8 人、高中及以下 2 人。副高工 4 人、中级技术人员 17 人,党员 35 人,预备党员 2 人,少数民族 2 人。

名称及主要负责人变更情况

单位名称	姓名	职务	任职时间
松花江地区水利局气象水文科	刘汉章	科长	1958 年 8 月—1960 年 10 月
松花江地区气象台	卢明春	台长	1960 年 10 月—1964 年 6 月
	刘　贵	副台长	1964 年 10 月—1965 年 10 月
绥化地区气象台	所明吉	台长、支部书记	1965 年 10 月—1967 年 1 月
	孙　珍	台长、支部书记(处级下同)	1969 年 11 月—1971 年 1 月
	王奎瀛	政委	1971 年 1 月—1973 年 12 月
	孙　芳	台长	1971 年 1 月—1973 年 12 月
	杨万生	台长、党组书记	1973 年 12 月—1976 年 11 月
绥化地区气象局	赵为民	局长、党组书记	1976 年 11 月—1978 年 3 月
	李国发	局长党组书记	1978 年 3 月—1979 年 5 月
	刘汉章	副局长、党组副书记	1979 年 5 月—1980 年 5 月
	杨万生	局长、党组书记	1980 年 5 月—1984 年 6 月
	马智超	副局长、党组副书记	1984 年 6 月—1986 年 3 月
	马智超	局长、党组书记	1986 年 3 月—1991 年 9 月
	廉九月	副局长、党组副书记	1991 年 9 月—1992 年 9 月
	廉九月	局长、党组书记	1992 年 9 月—2000 年 4 月
绥化市气象局	廉九月	局长、党组书记	2000 年 4 月—2004 年 12 月
	张成义	副局长	2004 年 12 月—2005 年 12 月
	张成义	局长、党组书记	2005 年 12 月—

气象业务与服务

1. 气象业务

气象观测　1952 年 1 月至 1955 年 4 月每天进行 02、08、14、20 时 4 次地面观测。1955 年 5 月至 1976 年 6 月每天进行 02、05、08、11、14、17、20、23 时 8 次地面观测，编发 02、05、08、14、17、20 时 6 次地面天气报。1976 年 7 月后，地面气象观测业务划归现北林区气象站。

气象信息网络　初期采用莫尔斯收发气象电报。1975 年后开始启用电传机收发报，1981 年开始使用 T1000 型传真机，1989 年开始计算机传报。1987 年建成 VHF 气象通讯网，与县站进行业务联络。1995 年试用无线数据传输气象信息。1998 年开始使用分组数据交换网，提高了气象信息传递效率。1998 年 4 月，气象卫星综合应用业务系统投入使用，气象信息网络进入了卫星通信时代。2000 年后，全区台站计算机实现联网，气象系统中文远程通信投入运行。2005 年，与省、县气象局连接的 2 兆气象专用宽带网建成，随后，省—地台可视化会商系统顺利建成。2006 年全市乡镇自动雨量监测网建成，市—县台站可视化会商系统建成并投入使用。2007 年，市气象局 VSAT 接收设备升级为 DVBS 系统，气象信息量大幅增加。

气象预报 先后开展了短时临近天气预报、短期天气预报、中期天气预报和短期气候预测。短时临近天气预报从1987年711测雨天气雷达建成开始制作。从2005年起，利用哈尔滨新一代天气雷达实时资料、卫星云图资料、闪电定位仪和自动气象站、乡镇雨量站等实时资料对大风、雷电、冰雹、暴雨等灾害性天气制作短时临近预报和警报。自气象台建立之日起，制作发布短期天气预报。天气预报的作业方式是以传统的天气图和经验分析为主。1980年至1982年，先后应用北京气象中心《三层初始方程模式》(A模式)和《北半球五层原始方程模式》(B模式)的预报。1983年IBM等系列微机进入预报工作中，引进《模式输出统计预报》(MOS)以及《完全预报方法》(PPM或PP)。1998年随着Novell网、卫星地面接收站和天气预报人机交互处理系统的应用，使天气预报业务完成了由传统的手工为主的定性分析方式向自动化、客观和定量分析方向变革，逐步形成了以数值预报产品为基础，综合应用各种气象信息和预报技术方法，充分发挥预报员作用的新的天气预报技术。2008年随着全国城镇预报传输流程的调整，短期天气预报进一步向规范化、集约化和精细化方向发展。中期天气预报从20世纪70年代中期起，开始制作旬天气预报。20世纪80年代中期后，预报人员运用数值预报对形势的分析，结合本地气象资料、短期天气形势、天气过程的周期变化等制作中期天气预报。短期气候预测主要有月、季、年的预测以及汛期预测、春秋季防火预测等专题预报。20世纪80年代末，运用数理统计和韵律等相结合的方法，20世纪90年代末至今，运用数理统计、天气学、气候数值模拟、动力学等方法，从数理统计分析到物理统计分析，到动力—统计相结合的预测方法，随着数值天气预报产品内容的增多和更多物理因子应用，短期气候预测准确率有所提高。

1997年之前，对县站的指导预报通过电话方式进行。1998年起，以网络和电话相结合的方式对县站进行指导。2006年省—市—县可视化会商系统建成后，建立了逐级指导预报体系，在重大灾害性天气和转折性天气预报服务中发挥了重要作用。

2. 气象服务

公众气象服务 1971年以前，公众气象服务主要是利用电话开展天气预报咨询。1971年起，通过绥化广播站和《绥化日报》向社会刊播短期天气预报。1989年8月起，黑龙江人民广播电台向社会播发绥化城市天气预报。1995年3月1日起，绥化电视台每天定时播发全市天气预报。1995年7月，开通了“121”电话气象预报自动答询业务。1998年起对农村实行了公益服务，关键的季节组织科技人员到农村进行义务咨询，年均400多人次。1998年建立电视天气预报制作系统，通过电视台发布全区10个县(市、区)的天气预报，进一步扩大了公益服务面。2001年11月起，公众可通过定制手机气象短信的方式查询绥化天气预报。2005年8月起，通过电视等媒体向社会发布气象灾害预警信号。

决策气象服务 1989年前，决策气象服务主要以书面形式为主，关键时刻用电话或当面汇报方式，为市政府及有关部门安排生产和防御气象灾害提供气象服务，主要内容是短期重大天气及旬、月、季、年的天气预报和气象情报。1990年起，开展了农业、防火、防汛系列化服务。1999年，制订了《绥化市气象局决策服务周年方案》，使气象决策服务工作进一步专业化、系列化和规范化。2003年后多次修订和改善了周年服务方案。2005年初，开始通过手机短信的形式向市委、市政府及有关部门的领导发布气象灾害预警信息。2006年初,“绥化气象决策服务系统”投入使用。开始通过网络、邮箱的形式向市委、市政府及有关部门的领导传递气象信息。近几年,在决策服务中,还为市政府及各部门组织的大型活动、为招商引资等项目提供预报和专题服务。决策气象信息的系列化服务,为市领导指挥农业生产、防灾抗灾、组织大型活动等提供科学决策依据。如2000年初,提前报出春旱、夏旱趋势,为政府及早采取抗旱措施争取了主动。2003年在汛情极为严重的情况下,及时报准了两次关键性降水过程,在战胜大洪水中发挥了重要作用。2005年提前报出春季低温多雨,为避免播种后粉种造成损失,气象局建议推迟十天播种,受到市委市政府的采纳,取得良好效果。2006年在春旱严重的情况下,6月2日提前预报6—10日又一次降水过程,建议各地抓住时机开展人工增雨,受到各级领导的重视,10个市县全部开展了人工增雨作业,使重旱区旱情缓解,大部分市县旱情解除,受到领导和群众的好评。

专业专项气象服务 20世纪70年代初期,人工影响天气主要开展人工防霜。1974起,使用土炮进行人工防雹。1982年起使用“三七”高炮,开展了人工增雨作业。2003年、2004年开始使用RY1-6300火箭系统,进行人工增雨防雹作业。目前,全市共有人工增雨火箭车12部,作业高炮102门,人工增雨受益面积在700万亩左右。雷电防御共从1998年正式划归气象部门负责。1999年3月成立绥化市雷电防护设施检测中心(防雷中心),负责全市防雷检测工作。2001年形成了建(构)筑物防雷设计、图纸审批、工程施工、分段检测、工程验收和周期检测一条龙式的工作格局,并成为各县建筑工程竣工验收成员单位。2004年防雷审批工作正式进入市政府服务中心大厅。近几年,平均每年检测90个单位的防雷装置,审核图纸2份,验收防雷工程6个。

气象科技服务 1984年起对粮食、电力、砖厂等部门通过邮递材料、警报机、高频电话等开展专业气象有偿服务。1994年开展了气球、礼炮等科技产业服务,2005年2月,开始对专业服务用户通过手机短信的形式发布气象灾害预警信息。2006年建立了气象专业服务网站,开展微机终端服务。2007年起增加了对防火办、消防队、交通等部门专项气象科技服务。目前,气象服务工作以专业气象预报情报为主,成行业系统发展,已先后开发了粮食、保险、电力、铁路、交通、热化、发电等10多个行业系统的气象科技服务。

气象科普宣传 每年在世界气象日,市气象台都对外开放,组织系列宣传活动,在闹市区设立宣传展台和宣传板,宣传普及气象知识,还邀请社会各界群众和大中小学校学生来访参观,进行科普教育,近几年已达4000多人次。通过手机短信发布世界气象日主题宣传信息,在天气预报节目中穿插世界气象日主题宣传的内容。邀请电视、报纸等新闻媒体的记者采访宣传,共同编播气象日主题宣传的特别节目。由于不断加大气象科普宣传力度,从而使气象知识得到社会的广泛认知。

法规建设与管理

1. 气象法规建设

在市政府的协调下,绥化市气象局积极努力工作,2007年下发了《绥化市人民政府关于加快气象事业发展的意见》(绥政发〔2007〕18号),对绥化市气象事业又好又快发展起到了很大促进作用。

2001年7月，绥化市建设委员会、绥化市气象局联合下发了《关于加强建设项目防雷工程管理工作的通知》(绥雷防办联发〔2001〕03号)。2003年1月，下发了《关于做好年度雷电防护设施周期检测的通知》(绥雷防办发〔2003〕1号)。2009年3月，下发了《关于雷电防护设施设计审核检测验收的通知》(绥雷防办发〔2009〕1号)。从1987年起，市气象局先后同中国人民保险公司绥化支公司、教育局、安全生产监督管理局、国家安全局、技术监督局、建设局等分别联合下发保险气象服务、防雷安全检查、涉外资料管理、施放氢气球管理、人工影响天气等10多项规范性文件，为气象执法工作奠定了基础。

2. 社会管理

行业管理 为了加强探测环境保护、人工影响天气和雷电防护等管理工作，1980年成立了市政府人工影响天气办公室。1998年7月，经批准，绥化市气象局具有行政执法主体资格。经培训考核，市气象局有8名同志取得执法资格证书。2000年11月，经市政府审查同意，市气象局保留了防雷装置设计审核和竣工验收、收费等4项行政许可项目。2001年1月，成立绥化市雷电防护领导小组，主任为常务副市长、副主任为市气象局常务局长。同年开始，每年都与市安全生产监督局组成联合检查组，对全市雷电安全重点防护单位进行专项检查，发现问题限期整改。2004年起，市气象局被列为市政府安全委员会成员单位。2005年设立政策法规科(挂靠办公室)，负责本辖区的气象行政执法，承担有关行政复议和行政诉讼工作。

2000年组织各县(市、区)气象局将气象探测环境保护标准在城市规划部门进行备案，取得了主管部门的支持。2002年以来，先后对青冈、肇东、海伦、北林区、庆安、兰西等影响气象观测环境的违法建筑，成功进行了执法，保护了探测环境。

为加强施放庆典气球市场的管理，1995年7月成立了绥化市民用氢气球飞行器安全管理办公室。2003年9月成立了绥化市氢气球施放资质评审委员会。通过多年的依法管理，施放气球活动有序开展，市场运营规范。

政务公开 2003年起，市气象局开展政务公开工作，制定了《绥化市气象局局务公开实施办法》。有关重大事项决策、大额资金分配使用、人事变动、干部任用、财务预决算、建设项目资金筹措、大型设备购置等群众关心的问题，都按制度召开局长办公会研究决定；与群众利益关系密切的工资、奖金、公积金的发放都按月及时公示。对外的行政处罚、行政许可的有关内容以及气象科技服务收费标准都通过气象网站和公示板向社会公示。

党建与气象文化建设

1. 党建工作

党组织建设 1965年10月成立气象台党支部。1976年8月成立绥化地区气象局党组。1998年成立绥化地区气象局党组纪检组。现有党员43名，其中离退休党员9名。多年来，坚持"以抓好党建促发展"的工作思路，全面推进党的思想、组织、作风和制度建设，党组织发挥了政治核心作用和战斗堡垒作用。

党风廉政建设 坚持惩防并举、以防为主的工作思路，先后制定和完善了《绥化市气象局党政领导班子、领导干部责任考核内容和追究办法》、《中共绥化市气象局党组关于领导干部和工作人员清正廉洁的规定》、《中共绥化市气象局党组关于党风政风建设责任制及具体实施办法》等一系列制度，每年开展不同主题的党风廉政宣传教育月活动。2003 年在每个县气象局设置了廉政监督员，参加县气象局领导班子会议，加强了对党员领导干部的监督。

2. 气象文化建设

精神文明建设 坚持开展精神文明建设活动，重视加强职工队伍素质建设，引导职工讲究职业道德，注重礼仪、文明服务。为规范职工文明行为，制定了气象服务标准，并向社会公示。丰富职工的文化生活，经常组织开展文体活动，营造了团结和谐、开拓进取的良好氛围。

文明单位创建 坚持把创建文明单位作为机关建设的重要目标，有规划，有检查，不断提升文明单位建设水平。1989 年获"行署机关文明单位"称号，1991 年获"行署机关文明单位标兵"称号，1993 年晋升为"地级文明单位"，1995 年晋升为"地级文明单位标兵"。多次被评为全省气象部门双文明建设先进单位、标兵单位。

3. 荣誉与人物

集体荣誉 1991 年被国家气象局授予"全国防汛减灾气象服务先进集体"称号，1996 年被国家人事部、中国气象局授予"全国气象系统先进集体"称号。1991 年被省委、省政府授予"抗洪先进集体"称号，1992—2000 年连续 9 年被省气象局授予双文明建设"先进单位"、"标兵单位"荣誉称号。2006、2007、2008 连续 3 年被省气象局授予目标管理达标特别优秀单位。1987 年起，连续 14 年被省政府降雨办评为"人工增雨防雹先进单位"。1998 年被中共绥化地委、行署、绥化军分区、预备役师授予"绥化地区抗洪抢险先进单位"称号。2007 年、2008 年被绥化市政府授予"服务地方经济先进单位"称号。

个人荣誉 赵玲获第四届全国优秀青年气象科技工作者称号。另有 45 人次获得全省气象部门先进个人，235 人次获得绥化市级先进个人。

人物简介

廉九月 男，1953 年 3 月出生，黑龙江省海伦市人，大学学历，1969 年 1 月参加工作，中共党员，高级工程师。参加气象工作后，历任市气象局预报员、副科长、副局长、局长、党组书记，2004 年 12 月调任黑龙江省气象局人事教育处处长。在绥化市气象局担任领导职务期间，抓服务，坚持注重实效，为经济建设保驾护航；抓项目建设、坚持技术创新，为促事业发展；抓和谐，促团结，实现职工共同理想；抓文明创建，坚持不断提升、突出气象行业特点。使绥化气象部门的各项工作走在全省前列。1996 年被国家人事部、中国气象局授予"全国气象系统先进工作者"称号，2002 年被省政府授予"黑龙江省第九届劳动模范"称号。

李明见 男，1938 年 7 月出生，湖北省祁东县人，中专学历，1956 年参加工作，中共党员。工程师。历任气象员、观测站副站长、市气象局业务科副科长、科长，1998 年退休。他从事气象工作 40 多年，始终兢兢业业，一丝不苟，以丰富的气象知识和过硬的技术为绥化气象事业的建立和发展作出了突出的贡献，多次受到省气象局、地方政府和市气象局的表彰奖励，1960 年参加黑龙江省群英会，获省政府“劳动模范”称号。

台站建设

1965 年 10 月，绥化地区气象台在当时绥化地区行署南侧三楼，面积 1055 平方米，共 9 个房间办公，办公条件较差。

1985 年 5 月，为了改善办公条件，国家气象局投资 15 万元购买了 467 平方米一幢三层办公楼。市气象局办公面积扩增为 1531 平方米，条件有所改善。

2003 年，绥化市人民政府新建政府办公大楼，将气象局办公楼建设纳入整体规划。2004 年国家和地方分别投资 200 万元和 70 万元资金，用于气象局业务办公用房建设。2006 年 6 月，绥化市人民政府办公大楼建成竣工，并将 D 座 6～7 层、办公用房面积 1800 平方米的产权划归绥化市气象局所有。至此，绥化市气象局办公环境得到彻底改善。

绥化办公楼

安达市气象局

安达市位于松嫩平原中部，属大陆性季风气候，年光热充沛，雨少集中，基本能满足农作物的生长需求。受季风环流影响，春夏之交发生旱灾、风灾，夏秋之际出现涝灾和冰雹灾害。

机构历史沿革

始建及站址迁移情况　1914 年，俄中东铁路修建时，曾在安达建立气象观测站（观测时间不详）。在伪满洲国时期，1939—1945 年曾建有气象观测站，新中国成立后，1952 年 4 月 17 日安达气象站建立，位于安达县城区北七道街，建站时东经 125°21′、北纬 46°24′，观测场海拔高度150.6米，总占地面积南北长度1200米，东西宽280米，砖木结构5间(110平方米)平房为办公室。随着城市建设和发展，气象站周边建筑物增加，经请示批准，1971年4月迁至县城西南城郊，位于东经125°19′，北纬46°23′，观测场海拔高度149.3米。建砖木结构办公室350平方米，1971年5月进行对比观测，7月正式观测。

建制情况 自建站至1979年，先后由东北军区司令部以及地方政府为主、省气象局为主的双重领导。1980年起实行气象部门为主与地方政府的双重领导体制。

安达气象站建立之后，在1960年6月—1963年7月，曾称安达市水文中心站。1971年改称安达县气象科。1983年称安达市气象局。2007年7月1日改为国家气象观测一级站，2008年12月31日改为安达国家气象基本观测站。

人员状况 1952年建站时共有4个人。2006年8月定编为16人，现有在编职工12人。其中1人为鄂伦春族，其余为汉族。本科学历2人，专科学历1人，中专及高中学历6人，初中学历2人，党员5人，50岁以上3人，30岁以下1人，其余在30～49岁之间。

名称及主要负责人变更情况

名称	时间	内设机构	主要负责人
安达县气象站	1952.7—1957.3	测报组	刘汉杰
安达县气象站 (1952.4—1960.5) 安达市水文中心站	1957.3—1961.4	测报组、预报组	倪素平
安达市水文中心站	1961.4—1962.5	测报组、预报组	邓长江
安达市水文中心站 安达气象服务站 (1963.8—1982.3)	1962.5—1972.3	测报组、预报组	李桐林
安达气象服务站	1972.3—1973.10	测报组、预报组	陈来清
安达气象服务站	1973.10—1976.3	测报组、预报组、人控组	黄玉明
安达气象服务站	1976.3—1978.4	测报组、预报组、人控组	李希贤
安达气象服务站	1978.4—1979.2	测报组、预报组、人控组	郭万才
安达气象服务站	1979.2—1980.5	测报组、预报组、人控组	栾成顺
安达气象服务站	1980.5—1982.2	测报组、预报组、人控组	王传祥
安达县气象科 (1982.4—1983.6) 安达市气象局	1982.3—1984.7	测报股、预报股、人控组	韩有才
安达市气象局	1984.7—1996.4	测报股、预报股、人控组	尹贵生
安达市气象局	1996.4—2007.10	测报股、预报股、人控办、防雷办、科技服务中心、办公室	张　波
安达市气象局	2007.10—	测报股、预报股、人控办、防雷办、办公室	孟宪宝

气象业务与服务

1. 气象业务

气象观测 1952年4月建站后，观测项目主要有气温、湿度、气压、风向、风速、降水、云、能见度、天气现象、地面状态、蒸发、雪深。自1953年1月1日改为乙种站，开始24次观测，编发4次绘图天气报告，8次补助绘图天气报。7月1日开始观测日照。1958年12月起向省气象台增发气候旬月报。1985年用PC-1500计算机取代人工编报，提高了测报质量和工作效率。1997年4月1日开始使用EN-2型测风仪器(停止使用电接风)。1997年7月1日开始使用601B型蒸发器(夏季使用601型)，冬季继续使用小型蒸发。2003年9月自动气象站建成，开始试运行阶段，2006年1月1日正式使用自动气象站。自动站观测项目有：气压、湿度、风向、风速、降水、地温等，观测项目全部采用仪器自动采集、记录，替代了人工观测。

2006年8月投资10万余元陆续建成13个气温、降水两要素的自动观测站，并正式投入运行。

安达气象站航危报任务量较大。1953年1月10日增加危险天气通报，1954年12月1日增加航空报观测，1957年向苏联拍发国际危险报。固定和预约航危报自1953年1月开始一直观测到现在。发往：哈尔滨、拉林、齐齐哈尔、双城、双辽、长春、北京、牡丹江、公主岭军航；海拉尔、北京、哈尔滨、平房等民航机场。1983年11月开始还向北京、哈尔滨2地编发重要天气报，每天02、08、14、20时和不定时发报。编报内容有：暴雨、大风、雨凇、积雪、冰雹、龙卷等。2008年增加雷暴、霾、沙尘暴、扬沙、浮尘、雾等项目。

气象信息网络 在2001年以前，气象电报都是人工编报，通过电话传报给邮电局转发。2001年3月1日，开始启用分组交换网，传递气象电报和各种信息。2003年9月自动气象站建成，通过宽带网络，每小时向省气象网络中心上传自动站实时数据。2006年建成了13个乡镇自动雨量站，区域雨量网正式运行。2008年5月20日将1952—2003年的气象记录档案气簿-1、温度、湿度、气压、风向风速、雨量自记纸整理归入黑龙江省气象局档案馆，市气象局只保留5年的气象记录档案。所有的气象记录和有关文件都实现了纸质与电子版同时保存归档。

气象预报 1959年7月开始制作短期天气预报，1958年春季开始做中长期天气预报。最初开展的天气预报主要收听每天下午14时由省电台播出的气象数据(气温、气压、风向、风速、高低压、槽线位置等)，由预报员抄收绘制图表，结合本地资料分析预报天气。

1989年春季，气象站配备"123"传真机，主要接收北京的气象传真和日本的传真图表。1988年4月开通高频电话，实现了地区与县站直接业务会商，大大提高了预报质量和服务水平。2003年，由地方政府匹配部分资金，气象局安装了VSAT小站，建立了天气预报业务基本平台，使天气预报业务能力得到了明显提高。2007年春季建成与省、市台的远程可视化会商系统，为提高重大天气、转折性天气、关键性天气预报服务水平创造了条件。

农业气象 1959年开始进行农业气象观测，观测作物为玉米、谷子等。每年2月28日至11月8日逢8测量土壤湿度。物候观测主要有小叶杨、旱柳、车前、蒲公英、苍耳等萌芽期至黄枯期。动物观测主要是家燕活动。2004 年春季按省气象局要求，增加牧草观测项目，主要观测羊草的返青期至黄枯期生长发育期情况。

2. 气象服务

公众气象服务 安达市气象局从 1958 年开始发布天气预报，通过县广播站向公众广播。1983 年建立天气预报警报网向各乡镇和粮库发布 24 小时天气预报和重大天气预报。1992 年建立天气预报自动查询系统，公众可通过电话查询 24 小时天气预报、未来 3 天天气趋势预报及各种气象信息。2000 年应用非线性编辑系统制作电视气象节目，通过市电视台播发 24 小时天气预报。2007 年开通手机短信气象服务。2008 年 4 月安装了安全文件传输系统，向全市各部门发布重大、关键性、转折性天气气象服务信息。

决策气象服务 从 1988 年开始发布年景分析及各季节性长期预报。1992 年起开展 15 项农业系列化服务，为市委市政府指导农业生产提供决策依据。2006 年开始发布灾害性天气预警信息，为市域经济发展和防灾减灾提供服务。安达市境内的气象灾害主要有干旱、暴雨、大风、暴雪、寒潮、霜冻等。1998 年发生的特大洪涝灾害，由于气象局及时准确的预报和积极有效的服务，有效减轻了洪涝危害。2006 年 3 月 9 日，气象局及时发布暴风雪气象预报，相关部门采取防范措施，避免了重大损失。

专业与专项气象服务 1974 年起开展人工影响天气工作，现有高炮 5 门，车载火箭发射架 1 部。设立 5 个高炮作业点，火箭流动作业。1989 年开展气球庆典服务。1999 年开展防雷设施检测、防雷工程图纸审核、竣工验收和防雷工程施工等。2000 年开展电视天气预报制作，设置 13 个画面，13 乡镇预报，每天在晚 20 时和次日早 7 时 2 次播放。

气象科技服务与技术开发 1980 年成立市人工增雨防雹办公室。1985 年 3 月开始专业气象有偿服务，利用邮寄、警报系统、声讯、影视、手机短信等手段，面向各行业开展气象科技服务。1989 年起，开展庆典气球施放服务。1999 年起，为各单位建筑物避雷设施开展安全检测；并与电信部门合作开展“121”自动答询业务，2000 年开始在电视天气预报上插播广告。

气象科普宣传 1996 年起参加市政府举办的科普之冬活动，进行科技讲座和年景分析。2002 年起参加市政府举办的科技大集，现场发放气象科技资料，进行气象知识宣传。2005 年起将气象局观测场设为气象科普基地，每年“3·23”世界气象日，邀请中小学生进行参观。

法规建设与管理

1. 气象法规建设

1998 年以来，安达市气象局依据有关气象法律法规，协调地方政府先后出台《加强雷电防护设施安全管理工作的通知》(安政办发〔1999〕21 号)、《关于加强雷电安全防护管理及防雷电、静电检测的通知》(安政办发〔2003〕18 号)，与市建设局联合下发《关于加强建设项目防雷工程管理工作的通知》(安建发〔2005〕3 号)等文件。2001 年 1 月，市政府审批办证中心设立气象窗口，承担行政审批职能。2005 年 8 月，成立气象行政执法大队，3 名兼职执法人员均通过省政府法制办培训考核，持证上岗。2006 年绘制了《安达市气象观测环境保护控制图》，并在建设、国土、规划等部门进行了备案，为气象观测环境保护提供重要依据；2008 年完成《探测环境保护专业规划》编制。

2. 气象社会管理

行业管理 2005 年将气象探测环境保护标准到市规划局进行了备案，取得主管部门对探测环境保护的支持。2007 年对某厂在气象观测场东南角墙外 37 米处兴建厂房破坏探测环境的行为进行了执法，制止了违法行为。同年，将防雷管理、施放氢气球纳入了市政府监管范围。

政务公开 2006 年对内设立公开栏，对外设立公示板。对外公开内容包括机构设置及职能，文明单位创建情况，防雷装置检测、收费项目标准，依法行政依据和范围，气象专业服务收费项目标准。对内公开内容包括财务状况、工程发包、人事任免、重大事项决策、职工福利、固定资产等。

党建与气象文化建设

1. 党建工作

支部组织建设 1952 建站之初有党员 2 名。1972 年成立安达气象服务站党支部，1982 年改为安达县气象科党支部，1984 年改为气象局党支部。1984 至 2008 年共发展 19 名党员，党的组织建设不断加强。1984 年被安达市委评为“先进党支部”，2007—2008 年，被市直属机关工委评为“先进党支部”、机关优质服务窗口、党员先锋岗单位。

党风廉政建设 高度重视党风廉政建设工作，建立了党风廉政建设责任制，制定了保持共产党员先进性长效机制，建立了“三会一课”制度、党员民主评议制度、党员联系群众制度、党建目标管理制度、政治学习制度、发展党员规划制度、政务公开制度以及领导廉政承诺制度。2004—2008 年，参与气象部门和地方党委开展的党章、党规、法律法规知识竞赛共 8 次。

2. 气象文化建设

精神文明建设 成立了精神文明创建领导机构，同时建立了学习制度、岗位练功及业务工作规划、学习和考核制度、测报练功制度、预报练功制度、退休干部管理规划以及文明单位创建规划等。1983 年到 2008 年，安达市气象局共获集体荣誉 60 余项，1987 年到 2005 年度连续 19 年被黑龙江省气象局、绥化市气象局授予“双文明建设先进(标兵)单位”称号，1991 年、1992 年被中国气象局授予“全国先进气象站(局)”称号，9 次被市委、市政府授予先进单位称号。

2003 年建立了图书阅览室，职工活动室，购置了体育器材。每逢重大节日组织职工进行歌咏、漫画、书法等比赛活动，2007 年获得全省气象系统书法比赛二等奖、获安达市书法比赛优胜奖。2006 年建成了青少年科普活动基地，每年接待大量学生参观学习。

3. 荣誉

集体荣誉 1983年到2008年，安达市气象局共获集体荣誉160余项，突出的有，1991年、1992年被中国气象局授予“全国先进气象站(局)”称号，1987年到2005年度连续19年被省气象局、绥化市气象局授予“双文明建设先进(标兵)单位”称号，1998年获省气象局防汛抗洪气象服务先进集体，2007—2008年被省气象局评为先进台站。2007—2008年被市委市政府授予服务地方经济建设先进单位等。

个人荣誉 从1983—2008年，安达气象局共获奖147人(次)，其中18人(次)先后被中国气象局授予“质量优秀测报员”。2人次被省气象局授予“全能观测员”称号，2001年于永辉同志被省气象局授予“优秀中青年拔尖人才”称号，2005年张波同志被中国气象局授予“全国优秀局(站)长”称号，有4人(次)被省气象局给予记功奖励，有6人(次)被市委、市政府给予记功等奖励，有21人次被绥化市气象局给予记功、先进奖励。

台站建设

台站综合改造 建站以来，安达市气象局只在1971年更换过1次办公地址。随着经济的发展和城市建设步伐的加快，1971年气象局探测环境已受到严重影响，经省气象局批准，新站址选定在现在的安达市西南城郊，占地面积16431平方米，一幢10间225平方米的办公室。1991年在原办公室的西侧新建二层局部三层410平方米的办公楼，2003年年对办公楼进行了综合改造，建设业务办公用楼570平方米，建设炮库2间、仓库1间、锅炉房和锅炉工休息室2间。办公楼设有微机室、男女值班休息室、仪器室、资料室、室内卫生间、图书室、活动室、会议室等。全部更换了办公桌椅，购置了6套微机。

园区建设 园区建设共分为两块，一块是观测区，观测场小路用彩色步道砖铺设甬道300延长米。一块是绿化区和办公区，绿化区栽植松衫30株，修建花坛8个、凉亭1个、绿化面积达70%，水泥硬化200平方米。2009年投资23万元，重新修建了围墙400米、铁围栏50米。

原气象站照片

现在办公楼

北林区气象局

绥化市北林区位于黑龙江省中部，小兴安岭余脉丘陵地与松嫩平原衔接处。是绥化市人民政府所在地。北林区地处中温带亚湿润气候区，大陆性季风气候明显。年平均气温2.4℃，极端最高气温38.3℃(1980年6月26日)；极端最低气温零下41.8℃(1980年1月16日)。年平均降水量546.9毫米。

机构历史沿革

始建及站址迁移情况 北林区气象局前身为绥化气象站。1952年4月由东北军区司令部气象处黑龙江省军事部气象科派遣穆杨等2人到绥化县选址建站，同年6月25日开始地面观测记录。站址为绥化县小五道街金大楼胡同23号，东经126°59′，北纬46°42′。海拔高度178.6米。因城区发展，观测环境恶化，1957年7月搬迁至绥化市西门郊外，东经126°58′，北纬46°37′，海拔高度179.6米。

建制情况 建站至1953年，隶属于东北军区司令部气象处。1954年1月—1959年4月以省气象局为主领导。1959年5月—1962年5月由绥化县人民委员会为主领导。1962年6月—1968年4月改由省气象局为主领导。1968年5月—1969年由绥化行政专员公署为主领导。1970—1973年，以军队领导为主，由绥化军分区管理。1973—1979年改由绥化行政专员公署为主领导。1980—2008年实行气象部门为主等双重领导体制。

从1963年起绥化气象站并入绥化地区气象台，作为台属地面观测站。1977年从绥化地区气象台中分出独立，成立绥化县气象科。1999年12月随行政区更名，改为绥化市北林区气象局(站)。

2007年7月定为国家气象观测一级站。由于与市气象局(台)同在绥化市，因此北林区气象局(站)只承担气象观测及有关服务任务，天气预报由市气象台负责。

名称及主要负责人变更情况

名称	姓名	职务	任职时间
绥化气象站	穆　杨	站长	1952年4月—1955年3月
绥化县水文中心站	李济民	站长	1955年4月—1961年6月
绥化气象台观测站	李忠权	站长	1961年7月—1969年6月
绥化气象台观测站	杨　智	指导员	1969年7月—1970年11月
绥化气象台观测站	李明见	站长	1970年12月—1972年8月
绥化县气象科站	李桐林	站长	1972年9月—1983年6月
绥化气象基本站	丁学忠	局长	1983年7月—1995年9月
绥化气象基本站	周玉芬	局长	1995年10月—2004年10月
北林国家气象观测站一级站	付占军	局长	2004年11月—

人员状况 1952年建站初期有4人，主要是部队转业人员和从社会上招收的一批初高中毕业生，经过短暂培训充实气象队伍。1956年到1968年先后有大中专毕业生充实气象队伍中，但大专以上学历水平的人员不足15%。1978—2008年除接收2名本科学历人员外，还培养在职人员进修中专、大专学历。到2008年，大专以上学历人员占80%，其中大学本科2人、专科学历7人、中专学历2人，上述人员中，有1人正在读研、4人正在进修本科。现聘任工程师3人，助工8人，还有2人具备工程师资格待聘，有党员7人，50岁以上2人、42～44岁3人，36岁以下6人，有回族、满族各1人，其余均为汉族。

气象业务与服务

1. 气象业务

气象观测 1952年6月25日开始地面气象观测，观测项目有气温、气压、湿度、风向、风速、降水、蒸发、地面状态、云、能见度、天气现象。每天进行02、08、14、20时4次气候观测，夜间守班。每日编发05、11、14、17时4次天气报，固定拍发0—24时航空报，每旬编发旬(月)报。编制月报表和年报表。在不同的历史时期，根据业务主管部门的通知，业务增减有:1953年1月1日增加地温5、10、30厘米和最低草温观测，1953年1月10日增加危险天气电报，1954年1月1日天气报改为8次，1954年11月增加航空天气观测发报，1955年6月11日增加向省台、中央气象台发气候旬月报，1955年增加15厘米曲管地温观测和积雪深度观测;1956年2月增加地面温度观测，5月16日增加雨量自记观测、6月1日增加20厘米曲管地温观测、7月25日增发国际危险报，1957年3月改为预约航危报，1960年7月1日合并气候观测与天气观测，取消地方时制，改用北京时制，1961年4月6日增加向省台拍发02、20时小图报，1980年12月1日起开始观测电线积冰。观测仪器不断更新，1954年开始使用维尔达风向、风速器，停用立轴式、风向、风速计，1954年开始使用日转温、湿自记，停用周转温、湿自记，1954年7月1日开始使用气压表，空盒气压计停用，1956年6月1日起开始使用曲管地温表，1971年起开始使用EL-1型电接风向、风速计，1997年开始使用EN-1型测风仪器，1985年6月1日起使用E601-1大型蒸发器(5—9月与小型蒸发器同时观测)，2004年使用E601-B型蒸发器(5—9月)，冬季使用小型蒸发器，2007年5月1日安装闪电定位仪，开展雷电活动监测。2003年安装自动站开始试运行;2006年1月1日正式使用自动站，自动观测项目有气压、气温、湿度、风向、风速、降水、地面。2007年6月1日起停止使用气压、温度和湿度、风的自记记录，保留的人工观测项目做为自动站仪器出现故障的补充观测。2007年8月增加草面温度观测;2008年6月1日起改为4次定时天气报和4次补充天气观测报。建站后，气象电报一直由邮电局转发。1985年起采用PC-1500微机进行观测记录计算编报。2000年起通过分组数据交换网、宽带网上传气象信息。

气象预报 北林区气象站与绥化市气象局同在一地，因此，北林区天气预报由绥化市气象局负责制作。

2. 气象服务

公众气象服务 北林区等公众天气预报服务，主要由市气象台负责。

决策气象服务 北林区境内的主要气象灾害，有干旱、暴雨、大风、暴雪、寒潮、霜冻、洪涝、冰雹等。决策服务以防灾抗灾为重点，围绕农业生产和抗旱、防汛提供预报和情报。如每年的终霜预报、初霜预报、暴雨预报等都及时向区领导汇报，及时采取防范措施，避免重大损失。特别是2006年全省建立乡镇自动雨量站后，在每年汛期到来之前，都通过网络及时下载北林区境内6条河流上游各站等降水数据，及时提交区委，区政府主要领导和区防汛指挥部，使防汛工作提前做好准备。2007年6月，北林区境内呼兰河、诺敏河水位相继出槽，气象局向区防汛指挥部提供上游站点雨情资料，为防汛工作做出了突出贡献。2008年春季，北林区发生严重干旱，气象局适时开展人工增雨作业，效果显著，缓解了大田播种期的旱情。

专业与专项气象服务 自1952年起至今，北林区气象局一直为航空部门提供航空报和危险报，保障航空安全；自1980年以来配合保险部门开展了保险气象服务业务；与消防、人防部门联合开展防火预警工作，及时向有关部门提供5级以上大风信息，为防火工作做出了应有贡献。

气象科技服务与技术开发 1975—1980年开展土炮防雹作业和人工防霜，在雹线地区建立固定发射点进行作业，在低洼地块增设防霜点，进行人工防霜作业。1980年起使用“三七”高炮，进行人工增雨、防雹作业。经多年发展，作业高炮从过去的3门发展到现在的19门，在全区建立起较为完善的人工增雨防雹防御体系。自2005年起在区委、区政府和有关部门的支持下，先后购置火箭发射架3部，用于流动增雨作业，使人工增雨防雹工作又登新台阶。1983—1995年开展专业有偿气象服务，1996年改由市气象局负责。

气象科普宣传 自建站起注重科普宣传工作，2004年起每年“3·23”世界气象日期间，对外开放七天，不但邀请中小学师生参观气象站，还接待众多来访者、参观者。同时组织职工在商业区设立咨询台，发放气象科普宣传材料，现场解答气象方面的问题，通过媒体把现场活动对外宣传出去，收到了良好的社会效果。2008年起成为绥化学院地理系实验基地后，根据教学进度不定期接待学生参观，接待人数更多、层次更高。

2008年5月1日绥化学院学生参观实习

法规建设与管理

行业管理 1978年、2006年和2007年依据《气象条例》和《中华人民共和国气象法》将气象探测环境保护标准到绥化市城市规划局进行备案，取得了主管部门对气象探测环境保护的支持。2008年绥化市新城区建设，开发气象局西侧碧桂园小区和气象局东侧、北侧的气象小区都按照气象探测保护标准严格执行，保护了气象探测环境。

政务公开 政务管理始终坚持民主集中制原则，重大事项的决策由局务会议讨论，拿出具体方案，通报全体职工。从2005年起制定政务公开制度，对内设立公开栏，包括年度预算、决算、工程发包、人事任用、年度计划、重大事项决策、目标管理、职工福利、固定资产状况、气象服务质量等。对外设立公示板，公开气象行政审批程序、气象服务内容、服务承诺、气象行政执法依据、服务收费依据及标准等。

党建与气象文化建设

1. 党建工作

支部组织建设 建站之初，党员人数较少，参加县农业、水利局支部活动。气象站党支部于1975年建立。1994年后发展党员9名，使支部党员人数增多，目前在职人员中有党员8人，占总人数的72.7%。气象局支部重视加强组织、思想和作风建设，注重发展党支部政治核心作用和党员先锋模范作用，1994—2008年连续15年被北林区工委评为先进党支部，每年都有1～2名党员被北林区工委评为优秀党员。

党风廉政建设 高度重视党风廉政建设工作，通过2003年的“两风”建设和2005年的“保持共产党员先进性”教育及2008年开展的“学习实践科学发展观活动”，党风廉政建设不断加强，建立了党风廉政建设责任制、党员民主评议制度，党员联系群众制度，政治学习制度，发展党员规划等，保持共产党员先进性的长效机制得到了进一步的落实。

2. 气象文化建设

精神文明建设 从1985年开展精神文明建设以来，气象局一直把精神文明建设纳入领导的重要日程，成立精神文明创建领导小组，由局领导任主任，开展精神文明创建工作，在创建活动中结合气象工作的实际，建立了各种规章制度，做到了精神文明建设不走过场，与业务服务工作紧密结合，体现在树立气象人等精神和优良传统、作风上来。

文明单位创建 1996年被绥化地委和人民政府命名为市级“文明单位”。1998—2008年被绥化市委和人民政府命名为市级“文明单位标兵”。

文体活动 北林区气象局十分重视气象文化建设，积极组织职工参加区里举办的各项文化活动，每年参加运动会，为大会提供服务。2004年获得北林区第二届运动会“特别贡献奖”。

3. 荣誉

建站以来，北林区气象局荣获各类集体荣誉60余项。突出的有，1983—2008年连续25年被省人工增雨防雹办公室授予先进集体，1996年被绥化地区气象局授予先进单位，1998年被绥化市人民政府授予防汛抗洪先进单位。

从1952—2008年，北林区受市级表彰的先进个人150余人次。其中，1997年、1998年，周玉芬获原绥化市“十佳公仆”称号；多人被中国气象局授予“质量优秀测报员”称号；先后有80人次获“省级优秀测报员”称号。

台站建设

台站综合改造 1952年建站后，于1957年搬迁一次。1974年在1957年所建的办公室西侧，增建200平方米办公室，改善了办公条件。1991年拆除平房，改建成361平方米的三层办公楼，办公条件进一步改善。2006年和2007年利用省气象局综合改造资金，自筹30万元，对办公室进行维修改造，庭院绿化面积达到70%，主要是办公楼外墙瓷砖贴面、室内装修、换大理石楼梯，新建围栏200延长米、硬化路面1200平方米、修建花坛5个、凉亭一座。

2008年办公楼

2008年观测场全景

海伦市气象局

海伦市位于小兴安岭山地向松嫩平原的过渡地带。年平均气温2.0℃，历史上最低气温为零下40.3℃，历史上最高气温为38.0℃，≥10℃积温为2507.6℃·日，年平均降水量为544.7毫米。

机构历史沿革

始建及站址迁移情况 1933年伪满洲国中央观象台曾在海伦建立气象观测站，直到1945年停止工作。新中国成立后，海伦市气象站建于1952年，当年6月13日正式开始地面气象观测，地理位置为海伦县海伦镇保卫大街62号，北纬47°26′，东经126°58′，海拔高度240.3米。其后经历了2次迁移，1957年1月—1957年9月，迁至海伦市海伦镇东南三道街，北纬47°26′，东经126°58′，海拔高度239.4米；1979年1月—1979年7月，随着业务量日益增加，旧办公楼已满足不了实际工作需要，在原办公楼南侧70米处新建办公楼，观测场南移45米，经纬度未变，海拔高度为239.2米。

建制情况 1952年6月建站，为军队建制，隶属于海伦县武装部；1954年1月起，改由省气象局领导为主，隶属于海伦县水利科；1958—1962年，改由地方政府领导为主，隶属于海伦县人委；1962—1968年，由省气象局为主领导；1968—1971年，改由县革委为主领导。1971年，实行军队为主的双重领导体制。1973年，改由地方政府为主领导。1981年起至今，改由气象部门为主的双重管理体制。

名称及主要负责人变更情况

名称	时间	内设机构	主要负责人
海伦气候站	1952.6—1956.7	预测报组	王忠喜
海伦县气象站	1956.8—1961.7	预测报组	姬诗书
海伦县气象站	1961.8—1970.9	预测报组	孙绍权
海伦县气象站	1970.10—1979.5	预测报组、人控组	刘宏图
海伦县气象科	1979.6—1981.9	测报组、预报组、人控组	卢曙阳
海伦县气象科	1981.10—1990.9	测报组、预报组、人控组	姬诗书
海伦市气象局	1990.10—1994.9	测报股、预报股、人控股	车　和
海伦市气象局	1994.9—2003.9	测报股、预报股、	丛富金
海伦市气象局	2003.10—2004.9	测报股、预报股、防雷办	徐玉海
海伦县气象局	2004.10—2007.9	测报股、预报股、防雷办	孟宪宝
海伦县气象局	2007.10—	业务股、人控股、防雷办	王兆臣

人员状况　1952 年成立时只有 3 人，全部为中专学历，其中 1 人为党员。到 1978 年，气象职工 12 人，其中，大专学历 3 人，中专学历 5 人，5 人为党员。2008 年底，气象职工 9 人，其中本科学历 2 人，大专学历 4 人，党员 6 人，工程师 2 人，50 岁以上 2 人，40～49 岁 3 人，40 岁以下 4 人。

气象业务与服务

1. 气象业务

气象观测　1952 年始建时气象观测项目主要有温度、湿度、风向风速、降水、积雪、云、天气现象、能见度、日照时数、0～20 厘米地温、蒸发、地面状态等，每天进行 8 次定时观测，4 次发报。1955 年 1 月开始每天 11 次观测，8 次发报。1992 年 1 月定为国家基准气候站，承担 24 小时逐时观测任务，8 次发报。2003 年 10 月，完成自动气象站的安装调试并开始了试运行。自动气象站数据定时向省气象网络中心上传。2004 年开始自动气象站与人工气象站双轨运行平行观测。2005 年开始以自动站数据进行编发电报。

气象信息网络　建站后，气象电报通过电话传报给邮电局转发。1995 年建立甚高频电话，可与地区台、邻近台站会商天气。1999 年 7 月 11 日，开始启用分组数据交换网，传递气象电报和各种信息。2005 年通过宽带网，每小时向省气象网络中心上传自动站实时数据。同年建成了 22 个乡镇自动雨量站，区域雨量网正式运行。2006 年建立可视化会商系统，实行与省、市、县台站可视会商。2008 年 8 月 20 日将 1957—2003 年的气象记录档案气簿-1、温度、湿度、气压、风向风速、雨量自记纸整理归入省气象档案馆，海伦市气象局只保留 5 年的气象记录档案，所有的气象记录和有关文件都实现了纸质与电子版同时保存归档。

气象预报　1957 年以来一直承担着长期、中期和短期天气预报的制作与发布工作。开始注意收听省气象台的天气形势广播，绘制天气图，结合本站资料和方法，制作补充天气预报。1989 年起采用“123”传真机，接收北京和日本天气图表，根据本站方法，参考省、市气象台的预报，制作与发布各种时效的天气预报。短期天气预报主要预报未来 24～120 小时的天气。1999 年安装了气象信息综合分析处理系统(卫星单收站)，直接接收云图和各种天气图,使预报信息量大幅度增加。2000 年 1 月 1 日开始通过分组数据交换网接收绥化市气象局的指导预报,并编发海伦市的城镇天气预报。2006 年实行了与新一代天气雷达实时资料的共享,开始制作发布未来 6 小时的短时预报和未来 3 小时的临近预报。目前,全市天气预报已经制作到乡镇。

2. 气象服务

公众气象服务 海伦市气象局从 1957 年开始发布天气预报,通过县广播站向公众广播,服务于百姓生活。1988 年建立天气预报警报网向各乡镇和粮库等 50 余用户,每天 2 次发布 24 小时天气预报和重大天气预报。1999 年气象局建立电视天气预报制作系统,做出节目后,通过市电视台播发 24 小时天气预报。同年建立"121"电话天气预报自动答询系统,公众可通过电话查询 24 小时天气预报,未来 3 天天气趋势预报及各种气象信息,每年拨打量在 140000 余次。

决策气象服务 海伦市气象灾害主要有干旱、暴雨、大风、暴雪、寒潮、霜冻等,对当地农业和经济造成了很大影响。多年来,气象局以防灾减灾为重点,把决策服务放在首位,紧紧围绕农业生产、抗旱、防汛、防霜冻开展决策服务。从 1985 年开始提供年景分析及各季节性长期预报。从 1994 年起开展农业系列化服务,为市委市政府指导农业生产提供决策依据。2007 年开始发布灾害性天气预警信息,为市域经济发展和防灾减灾提供服务,决策服务在防灾减灾和农业生产中发挥了重要作用,如在防御 1983 年 7 月 28 日、1994 年 7 月 23 日、1997 年 8 月 21 日及近几年的暴雨洪涝灾害中,在抗御 1986 年 5 月 7 日、1992 年 5 月 10 日、1999 年 5 月 18 日低温霜冻中,以及 98'抗洪抢险中,气象预报、情报都在决策中发挥了重要作用,取得了显著成效。

专业与专项气象服务 1971 年起开展人工影响天气工作,现有高炮 8 门,设立 8 个高炮作业点。每年开展增雨防雹作业 60 余次,在缓和旱情、减轻雹灾,保障农业丰收上发挥了积极作用。1999 年开展防雷设施周期检测工作,平均每年检测 100 余单位的防雷装置,近几年承接了 4 个防雷工程,审核防雷工程设计图纸 4 个。2005 年起开展气球庆典服务。

气象科技服务与技术开发 1985 年起开展专业气象有偿服务,在 20 世纪 90 年代,专业服务用户最多时达 160 余户。1999 年起与电信合作开展"121"电话天气预报自动答询业务。1999 年开始在电视天气预报画面上插播广告。2006 年起开展手机短信业务。

气象科普宣传 每年"3・23"世界气象日都组织宣传活动,并邀请中小学生参观气象站。2003 年起教育系统将气象局观测场设为气象科普基地。近几年平均每年接待 150 人次的参观。2004 年起参加市科协举办的科普之冬活动,每年都进行科技讲座和现场咨询服务。2005 年起参加市政府举办的科技活动,深入乡镇现场为农民解答气象方面的问题,发放气象科技资料,进行气象知识宣传。

法规建设与管理

1. 气象法规建设

围绕业务建设和气象服务下发的文件主要有:海伦市雷电防护管理领导小组办公室、

建设局、气象局联合下发的《关于加强建设项目防雷工程管理工作的通知》(海雷防办发〔2002〕2号),《关于加强雷电防护设施安全管理工作的通知》(海政办发〔2002〕19号),《海伦市人民政府办公室关于加强雨情测报的通知》(海政办函〔2005〕2号),《海伦市人民政府办公室关于加强乡镇自动雨量监测点管理的通知》(海政办发〔2006〕21号)等文件。

2. 社会管理

行业管理 为了加强行业管理,1979年在气象局成立了人工影响天气办公室,2003年成立了雷电防护管理办公室。经培训已有3人取得了执法资格证书。为不断加强气象行政管理与执法工作,将气象探测环境保护标准在市规划局进行了备案,取得主管部门对探测环境保护的支持。2006年对逸夫小学在观测场东北角95米处违法兴建厕所、2008年某开发商在观测场北侧152米处兴建商品楼的设计,成功进行了执法,保护了探测环境。施放氢气球和防雷管理均纳入了市政府监管范围。每年春季、秋季都与市安监局进行防雷安全检查,仅2008年就检查了50多个单位的防雷装置,责令16个单位进行整改。

政务公开 从2004年起开展政务公开。对内设立公开栏,对外设立公开板。公开板内容包括机构设置及职能,文明单位创建目标,防雷装置检测、收费项目标准,依法行政的依据和范围,气象专业服务收费项目标准。公开栏内容包括年度预、决算,工程发包,人事任免,年度计划,重大事项决策,目标管理,职工福利,固定资产状况,气象服务质量等。

党建与气象文化建设

1. 党建工作

支部组织建设 建站之初有党员1名。1965年建立党支部。1980—2008年共发展12名党员。支部组织建设不断加强,党支部注重加强思想作风建设,在气象事业发展和服务地方经济建设中发挥了核心作用。2002年、2003年、2005年、2006年被海伦市委、市政府授予先进党支部称号。

党风廉政建设情况 高度重视党风廉政建设工作,深入开展廉政学习、教育活动。党员领导干部注意发挥表率作用,加强内部监督,建立了党风廉政建设责任制,制定了保持共产党员先进性长效机制,建立了"三会一课"制度、党员民主评议制度、党员联系群众制度、党建目标管理制度、政治学习制度、发展党员规划制度、政务公开制度以及领导廉政承诺制度。多年来,全局干部职工无一人违法违纪。

2. 气象文化建设

精神文明建设 从1986年起成立了精神文明建设领导小组。制定了精神文明创建规划及相关措施。努力做到两个文明一起抓,加强思想信念教育和职业道德教育,营造浓厚的文明建设气氛。同时建立了政治、业务学习和考核制度、岗位练功制度。促进政治文明、物质文明、精神文明同步发展。

文明单位创建成效显著。1996年被绥化市委、市政府命名为市级文明单位,到2008年保持市级文明单位称号。1995—2003年、2004—2007年被省气象局评为双文明建设先进单位标兵单位。

3. 荣誉

建站以来,海伦市气象局获各类集体荣誉100余项,其中获市级以上表彰奖励50余次。突出的有,1960年省政府授予农业社会主义建设先进集体,1964年省政府授予农业生产先进单位,1986年被绥化市政府评为护林防火先进单位,2003—2005年连续获省气象局人工增雨防雹工作先进单位,2004—2005年获省气象局双文明建设先进单位,2007年、2008年被海伦市委、市政府评为市域经济发展先进单位。1959年姬诗书被选为省农业群英会先进个人代表,1978年姬诗书、刘万臻评为全省气象系统先进工作者,2006年侯青山同志被黑龙江省气象局授予“先进个人”称号。

台站建设

台站综合改造 建站以来,海伦市气象局更换办公地址2次,分别是1957年、1979年。1952年建站时气象站办公室为70平方米平房,1957年迁站时新建115平方米二层办公楼,1979年在原办公楼南侧70米处新建420平方米办公楼,办公条件有所改善。2002年对办公环境进行了一系列综合改造。其中2002年办公楼更换了塑钢窗和彩钢板房盖,院内修建了凉亭。2003年对办公楼内电源线路进行更换,安装变压器一台。2004年新建大门,修水泥路面320平方米,铺彩砖420平方米。对办公室内进行装修,修建了室内卫生间。2005年重新修建了围墙100米、铁围栏350米。2007年维修车库、炮库6间,修建花坛5个,水泥硬化150平方米。至此办公条件显著改善。420平方米办公楼内设微机室,购置了5套微机,值班休息室、仪器室、资料室、卫生间、会议室,各房间全部更换了办公桌椅。

园区建设 园区建设共分为两块,一块是观测区,观测场小路用水泥步道板铺设50延长米。一块是绿化区,栽植松衫30株,修建花坛5个、凉亭1个、绿化面积达40%。院内水泥硬化300平方米。园区环境基本实现了绿化、美化。

1979年办公楼照片

2008年办公楼照片

兰西县气象局

兰西座落于松嫩平原东缘，漫川漫岗地形。属寒温带半湿润季风型气候。年平均气温3.7℃，极端最高气温38.7℃，极端最低气温零下39.0℃，年平均降雨量456.7毫米。年平均活动积温2711℃·日，无霜期143天，年日照时数2624.5小时。

机构历史沿革

1. 始建及站址迁移情况

兰西气象站始建于1956年，于当年11月1日正式开始地面观测。位于兰西县城北第一示范繁殖农场。观测场在河口北山顶上，东经126°16′，北纬46°18′，观测场海拔高度177.8米。建站后共经历了3次迁移。1960年第一次迁移后，站址为县城东河口，东经126°19′，北纬46°15′，观测场海拔高度175.8米。1963年第二次迁站，站址为县城西门外，东经126°16′，北纬46°15′，观测场海拔高度162.8米。2004年1月迁至现址，兰西镇府前路，北纬46°15′，东经126°16′，观测场海拔高度159.1米。

2. 建制情况

领导体制 1956年11月建站至1957年底，以省气象局领导为主，地方隶属于兰西县人民委员会。1958年至1962年，转为地方建制，以县人民委员会领导为主，由县水利局管理。1962年6月至1968年改以省气象局领导为主，地方先后由县水利局、农业局管理。1968年8月起再次实行地方政府为主的领导体制。1971年以军队为主领导，隶属于兰西县武装部。1973年至1979年以地方政府为主领导。1980年至今改由气象部门为主的双重管理体制。

名称及主要负责人变更情况

名称	时间	内设机构	主要负责人
兰西气候站 (1956.11—1958.12) 兰西县气象水文站 (1959.1—1962.7)	1956.11—1960.3	预测报组	唐传介
兰西县气象水文站	1960.3—1962.7	预测报组	王殿金
兰西县气象站	1962.8—1974.1	预测报组	王殿金
兰西县气象站	1974.2—1977.9	预测报组	王　升
兰西县气象科	1977.10—1978.12	预测报组	王永枕
兰西县气象科	1979.1—1980.5	测报组、预报组	赵　录

续表

名称	时间	内设机构	主要负责人
兰西县气象科	1980.6—1983.3	测报组、预报组	郭森林
兰西县气象局	1983.4—1984.9	测报股、预报股	唐传介
兰西县气象局	1984.10—2002.1	测报股、预报股、人控办、防雷办	黄业柱
兰西县气象局	2002.2—2007.5	测报股、预报股、人控办、防雷办	刘英进
兰西县气象局	2007.6—	业务股、人控办、防雷办	文　明

人员状况　1956 年 11 月建站时，有 2 人，全部为初中学历。2006 年 8 月定编为 8 人，现有气象编制职工 8 人、地方编制 1 人，其中大学本科学历 3 人、大专学历 1 人、中专学历 3 人、高中 2 人，中级专业技术人员 4 人、高级技工 1 人，50～55 岁 3 人、40～49 岁 4 人、40 岁以下的有 2 人。

气象业务与服务

1. 气象业务

气象观测　1956 年 11 月建站后，为一般气象站，每天进行 4 次观测，观测项目有干、湿球、最高气温、最低气温、风向、风速、降水量、云、能见度、天气现象、地面状态、蒸发、雪深、积雪密度。1959 年 6 月增加气压观测，1962 年 1 月增报年简表，1963 年 4 月增报气象摘要表，1963 年 11 月增加 40、80、160、320 厘米地温与冻土观测，1974 年 1 月停止 160、320 厘米直管观测，1980 年 1 月停止气压冻土观测，1981 年 1 月停止 40、80 厘米直管观测。1971 年 1 月到 1973 年 12 月昼夜守班。1999 年 1 月恢复一般气象观测任务。2003 年 10 月自动气象站在新建观测场开始试运行，2006 年 1 月 1 日自动站正式运行。自动站观测项目有气压、湿度、风向、风速、降水、地温等，观测项目全部采用仪器自动采集、记录，替代了人工观测。2004 年 1 月 1 日开始执行新版地面规范观测。

1971 年 1 月 1 日开始使用电接风向风速仪，同年开始使用风向、风速自记观测和大风警报器。1985 年，使用 PC-1500 计算机取代人工编报，提高了测报质量和工作效率，减轻了劳动强度。2002 年 4 月使用 EN-1 型测风数据处理仪。2003 年 10 月完成了自动气象站的安装调试工作并开始了试运行。自动气象站数据定时向省气象网络中心上传。2004 年开始自动气象站与人工气象站双轨运行平行观测。2006 年自动气象站进入单轨运行。

1984 年 1 月增发重要天气报，固定每天 02、08、14 时和不定时发报，重要天气报的内容有暴雨、大风、雨凇、积雪、冰雹、龙卷等。2008 年增加雷暴、霾、沙尘暴、扬沙、浮尘、雾等项目。1995 年 4 月停发雨量报以外的重要天气报。1980 年至 1986 年拍发预约航危报。

每月制作 3 份月报表，下年 2 月制作 4 份年报表、4 份气候异常年报表，本站留底 1 份。2001 年 12 月开始采用微机编制气表。2001 年 1 月开始用分组交换网向省、市局传输原始资料，停止报送纸质报表。

气象预报　从建站开始做短期天气预报，随之开展了中长期天气预报。最初开展天气预报制作方法是以传统的点距图（简易坐标方法）和时间抛面图。后来以地面天气图为主，每天下午 14 时接收黑龙江省电台播放的气象数据（气温、气压、风向、风速、高低压、槽线位置)，由预报员绘制简易天气图，结合本站的预报方法作出补充订正预报，向公众发布。

1989 年春季，气象站配备一台接收天气图的 123 型传真机。通过培训，同年 6 月正式开始接收北京的气象传真和日本的传真图表，提高了预报质量和服务水平。

20 世纪 90 年代后，随着气象现代化建设的快速发展，天气预报制作方式和手段发生了重大改革。20 世纪 90 年代末，在微机上建立了综合应用卫星、雷达资料和数值预报产品等多种气象资料的自动处理、综合分析功能，预报业务摆脱了繁重的手工劳动。预报员转变为人机交互处理方式，日常纸质天气图表全部取消。2001 年，由地方政府投资匹配部分资金，安装了 PC-VSAT 小站，建成了天气预报业务基本平台，使预报能力得到了全面提升。2007 年春季建成联通国家、省、市、县台站的远程可视会商系统，加强了上级台对县级预报的指导能力。可视化会商系统，在重大天气、转折性天气、关键性天气预报服务中发挥了重要作用。

气象信息网络　建站后，气象电报长期由人工编报，1985 年后采用 PC-1500 机和微机编报，通过电话传报给邮电局转发。1988 年 4 月架设开通高频天线对讲通讯电话，实现了地区与县站直接业务会商。1997 年建成农村气象服务网，通过气象警报网广播天气预报等信息。2001 年 11 月，开始通过分组数据交换网传递气象电报和各种信息。同年，局域网建成使用，提高了工作效率。2005 年通过宽带网络，每小时定时向省气象网络中心上传自动站实时数据。网络以光纤为主通道，辅通道为 VPN300 和 VPN 拨号，以便保持网络通畅。

2008 年 5 月将 1956—2003 年的气象记录档案气簿-1、温度、湿度、气压、风向风速、雨量自记纸整理归入省气象档案馆，县气象局只保留 5 年的气象记录档案。所有的气象记录和有关文件都实现了纸质与电子版同时保存归档。

2. 气象服务

兰西县气象局主要开展公众气象服务、决策气象服务、气象科技服务和专项气象服务工作。

公众气象服务　从 1974 年开始短期天气预报由县广播站播出，为公众服务。1988 年采用气象警报网广播，为 100 多个乡镇及有关单位提供气象信息。1996 年起建成电视天气预报制作系统，开始制作发布各乡镇天气预报，并电视台播出天气预报，扩大了服务面。1992 年 7 月开通了“121”天气预报自动答询电话服务，2005 年 1 月“121”电话升位为“12121”。2007 年，为了及时准确地为县、镇、村领导服务，通过移动通信网络开通了气象商务短信平台，遇有重大天气、关键性天气、转折性天气，及时发布预报及警报，以手机短信方式向全县各级领导发送气象短信息，并与广播局协商，以电视台滚动字幕的形式服务于大众。

决策气象服务　决策服务是气象服务重点。服务方式是定期不定期给县领导有关部门提供预报情报等服务材料，遇重要天气及时用电话或当面汇报向领导报告。多年来，决策服务取得了明显效果，受到了县领导的好评。兰西是亚麻之乡，亚麻对气象条件要求非常严格，做好气象服务尤为重要。2004 年春季亚麻播种前，县委、县政府领导要求气象部门做出准确预报。县气象局根据省、市台的指导预报，结合本站的预报方法，预报“春季降水稍多，有利于亚麻播种、出苗；6 月降水偏少，不利于亚麻生长；8—9 月降水偏少有利于亚麻收获。气候条件属平年。”根据这一预报结果，县政府决定，压缩原定的播种计划，减少播种面积50万亩。结果是，亚麻收获属平年。县委、县政府对气象服务非常满意。此外还为全县运动会、亚麻节等大型活动提供服务，为有关部门提供防灾需要的初霜冻预报、高温预报、暴雨和大雪预报，使他们科学安排生产和防灾。

专业与专项气象服务 1985年起开展人工增雨及防雹作业。“三七”高炮已由6门发展到现在的12门，均衡的分布在各乡镇。近年来使用雷达图和卫星云图等信息指挥作业，提高了作业的及时性和作业效果。平均每年进行防雹增雨作业150多次，在减轻雹灾，缓和旱情上发挥了积极作用。

1999年8月，雷电防护设施检测站正式成立，防雷检测工作全面展开。2006年，气象局被列为县安全生产委员会成员单位，负责全县防雷安全的管理，定期对防雷规范要求的一、二、三类建筑物的防雷设施进行检测，对不符合防雷技术规范要求的单位，责令进行整改。县政府已将防雷工作全部纳入到气象行政管理范围。近几年，审核防雷工程图纸12份，验收防雷工程5个，先后对130多个单位的防雷装置进行了定期检测。

气象科技服务与技术开发 1985年起开展气象专业有偿服务。主要为各乡镇、林业、水利、亚麻、建筑、粮食、防灾减损等行业提供天气预报和气象资料、气象凭证等，预报一般以灾害性天气预报和年度、季、旬天气预报为主。1996年开展了气球、礼炮庆典服务。1997年起与电信合作开展“121”自动答询业务。1996年起电视天气预报中插播广告。2005年1月“121”电话升位为“12121”。

气象科普宣传 每年“3·23”世界气象日，都对外开展气象科普宣传，邀请中、小学生进行参观，在闹市区设置宣传台，分发宣传材料，宣传气象科普知识和法规。在县里举办的各类大型活动中，悬挂彩色条幅，树立揭示板，施放氢气球，积极宣传气象科普知识。

法规建设与管理

1. 气象法规建设

重点加强雷电灾害防御和依法管理工作，加强气象探测环境的保护工作。1998年兰西县人民政府下发了“关于成立雷电防护管理领导小组的通知”，气象局成立了兰西县防雷办公室。1999年兰西县政府办公室下发了〔1999〕21号《加强雷电防护设施安全管理工作的通知》，防雷工作的开展加大了力度。2007年、2008年防雷装置的设计、跟踪检测、验收工作纳入了法制化轨道，由气象局负责相关审查、验收工作。防雷装置检测已拓展到学校、银行、电力、企业、住宅、通信设施等单位。经培训考核，有3名同志获得了气象执法资格证书，有2名同志取得防雷检测资格证。

2. 社会管理

行业管理 气象局于2005年将气象探测环境保护标准到县规划局进行了备案，取得有关部门对探测环境保护的支持。把施放氢气球和防雷工作作为行政管理的重点，加强检查，严格履行审批手续。每年春季、秋季都与安监部门联合进行防雷安全检查。

政务公开 对气象行政审批办事程序、气象服务内容、服务承诺、气象行政执法依据、服务收费依据及标准等，采取了“公示板”、政府网、电视广告、发宣传单等方式向社会公开。政务公开的主要内容有防雷工作的收费标准和依据；公益服务项目；气象执法的范围和依据；空中施放氢气球的审批手续；提供气象出险证明、气象资料和收费标准及依据。

建立健全了局内的各项规章制度。其中包括《财务管理制度》、《档案资料管理制度》、《安全检查管理制度》、《气象服务方案流程》、《岗位责任制度》等。

党建与气象文化建设

1. 党建工作

支部组织建设 1956 年建站初期只有 1 名党员。1970 年成立气象局党支部。近 10 年来，共发展 6 名党员。党支部始终坚持以邓小平理论和“三个代表”重要思想为指导，树立科学发展观，始终围绕加强党的执政能力建设，抓住保持共产党员先进性教育活动这个契机，全面推进党的思想、组织、作风和制度建设。把班子建设和队伍建设作为文明单位建设的重要内容，形成了党员向班子看齐，班子向班长看齐，职工向党员看齐的良好作风，取得了很好的成绩。气象局多次被县直机关工委评为先进党支部，2004 年被评为“标兵党支部”。党支部书记连续多年被授予优秀党务工作者、优秀共产党员称号。

党风廉政建设 兰西县气象局认真学习贯彻党的十七大精神，努力实践邓小平理论和三个代表重要思想，落实科学发展观，把党风建设工作当作一项基础性工作常抓不懈。从而增加了党组织的凝聚力、战斗力，促进各项工作稳步前进。主要采取的措施是完善监督机制，树立廉政形象；强化学习教育，提高党员干部素质，加强组织领导；坚持局务公开，加强内部监督；改进作风，勤奋工作，认真履行好自己的工作职责，严格执行《关于党风廉政建设责任的规定》。

2. 气象文化建设

精神文明建设 兰西气象局始终坚持“两个文明一起抓，两个成果一起要”的文明建设工作思路，深入扎实地开展创建文明工作。坚持政治学习制度，重大活动制度，党课学习制度，引导职工坚定政治信念，树立爱岗敬业，艰苦奋斗，无私奉献，热心服务的气象人精神，并鼓励和支持职工进修，提高文化专业水平。与此同时努力改善办公环境和文化氛围，建起了职工娱乐室、学习室，购置了体育设施，为职工提供了文体活动条件。从 1998 年起被评为县级文明单位，从 2002 年起连续多年被县文明办评为县级“文明单位标兵”。

3. 荣誉

集体荣誉 兰西县气象局在 1999 年、2004 年、2005 年被省气象局评为人工增雨防雹先进单位，2007 年被县政府授予“服务地方经济建设贡献奖”，2004 年被中国气象局授予“气象部门局务公开先进单位”，1997 年获得全区“发展地方气象事业”先进单位。

个人荣誉 文明，1987—2001 年，先后 5 次被中国气象局授予“质量优秀测报员称号”，在黑龙江省气象局举办的第三届测报十项全能考核中获个人十项全能总分第一名，并被省气象局授予全能观测员称号。

台站建设

台站综合改造 建站时在简易平房内办公。1983 年建 8 间砖木结构平房办公室。1987 年新建办公室 200 平方米，办公条件进一步改善。2002 年由于城市建设的发展，原有的气象探测环境已经不符合规范要求，经省气象局批准，2003 年迁至兰西镇府前路，占地 10353 平方米，新建办公楼 450 平方米，同时更换了全部办公桌椅，较好的改善了办公环境。2004 年新建活动室、库房 144 平方米，为职工工作和开展娱乐活动提供了方便条件。

园区建设 近几年，对办公楼内进行了重新装修，对院内进行了美化硬化建设，新建凉亭 1 个，修建了自动伸缩大门，改造了活动室，购置体育器材 5 件套，院内进行了整体规划，铺设了彩色步道板 400 多平方米，增加硬化面积 600 多平方米，增加绿化面积 2000 多平方米，楼外安装了彩色霓红灯，使气象局整体面貌焕然一新。

1987 年办公楼

2003 年办公楼

1987 年观测场

2003 年观测场

青冈县气象局

青冈县位于松嫩平原中部，属大陆性季风气候。年平均气温 3.1℃，极端最高气温 37℃，极端最低气温－39.5℃，年降水量 496.2 毫米，年可照时数 2627.9 小时。

机构历史沿革

1. 始建及站址迁移情况

青冈县气象站始建于1956年11月，位于青冈县青冈镇西郊，北纬46°41′，东经126°06′，观测场海拔高度204.1米。随着城镇建设扩展，气象站探测环境逐渐恶化，2007年经批准迁站，新建观测场位于青冈县青冈镇西北，北纬46°41′，东经126°05′，海拔高度207.4米，气压表感应部分海拔高度209.2米，风速感应部分距地面10.5米，于2007年6月1日正式运行。

2. 建制情况

领导体制与机构设置 自建站至1971年，先后两次实行以气象部门为主，两次以地方政府为主的领导体制。1971年4月至1973年6月实行以军队领导为主，之后又改以地方政府为主领导。1980年至今实行气象部门和地方政府双重领导，以气象部门领导为主。1983年之前称青冈县气象科，1983年起称气象局，为局站合一。

名称及主要负责人变更情况

任职时间	主要负责人
1956—1969年	李烈炎
1970—1972年	柴成国
1973—1978年3月	王希之
1978年4月—1988年9月	李烈炎
1988年10月—2001年10月	单淑华
2001年11月—	夏松成

人员状况 1956年青冈气象站有2人。2008年底，在职人员8人，其中，本科学历2人、大专学历4人、中专学历2人，党员5人，工程师5人、助工3人，50岁以上1人、43～47岁4人、31岁以下3人。

气象业务与服务

青冈气象站从建站起承担气象观测、气象预报、农业气象、气象服务工作。1970年先后增加了人工影响天气、雷电防护管理与服务等业务。为国家一般气象站。

1. 气象业务

①气象观测

地面气象观测的基本项目有气温、气压、风、能见度、降水、湿度、蒸发、积雪、日照、地表状况、浅层和深层地温，但是随着时代的不同，观测的时次与项目有所调整。

观测时间、时次变化 1956年11月至1960年6月30日，每天观测4次，观测时间为地方时，即01、07、13、19时，之后改用北京时02、08、14、20时。1960年1月1日起取消01

时定时观测,改为3次观测。1970年1月1日恢复02时定时观测,改为4次观测。1987年1月1日起取消02时定时观测,改为3次观测。

气压观测 1961年1月1日开始使用气压自记记录本站气压。1962年开始使用水银气压表记录气压。2008年5月31日停止使用气压自记。

能见度观测 1965年2月1日至1969年12月31日停止能见度观测。1970年1月1日后恢复能见度观测。

深层地温观测 1965年11月1日开始观测80、160、320厘米深层地温。1978年6月1日停止160、320厘米深层地温。1981年1月1日停止80厘米深层地温。2006年1月1日自动站正式运行后开始观测40、80、160、320厘米深层地温。

自记仪器观测 1957年5月1日开始使用雨量自记仪。1960年4月1日开始使用温度、湿度自记仪,到2008年5月31日停止。1970年3月17日开始使用EL型风风速自记。2001年6月1日使用ENI型风向风速记。

自动气象站建设 2003年10月安装自动气象站。2004年1月开始平行观测,以人工为主。2006年1月1日自动站单轨运行,对气压、温度、湿度、降水(5月至9月31日)、风、地温、草温数据自动采集。人工观测只在20时进行。

草温/雪温观测 2007年6月1日开始观测草温/雪温。

报表制作 建站开始人工制作编制气表-1,共3份,分别上报省、市气象局及本站留底1份。1988年7月1日之后开始使用微机编制气表。

②气象信息网络

建站起,气象电报长期通过邮电局转发。1987年4月安装高频电话,实现了县市台站之间的天气会商及其它业务联系。1986年至2005年底,先后使用了PC-1500、APPLEⅡ、286、386等计算机,实现观测数据自动出来,自动编报。2001年启用分组数据交换网向省气象网络中心发送加密报。2003年开通了Notes网,实现了气象内部信息的双向传递。2006年1月1日自动站开始运行后,气象要素自动采集、自动整理和自动编报通过宽带网传输数据。2007年5月在14乡镇安装温度和雨量自动观测站,区域雨量监测网开始运行。2007年春,建成可视化天气预报会商系统,实现了省市县的天气会商。2008年8月与县政府开通文件传输系统,使气象信息迅速传到所有县直部门,结束了纸质气象信息传递历史。

③气象预报

建站后陆续开展短期、中期、长期天气预报。开始每天14时接收省气象台广播的气象数据,1989年6月份开始使用123型天气图传真机,接收北京和日本的气象传真图,结合本站预报方法,制作天气预报。1987年后通过高频电话及时接收市台的指导预报,加强了与本地区台站的天气会商,有利于提高中短期预报准确率。2000年安装PC-VSAT卫星接收站,获取了大量的气象信息。卫星云图、数值预报产品的应用和省市台指导预报,使短期天气预报时效已从开始的24小时,逐渐发展到现在的144小时,2005年后,应用新一代天气雷达实时监测资料,开始制作短时、临近天气预报警报。目前,中期预报有3～5天不定期的重要天气预报和10天的旬预报。长期天气预报有年度气候趋势预测、3—5月天气气候趋势预测、6—8月气候趋势预测、9—10月气候趋势预测等,预报准确率也有了明显提高。

④农业气象

1957年起担负国家农业气象基本站任务。主要进行农作物物候观测，自然物候观测和土壤水分观测。由于业务调整，在1961—1963年、1966—1977年期间停止观测业务。从1978年恢复观测以来一直持续到现在。根据当地种植结构的变化，先后开展了小麦、谷子、甜菜、高粱、大豆、玉米作物的生育状况观测。由于积累了历史资料，从1978年起，开展了作物播种期、发育期、收获期农业气象预报。1981年后，又开展了粮食产量预报、病虫害预报和农业气候年景分析，为指导农业生产提供服务。1982年开展了农业气候区划。1986年又对区划进行了细划，更精确地划分了全县的农业气候资源，为引种和开发气候资源提供了科学依据。现在围绕农业生产开展全程15项系列化服务，为县领导指挥生产和全县农业经济发展提供科学依据。

2. 气象服务

公众气象服务 建站初期，为公众服务主要由县广播站播发短期天气预报。1999年建立了气象警报网，每天2次向农村及其它用户播发天气预报和气象知识。1999年与电信部门合作，开通“121”电话天气预报自动答询系统，每天随时回答群众询问的预报等信息。2000年建立电视天气预报制作系统，由电视台播出的天气预报已经细化到乡镇，使公众服务面进一步扩大。从2006年起开展手机短信发送预报警报信息，提高了服务信息的及时性。

决策气象服务 围绕县领导及有关部门指导农业生产、组织抗旱防汛和重大活动提供决策服务。主要内容有年度气候预测、大田播种前的墒情分析、农业生产主要环节的气候条件分析及预测、灾害性和转折性天气预报。服务方式以材料和口头汇报为主。多年来，决策服务在农业生产和防灾减灾中发挥了重要作用。如2003年5月北部乡镇大面积种植万寿菊，此时正值苗棚育苗阶段，强低温易遭冻害。气象站预测到5月7—8日有较强降温过程，及时向县领导报告，各乡镇按照县里的通知，提前采取保护措施，最大限度的减少了损失，基本保证了花苗的供应。

专业与专项气象服务 主要开展了人工增雨防雹和雷电防护设施安全检测等工作。人工增雨防雹经历了3个发展过程：20世纪70年代采用“土炮”防雹，20世纪80年代使用“三七”高炮进行防雹和人工增雨，20世纪90年代至今使用高炮和火箭进行作业。现在，有“三七”高炮8门，分设在8个乡镇，主要进行防雹作业。有车载火箭发射架一部，主要进行人工增雨流动作业。多年来，不失时机地开展人工增雨防雹作业，为缓解和解除旱情，减轻冰雹危害做出了突出贡献。

1998年开始开展防雷装置检测工作。2000年随着《中华人民共和国气象法》的颁布实施，雷电防护设施安全检测与管理逐步纳入法制管理轨道，气象局成立了雷电防护设施检测站，负责本行政区域内的雷电防护设施的安全检测。现在已对学校、化工企业、民爆企业、液化气站、网络、加油站等单位的雷电防护设施进行周期检测。

气象科技服务与技术开发 1985年起开展专业气象有偿服务，服务领域涉及粮库、路桥公司、农村、部分企业等。初期采用邮寄预报和电话通知等服务方式。1990年起通过气象警报广播网，为用户提供天气预报、预警信息等。1999年起开通了“121”电话天气预报自动答询业务。2000年开始在电视天气预报节目中插播广告。2006年又开展了手机短信订制业务。

气象科普宣传 从1997年开始每年都参加县政府举办的科普之冬活动，通过印发材料、宣传图板、现场咨询等形式，宣传气象知识、气象在工农业生产及人民群众生活中的作用、预防雷电灾害方法等。每年的"3·23"世界气象日开放气象台站，接待中小学生参观，普及气象知识。同时，用氢气球悬挂标语和过街横幅，宣传气象日主题，推动了气象知识的普及与应用，提升了气象部门的社会形象。

法规建设与管理

1. 气象法规建设

围绕业务建设与行业管理，县政府和有关部门下发的规范性文件主要有：《关于成立青冈县雷电防护设施管理领导小组的通知》(青编〔1998〕46号)，青冈县雷电防护管理领导小组办公室，青冈县建设委员会，青冈县气象局联合下发的《关于加强建设项目防雷工程管理工作的通知》(青防雷办发〔2001〕01号)，《青冈县人民政府办公室关于人工增雨防雹工作方案的通知》(青政办〔2001〕26号)，《青冈县人民政府办公室关于切实加强雷电防护设施安全管理工作的通知》(青政办〔2005〕16号)，《青冈县人民政府办公室关于印发青冈气象局灾害应急预案的通知》(青政办发〔2007〕22号)。

2. 社会管理

行业管理 为加强行业管理，1985年气象局成立了人工增雨防雹办公室。1998年成立了雷电防护管理办公室。从2000年起，气象站周边环境状况在县规划局备案。经争取县政府对国土资源局、城建处、规划处等单位下发了《气象探测环境保护备案工作的通知》，确保了气象探测环境保护范围内不出现违章建筑物。2005年依据《施放气球管理办法》，对县域内施放氢气球的单位和个人进行了审查，杜绝了无资质无资格的单位和个人施放氢气球，消除了安全隐患。同年依照有关法规，对几家从事防雷检测的企业进行审查，取缔了无资质的检测单位，确保了防雷设施安全。

政务公开 对外公开内容包括机构设置及职能，文明单位创建情况，防雷装置检测收费项目及标准，依法行政依据和范围，气象专业服务收费项目标准。对内公开内容包括财务状况、工程发包、人事任用、重大事项决策、职工福利、固定资产等。

党建和气象文化建设

1. 党建工作

支部组织建设 1972年成立气象局党支部，隶属于县机关工委，党支部注重加强组织建设、思想建设和作风建设。党员人数逐渐增加，现在职党员已经达6名。党支部在业务发展和气象服务中，充分发挥了政治核心作用。2004—2008年连续被县机关工委授予先进党支部称号。

党风廉政建设 高度重视党风廉政建设工作，建立了党风廉政建设责任制，制定了保持共产党员先进性长效机制，建立了“三会一课”制度、党员民主评议制度、党员联系群众制度、党建目标管理制度、政治学习制度及领导廉政承诺制度。

2. 气象文化建设

精神文明建设 坚持“三个文明”一起抓，以马列主义毛泽东思想、邓小平理论、“三个代表”、科学发展观为指导，坚持以科学理论武装人，以正确舆论引导人，以崇高精神塑造人，建立健全业务和政治学习制度，每周三为业务学习日，每周五为政治学习日，推动物质文明、政治文明和精神文明协调发展。

文明单位创建 坚持把文明单位创建作为气象局建设的重要目标，做到“两手抓，两手都要硬”，把强化服务意识，做好优质服务的职业道德建设融入文明单位创建之中。做到文明创建年初有规划、有目标、有措施，年终有检查、有总结。从 1985 年至 2008 年青冈县气象局连续被市气象局评为双文明建设先进单位，2004—2006 年连续被省气象局评为全省气象系统双文明先进单位。

文体活动 坚持以人为本，努力创造良好的工作环境和学习场所。2007 年新建办公室时，设置了 60 平方米的活动室和 30 平方米的阅览室。购置了健身、体育器材，室外有羽毛球活动场地。积极组织职工参加地方政府、省市气象局举办的文体活动。

3. 荣誉

经过全体职工的共同努力，青冈县气象局的各项工作得到当地政府、省市气象局的充分肯定，获得较多的荣誉。1985 年被评为县双文明建设先进单位，2007—2008 年连续被县委县政府评为“服务县域经济优胜单位”，2001—2008 年连续被市气象局评为双文明建设先进单位，2004—2006 年被省气象局授予双文明先进单位，2004—2008 年被县机关工委授予先进党支部。多人次被国家气象局授予“全国质量优秀测报员”称号，夏松成 2001—2008 年连续被县委县政府、市气象局给予记功奖励，赵士彬同志于 2005—2008 年连续被机关工委授予“优秀党务工作者”。

台站建设

台站综合改造 1956 年建站时是土木结构办公室，仅 150 平方米，办公条件简陋。1978 年新建 230 平方米砖瓦结构办公室，职工家属房大部分在气象局院内，每户面积 50 平方米(砖瓦结构)，1991 年住房制度改革后，已经全部住上楼房。随着城市发展，气象探测环境恶化，经省气象局批准，2007 年气象局迁址新建，现在二层办公楼，共 540 平方米，楼内有 72 平方米业务平台、会议室、活动室、阅览室，装修标准较高。办公桌椅全部更新，新添 7 台计算机，办公条件得到根本改善。

园区建设 迁站后土地面积 21000 平方米，近两年新建铁围栏 620 延长米、庭院硬化 1100 平方米、铺彩色步道板砖 500 平方米，院内建草坪 1250 平方米，楼前建 100 平方米花坛，院前建 320 平方米绿化带，栽种了常青的云杉和三叶草。通观测场道路两侧是小叶丁香篱笆墙。院内栽植了35平方米金娃萱草及其它花卉,在不影响探测环境情况下,院内载了520棵果树,整个办公区四周被花卉和花树围绕。

1980年时的办公楼

2007年新建的办公楼

2008年青冈气象局站貌

庆安县气象局

庆安县设治于清光绪30年,当时称余庆县,民国3年(1914年)改为庆城县,1943年与铁骊县合并时改称庆安县。庆安县位于黑龙江省中部的松嫩平原与小兴安岭余脉的交汇地带,呼兰河流域上游。属于寒温带大陆性季风气候。年平均气温为2.4℃,昼夜温差大,≥10℃积温为2604.6℃·日,无霜期平均为131天,最大风速大于24米/秒,年平均降水量为568毫米,年日照时数2653小时。

机构历史沿革

1. 历史沿革

庆安县气象站始建于1956年，称庆安县气候站，站址位于庆安县城西路北农场，北纬46°53′，东经127°29′，观测场海拔高度185.3米。1961年改称庆安气象站，1978年改称“庆安县气象科”。1984年改称庆安县气象局。随着社会的发展和城市建设，探测环境恶化，1978年9月13日站址搬迁到原来站址南110米处，观测场位于北纬46°53′，东经127°29′，观测场海拔高度184.8米，建224平方米砖瓦结构办公室，承担国家一般观测站任务。

2. 建制情况

领导体制　1956年12月建站时，以气象部门领导为主，地方隶属于庆安县人民委员会；1959年1月1日起，以地方政府领导为主，隶属于庆安县水利局，业务由气象部门管理；1962年6月至1968年7月，以气象局领导为主，地方先后隶属水利局、农业局。1968年8月至1971年3月实行以地方政府为主的双重领导。1971年3月起，以军队为主领导，隶属于庆安县武装部；1973年7月起，隶属于地方政府为主领导。1980年至今，改由气象部门为主的双重管理体制。

名称及主要负责人变更情况

时间	内设机构	主要负责人
1956.8—1957.8	预测报组	严孫锟
1957.9—1959.8	预测报组	赵开国
1959.9—1962.2	预测报组	韩龙云
1962.3—1965.6	预测报组	张传海
1965.7—1967.10	预测报组	曹洪文
1967.10—1969.6	预测报组	李德显
1969.6—1970.1	预测报组	赵　发
1970.2—1971.11	预测报组	杨　春
1971.12—1978.9	测报组、预报组	赵元江
1978.10—1979.10	测报组、预报组、人控组	赵明志
1979.11—1980.8	测报组、预报组、人控组	于文彬
1980.9—1984.6	测报股、预报股、人控股	张敏忱
1984.6—1993.6	测报股、预报股、人控股	周恩义
1993.6—2002.1	业务股、产业股、雷电防护设施检测站、人工降雨办公室	王卫国
2002.1—	业务股、产业股、雷电防护设施检测站、人工降雨办公室	王　权

人员状况　1956年12月建站时，有3人，全部为初中学历。2006年8月定编为11人，现有气象编制职工8人、地方编制1人，其中大学本科学历3人、中专学历1人、高中2人，中级专业技术人员5人、高级技工1人，50～55岁3人、40～49岁1人、40岁以下的有2人。

气象业务与服务

1. 气象业务

气象观测 1956年12月1日开始每日4次定时观测。观测项目有空气温度、湿度、降水、云、能见度、天气现象、风向风速、地面状态、日照、蒸发、积雪雪深、积雪密度。1960年1月开始取消02时定时观测，改为3次定时观测。1971年1月1日开始增加02时定时观测，每日4次定时观测。1987年1月1日取消02时定时观测，改为每日3次定时观测。

1969年5月20日开始使用电接风向风速仪，1971年开始使用风向、风速自记观测和大风警报器。1985年，使用PC-1500计算机取代人工编报，提高了测报质量和工作效率，减轻了劳动强度。2001年6月使用EN-I型测风数据处理仪。2005年5月完成了自动气象站的安装调试工作并开始了试运行。自动气象站数据定时向省气象网络中心上传。2006年开始自动气象站与人工气象站双轨运行平行观测。2007年开始以自动站数据进行编发电报。2008年自动气象站进入单轨运行。自动站观测项目有气压、气温、湿度、风向、风速、降水、地温等，观测项目全部采用仪器自动采集、记录，替代了人工观测。

重要天气报 1983年11月开始向北京、哈尔滨两地编发重要天气报，固定每天02、08、14、20时和不定时发报。重要天气报的内容有暴雨、大风、雨凇、积雪、冰雹、龙卷等。2008年增加雷暴、霾、沙尘暴、扬沙、浮尘、雾等项目。2001年4月开始增发地面观测加密报项目。

编制报表3份气表-1，3份气表-21，向省气象局、地(市)气象局各报送1份，本站留底1份。2000年11月使用分组数据交换网向省、市气象局传输原始资料，停止报送纸质报表。

气象信息网络 在2000年以前，气象电报均由人工编报，通过电话传报给邮电局转发。2000年11月，开始启用分组数据交换网，传递气象电报和各种信息。2005年6月通过宽带网络，每小时向省气象网络中心上传自动站实时数据。2007年4月建成了14个乡镇自动雨量站，区域雨量网正式运行。2008年将1956—2003年的气象记录档案气簿-1、温度、湿度、气压、风向风速、雨量自记纸整理归入黑龙江省气象局档案馆，县气象局只保留5年的气象记录档案。所有的气象记录和有关文件都实现了纸质与电子版同时保存归档。

气象预报 建站后开始做短期补充订正天气预报。1958年春季开始制作中长期天气预报。最初短期预报开展天气预报作业方式是以传统的天气图和经验分析为主，天气图绘制以收取每天下午14时由省电台播出的气象数据(气温、气压、风向、风速、高低压、槽线位置等)，预报员抄填后手工绘图，再结合本地资料和方法得出预报结论。1987年1月开通高频电话，实现了地区台与县站的天气会商。1989年春季，由配备1台接收天气图的123型传真机，主要接收北京及日本的传真图表，用于天气预报。20世纪90年代后，天气预报作业方式和流程发生了重大改革，转变为人机交互处理方式，纸质天气图表全部取消。2000年2月，安装建成了PC-VSAT小站，建立了天气预报业务基本平台，使天气预报业务能力得到了全面提高。2007年春季建成全国、省、市、县的远程可视会商系统，上级台加强了预报指导与交流，可视化会商系统为制作短时、临近天气预报，提高重大天气预报能力创造了条件。

农业气象 从1958年开始，进行五种大田作物的观测，1959年、1961年、1962年进行了马铃薯观测，1964年进行小麦、大豆、玉米3种作物观测。1958—1964年在固定地段观测农田土壤湿度。此间还进行了大豆、玉米、小麦的分期播种试验观测，及小麦2个新品种的移栽试验。1969—1978年农气观测中断记录。1979年重新恢复作物观测，观测作物：大豆、小麦等，并对主要大田作物每年做产量分析和预报。1998年小麦观测变更为水稻观测。每年2月28日至11月8日逢8测量土壤湿度。1965年4月开始承担自然物候观测，主要观测小叶杨、榆树、刺槐、车前、蒲公英；自然水文观测包括雷声、闪电、雪、虹、霜等；动物观测主要有家燕、蛙。

1986年后，农业气象服务全面开展起来，推广了农业气候区划、开展土壤墒情分析、农业产量预报、农业气象条件鉴定，每年都发布农业气象系列化服务信息多期，对农业生产起到了一定的指导作用。随着气象现代化的建设，农业气象也不断增加新设备，先后增加了电子秤、新型电烘箱，计算机等设备，发报传输全部用网络完成。

2. 气象服务

庆安县气象局坚持以经济社会需求为牵引，把决策气象服务、公众气象服务、专业气象服务和气象科技服务融入到经济社会发展和人民群众生产生活中。

公众气象服务 从1958年开始发布天气预报，通过县广播站向公众广播，服务于社会及百姓生活。1988年建立覆盖各乡镇的农村气象服务网。包括农村雨量网、气象警报网，乡镇兼职气象助理，建立了气象小型专用电台，每天播报2次。用户通过警报接收机收听天气预报，除播放天气预报外，还播放一些气象科普知识等，达到了知识丰富多彩，实用性强的目的。县委县政府、农委、水利等其他单位，利用农村警报网召开防灾及涉农工作会议，播发涉农工作通知等，为县域经济的发展起到了巨大的作用。1993年开始通过县电视台播报未来24小时天气预报，使气象信息迅速及时地传送到千家万户。1997年5月28日，开通“121”电话天气预报自动答询系统，方便了群众。2007年开始预报细化到乡镇，2009年6月30日购置电视天气预报制作系统，8月1日正式开始自己制作预报产品，通过县电视台向城乡发布天气预报。

决策气象服务 庆安县境内发生的气象灾害主要有干旱、森林火灾、洪涝、暴雨、大风、暴雪、寒潮、霜冻等。每年气象灾害给当地农业和经济造成了不同程度的损失。气象局坚持以防灾减灾为重点，不断加强决策服务工作。每年年初开始发布年景分析及各季节预报。在作物生长季开展15项农业系列化服务，为县委县政府指导农业生产提供决策依据。在抗旱、防汛、森林防火、防霜冻的关键时刻都提前做出的预报并积极服务，为各级政府组织防灾抗灾提供决策信息。如1985年7月17日到8月20日降雨量达450.6毫米，全县9条大小河流槽漫堤。由于气象局预报准确，服务及时，全县灾情减少到最低限度，受到省、地、县的表彰。1986年春季，出现了持续五天的低温冻害天气，由于气象局提前1个月的准确预报，为农业和蔬菜大棚的冻害防御起到了积极作用。2001年8月8日，庆安县举办首届中国黑龙江庆安绿色食品节。气象局在8月1日初步作出预报，绿节期间基本无雨，可以按原定计划进行。由于我们准确的预报，确保了焰火、文艺晚会的按期举行。2007年开始发布灾害性天气预警信息，为县域经济发展和防灾减灾提供服务。

专业与专项气象服务 1979年开展人工防雹业务。最初是土炮防雹，到1982年开始用"三七"高炮进行防雹作业。人工增雨作业始于1980年。1987年4月，庆安县人民政府人工降雨办公室成立。截至目前，全县共有9门作业高炮，分布到各乡镇用于人工增雨防雹。数年来。人工影响天气工作做到了安全无事故。近几年，人工增雨防雹对减轻干旱和雹灾、扑灭林火起到了重要作用。

1999年3月20日，雷电防护设施检测站正式成立，防雷检测工作全面展开，同时负责全县防雷工程的设计、施工及新建建筑物、构筑物的防雷检测及竣工验收工作。2004年，庆安县气象局被列为县安全生产委员会成员单位，负责全县防雷安全的管理，定期对液化气站、加油站、民爆仓库等高危行业的防雷设施进行检查，对不符合防雷技术规范的单位，责令进行整改。全部纳入到气象行政管理范围。

气象科技服务与技术开发 1985年起开展气象专业有偿服务。主要为全县农业(各乡镇)、林业、水利、烤烟、建筑、粮食、防灾减损等有关行业提供中、长期天气预报和气象资料、气象凭证等，预报一般以年度、季、旬天气预报为主。1994年开展了气球、礼炮庆典服务，1998年3月20日成立科技产业服务中心，对外承揽各种礼仪服务，悬挂氢气球、支彩虹门等。1997年起与电信合作开展"121"自动答询业务。1992年研制了气象服务自动编辑系统，1993年完成在全省推广，并纳入省气象局目标管理中，1994年3月又对此系统进行升级。

气象科普宣传 2002年起参加县政府举办的科技大集，现场发放气象科技资料，进行气象知识宣传。2003年起将气象局观测场设为气象科普基地，每年"3·23"世界气象日邀请中小学生到气象科普基地参观。从2008年开始，参加县柳河农场举办的农业科技大集，积极宣传气象科普知识和气象法律知识，为广大群众合理安排农业生产提供气象依据。

法规建设与管理

1. 气象法规建设

围绕业务建设、灾害防御和气象探测环境保护下发的主要文件有《庆安县人民政府办公室关于各乡镇做好自动雨量监测点建设选址及日常管理工作的通知》(庆政办发〔2007〕5号)、《庆安县人民政府办公室关于开展人工影响天气准备工作的通知》(庆政办发〔2007〕8号)、《庆安县人民政府办公室关于印发庆安县气象探测环境保护标准的通知》(庆政办发〔2007〕50号)、《庆安县人民政府应急管理办公室关于印发庆安县气象灾害应急预案的通知》(庆政应急发〔2007〕1号)、庆安县安监局、气象局联合下发的《关于加强防雷装置安全检查检测工作的通知》(庆政安发〔2007〕1号)、《关于庆安国家一般气象站探测环境保护技术规定备案的函》(庆建发〔2005〕24号)、《关于庆安国家气象观测站气象探测环境保护技术规定备案的复函》(庆建函〔2007〕3号)等。

2. 社会管理

行业管理 2005年将气象探测环境保护标准到县规划局进行了备案，取得主管部门对探测环境保护的支持。2008年开发商在气象观测场东南角134米处违规兴建住宅楼，县气象局成功进行了执法，保护了探测环境。施放氢气球和防雷管理均纳入了县政府监管范围。2006—2008年防雷装置的设计、跟踪检测、验收工作全部纳入依法管理轨道，范围拓宽到学校、银行、工厂、化工、非煤矿山、住宅、通信等领域，每年春季、秋季都与安监部门进行防雷安全检查。

政务公开 对气象行政审批办事程序、气象服务内容、服务承诺、防雷装置检测、收费项目标准，依法行政依据和范围，气象专业服务收费项目标准等，在庆安政务网进行了公开。并在本单位设立公开栏，内容包括机构设置及职能，工作基本原则和工作职责，年度预、决算，工程发包，人事任用，年度计划，重大事项决策，目标管理，职工福利，固定资产状况，气象服务质量等。

党建与气象文化建设

1. 党建工作

支部组织建设 建站初期至1971年3月只有1名党员，1971年11月建成党支部。1971—2008年先后发展了20名党员，目前本站7名职工全部为党员。庆安气象局不断加强党支部建设和队伍建设，形成了班子带头讲纪律做贡献，党员向班子看齐，班子向班长看齐，职工向党员看齐的良好作风。近30年提拔任用交流干部9名。从2004年起，党支部连续4年被授予县直机关先进党支部称号。

党风廉政建设 党风廉政建设不断加强，在认真贯彻落实党风廉政建设目标责任制的同时，近几年先后开展了“两风”建设、保持共产党员先进性教育和学习实践科学发展观等活动，党风廉政建设有了新的起色，在干部任用、财务支出、目标考核、基础设施建设等方面，采取职工大会或局务公开栏张榜的形式，做到了公开透明。同时制定了加强党风廉政建设的长效机制，建立了“三会一课”制度、党员民主评议制度、党员联系群众制度、党建目标管理制度、政治学习制度、发展党员规划制度、政务公开制度以及领导廉政承诺制度，改进了党员干部的思想作风和工作作风。

2. 气象文化建设

精神文明建设 在精神文明创建工作中，成立了组织机构，建立了业务工作制度(学习制度、岗位练功制度、考核制度等)及业务工作规划和文明单位创建工作规划。几年来，紧紧围绕党的中心工作任务，坚持社会主义物质文明、政治文明、精神文明建设一起抓，做到有具体规划，有实实在在的措施以及丰富的活动内容，推动了气象局文明单位创建工作年年上新台阶。从1991年起，连续多年被省气象局授予全省气象系统两个文明建设先进单位和先进集体标兵称号。1998年被绥化市委、市政府命名为市级文明单位，1999年至2005年一直保持市级文明单位称号，2006年被绥化市委市政府命名为市级文明单位标兵。2000年被确定为全省气象部门文明服务示范单位。

气象文化建设 扩大了职工娱乐活动空间，建成了职工图书室、娱乐室、学习室，以及规范的值班室、会商室，建立局务公开栏、学习园地等。并通过对职工进行热爱党、热爱祖国、热爱社会主义教育，激发了广大职工奋发向上的积极性。

3. 荣誉

1983—2008 年，庆安县气象局共获省、地、县集体荣誉 40 余项。突出的有：1992 年被省农委、气象局授予服务网达标先进县，同年被省气象局授予双文明先进单位称号。1993 年被评为全省气象系统文明单位，1998 年被评为绥化地区气象系统双文明建设先进单位，1999 年被评为绥化地区气象系统和黑龙江省气象系统双文明标兵单位。2000 年省气象局授予全省气象部门规范化服务示范单位。2001—2003 年连续 3 年被评为全省人工增雨防雹工作先进单位。2006 年被绥化市委市政府评为市级文明单位标兵。2008 年被省气象局评为重大气象服务先进集体。1997—1998 年被县政府授予支农先进单位称号。2001 年被县政府授予森林防火先进单位称号。

1993 年周恩义被评为全省气象系统劳动模范和优秀局站长称号。1995 年 1 月 19 日，王卫国被黑龙江省气象局授予气象系统模范工作者称号。

台站建设

台站综合改造 建站以来，庆安县气象局更换办公地址 1 次。1992 年向省气象局申请办公楼建设项目，基建于 6 月 25 日正式破土动工，于 10 月 24 日竣工迁入新建 359 平方米办公楼。办公环境得到了明显改善。2000 年 10 月装修微机室、办公室，购置微机桌改善了办公环境。2005—2006 年进一步装修改造办公楼，新接了一层办公楼，修建水泥地面和电动大门。台站综改后，其中业务办公用楼 445 平方米，暖库 1 间，并有专用库房存放高炮。单位与全县供热网连接，结束了冬天自己烧锅炉的历史。有了独立的值班室、会商室、资料室、室内卫生间、图书室、活动室、会议室等，全部更换了办公桌椅，办公条件显著改善。

园区建设 2003 年，庆安县气象局对观测场进行了改造，规划整修了观测场小路。2005—2006 年，在庭院内修建了草坪和花坛，栽种了风景树，硬化了 400 平方米水泥路面，修建了 400 延米砖混围墙，使气象局院内变成了风景秀丽的花园。

1978 年时的办公楼

综改后台站新貌

绥棱县气象局

绥棱县位于黑龙江省中部，小兴安岭南端西麓。东与伊春市以山划界，辖10个乡镇。年平均气温2.0℃，历史上最低气温为零下42.4℃，最高气温为37.3℃，≥10℃积温为2516.5℃·日，年平均降水量为570.6毫米。

机构历史沿革

始建情况 绥棱县气象局始建于1960年，于当年1月1日正式开始地面气象观测，地理位置为绥棱县绥棱镇南门外，北纬47°02′，东经126°59′，海拔高度202.7米。建站以来没有进行过迁移。

建制情况 1960年1月建站至1962年5月，以绥棱县人民委员会为主领导。1962年6月至1968年7月，由黑龙江省气象局为主领导。1968—1971年由绥棱县革委会为主领导。1971—1973年，实行军队为主的双重领导，由县武装部管理。1973—1979年由绥棱县革委会为主领导。1980年起，实行气象部门为主的双重领导体制。1978年改称绥棱气象科，1984年起改称绥棱气象局。

名称及主要负责人变更情况

名称	时间	内设机构	主要负责人
绥棱气候站	1960.1—1968.6	预测报组	白光友
绥棱县气象站	1968.6—1969.1	预测报组	邵文学
绥棱县气象站	1969.2—1972.1	预测报组	佟玉成
绥棱县气象站	1972.2—1973.6	预测报组	郭万洲
绥棱县气象站	1973.6—1974.10	预测报组	王冶华
绥棱县气象站	1974.10—1975.6	预测报组	苏殿付
绥棱县气象站	1975.7—1978.5	预测报股	李玉林
绥棱县气象站	1978.6—1978.12	预测报股	王淑芳
绥棱县气象站	1979.1—1979.9	预测报股	郭树才
绥棱县气象站	1979.10—1982.5	预测报股	曹　彦
绥棱县气象站	1982.6—1989.11	预测报股	白光友
绥棱县气象局	1989.12—1995.9	预测报股、人控办	郭景阳
绥棱县气象局	1995.10—1996.2	预测报股、人控办	母艳玲
绥棱县气象局	1996.3—1999.8	预测报股、人控办	陈立军
绥棱县气象局	1999.9—2001.11	预测报股、人控办、防雷办	张文弟
绥棱县气象局	2001.12—2004.9	预测报股、人控办、防雷办	孟宪宝
绥棱县气象局	2004.10—2006.9	预测报股、人控办、防雷办	唐德东
绥棱县气象局	2006.10—	预测报股、人控办、防雷办	蔡有勋

人员状况 绥棱气象站1960年1月成立时只有2人，都为初中学历。2008年底，气象职工8人，其中本科学历1人、大专学历2人，党员6人，工程师3人，50岁以上4人、40～49岁1人、40岁以下3人。

气象业务与服务

1. 气象业务

气象观测 1960年始建时，每天4次定时观测，观测项目主要有温度、湿度、风向风速、降水、积雪、云、天气现象、地面最低、地面状态。现在观测项目有云、能见度、天气现象、气压、空气的温度和湿度、风、降水、雪深、日照、蒸发(小型)、地温(地面)。自1971年5月，开始4次定时观测，守班。1974年1月到1986年12月为4次定时观测，夜间不守班。1987年1月1日改为3次观测至今。2001年4月1日起开始编发天气加密报。2003年10月16日，按照统一部署，完成了自动气象站的安装调试工作并开始了试运行。自动气象站数据定时向省气象网络中心上传。2004年开始自动气象站与人工气象站双轨运行平行观测。2005年开始以自动站数据进行编发电报。2006年自动气象站进入单轨运行。1983年11月开始向北京、哈尔滨两地编发重要天气报，固定每天02、08、14、20时和不定时发报。重要天气报的内容有暴雨、大风、雨凇、积雪、冰雹、龙卷等。2008年增加雷暴、霾、沙尘暴、扬沙、浮尘、雾等项目。2001年4月开始增发地面观测加密报项目。

编制报表 3份气表-1，向省气象局、地(市)气象局各报送1份，本站留底1份。2000年11月使用分组数据交换网向省市局传输原始资料，停止报送纸质报表。

气象信息网络 建站后很长时间气象电报均为人工编报，通过电话传报给邮电局转发。2006年建成气象警报网、雨量网，向农村及城镇用户传送天气预报等信息，并收集乡镇雨量。1987年建成甚高频电话系统，可与市、县台站进行天气会商等业务联系。其中，一度进行气象数据传输，用于天气预报业务。2001年3月1日，开始启用分组数据交换网，传送气象电报和接收各种预报信息。2005年通过宽带网络，上传自动站实时数据，接收各种信息，传输量和传输速率大幅度提高。2006年建成了10个乡镇自动雨量站，区域雨量网正式运行。2008年5月20日将1960—2003年的气象记录档案气簿-1、温度、湿度、气压、风向风速、雨量自记纸整理归入省气象档案馆，绥棱县气象局只保留5年的气象记录档案。所有的气象记录和有关文件都实现了纸质与电子版同时保存归档。

气象预报 绥棱县气象局自建站以来一直开展长期、中期和短期天气预报的制作与发布工作。结合本站资料和方法制作与发布各种时效的天气预报。1999年安装了气象信息综合分析处理系统(卫星单收站)，通过卫星直接接收云图和各种天气图，预报信息量大幅度增加。短期天气预报主要预报未来24～120小时的天气。2001年1月1日开始通过分组交换网接收绥化市气象局的指导预报，并编发绥棱县的城镇天气预报。2003年，由地方政府投资一部分资金，安装了VSAT小站，建立了天气预报业务基本平台，使天气预报业务能力得到了全面提高。2006年通过新一代天气雷达实时监测资料开始制作发布未来6小时的短时预报和未来3小时的临近预报和预警。2007年建成可视化天气会商系统，加强了与上级台的交流与沟通，可视化会商系统在重大天气、转折性天气、关键性天气预报服务中发挥了重要作用。

2. 气象服务

公众气象服务 绥棱县气象局从1960年开始发布短期天气预报，通过县广播站向公众广播，1999年起县电视台播出天气预报，服务于生产生活。1989年建立天气预报警报网向各乡镇和粮库发布24小时天气预报、中期天气预报和重大天气预报。1999年建立“121”天气预报自动查询系统，通过电话答询24小时天气预报，未来三天天气趋势预报及各种气象信息。

决策气象服务 绥棱县境内发生的气象灾害主要有干旱、暴雨、大风、暴雪、寒潮、霜冻等。在决策气象服务中，以防灾抗灾为重点，紧紧围绕农业生产、抗旱防汛和森林防火开展服务。服务方式一般以发送预报、情报为主，遇有重要天气及时用电话或当面汇报等形式向县领导及有关部门报告。从1983年开始发布年景分析及春播期、汛期、秋季等各季节长期预报。从1994年起开展为农业生产的全程系列化服务，为县委、县政府指导农业生产提供决策依据。1987年开展森林火险天气预报。2006年开始发布灾害性天气预警信息，为县域经济发展和防灾减灾提供服务。1998年几场大暴雨的过程预报，由于及时向县领导汇报，及时采取防范措施，避免了重大损失。2007年县域内省道改造，扩建城区公路、通村公路建设全面实施的一年。由于工期短、工程多、工作流动性大，施工队伍多，因此，天气的好坏直接影响工程的进度和质量，影响施工队伍的经济效益。为提高重点工程的气象服务工作，县气象局除正常的天气预报服务外，还直接通过电话将各种不定期预报、灾害性天气预警，及时、准确的传达给工程负责人。如预报7月17—19日有连阴雨过程，累计量较大，可达到大雨，局部暴雨。实况，16日夜间至19日累计降水量为94.6毫米，准确的预报结论、及时的服务，为道路施工单位合理安排施工档期提供了可靠的依据，避免了不必要的经济损失，同时也受到了县委、县政府、建设局及多家施工单位的好评。

专业与专项气象服务 1980年起采用“三七”高炮进行人工影响天气作业。1996年开始在本县10个乡镇建立增雨防雹作业点，现有高炮10门。多年来。人工影响天气工作做到了安全无事故。近几年，人工增雨防雹每年平均作业16次，对减轻干旱和雹灾、扑灭林火起到了重要作用。2002年4月3日，绥棱县半截河林场失火，并烧至林业局张家湾，火越烧越猛。绥棱县气象局在4月4日晚接到绥化市气象局局长、党组书记廉九月同志的命令后，及时组织人员赶到扑火现场。经过人工增雨作业，火场降雨量达到20多毫米，火势得以控制，圆满完成了扑火任务。

1999年3月，雷电防护设施检测站正式成立，防雷检测工作全面展开，同时负责全县防雷工程的设计、施工及新建建筑物、构筑物的防雷检测及竣工验收工作。每年气象局定期对液化气站、加油站、民爆仓库等高危行业的防雷设施进行检查，对不符合防雷技术规范的单位，责令进行整改。2008年，气象局与安监局合作，对全县126所中、小学校进行了防雷安全检测。

气象科技服务与技术开发 1983年起开展气象专业有偿服务。主要为全县各乡镇、林业、水利、烤烟、建筑、粮食、防灾减损等有关行业提供灾害性天气预报，中、长期预报和气象资料、气象凭证等。1994年开展气球、礼炮庆典服务，1998年3月20日成立科技产业服务中心，对外承揽各种礼仪服务，悬挂氢气球、支彩虹门等。1999年起与电信合作开展“121”自动答询业务。

气象科普宣传 每年“3·23”世界气象日，均对外开展气象科普宣传，邀请中、小学生进行参观。2000年起，每年参加地方组织科普之冬、科技活动周等活动。在闹市区设立宣讲台，开展气象咨询，分发宣传材料。在县里举办的大型活动中悬挂彩色条幅，树立公示板，施放氢气球，积极宣传气象科普知识及防灾减灾知识。

气象法规建设与管理

1. 法规建设与管理

围绕业务建设和气象服务下发的文件主要有绥棱县人民政府〔1998〕62号《关于成立雷电防护管理领导小组的通知》，绥棱县政府办公室〔1999〕21号《关于加强雷电防护设施安全管理工作的通知》。为了加强执法工作，经过培训考核，已有4人取得了行政执法资格证书，有3人取得防雷检测人员资格证。

2. 社会管理

行业管理 为了加强气象行政管理，1996年成立了绥棱县人工影响天气办公室，2000年成立了防雷办。为了保护气象探测环境，2000年10月将气象探测环境保护标准到县规划局进行了备案，取得主管部门对探测环境保护的支持。防雷工程设计图纸审核、跟踪检测和验收工作全部纳入依法管理轨道，有气象局负责。每年春秋两季对学校、银行、工厂、化工、非煤矿山、住宅、通信等单位都进行防雷安全检查，对不合格的提出限期整改。

政务公开 从2003年起开展了政务公开工作。对内设立公开栏，对外设立公开板。公开板内容包括机构设置及职能，文明单位创建目标，防雷装置检测、收费项目标准，依法行政依据和范围，气象专业服务收费项目标准。公开栏内容包括年度预、决算，年度计划，重大事项决策，目标管理，固定资产状况，气象服务质量等。建立健全了局内的各项规章制度。2007—2008年，绥棱局进一步完善了各项制度，其中包括《财务管理制度》、《档案资料管理制度》、《安全检查管理制度》、《气象服务方案流程》、《岗位责任制度》、《值班、值宿制度》等。

党建与气象文化建设

1. 党建工作

支部组织建设情况 建站之初没有党员。1971年建立了党支部。1978—2008年气象支部共发展7名党员，党员队伍不断扩大。从2007年以来，进一步加强了党员积极分子的培养，每年都有1名同志入党。1984—2008年间，气象党支部多次被绥棱县机关工委评为“先进党支部”，支部领导多次被评为“优秀党务工作者”。

党风廉政建设 高度重视党风廉政建设工作，建立了党风廉政建设责任制，制定了保持共产党员先进性长效机制，党员民主评议制度、党员联系群众制度、党建目标管理制度、政务公开制度、发展党员规划制度、以及领导廉政承诺制度。近几年先后开展了“两风”建设、保持共产党员先进性教育和学习实践科学发展观等活动，党风廉政建设有了新的起色。在干部任用、财务支出、目标考核、基础设施建设等方面，做到了公开透明。同时制定了加强党风廉政建设的长效机制，改进了党员干部的思想作风和工作作风。

2. 气象文化建设

精神文明建设 从1984年起历届班子均成立了精神文明创建领导小组，坚持两手抓，两手都要硬，引导职工坚定理想信念，讲究职业道德，不断提高政治素质和业务素质。同时建立实行了业务学习和考核制度、测报练功制度、预报练功制度。坚持做到文明单位创建年初有规划、年终有总结，绥棱县气象局注重人才的培养，鼓励职工参加成人教育，提高文化水平。2000年以来，先后有2人取得本科学历，1人取得专科学历。

文明单位创建成效显著。1992年被评为县级文明单位。2000被绥棱县政府评为县级先进单位。

3. 荣誉

建站以来，绥棱县气象局获各类集体荣誉80余项，其中获市级以上表彰奖励50余次。突出的有，1986年被省气象局评为“八五年度汛期服务先进单位”，1987年被绥化市政府评为“护林防火先进单位”。1997年获省政府降雨办授予“九六年人工影响天气工作先进单位”。1992年以来多次被县政府评为“县机关先进单位”。自1995年以来，赵永富、周波、母艳玲等多次得到绥化市气象局的“记功”奖励。

台站建设

台站综合改造 建站以来，绥棱县气象局没有更换办公地址。1993年建335平方米办公楼一栋。2006年对原办公楼进行综合改造，室内进行全面装修，并设有职工活动室，把原来的木制窗更换成塑钢窗，外墙贴上了白色瓷砖，房顶更换红色彩钢。修缮了锅炉房及炮库，更新锅炉，对庭院进行了绿化，将倾斜破旧庭院栅栏更新改造。

办公条件和生活改善 通过办公楼综合改造，办公环境显著改善。其中业务办公楼335平方米，炮库及车库6间、锅炉房1间。2006年改造后，办公楼设有微机室、仪器室、资料室、职工活动室、室内卫生间、会议室等。

园区建设 园区建设共分为两块，一块是观测区，观测场采用铁围栏，用机刨石砖铺设甬道400延长米。一块是绿化区和办公区，铺设草坪4500平方米，彩色步道砖铺设路面2000平方米。

1985 年时的观测场

2008 年时的观测场

2008 年气象站全貌

望奎县气象局

望奎县始建于 1918 年，地处小兴安岭南边缘与松嫩平原的过度带，位于黑龙江省中部。年平均气温 2.9℃，历史上最低气温零下 40.9℃，历史上最高气温 39.3℃，≥10℃积温 2681.1℃·日，无霜期 127 天。年平均降水量 507.8 毫米。

机构历史沿革

始建及站址迁移情况 望奎县气象站始建于 1956 年 6 月，1957 年 1 月 1 日正式开始观测。地理位置为望奎县第一良种示范场西侧，北纬 46°52′，东经 126°29′，观测场海拔高度 175.7 米。由于护田林带的长高，已不适合气象观测的基本条件，1973 年 1 月迁至望奎县望奎镇城外西侧路南（中央大街 379 号），观测场位于东经 126°27′，北纬 46°49′，海拔高度 169.1 米。现为国家一般气象站。

建制情况　1956年6月建站，以气象部门领导为主。1958年改以县人民委员会为主领导。1962—1970年先后实行了以气象部门为主和以地方为主的双重领导体制。1971年1月起，实行以军队为主的双重领导，隶属于望奎县武装部。1973年8月改为地方建制，隶属望奎县农林办公室，1978年4月以县人民政府领导为主，称县气象科。1980年1月至2008年12月，改由气象部门为主的双重管理体制。1984年改称县气象局。

名称及主要负责人变更情况

名称	时间	内设机构	主要负责人
望奎气候站	1956.12—1960.5	预测报组	管永学
望奎县气象水文中心站	1960.5—1962.3	预测报组	管永学
望奎气象服务站	1962.3—1966.1	预测报组	管永学
望奎县气象站	1966.1—1970.3	预测报组	管永学
望奎县气象站	1970.3—1972.5	测报组、预报组	张振兴
望奎县气象站	1972.5—1978.4	测报组、预报组	李继贵
望奎县气象科	1978.4—1984.7	测报组、预报组、人控办	李继贵
望奎县气象局	1984.7—1999.9	测报组、预报组、人影办	李继贵
望奎县气象局	1999.9—2001.11	业务股、人影办、防雷办	刘运明
望奎县气象局	2001.11—	业务股、人影办、防雷办	王玉波

人员状况　1956年建站时有2人，中专学历1人，带徒弟1人。2008年底气象职工6人，其中大学本科学历5人、大专学历1人，党员6人。工程师4人，50岁以上1人、40～49岁2人、40岁以下3人。

气象业务与服务

1. 气象业务

气象观测　1957年1月1日正式观测，观测时次为4次。每天发报1次。观测项目有气温、湿度、风向、风速、降水量、云、能见度、天气现象、地面状态、蒸发、雪深积雪密度、气压(07时观测)。8月11日开始观测日照。1958年5月1日增加地温(0厘米)观测。1959年5月1日增加浅层地温(5、10、15、20厘米)观测，10月增加压、温、湿自记观测，气压增加了01、13、19时3个时次观测，12月增加水银气压表观测，使压、温、湿要素在准确性连续性上有所提高。1960年1月1日取消01时观测，将3次观测，时次改为北京时02、14、20时，同时取消地面状态观测。1962年1月1日增加直管地温40、80、160、320厘米地温及冻土观测，3月10日增加发报1次，时次为08时，5月16日增发14时和20时小图报，年底增报年简表。1963年4月增报气象摘要表。1974年1月停止160、320厘米直管观测。1980年1月停止气压、冻土观测。1981年1月停止40、80厘米直管观测。1986年7月采用PC-1500计算机编发电报、编制气表-1。

1991年开始改为3次定时观测，夜间不守班。2001年4月1日开始使用EN-I型风向风速仪。2001年4月1日开始编发08、14、20时3个时次天气加密报。2003年10月，完成自动气象站的安装调试并开始试运行。自动气象站数据定时向省气象网络中心上传。

2004 年开始自动气象站与人工气象站双轨运行平行观测。2005 年开始以自动站数据进行编发电报。2006 年自动气象站转入单轨运行。2006 年 1 月 1 日正式使用自动气象站进行自动观测。自动站观测项目有气压、湿度、风向、风速、降水、地温等,实现了多时次、多项目的连续观测,提高了测报业务质量。

气象信息网络 建站后气象电报长期由人工编报,通过电话传报给邮电局转发。1987 年 5 月建立气象警报网,向各乡镇及服务用户每天两次发布 24 小时天气预报和重大天气预报。1989 年建成甚高频电话系统,与地区台及本区县站实现天气会商及业务联系。1992 年又建立农村气象警报网,每村 1 部气象警报接收机,全县接收机数量达到 293 台,发布内容增加了气象常识、农业生产知识、农资信息等内容。2001 年 3 月 1 日,开始启用分组交换网,传递气象电报和各种信息。2005 年起改用宽带网传输气象信息,其传输速度和信息量大幅度提升,每小时向省气象网络中心上传自动站实时数据。2006 年建成了 14 个乡镇自动雨量站,区域雨量网正式运行,2007 年气象局与各级政府、相关部门及服务用户建立微机服务网络,增大信息传输数量,同时实现无纸化办公,同年,建立可视化会商系统,实现了省、市、县三级台站的天气会商。2008 年 5 月 20 日将 1957—2003 年的气象记录档案气簿-1、温度、湿度、气压、风向风速、雨量自记纸整理归入黑龙江省气象档案馆,县气象局只保留 5 年的气象记录档案。所有的气象记录和有关文件都实现了纸质与电子版同时保存归档。

气象预报 1956 年建站以来,陆续开展短、中、长期天气预报。1958—1981 年短期天气预报,主要靠收听省电台 14 时的气象广播,绘制简易天气图,结合本站方法制作 24～120 小时的天气预报。1982 年起使用 123 型传真机接收各种天气图表,收图量增到每天 14 张,同时开展了 MOS 预报、PPM 预报方法的应用,预报质量有所提高。2000 年建立了 VSAT 气象信息综合分析处理系统(卫星单收站),直接接收卫星云图和各种天气图。2000 年 9 月 1 日开始通过分组交换网接收绥化市气象局及省台的指导预报。2002 年开通本县电视天气预报栏目,使气象信息迅速及时地传送到千家万户。2005 年随着新一代天气雷达资料的下传,开始制作短时临近天气预报。2007 年可视化天气会商系统的应用,预报质量有了明显提高。

1978 年开展了人工影响天气服务,主要开展人工防雹作业,先后在海丰、惠七、卫星、灯塔、厢白、火箭 6 个冰雹多发乡镇建立防雹炮点,使用自制土炮 600 多门作业,1979 年末停止使用。1979 年开展人工防霜作业,由于防灾效果差,次年全面停止作业。1979 年装备 2 门“三七”高炮,用于人工增雨防雹作业。到 1998 年,全县人影高炮增到 18 门,2004 年又增加火箭发射器 2 部。2005 年 8 月开始通过网络接收新一代天气雷达图,提高了人影作业的科学性和作业效果。人工增雨防雹作业在减轻雹灾、缓和旱情、保障农业生产丰收上发挥了重要作用。

2. 气象服务

公众气象服务 建站以来一直通过广播、板报等形式向公众发布天气预报。1976 年县广播站开通天气预报栏目,发布 24 小时天气预报节目。1987 年起采用气象警报网广播向乡镇及用户发布天气预报。1998 年装备了电视天气预报节目制作设备,但由于种种原因没能稳定播发天气预报，至2002年正式开通电视天气预报栏目，发布24～72小时电视天气预报，并在电视台各节目中随时播发天气预警信息字幕。目前天气预报已经制作到乡镇，使气象信息迅速及时地传送到千家万户，给百姓生产生活带来便利。

决策气象服务 以防灾抗灾为重点，紧紧围绕农业生产，向县领导及有关部门及时提供决策需要的各种天气预报和情报。服务的方式已发展到报送服务材料、电话和当面汇报、网络以及手机短信等。大大提高了服务的及时性。1987年全县移栽玉米面积26万亩，县政府采纳气象局有霜冻、推后移植的建议，5月13日开始大面积移栽，躲过了冻害，避免了大量损失。1995年9月12日，预报夜间出现霜冻的预报，在向县领导汇报的同时，当日气象警报3次广播霜冻预报，由于提前收割烤烟，减少经济损失240万元。1997年夏季，在20多天内大部乡镇降雨量超过400毫米，发生了严重的洪涝灾害，防汛总指挥、县委书记询问天气情况，准备下步应对措施，气象局预报还有较大降水过程，结果在8月21—22日全县大部分乡镇出现50～100毫米降水。由于提前部署，准备充分，全县无一处险情发生。

专业与专项气象服务 1998年全县人影作业高炮增加到18门，2004年又增加火箭发射器2部，使人工影响天气服务工作得以稳定发展。1998年起开展防雷装置检测工作，对易燃易爆单位防雷设施进行周期检测。1999年开展对境内的所有建筑物、构筑物的防雷设施进行检测。2001年起对新建、改建的建筑物、构筑物的防雷工程进行图纸审核和竣工验收。

气象科技服务与技术开发 1986年开展专业气象有偿服务以来，专业服务材料从信函邮寄、电话通知发展到1987年采用警报网广播传送。1997年8月开通了“121”天气预报自动答询电话，2005年1月“121”电话升位为“12121”，服务器设在绥化市气象局，通过电话答询24小时天气预报，未来三天天气趋势预报及各种气象信息。1999年建成电视天气预报节目制作系统后，开始在电视天气预报上插播广告。从2006年起，开展手机气象短信服务和网络传输气象服务信息。

气象科普宣传 1996年以来，先后6次参加县政府举办的科普之冬活动，气象局在现场布放展位，分发年景分析资料，对合理开发利用气候资源进行讲解。2003—2005年，在县委、县政府召开的全县农村工作会议上，对气候年景分析、墒情分析以及合理利用气候资源等问题进行讲解，普及气象实用知识。每年“3·23”世界气象日开放气象站，邀请中小学生进行参观，宣传气象事业发展历程、讲解防灾减灾常识及在经济建设中气象工作的重要作用。

法规建设与管理

1. 气象法规建设

为了进一步贯策落实《中华人民共和国气象法》，县政府及有关部门先后下发了一系列规范性文件。主要有：《望奎县人民政府关于人工影响天气“三统一”的通知》(望政发〔2004〕23号)、《望奎县人民政府办公室关于加强全县人工影响天气安全工作的通知》(望政发〔2007〕31号)、《望奎县人民政府办公室关于望奎县自动雨量监测网建设维护实施方案》(望政办发〔2006〕27号)、《关于加强雷电防护设施周期检测的通知》(望政办发〔2003〕16号)、望奎县建设局、安监局、气象局联合下发的《关于加强新建项目防雷工程管理工作的通知》(望建安气发〔2007〕7号)。同时,将气象工作的政策、法规在县纪检委、法制局作了备案。

2. 社会管理

行业管理 为了加强气象行政管理,目前已有2名同志经培训考核取得执法资格证书。2006年将气象探测环境保护标准到县规划局进行了备案,取得城镇规划主管部门对探测环境保护的支持。2008年对一居民在气象观测场北侧92米处,违法兴建多层住宅楼的计划进行了制止,保护了探测环境。施放氢气球纳入了县政府监管范围。防雷管理纳入了县政府监管范围,近8年共审核图纸24份,验收防雷工程32个。每年春季、秋季与安监部门进行防雷安全检查。仅2008年就检查了45个单位的防雷装置,对21个单位下达整改通知书。

政务公开 2006年进行政务公开,对内设立公开栏,对外设立公开板。公开板内容包括机构设置及职能,文明单位创建目标,防雷装置检测、收费项目标准、依法行政依据和范围、气象专业服务收费项目标准。公开栏内容包括年度预、决算,工程发包、人事任免、年度计划、重大事项决策、目标管理、职工福利、固定资产状况、气象服务质量等。

党建与气象文化建设

1. 党建工作

支部组织建设 建站之初没有党员。1964年成立党支部。1980年至2008年气象支部共发展12名党员。支部组织建设不断得到加强,在气象事业发展和服务地方经济建设中发挥模范带头作用。

党风廉政建设情况 自成立党支部以来,高度重视党风廉政建设工作。制定了党风廉政建设责任制和保持共产党员先进性长效机制,认真执行"三会一课"制度,建立和实行了党员民主评议制度、党员联系群众制度、党建目标管理制度、政治学习制度、发展党员规划制度、政务公开制度以及领导廉政承诺制度。以制度约束党员行为,以领导干部勤政廉政的表率作用带动党员,促进党风廉政建设。

2. 气象文化建设

精神文明建设 成立了精神文明创建工作领导组织,坚持两个文明一起抓,两个成果一起要的工作思想,把文明建设融入业务服务工作之中,创文明单位,做文明职工。为推进文明建设,先后建立了政治与业务学习和考核制度、岗位练功制度以及文明单位创建规划等。精神文明创建做到了年初有规划、年终有总结。1990年被评为县级文明单位。1994年被省气象局评为双文明建设先进单位。

望奎县气象局重视气象文化建设,建立了多功能活动室,购置了体育器材。设立青少年科普活动基地。组织职工积极参与县直机关举办的文体活动。

3. 荣誉

建站以来，望奎县气象局获各类集体荣誉120余项，其中获市级以上表彰奖励40余次。突出的有，1992—1994年获市气象系统先进集体，1994年被评为全省气象部门双文明建设先进单位，1995—2008年连续获全省人工增雨防雹工作先进单位，2004—2008年连续5年被望奎县委、县政府评为经济发展优质服务单位，2008年被绥化市政府评为气象工作先进单位。

台站建设

台站综合改造 建站以来，望奎县气象局更换办公地址1次，1973年1月迁至望奎县望奎镇城外西侧路南，办公用房为砖木结构220平方米，占地面积20300平方米。1992年在原办公用房西侧又建砖混办公楼1栋，面积340平方米。2006年进行办公用房综合改造，对原办公楼进行装修，拆除旧办公楼220平方米，建多功能活动室108平方米，炮库4间、仓库1间、暖库2间。办公楼设有业务综合值班室，值班休息室、仪器资料室、室内卫生间、会议室等。全部更换了办公桌椅，办公条件得到了根本改善。

园区建设 园区建设共分为两块，一块是观测区，观测场采用钢围栏，用彩色步道砖铺设甬道40延长米。一块是绿化区和办公区，在办公区建设花坛3个50平方米。2008年进行庭院改造，建围墙600米，绿化面积520平方米，硬化路面1100平方米，铺设彩砖甬道200米，气象标志一座。

1973年时的气象站

2007年气象局办公楼

肇东市气象局

肇东市位于黑龙江省西南部，松嫩平原中部。1986年撤县建市。属大陆性季风气候。年平均气温3.6℃，历史上最低气温为−38.8℃，历史上最高气温为38.1℃，≥10℃积温为

2900.3℃·日，年平均降水量为456.3毫米。

肇东市气象局现址位于肇东市北环路，观测场位于东经125°84′，北纬47°97′，海拔高度135.0米，现为国家一般气象站。

机构历史沿革

始建及站址迁移情况 肇东气象站始建于1959年，当年1月1日正式开始地面气象观测，地理位置为肇东县城西郊，北纬46°04′，东经125°58′，海拔高度147.2米。始建后共经历了2次迁移，2004年1月1日，迁至肇东市西园路，北纬46°04′，东经125°58′，海拔高度141.0米，2006年12月1日，迁至肇东市北环路，北纬46°04′，东经125°59′，海拔高度135.0米。

建制情况 1958年1月建站，体制以气象部门领导为主。1958年5月起，转为地方政府为主领导。1962年6月至1968年7月，改由气象部门为主领导。1968年8月起，以肇东县革委会领导为主。1971—1973年，实行军队为主的领导体制，隶属于肇东县武装部。1973年7月，转为肇东县革委会为主领导。1981年起，实行气象部门为主与地方政府的双重领导体制。

名称及主要负责人变更情况

名称	时间	内设机构	主要负责人
肇东气候站 1958.1 肇东县水文气象站 1959.5 肇东气象服务站 1964.1	1958.1—1967.12	预测报组	杨绍基
肇东县气象站	1968.1—1969.12	预测报组	邢　彬
肇东县气象站	1970.1—1973.2	预测报组	吕志忠
肇东县气象站	1973.3—1978.6	预测报组	孟昭仪
肇东县气象科	1974.7—1980.10	测报组、预报组	张铿卿
肇东县气象科	1980.10—1982.1	测报组、预报组、人控组	杨彦生
肇东市气象局	1982.1—1996.6	测报股、预报股、人控股	王永政
肇东市气象局	1996.6—2007.5	测报股、预报股、防雷办人控股	王玉才
肇东市气象局	2007.5—	测报股、预报股、防雷办人控股	刘英进

人员状况 肇东气象站1959年1月成立时只有1人，为中专学历，到当年7月新增3人，为初中学历。到1978年，气象职工9人，其中，大专学历1人、中专学历1人、高中学历7人，全部为党员。2008年底，气象职工9人，其中本科学历3人、大专学历1人，党员3人，工程师2人，50岁以上1人、40～49岁2人、40岁以下6人。

气象业务与服务

1. 气象业务

气象观测 1959年始建时气象观测项目主要有温度、湿度、风向风速、降水、积雪、云、天气现象、能见度、日照时数、0～20厘米地温、蒸发、地面状态等，每天进行4次定时观测。1991年开始改为3次定时观测，夜间不守班。2001年3月1日开始启用分组交换网编发气象电报。2001年4月1日08时开始编发天气加密报。2003年10月16日，按照黑龙江省气象局的统一部署，完成了自动气象站的安装调试工作并开始了试运行。自动气象站数据定时向省气象网络中心上传。2004年开始自动气象站与人工气象站双轨运行平行观测。2005年开始以自动站数据进行编发电报。2006年自动气象站进入单轨运行。

气象信息网络 在2001年以前，气象电报都是人工编报，通过电话传报给邮电局转发。1988年4月建立甚高频电话，与市台、邻近台站会商天气。2001年3月1日，开始启用分组数据交换网，传递气象电报和各种信息。2005年通过宽带网络，每小时向省气象网络中心上传自动站实时数据。2006年建成了22个乡镇自动雨量站，区域雨量网正式运行。2008年5月20日将1957—2003年的气象记录档案气簿-1、温度、湿度、气压、风向风速、雨量自记纸整理归入黑龙江省气象局档案馆，肇东市气象局只保留5年的气象记录档案。所有的气象记录和有关文件都实现了纸质与电子版同时保存归档。

气象预报 肇东市气象局自建站以来一直承担着长期、中期和短期天气预报的制作与发布工作。开始以收听省台天气形势资料广播，绘制天气图表，结合本站的观测资料和预报方法，制作与发布各种时效的天气预报。短期天气预报主要预报未来24～120小时的天气。1989年5月使用123型传真机接收天气图表。2006年利用接收的新一代天气雷达资料开始制作发布未来6小时的短时预报和未来3小时的临近预报和各种天气预警信息。1999年安装了气象信息综合分析处理系统（卫星单收站），直接接收云图和各种天气图，预报信息量大幅度增加。2001年1月1日开始通过分组数据交换网接收绥化市气象局的指导预报，并编发肇东市的城镇天气预报。

2. 气象服务

公众气象服务 肇东市气象局从1960年开始发布短期天气预报，通过县广播站向公众广播，服务于百姓生活。1989年建立天气预报警报网向各乡镇和粮库发布24小时天气预报、中期天气预报和重大天气预报。1999年建立“121”电话天气预报自动答询系统，向公众答询24小时天气预报、未来3天天气趋势预报及各种气象信息。2000年自建电视天气预报制作系统，并在电视台播出天气预报，扩大了公众服务面。2008年6月通过肇东政务信息网随时向全市各部门和乡镇发布气象信息。

决策气象服务 肇东市气象灾害主要有干旱、暴雨、大风、暴雪、寒潮、霜冻等。气象部门坚持在决策服务中以防灾减灾为重点，围绕农业生产和防汛抗旱、防霜冻，为市领导及有关部门提供各种时效的天气预报、气象情报，积极有效地开展气象服务，取得了显著成效。

从1990年开始发布年景分析及各季节性长期预报。从1991年起开展多项农业系列化服务，为市委市政府指导农业生产提供决策依据。2006年开始增加灾害性天气预警信息服务，在经济发展和防灾减灾中取得了显著效益。如1998年2场大暴雨的预报，由于及时向市领导汇报，市政府和相关部门及时采取防范措施，避免了重大经济损失。

专业与专项气象服务 1976年起开展人工影响天气工作。现有作业高炮6门，火箭发射架3部。全市设立12个高炮作业点，火箭流动作业。近几年，平均每年进行人工增雨防雹作业20次，在缓和旱情、减轻雹灾、促进农业丰收上发挥了积极作用。1999年成立防雷办、防雷设施检测所，开展防雷设施检测、图纸审核、竣工验收、工程施工等。平均每年检测防雷装置100处，审核图纸20份，承接防雷工程3个，验收防雷工程20个。

气象科技服务与技术开发 1985年起开展专业气象有偿服务。1999年起与电信合作开展"121"自动答询业务。1997年开始，开展庆典气球等礼仪服务。

气象科普宣传 2002年起参加市政府举办的科技大集，现场发放气象科技资料，进行气象知识宣传。每年"3·23"世界气象日都邀请中小学生进行参观，请市广电局记者宣讲气象科普知识及防灾减灾知识。

法规建设与管理

1. 气象法规建设

围绕业务建设和气象服务下发的文件主要有《肇东市人民政府办公室关于印发的《肇东市自动雨量监测网建设实施方案的通知》（肇政发〔2006〕51号）、《肇东市人民政府办公室关于加快我市气象事业发展的意见》（肇政发〔2007〕36号）、《关于加强雷电安全防护管理及防雷电、静电检测的通知》（肇政办发〔2003〕30号）、依安县建设局与气象局联合下发的《关于加强建设项目防雷工程管理工作的通知》（肇建发〔2005〕6号）等文件。

2. 社会管理

行业管理 为了加强行业管理工作，经批准，1980年成立了市人工增雨防雹办公室，1999年成立雷电防护办公室。经培训考核，已有3人取得了气象执法资格证书，不断加强气象行政管理工作。将气象探测环境保护标准到市规划局进行了备案，取得主管部门对探测环境保护的支持。2005年将施放氢气球纳入了市政府监管范围，防雷管理纳入了市政府监管范围，每年春季与安监部门进行防雷安全检查。2008年共检查120处，下发整改通知书13份。

政务公开 从2003年起开展政务公开，对内设立公开栏，对外设立公开板。公开板内容包括机构设置及职能，文明单位创建目标，防雷装置检测、收费项目标准，依法行政依据和范围，气象专业服务收费项目标准。公开栏内容包括年度预、决算，年度计划，重大事项决策，目标管理，固定资产状况，气象服务质量等。

党建与气象文化建设

1. 党建工作

组织建设 建站之初没有党员。1997年起建立党支部。1978—2008年先后共发展8名党员。从2006年以来，加强积极分子的培养工作，每年都有1名积极分子发展为正式党员。党支部注重加强自身的思想、作风建设，充分发挥战斗堡垒作用和党员先锋模范作用。1984—2008年，连续被肇东市委评为先进党支部，2008年有1名党员被肇东市机关党委评为“优秀党员”。

廉政建设 高度重视党风廉政建设工作，坚持开展党风廉政的教育活动，党员领导干部廉政勤政上发挥表率作用，建立了党风廉政建设责任制，制定了保持共产党员先进性长效机制，党员民主评议制度、领导廉政承诺等制度，每名党员干部摆放廉正桌牌，注重加强内部监督，营造人人关心廉政建设的浓厚氛围。多年来，全局干部群众无一人违法违纪。

2. 气象文化建设

从1985年起成立了精神文明创建领导小组，坚持“两手抓，两手都要硬”。每年都制定文明建设计划和实现的措施，在加强思想道德教育的同时，加强业务学习和练功活动，先后制定了学习和考核制度、岗位练功制度等。同时，注重人才培养，鼓励支持职工参加文化、业务学习，自2000年以来，先后培养本科毕业生3名、专科生2名。

文明单位创建做到了有规划、有检查、有总结，力争年年有新进展。1985年被绥化市委、市政府命名为市级文明单位，1986年晋升为市级文明单位标兵，1988—2008年始终保持市级文明标兵单位称号。1987年被黑龙江省气象局评为双文明建设标兵单位。2004、2005连续2年被黑龙江省气象局评为双文明建设先进单位。

3. 荣誉

集体荣誉 建站以来，肇东市气象局获各类集体荣誉170余项，其中获市级以上表彰奖励60余次。突出的有，1977年获全国气象系统先进集体，1998年获省气象局防汛抗洪气象服务先进集体，2003—2005年连续获省气象局人工增雨防雹工作先进单位，2004—2005年获省气象局双文明建设先进单位，2007年被肇东市委、市政府评为市域经济发展优质服务单位，2007年和2008年被肇东市委、市政府先后评为支农、科普、优质服务等先进单位。

个人荣誉 1977年刘德光被评为黑龙江省气象系统先进个人，1980年杨绍基被评为全省气象系统先进生产者，2003年王玉才被黑龙江省气象系统授予“全省气象系统劳动模范”称号。

台站建设

台站综合改造 建站以来，肇东市气象局更换办公地址2次，分别是2004年、2006年。2005年曾对原气象局进行综合改造。随着经济的发展和城市建设步伐的加快，2006年，气象局探测环境已受到严重影响，经省气象局批准，新站址选定在肇东市城北，占地面积8000平方米。新站址建成后办公条件显著改善。其中业务办公楼664平方米，建设车库3间、锅炉房1间。2008年实现了集中供暖，改善了冬季办公条件。目前，办公楼内设有微机室，仪器室、传达室、资料室、室内卫生间、健身房、会议室等，并全部更换了办公桌椅。

园区建设 园区建设共分为两块，一块是观测区，观测场采用不绣钢围栏，用彩色步道砖铺设甬道400延长米。一块是绿化区和办公区，绿化区栽植榆树墙300延长米，松树400棵，在办公区铺设草坪3770平方米，彩色步道砖铺设路面2000平方米。园区环境实现了绿化美化。

2008年办公楼俯视图

2008年办公楼和观测场

办公楼正面

明水县气象局

明水县位于黑龙江省西部，松嫩平原北部，属北温带大陆性气候，冬季漫长寒冷干燥，夏季雨热集中，春季降水少，多大风；秋季降水适中，温凉。年平均气温2.6℃，年日照时数

2744.9 小时。

机构历史沿革

始建情况 明水气象站始建于 1953 年 1 月 1 日，位于明水县城区北 3 道街，经度 125°54′，纬度 47°10′，观测场海拔高度 249.2 米，水银槽海拔高度 249.9 米。

站址迁移 随着城市建设，气象探测环境逐步恶化。经批准，于 2000 年 1 月观测站迁至明水县城北郊，其经度 125°54′，纬度 47°11′，观测场海拔高度 247.2 米，水银槽海拔高度 248.3 米，风向标 12.0 米。建砖木结构办公室 120 平方米。2005 年 1 月 1 日因县城镇规划的需要，县气象局整体迁至距原站址南 650 米处，经纬度未变，观测场海拔高度 247.2 米，水银槽海拔高度 248.3 米，风向标 10.5 米。新建办公楼 500 平方米。

领导体制 建站初期属军队建制，由东北军区司令部气象处领导。1954 年转为地方建制，以气象部门领导为主。1958—1970 年实行两次地方政府为主领导和一次省气象局为主领导。1971—1979 年先后实行军队为主、地方政府为主的双重领导体制。从 1980 年起，实行气象部门为主和地方政府和双重领导，一直延续至今。

机构设置 1953 年—1977 年 7 月，称明水气象站。1978 年 7 月改称明水县气象科，内设测报组和预报组。1983 年改称明水县气象局，内设测报股和预报股。2007 年 7 月 1 日改为国家气象观测一级站，2008 年 12 月 31 日改为明水国家气象基本观测站。

人员状况 1953 建站时共有 3 个人。2006 年 8 月定编为 12 人，现有在编职工 12 人，其中，研究生 1 人、本科生 2 人、大专 2 人、中专及高中 6 人、初中 1 人，党员 7 人，平均年龄 46 岁。

名称及主要负责人变更情况

名称	时间	内设机构	主要负责人
明水县气象站	1953.1—1953.12	测报组	邹中信
明水县气象站	1953.12—1963.5	测报组、预报组	欧阳午
明水县气象站	1963.10—1968.5	测报组、预报组	王国斌
明水县气象站	1968.5—1969.11	测报组、预报组	张贵田
明水县气象站	1969.11—1972.10	测报组、预报组	李明歧
明水县气象站	1972.11—1973.9	测报组、预报组	袁　宾
明水县气象站	1973.9—1974.9	测报组、预报组	张子臣
明水县气象站	1974.9—1977.8	测报组、预报组	朱勋荣
明水县气象科	1977.7—1985.8	测报组、预报组	张志富
明水县气象局	1985.8—1987.10	测报组、预报组	王延良
明水县气象局	1987.10—1994.11	测报股、预报股	王汉歧
明水县气象局	1994.11—1995.10	测报股、预报股	孙家慧
明水县气象局	1995.10—2004.2	测报股、预报股、防雷办、科技服务中心、降雨办	郝景龙
明水县气象局	2004.2—2006.10	测报股、预报股、防雷办、降雨办	蔡有勋
明水县气象局	2006.10—	测报股、预报股、防雷办、科技服务中心、降雨办	尹晓伟

气象业务与服务

1. 气象业务

气象观测　1951年1月建站后，观测项目有气温、湿度、气压、风向、风速、降水、云、能见度、天气现象、地面状态、蒸发、雪深。每天4次观测，编发3次绘图天气报告。1954年1月1日开始观测日照并增加补助绘图天气报告。1955年6月起，增发气候旬月报。1985年，使用PC-1501计算机取代人工编报，提高了测报质量和工作效率。1997年7月1日开始使用601B型蒸发器(夏季使用601型5—9月)，冬季继续使用小型蒸发。2003年9月自动气象站建成，开始试运行，2006年1月1日正式使用自动气象站。自动站观测项目有：气压、湿度、风向、风速、降水、地温等，观测项目全部采用仪器自动采集、记录，替代了人工观测。2006年8月由乡(镇)政府投资8万余元陆续建成11个气温、雨量两要素的自动监测站，区域雨量网正式运行。

1953年1月开始承担航危报任务，一直延续到现在。1955年12月1日增加危险天气通报。1983年11月开始向北京、哈尔滨两地编发重要天气报，每天02、08、14、20时和不定时发报。编报内容有：暴雨、大风、雨凇、积雪、冰雹、龙卷等。2008年增发雷暴、霾、沙尘暴、扬沙、浮尘、雾等项目。

气象信息网络　建站以后，气象电报长期通过电话传报给邮电局转发。1983年建成气象警报网，向农村及专业服务用户传送天气预报等信息。1988年建成甚高频电话系统，实现与地台、县站的无线电话通信。2001年3月1日开始启用分组交换网，传递气象电报和各种信息。2003年9月，通过宽带网络，每小时向省气象网络中心上传自动站实时数据。2008年4月将1951—2003年的气象记录档案气簿-1、温度、湿度、气压、风向风速、雨量自记纸整理归入黑龙江省气象局档案馆，市气象局只保留5年的气象记录档案。所有的气象记录和有关文件都实现了纸质与电子版同时保存归档。

气象预报　1959年7月开始制作短期天气预报，随后开始制作中长期天气预报。最初的天气预报，主要收听每天下午14时由省电台播出的气象数据(气温、气压、风向、风速、高低压、槽线位置等)，由预报员抄收绘制图表，结合本站资料方法预报天气。1989年春季，气象站配备123型传真机，主要接收北京和日本的传真图表，短中期预报的信息量明显增加。1988年4月通过甚高频电话，实现了地区与县站天气会商，提高了预报质量。2003年，建成了PC-VSAT小站和天气预报业务平台，预报业务能力得到了明显提高。2005年后，使用新一代天气雷达实时监测资料，开始制作和发布短时临近天气预报。2007年春季建成与省、市台的远程可视化会商系统，为提高重大天气、转折性天气、关键性天气预报服务水平创造了条件。

农业气象　每年2月28日至11月8日逢8日测量土壤湿度。

2. 气象服务

公众气象服务　明水县气象局从1958年开始发布天气预报，通过县广播站向公众广播，服务于生产生活。1983年建立天气预报警报网向各乡镇和粮库发布24小时天气预报和重大天气预报。1992 年建立“121”天气预报自动查询系统，通过电话答询 24 小时天气预报、未来三天天气趋势预报及各种气象信息。2004 年起县电视台开始播发气象局制作的各乡镇短期天气预报。

决策气象服务 明水县境内发生的气象灾害主要有干旱、暴雨、大风、暴雪、霜冻等。县气象局坚持把决策服务放在首位，以防灾减灾和农业服务为重点，定期和不定期的向县领导及有关部门提供各种天气预报和雨情、墒情等情报。从 1988 年开始提供年景分析及农事季节的长期预报。从 1992 年起开展 15 项农业系列化服务，为县委县政府指导农业生产提供决策依据。2006 年开始发布灾害性天气预警信息，为县域经济发展和防灾减灾提供服务。气象部门积极有效地开展气象服务，取得了显著成效。1998 年 2 场大暴雨的预报，由于向县领导汇报及时，及时采取防范措施，避免了重大损失。

专业与专项气象服务 1974 年起开展人工影响天气工作，1980 年成立县人工增雨防雹办公室，现有高炮 8 门，牵引式火箭发射架 1 部，在乡镇设立 8 个高炮作业点，火箭流动作业。近几年，平均每年作业 30 次，受益面积 168 平方千米，人工增雨防雹在缓和旱情、减轻雹灾，促进农业丰收上发挥了重要作用。1989 年开展气球庆典服务。1999 年开展防雷设施检测安装、图纸审核、竣工验收、工程施工等。

气象科技服务与技术开发 1985 年专业气象有偿服务开始起步，利用邮寄服务材料、警报广播等手段，为用户提供气象科技服务。1989 年起，开展庆典气球施放服务。1999 年起，与电信局合作开展“121”电话天气预报自动答询业务。从 2004 年起在县电视台天气预报节目中插播广告。从 2004 年起开展手机气象短信定制业务。

气象科普宣传 从 2003 年起每年利用全县运动会及各重大节日进行科普宣传，现场发放科普资料，进行气象知识的宣传和讲解。在县气象局设立气象科普基地，在每年“3·23”世界气象日邀请中小学生参观，增长气象知识。

法规建设与管理

1. 气象法规建设

围绕业务建设与行业管理，政府和有关部门下发法规性文件主要有《明水县人民政府关于成立明水县人工影响天气领导小组的通知》(明政函〔2003〕16 号)、《明水县人民政府办公室关于人工增雨防雹工作方案的通知》(明政办〔2003〕17 号)、《明水县人民政府办公室关于切实加强雷电防护设施安全管理工作的通知》(明政办〔2005〕24 号)、《关于成立明水县雷电防护设施管理领导小组的通知》(明政办函{2007}6 号)、明水县雷电防护管理领导小组办公室与明水县建设委员会和明水县气象局联合下发的《关于加强建设项目防雷工程管理工作的通知》(明防雷办发〔2007〕3 号)、明水建设局《关于明水县气象局观测场探测环境保护备案的复函》(明建〔2007〕121 号)等文件。

2. 气象社会管理

行业管理 2007 年将气象探测环境保护标准到县规划处进行了备案，取得主管部门对探测环境保护的支持。施放氢气球和防雷管理纳入了县政府监管范围。为加强气象行政管理工作，3 名同志通过培训考核，持执法证上岗。2006—2008 年，与县安监、建设、教育等部门联合开展雷电防护安全检查 11 次。

政务公开 从 2006 年起开展政务公开工作。对内设立公开栏，对外设立公开板。公开板内容包括机构设置及职能，文明单位创建目标，防雷装置检测、收费项目标准，依法行政依据和范围，气象专业服务收费项目标准。公开栏内容包括年度预、决算，工程发包，人事任免，年度计划，重大事项决策，目标管理，职工福利，固定资产状况，气象服务质量等。

党建与气象文化建设

1. 党建工作

组织建设 1953 建站之初有党员 2 名。1978 年建立党支部。1980 年至 2008 年气象支部共发展 6 名党员。支部组织建设不断得到加强，在气象事业发展和服务地方经济建设中发挥政治核心作用。

廉政建设 认真落实党风廉政建设责任制，制定了保持共产党员先进性长效机制，建立了“三会一课”制度、党员民主评议制度、党员联系群众制度、党建目标管理制度、政治学习制度以及领导廉政承诺制度。用制度管人、管事，促进党风廉政建设。2004—2008 年，组织党员积极参与气象部门和地方党委开展的党章、党规、法律法规知识竞赛共 8 次，增强了党员遵纪守法意识。

2. 气象文化建设

成立了精神文明创建机构，坚持以人为本和科学发展的理念，深入扎实地开展创建文明工作，建立实行了政治业务学习与考核制度、岗位练功等制度，把文明建设融入到业务服务工作之中。精神文明建设做到了年初有规划、年终有总结。

文明单位创建成效显著。2003 年被评为县级文明单位。2007 年晋升为县级文明单位标兵。2005 年、2006 年被明水县委、县政府授予先进集体。

3. 荣誉

1983—2008 年共获集体荣誉 20 余次。其中，2004 年被黑龙江省气象局评为全省人工增雨防雹工作先进集体。2005 年、2006 年被县委、县政府评为思想政治工作先进集体，2007 年被县委、县政府授予文明单位标兵称号。

台站建设

台站综合改造 建站以来，明水气象局先后更换 2 次办公地址，随新建站址，办公条件相应改善。2008 年以来，先后利用 43 万元资金，对办公楼区和观测场进行了较大改造，其中业务办公用楼 500 平方米，宽敞明亮，设有微机室、男女值班休息室、资料室、室内卫生间、职工活动室、会议室等。各办公室全部更换了办公桌椅，购置了乒乓球台。

园区建设 园区建设共分为两块，一块是观测区，观测场小路用彩色步道砖铺设甬道

60延长米，更换了7盏草坪灯。一块是绿化区和办公区，绿化区栽植丁香和各种花卉，修建4个花坛，安装了路灯，更换了自动门。院内硬化场地300平方米。2009年重新修建了铁围栏400米。一个环境优美、功能较齐全、人员精神焕发的明水县气象局正朝一流台站迈进。

观测场全景(2007年)

综改后台站新貌(2007年)

大兴安岭地区气象台站概况

大兴安岭地区位于黑龙江省西北部，地处大兴安岭山脉东北坡和东南坡，总面积 8.46 万平方千米，是 1964 年开发建设的国家重点林区。现辖 3 县 4 区（漠河县、塔河县、呼玛县和加格达奇区、松岭区、新林区、呼中区）10 个林业局。总人口 55 万。全区年平均气温 −2.6℃，极端最高气温为 39.4℃，极端最低气温为零下 52.3℃，年平均降水量 485.5 毫米。

气象工作基本情况

始建情况 1964 年国家决定开发大兴安岭林区，建立了大兴安岭特区。特区林业局于 1966 年建成加格达奇气象站。1968 年改称特区气象台，1970 年成建制移交省气象局，改称大兴安岭地区气象局。1969 年特区林业局决定在塔河、新林、呼中三地建立气象站，塔河站于 1970 年建成，同年 6 月 1 日正式运行。新林、呼中站于 1972 年建成，同年 7 月 1 日开始观测。3 个站也于 1970 年成建制移交省气象局。

呼玛气象站于 1953 年建设，1954 年 1 月 1 日开展观测工作。1977 年呼玛县气象科成立，下辖呼玛、漠河 2 个气象站。

漠河气象站于 1957 年在呼玛县漠河乡建成，1981 年漠河建县，1996 年漠河气象站由漠河乡迁至县城，漠河乡原地气象站改称北极村气象站，同时进行地面气象观测。

1974 年 11 月，大兴安岭林业局投资建成阿木尔气象站。1975 年 1 月开展地面气象观测。1998 年在中国气象局新一轮站点规划中被撤销

领导体制 大兴安岭地区气象台站的领导体制多次变动，比较复杂。呼玛、漠河站建站后先后为军队、省气象局建制。从 1958 年起实行地方为主的双重领导。1962 年改以气象部门为主领导，由黑河地区气象台管理。1968 年 8 月，两个气象站的管理任务移交大兴安岭特区气象局。大兴安岭地区气象局（台）、新林、塔河、呼中站，从建站起一直为地区林业局建制，直至 1970 年 4 月才纳入国家气象台站序列，成建制移交省气象局，实行双重领导体制。从 1971 年 3 月 15 日，全区气象台站一律实行以军队领导为主的管理体制。1973 年 7 月改以地方政府为主领导。1980 年起，实行以气象部门领导为主的双重管理体制，一直延续至今。

人员状况 截至2008年，全区有职工131人，专业技术人员103人，高级职称4人，中级职称45人，中专以上学历121人。

主要业务范围

地面观测 全区现有地面气象观测站7个，其中1个国家基准气候站、5个国家基本气象站、1个国家一般气象站，1个国家一级农气站，区域自动气象站41个，2个一级酸雨监测站，11个雷电监测站，2个生态气象站。

国家一般气象站（北极村）的观测项目有云、能见度、天气现象、气压、气温、湿度、风、降水、雪深、日照、小型蒸发、地温等，每天08、14、20时3次定时观测，编发气象旬（月）报。

国家基准气候站（漠河）每天进行24小时地面观测，编发8次天气报、气候月报、气象旬（月）报、重要天气报，每天编发06—18时固定航危报。

国家基本气象站（地区局观测站、塔河、呼玛、呼中、新林）每天进行02、05、08、11、14、17、20、23时8个时次地面观测，编发8次地面天气报和气象旬（月）报。观测项目有云、能见度、天气现象、气压、气温、湿度、风、降水、雪深、雪压、日照、电线积冰、冻土、蒸发、地面温度、浅层地温及深层地温。其中，新林、呼中进行森林可燃物观测。

国家一级农气站（呼玛）进行小麦、大豆作物观测及自然物候观测，土壤墒情的测定。

酸雨监测站（漠河、加格达奇）测量降水样品的PH值与电导率，每天13时前上传酸雨日数据文件，编制酸雨观测报表。

11个雷电监测站（加格达奇、塔河、漠河、呼玛、呼中、北极村、新林、松岭、盘古、十八站、洛古河）进行雷电灾害的监测和预警。

2个生态气象站（南瓮河、洛古河），目前进行所在区的自动气象观测。

2003年开始建设地面自动气象站，改变了地面气象要素人工观测的历史。2003年8月1日—2005年1月1日，自动气象站陆续进入双轨运行，2006年1月1日投入单轨运行。

卫星、雷达探测 1988年大兴安岭地区气象局建立气象极轨卫星接收处理系统，2002年完成了升级改造，接收机由WT-7型更换为WT-7A型，并对卫星资料接收处理应用软件进行了改进和完善，2005年11月全套设备迁往漠河县气象局。大兴安岭卫星遥感业务主要为森林防火、林业生态建设服务，每年春、夏、秋季森林防火服务期间向当地政府和防火部门提供火情监测服务产品。2005年地区气象局建成新一代天气雷达站。雷达主设备采用北京敏视达公司生产的CINRAD/SA雷达。

气象预报服务 各台站（除北极村外）均开展天气预报业务。短时天气预报（0～6小时）和短期天气预报（12～72小时）主要面向社会公众，每天通过电视、报纸、广播电台、“12121”电话、手机气象短信、气象网站等多种渠道向公众传递天气信息。中期天气预报（预报时效4～10天）和长期天气预报（预报时效10天以上）主要服务于政府有关部门及专业服务用户。每年春季和秋季防火期开始，气象台制作并发布全区森林火险等级和城镇火险等级预报。通过电子邮箱和电视天气预报发布相关信息，当火险等级达到预警标准，还通过手机短信的形式向社会发布火险预警信号等级以及防范措施。当林区发生森林火情时，大兴安岭地区气象台，根据火情严重程度按1小时、3小时、12小时、24小时的时段，制作并发布《火场天气预报》，内容包括最高气温、最低气温、风向、风速、相对湿度，降水形势分析等。通过局域网、电子邮箱、传真的方式及时发送到相关部门。随着气象现代化建设的发展，气象卫星综合应用业务系统、卫星云图接收系统、省—市—县气象信息传输系统等各种先进技术的运用，预报准确率提高，天气预报向精细化、个性化方向发展，不断满足社会各界和广大人民群众的需求。

气象信息网络 20世纪70年代前使用无线电莫尔斯通信。1982—1986年，先后改用无线、有线电传通信。1987年，地区气象台开通计算机网络通信。1998年8月，大兴安岭地县两级气象部门开通分组数据交换网组，大大提高了传输速度和信息量。2005年远程气象电视电话会商系统投入使用，实现了国家、省、地(市)、县气象台站的可视化天气会商及业务会议。2007年将原来PC-VSAT接收设备转换为U6接收设备，大量的资料信息从网络中调出供预报员参考使用。为提高预报准确率创造了条件。

人工影响天气 1981年省气象局拨给1门“三七”高炮，从此开始人工影响局部天气的工作。2002年，地区气象局编制的《大兴安岭云水资源开发利用工程项目》一期工程得到行署、林管局的批准，投资252万元引进了12套车载增雨火箭发射装置，2008年又购置7套，全区共有19套车载增雨火箭发射装置，人工增雨作业对3县4区的10个林业局和两个农业垦区实现了全面覆盖。在森林防火扑火和农业抗旱防雹减灾中发挥了重要作用，特别在2008年、2009年森林扑火作业中起到了增加雨量的显著作用，受到了各级领导的好评。

大兴安岭地区气象局

机构历史沿革

始建情况 1964年中共中央、国务院决定开发大兴安岭林区。为适应林业开发建设的需要，1965年10月大兴安岭特区林业局筹建加格达奇气象站，省气象局支援业务技术干部，并进行业务指导。1966年1月加格达奇气象站在加格达奇甘河南建成，位于北纬50°24′，东经124°07′，海拔高度317.7米。同年7月1日正式进行地面气象观测，1968年8月，加格达奇气象站升格为大兴安岭特区气象局。1970年4月，改称大兴安岭地区气象局(台)。2005年11月大兴安岭地区气象局迁至甘河北新建办公楼，观测站仍在原址工作。

建制情况 1966年建站起至1970年3月，属大兴安岭林业系统建制，归特区林业局管理。省气象局给予业务指导。1970年4月特区气象局成建制移交省气象局，改称大兴安岭地区气象局(台)，实行省气象局为主与地区行署的双重领导。1971年3月15日，实行以军队领导为主的双重领导体制。1973年7月改以地方政府为主领导。1980年起实行以气象部门领导为主的双重管理体制，一直延续至今。

目前，地区气象局内设综合办公室、业务科技科、计划财务科3个职能科室，气象台、国家气象站、气象影视科技服务中心、防雷中心、后勤中心、大气探测技术保障中心和人工影响天气中心等7个直属单位。

名称及主要负责人变更情况

单位名称	姓名	职务	任职时间
大兴安岭特区气象站	王在堂	站长	1965.10—1970.01
	王景文	代理站长	1970.01—1971.09
大兴安岭地区气象台	巩化洲	台长	1971.10—1973.10
	杜宝连	台长	1973.10—1975.11
大兴安岭地区气象局(气象台)	王海清	党组书记(局长)	1975.11—1978.12
	蒋守义	党组书记(局长)	1978.12—1980.03
大兴安岭地区气象局	王　杰	党组书记(局长)	1980.03—1984.07
	杜凤银	党组书记(副局长主持工作)	1984.08—1986.10
	孙志信	党组书记(局长)	1986.11—1991.05
	刘海棠	党组书记(局长)	1991.06—1994.02
	谷　野	党组书记(局长)	1994.03—1999.04
	常　诚	党组书记(局长)	1999.05—

人员状况　大兴安岭地区气象局现有在职职工70人,具有研究生学历2人、本科学历35人、大专学历25人、专科以下学历8人,党员31人,有少数民族职工3人,职工平均年龄37岁。

气象业务与服务

1. 气象业务

气象观测　1966年7月开始观测,每天进行02、08、14、20时4次地面观测。1970年1月1日起承担国家基本气象站任务,每天进行02、05、08、11、14、17、20、23时8个时次地面观测,编发8次地面天气报和气象旬(月)报。观测项目有云、能见度、天气现象、气压、气温、湿度、风、降水、雪深、雪压、日照、电线积冰、冻土、蒸发(4—9月观测E-601B型蒸发器,其它时间观测小型蒸发器)、地面温度、浅层地温及深层地温。2006年7月1日增加酸雨观测业务,每天13时前上传酸雨日数据文件,月末形成月报表归档、保存。同年1月开始编发气候月报。2007年1月至2008年12月曾改为24次观测、自动发报。

自1986年起使用PC-1500袖珍计算机取代人工编报。1998年使用微机进行计算编报,提高了测报质量和工作效率。1999年起通过分组数据交换网向省气象网络中心传输月报表文件,停止报送纸质报表。航危报任务较重,2004年1月1日开始,每天编发06—18时固定航危报。2005年1月1日DYYZⅡ型自动气象站正式投入业务运行。自动站观测项目包括温度、湿度、气压、风向风速、降水、地面温度,进行人工平行观测。2006年1月1日起以自动气象站资料为准发报,自动站采集的资料与人工观测资料均存于计算机中互为备份,每月定时复制光盘归档、保存,并形成月、年报表上报中国气象局和省、市气象局。

气象信息网络　20世纪70年代前使用无线电莫尔斯通信。1982—1986年,先后改用无线、有线电传通信。1987年,地区气象台开通计算机网络通信。1998年8月,大兴安岭地县两级气象部门开通分组数据交换网通信,大大提高了传输速度和信息量。2005年远程气象电视电话会商系统投入使用,实现了国家、省、地(市)、县气象台站的可视化天气会商及业务会议。区域雨量数据传输通过GPRS网上传、闪电网信息传输利用宽带、光纤等方式传输数据。2007年将PC-VSAT接收设备转换为U6接收设备,大量的资料信息从网络中调出供预报员参考使用,为提高预报准确率创造了条件。

气象预报 1966年7月1日开始制作短期天气预报、中期和长期预报。20世纪80年代后期起,开展全区范围短、中、长期和各类专业气象预报。1985年前后在短期预报中,引进"湿有效能量"预报、模式预报方法以及专家系统预报方法。2005年新一代天气雷达建成后,开展短时临近天气预报。2005年远程气象电视电话会商系统投入使用。20世纪70年代以来,制作中期天气预报主要使用旬候平均图相似等预报方法。20世纪80年代初开始使用数值预报产品,超长波和长波系统预报方法,使全区灾害性、关键性、转折性天气的预报准确率明显提高。长期预报主要使用方差分析、小波分析、月动力延伸、气候背景分析、相似分析等方法。

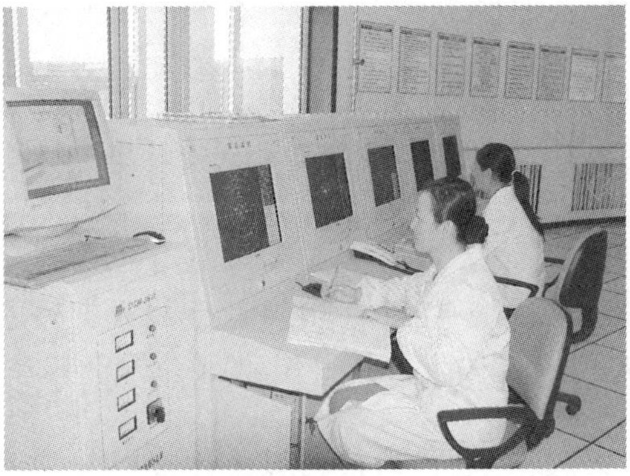

2005年新业务平台(1)

2005年新业务平台(2)

2. 气象服务

公众气象服务 1966年通过电台播出天气预报,2000年7月通过电视台播出天气预报。20世纪80年代末开展森林火险等级预报、倒开江预报、暴雪落区预报、大风高温预报、农业产量预报等项业务,并适时发布气象警报。进入20世纪90年代后,开展农业15项、林业12项系列化服务。2000年建成电视天气预报制作系统,由主持人播讲天气预报,扩大了公众服务面。2003年起,公众可通过定制手机气象短信的方式查询天气预报。2005年,建立了预警信号发布流程,开始通过电视等媒体向社会发布气象灾害预警信号。

决策气象服务 1989年前,决策气象服务主要以书面形式为主,内容是短期重要天气、旬、月、季、年的天气预报和气候预测,为行署、林管局及有关部门安排生产和防御气象灾害提供服务。1990年开始,提供农业、森林防火、防汛系列化服务。2003年修订和完善了《大兴安岭地区气象局决策服务周年方案》,使气象决策服务工作进一步专业化、系列化和规范化。通过网络向防火、防汛、水利、国土等部门提供决策气象信息。2008年5月,开始通过手机短信的形式向行署、林管局及有关部门的领导发布气象灾害预警信息。2006年6月起，“气象决策服务系统”投入使用，决策气象服务在森林防火、扑火等防灾抗灾中发挥了积极作用。如1987年5月4日，预报“5月5—8日为持续性高火险天气”，局领导立即向主管防火的行署副专员当面汇报了情况，很快各级防火部门都收到行署关于加强防火的紧急通知。5月6日森林火灾发生后，及时向扑火指挥部提供火场地区天气预报和火场卫星云图（传真图），使扑火指挥及时掌握温度、风向、风速变化及火场位置变化情况，出色的扑火决策服务工作受到了各级领导的好评。

2008年，准确地预报了春季的终霜、7月5日的大到暴雨、秋季的初霜和10月26日的区域性暴雪天气过程，在各地政府的组织下，取得了明显减灾的良好效果。

专业与专项气象服务　自建站起，一直把林业气象服务工作为重点，在每年春秋两季森林防火期前，就提供长期、中期火险趋势预报。进入防火期后，发现高火险天气，及时上报，并跟踪提供预报情报。1989年建立极轨卫星接收系统后，昼夜监测林区火情，发现火点，立即报告，为及时扑火提供情报。1993年研制出《城镇火险等级预报系统》，提高了火险等级预报的水平。6—8月是大兴安岭的防汛关键期，山区极易遭受洪水侵害，防汛气象服务是夏季的一项中心工作。同时，开展了工业、交通运输、基本建设、建材生产等专业气象服务。

1995年成立大兴安岭地区防雷装置监测站，开展防雷装置定期检测工作。1999年后，开展了新建建筑物防雷工程图纸审核和竣工验收工作。同时，成立了大兴安岭华云科技开发公司，取得了防雷工程专业设计、施工乙级资质，为多家企事业单位设计、施工了多项防雷工程，经投入使用后，效果良好。

1981年，省气象局拨给大兴安岭地区气象局1门“三七”高炮，在呼玛开展人工防雹作业。2002年，增配车载火箭发射装置2台，主要用于森林防火扑火作业，在2008年、2009年扑灭北部林区火灾中，发挥了重要作用。

气象科技服务　1985年起，开展专业气象有偿服务，用户逐步发展到粮食、电力、建材、保险、水利等多个部门。服务手段主要是依靠电话通知、邮寄各种预报和情报，指派专人登门服务。1995年后发展了“121”电话天气预报答询、BP机气象信息服务、现场服务等方式。2003年，开始通过手机短信的形式对专业服务用户发布气象灾害预警信息，开通微机终端服务。

气象科普　开展了形式多样、大量的气象科普宣传活动，使气象科普进校园、进社区、进农户，社会公众进一步了解了气象科学知识。1997年被评为“全国气象科普先进集体”，2003年被省科协命名为省级青少年科普教育基地。

法规建设与管理

气象法规建设　近年来，制发的规范性文件主要有2000年，大兴安岭地区行署办公室下发了《关于加强防雷工作的通知》（大署办〔2000〕24号），地区防雷办公室、地区公安局联合下发了《关于加强计算机信息网络系统（场站地）雷电防护工作的通知》（大防办发〔2000〕1号）。2001年，地区行署办公室下发了《关于进一步加强全区防雷减灾工作的通知》（大署办〔2001〕43号）。2002年，地区防雷工作办公室、安全生产委员会办公室联合下发《关于进一步加强全区雷电安全防护管理工作的通知》(大防雷办〔2002〕1号)。2003年3月,地区行署办公室下发了《关于严格执行大兴安岭地区重点工程建设项目防雷工程设计有关规定的通知》(大署办〔2003〕19号),4月下发了《关于进一步加强防雷安全工作的通知》(大署办〔2003〕32号)。2004年6月,地区气象局、安全生产监督管理局联合下发了《关于转发黑气发〔2004〕52号文件的通知》(大气发〔2004〕11号)。2005年3月,地区行署办公室下发了《关于进一步加强全区防雷安全工作的通知》(大署办〔2005〕26号);地区防雷办公室下发了《进一步加强防雷工程验收的通知》(大防雷发〔2005〕1号)。2006年6月,地区气象局、安全生产监督管理局、消防支队联合下发了《关于转发〈加强防雷安全工作的通知〉的通知》(大气发〔2006〕19号)。2007年6月,地区气象局、教育局联合下发《关于在全区中小学校开展防雷安全检查的紧急通知》(大气发〔2007〕37号)。2008年,地区行署办公室下发了《关于进一步加强全区防雷减灾工作的通知》(大署办〔2008〕43号)。

行业管理 2003年开始,每年都与地区安全生产监督局组成联合检查组,对全区雷电安全重点防护单位进行专项检查,发现问题限期整改。为了加强气象行政管理,地区气象局成立了法规科,有10名同志经过培训考核取得执法资格证书,重点加强气象探测环境保护、防雷等方面的执法及管理。2004年7月,地区气象局保留了防雷装置设计审核和竣工验收等项行政许可项目。2009年4月,地区气象局的7项行政职权得到地区行署的确认,并进入大兴安岭地区行政服务中心工作。

政务公开 2003年起,大兴安岭地区气象局开展政务公开工作,制定了《大兴安岭地区气象局局务公开实施办法》,重大事项决策、大额资金分配使用、人事变动、干部任用、财务预决算、建设项目资金筹措、大型设备购置等均按制度召开局长办公会研究决定;与群众利益关系密切的工资、奖金、公积金的发放都按月及时公开。属于行政处罚、行政许可的有关内容以及气象科技服务收费标准都通过气象网站和公示板及时向社会公示。2008年中国气象局授予"局务公开示范单位"称号。

党建与气象文化建设

1. 党建工作

党组织建设 党支部成立于1968年8月,当时有3名党员。1980年3月成立大兴安岭气象局党组,负责重大问题的决策。1996年11月成立党组纪检组。2008年4月成立大兴安岭地区气象局机关党委,现有党员32人。多年来,坚持"以抓好党建促发展"的工作思路,全面推进党的思想、组织、作风和制度建设,党组织发挥了政治核心作用和战斗堡垒作用。

党风廉政建设 加强了党风廉政建设和反腐败工作,注重党员的反腐倡廉教育,在全区气象部门建立党风廉政监督员队伍,每年开展不同主题的党风廉政宣传教育月活动,每月开展一次党课政治教育活动,每季度进行一次全面局务公开工作。建立一系列完整的工作制度,用制度管人、管事。党员干部为构建和谐健康的发展环境发挥了重要作用。

2. 气象文化建设

精神文明建设 始终坚持创造性地开展精神文明建设活动，重视加强职工队伍素质建设，悬挂爱岗敬业和廉政文化警句，制定了气象服务标准，规范职工文明行为，树立了各时期的气象模范人物，引导职工注重礼仪、文明服务。确定气象台和影视中心为气象文化窗口，向社会公示。丰富职工的文化生活，经常组织开展文体活动，职工图书室藏书 30000 册，设置健身器材 13 件，营造了团结和谐、开拓进取的良好氛围。

文明单位创建 1990 年 12 月被加格达奇区委、区政府命名为精神文明建设“先进集体”，1996 年 8 月晋升为地级“文明单位标兵”，2001 年 12 月被大兴安岭地委命名为“文明行业先进系统”，2007 年 5 月被省委、省政府命名为“文明单位”，2007 年 3 月被中国气象局命名为全国文明台站标兵。

3. 荣誉与人物

集体荣誉 1987 年被中国气象局授予扑火气象服务先进集体称号。2003 年被中国气象局授予“重大气象服务先进集体”称号。2005 年被中国气象局评为“全国气象部门局务公开先进单位”称号。2006 年被国务院授予“扑火先进单位”称号、被省政府评为“扑火保障先进单位”，被中国气象局授予“全国气象部门文明台站标兵”称号和“重大气象服务先进集体”称号。2007 年被省文明委授予“文明单位”称号。2008 年被中国气象局授予“局务公开示范单位”称号。

个人荣誉 荣获国家气象局 1987 年通令嘉奖的有孙志信、万正奎、熊志钦、魏立杰、罗瑞岗。陆兆全获大兴安岭地区劳模。荣常诚获大兴安岭地区地直机关“十佳公仆”称号。有 11 人次获黑龙江省全能观测员称号，有 19 人次获得全省气象部门先进个人称号。

人物简介

万正奎 1986 年被黑龙江省人民政府授予劳动模范光荣称号。1963 年 9 月毕业于兰州大学，毕业后在黑龙江省气象科研所工作。1970 年 2 月积极投身于大兴安岭气象事业创建工作中。曾任预报员、高级工程师、预报室主任、地局副局长等职务。曾多次受到省气象局和地区行署记功奖励，他研制的《多因子综合指标森林火险等级预报方法》荣获国务院电子振兴办“三等奖”，《大兴安岭林区太阳辐射资源分析》获地级优秀论文“三等奖”，在 1987 年 5 月 6 日扑火气象服务中成绩优异，荣获国家局通令嘉奖。

台站建设

台站综合改造 原办公楼地址在加格达奇晨光大街，办公区仅面积 1000 平方米，条件较差。2003 年起先后利用国家投资 3300 多万元，在加格达奇区景观大道北侧，新建业务综合楼 4754 平方米，2005 年 9 月 20 日竣工。业务综合楼与多普勒天气雷达塔楼浑然一体，美观大方，已成为大兴安岭地区一道靓丽风景。

2006 年又新建附属用房 700 平方米，其中有职工食堂、单身宿舍、车库、图书馆。为广大职工提供了舒适的工作生活环境。

园区建设 2007 年在庭院基础设施建设中，按照“绿色综改，花园台站”的建设理念，使用上级投资57万元，对庭院进行绿化、美化。2008年对院内的地面硬化及庭院进行综合改造绿化面积410平方米、硬化面积1640平方米，建设篮球场沥青地面375平方米。

1965年的大兴安岭气象站

2005年地区气象局新办公楼

呼玛县气象局

机构历史沿革

黑龙江省呼玛县地处祖国最北边陲的大兴安岭地区，冬季漫长而寒冷，被称作“高寒禁区”，夏季短暂，年平均气温为－1.0℃，极端最低气温－48.2℃，积雪期长达半年之久，无霜期仅100天左右。

始建情况 伪满洲国中央观象台曾于1940年在呼玛及鸥浦建立气象观测站，工作到1945年7月。新中国成立后，呼玛气象站始建于1953年10月，1954年1月1日正式开始工作，位于呼玛县呼玛镇城区，北纬51°43′，东经126°39′，观测场海拔高度177.4米。承担国家基本气象站任务，建站后一直未进行迁移。

领导体制与机构设置 建站时为军队建制。1954—1958年4月以省气象局领导为主。1958—1962年改以县政府为主领导。1959年气象站和水文站合并，成立呼玛县气象水文中心站。1962年6月，气象水文分开，气象站以省气象局领导为主。1968—1971年由县人民政府为主领导。1971—1973年实行以军队为主的双重领导。1973年7月起改由地方政府领导为主。1977年，成立县气象科，管理呼玛、漠河2个气象站。1981年，漠河建县，漠河气象站划归漠河县所属。同年8月开始实行气象部门与地方政府双重领导，以气象部门领导为主的管理体制，1982年改称气象局。隶属大兴安岭地区气象局管理。

人员状况 呼玛气象站成立时4人，均为经过专业培训的转业军人。现有在编职工15人，其中工程师5人、助理工程师10人，本科学历2人、大专学历10人，共产党员5人，少数民族(回族)1人。

主要负责人变更情况

姓名	职务	任职时间	备注
王连喜	站长	1953.10—1956.9	
吴宝泉	站长	1956.9—1958.7	
杨维富	站长	1958.10—1959.8	
高　发	教导员	1972.8—1974.9	
曹文源	教导员	1974.10—1975.6	
张吉平	科长	1977.10—1979.6	
邢振友	科长	1981.10—1982.3	
姚永勤	局长	1982.4—1986.5	
张作安	局长	1986.6—1991.8	
姜　贵	局长	1991.8—1993.4	
黄庆隆	局长	1993.5—1994.4	
高怀满	局长	1994.4—2006.10	
于惠杰	局长	2006.10—	

气象业务与气象服务

1. 气象基础业务

地面测报　1954 年 1 月 1 日起开始正式观测，开始观测项目包括云量、云状、能见度、天气现象、气压、空气的温度和湿度、风向、风速、降水、雪深、积雪密度、日照、蒸发(小型)、地面温度、曲管、直管、冻土、电线积冰。1955 年 5 月 1 日 05 时开始每天 8 次编发天气报，重要天气报，0—24 时预约航空报。电报均由手工编制通过邮电部门传递。1978 年，使用 EL 型电接风力风速测定仪。1982 年安装 1 部 757 型无线电台，自行收发电报提高了报文传输质量和工作效率。自 1985 年 1 月 1 日起使用 PC-1500 计算机取代人工编报，报表制作采用手抄和打印两种方式。1997 年，增设 E-601B 大型蒸发器，9 月 1 日开始正式观测。1998 年 3 月，配备 1 台计算机，7 月 1 日正式启用分组数据交换网，实现了观测数据、信息传送、报表制作等气象资料的网上传输，保证了时效，提高了质量。2003 年 6 月建成 DYYZ-Ⅱ型自动气象站，2004 年 1 月 1 日正式投入业务运行。自动站观测项目包括温度、湿度、气压、风向风速、降水、地面温度、草面温度。自动站采集的气象数据资料与人工观测资料存于计算机中互为备份，每月定时复制保存归档上报。2005 年完成了韩家园林业局无人值守自动气象站建设。2007 年，完成了全县 8 个乡镇自动雨量点建设，区域雨量网正式运行。

高空观测　1955 年 9 月 1 日起，呼玛县气象站增加了高空测风项目，开始用设备为德国双筒经纬仪同时读数型，1958 年 10 月 1 日更换为北京双筒同时读数型，1971 年 5 月 1 日更换为沈阳双筒同时读数 70-1 型。从 1987 年 10 月 31 日始停止高空观测。

农业气象　1959 年，呼玛气象站定为国家农业气象观测站。农作物观测主要为观测小麦、大豆。同时每年年初进行气候年景预测，积温预测，年末分析年景，为当地农业生产服务。还按规定进行土壤水分状况观测和自然物候观测(包括木本植物、草本植物。动物观测以及气象水文现象观测)。农作物自然灾害调查与观测。建站以来,围绕农业生产,开展了一系列农业气象服务工作。1978年,编写了"呼玛县农业区划"、"四季气候特点"等资料,为发展农业生产,科学种田提供科学依据,1985年起,开展农业气象周年服务,在农业生产关键环节之前,作出农业生产预报,到1987年共为生产单位、科研部门和地方领导机关提供定期与不定期的预报情报120余件(次),对农业生产起到了指导作用。2002年的农气服务工作得到县农委等有关部门的好评。《呼玛政讯》指出:《农情气象》在生产中发挥了很强的指导作用。

气象预报 1954年5月,呼玛县气象站开始制作补充天气预报。1985年,配备TC-80型传真机,直接接收北京、日本等广播的传真天气形势图。1978年12月采用历史资料韵律法、曲线图变化相似法、补充订正法等方法制作中、长期预报。1989年6月,在县电视台首次播放呼玛县天气预报,扩大了气象服务面。1999年,争取地方资助5万元,建成卫星单收站系统,应用计算机及时接收气象卫星传送的各类天气图,提高了预报准确率。2004年10月,县气象局建成多媒体电视天气预报制作系统,采用非线性编辑系统,将自制节目录相带送电视台播放。2006年3月,开通手机短信服务业务;2002年同地方电信局合作,共同开发建立"121"天气预报电话自动答询系统,为群众及时了解天气变化提供方便;2006年6月,"121"电话升位为"12121"气象服务。2006年8月建成可视化会商系统,实现了与省、市、县台站的可视化天气会商。

气象服务种类 气象服务种类包括普通公众预报、短时天气预报、中长期天气预报服务、农业气象预报情报;气候资料服务,气候评价,气象证明和历史气候资料查询;专业有偿服务、手机短信服务、"12121"气象电话服务、专项(专题)气象保障服务;人工影响天气、防雷检测、防雷工程图纸审核及检测验收、雷电灾害评估等。

开展气象服务以来,决策气象服务主要以书面材料为主,公众服务以县广播站、电视台发布气象信息为主。20世纪90年代至今,决策产品由信函、电话、传真等逐步向微机终端、手机短信、互联网发展,各级领导可直接通过手机、电脑等现代化设备接收气象信息。1986年开始推行气象有偿专业服务。1988年9月,呼玛县人民政府下发《关于县气象局开展气象有偿专业服务报告的通知》,对气象有偿专业服务的对象、范围、收费原则和标准等内容进行规范。

1988年3月,呼玛县人民政府人工降雨办公室成立,办公室设在县气象局。开始仅有1门"三七"高炮,用于人工增雨防雹作业,1997年又购置2门"三七"高炮,2002年6月,又配置了2部车载式人工增雨火箭,形成了火箭、高炮协同作业的新局面,人工影响天气在农业抗旱防雹、森林防火工作中发挥了重要的作用,受到了领导和群众的好评。

服务效益 呼玛县与俄罗斯隔江相望,地域辽阔、森里茂密、地势复杂,林农交错。多年来,呼玛县气象局坚持以农业生产和森林防火服务为重点,把决策气象服务、公众气象服务、专业气象服务和气象科技服务融入到经济社会发展和人民群众生产生活。气象服务为农业生产、森林防火、防汛抗旱、人民生产生活发挥了重要作用。

2003年4月14日前后,呼玛境内多处发生森林草甸火灾,15—16日,呼玛气象局在统一部署下,实施了大规模的火箭人工增雨作业,火场地区普降雨夹雪达5.1毫米,最大7.7

毫米，为彻底扑灭草甸森林火立下大功。从这一年起每年的春秋两季森林火险高发期和防火关键期，呼玛县气象局都本着“预防为主，积极消灭”的森林防火方针，不失时机地开展火箭、高炮人工增雨作业，增加降水量。近年来多次进行的人工增雨防雹作业都取得了明显的经济效益和社会效益。

2006年8月13日，呼玛县举行解放建政60周年大型庆祝活动，但前期连日的阴雨天气，县领导和组委会十分担心活动能否如期举行，气象局经过缜密会商，答复13日为阵雨转多云天气，事实与预报完全相符，优质服务保障了大型活动得以顺利举行，得到相关领导和社会各界的好评。

党建与气象文化建设

党建工作 呼玛县气象站建站之初即成立了党支部。多年来，党支部重视对党员和群众进行爱岗敬业、艰苦奋斗、团结协作的教育。近10年发展党员3名，加强了党支部的组织建设，党支部现有党员5人。党支部制定了学习计划和学习制度，保证每月不少于三次的集体学习，定期召开民主生活会，开展民主评议党员活动。在党风廉政建设中，实行了领导干部一岗双责制，带头勤政廉政，并建立一系列制度约束党员遵纪守法，廉洁自律。发挥党支部的战斗堡垒作用和党员的模范带头作用。党支部1998年、2005年2次被呼玛县委授予优秀党支部称号。

气象文化建设 多年来，一代又一代的气象人继承和发扬爱岗敬业、自力更生、艰苦奋斗和突破高寒禁区精神，深入持久地开展文明创建工作。近年来，坚持以人为本，牢固树立“三个气象”理念，文明创建阵地建设逐年得到加强，新建图书阅览室、职工学习室、小型运动场，做到政治业务学习有制度、电化教育有设施、文体活动有场所，职工文化生活丰富多彩。从1987年起被评为县级文明单位。

荣誉 从改革开放以来，呼玛县气象局获得的集体荣誉共41项，其中1986—1987年度，1990—1991年度2次被省气象局授予“文明单位”称号；1998年被省气象局授予防洪先进集体；1998—1999年度被大兴安岭行署授予“农业战线先进单位”称号；1996—1997年度被呼玛县委、县政府授予“先进基层党组织”。从1979年至2008年底年呼玛县气象局个人获奖共115人次，其中多人被中国气象局授予“质量优秀测报员”。

台站建设

呼玛县气象站建站初期，只有总共100平方米的木格楞板夹泥的办公室(包括宿舍、小食堂、小仓库)，木制平台设在小房顶上，观测场的围栏也是木制的。1980年，新建了280平方米的砖木结构办公室。1987年，新建了300平方米的二层楼房，即现用办公室。

从2005年到2007年，呼玛县气象局先后争取资金共计45万元，进行了较大规模的基础设施综合改造。2005年，对办公楼内外进行整体装修改造，外墙贴瓷砖，内墙刮大白，新建卫生间，把原来的锅炉房改造成车库，并新接二层办公楼70平方米，更换塑钢窗户；2006年，更换实木门、实木地板，维修、改建围墙，新建天气预报会商室，硬化大院路面1700平方米，购进一批体育健身器械；2007年，改造暖气供暖设备，更换电动伸缩自动大门新建大院围栏 120 米。通过几年时间的综合改造,台站面貌发生了巨大的变化,职工工作生活环境得到了全面改善。

1987 年的呼玛县气象局

2004 年的呼玛县气象局

呼玛县气象局现在的办公楼

呼中区气象局

大兴安岭呼中区位于中国北部边陲,大兴安岭林区腹地。年平均气温为-3.9℃,每年最低气温低于零下 40℃的日数多达 40 多天,被称为高寒禁区。

机构历史沿革

1. 历史沿革

1971 年 6 月,呼中区气象站开始筹建,位于呼中镇南部,呼玛河东岸,北纬 52°03′,东经 123°40′,海拔高度 520.8 米。1972 年 7 月 1 日开始地面观测,称呼中气象科。1988 年更名为呼中气象局。1995 年 1 月 1 日，经省、地气象局批准，站址迁至呼中区呼中镇北郊，北纬 52°02′，东经 123°34′，海拔高度 514.5 米。2007 年由一般气象站改为国家气象观测站一级站。

2. 建制情况

领导体制与机构设置演变情况 建站至 1973 年 12 月实行军队为主领导，由呼中区革命委员会武装部管理。1974 年 1 月，改以区政府为主的双重领导体制。1981 年 9 月底实行气象部门和地方政府双重管理，以气象部门为主的领导体制。

现在，呼中气象局在原来的测报股、预报股基础上，增加了人工增雨办公室、避雷检测办公室、呼源自动气象站、碧水雨量自动站。担负呼中区的气象地面观测和天气预报，人工影响天气、防雷等工作任务。

人员状况 1971 年筹建时 6 人。现有在编职工 8 人，聘用工作人员 2 人。其中，大学本科学历 6 人、大专学历 4 人，中级专业技术人员 2 人、初级专业技术人员 6 人，40 岁以上的 4 人、40 岁以下的 6 人。

主要负责人变更情况

单位名称	任职时间	负责人	职务
呼中区气象站	1972.07—1973.12	张永德	站长
呼中区气象科	1974.01—1980.01	张永德	站长
呼中区气象科	1980.01—1981.10	朱文奎	副站长
呼中区气象科	1981.01—1982.10	梁振斌	气象站负责人
呼中区气象科	1982.10—1983.12	魏立杰	副站长
呼中区气象科	1983.12—1984.10	刘佩叶	副站长
呼中区气象科	1985.03—1987.07	胡仪萍	副站长
呼中区气象科	1987.08—1988.07	李建成	局长
呼中区气象局	1988.08—1997.10	刘茂光	副局长、局长
呼中区气象局	1997.10—1999.11	胡仪萍	局长
呼中区气象局	1999.11—	王　波	副局长、局长

气象业务与服务

1. 气象业务

气象观测 1972 年 7 月 1 日起，每天 02、08、14、20 时 4 次观测，夜间不守班，08 时、14 时向大兴安岭地区气象局编发一次小图气象报。观测项目有云、能见度、天气现象、气压、空气温度和湿度、最高气温、最低气温、风向、风速、降水、雪深、日照、蒸发、地面 0 厘米、地面最高温度、地面最低温度、曲管温度 5、10、15、20 厘米。1987 年 1 月 1 日起停止 02 时观测，每天 3 次观测。2001 年 5 月 1 日开始采用计算机自动编报，减轻了观测员工作量，提高了测报质量。2003 年 DYYZⅡ型自动气象站建成。自动站观测项目包括温度、湿度、气压、风向、风速、降水、地面温度。2004 年 1 月 1 日人工站与自动站双轨运行，以人工站为主，2005 年 1 月 1 日自动站与人工站双轨运行，以自动站为主。同年 4 月呼源 DYYZⅡ型区域自动气象站建成（七要素包括温度、气压、湿度、降水、风向、风速、地温），5 月 1 日正式启用。5 月呼中气象站观测场安装 ADTD 雷电探测仪，开始雷电监测。2006 年 1 月 1 日自动站观测单轨运行，人工站每天只在 20 时观测一次。2006 年 9 月 22 日，碧水安装雨量自动站（两要素，温度、雨量），雨量资料自动以 GPRS 的形式，传送到大兴安岭地区气象局中心站服务器上，实现全区气象资料共享。2007 年 1 月 1 日，呼中站升级为一级站，每天 02、05、08、11、14、17、20、23 时 8 次观测发报，夜间守班；每年 3 月 15 日—7 月 15 日，增加森林可燃物观测，8 月 15 日至有积雪为止。2008 年 6 月 1 日停止使用压、温、湿、风自记钟。

地面月报表（气表-1）、年报表（气表-21），开始用手工抄写方式编制，2002 年 1 月，通过分组数据交换网传输报表，停止报送纸质报表。

气象信息网络 1973 年开始使用电话通过邮局发送电报至齐齐哈尔，所有资料归类存档由专人管理。2004 年改用分组数据交换网将报文及其他数据传送至省气象网络中心，气象电报传输实现了网络化、自动化。目前，呼中气象站采用内部光纤发报，外部光纤做二级备份，气象电报的传输得到双重保障。自动站采集的资料与人工观测资料存于计算机中并通过现代设备做了多种备份。

气象预报 1973 年开始利用收音机收听省台的天气形势广播，人工绘制简易天气图，结合本站资料分析制作出短期天气预报。1975 年开始制作未来 3～5 天和旬、月报等中、长期天气预报，主要是接收省、地气象台的旬月天气预报，再结合分析本地气象资料、短期天气形势，天气过程的周期变化等制作中长期天气过程趋势预报。1985 年使用传真机每天接收地面图、高空（500 百帕、700 百帕、850 百帕）图、水汽通量图、日本图、欧洲预报图等。1999 年 5 月开始通过分组数据交换网接收省、地台的指导预报；10 月安装了气象信息综合分析处理系统（卫星单收站），直接接收卫星云图和各种天气图。预报信息量大幅度增加，提高了中、短期预报能力。

2006 年使用新一代天气雷达实时资料，开始制作发布短时预报和临近预报，同时，开展灾害性天气预报预警业务和供领导决策需要的各类重要天气报告等。2006 年 8 月，建立了可视化会商系统，实现了与省、市、县台站的可视化天气会商。

2. 气象服务

呼中气象局本着“决策服务让政府满意、公众服务让群众满意、专业服务让用户满意”的宗旨，努力提高气象服务质量，满足经济社会发展和人民生活需要。

公众气象服务 从 1973 年开始中、短期天气预报通过呼中区广播站播出，1986 年开始通过电视播出。2004 年使用多媒体影视天气预报制作系统制作天气预报节目，并增加了乡镇和风景区预报，使天气预报覆盖全区。2006 年建成呼中气象局网站，公众通过网络能够及时了解天气形势及各种气象信息。

决策气象服务 以森林防火、防汛等防灾抗灾服务为重点，在每年的防火、防汛期前，认真分析天气形势，制作出中、长期天气趋势预报，及时送到区委、区政府及防火、防汛指挥部。在重要天气和扑火期，做好跟踪服务，为防灾抗灾提供决策依据。2006 年开始发布灾害性天气预警信息，更好地为呼中区经济发展和防灾减灾提供服务。多年来，决策服务取得了明显成绩。2008 年 4 月中旬，呼中宏伟林场出现了较大森林火灾，预报人员日夜坚守工作岗位，密切注意天气变化，加强了与地台的会商，连续 5 天向防火指挥部发布中、短期专项防火预报、不定期高火险预报。为领导决策提供了有力依据，有效降低了火灾损失，获得了区政府和群众的一致好评。

专业与专项气象服务 1999 年开展防雷设施检测工作，成立防雷检测办公室，每年定期对各单位的防雷装置进行检测，对不符合防雷技术规范的单位，责令进行整改，2008 年共检测 58 个单位的防雷装置，对 2 个单位提出限期整改要求。2002 年起开展人工影响天气工作，使用 2 部车载火箭进行人工增雨作业，在森林防火和抗旱中发挥了积极作用。2007 年 4 月 30 日，气象局抓住有利时机，进行了人工增雨作业，发射增雨火箭弹 7 枚，呼中区大部分地区普降小到中雨，缓解了林木干旱、降低了森林火险等级。

气象科普宣传 从 2002 年起，每年的“3・23”世界气象日及科技宣传周，都组织职工在广场、中小学等地进行科普宣传活动，现场发放气象知识宣传单、气象科普读物，对公众宣传防灾减灾气象知识。2007 年在气象局院内建成长 95 米气象科普长廊，悬挂气象科普宣传图版 29 块，定期邀请中小学生到此参观，并安排专业人员进行讲解。2006 年被呼中区委授予科普工作先进集体称号，2007 年被定为呼中区科普教育基地，2008 年被大兴安岭团地委命名为青少年科普教育基地。

法规建设与管理

1. 气象法规建设

围绕气象法规建设，地方政府下发的规范性文件主要有呼中区人民政府办公室下发的《呼中区人民政府办公室关于加强雷电防护工作的通知》（呼政办发〔1999〕13 号），呼中区防雷办公室和呼中区公安局联合下发的《关于进一步加强计算机信息网络系统及其它防雷电设施管理工作的通知》（呼防办发〔2000〕1 号）等文件。2006 年执行大兴安岭地区行署办公室下发的《关于加强防雷安全工作的通知》（大署办〔2006〕32 号）、2008 年开始执行黑龙江省气象局和黑龙江省安全生产监督管理局联合下发的《关于进一步加强防雷安全工作的通知》（黑气发〔2008〕56 号）等文件。为加强行政执法工作，2 名气象职工通过省政府法制办培训考核，取得执法资格证。

2. 社会管理

行业管理 呼中地处林区，气象站周边树木逐渐成长，有破坏气象探测环境的趋势。气象局多次向相关领导汇报，邀请其亲临现场查看，详细解释气象法规及保护探测环境的重要性。2006 年区委、区政府、林业局决定，清理影响探测环境的树木。林业局派出 100 余人，20 余辆货车，历时一个多月，移植树木上万株，解决了影响探测环境的隐患。

2007 年 12 月 23 日，根据相关法律法规，申请气象探测环境保护备案，在《关于呼中区气象局探测环境保护备案的复函》（呼建发〔2007〕12 号）给予批复。同时，气象局树起了气象探测环境保护公告和设施保护警示公告两块公告牌，告知社会保护气象探测环境。

政务公开 从2004年起开展了政务公开，对内公开栏，内容包括干部任用、财务收支、目标考核、重大事项决策等，采取职工大会或上局务公示栏张榜等方式向职工公开。财务一般每季度公示一次，年底对全年收支、职工奖金福利发放、领导干部待遇、劳保、住房公积金等向职工作详细说明。对外设立公开板，对气象行政审批办事程序、服务内容、服务承诺、气象行政执法依据、服务收费依据及标准等内容向社会公开。

党建与气象文化建设

1. 党建工作

支部组织建设 呼中气象局党支部成立于1997年，隶属于机关工委，先后培养党员7人，现有党员3人，积极分子2人。党支部以求真务实的作风，狠抓工作落实，推动党的基层组织建设，坚持在改进中加强、在创新中发展，取得了明显成效。2001年被呼中区委评为标准化建设党支部，2008年被呼中区委授予四星级党支部称号。

党风廉政建设 认真学习党风廉政建设的有关文件及领导讲话精神，认真落实党风廉政建设各项规定，建立了党风廉政建设责任制，制定了保持共产党员先进性长效机制，党支部建立了“三会一课”制度、政治学习制度、党员民主评议制度、党员联系群众制度、党建目标管理制度、发展党员规划制度、政务公开制度以及领导廉政承诺制度。以制度约束党员，以领导干部的表率作用带动党员，不断促进了党风廉政建设。

2. 气象文化建设

精神文明建设 呼中区气象局以“树形象、重建设”为载体，以争创省级文明单位标兵为目标，以实施《黑龙江省文明单位建设条例》为主要任务，坚持“两手抓，两手都要硬”的方针，围绕气象业务与职能服务，扎扎实实地开展文明单位创建活动，成立了以局长任组长的精神文明建设领导小组，建立健全了各项规章制度，使全局干部职工的思想道德素质，科学文化素质、依法行政能力和业务技能等方面有了明显提高。

文明单位创建 文明单位创建取得显著成效，1996年被呼中区政府评为县级精神文明单位。1998年、2002年获得地级双文明建设先进单位标兵称号。2006年被黑龙江省委、省政府授予省级文明单位。2008年晋升为省级文明单位标兵。

文体活动情况 注重气象文化的建设，建立阅览室，藏书300册，建成全区最长的气象科普教育长廊，定期接待中小学生进行参观学习。每年的“3·23”世界气象日组织员工对外宣传雷电防护及其他防灾减灾气象知识。对观测场及周边环境进行了规划。整修了测报室、预报室及会议室，建立了全新的多功能预测预警平台。局内建立了法制宣传栏、党政学习园地、局务公开栏等宣传及学习为一体功能分区。

3. 荣誉

1980—2008年，呼中气象局获各级集体荣誉49次。其中省级荣誉19次，地级荣誉 8 次。

1980 年被黑龙江省气象局授予全省气象系统先进单位称号。1987 年被省气象局评为扑火服务先进单位。1993—1998 年连续被省气象局授予先进单位、双文明先进单位称号。1999—2008 年连续 10 年被评为全省气象系统双文明建设先进集体、先进单位标兵称号。2006 年被黑龙江省委省政府授予省级文明单位称号。2008 年被黑龙江省委省政府授予省级文明单位标兵称号。荣获地级的荣誉为:全区先进单位、双文明先进单位、三八红旗集体、青年文明号、巾帼文明示范岗等称号。

1972—2008 年个人获得荣誉共 132 人次,其中王波于 2003 年、2006 年被黑龙江省气象局授予劳动模范称号,大兴安岭地委、地区气象局和呼中区先后授予十大女杰、三八红旗手、劳动模范、先进工作者等 40 余次荣誉称号。多人被中国气象局授予质量优秀测报员称号。

台站建设

1971 年建站时使用两架帐篷,作为观测值班室、宿舍和职工食堂,条件十分艰苦。1973 年底建成一栋“木壳楼”房子作为测、预报值班室,使值班员结束了住帐篷的艰苦生涯。1994 年 10 月新建办公用房正式竣工。楼房面积 318 平方米,围栏 374 延长米,院内面积 3740 平方米。2002 年自筹资金对房屋及路面进行改建,更换塑钢窗,铺设了院内路面。2005 年进行综合改造,总投资 38 万余元,经过三个月的建设,新铺彩砖地面 300 余平方米,观测场四周原存在的土坑全部填平。新建了车库、职工宿舍及锅炉房,改造取暖管道,安装节能锅炉一台,改善了供暖。办公楼内外重新装修,室内修建卫生间,办公环境发生了根本性变化。2007 年翻新了院门,利用东墙建成科普教育展示长廊,修建了院内路面、草坪和花坛。

1972—1995 年的旧站址

1995—2002 年新站址办公楼

2002—2005 年改造后的办公楼

2005—2008 年的呼中气象局

漠河县气象局

漠河气象局位于祖国最北部的漠河县。地处大兴安岭山脉北麓，属寒温带大陆性季风气候。1956 年，为了给开发大兴安岭提供气象保障，监测高寒地带的气候演变建立了漠河气象站。

漠河气候站于 1957 年 4 月 1 日正式运行。当时站名为呼玛县漠河气候站，站址位于漠河县漠河乡城郊，北纬 52°28′，东经 122°22′，观测场海拔高度 296.0 米。

1958 年 7 月 13 日，气象站遭受黑龙江洪水危害，致使 1958 年 7 月 13 日—8 月 31 日记录中断。1962 年 9 月省气象局决定复建漠河气候站，于 1963 年 9 月完工。

由于漠河乡电力短缺，气象局新一代装备不能正常运行，加之交通、通讯困难，难以为远在 90 千米的县委、县政府及有关单位和广大群众服务。为此，1992 年 8 月，经中国气象局批准，漠河县气象局由北极村迁至县城。由于县城内无合适探测环境，采取基准站观测场与业务办公用房分开建设的办法，观测站建于县城西北城郊，北纬 52°58′，东经 122°31′，海拔高度为 433.0 米。1996 年投入使用，12 月 31 日 20 时与保留的北极村气象站并轨观测。气象局办公住宅综合楼建于县城中心，占地面积 1728 平方米，综合楼 2429 平方米。2005 年 9 月在洛古河生态区建立生态气象站，北纬 53°21′，东经 121°37′，海拔高度为 306.0 米。

机构历史沿革

领导体制 创建成立后隶属于黑河气象台，以气象部门领导为主，称呼玛县漠河气候站。1982 年 1 月 1 日恢复漠河县，站名改为漠河县漠河气象站，实行气象部门为主的双重领导。

机构设置 目前，漠河县气象局内设漠河国家基准气候站、北极村国家一般气象站、洛古河生态气象站、预报股、人工影响天气办公室、防雷办公室、避雷检测站。

人员状况 建站时只有 2 人。2008 年在编职工 17 人，临时工作人员 4 人。其中，漠河气象局 15 人，北极村气象站 3 人，洛古河生态气象站 3 人；职工中本科学历 17 人，大专学历 3 人；工程师 6 人，助理工程师 8 人，技术员 3 人；党员 4 人；全部为汉族；其中年龄在 40 岁以上的 6 人，40 岁以下的 15 人。

主要负责人变更情况

姓名	职务	任职时间	备注
秦维善	副站长	1957.4—1961.8	调往呼玛
周儒锵	副站长	1962.10—1963.10	
袁惠明	副站长	1963.10—1966.6	调往黑河
宋兆录	副站长	1966.6—1981.10	调往新林
杜凤仁	站长	1981.10—1984.5	调往地区
周儒锵	站长	1984.5—1987.8	漠河
		1987.8—1988.9	调阿木尔任站长
王少春	局长	1988.9—1997.10	
刘茂光	局长	1997.10—2008.7	
周学军	局长	2008.7—	

气象业务与服务

1. 气象业务

气象观测 地面观测开始于 1957 年 4 月 1 日，4 次观测(02、08、14、20 时)。当时观测项目有云量、云状、能见度、天气现象、气压、空气温度和湿度、风向、风速、降水、雪深、雪压、日照、小型蒸发、地面温度、浅层地温、冻土。1965 年 5 月起出现永冻层，1968 年 1 月 1 日停止冻土观测。

1971 年 1 月 1 日，漠河气象资料参加全球交换，每天 8 次观测(02、05、08、11、14、17、

20、23 时)。

1982 年 10 月增加了电线积冰观测。

1992 年 1 月 1 日，漠河国家基准气候站每天 24 次定时观测，增加了一级日射观测和深层地温(40 厘米、80 厘米、160 厘米)观测。

自 1984 年 1 月 1 日起使用 PC-1500 袖珍计算机取代人工编报，提高了测报质量和工作效率，减轻了观测员的劳动强度。

1997 年 1 月 1 日，根据省气象局要求，国家基准站与北极村气象站正式并轨观测。此后，北极村站每天进行 3 次观测，观测项目为云量、云状、能见度、天气现象、气压、空气温度和湿度、风向、风速、降水、雪深、雪压、日照、小型蒸发、地面温度、浅层地温。

2004 年，漠河国家基准气候站建成 CAWS600-SE 型自动气象站。自动站观测项目包括温度、湿度、气压、风向、风速、降水、大型蒸发、地面温度、草面温度、浅层地温、深层地温和辐射观测。

2005 年 1 月 1 日，自动站观测与人工观测并轨运行。现在以自动站资料为准发报。5 月，安装闪电定位仪并投入使用。9 月洛古河生态气象站建成，10 月 10 日起每天 24 小时自动观测(试运行)，自动观测项目包括空气的温度和湿度，气压、风向风速，降水，地面温度、浅层和深层地温。11 月，增加极轨卫星地面接收处理系统，开展林火监测业务。

2006 年安装 8 个雨量温度自动站，雨量资料自动以 GPRS 短信的形式，传送到大兴安岭地区气象局中心站服务器上，实现全区资料共享。同年至 2007 年增加航危报任务，每日 06—18 时固定发报，其它时次为预约。7 月 1 日起，增加酸雨观测项目。

2007 年 2 月 1 日开始编发气候月报。

气象信息网络　漠河气象站建站时通信条件极为困难。1971 年起观测资料进行全球交换时，通过电话向黑河气象台传送报文。1982 年开始自设 15 瓦无线短波电台，靠手摇发电机供电，报务员发报向齐齐哈尔传送。1987 年改为先进的(7.57 电台)传输数据，提高了传输速度，减少了漏报。2004 年自动气象站采集的数据通过网络传送至省气象网络中心，每天定时传输 24 次。目前漠河气象站采用光纤系统发报，ADSL 宽带做二级备份，气象电报的传输得到保障。

气象预报　漠河气象站的天气预报开始于 1963 年。初期，靠收听天气形势，画出简易天气图，结合当地气候特点，作出天气预报。服务范围仅限于漠河乡，写在街头的小黑板上，群众称之为“板报气象”。从 1991 年开始制作中长期天气预报，主要为森林防火、防汛以及大型活动提供服务。

1991 年 1 月，县电视台播放漠河天气预报，2001 年 1 月播放各乡镇天气预报，预报信息由气象局提供。2004 年 4 月，气象局建成多媒体电视天气预报制作系统制作天气预报节目，由电视台播放。目前漠河县气象局可以通过电视、电话答询、书面报告等形式发布各种气象信息。发布的气象信息内容有长、中、短天气预报、气象要素实况等。长期天气预报主要发布气候分析、天气趋势预测。中期天气预报主要发布天气过程、旬平均温度、风力等级和森林火险等级预报。

2. 气象服务

漠河县气象局坚持“公众服务让社会满意，决策服务让领导满意，专项服务让用户满意”的服务承诺，开展各类气象服务。改革开放以来，决策服务，公众服务不断加强。特别在森林防火、防汛等防灾减灾气象服务中，在冰雪节、冰雪汽车赛、北极光节等重大社会活动气象保障服务中做出了积极贡献。

公众气象服务 1997年9月，气象局同电信局合作开通“121”天气预报自动咨询电话。2004年4月大兴安岭全区“121”答询电话实行集约经营。主服务器由大兴安岭地区气象局建设维护。

决策气象服务 每年重点围绕春播、春秋两季森林防火提供决策服务材料，遇有重要天气及时预报。特别是春季防火服务，作为重中之重，不仅提供春季火险期趋势预报，每天还提供森林火险等级，在扑火期间滚动制作火场天气预报，为森林扑火提供科学依据。在1987年5月6日扑火、1982年7月31日与1997年3月9日日全食、1991年6月30日特大洪水、1992年6月4日降雪、2008年10月22日暴雪等决策服务中都发挥了重要作用。

专业与专项气象服务 从1991年开始为历届冰雪节、北极光节、冰雪汽车拉力赛等重大社会活动提供气象保障服务。1995年成立防雷检测办公室，开展防雷装置周期检测业务。2002年成立人工影响天气办公室，同年5月由大兴安岭地区气象局配备2部车载火箭，用于人工影响天气作业。2007年9月开展集中供热采暖服务。各项工作受到了县委县政府的高度赞誉。

气象科技服务与技术开发 1997年9月与电信合作开展“121”自动答询业务。

气象科普宣传 1997年在漠河县气象站建立气象科普展厅，免费对外开放，设专人为参观的群众讲解。

每年“3·23”世界气象日，漠河气象局都开展宣传周活动。在县繁华地段展示宣传展板，现场进行讲解，并将发放年景分析，春播期、春防期天气及火险趋势预测和气象科普读物等宣传材料。并邀请中小学生参观漠河国家基准气候站、北极村国家一般气象站、天气预报制作平台、防灾减灾预警中心。近几年积极开展气象科普进农村、进社区、进学校活动，主动到中小学课堂讲解气象科普知识。为县旅游局导游及各乡镇信息员开展气象知识培训。

法规建设与管理

1. 气象法规建设

漠河县气象局加大了行政执法力度，2003年成立了执法小组。

2. 社会管理

行业管理 漠河县气象局在探测环境保护上加大了行政执法力度，近几年已处理2起影响探测环境事件。如2007年6月，发现漠河移动公司在洛古河生态气象站观测场西南50米处开始动工兴建一座发射塔，县气象局依法进行宣传，使该公司取消了在气象站附近建塔计划。另一起是制止了某公司在北极村气象站观测场附近植树的行为。

政务公开 漠河县气象局加强气象政务公开。对气象行政审批办事程序、气象服务内容、服务承诺、气象行政执法依据、服务收费依据及标准等，采取户外公示栏、电视告示、发放宣传单等方式向社会公开。县气象局内干部任用、财务收支、目标考核、基础设施建设、工程招投标等内容，采取职工大会或在局公示栏公示等方式向职工公开。一般每半年公示一次财务情况，年底对全年收支、职工奖金福利发放、领导干部待遇、劳保、住房公积金等向职工作详细说明。

党建与气象文化建设

1. 党建工作

支部组织建设 建站之初没有独立的党支部，与龙基站、林业站共为一个党支部，有党员4名。1957年至2008年共发展9名党员。1998年漠河县气象局党支部成立，隶属于机关党委，现有党员4名，积极分子4名。

党风廉政建设 认真落实党风廉政建设目标责任制，积极开展廉政教育和廉政文化建设活动，努力建设文明机关、和谐机关和廉洁机关。开展了以"情系民生，勤政廉政"为主题的廉政教育。组织观看了《忠诚》等警示教育片。县气象局财务账目每年都接受上级财务部门年度审计，并将结果向职工公布。

2. 气象文化建设

精神文明建设 始终坚持以人为本，弘扬自力更生、艰苦创业精神。深入持久地开展文明创建工作，政治学习有制度、文体活动有场所、电化教育有设施，职工生活丰富多彩。

漠河县气象局把领导班子的自身建设和职工队伍的思想建设作为文明创建的重要内容，通过开展经常性的政治理论、法律法规学习。提高干部职工队伍的素质，多次选送职工到中国气象局培训中心、黑龙江省气象干校和县党校学习深造。全局干部职工及家属子女无一人违法违纪。

文明单位创建 2003年、2004年、2005年获得县级"精神文明单位"称号。2006年获得地级"精神文明单位"称号。1990年以来，先后7次被评为大兴安岭地区和全省气象部门"双文明先进集体"。

文体活动 2006年建立了图书阅览室、职工学习室和小型运动场，已拥有图书300余册。组织职工参加县文艺会演，开展户外健身运动，丰富职工的业余生活。

3. 荣誉与人物

集体荣誉 1990年被黑龙江省气象局授予"双文明建设先进单位"。2006年、2007年度被漠河县人民政府、西林吉林业局授予"森林防火先进单位"。2008年度被黑龙江省气象局、黑龙江省人民政府人工降雨办公室授予"全省人工影响天气工作先进单位"。2008年被共青团大兴安岭地区委员会授予"青年文明号"。1999—2004年、2006年、2008年被大兴安岭地区气象局授予"双文明建设先进集体"。

人物简介

周儒锵 男，汉族，广州人，1935年出生。1962年9月从爱辉军马场气象站调到漠河气象站任站长，退休前任漠河县气象局局长。

周儒锵同志从祖国最南部广州来到黑龙江省哈尔滨工作后，为了建站多次变动工作，步步北调，条件越来越艰苦，最后在北极村扎根，直至退休。在黑龙江工作的40余年中艰苦奋斗，兢兢业业，出色完成了各项任务，培养了一批批气象人员安心边疆工作。曾2次被国家气象局授予“先进工作者”光荣称号；1次获省劳动模范称号；1985年，在团中央开展的为边陲优秀儿女挂奖章活动中，荣获银质奖。《人民日报》、《光明日报》等十几家报纸、杂志宣传了他的先进事迹。

侯士波 女，汉族，黑龙江省讷河县人，1974年出生。现任漠河县气象局副局长。1993年南昌气象学校毕业后，投身于北部边陲的气象事业。她爱岗敬业，刻苦钻研业务，16年来先后4次获“全国质量优秀测报员”称号，多次获地区先进工作者，1996年荣获“黑龙江省第五届全能观测员”（第一名）；2008年，荣获“黑龙江省首届测报技能竞赛”第一名、黑龙江省业务技术能手、黑龙江省五一劳动奖章。

获得省部级以下综合表彰的先进个人

表彰	人员	年份
省气象系统先进工作者	王少春	1990年
	王　利	1985年
省气象系统劳动模范（五好器材员）	张汝发	1987年、1992年
地区气象系统先进工作者	王少春	1983年、1990年
	张汝发	1985年、1986年、1990年
	吴树森	1990年、1993年、1996年
	王　利	1991年、1992年、1996年
	边洪俊	1990年、1991年、1992年
	韩凤岐	1990年、1991年、1992年、1993年
	于翠霞	1993年、2008年
	许丽玲	2005年、2007年、2008年
	陆忠涛	1997年、2008年
	桂翰林	2005年

台站建设

1956年建站之初，漠河气象站只有40平方米的土木结构简易办公用房。1958年被洪水冲毁后，自己动手建起了30平方米的简易土房。1963年由省气象局拨款建起了180平方米的办公用房和职工宿舍。

1992年漠河气象局迁至县城后，办公与生活条件有了明显改善，建起了2429平方米的5层综合办公楼，一层为办公室，其余为职工住宅。2004年对北极村气象站和漠河国家基准气候站办公用房屋顶进行了更换。2005年对北极村气象站院内的环境进行了全面改造，整修了道路，修建了草坪，重新修建装饰办公用房。同年国家发改委投资23万元，由大兴安岭地区气象局批准建立洛古河生态气象站，建平房1幢，建筑面积60平方米，砖瓦结构。2006年对漠河国家基准气候站办公用房外围瓷砖重新粘贴，综合办公楼屋顶进行更换。2007年3—7月在综合楼内装修业务平台、职工宿舍和办公室。2008年扩建了业务平台和会议室，建立了防灾减灾预警中心，完成了业务系统的规范化建设。

北极村国家一般气象站(2005 年)

洛古河生态气象站(2005 年)

漠河国家基准气候站新貌(2005 年)

漠河县气象局综合办公楼(2008 年)

塔河县气象局

塔河县始建于 1969 年,位于大兴安岭北麓。年平均气温－2.5℃,1 月平均气温在－31.5℃,历史上最低气温为零下 45.8℃,7 月份平均气温在 25.4℃,历史上最高气温为 37.3℃,≥10℃积温为 1717.2℃·日,年平均降水量为 471.5 毫米。

塔河县气象局现址位于塔河县塔河镇北郊城外,观测场位于东经 124°43′,北纬52°21′,海拔高度 361.9 米,现为国家基本气象站。

机构历史沿革

历史沿革 塔河县气象站曾于 1960 年 12 月建成后开始地面观测,位于东经 124°43′,北纬 52°19′,观测场海拔高度 357.4 米。后于 1962 年撤销。国家开发大兴安岭后,林业系统于 1969 年建立气象站,1970 年 1 月 1 日开始地面气象观测,地理位置为塔河县塔河镇东郊，东经124°43′，北纬52°19′，海拔高度357.4米。始建后共经历了2次迁移，1981年1月1日，迁至旧站址东北方300米处，经纬度、海拔高度不变；1995年1月1日，迁至塔河镇北郊，东经124°43′，北纬52°21′，海拔高度361.9米。

建制情况　1969年建站时，属林业系统建制，业务由大兴安岭特区气象局管理。1981年移交给气象部门，实行气象部门为主的双重领导体制。1988年改称塔河县气象局，局站合一。

名称及主要负责人变更情况

名称	时间	内设机构	主要负责人
塔河县气象站	1969.1—1972.12	预测报组	金子章
塔河县气象站	1972.1—1982.7	预测报组	邵存礼
塔河县气象站	1983.8—1992.12	预测报组	黄庆隆
塔河县气象局	1988.1—1992.12	预测报股	黄庆隆
塔河县气象局	1993.1—1993.12	预测报股	姜　贵
塔河县气象局	1994.1—2001.12	测报股、预报股	许兆兰
塔河县气象局	2002.1—	测报股、预报股	崔秋湘

人员状况　塔河站1969年成立时有6人，全部为高中学历，其中党员1人。2008年底，气象职工9人，其中本科学历7人、大专学历1人、中专学历1人，党员2人、工程师5人，50岁以上1人、40～49岁2人、40岁以下7人。

气象业务与服务

1. 气象业务

气象观测　1969年始建时地面观测项目主要有气压、温度、湿度、风向风速、降水、积雪、云、天气现象、能见度、日照、0～20厘米地温、40厘米、80厘米、160厘米、320厘米深层地温及蒸发等，每天进行8次观测7次天气报。1999年开始启用分组交换网编发气象电报。2003年10月，按照黑龙江省气象局的统一部署，完成了自动气象站的安装调试工作并开始试运行。自动气象站数据定时向省气象网络中心上传。2004年开始自动气象站与人工气象站双轨运行平行观测。2005年起以自动站数据进行编发电报。2006年自动气象站进入单轨运行。

气象信息网络　建站后，气象电报由人工编报，通过电话传给邮电局转发。1980年采用757电台拍发天气电报，接收地台预报。1983年建立气象警报网，向乡镇和用户传递气象信息。1999年5月24日开始启用分组数据交换网，传递气象电报和各种信息。2005年采用光缆传输，每小时向省气象网络中心上传自动站实时数据。2006年建成了6个乡镇自动雨量站，区域雨量网正式运行。2008年5月将1969—2003年的气象记录档案气簿-1、温度、湿度、气压、风向风速、雨量自记纸整理归入黑龙江省气象局档案馆，县气象局只保留5年的气象记录档案。所有的气象记录和有关文件都实现了纸质与电子版同时保存归档。

气象预报　塔河局自建站以来一直承担着长期、中期和短期天气预报的制作与发布工作。开展以收听省台天气形势为主，结合本站的观测资料和方法，参考省、市台的预报，制作与发布各种时效的天气预报。从1982年起使用传真机接收传真天气图，预报信息量明显增加。1999年安装了气象信息综合分析处理系统（卫星单收站），直接接收卫星云图和各种天气图，预报能力明显提高。2004年1月1日开始通过分组交换网接收省、地气象台的指导预报，并编发塔河县的城镇天气预报。2007年开始制作发布未来6小时的短时预报和未来3小时的临近预报。

2. 气象服务

公众气象服务 从1969年开始发布天气预报，通过县广播站向公众广播，服务于大众生产与生活。1983年建立天气预报警报网向各乡镇和粮库发布24小时天气预报和重大天气预报。1996年开通本县电视天气预报节目，使气象信息迅速及时地传送到千家万户。1997年建立“121”天气预报自动答询系统，通过电话答询24小时天气预报、未来3天天气趋势预报及有关气象信息。2004年建立电视天气预报制作系统，通过县电视台播报县城及4个乡镇，11个林场24小时天气预报。

决策气象服务 塔河县境内发生的气象灾害主要有干旱、暴雨、大风、暴雪、寒潮、霜冻等。塔河县气象局的决策服务从主要为公众服务、森林防火服务和农业服务向交通、运输、城建、水利、工业生产、商业、集中供热等行业延伸。服务内容日趋多元化、专业化。由过去单纯的天气预报、气候资料服务，扩展到气候分析应用、农业年景分析、商业气象服务、城市环境气象服务等综合服务，为各行各业提供针对性强的专业、专项服务。随着服务手段日益先进，充分利用气象现代化技术，从过去简单的书面预报、电台广播、报纸刊发，发展到利用电视气象节目、气象网、计算机网络、图文传真、手机短信等各种手段开展服务服务水平不断提高。

高质量的扑火气象服务得到地方领导好评。每年春季和秋季“防火期工作部署会议上”，提供的防火形势分析预报，成为与会领导的必备资料，地方主要领导根据提供的气象信息，合理地部署全县春季、秋季森林防火工作，由于提供的资料质量较高，为地方防火工作节约了大量的人力和财力。在震惊中外的1987年“五·六”特大森林火灾期间，塔河县气象局全体职工以火为令，充分发挥艰苦奋斗、连续作战精神，积极配合上级气象部门，全面做好气象服务工作。

专业与专项气象服务 2002年起开展人工影响天气工作，配备车载火箭发射架3部，火箭流动作业。2006年5月26日、6月2日、6月6日，3次组织人员实施人工增雨作业，共发射火箭弹20枚，对扑灭森林大火起到了关键作用，受到县政府、林业局的表彰。塔河气象局被评为“驻塔森林防火先进集体”。1999年开展防雷设施检测安装、图纸审核、竣工验收、工程施工等。近几年，对16栋楼房进行防雷工程图纸审核和竣工验收，承接防雷工程施工20个。1996年开展礼炮、气球庆典服务。

气象科技服务与技术开发 1985年起开展专业气象有偿服务。1995年起与网通公司合作开展“121”自动答询业务。2006年起开展手机气象短信服务。

气象科普宣传 从1988年起参加县政府举办的科普活动，每年进行科技讲座，讲解年景分析。2005年起参加县政府举办的科技周活动，现场发放气象科技资料，进行气象知识宣传，已累积发放科普材料10万余份。2008年起将气象站设为气象科普基地，悬挂各种气象科普宣传图板6块，每年“3·23”世界气象日期间，邀请中小学生进行参观。

法规建设与管理

1. 气象法规建设

下发的规范性文件主要有《关于成立塔河县雷电防护管理领导小组的的通知》(塔组干〔1998〕47号)、《塔河县人民政府办公室关于加强雷电防护工作的通知》(塔政办发〔1999〕9号)、塔河县防雷办公室和塔河县公安局联合下发《关于进一步加强计算机信息网络系统及其它防雷电设施管理工作的通知》(塔防办发〔2000〕1号)等。

2. 社会管理

行业管理 为了加强气象行政管理，从1998年起成立防雷办公室，将防雷管理纳入了县政府监管范围，每年进行防雷安全检查，检查楼房86栋，通信基站61个，加油站8个，油库3个，全县检测覆盖率达到了98%。2007年12月25日将气象探测环境保护标准到县规划局进行了备案，取得主管部门对探测环境保护的支持。

政务公开 从2005年起开展了政务公开，对内设立公开栏，对外设立公开板。公开板内容包括机构设置及职能，文明单位创建目标，防雷装置检测、收费项目标准，依法行政依据和范围，气象专业服务收费项目标准。公开栏内容包括年度预、决算，工程发包，人事任免，年度计划，重大事项决策，目标管理，职工福利，固定资产状况，气象服务质量等。2003年被中国气象局授予气象部门局务公开先进单位。

党建与气象文化建设

1. 党建工作

支部组织建设情况 1993年成立独立党支部，至2008年气象支部共发展5名党员。支部组织建设得到加强，在气象事业发展和服务地方经济建设中发挥核心作用。1992年、1999年、2001年许兆兰3次被塔河县委授予党务模范工作者。2007年李洪涛被塔河县委授予优秀党员。

党风廉政建设情况 成立了党风廉政建设领导小组，建立了党风廉政建设责任制，制定了保持共产党员先进性和落实实践科学发展观长效机制，建立并实行了党员民主评议制度、党员联系群众制度、党建目标管理制度、政务公开制度等，以制度约束党员，领导干部带头做出表率，不断推进党风廉政建设。

2. 气象文化建设

精神文明建设 成立了精神文明创建领导小组，由专人负责。坚持两个文明一起抓，精神文明建设融入到业务工作和台站建设之中，常抓不懈。同时制订了文明单位创建规划，建立了政治业务学习和考核制度、岗位练功制度、文明办公、文明服务等制度，精神文明创建做到了年初有计划、年终有总结。

文明单位创建成效显著。1992 年、2007 年被大兴安岭地区气象局评为双文明建设目标合格先进集体，1990 年被黑龙江省气象局评为双文明先进单位，1997 年被塔河县政府授予县级双文明单位荣誉称号，2001 年被晋升为地级双文明单位，2003 年晋升为地级文明单位标兵，2008 年被大兴安岭地区团委授予“青年文明号”。

塔河县气象局重视气象文化建设，建立了图书阅览室，职工活动室，购置了体育器材。建成了青少年科普活动基地，每年接待大量学生和社会团体参观学习。

3. 荣誉

建站以来，塔河县气象局获各类集体荣誉 100 余项，其中获地市级以上表彰奖励 30 余次。突出的有，1988 年被塔河县政府授予年度防汛工作先进集体，1991 年获地区防汛先进单位、双文明先进单位，2005 年、2006 年、2008 年获地区双文明先进单位，2004 年获省级“巾帼建功”先进集体，2006 年被大兴安岭地区妇联授予“三八”红旗先进集体，被塔河县委评为森林防火先进单位，2007 年获全省人工增雨防雹工作先进单位。有 9 人次获得全国优秀观测员、有 4 人次获全省全能观测员称号。1980 年张安全获全省气象系统先进工作者称号，1981 年崔秋湘被评为全省气象系统先进工作者，1989 年黄庆隆被中国气象局授予全国气象系统双文明建设先进工作者称号。

台站建设

台站综合改造 建站以来，塔河县气象局更换办公地址 2 次，分别是 1981 年、1995 年 2 次迁站，办公条件均有改善。按照建设花园式气象站的目标，2003 年—2008 年先后对原气象局办公楼、气象大院进行了综合改造，解决了供热和自来水，建起暖车库 2 间，锅炉房和锅炉工休息室 2 间。业务办公用楼 460 平方米，宽敞明亮，设有值班室、仪器室、资料室、室内卫生间、活动室、会议室等，更换了全部办公桌椅，购置微机 5 台，办公条件得到根本改善。

园区建设 观测场采用白钢围栏，铺设水泥甬道 50 延长米。办公大院白色路面 1000 余平方米，绿化区栽植榆树球 50 株，樟松树 30 株，丁香树 40 株。

旧办公楼

新办公楼

旧观测场

新改造观测场

新林区气象局

新林区地处黑龙江省西北部，大兴安岭地区，伊勒呼里山的若干支脉绵延境内。年平均气温－2.7℃，最高气温出现在7月，极端最高气温为37.9℃(1994年)，最低气温出现在1月，极端最低气温为零下46.9℃(1980年)，年平均降水量531.2毫米。

新林气象站现址位于新林区新林镇火车站东侧，观测场位于北纬51°41′，东经124°24′，现为国家基本气象站，海拔高度494.6米。

机构历史沿革

始建情况 新林气象局始建于1971年，并于当年6月正式开始地面气象观测，地理位置为新林车站东，北纬51°41′，东经124°24′，海拔高度494.6米。自建站以来，站址一直延用至今。

建制情况 1971年建站，体制以新林林业局领导为主。自1981年起，改为气象部门为主的管理体制并确立为国家基本气象站，一直延续至今。

名称及主要负责人变更情况

名称	时间	内设机构	主要负责人
新林气象站	1971—1982.10	测报组、预报组	李大山
新林气象站	1982.10—1993.2.15	测报股、预报股	宋兆禄
新林气象局	1993.2.15—2004.1.1	测报股、预报股、人影办、防雷办	白永祥
新林气象局	2004.1.1—	业务股、人影办、防雷办	王世坤

人员状况 新林站1971年成立时只有7人，其中1人为大学学历，1人为中专学历，1人为高中学历，4人为初中学历。到1982年，气象职工12人，其中3人为中专学历，5人为高中学历，4人为初中学历，党员1人。到1993年，气象职工16人，其中8人为中专学历，4人为高中学历，4人初中学历，党员2人，工程师1人，到2008年底气象职工有10人，其中

1 人为大学学历，4 人为大本学历，4 人为大专学历，1 人初中学历，党员 5 人，工程师 3 人，50 岁以上 1 人，40～49 岁 4 人，40 岁以下 5 人。

气象业务与服务

1. 气象业务

气象观测 1971 年 6 月开始气象观测，项目主要有温度、湿度、风向风速、降水、积雪、云、天气现象、能见度、日照时数、0～20 厘米地温、蒸发、冻土、电线积冰等，每天进行 4 次定时观测，4 次补绘观测。2001 年 3 月 1 日开始启用分组交换网编发气象电报。2003 年 8 月，按照黑龙江省气象局的统一部署，完成了自动气象站的安装调试工作并开始了试运行。自动气象站数据定时向省气象网络中心上传。2004 年开始自动气象站与人工气象站双轨运行平行观测。2005 年开始以自动站数据进行编发电报。2005 年安装闪电定位仪，进行雷电灾害的监测和预警。2006 年自动气象站进入单轨运行。2007 年开始可燃物监测，并于每月 2 日、12 日、22 日 20 时之前通过宽带向省网络中心上传上一旬可燃物观测记录报表。

气象信息网络 在 1998 年以前，气象电报用 PC-1500 微机编报，通过电话传报给邮电局转发。1998 年 10 月，开始启用分组交换网，传递气象电报和各种信息。2005 年通过宽带网络，每小时向省气象网络中心上传自动站实时数据。2006 年建成了 8 个乡镇自动雨量站，区域雨量网正式运行。2008 年 5 月 20 日将 1971—2003 年的气象记录档案气簿-1、温度、湿度、气压、风向风速、雨量自记纸整理归入黑龙江省气象局档案馆，县气象局只保留 5 年的气象记录档案。所有的气象记录和有关文件都实现了纸质与电子版同时保存归档。

气象预报 新林区气象局自建站以来一直承担着中期和短期天气预报的制作与发布工作。根据本站的观测资料并参考省、市气象局和有关县的预报资料与信息，制作与发布各种时效的天气预报。短期天气预报主要预报未来 24～120 小时的天气。1985 年开始使用传真机接收天气图制作发布短时预报。1998 年安装了气象信息综合分析处理系统（卫星单收站），通过卫星直接接收云图和各种天气图。同年开始通过分组交换网接收大兴安岭地区气象局的指导预报，并编发新林区的城镇天气预报。2005 年开通本县电视天气预报节目，使气象信息迅速及时地传送到千家万户。目前，全区天气预报已经制作到乡镇。

2. 气象服务

公众气象服务 新林气象局从 1971 年开始发布天气预报，通过县广播站向公众广播，服务于百姓生活。1989 年建立天气预报警报网向各乡镇和粮库发布 24 小时天气预报和重大天气预报。1996 年建立“121”天气预报自动查询系统，通过电话查询 24 小时天气预报，未来三天天气趋势预报及各种气象信息。1998 年通过县电视台播报 24 小时天气预报。

决策气象服务 气象部门积极有效地开展气象服务并取得了显著成效。新林区境内发生的气象灾害主要有、暴雨、大风、暴雪、高火险、霜冻等等，如 1983 年 4 月 29 日暴风雪、2007 年 5 月 2—5 日高火险时段、1994 年 6 月 12 日霜冻的预报，由于及时向区领导汇报，及时采取防范措施，避免重大损失。2007 年开始发布灾害性天气预警信息，为我区经济发展和防灾减灾工作提供有效服务。

专业与专项气象服务 1996年与地区防雷办公室联合检测；1997年成立新林区防雷监测站，独立对本区建筑物及机房等防雷设施进行检测；1998年开展森林防火及防汛专项预报；2002年开展气球庆典服务；2002年起开展人工影响天气工作，现有车载火箭发射架2部，流动作业；2003年开展防雷设施检测安装、图纸审核、竣工验收、工程施工等；2004年开展电视天气预报制作，设置11个画面，8个林场预报，每天在晚上播出2次。

气象科技服务与技术开发 1989年起开展专业气象有偿服务。1996年起与电信合作开展"121"自动答询业务。2004年开始在电视天气预报画面上播出片头广告。

气象科普宣传 2005年起将气象局观测场设为气象科普基地，每年"3·23"世界气象日邀请中小学生及驻新林武警官兵进行参观。同时每年"3·23"当天在电视台播放气象日主题宣传片。

法规建设与管理

1. 气象法规建设

下发的文件主要有：新林区防雷办公室、新林区公安局联合下发的《关于进一步加强计算机信息网络系统及其它防雷电设施管理工作的通知》(新防雷办发〔2000〕1号)、新林区防雷办公室、新林区安全生产委员会联合下发的《关于进一步加强雷电安全防护管理工作的通知》(新防雷办发〔2004〕1号)、新林区气象局、新林区安全生产监督管理局、新林区公安局消防大队联合下发的《关于开展雷电安全检查工作的通知》(新气发〔2006〕1号)等文件。

2. 社会管理

行业管理 1999年，成立新林区雷电防护领导小组，领导小组办公室设在气象局。对全区雷电安全重点防护单位进行专项检查，发现问题限期整改。2004年将气象探测环境保护标准到县规划局进行了备案，取得主管部门对探测环境保护的支持。并于同年起，新林气象局被列为区政府安全委员会成员单位。2006年，保留了防雷装置设计审核和竣工验收等3项行政许可项目。

政务公开 从2005年起开展了政务公开，设立了公开栏。公开栏主要内容包括机构设置及职能，文明单位创建目标，防雷装置检测、收费项目标准，大额资金分配使用，重大事项决策，财务预决算，依法行政依据和范围，气象专业服务收费项目标准等。

党建与气象文化建设

1. 党建工作

支部组织建设 新林气象水文党支部成立于1994年10月1日。自成立以来支部组织建设不断得到加强，在气象事业发展和服务地方经济建设中发挥模范带头作用。1994年至2008年气象支部共发展6名党员。现在职党员5名。近年来，新林气象局坚持"以抓好党建，促发展”的工作思路，全面推进党的思想、组织、作风和制度建设，发挥了党组织的政治核心作用。

党风廉政建设 高度重视党风廉政建设工作，按照中央、省、地区部署和要求，严格遵守和执行党风廉政建设责任制的各项规定，加强组织领导，细化分解责任，严格责任考核，强化责任追究。严格执行党政“一把手”、班子成员负总责和“一岗双责”制度，加大党风廉政建设力度。结合本单位的实际，制定了追究责任制；建立了党风廉政建设责任制；“三会一课”制度；民主决策工作制度；党建目标管理制度；政治理论学习制度；政务公开制度以及领导廉政承诺制度。

2. 气象文化建设

精神文明建设 始终把提高干部职工素质作为文明单位建设的一条主线来抓，引导广大职工读一本好书、学文明话、办文明事、做守法公民等特色教育活动，引导职工注重礼仪、文明服务，规范职工文明行为，制定了创建文明单位活动方案；离退休人员管理计划；测、预报练功制度。精神文明创建做到了年初有规划、年终有总结。

文明单位创建 1986 年被省气象局评为“两个文明建设先进单位”，1998 年被地委、地区行署评为“文明单位”，2000 年被区委、区政府评为“文明单位标兵”，2005 年被地区气象局评为“双文明建设先进集体”，2008 年被共青团大兴安岭地区委员会、地区气象局评为“青年文明号”。

3. 荣誉

集体荣誉 1986 年被黑龙江省气象局评为预报服务突出先进集体，1991 年被黑龙江省气象局评为抗洪抢险先进单位。2005 年，新林区气象局在省天气预报制作评比中荣获第三名。

个人荣誉 2006 年宋有江获得“中共新林区委优秀共产党员”光荣称号。2008 年，宋静波荣获新林区第二十五届劳动模范。自建站以来，多人多次获得“地区先进工作者”光荣称号。

台站建设

台站综合改造 建站以来，为了改善办公环境，1988 年经省气象局批准，对原气象局进行综合改造，改建新办公楼。新站址选定在原气象局西侧（距原气象 200 米）非农田，水资源保护地，占地面积 300 平方米。

办公条件和生活改善 新站址建成后办公条件显著改善。其中业务办公用楼 300 平方米，锅炉房和锅炉工休息室 2 间。办公楼设有微机室、男女值班室、仪器室、资料室、会议室等。全部更换了办公桌椅，购买微机 7 台。2002 年黑龙江省气象局为我们配备了人工降雨车辆，2005 年添加了电视会商系统。

园区建设 观测场按 25 米×25 米标准建设，采用铁围栏。场内各项设施齐全，绿化面积达标，并用水泥板铺设甬道 100 延长米。办公场区院内种植各种花草，安装室外健身体育器材，设立了篮球场地，充分体现了“绿色健康办公场所”的理念。

黑河市气象台站概况

黑河市地处黑龙江省北部，小兴安岭贯穿全境，国土面积6.87万平方千米。属寒温带大陆性季风气候，年平均气温0.4℃，极端最高气温为39.0℃，极端最低气温为零下48.1℃，年平均降水量509.2毫米。

气象工作基本情况

始建情况 黑河市气象局前身为黑河气象台，1958年10月10日开始地面观测发报和开展天气预报服务。其气象观测站（后改称爱辉区气象站）为国家基本站。1975年6月黑河气象台升格为处级单位，更名为黑河地区气象局。1993年4月黑河"撤地建市"，改称黑河市气象局。

黑河原行政区内气象站较多，包括现在的呼玛、漠河、塔河县。从1970年起，黑河行政区内有爱辉、北安、嫩江、逊克、孙吴、五大连池6个气象站。其中，1934—1938年伪满洲国在黑河（爱辉站）、孙吴、嫩江建立气象站，到1945年停止工作。1949年嫩江气象站在伪满残留的气象站旧址上最先建立。1954年1月1日孙吴、呼玛站建成正式运行。1957年4—10月漠河、霍龙门、十六站、开康等气象站相继投入业务运行。1958年11月将二皮河林业气象站的设备、人员全部迁至逊克县，改为逊克县气象站。同年9月、10月分别建设了小五家子气象站和嘉荫气象站。1959年1月龙门气象站成立，同年10月二道河子气象站成立。1960年建成塔河气象站，于12月开始观测。同年1月随着行政区域的变动北安、通北、青山、赵光、二龙山、凤凰山气象站划归黑河管理。黑河地区已有国家气象台1个、气象站18个。1960年底将二龙山、赵克、凤凰山气象站交给农场系统管理；青山、龙门、霍龙门、十六站、小五家子、二道河子、通北、塔河、开库康九个气象站撤销。

1966年始建德都（后称五大连池）气象站，并于8月正式开始业务运行。1970年4月1日嘉荫气象站划归伊春地区。呼玛、漠河气象站划归大兴安岭地区，嫩江气象站划归黑河地区。1974年4月23日黑河地区气象局观测站移交爱辉县，组建爱辉县气象科（站）。

至此黑河地区有4个国家基本气象站（孙吴、爱辉、北安、嫩江），2个国家一般气象站（逊克、德都），一个探空站（嫩江）。

爱辉区气象局（站），1958年10月10日开始观测。现为国家基本气象站、二级农业气象站。

嫩江气象局(站),1949 年 8 月 1 日开始观测,现为国家基本气象站、探空站,一级农业气象站。

北安气象站始建于 1958 年 9 月,10 月 1 日开始观测,现为国家基本气象站。

五大连池气象站原名德都气象站,始建于 1966 年。1996 年 5 月德都县与五大连池市合并,更名为五大连池气象站,现为国家一般气象站、一级农业气象站。

孙吴气象站于 1954 年 1 月开始观测,现为国家基准气候站。

逊克气象站于 1959 年 9 月正式观测,现为国家一般气象站。

领导体制 1949 年 2 月—1953 年为军队建制,由黑龙江省军事气象科领导。1954—1958 年转为地方建制,以省气象局为主领导。1958—1963 年,管理体制下放,以地方政府为主领导。从 1964—1968 年改以省气象局为主的双重领导体制。1968—1970 年,气象体制再次下放,以地方政府领导为主。1971—1973 年实行以军事部门管理为主的领导体制。1973 年 3 月—1980 年 2 月实行以地方政府为主与省气象部门的双重管理体制。1980 年 2 月以后实行以气象部门为主与地方政府的双重领导体制,一直延续至今。

人员状况 2008 年全市气象部门定编 142 人,其中事业单位定编 122 人,公务员定编 20 人。现有在职职工 114 人,其中县气象局 78 人,市气象局 36 人(含公务员 14 人)。现有在职人员中,本科以上学历 33 人、大专学历 39 人,高级职称 6 人、中级职称 54 人。现有地方编制及招聘业务人员 20 人。

主要业务范围

气象观测 全市现有地面气象观测站 6 个。其中 1 个国家基准气候站、3 个国家基本气象站、2 个国家一般气象站。区域自动气象站 59 个,其中两要素站 52 个,四要素站 7 个。1 个酸雨监测站,2 个雷电监测站。

国家一般气候站(五大连池、逊克)的观测项目有云、能见度、天气现象、气压、气温、湿度、风向、风速、降水、雪深、日照、小型蒸发、地温等,每天 08、14、20 时 3 次定时观测,拍发 3 次加密气象观测报及重要天气报、气象旬(月)报。

国家基本气候站(嫩江、北安、爱辉)增加冻土、电线积冰、深层地温、草温、雪压和 E-601B 型蒸发器观测。每天进行 02、05、08、11、14、17、20、23 时 8 次观测,承担 8 次天气报,重要天气报、气象旬(月)报发报任务。嫩江站担负 24 小时航危报和气候月报,爱辉站担负预约航危报发报。

嫩江站承担探空和酸雨监测。每天 07、19 时进行 2 次高空探测,2005 年 8 月 1 日起启用 L 波段雷达测风,实现探空业务自动化。酸雨站监测测量降水样品的 pH 值与电导率,每天 13 时前上传酸雨日数据文件,编制酸雨观测报表。

孙吴国家基准气候站每天进行 24 小时地面观测,编发 8 次天气报。承担气候月报、气象旬(月)报、重要天气报和预约航危报编发任务。

雷电监测站(爱辉、北安)进行雷电灾害的监测和预警。爱辉站还承担紫外线观测任务。

农业气象 1958—1965 年前后,各县气象站均开展农作物物候观测和土壤湿度观测。文化大革命期间,农气观测被迫取消。

1977年4月8日，各站恢复土壤湿度观测。从1982年起，五大连池、孙吴、爱辉定为农气站，开始进行农作物物候观测和自然物候观测、土壤湿度观测。1987年嫩江气象站定为农气站。至此全区有2个一级农气站（五大连池和嫩江）、1个二级农气站（爱辉），承担着农气观测、农气情报预报、农气实验、农气服务以及农业气候资源开发利用等工作。

气象预报服务 县站天气预报始于1958年，在收听加看天的基础上，结合本地资料方法，作出补充订正预报。1986年传真机使用后，天气图预报方法逐步成为短期预报的主要方法，县站预报是一图（天气图）、二天（看云测天）、三资（本站资料方法）、四商（与地台天气会商）。

县站中长期预报一直以本站资料的历史演变规律和气候奇异事件为着眼点，建立了相关、相似、韵律等预报方法。20世纪70年代引入数理统计预报方法，从20世纪90年代中期起县站长期预报改为补充订正上级台的预报。

1999年后随着气象卫星综合应用业务系统建成，市县气象信息网络的发展和建立可视化天气会商系统等先进技术的运用，天气预报逐渐向精细化、个性化方向发展。

气象信息网络 黑河气象通讯业务起始于20世纪50年代，主要采用无线电摩尔斯通讯，20世纪70年代无线移频电话、短波单边接受机和传真机应用于气象通讯业务，一直延续到20世纪90年代初，地区气象局单边带（757）和高频电话网配合286、386微机，实现了自动转发气象报，接收传真图并向计算机远程调取资料过渡。这期间县站气象电报都是人工编报，通过电话传报给邮电局转发。随着科学技术的不断发展和计算机的广泛应用，20世纪90年代末以9210工程为代表的气象卫星综合应用业务系统投入业务应用，使市县两级气象预报业务和通讯业务的发展有了一个飞跃。气象信息网络逐渐建立，气象通讯也由以专用电话传输方式为主，改为专用线路分组数据交换网传输，基本实现了远程微机通讯。

人工影响天气 人工影响天气工作始于1974年，德都、北安两县使用自制土炮、土火箭开展防雹工作。1976年起，北安等5个县政府向驻军借用“三七”高炮开展人工降雨与防雹作业，同年省政府投资56万开展人工烟雾防霜工作。1980—1986年省气象局调拨黑河地区6门高炮，1992—2000年地方政府投资及农民集资购买9门高炮。2007年后，市、县政府投入资金，购置了多部火箭发射装置及高炮。截至2008年底，全市共有“三七”高炮17门，火箭发射装置26部。

黑河市气象局

机构历史沿革

1. 始建情况

历史沿革 黑河市气象局前身为黑河气象台，1958年10月10日正式观测发报和开展天气预报服务，并担负黑河地区气象业务管理职能。观测场位于北纬50°15′，东经127°27′，海拔高度 166.4 米。1975 年 6 月黑河气象台升格为处级单位，同时更名为黑河地区气象局。1977 年由黑河地区气象局观测站划归爱辉县，不再承担气象观测业务。1993 年 4 月黑河撤地建市改为黑河市气象局。2003 年 10 月黑河市雷达业务楼竣工，市气象局由黑河市西郊整体迁至黑河市通江路现址办公。

2. 建制情况

领导体制和机构设置 黑河气象台成立之初为科级单位，行政隶属黑河地区水利局，业务由省气象台水文局直接管理。1962 年 6 月—1968 年 7 月，管理体制以省气象局为主。1968 年 8 月起，实行以地方管理为主的管理体制。1971 年 3 月起，以军队为主领导。1973 年 3 月，实行地方政府为主的领导体制。1975 年 6 月改名为黑河地区气象局。1980 年 5 月起，实行以省气象局和地方政府双重领导，以省气象局为主的管理体制。1982 年将农业气象观测和人工影响天气业务移交爱辉县气象科。1993 年 4 月改称黑河市气象局。2002 年 5 月机构改革后，内设办公室（与后勤服务中心合属）、业务科技科（与降雨办合属）、人事教育科、计划财务与审计科（与财务结算中心合属）、法规科（与广告部合属）、气象台与专业气象台、技术保障中心（防雷中心）。

人员状况 1958 年建台时有职工 22 人，其中女职工 5 人，少数民族 1 人（蒙），大学学历 2 人，高中以下 20 人。2008 年底，全局在职职工 35 人，其中 59～50 岁 3 人、49～40 岁 25 人、39～30 岁 4 人、29 岁以下 4 人，本科以上学历 20 人、大专学历 12 人，高级职称 6 人、中级职称 20 人。地方编制及招聘气象业务人员 3 人。

主要负责人变更情况

排序	姓名	职务	任职时间	说明
第一任	刘振海	副台长	1958.10.1—1962.4.1	
第二任	白振芳	副台长	1962.5—1968.12	
	陈铁良	政治处主任	1966.1—1968.12	
第三任	苏振江	革命委员会副主任	1969.3—1970.11	
	王柏珠	革命委员会副主任	1968.12—1970.11	水文代表
第四任	于海春	政委	1970—1973	军管
第五任	王振荣	台长	1973.5—1975.1	
第六任	1976 年黑河市气象局机构升格为处级单位			
	李明俊	副局长	1976.6—1981.8	1975.1—1975.6 台长；1975.6—1981.8 副局长主持工作
第七任	关桂林	局长	1981.8—1983.5	调任省气象局副局长
	仲崇岗	副局长	1983.5—1984.5	主持工作
第八任	邵同春	局长	1984.5—1996.4	退休
第九任	罗　凌	局长	1996.5—2001.11	调省气象局老干部处处长
第十任	崔立国	局长	2003.9.18—	2001.11—2003.9 副局长主持工作

气象业务与服务

1. 气象业务

气象观测 1958年10月黑河气象台观测站开始正式观测发报，每天进行4次定时观测，项目有气压、气温、湿度、风向、风速、云状、云量、云向、能见度、天气现象等。1959年1月开始编发预约航危报。1960年11月1日增加日射观测。1962年1月增报年简报，同年停止1.6米、3.2米地温观测。1963年4月增报气象简要表。1971—1972年开展经纬仪小球测风。1977年4月23日黑河观测站移交爱辉县气象科。

气象信息网络 建台初期，气象观测电报和天气预报所需的天气图等信息资料主要人工收发无线电莫尔斯电报。1974年无线移频机应用于通讯业务。1978年底使用117型传真机接收传真图。1984年由无线传真改为有线电传通信，使用T1000型电传机，收发报速率由50波特提高到75波特。1990年8月开始组建地市级高频电话网，实现了自动转发气象报、远程调取气象传真图资料的过渡。1995年10月开始优化全市无线通讯网，在潮水、德都建2处差转台，实现了全市无线通话和远程调取气象图表、格点资料及部分政务信息。1998年气象卫星综合应用业务系统投入使用，同年7月加入分组数据交换网，形成以卫星通信为主与地面通信相结合的现代化气象网络系统。2006年可视化会商系统投入使用，实现了省、市、县三级台站可视化天气会商。2007年对通信线路进行改造，全光纤接入，通信速率大幅度提高，大量的信息资料供预报员使用，办公自动化、网络化程度进一步提高。

气象预报 建台起就开展短期、中期和长期预报服务，当时短期预报只能分析08时地面天气图和700百帕高空图，结合收听省台预报加看天制作短期预报。中期预报主要采用天气形势外延曲线图。长期预报制作月和年度的温度和降水趋势，其主要方法是双因子点聚图和杨鉴初曲线等。后来在“土洋结合以土为主，大中小结合以小为主，图资群结合以群为主”的原则指导下，结合天物象谚语建立了一套短期、中期和长期的预报方法。

1978年底117型传真机在业务中应用，气象预报由手绘图向形势及要素预报图过渡，形势预报有了新的依据，预报质量有所提高。1985年711测雨雷达投入业务，提高了短时预报能力。1987年MOS模式预报及预报专家系统开始应用业务，根据当地的具体情况建立并完善了数据预报指标库、预报方法。1998—2007年，随着气象卫星综合应用业务系统、静止气象卫星资料处理系统、可视化会商系统及气象通信网络的升级，天气预报信息量大幅度增加，逐步由经验预报向以数值预报为主，与数理统计、天气学、动力学等方法相结合的客观定量方向发展，预报质量也有了明显提高。

黑河气象台对县站的指导预报长时间以编成电码或电话进行。1998年卫星通信系统和分组数据交换网投入业务运行后，指导预报通过网络发布。2006年可视化电视会商系统、区域自动监测网建成后，对县站的指导预报明显加强。

2. 气象服务

公众气象服务 从建台至20世纪80年代中期，公众气象服务是以常规天气预报为主，主要通过广播、报纸发布预报和电话答询方式服务。1985年建成711测雨雷达后，开始不定时发布灾害性天气临近预报。1987年通过电视和报纸向公众发布森林火险等级预报。1989年建成气象警报网,向乡镇和用户公众发布长、中、短和短时预报。1998年5月开通了"121"电话天气预报自动答询业务,服务面进一步扩大。1999年4月建立气象减灾防灾预警寻呼网络。通过群呼,向公众发布灾害性天气信息。2000年5月建立"160—6121"农业气象专家答询台,为农民解答气象问题。2002年与黑河环境监测站联合发布空气质量预报。2004年开始发布太阳辐射强度预报,同年开始与疾病预防控制中心联合制作旬健康气象预报。同年开展手机短信服务,迅速向用户传递重要气象信息。2005年起,建立了预警信号发布流程,开始通过电视等媒体向社会发布气象灾害预警信号。

决策气象服务 从建台伊始,决策气象服务重点围绕农业生产和减灾防灾开展工作。主要以用书面形式,向市政府及有关部门提供旬、月、季、年的天气预报和气候预测、年景分析、农业生产各环节预报、凌汛和汛期预报、火险等级预报及产量预报等,为安排生产和防御气象灾害提供气象服务。1990年起开展了农业、防火、防汛共35项周年系列化服务,2003年修订和完善了"黑河市气象局决策服务周年方案",使决策服务步入专业化、系列化、规范化轨道。2004年开始通过手机短信的形式向市委、市政府及有关部门的领导发布气象灾害预警信息。在决策气象服务中,为政府调整产业结构,安排生产提供了科学依据。如1998年9月黑龙江干流堤防改造工程施工,气象人员根据工程特点和时间要求,及天气预测,提出了混凝土浇注工程分两步进行等施工建议,得到了工程总指挥部领导和专家的认可。2004年在年景分析中,提出了种植结构调整建议,为市政府安排农业生产起到了重要作用。2006年春季,嫩江发生森林火灾,黑河市气象局全力以赴做好火场天气预报和情报服务,在第一时间使指挥扑火的主要领导掌握了火场最新气象动态,在扑火中发挥重要作用。省委书记钱运禄对黑河火场气象服务很满意,表扬说:你们的气象服务很到位,工作很细,质量很好。

专业与专项气象服务 1973年成立人影机构,管理全区人工影响天气工作。2005年6月市政府投资购置了2部火箭发射架和1台火箭发射车,用于人工影响天气作业。2008年市政府将人工影响天气体系建设,纳入政府10项绩效工程目标,为人工影响天气工作的快速发展奠定坚实基础。

1994年初,市气象局成立雷电测试科,与市技术监督局质检科联合开展防雷检测工作。1999年黑河市雷电防护工作领导小组成立,其办公室设在市气象局,同年6月成立了黑河市雷电防护中心。至此,独立开展防雷装置周期检测业务、防雷图纸审核、防雷工程分段检测和竣工验收工作,并承揽防雷工程业务。

气象科技服务 1985年6月起,开展专业气象有偿服务。主要通过信函或电话对乡镇、农场、粮食仓储、水电、交通、砖厂、保险等合同用户开展服务,针对各行业需求制作专题长、中、短期气象预报及情报。1989年后,使用气象警报网广播,向用户传送服务信息。1998年1月电视天气预报制作系统投入使用,在分县天气预报画面中播出。1999年通过BP机气象寻呼网,向合同用户发布气象预报预警信息。2004年开始对专业服务用户通过手机短信的形式发布气象灾害预警信息。

气象科普宣传 多年来重视气象科普宣传工作,围绕全球气候变化、气象法律法规、节约能源资源、保护生态环境等方面开展了多种形式的宣传活动。每年利用"3·23"世界气象日、科技周、防灾减灾日、科普之冬、科技下乡等活动，组织职工走上街头，下到村屯，进入学校，通过现场答询、发放宣传单、设置气象知识宣传图板、赠送科普书籍(光盘)等形式进行气象科普知识和气象法律法规的宣传。每年设立气象台开放日，接待公众和中小学生参观气象现代化建设成果，普及气象科技知识。2008 年参加了市科协举办的大型科普宣传活动，制作气象知识展板和气象宣传挂图，发放气象宣传材料和书籍，深受群众欢迎。

法规建设与管理

气象法规建设 《中华人民共和国气象法》颁布实施后，黑河市政府下发了《黑河市加强雷电防护设施管理工作意见的通知》(黑市政办字〔2000〕4 号)。市气象局与市公安局联合下发了《关于加强中小学防雷装置安全检测的通知》(黑市防雷联发〔2001〕13 号文)、与市教委联合下发了《关于加强中小学防雷装置安全检测的通知》(黑市防雷联发〔2001〕14 号文)、与黑河市安全生产监督管理局联合下发了《关于进一步加强全市雷电安全防护管理工作的通知》(黑市防雷〔2002〕28 号)。2007 年 4 月市政府出台了《黑河市人民政府关于加快气象事业发展的意见》(黑市政字〔2007〕28 号)，2008 年 1 月下发了《黑河市人民政府关于进一步加强气象探测环境保护工作的通知》(黑市政办字〔2008〕1 号)，2008 年 2 月下发了《黑河市人民政府关于加强人工影响天气体系建设的意见》(黑市政办字〔2008〕6 号)。2008 年 7 月市政府办公室下发了《黑河市人民政府办公室关于加强人工影响天气管理工作的通知》(黑市政办字〔2008〕51 号)。这些规范性文件为气象部门依法行政和发展气象事业打下了坚实基础。与此同时，市气象局进一步健全了依法行政等有关制度。2006 年 3 月制发了《黑河市气象行政审批过错责任追究办法》，2006 年 5 月制发了《黑河市气象部门错案行政执法过错责任追究办法》，2008 年 7 月制订了《黑河市气象局重大决策规则》。

行业管理 2004 年 9 月经市政府确认，市气象局具有行政执法主体资格。2005 年 9 月，黑市政字〔2005〕37 号文确定市气象局保留防雷装置设计审核和竣工验收等 9 项行政许可项目。2008 年 2 月，市气象局的 35 项行政职权得到市政府确认，并在市政府网站上向社会公示。从 2001 年开始，每年都与有关单位组成联合检查组，对雷电重点防护单位进行专项检查，发现问题限期整改。1997 年 9 月，市气象局成立了民用氢气球(飞行器)安全管理办公室。2003 年 9 月，成立了黑河市氢气球施放资质评审委员会。2007 年，制定了《黑河市气象局施放气球监督管理制度》、《黑河市气象局气球灌充施放管理操作规程》。通过多年的依法管理，施放气球活动有序开展，市场运营规范。

政务公开 2003 年起开展政务公开工作，制定了《黑河市气象局政务公开实施细则》，建立了 6 项工作制度。对外采用公示板和气象网站，将工作职责、办事指南、科技服务收费标准、行政处罚、行政许可的有关事项向社会公示。对内以局内公示栏、局务会和职工大会的形式，将重大事项决策、大额资金使用、干部任用、财务预决算、基建投资、设备购置和工资、奖金、福利的发放等群众关心的问题定期公示。

党建与气象文化建设

1. 党建工作

党组织建设 1959 年成立党小组,1963 年成立党支部,当时有 6 名党员。目前市气象局党支部有 15 名党员(不包括退休党员)。1984 年成立黑河市气象局党组,1998 年成立黑河市气象局党组纪检组。多年来,重视党的思想、组织、作风和制度建设,坚持抓党建促发展,曾 16 次被当地党委评为先进党支部。党支部的战斗堡垒作用和党员先锋模范作用不断增强。

党风廉政建设 坚持在党员内部进行反腐倡廉教育,每年开展不同主题的党风廉政宣传教育月活动,与县局一把手签定党风廉政工作目标责任状,构筑党员干部的思想道德防线。近年来,相继建立《党风廉政建设责任制》、《黑河市气象局领导干部廉洁从政行为规范》、《黑河市气象局领导干部报告个人重大事项的规定》、《黑河市气象部门领导干部个人收入申报规定》、《黑河市气象局关于领导干部实行三必谈、三必做制度》等制度,并将这些制度融入日常工作,用制度管人、管事。为加强纪检监察工作,2005 年在县局设立廉政监督员,对本单位党风廉政建设、遵守财经法规、执行财务管理制度、政务公开、依法行政等方面的工作进行监督,促进了领导干部廉洁自律。

2. 气象文化建设

精神文明建设 随着改革开放和市场经济发展,精神文明建设在黑河气象系统广泛开展起来,并依据中央有关决定和本系统精神文明建设规划,组织开展了一系列思想道德教育和健康向上的文体活动。积极宣传党的方针政策,弘扬艰苦创业等优良传统和作风,坚持用先进思想、正确理论引导职工树立正确的人生观和价值观。在艰苦的条件下,经几代气象工作者的努力,使黑河气象事业迅速发展壮大,文明台站建设也取得了丰硕的成果。

文明单位创建 坚持"三个文明一起抓"的战略方针,认真落实领导一岗双责制,实行文明单位创建"一把手"工程,把文明单位创建与业务工作紧密结合起来,纳入各级目标管理之中。成立文明单位创建领导小组,制定详细的创建规划和分步实施意见。从 1985 年至今,黑河市气象局曾多次获得全省气象系统双文明建设标兵、先进集体称号,被市直机关工委评为"学理论、做表率"先进集体和"创三优"文明机关先进集体以及市军警民共建共育先进集体。1994 年被评为市级文明单位,1997 年晋升为市级文明标兵单位,2008 年晋升为省级文明单位。

文体活动情况 本着注重实际、因地制宜、寓教于乐的原则,设立图书室和活动室,购置图书、音响、体育器材等设施,有计划地开展了丰富多彩的文体活动。1989 年 10 月庆祝建国 40 周年,举办了篮球赛和文艺联欢会,激发了大家的爱国、爱党热情。1992 年 3 月份,举办了黑河气象系统首届摄影、绘画、书法、小制作等美术作品展评比赛。1992 年 6 月份,组织职工义务劳动 10 余天,修整庭院 3000 多平方米,种植花树 200 多棵,栽种榆树墙 1000 多米,义务劳动即美化环境,又锻炼职工意志。1997 年 2 月,市气象局主办迎新春文艺联欢会,市机关工委、市文明办、市武警支队部分官兵与市气象局、爱辉区气象局同志一起共庆佳节，增进了友好单位的往来。2005年举办黑河市首届弘扬气象人精神演讲比赛。

3. 荣誉与人物

集体荣誉 1985年获全省气象部门双文明建设先进集体，1990年获省气象局抗洪抢险气象服务先进集体奖励，1991年被评为全省双文明建设先进集体，1997年获市级文明标兵单位称号，同时晋升为精神文明先进系统，1991—1993年获黑河市人民政府“黑河市森林防火先进单位和模范标兵”称号，1999年获全省人工增雨防雹工作先进集体称号，2000—2002年被评为黑龙江省森林防火先进单位，2004年获省气象局秋季扑火气象服务先进集体，2006年黑河市气象局获国务院扑火前线指挥部“扑火优秀保障单位”称号，2008年晋升为省级文明单位。

个人荣誉 自20世纪80年代起，黑河气象局有近150人次受到省政府、黑河市市委、市政府、中国气象局、省气象局的多项奖励。其中：王丽芳1960年获省政府“劳动模范”称号，刘荣青1985年荣获“祖国为边陲优秀儿女挂奖章”铜奖，1986年陈振亭被评为全省气象部门模范工作者，1995、2002年崔立国、吴继合分别被授予全省气象部门模范工作者称号，任宪章2002年6月获第九届全省劳动模范称号，邱海龙获2004—2006年度省森林防火指挥部、省财政厅、省人事厅森林火灾扑救工作先进个人称号。

人物简介

王丽芳 女，汉族，1938年2月出生，杭州人，中共党员，中专学历，1956年8月参加工作，1960年获省政府“劳动模范”，1977年获省气象系统先进工作者。王丽芳1956年成都气象学校毕业后，放弃回浙江工作机会，主动要求并扎根边疆工作40年。她到黑龙江后，先后在3个基层台站工作的20年间，克服重重困难，出色地完成了建站、创建预报业务等任务。从1982年担任市气象台预报室主任后，带领全区预报人员进行预报方法攻关，建立了行之有效的中短期预报方法，使预报准确率明显提高，为黑河地区预报业务现代化建设作出了突出贡献。她撰写的多篇论文在国家级和省级刊物上发表或获奖，王丽芳多次获得全省气象系统先进工作者、“三八”红旗手和优秀共产党员荣誉称号。

刘荣青 男，汉族，1948年7月出生，江西人，中共党员，专科学历，1968年9月参加工作，1985年荣获“祖国为边陲优秀儿女挂奖章”铜奖。曾获得黑龙江省“五一”劳动奖章。他专科毕业后，主动要求到边疆工作，全身心投入在黑河气象事业上。他有较强的事业心和高度的责任感，工作勤勤恳恳、任劳任怨，钻研业务、虚心好学，在国家、省、市级报刊、杂志上发表文章十几篇。在担任市气象台预报室主任期间，大胆改革，不断创新，结合本局实际情况，建立健全各项规章制度，使预报质量逐年提高，在全省预报质量评比中每次都高居榜首，并多次获得国家及省气象局的嘉奖。

任宪章 男，汉族，1964年3月出生，河北人，中共党员，大学本科学历，1984年7月参加工作，2001年12月获黑河市委、市政府“创业贡献奖”，2002年4月获省政府“第九届劳动模范”称号，2006年获黑河市委市政府“第四届拔尖人才”称号。1992年初调到黑河市气象局工作，他在农气管理中坚持严要求、勤指导，使黑河的农气工作多次在全国联检中获得好评。多年来他兼任着黑河和大兴安岭地区的农气预审员，2次被中国气象局授予“质量优秀测报员”称号。他一直承担着全市农业气象决策服务的重任，每年制作的农业年景分析和粮食产量预报都比较准确，为领导决策提供了及时、准确的信息。任宪章在主持全市农业气候区划研究中，解决了许多难题，设计编写了40多个微机分析应用软件，为开展气候区划细化摸索出一套方法。1999年末完成了《黑河市农业气候资源分析与区划》，为制定黑河农业发展规划及改善农业生产布局提供了客观依据。他研制的“气象要素综合诊断的作物产量动态预报模式”，在2003年获全市科技进步奖。2004年1月开始他任市气象局业务科技科科长。他精心谋划，细心管理，建立起全市乡镇自动雨量网和天气预报可视化会商系统，组织完成了全市气象灾害应急预案，使气象灾害应急管理步入正轨。

台站建设

台站综合改造 建台初期，国家投资建成二层砖瓦结构业务办公楼，建筑面积850平方米，靠烧火墙取暖，道路均为土路，围墙由木条围成。1984年由国家和地方财政共同出资，在原办公楼北侧新接雷达业务楼480平方米。基本满足了当时的业务用房需求。2001年在国家、地方和黑河市气象局三方共同投资，在黑河市合作区，兴建了2260平方米的业务办公楼，2003年正式迁入新业务办公楼，办公环境得到了明显改善。

生活条件改善 建站初期，办公环境和办公设施都比较简陋。1965—1980年期间，分批建造了1000平方米的家属房。1983年和1992年，在气象局院内建起了2170平方米的家属住宅楼，职工住房条件不断改善。

爱辉区气象局

爱辉区位于黑龙江省北部，属寒温带大陆性季风气候，冬季受极地大陆气团影响，严寒而干燥。夏季受东南季风影响，气候温和，降雨集中，光照时间长。最高气温出现在7月，极端最高气温37.7℃(1970年)；最低气温出现在1月，极端最低气温为零下44.5℃(1980年)。年平均降水量为521.9毫米。

爱辉区气象局地处爱辉区东北部，东经127°27′，北纬50°15′，海拔高度为166.4米，为国家基本观测站。

机构历史沿革

1. 历史沿革

爱辉区气象局前身为黑河地区气象局观测站，始建于1958年9月，观测场位于东经127°27′，北纬50°15′，海拔高度为166.4米。1977年变更为爱辉县气象科。1983年6月1日爱辉县撤销，建立黑河市(县级)，爱辉县气象科改名为黑河市气象局。1993年4月黑河地区行署撤销，建黑河市(地级)，市辖两个区。原黑河市气象局更名为爱辉区气象局。

2. 建制情况

体制与机构设置 建站至1977年4月，为黑河地区气象局内设机构。1977年4月23日，黑河地区编制委员会批准将黑河地区气象局观测站移交给爱辉县政府，成立爱辉县气象科。实行以地方为主的双重领导体制，行政隶属于爱辉县政府领导。人员编制12人。

1980年5月气象体制上收。实行以气象部门为主，市气象局和县人民政府的双重领导，定编16人。

1983年6月1日，爱辉县气象科改名为黑河市气象局，定编15人。内设测报股、气象科技股。1986年增设人工影响天气办公室。1987年科技服务项目扩大，增设了产业股(以庆典服务为主)。

1993年4月更名为爱辉区气象局，人员编制15人，内设业务股、综合服务股。

2001年3月，随着气象服务领域扩展，机构设置有所调整，共设测报股、人工影响天气办公室、农业气象股、庆典服务部。

2005年依据业务体制调整方案，被定为气象观测一级站，编制15人，内设测报股、农气服务股、人工影响天气办公室、庆典服务中心。

人员状况 1977年爱辉县气象科成立，共有职工12人，其中1人为中专毕业，其余均为初中生。目前爱辉区气象局有职工16人，平均年龄39岁。其中党员7人，本科生2人，专科生11人，中专生3人。工程师5人，助理工程师8人。

主要负责人变更情况

排序	姓名	职务	任职时间	说明
第一任	张立权	副科长主持工作、科长	1978—1981.8.20 1981.8.20—1983.3	1983.7.26调出
第二任	袁惠明	副科长主持工作、局长	1983.3—1986.12 1986.12—1990.4	1983.6.1由科改局
第三任	罗　凌	局长	1990.4—1991.9	
第四任	杜喜茹	局长	1991.9.13—2006.12	
第五任	周双玲	局长	2006.12—	

气象业务与服务

1. 气象业务

气象观测 爱辉区气象站为国家基本气候站，每天承担4次定时和4次补充地面观测任务，拍发8次地面天气报和补充绘图报、气象旬(月)报，同时承担预约航、危报发报任务。观测项目有云、能、天、压、温、湿、风、雨量、地面温度、浅层地温、深层地温、小型蒸发、雪深、冻土、日照、太阳辐射等，部分观测资料参加全球交换。从建站至1985年地面编报一直采用手工编报专用电话传输方式。1986—1991年采用PC-1500计算机编发气象电报。1992起使用安徽地面测报程序编发气象报和制作地面气象记录报表。2004年地面遥测自动站完全替代人工观测。1984年根据省局建标准气象观测场要求，将原观测场向南移动20米，向东移动10米，扩建为25米×35米。随着气象事业的不断发展，观测项目逐渐增加，1991年日射观测由人工观测、计算改为自动观测和传输数据，2003年9月开始安装地面自动站观测仪器，2004年1月1日地面遥测自动站观测与人工观测并轨运行，2006年1月1日自动站单轨运行。2004年7月增加紫外线辐射观测。2005年6月安装闪电定位仪，开展闪电定位观测。2007年9月增加草温自动观测。

气象信息网络 1999年气象通讯由以专用电话传输方式为主，改为专用线路分组数据交换网传输。2004年分组交换被2兆数字光纤所代替，实现了专线点对点的信息传送，同时用ADSL和电话拨号作为备份。2005年Lotus Notes网用于信息传输，初步实现了办公自动化。2007年对气象网络进行了技术改造，用宽带代替VPN备份，实现了适时切换。

农业气象 1982年被定为省级农业气象站，增加农业气象观测项目有作物物候观测，主要观测作物为大豆，1985年开始小麦物候观测。土壤湿度观测，分为固定观测地段和作物观测地段。自然物候观测，分植物物候期观测、动物物候期观测和气象水文现象观测。农气服务，每年4—10月定期编发农业气象情报。为提高森林火灾监测能力，从2007年开始每年3月20日始至积雪覆盖大地止，增加森林可燃物观测项目，每月3次分3层取林中地面植被物，用于分析森林气象火险等级。

2. 气象服务

爱辉气象局与黑河市气象局同在一地，因此，不开展天气预报业务。对外服务使用市局预报产品。

爱辉区气象局农村气象服务开展的比较早。1986—1987年政府投资在10个乡镇建立雨情网，8个林场建立气象哨，进行温度、湿度、雨量等要素的观测，为爱辉区农业气候资源开发积累了资料。2006年区政府拨专款18.6万元建气象防灾监测网，在全区10个乡镇建设自动气象监测站，观测温度、雨量，实现了各地气象要素的时时监测和快速集中，为政府防火、防汛和抗旱提供了及时准确的气象服务。

公众气象服务 公众服务以转发市局预报产品为主，主要采取邮寄信函和互联网传输方式定期将中长期预报、旬月天气预报等气象信息分发各个乡镇、村屯，使农民掌握气象信息，指导科学种田。

决策气象服务 爱辉区气象局始终重视决策气象服务工作，决策服务内容不断充实，逐渐形成了集旬月气象预报、年景分析、土壤墒情及雨情、苗情与灾情调查、产量预报、汛期天气条件分析、森林火险预报及灾害性天气预报预警等全程、全方位的决策气象服务，决策气象服务也越来越被各级领导所重视。

2003年是爱辉区政府举行鄂伦春族下山定居50周年庆祝活动，气象服务受到了活动组委会及有关部门的高度赞扬，并获得了2003年度市气象局颁发的优秀天气预报服务奖。

2007年夏季爱辉区出现50年一遇的夏伏连旱，7月降雨量为历史最少年份。爱辉区气象局组织业务人员进行加密土墒测定、制作旱情分析和后期天气预测等专题服务材料，同时积极开展人工增雨作业，为区领导科学部署抗旱工作发挥参谋作用，为夺取全区抗旱胜利做出了积极贡献。

专业与专项气象服务 1986年5月，爱辉县气象科成立了人工降雨办公室，使用“三七”高炮1门，开展人工增雨防雹作业。随着气象灾害逐年增多，爱辉区政府加大人工影响天气设备投入力度，1992年投资购买3门双管“三七”高炮。2007年黑河市政府批准人工影响天气体系工程建设，爱辉局先后购买6部火箭发射架，2台火箭专用牵引车，使人工影响天气作业影响面已达耕地面积80%，林地面积已达8%，在农林业防灾减灾上发挥了突出作用。1992年夏季，桦皮窑等5个林场发生火灾，直接威胁整个黑河市林区生态资源。应黑河市森林防火指挥部要求，省气象局抽调3门高炮增援爱辉区实施增雨扑火作业15次，累计降雨量50多毫米，为扑灭林火作出了突出贡献。2007年爱辉区发生了严重的夏伏连旱，120万亩耕地全部受旱。为缓解旱情，爱辉局抓住有利时机在重点乡镇作业49次，发射火箭弹67枚，高炮炮弹453发，受益面积6800平方千米，经济效益达797万元。

气象科技服务与技术开发 1989年建立气象警报服务网，各乡镇均安装了气象警报接收机。1992年以后气象警报服务网从乡镇逐渐向村屯发展，53个村屯安装了气象警报接收机，签定气象服务合同103份，服务面达70%。

随着通信设备的改善，1999年取消了警报接收机，与电信局合作，在爱辉区沿江乡镇及村屯设BP机气象群呼网，共布设BP机53部，解决了用户只能在固定地点收听天气预报的难题。

爱辉气象局还开展了多项农业技术开发和试验项目。1996年与区农业中心合作，开展“玉米大双覆”试验，为推广此项技术提供气象依据。2004—2005年，与区农业开发办联合开展大豆覆膜栽培技术试验，重点解决旱作农业和大豆重迎茬问题。

科普宣传 爱辉区气象局多年来重视气象科普宣传工作，围绕全球气候变化、气象法律法规、倡导节约能源资源、保护生态环境等方面开展了多种形式的宣传活动。每年利用世界气象日、科技周活动、防灾减灾日、科普之冬、科技下乡等节点，组织职工走上街头，下到村屯，进行气象科普知识和气象法律法规的宣传。通过设立台站开放日，接待公众和中小学生前来参观。2008年参加了区科协举办的大型科普宣传活动，制作气象知识展板和气象宣传挂图，发放气象宣传材料和书籍，深受群众欢迎。

2008年气象科普宣传

气象法规建设与管理

1. 气象法规建设

2000年1月《中华人民共和国气象法》实施后，为提高依法行政能力，区气象局成立了依法行政领导小组，并按政府要求对行政许可、行政审批项目进行了清理。同时加强执法人员法律知识学习和培训，提高气象执法人员依法行政能力和执法水平。为保护气象探测环境,对观测场周边环境情况进行了详细调查和评估,形成了“依法保护气象探测环境的意见”上报给黑河市规划局备案,为依法保护气象探测环境奠定了基础。

加强制度建设,不断推进各项工作的规范化、制度化,爱辉气象局陆续制定了《爱辉区气象局行政执法责任制考评方案》、《爱辉区气象局执法人员工作考评制度》、《爱辉区气象局行政执法责任制实施方案》等一系列工作制度,使爱辉气象局行政执法工作切实做到了有章可循,有法必依,违法必究。

2. 社会管理

行业管理 爱辉区气象局按照有关规定认真做好本行政区域内的气象行业管理工作。从强化气象行业监督,加强气象行业协调、指导和服务入手,积极组织开展气象行业的业务和科技合作与交流。2007 年红色边疆农场气象站建设地面自动观测站,区局在其站址选择、防雷设计上进行技术指导,按时完成了自动站建设任务。同时实现了观测资料共享和预报情报交流。

政务公开 局务公开工作开始于 2003 年。对外公开的内容主要包括单位的工作职责、机构设置;社会服务收费项目、标准及依据;职业道德规范,服务承诺;监督举报电话,投诉方法等以版面形式进行公示。对内公开的内容主要是发展规划、重大决策、年度工作计划、改革方案、评优评先条件、干部职工年度考核情况、重大项目支出及重大决策、目标责任制实施情况等以文件或会议的形式向职工进行通报。在局务公开工作上,坚持通过抓党风廉政建设促进局务公开工作;把局务公开同精神文明创建紧密结合起来;将局务公开同开展职工思想政治工作紧密结合起来,把政务公开工作作为建设和谐单位的一项重要内容。

党的建设与气象文化建设

1. 党建工作

支部组织建设 1977 年爱辉县气象科成立,因当时党员人数较少,与街道联合成立了党支部。为了加强单位支部建设,积极培养职工入党,1977 年至 1990 年间,先后发展了 3 名新党员,1990 年成立了气象党支部。从 1991 年开始将党组织建设纳入重要日程,一抓政治教育,提高党员和积极分子的思想觉悟。二抓组织培养,支部书记和成员坚持经常与职工谈话,了解思想动态,做好培养工作。三抓采取给任务、压担子的方式使积极分子得到锻炼和考验。从 1991 年至 2006 年,先后有 6 名同志加入党组织,有 5 名同志走向副科以上领导岗位。

党风廉政建设 先后建立了《爱辉区气象局党风廉政建设责任制》、《爱辉区气象局廉政监督员制度》、《爱辉区气象局班子两风建设承诺制度》,使党员干部的德、能、勤、绩、廉都有章可循,为普通职工做好榜样。同时进一步完善各项民主制度,建立了《爱辉区气象局“三重一大”民主决策制度》使所有职工都能更好地行使民主权力。

2. 气象文化建设

精神文明建设和文明单位创建 为进一步加强精神文明建设和文明单位创建,爱辉局开展了系列思想教育活动和职业道德教育活动。在学习教育活动中,紧密结合实际,解决干部中的思想问题,提高政治素质、职业道德水平,在全局形成讲文明比贡献,讲纪律比风格的良好局面,不断推进双文明建设。1991年获全省气象部门双文明先进单位称号,2006年被黑河市政府授予文明单位称号,被省气象局授予先进气象台站称号,2008年被省气象局授予全省气象部门先进台站标兵称号。

文体活动 在抓职工思想道德教育的同时,利用气象对外服务机会,积极开展军民共建活动和气象对外联谊活动。如:与县武装部开展共建,组织职工参加战备知识讲座、参加民兵训练和军事打靶竞赛活动;与区农委、机关党委、区供销、区水利局、区农经站等部门多次开展"农气杯"友好联谊活动。

2004年单位设立了活动室,购买了乒乓球台,为职工锻炼身体提供了条件。

集体获得的主要荣誉

时间(年)	发证单位	荣誉称号
1991	黑龙江省气象局	"双文明"建设先进单位
2006	中国气象局	全国政务公开先进单位
2006	黑河市政府	文明单位标兵
2006	黑龙江省气象局	全省气象部门先进气象台站
2008	黑龙江省气象局	全省气象部门先进台站标兵

获得省部级以下综合表彰的先进个人

时间(年)	姓名	发证单位	荣誉称号	备注
1978	周乃胜	爱辉县政府	先进工作者	
1979	马德昌	爱辉县政府	劳动模范	

台站建设

台站综合改造 爱辉县气象科办公楼始建于1978年,该楼建筑面积248平方米。1982年又扩接40平方米。1979年盖锅炉房,配小型取暖锅炉。

2003年按统一部署,测报仪器换型,安装自动站。重新铺设观测场小道,改造装修测报值班室。2003年将黑河市气象局原办公楼的东侧510平方米改为爱辉气象局办公使用。省气象局先后下拨办公楼维修改造经费40余万元,改造旧办公楼和室内装修,办公条件得到了彻底改善,庭院环境基本实现了花园化。

办公与生活条件 1977年建站时,少数职工住黑河地区气象台的家属房。部分职工没有气象住房。1981年省气象局拨款建180平方米职工住房(平房),四名同志住进新房,是当时质量最好的住房。1991年区气象局职工住房条件改善,又有四名职工住进新楼。2001年市气象局组织建设职工集资楼,部分职工参加集资购买住房。至此,住房条件进一步改善。

综改后的办公楼

北安市气象局

机构历史沿革

1. 始建情况

北安市气象局始建于1958年9月1日，观测场位于北纬48°17′，东经126°31′，同年10月1日正式开始工作。1963年迁站至现在的北岗区中央路，观测场位于北纬48°17′，东经126°31′，海拔高度269.7米，承担国家基本观测站任务。

2. 建制情况

领导体制与机构设置 1958年9月1日北安气象局始建时，隶属于省气象局领导。1958年改名为北安县中心气象水文站，隶属于北安县水利局水文气象科，内设测报组、预报组。1960年北安气象水文站由嫩江专区转为黑河专区管辖，同年12月改称北安气象站。1971年实行以军队为主的领导体制。1973年改称北安县气象科，实行以地方为主的双重领导体制，内设测报组、预报组、人工影响天气办公室。1980年起实行以气象部门为主的双重领导体制。1983年北安县气象科改名为北安市气象科。1984年6月改为北安市气象局。2005年定为国家气象观测一级站，内设测报组、预报组、人工影响天气办公室、防雷检测站、综合服务股。

人员状况 北安气候站成立时只有3人，其中2人初中学历，1人气象中专学历。现有在编职工12人，合同工3人，其中本科学历3人（其中1人在读）、专科生2人、中专生6人，中级技术职称3人，初级技术职称8人，党员5人，汉族14人、满族1人。

主要领导更替情况

站　长：王忠喜(1958.10—1960.4)

站　长：纪喜彬(1961.4—1961.9)

站　长：吴宝泉(1962.8—1964.8)

站　长：李德厚(1964.4—1969.3)

站　长：王贵元(1969.3—1969.12)

副站长：梁井生(1970.5—1971.2)

指导员：付庆奎(1971.2—1973.10)

负责人：王忠喜(1973.10—1974.10)

副站长：寇　升(1974.10—1983.9)

科　长：鹿云祥(1978.4—1983.9)

副科长：王有祥(1978.3—1984.6)

局　长：王有祥(1984.6—1993.5)

局　长：仲伟德(1993.6.28—1998.12.3)

局　长：李世芳(1998.12.3—2002.1.7)

局　长：李广义(2002.1.7—　　　)

气象业务与服务

1. 气象业务

地面观测　1958—1971年每天观测(补充观测项目)6次拍发5次气象报。1967年4月—1971年2月夜间不守班，1962—1966年增加夜间守班。2007年1月1日每天观测次数改为8次，拍发8次地面天气报和补充绘图报，并承担气象旬(月)报和预约航、危报发报任务。观测项目有云、能、天、压、温、湿、风、雨量、地面温度、蒸发、雪深、日照等。1959年6月增加浅层地温5厘米、10厘米、15厘米。1960年开始观测20厘米地温。1961年增加温度、雨量自记观测，1962年增加湿度自记、冻土和深层地温观测。1970年8月增加风向风速自记。1997年5月增加大型蒸发观测，之后每年5—9月均为大小蒸发并行观测。2002年5月调整为每年5—9月观测大型蒸发，10月—次年4月观测小型蒸发。2005年6月开展闪电定位观测。2007年9月增加了草温自动观测。

1986年使用PC-1500计算机编报，结束了手工查算的历史，1998年更新为联想586。2003年9月安装地面自动站观测仪器。2004年1月1日开始自动站与人工并轨观测。2006年1月1日自动站单轨运行。

气象信息网络　在1999年以前，气象电报都是人工编报，通过电话传报给邮电局转发。1999年由电话传输改为专用线路分组数据交换网传输。2004年安装2兆数字光纤，同时用ADSL作为备份。2007年对气象网络进行了技术改造，用宽带代替VPN备份，实现了适时切换。

气象预报　1959年开始利用天气图、本站气象资料、群众经验制作短期天气预报每天由县广播站发布。结合物候观测制作长期、中期天气预报。1984 年 6 月配备 123 型传真机结束了手工绘制天气图的历史，提高了预报准确率。1986 年 6 月 APPLE-Ⅱ型计算机用于预报业务。1999 年电视天气预报系统投入使用，预报员每天做完预报后用录像带录制天气预报，然后送到电视台，电视台每晚在北安新闻后播出，实现了县级天气预报在电视台自动播放，预报范围包括全市各乡、镇，2001 年 1 月电视天气预报取消录制，天气预报由县局提供每天的天气预报，电视台自己制做。2000 年预报 MICAPS 系统正式安装，市局举办预报员培训班，对 MICAPS 系统进行了二次开发，实现了预报系统本地化。同年 PC-VSAT 小站正式安装投入业务使用，预报传真图、卫星云图等资料正常接收。1999 年 12 月“121”自动答询平台建成投入使用；2002 年电话“121”系统升级，变成“12121”，操作平台安装在市气象台，每天早晚 2 次传输天气预报给市气象台，由气象台值班员录入天气预报。2002 年 1 月开始制作城市天气预报，12 小时为一时段，预报时效 24 小时。通过网络向上级传输。2006 年 4 月城市天气预报时效变动，白天发布 24～72 小时，晚上发布 24～120 小时。2007 年开通视频会商系统，从而为提高天气预报准备率创造有利条件。

农业气象 北安市气象局是非农气站，没有物候观测，但每年承担土壤测墒和农业产量预报制作任务。每年 2 月 28 日和 11 月 8 日对本区域内的土壤进行 5～100 厘米的墒情测定，3 月末—10 月末每旬进行 5～50 厘米土壤墒情测定，并把测定结果上报市气象局和政府有关单位。依据气温、降水、日照等气象因子，再加社会实际调查，每年 8 月上旬制作出产量预报提供给政府部门，为政府决策服务提供可靠的气象依据。

2. 气象服务

公众气象服务 1959—1998 年制作 24 小时天气预报每天由县广播站发布。1998 年天气预报制作系统建成，由气象局制作 24～48 小时天气预报，每天通过电视台向社会广播。遇有重大灾害性天气在电视台上滚动发布预警信号。1999 年建立”121”天气预报自动查询系统，通过电话查询 24 小时天气预报，未来 3 天天气趋势预报及各种气象信息。2006 年 6 月，建成了 8 个雨量、温度两要素自动观测点，监测乡镇雨情。

决策气象服务 决策服务内容包括旬月气象预报、年景分析、土壤墒情及雨情、苗情与灾情调查、产量预报、汛期天气条件分析、火险预报及重要天气预报预警等，分别报送政府领导及相关部门。如：2004 年春季北安出现“晚霜冻”灾害，由于气象局的预报准确及时，相关部门采取防范措施，避免了重大经济损失。2002—2008 年连续四届为全市运动会提供了准确的气象服务，使运动会得以圆满成功。

专业与专项气象服务 1975 年租用部队 1 门“三七”高炮在北安、通北实施增雨作业。1981 年 3 月和 1990 年 10 月省降雨办计划调拨“三七”高炮各 1 门，共 2 门。2000 年 7 月市政府为抗旱购买 3 门双管“三七”高炮。2004 年 12 月省气象局匹配 1 部火箭发射架，2008 年市政府拨款购置了牵引车 1 部、购置火箭发射架 1 部。目前全市有高炮 5 门，火箭发射架 2 部，使人工影响天气作业影响面覆盖 8 个乡镇，在农林业防灾减灾中发挥了积极作用。

1998 年 10 月成立防雷办公室。2000 年成立了北安市雷电防护设施检测站，主要开展防雷设施定期检测、工程防雷设计图纸审批及新建工程竣工验收。

1989 年开始开展专业有偿服务，主要为农场、城镇服务用户提供长、中、短期预报；

2000年在电视天气预报中插入有偿广告，年平均收入5000～6000元。

气象科技服务 20世纪70年代政府投资在12个乡镇和4个林场建立气象哨，进行温度、湿度、雨量的观测。1988年，建立了农村气象服务网，定期将中长期预报、旬月天气预报等服务材料邮寄到各个乡镇、村屯指导农民科学种田。1989—1992年在56个部队农场及村屯安装气象警报接收机，定时播发气象预报、专业预报。随着通信设备的改善，1999年在各乡镇及村屯设BP机气象群呼网，每天3次向用户播发气象预报。2002年取消农村气象科技服务收费项目。

气象科普宣传 2000年至今，每年围绕世界气象日、科技周、科技日、减灾日、安全月、气象法等宣传日，通过电视、发放宣传单、下乡送科普、邀请中小学生参观等多种渠道进行科普宣传。2006—2008年参加了市科协举办的送科技下乡活动，制作气象知识展板和气象宣传挂图，发放气象宣传材料、书籍、年景分析、中长期预报，深受广大农民群众欢迎。

法规建设与管理

1. 气象法规建设

2000年成立了行政执法领导小组，并按政府要求对行政许可、行政审批项目进行了清理。同时加强执法人员法律知识学习和培训，提高气象执法人员依法行政能力和执法水平。为保护气象探测环境，对观测场周边环境情况进行了详细调查和评估，形成了“依法保护气象探测环境的意见”上报给北安市规划局备案，为依法保护气象探测环境奠定了基础。加强制度建设，不断推进各项工作的规范化、制度化，北安局陆续制定了《北安气象局行政执法责任制考评方案》、《北安气象局执法人员工作考评制度》、《北安气象局行政执法责任制实施方案》等一系列工作制度，使北安市气象局行政执法工作切实做到了有章可循，有法必依，违法必究。

2. 社会管理

行业管理 2006年对现有观测场周边环境情况进行了详细调查和纪录，并将情况说明在规划、建设、国土等部门进行了备案。2007年完成观测场环境评估，并上报备案。

严格按照《通用航空飞行管制条例》和《施放气球管理办法》的规定，对从事施放氢气球工作加强监管，要求工作人员牢固树立安全意识，切实做好制氢运氢和储氢的安全工作。

1998年10月成立防雷办公室。2000年成立了北安市雷电防护设施检测站，主要开展防雷设施定期检测、工程防雷设计图纸审批及新建工程竣工验收，加强当地防雷检测、验收工作，确保防雷工作有序进行。

政务公开 2005年制作了政务公开栏，对外公开的内容主要包括单位的工作职责、机构设置；社会服务收费项目、标准及依据；职业道德规范，服务承诺；监督举报电话，投诉方法等以版面形式进行公示。对内公开的内容主要是发展规划、重大决策、年度工作计划、改革方案、评优评先条件、干部职工年度考核情况、重大项目支出及重大决策、目标责任制实施情况等以文件或会议的形式向职工进行通报。在局务公开工作上，坚持通过抓党风廉政建设促进局务公开工作；把局务公开同精神文明创建紧密结合起来；将局务公开同开展职工思想政治工作紧密结合起来，把政务公开工作作为建设和谐单位的一项重要内容。

党建与气象文化建设

1. 党建工作

支部组织建设情况 1958年建站时没有党员。1958—1990年，共发展10名党员，其中9名党员已退休。1970年5月成立了党支部。1991—2007年，先后有5名同志加入党组织。目前拥有5名党员。

党风廉政建设情况 先后制定了《北安市气象局党风廉政建设责任制》、《北安市气象局廉政监督员制度》、《北安市气象局班子两风建设承诺制度》、《北安市气象局“三重一大”民主决策制度》等制度。坚持在党员干部中开展党风廉政建设系列教育活动，增强拒腐防变能力。

2. 气象文化建设

北安市气象局把精神文明建设当作提高职工道德水平的载体。在创建“文明单位”过程中，强化领导，精心组织活动。1986年评为黑河地区“两个文明”先进单位，1988年评为地区气象系统先进集体，1990年评为北安市精神文明单位，2006年双文明建设目标管理竞赛中荣获“优秀达标”奖。

为了活跃职工文体生活，北安市气象局为职工购买了各种棋类。2006年省气象局又下发一批图书，单位购买专用书柜，建立图书室。利用气象对外服务机会，积极开展军民共建活动，如：与县武装部开展共建，组织职工参加战备知识讲座、参加民兵训练和军事打靶竞赛活动。

3. 荣誉

自北安建站50年来，经过所有职工的共同努力获得了很多集体荣誉。1986年评为黑河地区“两个文明”先进单位，1989年、1992年、2001年先后被评为省人工降雨、防雹先进集体，2005年在黑河市地面气象测报技术比赛中荣获总成绩第一名。2001年李广义在秋季森林灭火气象服务中做出突出贡献给予记功奖励。

台站建设

台站综合与办公环境改造 建站初期，曾借用北安农校的三间办公室(68平方米)及观测场(25米×25米)，1963年迁站时建有5平方米办公室一处。1964年建成282.7平方米砖结构办公室。1991年5月新建324.38平方米的办公楼，并接入城市集中供热网。2003年改造了观测场，改造装修了值班室，配齐有关设备。2004年进行大门和围墙维修，新建电动门一座，铁围栏300米。2005年9月办公楼综合改造全部完工，改造后办公环境得到了明显改善。

职工生活居住条件的改善　1965年建家属宿舍(平房)120平方米，解决4户职工住房。1976年建设120平方米砖瓦结构职工住房。1978年盖了240平方米的职工住房。1992年建248平方米简易的两层小楼。

北安气象局旧貌(1985年)

北安气象局新颜(2009年)

嫩江县气象局

机构历史沿革

1. 始建及站址迁移情况

1937年，日伪政权在嫩江县开城始设嫩江观象台。东北解放后，人民政府在观象台旧址建立嫩江气象站，1949年8月1日正式开始观测，为国家基本站，观测场位于东经125°13′，北纬49°10′，海拔高度222.3米。1972年6月，站址由城区内新华街3委26组迁至嫩江镇南郊，观测场位于北纬49°10′，东经125°14′，海拔高度242.2米。

2. 建制情况

领导体制与机构设置　1949年12月，由东北军区气象处领导。1954年9月，改由省气象局为主领导。1958—1979年，先后实行以地方政府为主、军队为主的领导体制。1980年起，实行以气象部门为主和县人民政府的双重领导体制，一直延续至今。1974年成立嫩江县气象科，实行科站合一，1984年改称嫩江县气象局。

人员状况　建站初期，有职工4人。现有在编职工27人，聘用2人。其中，大学学历8人、大专学历7人、中专学历7人，中级专业技术人员12人、初级专业技术人员10人，50～55岁6人、40～49岁8人、40岁以下的有13人。

主要负责人变更情况

排序	姓名	职务	任职时间	说明
第一任	张玉太	负责人	1949.7—1951.6	摘自个人档案
第二任	程志坤	代站长	1951.6—1953	据老同志回忆
第三任	魏国才	站长	1954—1955.11	据老同志回忆
第四任	沈祚汀	站长	1955.11—1963.5	
第五任	白殿臣	副站长	1963.5—1967.1	1967.1—1968.9 因文革被剥夺领导职务
第六任	任喜双	指导员	1966—1969	
第七任	刘　祥	书记(革委会主任)	1969—1978	
第八任	孟庆禄	革委会主任(军代表)	1970—1972	1972 年撤回
第九任	白殿臣	副站长主持工作	1972.1—1974	
第十任	李洪志	科长	1974—1975	
第十一任	张少顶	科长	1975—1977	
第十二任	李玉新	副科长	1977—	
第十三任	靳雪民	科长	1981—1983.11	
第十四任	白殿臣	局长	1984.7—1986.12	
第十五任	刘海棠	局长	1986.12.10—1990.2	1990.2 调大兴安岭地区任副局长
第十六任	刘福成	局长	1990.1.9—1995.2	1994.5 提升为副处级,1995 年 2 月病故
第十七任	李革新	局长	1996.1.22—1998.12.3	退休
第十八任	王占秋	局长	1998.12.3—	

气象业务与服务

1. 气象业务

地面气象观测　建站初期,承担每天 8 次观测任务,观测项目有压、温、湿、风向风速、能见度、云、天气现象、蒸发、日照、降水、电线积冰、冻土、雪深雪压、各项地温、地面状态。每天编发 8 次天气电报,承担气象旬(月)报和气候月报任务,观测资料参加全球交换,同时有预约航空报任务。1962 年停止 1.6 米、3.2 米深层地温观测,1980 年停止观测 0.8 米地温,1992 年 1 月开始酸雨观测,1997 年开始大型蒸发观测,2002 年 5 月起每年 5—9 月观测大型蒸发,10 月至次年 4 月观测小型蒸发。2007 年 9 月增加草温观测。

随着科学技术的发展,1986 年开始使用 PC-1500 计算机,结束了手工查算的历史。1999 年 1 月开始应用安徽地面测报程序处理观测数据、编发电报、制作报表。机制报表取代手工抄录。2003 年 9 月开始安装地面自动气象站观测仪器,2004 年 1 月 1 日自动站观测与人工站观测双轨运行观测。2006 年 1 月开始正式采用自动站观测数据,人工站数据作为备份。2007 年 1 月 1 日开始自动站和人工站双轨运行,改为 24 小时观测。同年,在 9 个乡镇建成雨量、温度两要素自动气象站,进一步加强了全县天气变化的监测。

高空气象观测　1940 年,日本侵略者为军事飞行需要,在嫩江观象台增加小球测风业务,定时施放小型氢气球,地面用经纬仪跟踪,测定高空的风向风速,为东北地区早期探空站之一。

1952年7月恢复小球高空测风业务。1956年12月，被列为国家探空站，开始应用无线电技术探空，每天7时、19时施放无线电探空仪，使用经纬仪跟踪。观测项目除风向、风速外，新增气压、气温、湿度和露点温度4项，观测数据以电报形式向东北气象中心传送。1972年7月装备701测风雷达，取代经纬仪。1984年7月1日，开始使用PC-1500计算机处理探空资料，编发电报。1999年6月59-701探测系统投入业务。2005年8月1日L波段测风雷达正式启用，实现了探空业务自动化。701测风雷达作为备份装备。

1983年12月，由建站之初的化学制氢改为电解水制氢，因产氢量低，1984年停产，业务用氢改从齐齐哈尔市灯泡厂购买。1993年省气象局投资建成先进的电解水制氢室，保证了业务用氢，提高了安全性。

嫩江探空站历史较长，曾创100号气球升高40221米的全国记录。还研制成功“双线高度查算法”，简化了测风高度计算程序，加快了数据整理速度。

农业气象观测 1958年起开展农业气象业务。主要开展农作物物候、自然物候、土壤墒情观测，编制农业气候预报，上报农业气象旬、月报。开始观测的作物有小麦、玉米、谷子。1962年增加土壤湿度观测。编制农作物产量预报，发布春播、夏锄、麦收、秋收农事季节预报，为调整种植比例、采取生产措施和预防自然灾害提供依据。1987年改为马铃薯、大豆作物观测。1990年开始进行春小麦作物观测。2005年建成土湿遥测自动站。

气象信息网络 在2001年以前，气象电报都是人工编报，通过电话传报给邮电局转发。2001年开始启用分组交换网，传递气象电报和各种信息。2004年通过宽带网络，每小时向省气象网络中心上传自动站实时数据。2007年建成了9个乡镇自动雨量站，区域雨量网正式运行。

气象预报 1959年，县气象站开始以“收听加看天”为主制作发布单站补充天气预报，预报业务由地面观测组承担。1960年，提出“群测群力”，全体人员参与天气预报业务。1962年，天气预报业务开始应用相似法、相关法、反相关法及点聚法，编制和发布长期、中期及短期天气预报。1983年，装备123型传真机，接收传真天气图，开始应用统计法、韵律法和环境指数法制作天气预报。1999年建成了卫星地面单收站，利用MICAPS系统分析天气图，预报分析能力明显增强。2007年7月，建成可视化会商系统，可与省、市台及邻近台站进行天气会商。

2. 气象服务

公众气象服务 从1958年起天气预报通过县广播站播发，为公众服务，2002年建立“121”天气预报自动答询系统，为公众提供气象信息。1999年起建成电视天气预报节目制作系统，气象局制作的短期天气预报已细化到乡镇由电视台播出。每天通过互联网、电台、电视台和”121”天气预报自动答询系统向社会提供24～48小时天气预报。旬月等中长期天气预报材料通过邮寄和互联网传输方式发布各个乡镇、村屯，指导科学种田。

决策气象服务 嫩江县是农业大县，气象局把为县领导提供的决策气象服务始终放在首位。坚持以农业生产和防灾减灾服务为重点，逐步健全了农业气象服务方案和重大天气报告等一系列服务制度。如2004年的年景分析预测，为县政府调整种植业决策提供了依据。再如，2006年5月17日的大风预报、7月21日大到暴雨预报以及9月8日寒潮等预报都为县领导及时作出防灾抗灾决策，减少灾害损失，作出了重要贡献。决策服务受到县领导充分肯定和多次表扬。

专业与专项气象服务 1976年，借用部队“三七”高炮2门，进行人工降雨和防雹作业，共作业7次，80万亩农田受益。同年，还进行了人工烟幕防霜试验。1977年县革委成立了人工降雨防雹领导小组，在气象站设领导小组办公室。1980年省气象局调拨“三七”高炮1门。为增强气象防灾能力，2006年县政府加大了投入力度，购买车载火箭发射架1部，使人工影响天气作业规模进一步扩大，多次在农业防灾减灾和森林扑火中发挥了积极作用。

根据国家有关法规，经县政府批准，2000年1月气象局成立了嫩江县防雷检测站和嫩江县雷电防护办公室，正式开展防雷设施检测与安装、防雷工程图纸审核和竣工验收，以及防雷工程施工等。建立了严格的岗位责任制和安全管理制度，定期对全县学校、企事业单位、油库仓库、新建筑等重要场所的防雷设施进行检测与监管。每年都与县安全局、公安局、消防等部门开展防雷安全联合执法检查。

气象科技服务 1985年起，县气象局开展专业有偿气象服务。当时，与乡（镇）、农场等单位签定服务合同，定期邮寄中长期天气预报和年景分析等服务信息。1987年省气象局在嫩江县气象局召开了气象服务现场会，推动全省有偿气象服务开展。1988年气象局建成气象警报系统，通过气象警报广播为用户服务。1999年采用BP机气象群呼网取代警报广播，成为当时的主要服务手段。从2002年根据减轻农民负担的有关规定，停止农村气象服务收费，实行公益服务。随着信息技术的发展，2003年自筹资金建立了农业气象信息网站，开展网上气象科技信息公益服务和专业有偿气象服务，使气象信息及时传递到政府领导和专业用户手中，受到了普遍欢迎。

2007年对中小学生进行气象知识科普宣传

科普宣传 1990—2008年，每年“3·23”世界气象日，都接待中、小学生到气象站参观气象科技发展成果，普及气象知识，累计参观人数达几千人。通过不同时期的气象科普内容的宣传，使更多的人了解了气象科技对人类社会发展的重要作用。

气象法规建设与管理

1. 气象法规建设

围绕业务建设和气象服务的需求，以政府办名义下发了《嫩江县人民政府办公室关于做好乡镇自动雨量监测网维护的通知》、《关于2009年全县人工增雨手培训的通知》、《关于建立乡（镇）村气象信息员队伍的通知》，进一步促进了气象服务的发展。

2000年1月《中华人民共和国气象法》实施后，为提高依法行政能力，县局成立了依法行政领导小组，并按要求对行政许可、行政审批项目进行了清理。同时加强法律知识学习和培训，有5人取得了执法证。建立和完善了《嫩江气象局行政许可受理和行政许可决定送达制度》、《嫩江气象局行政许可审查和听取意见制度》、《嫩江气象局实施行政许可的听证制度》、《嫩江气象局行政许可决定公开制度》、《嫩江气象局行政许可监督检查制度》、《嫩江气象局行政许可过错责任追究制度》、《嫩江气象局行政执法违法案件投诉制度》和《嫩江气象局依法行政重大决策专家咨询论证制度》等，使依法行政工作有序开展。

2. 社会管理

行业管理 认真做好气象探测环境保护，按有关规定和标准到县规划局进行了备案，取得主管部门对探测环境保护的支持。施放氢气球管理和防雷管理依法纳入了政府监管。每年与相关部门组成联合检查组对人工影响天气和雷电防护安全工作及气象探测环境保护等进行执法检查。

政务公开 局务公开始于2003年，建立了政务公开6项制度。对外以公示板形式将单位的工作职责、机构设置、气象服务收费项目、标准及依据、职业道德规范、服务承诺、监督举报投诉方法等向社会公示。对内公开主要内容包括发展规划、重大决策、年度工作计划、改革方案、评优评先条件、干部职工年度考核结果、重大项目支出及重大决策、目标责任制实施情况等，以文件或会议的形式向职工进行通报。在局务公开工作上，坚持通过抓党风廉政建设促进局务公开工作，把局务公开、精神文明创建同开展职工思想政治工作紧密结合起来，把政务公开工作作为建设和谐单位的一项重要内容。

党的建设与气象文化建设

1. 党建工作

支部建设 1963年成立气象党支部，有党员3名。从1980开始气象局党支部归县直机关党委管理。党支部制定了组织发展目标和工作方案，2001—2008年连续发展5名党员，组织建设不断得到加强，在气象事业发展和服务地方经济建设中发挥重要作用。2001年以来，年年被机关党工委评为“先进党支部”，有7人次被县委或县直机关党工委评为优秀共产党员。

党风廉政建设 党风廉政工作紧紧围绕气象中心工作，以开展保持共产党员先进性教育和创建“学习型机关”活动为载体，完善党风廉政责任制制度，坚持开展理想信念教育、宗旨教育和权力观教育，党纪国法教育，社会主义荣辱观教育，典型示范教育。大力开展“讲正气、树新风”主题教育活动。通过教育认真执行党风廉政建设责任制，促进了党员干部廉洁自律意识，增强拒腐防变能力。近几年，党员领导干部中有2人次被县委评为党风廉正建设先进个人。

2. 气象文化建设

文明单位建设 嫩江县气象局历任领导班子把文明单位创建作为重要任务来抓，坚持一手抓业务建设，一手抓职工的素质教育，几年来在创建“文明单位”过程中，强化领导，科学规划，精心组织，齐心努力，形成了人人积极参与创建活动的良好氛围。1989年嫩江县气象局被评为县文明单位，1993 年晋升为县文明单位标兵。2002 年至今一直被评为市级文明单位。多次被省、市气象局评为“双文明”建设先进集体。

文体活动 1999 年以来，县气象局陆续设立了职工活动室、图书室，购买了乒乓球台，硬化了运动场。通过开展春节联欢会、扑克、象棋、麻将、乒乓球、排球赛以及郊游等活动，丰富了职工业余文化生活，增强了单位的凝聚力。

全局职工排球赛

集体荣誉 1985 年至 2007 年嫩江县气象局共获省、市气象局和县委、县政府授予的集体荣誉 32 次。其中，1985—2005 年间有 8 年被省气象局授予“全省双文明建设先进集体”称号。2005—2007 年连续获县机关工委先进党支部、县政府防火先进单位，2006 年获县政府安全先进管理单位。

个人荣誉 从 1985 年至 2007 年，嫩江县气象局个人获奖共 67 人(次)。先后有 8 人(次)被国家气象局授予“质量优秀测报员”荣誉称号。

台站建设

综合改造和职工生活条件改善 嫩江县气象局现办公楼为 1971 年战备时建设，总面积 800 平方米。2001 年，县气象局自筹资金对办公楼窗户、立面维修。2003 年，由省局投资对办公楼和附属设施进行全面综合改造。2005 年 7 月新建“L 波段”雷达基础设施，并对雷达值班室、资料室、检定室等进行改建和装修，并完成防雷设施及部分供电线路的改造。职工住房条件逐步改善。1972 年新建 10 户砖木结构和 6 户“一面青”(一面是砖的)职工家属房，吃水靠办公楼内的机井供应。1986 年拆除原来“一面青”旧房，新建 13 户砖木结构铁瓦盖住房，为 10 户家属房更换了铁瓦盖，同时购置了自来水压力罐，职工吃上自来水。由于单位远离城区，雨天道路难行，1991 年职工义务劳动修了两米宽，近 500 米长的沙石路，2004 年 10 月改造为水泥路。同时完成气象局大门建设。1992 年省气象局投资建设探空雷达楼，新建 214 平方米家属房。

园区建设 2007 年，遵循整体规划与系统改造相结合的原则，按照花园式台站，绿化综改的全新观念，对局内整体环境进行了一次综合改造建设，改造修补围栏 800 延长米，硬化院内路面 575 平方米，绿化面积 1000 平方米，园区面貌焕然一新。

孙吴县气象局

孙吴县位于小兴安岭北麓。年平均气温－0.6℃，1 月气温最低，历史最低气温为零下 48.1℃，出现在 1980 年 1 月 13 日，7 月份最热，历史最高气温为 36.2℃，出现在 1992 年 7

月 5 日;≥10℃积温为 1986.5℃·日,年平均降水量为 537.9 毫米。

机构历史沿革

始建及站址迁移情况 伪满州国时期,中央观象台曾于 1937 年在孙吴建立气象观测台,至 1945 年停止气象观测。孙吴县气象局始建于 1953 年 8 月,于 1954 年 1 月 1 日正式开始地面气象观测,位于孙吴县孙吴镇南部,北纬 49°26′,东经 127°21′,海拔高度 228.6 米。1958 年 10 月 1 日将观测场迁至原址东面 1000 米处,北纬 49°26′,东经 127°21′,海拔高度 234.5 米。

建制情况 1954 年建站时,称为黑龙江省军区孙吴气象站,以气象部门领导为主。1958 年起由孙吴县人民委员会领导为主。1959 年 7 月孙吴气象站更名为孙吴县中心气象水文站,由孙吴县人民委员会领导,内设内业组和外业组。1962 年 6 月更名为孙吴气象服务站,管理实行以气象部门领导为主的双重领导体制。1971 年 8 月起更名为黑龙江省孙吴气象站,由孙吴县武装部领导,1973 年 7 月以孙吴县革命委员会领导。1980 年实行以气象部门为主的双重领导体制。1980 年 11 月内设机构为测报、预报 2 个股。1996 年内设机构增加科技服务股,分为测报、预报、科技服务 3 个股。

名称及主要负责人变更情况

排序	姓名	职务	任职时间	说明
第一任	张跃坤	副站长	1953.7—1959	
第二任	占凤桐	站长	1959—1960.7	
第三任	刘长江	站长	1960.7—1962	
	张跃坤	副站长主持工作	1959—1963.8 连任	刘长江后主持工作到 1963 年 8 月
第四任	贾春珊	站长	1964—1972.7	1971 年军代表进入后停止工作,1972 年 7 月调出
第五任军管期间	张德林	站长	1971.1—1971.9	
	付友亮	指导员	1971.1—1971.9	
	张献艺	指导员	1971.9—1974	
第六任	孙朋友	科长	1972.12—1979	
	张献艺	指导员	1971.9—1974	
第七任	王中一	科长	1976—1981.9	
第八任	石达升	副科长主持工作、局长	1981.12—1990.11.17	
第九任	宋书明	副局长主持工作、局长	1991.1.9—1993.1.31 1993.1.31—1998.12.3	
第十任	王境伟	局长	1998.12.3—2002.1.7	
第十一任	杨文晓	局长	2002.1.7—	

人员状况 孙吴站 1954 年建站时只有 5 人。现有在编职工 10 人,聘用 4 人。其中,大学学历 4 人,大专学历 3 人,中专及高中学历 7 人。初级专业技术人员 8 人,中级专业技术人员 5 人。50~55 岁 1 人,40~49 岁 5 人,40 岁以下的有 8 人。

气象业务与服务

1. 气象业务

气象观测 1954年始建时气象观测项目主要有云状、云量、能见度、天气现象、气温、湿度、降水、气压、风向、风速、地面状况、蒸发(小型)、日照、地温，每天进行4次定时观测。1955—1974年开展补绘报观测。1956年1月1日增加地面最高温度观测。1956年6月1日增加曲管地温观测。1961年11月15日增加04、08、1.6米直管地温观测。1963年11月增加冻土观测。1964—1969年开展3.2米地温观测。1969年6月1日起停止1.6米地温观测。1992年1月由国家基本站改为孙吴国家基准气候站，每天进行24小时观测，7次发报，增加了1.6米、3.2米深层地温观测。1995年开始使用EN型测风数据处理仪测风。1995年5月1日开始进行大型蒸发观测，之后每年5月至9月大小蒸发并行观测，10月至次年4月观测小型蒸发。2002年5月起，每年5月至9月观测大型蒸发，10月至次年4月观测小型蒸发。1986年使用PC-1500计算机编报。1988年开始使用计算机处理地面气象资料(制作气表)。1994年1月286计算机投入测报使用。之后，测报使用的计算机逐渐更新换代。2004年1月1日开始地面自动站观测与人工观测并轨运行，2006年1月1日自动站单轨运行。2007年1月1日增加23时补助绘图报发报。

气象信息网络 在2001年以前，气象电报都是人工编报，通过电话传报给邮电局转发。2001年开始启用分组交换网，传递气象电报和各种信息。2004年通过宽带网络，每小时向省气象网络中心上传自动站实时数据。2006年建成了13个乡镇自动雨量站，区域雨量网正式运行。2008年将1954—2000年的气象记录档案气簿-1、温度、湿度、气压、风向风速、雨量自记纸整理归入黑龙江省气象局档案馆，县气象局只保留5年的气象记录档案。

气象预报 1958年开始制作与发布长期、中期和短期天气预报工作。根据省、市局和有关县的预报资料信息结合本站的观测资料，制作发布天气预报。1986年4月装备123传真机，接收天气预报信息和图表。1999年建立了“9210”卫星单收站。2000年安装MICAPS系统用于制作预报。PC-VSAT小站投入使用，接收各种预报图表和云图等资料。2002年1月开始制作城镇天气预报。2006年2月电视天气预报改为数字传输，由网络传输给电视台。2007年7月建成了可视化会商系统，实现与省、市台的天气会商。

农业气象 从1959年开始进行作物物候观测，观测的项目有小麦、玉米、谷子。1960年增加土壤湿度观测。1960年开始制作农业气象预报，包括春播预报、夏锄预报、麦收预报和秋收预报。1960—1961年，增加马铃薯物候观测，同时开展马铃薯的分期播种试验。1961年开始编发不定期的农业气象情报。1968—1976年，农作物物候观测被迫停止。1974年进行增温剂的简易农业气象试验。1977年恢复了农作物物候观测，观测项目有小麦、大豆和玉米。1981年定为农业气象基本站，开始向省、地气象局报送农业气象报表。1982年增加自然物候观测。1983年11月开始开展气候评价工作。1995年停止作物物候观测，只保留土湿观测和农气服务。

2. 气象服务

公众气象服务 从1958年开始通过县广播向全县发布天气预报。1991年建立天气预报警报网，购买气象警报发射机1台，接收机40台，将接收机分布在签定了服务合同、有信号、能接收的村屯，主要发布当日的天气预报、中长期天气预报和气象知识等。2000年电视天气预报系统投入使用，开始通过县电视台播报自制的24小时天气预报。2002年建立天气预报自动答询系统，通过电话答询24小时天气预报、未来3天天气趋势预报及各种气象信息。

决策气象服务 孙吴县境内发生的气象灾害主要有干旱、冰雹、暴雨、大风、暴雪、寒潮、霜冻等。气象部门积极有效地开展气象服务，取得了显著成效。如2003年6月9日霜冻气象服务，由于及时向县领导汇报，及时采取防范措施，减少了损失。2006年7月21—23日全县大范围的暴雨天气，由于气象局提前准确作出了预报，并及时通过电话、电视、广播、书面材料和会上汇报等方式发布天气预报、情报，为县委、县政府组织预防、抗灾赢得了宝贵的时间，取得了巨大的经济效益和社会效益。2008年举办第22届全县运动会，在会前县政府开会确定大会日期的时候，县领导采纳气象局的建议，把预计日期提前一天，结果躲过了阴雨天气，气象局为运动会制作了8期滚动预报，得到了县领导的一致好评。从1984年开始发布年景分析及各季节性长期预报。从1992年起开展15项农业系列化服务，为县委县政府指导农业生产提供决策依据。2006年开始发布灾害性天气预警信息，为县域经济发展和防灾减灾提供服务。

专业与专项气象服务 1984年起开展人工影响天气工作，现有高炮2门，牵引火箭发射架5部。设立2个高炮作业点，火箭作业点3个，在农业防雹、抗旱和森林扑火关键时刻进行作业，取得积极作用。1999年开展防雷设施检测工作，2001年开始逐渐开展了新、改、扩建建筑物防雷装置的设计审查和防雷工作验收。2003年防雷工程图纸审查及工程验收正式纳入行政审批。2000年开展电视天气预报制作。

气象科技服务与技术开发 1983年起开展专业气象有偿服务。2000年开始在电视天气预报上插播广告。2002年起与电信合作开展“121”自动答询业务。2004年起开展手机短信业务。

气象科普宣传 1999年起参加县政府举办的科普之冬活动，进行科技讲座和年景分析。2003年起参加县政府举办的科技三下乡活动，进行现场气象知识宣传。每年“3·23”世界气象日邀请中小学生到气象局进行参观。

法规建设与管理

1. 气象法规建设

围绕业务建设和气象服务的需求，2003年、2004年县政府分别下发了《孙吴县人民政府关于印发孙吴县雷电防护安全专项整治工作方案的通知》，2000—2008年与县建委、县公安局、县安全生产监督管理局等单位联合下发《关于加强建设项目防雷工程管理工作的通知》、《关于加强计算机信息网络（场地）及重要电子设施雷电防护工作的通知》、《关于转发〈关于进一步加强防雷安全工作的通知〉的通知》等文件，进一步促进了防雷事业的规范发展。

为加强气象环境保护，在对观测场周边环境情况进行了详细调查和评估的基础上，形成了“依法保护气象探测环境的意见”在县规划局备案，2007年县政府下发了《孙吴县各类气象探测环境保护标准的通知》,为依法保护气象探测环境奠定了基础。

2. 社会管理

行业管理 《气象探测环境和设施保护办法》实施以后,县局立即将现有观测场周边环境情况进行了详细调查和纪录,并在县建设局备案。2007年进行了观测场环境评估。1999年开展防雷设施检测工作,2001年开始逐渐开展了新、改、扩建建筑物防雷装置的设计图纸审核和防雷工程竣工验收。2003年防雷工程图纸审查及工程竣工验收正式纳入行政审批。每年与安监部门联合进行防雷安全检查,重点检查易燃易爆危险品存放点、计算机机房、学校等关键部位。

政务公开 对气象行政审批办事程序、气象服务内容、服务承诺、气象行政执法依据、服务收费依据及标准等内容通过户外公示栏、电视广告、发放宣传单等方式向社会公开。干部任用、财务收支、目标考核、基础设施建设、工程招投标等内容则采取公示栏方式对内公开。每半年公示一次财务状况,年底对全年收支、职工奖金福利发放、领导干部待遇、劳保、住房公积金等向职工作详细说明。

党建与气象文化建设

1. 党建工作

支部组织建设情况 1982年以前,由于党员人数少,未成立支部,气象科与水利科合并为一个党支部。1982年成立了气象党支部。1982—2007年,先后发展了9名新党员,党支部的工作得到了上级党委的认可,曾2次被评为先进党支部,有3人次被评为优秀党员,有2人次被评为优秀党务工作者。现有党员8名,其中退休党员2名。

党风廉政建设情况 孙吴县气象局高度重视党风廉政建设工作,建立了党风廉政建设责任制和"三会一课"制度、党员民主评议制度、党员联系群众制度、党建目标管理制度、政治学习制度、发展党员规划制度、政务公开制度以及领导廉政承诺制度。

2. 气象文化建设

精神文明建设情况 历任领导班子都重视文明单位建设工作,成立精神文明创建领导小组。坚持两个文明一起抓,制定了文明单位创建规划,建立了政治、业务学习制度、考核制度、业务练功制度等。

2000年被黑河市委、市政府命名为市级精神文明单位,2002年晋升为市级精神文明单位标兵,2006年保持市级精神文明标兵单位称号。

文体活动情况 2006年建立了图书阅览室,职工活动室,购置了体育器材,为职工文体活动创造了条件。2007年、2008年分别举办了两届全局3人对3人篮球赛,活跃了职工文化生活。

3. 荣誉

建站以来,孙吴县气象局共获得集体荣誉30余项,其中1977年被黑龙江省气象局授予“气象系统先进集体”，2000 年 12 月晋升为市级文明单位，2002 年 12 月晋升为市级文明单位标兵，2006 年 12 月复查仍保持市级文明单位标兵称号。

孙吴县气象局个人获奖共 120 人（次），其中多人（次）被国家气象局授予“质量优秀测报员”称号。1957 年、1980 年、1981 年、1982 年王继兴、宋书明、杨从佑、石达升分别被黑龙江省气象局授予“省气象系统先进工作者”称号。1989 年王继兴在全国气象部门开展的双文明建设活动中荣获先进个人。

台站建设

台站综合改造 建站以后到 20 世纪 70 年代初，办公室冬季采用烧炉子取暖，条件艰苦。1982 年安装了锅炉，取暖设施得到了改善。1988 年新建了办公楼，新建楼房主体建筑面积为 360 平方米，附有 40 平方米锅炉房，内有办公室 9 间、一个测报值班室、一个预报值班室。1999 年多方筹措资金，对锅炉及暖气管道等进行了改造、维修，对预报和测报值班室简单装修，更换了铁皮房盖。

2003 年 9 月对办公楼进行了改建扩建，建筑面积达到 460 平方米。综合改造后的办公楼焕然一新。2007 年新建大门一座、工艺围墙延长 131 米、砖墙延长 224 米。

办公条件和生活改善 新建室内卫生间、图书室、活动室、会议室等职工生活娱乐设施。全部更换了办公桌椅，购买微机十多台。办公和生活条件明显改善。

孙吴县气象局综合改造前的办公楼

孙吴县气象局综合改造后的办公楼

五大连池市气象局

机构历史沿革

1. 始建情况

1966 年 9 月，五大连池气象局前身德都气象站建立，位于小兴安岭与松嫩平原过渡地带的原德都县境内。站址为北纬 48°33′,东经 126°30′,海拔高度 271.8 米。1978 年 1 月经省气象局查高精度地图变为北纬 48°30′,东经 126°11′。

站址变迁 2005 年,由于探测环境遭到严重破坏,五大连池市气象局整体搬迁,新站址为市职业教育中心南试验田处,距原站 841 米,经纬度没有变化,海拔高度 266.8 米。2007 年 10 月 1 日新站正式启用。

2. 建制情况

领导体制与机构设置演变情况 1966—1970 年先后实行气象部门、地方政府为主的双重领导体制。内设测报组、服务组。1970—1972 年,实行以军队领导为主的双重领导体制,由德都县武装部领导。1973—1979 年,改由地方政府为主的双重领导,称德都县革命委员会气象科。

1980 年后,实行省气象局为主的双重领导体制。1980 年 12 月称德都县政府气象科。1984 年称德都县气象局。

1996 年 5 月,德都县和五大连池市合并,德都县气象局更名为五大连池市气象局(气象站更名为五大连池市气象站)。下设测报股、预报服务股、科技产业股。

2005 年,依据中国气象局业务体制调整方案,被定为“国家一般气象站”,内设测报股、农气股、预报股、科技产业股、雷电防护设施检测站。

人员状况 1966 年建站时共有职工 4 人,其中 3 人为党员。2008 年底有职工 9 人,其中,党员 6 人,工程师 7 人,助理工程师 2 人。50 岁以上 1 人,38～49 岁 7 人,30 岁以下 1 人;本科学历 1 人,大专学历 5 人,中专与高中学历 3 人。

主要负责人变更情况

排序	姓名	职务	任职时间
第一任	李盛春	指导员	1966—1968
第二任	候振文	站长	1968—1971
第三任	陆景文	站长	1971.10—1974.8
第四任	李万祥	科长	1975—1983
第五任	王金锋	副科长主持工作	1983—1986.12
第六任	刘寿益	副局长主持工作	1986.12—1987.10.15
第七任	王金锋	副局长主持工作	1987.10.15—1989.1.7
		局长	1989.1.7—1993.1.31
第八任	张一清	局长	1993.1.31—2002.1.7
第九任	张福超	副局长主持工作	2002.1.7—2002.9.26
第十任	冷玉坤	局长	2002.9.26—

气象业务与服务

1966 年建站时,承担的业务有测报、预报服务。1974 年 4 月开始恢复农气工作。1976 年开始开展人工影响天气工作。1998 年开始进行防雷装置检测工作。

1. 气象业务

地面观测 建站后每天观测次数为3次，夜间不守班。观测项目有气压、气压自记、百叶箱干湿球、最高温度、最低温度；温度、湿度自记；定时风向风速；雨量，雨量自记；地面0厘米温度，地面最高温度、最低温度，浅层地温5、10、15、20厘米，深层地温40、80、160、320厘米，小型蒸发，雪深，冻土，日照。

1969年5月1日起，向省气象台拍发日降水量报和气象旬报。1972年1月，改为4次定时观测，02时实测，夜间守班。1974年1月1日，夜间不守班，取消了160、320厘米深层地温观测。1980年1月1日，取消深层地温40、80厘米及冻土观测，执行新规范。1987年1月1日，观测次数改为3次。2000年，结束手工查算，省气象局配发计算机应用于测报业务。2001年起，向省气象网络中心拍发08、14、20时天气加密报。

2005年7月，安装地面自动站观测仪器。2006年1月1日，地面遥测自动站与人工观测双轨运行。2008年1月1日，地面遥测自动观测站单轨运行。

气象信息网络 2000年以前，以电话专线形式通过邮电部门传送气象电报。2000年10月，分组数据交换网安装成功，解决了信息传输问题。2005年，用宽带网作为传输备份。同年10月，Lotus Notes网安装成功，用于信息传输。

气象预报 建站初期收听天气形势广播，在此基础上结合本地资料，制作短期天气预报。1977—1978年，研制出一系列预报方法。

1982年7月，配备天气图传真机，接收预报信息。1986年，利用微机进行逐步回归、多层递阶等六种预报方法制作长期预报。1994年，进行县级天气预报计算机网络建设。1995年9月，县站无线数传终端开通，以486型计算机取代了传真机。

1998年10月，开通了PC-VSAT单向广播接收系统之后，完成了MICAPS本地化，开展生活指数预报，为提高天气预报准确率创造了有利条件。2007年6月，安装了可视化会商系统。

农业气象 五大连池气象站为国家一级农业气象站，承担着农气观测、农气预报、农气服务、农气试验等任务。1978年以前，开展试验研究、农业气候区划和农气服务工作。1978年以后，开展作物和土壤水分观测。1982年开始动物物候期和气象水文现象观测。1983年起制作产量预报。1986年增加植物物候期观测。1996年开展气候区划细化工作，编发土湿加测报。

2001年代表省气象局接受中国气象局评比取得了东北三省第一名的成绩。2002年被省气象局授予“全省农气测报标准化整建标兵站”称号。

2004年3—11月上旬，逢3日加密测墒固定，并发报。10月18日开展土壤养分观测，直至2006年。

2. 气象服务

①公众气象服务

每天通过电视台向社会提供24～48小时天气预报。当重大灾害性天气来临时，提前发布预警信号，在电视台上滚动播出预警内容。通过“121”天气预报自动答询系统为公众服务。2007年6月，完成了乡镇自动雨量、温度监测网建设，通过11个两要素自动观测点，监测各乡镇雨情。

②决策气象服务

每年为政府及相关部门提供产量预报、年景分析等十五项服务，并在防火、防汛、抗旱等关键时期发布决策材料。当有重大气象灾害发生时，及时向当地政府提供灾害情况，同时进行跟踪服务。如2002年6月初的草地螟病虫预报，2003年8月6日的灾民不用转移服务及2004年10月15—19日防火服务，避免了重大的经济损失，分别获黑河市气象局优质天气预报服务奖。

③专业与专项气象服务

人工影响天气 1976年，开始用空炸炮开展人工防雹工作。1980年上级拨给1门"三七"高炮，开展人工降雨防雹任务。1999年12月，自购"三七"高炮1门，能完成2个乡镇降雨防雹任务。2003年租用其他地县的高炮，防护面积有所增大。2007年，市政府投资购买2门"三七"高炮和2部火箭发射架，人工影响天气防护规模扩大，在抗灾减灾中发挥了积极作用。

防雷 1998年至1999年初，成立了防雷机构，开展防雷装置检测工作。1999年下半年至2001年底，主要进行防雷设施定期检测及新建建筑物防雷工程的验收。2002年至2008年底，加入建设验收委员会。主要开展防雷设施定期检测、工程防雷设计图纸审批及新建工程竣工验收。

④气象科技服务与技术开发

1982年，建立边远山区农村气象服务网，传播气象信息和气象科技知识。1985年，与用户签订有偿合同，定期将中、长期预报、旬、月天气预报等服务材料邮寄到各个乡镇、村屯。1987年，与保险公司合作，与保险用户签订有偿服务合同；研制出粮库晒粮干燥指数预报。1990年，完善农村气象服务网，利用气象警报接收机，每天早晚两次播送24～48小时天气预报，旬、月末播送旬、月天气预报。

1974—1975年，对玉米、水稻、大豆、谷子进行钼酸铵、硫尿、二氯丙酸等化学药剂的催熟试验。从1975年起，连续三年开展了"土面增温剂育苗移栽"较晚熟高产品种的试验。同年夏、秋季，开展深松耕法对土壤水热影响的试验及农田防护林对小气候影响的试验研究。1996年，开展了玉米大垄双行覆膜气象效用试验研究。1996—1997年，推广科研成果《五大连池市农业气候资源深入开发及其利用》，为本地经济服务。该成果获省气象局重要农气、气候服务二等奖。2001年、2002年，承担省气象局下达的水稻热量指标鉴定任务。

⑤气象科普宣传

围绕世界气象日、科技周、科技日、减灾日、安全月等特殊日子，通过电视播发、发放宣传单、下乡现场答询等多形式进行科普宣传。

法规建设与管理

1. 气象法规建设

气象法规建设 每年都围绕重要节日，通过多种渠道积极组织《中华人民共和国气象法》、《中华人民共和国行政许可法》、《全国推进依法行政实施纲要》、《气象探测环境和设施保护办法》等法律、法规开展宣传活动。

成立了行政执法领导小组，建立了《五大连池市气象局行政执法责任制考评方案》、《五大连池市气象局执法人员工作考评制度》、《五大连池市气象局行政执法责任制实施方案》等制度。对执法人员加强相关法律法规的培训，提高了行政执法水平，加强和改善行政执法监督。

规章制度建设 坚持对党员和领导干部的行为标准进行了规范。先后建立了《五大连池市气象局党风廉政建设责任制》、《五大连池市气象局廉政监督员制度》、《五大连池市气象局班子两风建设承诺制度》、《五大连池市气象局"三重一大"民主决策制度》等。完善各项监督制度。2003 年相继制定了《五大连池市气象局服务承诺制》、《五大连池市气象局责任追究制度》、《五大连池市气象局首问责任制》、《五大连池市气象局限时办结制》、《五大连池市气象局政务公开制度》等制度，广泛接受社会各界和职工监督。

2. 社会管理

行业管理 为了保护气象探测环境，在五大连池市规划办备案。2004 年将观测场周边环境情况进行了详细调查和记录，将情况说明在五大连池市规划办备案。2005 年，市高级中学新建宿舍楼严重破坏了气象探测环境，气象局进行了执法。市政府决定将气象局整体搬迁，新址完全符合气象规范要求。2007 年，在新站建设过程中，严格执行各项规定，进行了观测场环境评估并于 2008 年 1 月 2 日在市规划办备案。

为加强五大连池市施放气球的安全管理，气象局要求工作人员牢固树立安全意识，切实做好制氢运氢和储氢的安全工作，加强市场管理，多年来，五大连池市没有非法生产、储存、经营、使用民用氢气的现象。

政务公开 建立、健全政务公开组织，制定政务公开制度，制作了政务公开栏。政务公开透明。注重提高行政管理水平，增加重要事项决策的透明度。加大群众参与政务、管理事务力度，坚持做到政务、财务公开，强化对权力运行的有效监督。

党建与气象文化建设

1. 党建工作

支部组织建设 1966 年建站时，因党员人数较少，与地震台联合成立了党支部，后分离出来成立了气象党支部。1979 年发展了 1 名党员。党组织建设逐步纳入了重要日程，制定了组织发展目标和工作方案。2002—2007 年，先后有 5 名同志加入党组织。目前党支部已拥有 6 名党员，占职工人数的 67%。支部的战斗堡垒作用和党员的先锋模范作用不断增强。

党风廉政建设 坚持抓廉政学习教育。深入开展民主评议政风行风工作，不断加强机关作风建设。健全领导班子科学民主决策机制，加强管理和监督。落实党风廉政建设责任制，建立反腐倡廉机制。

2. 气象文化建设

精神文明建设 建立健全精神文明组织机构;加强思想道德建设;积极开展各种精神文明创建活动。完善各项制度,大力加强精神文明建设。

文明单位创建 坚持三个文明建设一起抓。强化领导,精心组织,形成了全员积极参与创建活动的良好氛围。精神文明建设和气象事业发展相得益彰。1988 年,被德都县委、县政府命名为县文明单位;1994 年,被省气象局授予双文明建设先进单位;2003 年,被五大连池市委、市政府命名为市(县)级文明单位标兵,被省气象局授予双文明建设先进单位;2006 年被黑河市委、市政府命名为黑河市级文明单位称号。

文体活动 购置专用书柜,建立了图书室,为职工学习创造了条件。2008 年建立了活动室,购买了乒乓球案子及乒乓球。

3. 荣誉与人物

集体获得的主要荣誉 1978 年,被中央气象局授予全国气象系统先进集体,被省气象局评为先进集体。1979 年,被省气象局评为先进集体、农业气象观测优秀站、预报服务先进单位。1981 年,被省政府授予农业气象服务先进单位,被省气象局评为先进集体。1982 年度,被省政府评为在发展农业靠科学工作中气象服务先进集体。2002 年,被省气象局授予"全省农气测报业务标准化整建标兵站"称号。

获得省部级以上综合表彰的先进个人

邵同春 男,汉族,1935 年出生,初中学历,1950 年参加工作,1966 年任德都气象站副站长。因在农业气象服务方面贡献卓越,1978 年被中央气象局授予"全国气象系统先进工作者"称号,1982 年 3 月调黑河地区气象局任副局长。

获得省部级以下综合表彰的先进个人

获奖时间	姓名	发证单位	荣誉称号
1976	王柏祥	黑龙江省气象局	省气象系统先进工作者
1976	邵同春	德都县	先进工作者
1977	王丽芳、王柏祥	黑龙江省气象局	省气象系统先进工作者
1978	邵同春、王金锋	黑龙江省气象局	省气象系统先进工作者
1978	邵同春	中央气象局	全国气象系统先进工作者
1978	邵同春	省科委	省科技先进工作者
1997.3	徐淑华	黑河市委、市政府	农业科技先进工作者
1997.3	王亚平	黑河市委、市政府	劳动模范
2005	胡冰洁	五大连池市政府	先进工作者
2007.1	徐淑华	黑龙江省气象局	模范工作者

台站建设

台站综合改造 2004 年 5 月份对旧办公楼开始进行室内外综合改造。2005 年,气象探测环境遭到严重破坏，气象局整体搬迁。2007年新站建设，为砖混结构。

办公与生活条件改善 建站时，办公室面积206平方米，为平房砖瓦结构。1986年地震后，新建253平方米办公楼1栋。2004年，对旧办公楼及平房室内外综合改造，总建筑面积365.76平方米。2007年新站建设完工，面积553.53平方米，内外环境发生根本性变化。

1966年建站时没有职工家属住房。1976年省气象局投资建家属宿舍(平房)2栋，解决7户职工住房。1980年新建家属宿舍(平房)188平方米。1992年，省气象局投资将该房就地翻建，面积为260平方米。1995年根据国家住房改革政策，将住房出售给职工。

园区建设等情况 从气象局大门至青山路，修一条长250延长米水泥路；院内道路全部硬化并栽植榆树2000多棵。

1966年时的办公楼

现办公楼

逊克县气象局

逊克县位于小兴安岭中段北麓，黑龙江中上游。≥10℃积温为2429.2℃·日，年平均气温0.7℃，年平均降水量为481.4毫米。

逊克县气象局现址位于逊克县边疆镇南交通街，观测场位置东经128°28′，北纬49°33′，海拔高度116.0米，现为国家一般气象站。

机构历史沿革

1. 始建及站址迁移情况

1957年逊克县境内的二皮河林业经营，所建立林业气候站，1958年8月迁至逊克县城，改称逊克县气象站，于1959年9月1日正式开始地面气象观测，地理位置为逊克县城奇克镇，北纬49°35′，东经128°27′，观测场地海拔112.3米。始建后共经历了3次变动，

1966 年 1 月 1 日观测场向北迁移 700 米，2000 年 10 月 1 日观测场向南迁移 2000 米，海拔高度变为 134.1 米。2006 年 10 月 1 日观测场迁至奇孙公路东侧，海拔高度 111.6 米。

2. 建制情况

体制与机构设置 1958 年属地方建制，归县农业局领导。1962—1968 年实行以气象部门领导为主的领导体制。1968 年体制再次下放，归县革命委员会领导。1970—1973 年 6 月由军队为主管理。1973 年后改以县革命委员会为主领导。1980 年 4 月起，实行以气象部门领导为主的双重领导体制。1984 年 6 月，逊克县气象科改称逊克县气象局。2007 年内设业务股、人控服务股。

人员状况 建站时期只有 3 人，均为高中学历。2008 年底在职人员 10 人，其中大学本科学历 2 人、专科学历 4 人、中专学历 4 人，中级专业技术人员 3 人、初级专业技术人员 6 人、工人 1 人，40～50 岁 7 人、30～40 岁 3 人，共产党员 4 人。

主要负责人变更情况

排序	姓名	职务	任职时间
第一任	周尊铭	建站负责人	1958—1959.8
第二任	杨维富	副站长	1959.8—1963.7
第三任	孙福生	副站长主持工作	1963.7—1967.2
第四任(军管)	予　江	指导员	1970.1—1971.5
	王忠山	指导员	1971.6—1973.7
	孙福生	负责人	1973.4—1974.4
第五任	陈巨生	副科长、科长主持工作	1974.4—1984.3
第六任	刘　金	局长	1984.6.9—1988.1.2
第七任	陈秋平	局长	1989.1.17—1990.11.22
第八任	韩美群	局长	1993.1.31—1994.7.11
第九任	牟乃恩	局长	1994.8.22—2002.1.7
第十任	陈桂玲	局长	2002.1.7—

气象业务与服务

1. 气象业务

气象观测 建站时每天 02、08、14、20 时 4 次定时观测，夜间不守班。观测的项目有，云量、云状、能见度、天气现象、气压、气温、湿度、风向、风速，降水、蒸发(小型)、地面温度、日照、雪深等项目。1960 年 1 月 1 日，02 时观测取消，改为 3 次定时观测，4 月增加土壤湿度测定，6 月增加曲管地温度观测，10 月增加冻土观测。1961 年 1 月 1 日，增加深层地温观测。1962 年 1 月 1 日，取消小型蒸发观测。1963 年 5 月，增加虹吸式雨量计观测，11 月增加积雪密度、雪压观测。1965 年 1 月 1 日，恢复小型蒸发观测。1966 年 1 月 1 日，取消 1.6 米、3.2 米地温观测。1970 年 3 月，改用电接风向风速仪。1971 年 1 月，增加水银气压表观测，同时增加压、温、湿自记仪器观测，4 月 1 日改为 4 次定时观测，昼夜守班。1972 年增加风向风速自记仪器观测。1974 年 1 月 1 日，改为夜间不守班。1980 年，取消冻土、雪压、0.4 米、0.8 米地温观测。1987 年 1 月 1 日，改 4 次定时观测为 3 次观测，夜间不守班。1988 年开始使用计算机处理地面气象资料（制作气表）。2005 年 8 月正式建成自动气象站，2006 年 1 月 1 日起进行对比观测一年，2007 年 1 月 1 日起进行双轨观测，2008 年 1 月 1 日起进行单轨观测，同时人工站记录只进行 20 时观测项目，自动站缺测时，用人工站记录代替。

气象信息网络　在 2001 年以前，气象电报都是人工编报，通过电话传报给邮电局转发。2001 年 3 月 1 日，开始启用分组数据交换网，传递气象电报和接收各种信息。2005 年通过宽带网络，每小时向省气象网络中心上传自动站实时数据。2006 年建成了 15 个乡镇自动雨量站，区域雨量网正式运行。2008 年 5 月 20 日将 1957—2003 年的气象记录档案气簿-1、温度、湿度、气压、风向风速、雨量自记纸整理归入黑龙江省气象局档案馆，县气象局只保留 5 年的气象记录档案。所有的气象记录和有关文件都实现了纸质与电子版同时保存归档。

气象预报　建站起开始制作短期天气预报。从 1960 年始根据本站的观测资料并参考省、市局和有关县的预报资料与信息，开始制作中期（旬）天气预报和长期（年、季、月）天气预报。1982 年安装了传真机，接收天气预报信息和图表，参考上级台的预报，制作本县的长、中、短期天气预报。1998 年建成电视天气预报制作系统，制作本县乡镇电视天气预报节目，使气象信息迅速传送到千家万户。1999 年安装了卫星单收站，直接接收云图和各种天气图及数值预报产品。2006 年开始应用新一代雷达资料制作发布未来 6 小时的短时预报和 3 小时的临近预报。2006 年建成了可视化会商系统，实现与省、市台的天气会商。

2. 气象服务

公众气象服务　从建站起，短期天气预报通过县广播站向全县发布。中、长期预报等材料采用邮寄方式传送。1992 年建立气象警报网，向乡镇、村屯和用户每天传递 2 次天气预报，不仅扩大了服务面，还提高了气象信息传递的及时性，有利预防气象灾害。1997 年建成“121”天气预报自动答询系统，通过电话答询 24 小时天气预报、未来 3 天天气趋势及各种气象信息。1998 年电视天气预报制作系统投入使用，开始通过县电视台播报全县 8 个乡镇的天气预报，进一步扩大了服务面。2007 年开始发布灾害性天气预警信息，为县域经济发展和防灾减灾提供服务。

决策气象服务　境内的气象灾害主要有干旱、暴雨、大风、暴雪、寒潮、霜冻等。防灾减灾是决策气象服务的重点。多年来，围绕县领导指挥防灾和农业生产的需要，及时提供各时效的天气预报和情报，从而取得了显著成效。如 2008 年 7 月 5 日的暴雨预报，由于及时向县领导汇报，县委县政府高度重视，启动了暴雨预警预案，县领导提前到各乡镇、村屯检查指导防汛工作，紧急疏散低洼地段的居民，同时还通过电视、广播、手机短信等多种方式发布了防御指南。虽然 4 个乡镇出现大到暴雨，最大雨量 79.0 毫米。但由于及时采取防范措施，避免重大损失。领导和群众对气象服务十分满意，给予了高度评价。

专业与专项气象服务 1992年起开展人工影响天气工作，现有高炮1门，车载火箭发射架1部，牵引火箭3部。设立1个高炮作业点，3个固定火箭作业点，1个火箭流动作业点。近几年，人工增雨防雹在减轻旱情，减少雹灾损失，特别在扑灭森林火灾中发挥了积极作用。1994年起与技术监督局联合开展防雷检测工作。1998年后，全面开展防雷设施检测安装、图纸审核、竣工验收、工程施工等。近年来防雷检测数量为200余项(包括学校、银行、网吧、企业、事业单位等)，图纸审核、工程验收数量有50多项，防雷工程施工数量有40多个。

气象科技服务与技术开发 1985年起开展专业气象有偿服务，与用户签订有偿合同，定期将中、长期预报、旬、月天气预报等服务材料邮寄到用户和乡镇、村屯。1992年组建天气预报警报网，发展接收机用户100多家，传送短、中长期天气预报和气象知识等。1999年开始在电视天气预报的9个画面中插播广告。2006年起开展手机短信气象服务业务。

气象科普宣传 每年利用科技周、世界气象日、科普之冬、科技三下乡等活动，制作气象科技宣传板，设立咨询台等形式进行气象科普知识和有关法律法规的宣传。近几年，发放科普材料1000余份。每年还在"3·23"世界气象日开放台站，接待中小学生参观，增长气象知识。

法规建设与管理

1. 气象法规建设

气象法规建设 1998年逊克县人民政府办下发《关于加强雷电防护设施安全管理工作的通知》(逊政办发〔1998〕67号)，2000年4月17日，逊克人民政府办公室下发《逊克县人民政府办公室关于转发黑河市加强雷电防护管理工作意见的通知》(逊政办发〔2000〕19号)，2004年4月逊克县公安局、逊克县雷电防护管理领导小组办公室联合下发了《关于加强计算机信息网络(场地)及重要电子设施雷电防护工作的通知》，同年7月逊克县建设委员会与逊克县雷电防护办公室联合下发了《关于加强建设项目防雷工程管理工作的通知》。

2. 社会管理

行业管理 2007年将气象探测环境保护标准到县规划局进行了备案，取得主管部门对探测环境保护的支持。1998年逊克县成立雷电防护管理领导小组，下设的办公室在气象局，主要负责雷电防护管理的日常工作。1999年1月4日雷电防护设施检测站成立，配备了检测员，防雷检测由气象局负责。2000年防雷工作验收加入了县建设验收委员会，开始对新、改、扩建建筑物防雷装置的设计进行审核和防雷工程验收，并开展防雷工程施工等工作，至此，防雷管理及技术服务工作全方位开展起来。2003年起，防雷工程的图纸审核及验收，正式纳入建设工程审批内容。2003年施放氢气球纳入了县政府监管范围。2004年4月又将计算机信息网络(场地)及重要电子设施雷电防护，纳入了县政府监管范围。2008年，防雷工程纳入了政府的审批之列。

政务公开 从2005年起开展政务公开工作。对内设立公开栏，对外设立公开板。公开板内容包括机构设置及职能，文明单位创建目标，防雷装置检测、收费项目标准，依法行政依据和范围，气象专业服务收费项目标准。公开栏内容包括年度预、决算，工程发包，人事任免，年度计划，重大事项决策，目标管理，职工福利，固定资产状况，气象服务质量等定期公示，向职工详细说明。

党建与气象文化建设

1. 党建工作

支部组织建设情况 建站初期气象站内没有党员。1979 年 7 月，逊克县气象科党支部正式成立。后有 5 人先后入党，支部组织建设不断得到加强，党支部完成各项业务工作并在精神文明建设中起到了战斗堡垒作用，在气象事业发展和服务地方经济建设中，党员发挥了模范带头作用。2005—2008 年，2 人次被评为“优秀共产党员”，2 人次被地方党委评为模范党务工作者。

党风廉政建设 建立了党风廉政建设责任制，制定了保持共产党员先进性长效机制，建立了“三会一课”制度、党员民主评议制度、党员联系群众制度、党建目标管理制度、政治学习制度、发展党员规划制度、政务公开制度以及领导廉政承诺等制度，坚持开展党风廉政教育活动，强化党员干部廉洁自律意识，不断推进党风廉政建设。2008 年被评为党风廉政建设先进集体。

2. 气象文化建设

坚持“两手抓，两手都要硬”的工作思路，把文明建设与业务工作紧密结合起来。制定了文明建设规则，建立了政治与业务学习制度、岗位练功考核制度。精神文明创建做到了年初有计划、年终有总结。1991 年 12 月被评为县级文明单位。1992 年 12 晋升为标兵单位。逊克县气象局重视文化建设，2008 年建立了图书阅览室，职工活动室，添置了一些业务和文学用书。

3. 荣誉

建站以来，逊克县气象局获各类个人、集体荣誉多项。主要有 2008 年 6 月获党风廉政建设先进集体，2004 年获全省人工增雨先进单位，2004 年获县文明先进单位标兵。

多年来有 50 人(次)受到省、市和县政府的表彰奖励。其中 1965 年陈振亭被选为黑龙江省气象系统五好职工，1980 年获得县政府劳动模范称号。1976 年刘金获得黑龙江省气象系统先进工作者称号。

台站建设

台站综合改造 建站时气象站没有独立办公室，与水文站合用一间办公室。为夜间观测方便，值班员借住在一位老工人的马架子房内，条件十分艰苦。1965 年站址迁移后，建砖木结构铁皮盖 150 平方米平房。其中一半为职工家属和独身宿舍，一半用于办公。1982

年新建30平方米锅炉房，安装了取暖锅炉，办公室用上暖气。1993年在原办公室西面，兴建总面积550平方米的3层办公楼，办公条件明显改善。2000年迁移站址，新建办公室和县政府拨给的办公室共587平方米，经修整后，办公环境和条件进一步改善。2006年10月再次迁站至奇孙公路东侧，占地面积约5万平方米。2007年新建700平方米3层欧式办公楼，另建有炮库、仓库、锅炉房休息室2间。办公楼设有微机室、男女值班室、仪器室、资料室、室内卫生间、图书室、活动室、会议室等，办公条件得到根本改善。

生活条件改善 建站初期职工没有住房，1965年仅有75平方米的平房用于职工家属和独身宿舍。1974年4户职工住进了气象站家属宿舍。1979年新建200平方米解决4户职工住房。1995年由职工集资，建起570平方米10间门市房，用作商业用房出租，既安排了部分子女家属就业，也给职工谋了福利。1999年职工集资在旧办公室位置，建2600平方米的住宅楼1栋，职工住房条件进一步得到了改善。2005年因迁站在新站址盖了办公用房，全新的办公环境，新换了办公设备，职工有了更好的工作环境，在办公用房四周打了20厘米厚的水泥围墙，在大门口修了宽10米，长15米的桥涵。

1959年建站时全貌

现办公楼

伊春市气象台站概况

伊春市位于黑龙江省东北部，居小兴安岭腹地，面积 32872 平方千米。人口 128 万。伊春市管辖铁力、嘉荫 2 县，伊春、西林 2 个行政区，13 个区（林业局）合一单位和 4 个林业局。平均气温 0.6℃，极端最低气温 −47.9℃，极端最高气温 37.7℃，≥10℃积温平均 2267.4℃·日。年降水量 601.5 毫米。主要气象灾害有暴雨（雪），低温冷害（霜冻）、大风、强对流天气等。

气象工作基本情况

1．所辖台站概况

历史沿革 伊春市气象局前身是伊春气象站。1970 年由于行政区划的变更成立了伊春市气象局。1970 年 4 月伊春市改为伊春地区，将原属绥化地区的铁力县、原属黑河地区的嘉荫县等划归伊春地区领导。同年，改称伊春地区气象局（台），为局台合一单位。1979 年 12 月更名为伊春市气象局至今。负责伊春地区观测站、探空站和 2 个县及 2 个区气象站业务管理工作。县站有铁力、嘉荫，区站有五营、乌伊岭。其中国家基本站 2 个（铁力、伊春）、一般站 3 个（五营、嘉荫、乌伊岭），其中五营站为国家一级林业气象试验站，主要承担林业气象试验和生态观测任务，嘉荫站承担农业气象观测。

伊春地面观测站于 1955 年 10 月 1 日建成并投入业务，是国家基本站，2007 年 7 月 1 日更名为国家气象观测站一级站。2009 年 1 月恢复为国家基本气象站名称。2005 年 6 月安装并使用闪电定位仪，对雷电灾害进行监测和预警。

伊春探空站从 1961 年 5 月起，开始进行常规小球测风，1971 年 10 月 1 日正式投入业务，1972 年 11 月 1 日使用无线电探空和 701 型雷达测风，2005 年 8 月升级为 L 波段雷达探测系统。

铁力市气象局始建于 1957 年 12 月，国家基本气象站。2007 年 7 月 1 日更名为国家气象观测站一级站。2009 年 1 月恢复为国家基本气象站。

五营气象站始建于 1957 年，为气候站，建站时属省直单位，1980 年 10 月结束。1987 年，五营站定为国家一级林业气象试验站。2005 年，定位中国气象局森林生态站，主要开展对森林中常规气象要素、森林边界层、大气降尘、酸雨、通量、森林群落结构、凋落物、物候期、森林生长状况、枯枝落叶层含水量、树干径流以及森林生态灾害进行观测。2007年7月1日定为国家气象观象台，2009年1月恢复为国家一般气象站。

嘉荫气象站始建于1958年10月1日。2007年7月1日调整为国家气象观测站一级站。2009年1月恢复为国家一般气象站。嘉荫气象站为国家一级农气观测站，承担农业气象观测任务。

乌伊岭气象站1970年开始建站，1973年建成，为国家一般站。2007年7月1日更名为国家气象观测站一级站。2009年1月恢复为国家一般气象站。

领导体制 1958年以前，以气象部门领导为主。1958年5月起改为以地方政府为主。之后，双重领导体制又变动4次。到1980年起改为气象部门和地方政府双重领导，以气象部门为主的领导体制，一直持续至今。

人员状况 2008年底，全市国家气象系统职工编制数115个，实有人数97人，其中参照公务员管理人员14人，事业编制人员83人，平均年龄39.1岁，汉族93人、朝鲜族3人、满族1人，副高3人、工程师25人、助理工程师及以下53人、工勤人员2人，本科28人、大专23人、中专及以下26人，中共党员32人。

主要业务范围

1. 气象业务

地面观测 全市现有地面气象观测站5个，其中2个国家基本气象站、3个国家一般站，19个区域加密（乡镇）自动雨量站，1个国家一级林业气象试验站，1个国家一级农气观测站。

国家基本气象站（伊春、铁力）的观测项目有温度、湿度、气压、风向风速、降水、云、天气现象、能见度、地面温度、深层地温（40厘米、80厘米、160厘米、320厘米）、积雪、蒸发、日照、电线积冰、冻土、土壤湿度（20世纪80年代末取消）、E-601B型蒸发等。伊春站从2004年起进行太阳紫外线观测，2005年6月安装并使用闪电定位仪。每天自动观测项目24次，人工观测项目4次（02、08、14、20时），辅助观测4次（05、11、17、23时），编发8次定时（02、05、08、11、14、17、20、23时）天气报、承担航危报和重要天气报、气象旬（月）报发报任务。

国家一般气象观测站（五营、嘉荫、乌伊岭）的观测项目有气压、气温、湿度、风向、风速、降水、蒸发（小型）、日照、地温（曲管和直管）、积雪深度、积雪密度以及云量、云状、能见度、天气现象。

国家一级林业气象试验站（五营），进行红松、兴安落叶松、红皮云杉的苗木和林木物候进行观测，同时进行作物生长地内的土壤湿度和森林可燃物含水量的测定，并承担国家、省、地三级林业课题项目。

森林生态站（五营）建有1座70米高的梯度塔，设置8个平台，1个七要素自动站，7个四要素自动站。对森林中常规气象要素、森林边界层、大气降尘、酸雨、通量、森林群落结构、凋落物、物候期、森林生长状况、枯枝落叶层含水量、树干径流以及森林生态灾害进行观测。2005年开始发布《小兴安岭森林生态环境质量评估报告》，为政府部门进行生态环境建设和保护决策提供服务。

国家一级农气观测站（嘉荫），观测项目有玉米、大豆及农业气象灾害调查、土壤水分观测和自然物候观测。

雷电监测站（伊春）2005年6月起进行雷电灾害的监测和预警。

2003年开始建设地面自动气象站。伊春、铁力、五营从2004年开始自动气象站与人工气象站双轨运行平行观测，2005年开始以自动气象站数据进行编发电报，2006年自动气象站进入单轨运行。嘉荫气象站从2005年开始自动气象站与人工气象站双轨运行平行观测，2007年开始以自动站数据为主、人工站为辅进行编发电报，2008年1月自动气象站进入单轨运行。乌伊岭气象站从2005年开始自动气象站与人工气象站双轨运行平行观测，并以自动站数据进行编发电报。2006年自动气象站进入单轨运行。

气象预报 各台站均开展短时、短期、中期和长期天气预报以及森林、城镇火险等级预报。短时临近天气预报（0～12小时）和短期天气预报（12～72小时）主要为公众服务。中期天气预报（预报时效4～10天）和长期天气预报（预报时效10天以上）主要服务于政府和有关部门及专业服务用户。随着气象现代化建设的发展，天气雷达信息、MICAPS系统、气象卫星综合应用业务系统、卫星云图接收系统、省—市—县可视化会商系统等各种先进技术的运用，预报准确率得到明显提高，天气预报已经向精细化、个性化方向发展，为社会各界和广大人民群众的需求提供服务。

气象信息网络 1987年前，各类电报上传均通过邮电局转发，收报由人工抄收莫尔斯电报，天气图由手工填图。1987年8月起市局采用西门子T1000型有线电传收发报。1989年8月起气象报文由苹果机8路转报系统收发，自动填图机取代手工填图。1999年气象卫星综合应用业务系统（即9210工程）投入业务，手工绘制天气图成为历史。2000年采用分组数据交换网，2003年10月起2兆气象专线网络应用于气象业务，通信速度和信息量大幅增加。2005年省—市台可视化会商系统建成使用。2006年全市乡镇自动雨量站网建设完毕，市—县、（区）可视化会商系统建成并投入业务应用。2005—2008年共建成了19个区域加密（乡镇）自动雨量站。

2. 气象服务

公众服务 建站初期主要以电话形式提供预报咨询。20世纪70年代中期主要通过县（区）广播站向社会播报短期天气预报。20世纪90年代陆续通过电视台播发天气预报。1995年后各台站相继开设“121”气象预报自动答询系统，现已升级为“12121”。市气象局2000年10月电视天气预报节目改由气象部门自行制作，天气预报主持人走上荧屏。目前，通过电视、报纸、网络等媒体向公众提供常规天气预报，春、秋两季还发布森林和城市火险等级预报，遇有重大灾害性天气随时向公众发布预警信号警报，还发布地质灾害等次生灾害预报。

决策服务 书面向各级政府和有关部门定期提供各种预报和服务产品，开展了农业、林业系列气象服务专报。还用手机短信向各级领导发重要灾害性天气预警信号和临近预报等，为一些重要关键部门建立了气象终端，及时传送天气预报和情报。

专业与专项气象服务 1985 年起开展专业气象有偿服务。通过气象警报系统(后被手机取代),为用户提供服务产品。2000 年 10 月起每天发布旅游、生态环境指数等电视天气预报,为大型群众性活动提供气象服务,开展了大型项目建设(如机场建设、风能开发等)专项服务。

伊春的人工影响天气工作始于 1973 年。初期主要是用“三七”高炮开展人工增雨抗旱、防雹。1976 年 10 月,首次用于人工增雨扑救山火,作业获得成功。2002 年开始购置增雨防雹火箭系统。目前全市气象部门共拥有“三七”高炮 4 门,火箭发射器 6 部。

雷电防护工作起步于 20 世纪 90 年代初,市气象局曾和技术监督局联合开展过防雷检测工作。《中华人民共和国气象法》实施后,防雷工作归口气象部门,1999 年 10 月后相继成立雷电防护设施检测站,开展防雷检测及管理工作。承担防雷工程图纸审核、跟踪监督检测、竣工验收等工作,开展雷电灾害的调查和灾害评估及雷电风险评估。

伊春市气象局

机构历史沿革

历史沿革 伊春市气象局前身是伊春气象站,始建于 1955 年 10 月。1970 年由于行政区划的变更成立了伊春市气象局(台)。1970 年 4 月改称伊春地区气象局(台),仍为局台合一单位。1979 年 12 月更名为伊春市气象局至今(以下统称为伊春市气象局或市气象局)。建局时办公地点有 2 处,一处为原气象站业务楼。另一处是地方政府调剂的临时办公地点,2 处总面积约 400 平方米。1972 年初冬搬入现址(东经 128°55′,北纬 47°44′,海拔高度 241 米)临山路 6 号(地面观测站于 1989 年迁入市气象局院内)。

管理体制 1955—1958 年实行以气象部门为主领导,1959—1961 年以地方领导为主,1962—1968 年以气象部门领导为主,1968 年又改以地方政府为主领导。1971—1973 年实行军队为主的双重领导。1980 年起改为气象部门和地方政府双重领导,以气象部门为主的领导体制。

伊春市气象局现设综合办公室、业务科技科、计划财务审计科 3 个内设机构,气象台、气象科技服务中心、伊春市气象装备及雷电技术中心、后勤服务中心、观测站 5 个直属单位。

人员状况 伊春市气象局建局初期的人员组成有气象站业务人员 13 人,从铁力气象站调入 2 人,从知青和应届初、高中毕业生中招收 12 人,送省台和嫩江站学习探空业务,从其他单位调入一批行政人员和工人。

2008 年底,人员编制数 63 人。市气象局共有职工 56 人,其中参照公务员管理人员 13 人,事业单位人员 43 人。具有本科学历 25 人、大专 10 人、中专及以下学历 21 人,副高级职称 3 人、中级职称 16 人,党员 27 人。

主要领导变更情况

张万忠(1970 年,不足 1 年)

张克信(1970 年 12 月—1971 年 12 月)

王锦辕(1972 年 1 月—1972 年 11 月)

安立泗(1972 年 12 月—1975 年)

胡会浪(1976—1978 年)

李鸣生(1978—1983 年)

李长龄(1983—1986 年)

李玉清(1986—1990 年)

许　贵(1990—1996 年)

曲兴国(1996—1998 年副局长主持工作,1998 年至今任局长)

气象业务与服务

1. 气象业务

气象观测　1955 年始建时每天 8 次观测,编发天气报和预约航危报,以及旬、月报、墒情报、雨情报、灾情报等,24 小时守班。手工编制并向省气象局、市气象局上报月报表(气表-1)、年报表(气表-21)。1984 年使用 PC-1500 袖珍计算机替代手工编报。1988 年 3 月使用微机取代人工编制气表-1。1999 年 6 月 PC-1500 被微机取代。

高空气象探测　1957 年即有零散小球测风记录。从 1961 年 5 月起开始进行常规小球测风,每天 07 时和 19 时观测并编发电报。1971 年 10 月探空站成立,开始无线电探空和 701 型雷达测风,增加高空压、温、湿观测。1983 年 1 月更改 07 时 15 分和 19 时 15 分观测并编发报文。2005 年 8 月升级为 L 波段雷达探测系统,实现了高空测风自动跟踪,自动处理记录,代替了手工操作,提高了探测质量。

2001 年 11 月 1 日开始发特性层报文。2003 年 1 月 1 日开始发气球空间、时间定位报文。2006 年 8 月 1 日开始发雷达监控文件。2007 年 6 月 1 日开始发探空基数据文件。

为了开展森林火灾监测,2000 年 4 月由地方政府投资购置的极轨卫星接收系统投入业务,接收 NOAA 系列,FY-1D 等卫星资料,2005 年 1 月 DVB-S 系统开始运行,除接收 NOAA 系列,FY-1D 等卫星资料外,还接收 TERRA 和 AQUA 卫星资料,扩大了监测领域。

气象信息网络　1987 年前,各类电报上传均通过邮电局转发,收报由人工抄收莫尔斯电报,天气图由手工填绘。1976 年底开始用传真机接收北京、东京等地的传真预报图表。1987 年 8 月起,市气象局采用西门子 T1000 型有线电传收发电报。1989 年 8 月起气象报文由苹果机 8 路转报系统收发,自动填图机取代手工填绘。1999 年气象卫星综合应用业务系统投入业务,接收信息量大幅度增加。2000 年采用分组数据交换网、2003 年 10 月起使用 2 兆气象专线网络收发各站业务信息。

2004 年 6 月气象与水文、森工气象站点通过网络,实现了资料交汇、资源共享。2005—2008 年建成 19 个区域加密(乡镇)自动雨量站,区域雨量网正式运行。

2008 年 6 月 30 日将 1955—2003 年的气象记录档案气簿-1、温度、湿度、气压、风向风速、雨量自记纸、1962—1991 年的农气簿-2、1961—2003 年高空气压、温度、湿度、风等资料整理归入省气象档案馆，市气象局只保留 5 年的气象记录档案。所有的气象记录和有关文件都实现了纸质与电子版同时保存归档。

气象预报 20 世纪 60 年代初，伊春气象局开展短期预报和 3～5 天中期预报，采用单站资料的三线图、点聚图、周期法等传统预报方法。1972 年市气象台开始使用天气图制作天气预报，逐渐增加了中、长期预报、专业预报、农林系列化服务、防火、防汛服务。1998 年，随着 9210 系统的建成，计算机广泛应用，气象信息综合分析处理系统（MICAPS）作为预报平台，结束了手绘天气图的历史，PC-VSAT 小站接收到的大量的卫星资料，提供了充足的预报资源，数值预报产品广泛应用，预报准确率明显提高。2005 年开始制作和发布灾害天气短时临近预报和预警信号。城镇预报的时效也由最初的 24 小时增加到 72 小时、120 小时。2008 年 5 月，城镇天气预报由原来的每天 2 次制作发布，增加为每天 4 次制作发布精细化预报，使用软件编报，并将县站城镇报发布业务纳入地市级。为了提高强对流天气监测预报能力，1989 年市政府投资，气象局建立了 711 天气雷达。2005 年 5 月改用 CTL-713C 型天气雷达。提高了短时强降水、雷雨、大风、冰雹等强对流天气预警能力。目前，新一代多普勒雷达正在建设中。

2. 气象服务

公共气象服务 先后采用电视、广播、报纸、伊春农业信息网、手机气象短信平台、“12121”语音自动答询系统、伊春政府网等公共媒体和气象服务平台，为社会公众服务。2000 年 10 月 1 日，电视天气预报节目改由气象部门自行制作，天气预报主持人走上荧屏。目前通过电视播发各区常规天气预报、旅游景点天气预报、灾害天气预警信号、不定期专访报导。广播电台播发 24 小时预报及周报。报纸刊登 24 小时预报、天气资讯和不定期天气趋势预报。通过气象网络发布 72 小时内短期预报、天气资讯、旬报、月报、长期预报等。通过短信平台，向用户发送常规预报、灾害预警信号和节假日预报。“12121”电话答询系统，可自动回答全市各区县 24～48 小时、3～5 天预报、旅游景点预报及不定期预警信号信息。伊春政府网刊发 24 小时预报。公众服务的项目、服务方式已经多样化。遇有重大灾害性天气则随时向公众发布预警信号警报，发布地质灾害等次生灾害预报。

决策气象服务 以森林防火、防汛和农业生产为重点，主要以书面向市政府和有关部门定期提供各种预报、情报等服务产品，还用手机短信向各级领导发出灾害性天气预警信号和临近预报等，为一些重要关键部门建立了气象服务终端，通过网络传送气象预报情报。遇有重要复杂性天气，及时采用电话或当面汇报形式，向政府领导和相关单位提供气象服务。目前，决策服务内容主要有：短期气候预测（年度长期预报、月预报、春、秋两季防火趋势预报、汛期预报）；中期天气预报（旬报、不定期预报）；短期天气预报及各种灾害天气及次生灾害等级预警信号和短时临近预报。在决策服务中，还开展了农、林系列化服务，主要有年景分析、播种期、移苗期、作物生长期旱涝分析、低温冷害预报、霜冻预报、产量预报、农业（林业）病虫害预报、森林火险预报等；月、季气候评价及灾害天气发生情况。遇有重大灾害性天气时，发送重大气象信息专报（连阴雨、干旱、高温、低温、高火险期等）。每天还进行农、林、水资源、畜牧、交通、旅游、人体健康等年度气候评价等。防汛气象服务向各级领导和防汛指挥部提供全市气象、水文、林业及乡镇等50余个雨量点雨量以及降水预报，临近预报和灾害预警信号。

2005年7月27—29日，伊春市出现大一暴雨、局地大暴雨天气，造成山洪爆发、山体滑坡、泥石流等灾害，市气象台利用各种手段先后4次发布预警信号和临近预报，使灾区居民在山洪爆发前9个小时获悉消息，提前转移，在洪水来临冲毁居民区时，无一死亡。此项预报受到省长表扬，获省气象局重大气象服务奖。

专业与专项气象服务 1985年起开展专业气象有偿服务。1994年开展氢气球、礼炮等礼仪庆典产业服务。2000年10月1日起每天发布旅游、生态环境指数等电视天气预报，节目总长度24分钟。围绕大型群众性活动提供气象服务，积极为机场建设、风能开发等大型建设项目提供专项服务。

人工影响天气工作始于1973年。初期主要是用高炮开展人工增雨抗旱、防雹。1976年10月，在扑救友好林业局大面积山火中，首次开展人工增雨作业，并获得成功。2002年5月，市政府投资购置了3部增雨防雹火箭(WR-98型)。到目前全市气象部门共拥有“三七”高炮4门，火箭发射装置6部。2003年4月11日至2008年底，先后开展20次人工增雨扑救林火作业。其中2004年10月18日和2008年10月3日人工增雨成功地扑救了特大林火，中央和省、市电视台进行了现场报导，网络媒体也进行了报道。

雷电防护工作起步于20世纪90年代初，市气象局曾和技术监督局联合开展过防雷检测工作，1999年防雷工作归口气象部门，同年10月经伊春市编委批准成立了伊春市雷电防护技术中心，主要负责对全市辖区建构筑物、易燃易爆场所、移动通信系统、计算机机房等防雷设施周期检测，并建立相应的档案；承担对所辖范围内新建、改建、扩建建(构)筑物防雷图纸的审核，跟踪监督检测，竣工验收等工作；开展雷电灾害的调查和灾害评估及雷电风险评估；负责雷电灾害知识的科学普及和宣传工作；负责对全市防雷工作的技术指导；负责组织开展对雷电防护技术的研发工作；协助做好全市雷电灾害防御规划、计划的拟定及实施；开展雷电灾害预防工程的设计、施工安装、技术咨询等工作。目前防雷工作已全面展开。近5年，平均每年检测220个单位的防雷装置，承接防雷工程35个。

气象科普宣传 伊春市气象学会主要负责气象科普宣传工作。在每年的“3·23”世界气象日、科技活动周和科普大集上，均开展气象科普宣传活动。近几年，平均每年展出气象科普宣传展板20块，发放宣传单5000余份，发放科普图书100余本，播放科普专题片2～3次。气象科普宣传在防灾减灾、趋利避害、提高全民的科普意识方面都起到了积极的作用。

气象法规建设与管理

从1996年开始，伊春市气象局依据《中华人民共和国气象条例》及地方气象法规开展了气象行政执法工作。《中华人民共和国气象法》颁布实施以后，法规建设与管理逐渐走向正规化，法制化。

组织建设 2002年伊春市气象局设立了法规科，负责全市的气象行政执法和依法行政工作，宣传普及气象法律法规及规章，承担气象行政复议、行政应诉等工作。

规章制度建设 1999年以来市政府及有关职能部门制发一系列规范性文件。主要有伊春市人民政府办公室下发了《关于加强全市防雷电减灾工作的通知》(伊政办函(1999)55号)、市雷电防护管理领导小组办公室与市公安局联合下发的《关于加强计算机信息(网络)系统(场地)及重要电子设施雷电防护工作的通知》(伊雷防联字〔2000〕02号)、市人民政府下发的关于印发《伊春市安全工作责任制考核办法》(伊政办发〔2001〕21号)(含防雷)的通知、市气象局与市公安局消防处联合下发的《关于印发〈伊春市防雷装置验收检测程序〉的通知》(伊气联发〔2001〕2号)、市建设局与市气象局联合下发的《关于加强建设项目防雷工程管理工作的通知》(伊建联发〔2003〕2号)等13个文件。

行业管理 伊春市行政区内有森工系统气象站16个。从1991年起市气象局对其实行气象行业管理。2000年以后按照《中华人民共和国气象法》要求,开始对森工气象站的常规业务、自动站的建设与使用、日常维护等方面进行管理指导、监督,帮助其提高业务能力和技术水平,不定期举办气象学习班,帮其培训业务骨干,并开展了标准化气象站的创建活动。

探测环境保护 1996年市气象局的气象探测环境在伊春市城乡规划局进行了备案,2005年重新进行了备案。2008年6月规划部门编绘了《伊春气象观测环境保护控制图》,编制了《伊春市气象台站探测环境保护专项规划》。

防雷及施放氢气球管理 1999年伊春市政府成立了雷电防护管理领导小组及防雷办公室,由副市长任组长,公安局、安全生产监督局等9个单位为成员单位,办公室设在市气象局,负责日常工作。2001年3月,防雷管理纳入伊春市政府安全工作考核项目。以后市气象局与安全生产监督局每年联合进行防雷安全检查。市气象局还在市行政服务中心设立了窗口,承担防雷设计、施工资质、施放气球单位资质、施放气球活动许可等行政审批职能。近5年,审核防雷工程图纸150份,验收防雷工程150个,通过执法,成功地处理了2005年某礼仪公司无证冲灌施放氢气球案、2006年某加油站安装使用不符合要求的电涌保护器案、2007年某通讯公司防雷设施拒绝检测案,纠正了其违法行为,气象社会管理职能得到加强。

政务公开 2004年起开展了政务公开工作,印发了《伊春市气象局政务公开实施方案》。对社会公开的内容有本单位的机构设置及工作职责、管理职能及依据和程序;收费项目及标准、依据;服务承诺;以及投诉处理途径,监督举报电话等。对内部公开的内容:工作计划、重大改革方案、重大项目、重大决策;人、财、物的管理使用情况等干部职工关心的热点和难点问题。

党建与气象文化建设

1. 党建工作

支部组织建设 1955年10月建站之初有党员2名。1970年10月成立了党支部。1984年至2008年市气象局共发展20名党员,党的组织建设得到加强。2000年成立伊春市气象局总支委员会,下设4个支部。2008年共有党员27名。在加强党组织建设的同时,加强了思想、作风建设,充分发挥党组织的政治核心作用和党员先锋模范作用。2000年以来被市直属机关工委授予先进党支部、服务型机关先进集体，有21人次分别获优秀党员、十佳公仆、优秀公仆、优秀党务工作者等光荣称号。

党风廉政建设情况 高度重视党风廉政建设工作，建立了党风廉政建设责任制、政务公开制度、诫勉谈话制度、“三重一大”科学民主决策制度以及领导廉政承诺制度，完善了首问责任制度、政务公开实施办法、廉洁自律规定。县气象局配备廉政监督员，参与基层班子重大决策，监督各项工作公平、公开、公正，预防和杜绝腐败现象发生。在全市气象部门开展廉政文化“进机关、进台站、进学校、进企业、进社区、进家庭”活动，让社会了解和监督气象工作，支持气象工作。2003年被市直机关工委评为党风廉政建设先进集体，3名同志被评为党风廉政建设先进个人。

2．气象文化建设

1981年成立了精神文明创建领导机构，制定年度创建方案和创建规划。从1985年开始，各科室制定文明单位、文明职工创建方案，同时建立学习制度、机关文明守则。1998年开始，开展创建服务型机关活动，业务部门开展岗位练兵活动等。建立了职工阅览室、职工活动室、体育运动场、购置了图书、体育器材。每年开展乒乓球、篮球、扑克、象棋等比赛，近些年还开展气象人精神演讲比赛，积极参加市直机关工委组织的排球赛、环城长跑比赛等。

1998年晋升市工委级文明单位标兵，2001年晋升市级文明单位，全市气象系统晋升文明系统。2007年晋升市级文明单位标兵。

3．荣誉

共获集体荣誉30余项，先进个人40余人。主要有市委市政府授予“1981—2000年森林防火先进单位”、“2005年抗洪救灾先进集体”、“伊春市第二十一届劳动模范表彰大会模范集体”，多次被市直机关工委授予“服务型机关建设先进集体”、“党风廉政建设先进集体”等。还数次受到省气象局表彰奖励。受到表彰的先进个人主要有，刘书萍1957年获得“全国气象系统先进工作者”称号，受到毛泽东主席等党和国家领导人接见。王彦生1978年获得“全国气象部门学大寨、学大庆先进个人”称号，受到党和国家领导人接见。高云中1992年获得“伊春科技工作拔尖人才”称号，近些年徐立辉、张晓芳、康凤娟等先后获得市直机关“十佳公仆”荣誉称号。有6人获全国质量优秀预报员、值班员称号。

台站建设

1989年市气象局办公楼由2层扩建为3层，总面积由1280平方米扩至1920平方米，内外进行初级装修。

2004年对业务楼进行了综合改造，再次扩建150平方米，进行了中级装修，同时更新了电解水制氢设备，更新改造了取暖设施。对庭院陆续进行了绿化美化，平整修建排球场一处。使职工工作环境和文化生活条件得到改善。

1993年时办公楼

现在办公楼

现在职工运动场

嘉荫县气象局

嘉荫县位于黑龙江中游右岸，小兴安岭北麓东段。1955建县，1955年至1970年归黑河地区管辖，1970年至今归伊春市管辖。年平均气温0℃，历史上极端最低气温为零下47.7℃，历史上最高气温为37.7℃，≥10℃积温为2378.9℃·日，年平均降水量为564.7毫米。

机构历史沿革

始建情况 嘉荫县气象站始建于1958年，10月1日正式开始地面气象观测，位于嘉荫县朝阳镇郊外(县城东)东经130°24′，北纬48°53′，海拔高度89.2米。现为国家一般气象站。

站址变迁情况 始建后共经历了2次迁移。1969年1月，搬迁至嘉荫县朝阳镇中，东经130°24′，北纬48°53′，海拔高度90.4米。2009年6月1日，嘉荫县气象局迁至朝阳镇东侧“城外”，东经130°24′，北纬48°53′，海拔高度90.4米。

建制情况 1958年10月1日建站，以嘉荫县政府领导为主。1962年6月起，以气象部门领导为主，地方隶属于县农业科。1968年8月，以地方政府领导为主，业务仍由黑河地区气象局管理。1970年3月起，实行以军队为主的双重领导体制，隶属于嘉荫县武装部，业务上改由伊春市气象局管理。1973年5月至1981年6月，实行以地方为主的双重领导体制。1981年6月至2008年12月，改由气象部门为主的双重管理体制。

1976年6月称县气象科，1981年6月改称县气象局，为局站合一体制。

名称及主要负责人变更情况

名称	时间	内设机构	主要负责人
嘉荫气候站(1958.10—1960.6) 嘉荫县水文气象中心站(1960.7—1962.5) 嘉荫县气象服务站(1962.6—1965.4) 嘉荫县气象站(1965.5—1976.5)	1958.10—1971.3	预测预报组 观测组、预报组、农气组	张全汲
嘉荫县气象站	1971.4—1972.4	观测组、预报组、农气组	张作英
嘉荫县气象站	1972.5—1976.5	观测组、预报组、农气组	李峻峰
嘉荫县革命委员会气象科	1976.6—1977.6	观测组、预报组、农气组	谷春明
嘉荫县革命委员会气象科	1977.7—1978.12	测报组、预报组、农气组	王国友
嘉荫县气象科	1978.12—1979.12	预测报组、农气组	安　有
嘉荫县气象科	1980.1—1981.5	预测报组、农气组	张家会
嘉荫县气象局	1981.6—1984.3	预测报组、农气组	张全汲
嘉荫县气象局	1984.4—1997.2	观测股、预报股、农气股、人工降雨办	杨春林
嘉荫县气象局	1997.2—2003.6	测报股、预报股、农气股、人工降雨办、气象科技开发中心、防雷办	安志伟
嘉荫县气象局	2003.6—2005.12	预报股、测报股、农气股、人工降雨办、气象科技开发中心、防雷办	李　冀
嘉荫县气象局	2005.12—	预报股、测报股、农气股、人影办、雷电防护设施检测站	王金山

人员状况 嘉荫站1958年成立时只有1人，中专学历。1978年气象职工13人，本科学历1人，中专学历3人，其余人员学历初中。2008年，气象职工9人，其中大学本科学历4人、大专学历4人、中专1人，党员6人，工程师6人，50岁以上1人、41～50岁2人、31～40岁3人、30岁以下3人。

气象业务与服务

1. 气象业务

气象观测 始建时气象观测项目主要有温度、湿度、风向风速、降水、积雪、云、天气现象、能见度、日照时数、0～20厘米地温、蒸发、地面状态等，每天进行4次定时观测。1961年开始改为3次定时观测，夜间不守班。1969年10月开始气压观测。2001年3月1日开始启用分组交换网编发气象电报。2001 年 4 月 1 日 08 时开始编发天气加密报。2005 年 5 月，按照黑龙江省气象局的统一部署，完成了自动气象站的安装调试工作并开始了试运行。自动气象站数据定时向省气象网络中心上传。2005 年开始自动气象站与人工气象站双轨运行平行观测。2007 年开始以自动站数据为主人工站为辅进行编发电报。2008 年 1 月自动气象站进入单轨运行。

农业气象观测　1959 年开始农业气象观测，观测作物有大豆、玉米、小麦及土壤水分测定。1961 年停止作物观测。1985 年继续作物观测，观测作物为小麦(大豆)以及农业气象灾害调查、土壤水分观测和自然物候观测。1998 年作物观测改为玉米、大豆。其他观测项目、内容不变。现为国家一级农气观测站。

气象信息网络　建站以来，气象电报长期人工编报，通过电话传给邮电局转发。1986 年开始使用 PC-1500 计算机，后改用微机编发电报。2001 年 3 月 1 日，开始启用分组交换网，传递气象电报和各种信息。2005 年改用宽带网络调用各种气象信息，每小时自动向省气象网络中心传输自动站实时数据。2006 年建成了 7 个乡镇自动雨量站，区域雨量网正式运行。2007 年建成了可视化会商系统，实现了省、市、县远程可视化天气会商。2008 年 5 月 20 日将 1958—2003 年的气象记录档案气簿-1、温度、湿度、气压、风向风速、雨量自记纸整理归入省气象档案馆，县气象局只保留 5 年的气象记录档案。所有的气象记录和有关文件都实现了纸质与电子版同时保存归档。

气象预报　1958 年以后一直承担着长期、中期和短期天气预报的制作与发布工作。初期以收听省气象台的天气形势为主，结合本站的方法和资料制作与发布补充订正预报。1985 年起使用传真机接收接收传真天气图、预报图，结合本站方法，制作中短期预报。长期天气预报主要采用周期接加法、最佳相似法，3、5 年滑动趋向图等方法。1999 年安装了气象信息综合分析处理系统(卫星单收站)，直接接收卫星云图和各种天气图，县站预报等。2001 年 1 月 1 日开始通过分组交换网接收伊春市气象局的指导预报，并编发嘉荫县的城镇天气预报。2006 年开始利用新一代天气雷达实时监测信息，制作发布未来 6 小时的短时预报和未来 3 小时的临近预报。目前，全县天气预报已经细化到乡镇。

2．气象服务

公众气象服务　从 1960 年开始发布公众天气预报，通过县广播站广播，服务于百姓生活。1987 年开始发布森林火险预报。1998 年通过县电视台播报 24 小时天气预报。1999 年建立“121”电话天气预报自动答询系统，通过电话答询 24 小时天气预报，未来 3 天天气趋势预报及各种气象信息。2004 年开始手机气象短信服务。

决策气象服务　嘉荫县境内发生的气象灾害主要有干旱、暴雨、冰雹、大风、暴雪、寒潮、霜冻等。坚持以防灾抗灾为重点，围绕县政府指挥农业生产和防灾抗灾，开展决策服务。定期不定期地提供中、长期天气预报及重要天气预报和情报。从 1988 年开始为县领导及有关部门提供 15 项农业系列化服务。每年开展春季农业生产预报、大田预报、土壤墒情分析、播种预报，秋季制作秋收预报、霜冻预报等 15 项预报。2007 年开始发布灾害性天气预警信息，为县域经济发展和防灾减灾提供服务。在 2008 年春季预报中，根据上年冬季降雪大和前春降水多的特点，及时预报出春季将出现前期涝、后期旱的现象，个别低洼地块要影响播种，建议有关部门做好排涝工作，县政府及相关部门及时采取防范措施，保证了春播的顺利开展，受到了领导和群众的好评。

专业与专项气象服务 1988年起开展人工影响天气工作，1998年拥有5门人工增雨“三七“式高炮，2008年8月份县政府投资，配备了2台车载式人工增雨火箭，开展火箭流动作业。2007年5月嘉荫发生干旱，气象局抓住有利时机积极开展人工增雨作业，增雨效果明显，受到县委、县政府的表扬和人民群众的广泛认可。2007年10月3日，伊春市乌伊岭发生火灾，气象局抓住有利时机积极开展人工增雨作业，增雨效果明显，火灾在最短的时间内被扑灭，使损失减少到最低，受到省、市、政府领导及气象局领导的表扬和人民群众的广泛认可。此次增雨作业受到中央电视台记者的采访并在中央4台新闻联播中播放。1999年开展防雷设施检测安装(当年检测103个烟囱，10栋楼房)，2002—2008年共进行图纸审核10份、竣工验收10个。

气象科普宣传 1989年起参加县政府举办的科普之冬活动，开展了23次科技讲座，向农民普及气象知识。2002年起参加县政府举办的科技大集，现场发放气象科技资料，每年发放5000余份。同时宣传进行气象知识和年景预测，2003年起将气象局观测场设为气象科普基地，每年“3·23”世界气象日对中小学生开放，向他们普及气象知识。

法规建设与管理

1. 气象法规建设

围绕气象工作和气象服务下发的规范性文件主要有《嘉荫县人民政府办公室关于加强气象探测环境保护的通知》(嘉政办发〔2008〕11号)。

2. 社会管理

行业管理 2008年将气象探测环境保护标准到县规划局进行备案，取得主管部门对探测环境保护的支持，将施放氢气球和防雷管理纳入了县政府监管范围，每年春季、秋季与安监部门进行防雷安全检查。

政务公开 从2005年起开展了政务公开，对内设立公开栏，对外设立公开板。公开板内容包括机构设置及职能，文明单位创建目标，防雷装置检测、收费项目标准，依法行政依据和范围，气象专业服务收费项目标准。公开栏内容包括年度预、决算，工程发包，人事任免，年度计划，重大事项决策，目标管理，职工福利，固定资产状况，气象服务质量等。

党建与气象文化建设

1. 党建工作

支部组织建设 建站之初有党员3名，1972年成立了嘉荫县气象局党支部，从1972年开始到2008年共发展党员9人，2008年末支部共有7名党员，党的组织建设不断得到加强。

党风廉政建设 高度重视党风廉政建设工作，建立了党风廉政建设责任制，制定了保持共产党员先进性长效机制，建立了“三会一课”制度、党员民主评议制度、党员联系群众制度、党建目标管理制度、政务公开制度以及领导廉政承诺制度等。以制度约束党员，以廉政勤政带动党员，不断推进党风廉政建设。

2. 气象文化建设

从1985年起历届班子重视精神文明创建工作，坚持“两手抓，两手都要硬”的思想，把精神文明和物质文明紧密结合起来，建立和坚持政治、业务学习和考核制度等，精神文明创建做到了年初有规划、年终有总结，文明单位创建成效显著。1992年被评为县级文明单位，1994年被评为县级文明单位标兵，从1996年起先后2次被评为伊春市精神文明创建活动先进单位。

3. 荣誉

建站以来，嘉荫县气象局获各类集体荣誉10余项，其中获市级以上表彰奖励7余次。主要有：1977年、1978年、1980年、1981年评为全省气象系统先进集体，1987年被省气象局评为气象服务先进单位，1996年全市气象部门先进单位、人工影响天气先进集体、扑灭山火先进集体、全省气象系统先进单位。2008年被评为“县森林防火先进集体”。安志伟在1990年至1998年间，多次被评为县劳动模范。郭长友在1998年至2006年间被多次评为“县气象局先进个人”和“嘉荫县优秀党员”。丁志青在2006年度被伊春市人事局、市气象局、营林局授予“气象工作先进个人”称号。

台站建设

台站综合改造 建站以来，嘉荫县气象局办公条件较差，2006年，气象探测环境已受到影响，迁址后占地面积10000平方米，2008年新址建成，办公条件显著改善。其中，业务办公用楼457平方米，楼内宽敞明亮，采用电热膜取暖，设有微机室，男女值班室、仪器室、资料室、室内卫生间、会议室等。全部更换了办公桌椅、书柜等，添置微机4台。

园区建设 园区建设共分为两块，一块是观测区。观测场采用金属围栏，用彩色混凝土预制板铺设甬道100延长米。观测场至办公楼的甬道两旁目前没有绿化。另一块是办公区。嘉荫气象局办公楼临道而建，在临道一侧栽植杨树数十棵。

1958年11月建站初期办公楼

1969年办公楼及观测场地

2008年10月新址办公楼

铁力市气象局

铁力市位于黑龙江省中部，伊春地区的西南部，小兴安岭南麓的山边地带。年平均气温1.9℃，1月气温最低，平均气温在－22.4℃，历史上最低气温为零下42.6℃，出现在1970年1月3日，7月份最热，平均气温在21.8℃，历史上最高气温为36.3℃，出现在1982年7月8日；≥10℃积温为2466℃·日，年平均降水量为610.6毫米。

机构历史沿革

始建情况 伪满洲国中央观象台曾于1943年在铁力建有气象观测站，至1945年停止工作。新中国成立后，铁力气象站建于1957年12月，位于现铁力市正阳大街南侧187号，观测场位于东经128°01′，北纬46°59′，海拔高度210.5米，现为国家基本站。成立至今，观测场一直未变动。

建制情况 1957年12月起以省气象局领导为主。1958年12月改由地方政府为主领导。1962年6月2日改以省气象局为主领导。1968年以县政府领导为主。1970年1月起实行以军队为主的双重领导体制，隶属于铁力县武装部。1973年至1979年实行县政府为主的双重领导。1980年至2008年12月实行气象部门为主的双重管理体制。

名称及主要负责人变更情况

名称	时间	内设机构	主要负责人
铁力气象站	1956.12—1967.12	预测报组	刘济全
庆安县铁力气象水文站	1959.2—1964.6	预测报组	李明见

续表

名称	时间	内设机构	主要负责人
铁力气象站	1964—1978	预测报组	金基虎
铁力县气象科(1970—1981年)	1978—1980.1	预测报组	栾经纤
	1980.1—1980.12	预测报组	贾韫瑄
铁力县气象站(1981—1983年)	1980.12—1983	预报组、测报组	栾经纤
铁力县气象局(1983—1985年)	1983—1986	测报组、预报组、人控组	金基虎
铁力市气象局(1985—　　)	1986—1987.2	测报股、预报股、人控股	于德贵
	1987.2—2007.12	测报股、预报股、科技服务股人控股、防雷办	王洪治
	2007.12—	测报股、预报股、科技服务股人控股、防雷办	朱　明

人员状况　铁力站成立时,有8人,其中高中学历1人,其余为初中学历。2008年底,气象职工11人,其中大学本科学历7人、大专学历1人、中专学历2人,党员5人,工程师4人,50岁以上2人、40～49岁3人、40岁以下6人。

气象业务与服务

1. 气象业务

气象观测　1957年11月始建时,气象观测项目主要有温度、湿度、风向风速、气压、降水、积雪、云、天气现象、能见度、日照时数、地温、小型蒸发、地面状态等,每天进行4次定时观测。1957年12月15日开始编发天气报,02时向省气象台发小图报,05、08、14、17时4次发报,同时编发气象旬(月)报;1981年开始,每年4月1日至10月15日期间编发05—05时雨情报;每年10月16日至3月31日期间编发08—08时雨情报。另外有灾情天气电报、商情报等气象电报传递方式,用专线传到邮电局报房,由报房有线发布。1959增加土壤湿度观测,1963年增加冻土观测,1982年10月1日增加电线积冰观测。1960年4月11日担负航空天气报和航空危险天气报编发,1994年10月13日停止。2003年完成了自动站安装调试工作并开始运行。1986年7月1日地面观测正式使用PC-1500微机编发报,2003年12月31日20时自动站数据正式向省气象网络中心上传,2004年1月1日自动气象站与人工气象站双轨运行平行观测,2005年11月以后,以自动站数据进行编发电报。2006年自动气象站进入单轨运行。

气象信息网络　建站后,气象电报都是人工编报,通过电话传给邮电局转发。1985年使用123型传真机接收天气图表。1990年使用单边带电台与市气象台会商天气,进行业务联系。1991年7月建成气象警报网,向用户传递天气预报等信息。1993年建成微机远程终端,用于调阅上级气象台的预报信息和图表。2001年开始启用分组交换网,传递气象电报和调取各种信息。2005年改为宽带网络传输,通信速率和信息量大幅度提高,每小时向省气象网络中心上传自动站实时数据。2006年建成了4个乡镇自动雨量站,区域自动雨量网正式运行。2008年6月1日将1957—2003年的气象记录档案气簿-1、温度、湿度、气压、风向风速、雨量自记纸整理归入黑龙江省气象局档案馆，气象局只保留 5 年的气象记录档案。所有的气象记录和有关文件都实现了纸质与电子版同时保存归档。

气象预报 铁力市气象局自建站以来一直承担着长期、中期和短期天气预报的制作与发布工作。短期天气预报，开始主要靠收听省气象台的天气形势广播，结合本站方法和资料进行制作。长期天气预报主要利用统计方法和单站资料自身演变规律制作。从 1986 年起使用传真天气图、预报图，结合本站方法，制作短、中期天气预报。1999 年 7 月安装了气象信息综合分析处理系统（卫星单收站），直接接收卫星云图和各种天气图，在此基础上制作预报，2001 年 1 月 1 日开始，通过分组交换网接收省气象局和伊春市气象局的指导预报，并编发铁力市的城镇天气预报。2006 年开始利用新一代雷达实时信息制作发布未来 6 小时的短时预报和未来 3 小时的临近预报。2007 年建成可视化会商系统，实现了国家、省、市、县站的可视化会商，提高了预报能力。

2. 气象服务

公众气象服务 从 1958 年开始发布公众天气预报，通过广播站广播，服务于生产生活。1991 年 7 月建立天气预报警报网向各乡镇和各相关单位每天 2 次发布 24 小时天气预报和重大天气预报。1986 年建成电视天气预报制作系统，通过县电视台播报 24 小时各乡镇天气预报，进一步扩大了服务面。1999 年 4 月建立“121”电话天气预报自动查询系统，答询 24 小时天气预报，未来 3 天天气趋势预报及各种气象信息。

决策气象服务 铁力市气象灾害主要有干旱、暴雨、大风、暴雪、寒潮、霜冻等。在决策服务中，以防灾抗灾为重点，围绕市政府指挥农业生产和防灾提供决策服务。从 1988 年开始提供年景分析及各季节性长期预报，从 1992 年起开展 15 项农业系列化服务，从 2007 年开始发布灾害性天气预警信息。气象部门积极有效地开展气象服务，取得了显著成效。如 2008 年 9 月 23 日寒潮预报、2003 年至 2008 年水稻插秧预报、2009 年 3 月 9 日暴雪预报，由于及时向市领导汇报，及时采取防范措施，避免重大损失。

专业与专项气象服务 1983 年起开展人工影响天气工作，现有作业高炮 4 门，车载火箭发射架 1 部，在乡镇设立 3 个高炮作业点，火箭流动作业点。2004 年至 2008 年共作业 39 次，作业效果良好，人工增雨防雹工作取得了明显的社会效益和经济效益。1993 年开展气球庆典服务。1999 年开展防雷设施检测安装、图纸审核、竣工验收、工程施工等。

气象科技服务与技术开发 1985 年起开展专业气象有偿服务。1994 年 4 月与电信合作开展“121”电话天气预报自动答询业务。

气象科普宣传 1990 年起参加市政府举办的科普大集活动，进行科技咨询，现场发放气象科普资料，进行气象知识宣传，到 2008 年发放气象科普宣传材料 30000 余份。每年“3·23”世界气象日都组织科普宣传活动，2000 年起将气象观测场设为气象科普基地，每年“3·23”邀请中小学生进行参观，增长气象知识。

法规建设与管理

1. 气象法规建设

围绕业务建设和气象服务下发的文件主要有《铁力市人民政府办公室关于加强雷电安全防护工作的通知》(铁政办发〔2000〕48 号),铁力市建设局、气象局联合下发的《关于加强建设项目防雷工程管理工作的通知》(铁建发〔2003〕2 号)。

2. 社会管理

行业管理 为了加强气象行政管理,经培训考核,有 4 人取得气象执法资格证书。2000 年将气象探测环境保护标准到县规划局进行了备案,取得主管部门对探测环境保护的支持。2008 年某房地产开发公司在气象观测场西北 100 多米处,准备开发房地产,气象局通过执法,使该公司放弃了开发。2000 年起将施放氢气球纳入了市政府监管范围。2000 年起防雷管理也纳入了市政府监管范围。近几年,防雷检测 870 个,审核图纸 65 份。每年春季、秋季与安监部门联合对易燃易爆场所、新改(扩)建筑物、构筑物等重点单位进行防雷安全检查,累计 285 家。

政务公开 从 2003 年起开展了政务公开,对内设立公开栏,对外设立公开板。公开板内容包括机构设置及职能,文明单位创建目标,防雷装置检测、收费项目标准,依法行政依据和范围,气象专业服务收费项目标准。公开栏内容包括年度预、决算,工程发包,人事任免,年度计划,重大事项决策,目标管理,职工福利,固定资产状况,气象服务质量等。

党建与气象文化建设

1. 党建工作

支部组织建设 建站之初有党员 2 名。1962 年成立了党支部,1980 年至 2008 年先后发展 11 名党员,支部组织建设不断得到加强,在气象事业发展和服务地方经济建设中发挥模范带头作用。2003 年被铁力市委评为标准化党支部。

党风廉政建设 高度重视党风廉政建设工作,建立了党风廉政建设责任制,制定了保持共产党员先进性长效机制,建立了"三会一课"制度、党员民主评议制度、党员联系群众制度、党建目标管理制度、政务公开制度以及领导廉政承诺制度。以制度约束党员,以领导干部廉政勤政带动党员,促进了党风廉政建设。

2. 气象文化建设

精神文明建设 从 1985 年起历届班子均成立了精神文明创建组织,坚持两个文明一起抓,把业务服务工作与精神文明建设紧密结合起来,提高职工的文明素质。同时建立了学习和考核制度、练功制度。精神文明创建做到了年初有规划、年终有总结。

文明单位创建成效显著。2005 年被省气象局评为双文明建设先进单位,同年被铁力市委、市政府命名为市级文明单位，2007 年晋升为市级文明单位标兵，至 2009 年一直保持市级文明标兵单位称号。

铁力市气象局重视气象文化建设，建立了图书阅览室，职工活动室，购置了体育器材，丰富了职工文体生活。

3. 荣誉

建站以来，铁力市气象局获各类集体荣誉 10 余项。突出的有：2005 年获全国气象系统先进集体、局务公开先进单位。2005—2006 年、2008 年获省气象局人工增雨防雹工作先进单位。2005 年获省气象局双文明建设先进单位。

台站建设

台站综合改造 建站以来，铁力市气象局更换办公地址 1 次。1984 年原办公楼停用(2005 年拆除)，新办公楼投入使用。新办公楼为 453 平方米三层建筑，2005 年 7 月对办公楼进行了改造扩建，使用到今。

改造扩建后，办公条件显著改善。楼内设有天气预测预警中心、地面观测值班室、男女休息室、仪器室、图书室、会议室、乒乓球室、室内卫生间等。全部更换了办公桌椅，购置微机 10 台。

园区建设 园区建设共分为两块，一块是观测区。观测场采用金属围栏，用彩色混凝土预制板铺设甬道 100 延长米。观测场至办公楼的甬道两旁用榆树墙绿化约 200 延长米，同时院内种植花草约 45 平方米。另一块是办公区。铁力市气象局办公楼临街而建，在临街一侧栽植松树、柳树、野玫瑰数十棵。

改造前办公业务楼

2005 年改造后办公楼

乌伊岭区气象局

乌伊岭是 1970 年新建区，位于黑龙江省东北部，小兴安岭顶峰东段。年平均气温 0.6℃，历史极端最低气温为零下 47.9℃，历史极端最高气温为 35.2℃，≥10℃历年平均积温为1919.8℃·日。年平均降水量为577.2毫米。

机构历史沿革

始建情况 乌伊岭区气象站1970年开始建设,1973年11月1日正式开始地面气象观测,并积累气象资料。地理位置为乌伊岭区南山,北纬48°34′,东经129°26′,海拔高度404.5米,为国家一般站,现为国家基本气象站。

建制情况 1970—1980年以地方政府管理为主,气象业务由伊春市气象局主管。1980年7月起,改以气象部门为主的双重领导体制。当年改称乌伊岭区气象科,1990年改称气象局。

名称及主要负责人变更情况

名称	时间	内设机构	主要负责人
乌伊岭气象站(建站阶段)	1970.11—1972.12		李应铭
乌伊岭气象站	1973.1—1975.12	预报组、测报组	王传录
乌伊岭气象站(1977年8月—1980年6月) 乌伊岭气象科(1980年7月—1980年12月)	1976.1—1978.12	测报组、预报组	刘　杰
乌伊岭气象科	1979.1—1980.7	测报组、预报组	张　秀
乌伊岭气象科	1980.8—1984.2	测报组、预报组	李　斌
乌伊岭气象科	1984.3—1986.4	测报组、预报组	陈立新
乌伊岭气象科(1986年5月—1989年12月) 乌伊岭气象局(1990年1月—1991年6月)	1986.5—1991.6	测报股、预报股	张英华
乌伊岭气象局	1991.7—1995.5	测报股、预报股	王延良
乌伊岭气象局	1995.6—2007.11	测报股、预报股、防雷办	喻晓天
乌伊岭气象局	2007.12—2008.5	测报股、预报股、防雷办	张修典
乌伊岭气象局	2008.6—	测报股、预报股、防雷办	王海南

人员状况 乌伊岭气象局1973年建成时有17人,其中党员3人,本科学历2人,中专学历2人,高中学历2人,初中学历11人。1978年底气象职工13人,其中党员3人,助工1人、助理技术员1人,本科学历1人、中专学历1人、高中学历3人、初中学历8人。2008年底,气象职工6人,其中党员2人,本科学历3人、大专学历3人,工程师1人,50岁以上1人、30～40岁2人、30岁以下3人。

气象业务与服务

1. 气象业务

气象观测 1973年11月开始气象观测,项目主要有温度、湿度、风向风速、气压、降水、云、能见度、天气现象、日照时数、0～20厘米地温、蒸发、地面状态等,每天进行4次定时观测。1992年开始改为3次定时观测,夜间不守班。2004年,按照统一部署,完成了自动气象站的安装调试工作并开始试运行。自动气象站数据定时向省气象网络中心上传。2005年开始自动气象站与人工气象站双轨运行对比观测。2005年开始以自动站数据进行编发电报。2006年自动气象站进入单轨运行。1973年11月到2006年12月为国家一般站，2007年1月到2008年12月为国家基本气象站。

气象信息网络 1980年7月到1998年气象电报由人工编报后，通过电话传报给市气象局转发。1999年开始启用分组交换网编发气象电报。2006年1月通过宽带网络，每小时向省气象网络中心上传自动站实时数据，并调用各种气象信息。1983年配备123型传真机接收天气预报图表。2008年7月将1974—2003年的气象记录档案气簿-1、温度、湿度、气压、风向风速、雨量自记纸整理归入黑龙江省气象局档案馆，区气象局只保留5年的气象记录档案。所有的气象记录和有关文件都实现了纸质与电子版同时保存归档。

气象预报 乌伊岭气象局自建站到1980年，每天通过79定频接收机、CZ-80传真机接收中央台发的08时500百帕、700百帕、850百帕、地面等四层亚欧图；20时500百帕半球图、700百帕亚欧图；05时东亚地面图，以此为依据，结合本地区实际，通过五年滑动平均预报、时间剖面图等方法，为地方政府提供中期和短期天气预报，同时向地方政府提供实测气象数据。1980—1987年在原有基础上增加了长期预报、不定时预报、重大节日预报、灾害性天气预报。1987年后，通过传真机接收的云图和各种天气图，结合本站资料和预报方法，制作天气预报。2001年开始通过分组交换网接收伊春市气象局的指导预报，并以电码形式编发乌伊岭区的城镇天气预报。2007年建成可视化天气会商系统，同时开展短时临近预报。

2. 气象服务

公众气象服务 乌伊岭区气象局从1973年11月开始发布天气预报，通过区广播站向公众广播，服务于百姓生活。1974年建立天气预报警报网，每天向13个林场(所)、粮库等，2次发布24小时天气预报和重大天气预报，扩大了服务面。

决策气象服务 自建局起就围绕林区生产和森林防火、防汛开展决策气象服务。主要形式是定期向当地政府提供短、中期天气预报和不定期提供灾害性天气、重大天气的预报服务。在防火期内、林火发生时加发火险等级预报、启动应急预案、发布预警信号等突发灾害天气预报服务。如1990年7月24日暴雨的预报，由于预报准确并及时向区领导汇报，为防灾工作争取了主动，各单位采取有效防范措施，避免了重大损失。1994年3月到6月，共出现16次大风，由于及时提供森林火险等级预报，各单位加强了防范，有效地控制了森林火灾的发生。

专业与专项气象服务 2000年开展防雷装置检测业务，对区内易燃、易爆及建筑物防雷设施进行周期检测，对新建建筑物的防雷工程进行竣工验收。为森林防火提供气象保障，从1994年开始编发火险等级报，2007年开始对森林可燃物进行观测，每年3月15日至7月15日、8月15日到积雪覆盖，对森林地被物含水量进行定期取样观测，并将观测资料上报省气象台，为制作林区火险等级预报提供依据。1985年开展专业气象有偿服务。服务内容包括出据气象凭证、灾害评估等。

气象科普宣传 2003年起参加区政府举办的科普宣传活动，现场发放气象科技资料，进行气象知识宣传；每年“3·23”世界气象日，开放气象站，邀请中小学生进行现场参观学习，并组织职工在区中心地段，设宣传台，并以条幅、传单、图板等形式宣传气象知识及气象法规。

法规建设与管理

1. 气象法规建设

围绕业务建设和气象服务下发的文件主要有《关于调整区雷电防护管理领导小组成员的通知》(乌伊编〔2000〕3号)、《乌伊岭区人民政府办公室关于防雷防静电检测的通知》(乌伊政办发〔2001〕6号)、《乌伊岭区气象探测环境保护标准的通知》(乌伊政办发〔2007〕25号)等。

2. 社会管理

行业管理 2007年将气象探测环境保护标准在区规划局进行了备案,取得主管部门对探测环境保护的支持。2007年对乌伊岭森警部队在气象观测场南面违法建楼房成功进行了执法,保护了探测环境。2000年防雷管理纳入了区政府监管范围,每年春季、秋季与安监等部门进行防雷安全检查。每年对22个单位的防雷装置进行安全检测。

政务公开 从2005年起开展了政务公开,对内设立公示栏,对外设立公示板。公示板内容包括机构设置及职能,文明单位创建目标,防雷装置检测收费项目标准,依法行政的依据和范围,气象专业服务收费项目标准。公示栏内容包括财务公开、政务公开、人事管理等内容。

党建与气象文化建设

1. 党建工作

支部组织建设 建站之初有党员3名,现有党员2名,由于党员少,尚未成立独立支部,现为与地方热力公司的联合支部,归地方党委领导。

党风廉政建设 恪守"廉洁、为民"的工作理念,以"提高业务能力、推进科学发展、构建和谐单位"为中心,始终把党风廉政建设置于重要位置来抓,创新举措,狠抓落实,取得了明显成就。全局上下形成了"思廉崇廉、拒腐防腐"的良好氛围。

2. 气象文化建设

从1980年起历届班子均成立了精神文明创建机构,同时建立了学习制度、考核制度、奖惩制度、年度工作计划等。2004年成立了精神文明创建领导小组,补充建立了政治理论学习制度、业务工作规划、创建服务型节约型单位规划以及文明单位创建规划等。精神文明创建做到了年初有规划、年终有总结。

文明单位创建成效显著。2001年被乌伊岭区委、区政府评为区级文明单位,2004年晋升为区级文明单位标兵,2007年晋升为市级"文明单位",至今一直保持市级文明单位的称号。

3. 荣誉

1990 年以来,共获得集体荣誉 20 多项,其中突出的有 1990 年 7 月 24 日暴雨预报服务,受到国家气象局奖励。2000 年到 2008 连续 8 年被乌伊岭区委、区政府评为全区社会治安综合治理"优秀达标单位",2003 年被乌伊岭区委、区政府评为优质服务"先进单位",2005 年在城镇防火工作中被乌伊岭区委、区政府授予"先进集体"称号,2006 年乌伊岭区委、区政府授予支持林区经济社会建设"先进单位"称号。

台站建设

台站综合改造 建站时仅有平房 200 平方米,观测值班室、办公室混合使用,冬季用木头柈子取暖,条件非常艰苦。1990 年新建办公楼 280 平方米,办公条件有所改善。2004 年对现有办公楼进行综合改造,更换了彩钢楼顶,粉刷楼体,更换了室内门、窗等基本设施,安装了水暖等基础设施。综合改造后,办公条件明显改善。其中业务办公用楼 280 平方米,设有测、预报值班室、资料室、器材室、办公室、会议室、宿舍、锅炉房。

园区建设 2005 年对观测场进行了改造,重新铺设了观测场甬路道板砖,种植了三叶草并安装了草坪灯。2008 年再次进行庭院改造,新建铁艺围墙 98 延长米,砖墙 136 延长米,新建电动大门宽 8 米、水泥路面 1040 平方米,铺设道板砖 1210 平方米。

1990 年业务楼全景

2004 年业务楼全景

五营区气象局

五营区(林业局)地处黑龙江省东北部,小兴安岭南坡腹部。年平均气温为 0.2℃,年降水量为 626.8 毫米,年最大降水量为 832.7 毫米,年平均蒸发量为 1007.8 毫米。灾害性天气主要有大风、暴雨、低温冷害、霜冻、飑线、高温日灼、寒潮、冰雹。

机构历史沿革

1. 始建情况

五营站始建于1957年，位于东经129°51′，北纬47°52′，观测场海拔高度为283.5米，10月1日开始观测。

站址变迁 1963年1月1日，因受水灾影响，站址迁到现址，地处东经129°14′，北纬48°06′，观测场海拔高度为288.0米。

沿革情况 1960年省气象局决定，改称五营林业气象试验站。1987年，五营站定为国家一级林业气象试验站，主要对五营优势树种的苗木和林木物候进行观测，并承担国家、省、地三级林业课题的试验研究任务。2005年，中国气象局定为唯一的森林生态试验站。

2. 机构建制

领导体制 五营建站时属省气象局建制。1968年10月至1980年10月以区革命委会为主领导。1980年10月至今，实行以气象部门为主的双重领导体制。

人员状况 建站初期2人，均为中专学历，党员1人。现在五营区气象局人员编制15人，目前实有9人，平均年龄38岁，其中本科生4人、专科生3人、中专生2人，党员3人，少数民族1人(朝鲜族)，中级职称1人，其余为初级职称。

主要负责人变更情况

领导姓名	性别	任职时间	职务
曾强吾	男	1957—1959	负责
曾强吾	男	1962—1970	站长
宋　毅	男	1970—1972	站长
王永德	男	1972—1986	副站长
刘文焕	男	1972—1974	书记
王淑华	女	1986—	站长

气象业务与服务

1. 气象业务

林业气象观测及试验 1960年，五营林业气象试验站开始进行林内小气候和物候观测，1966年5月，停止林内小气候和物候观测。1981年5月开始进行采伐迹地小气候观测，1984年9结束。1987年晋升为国家一级林业气象试验站，开始对五营优势树种红松、兴安落叶松、红皮云杉的苗木和林木物候进行观测，同时进行作物生长地的土壤湿度和森林可燃物含水量的测定。2005年，定为森林生态试验站，上级投资140万元，建设了2块生物观测场和1个梯度观测场，在70米高的梯度塔，设置了8个平台，放置了1个七要素自动站，7个四要素自动气象站，并购置了涡动相关、冠层分析仪、光谱分析仪、人工智能气候箱、电烘箱、电子天平、酸度计等设备，建设了理化试验室和生态监控室；7月1日开始对森林中常规气象要素、森林边界层、大气降尘、酸雨、碳通量和水汽通量、森林群落结构、凋落物、物候期、森林生长状况、枯枝落叶层含水量、树干径流以及森林生态灾害进行观测。

2005年建设的生态站梯度塔

建站以来，开展了多项试验研究。1989—1992年，完成了《红松、落叶松、红皮云杉裸根苗培育与气象因子的关系》的研究，探索出红松、落叶松、红皮云杉不同温度播种、不同解冻深度换床、不同苗床新播与换床的最适宜播种与换床指标，达到了国内同类研究的领先水平，部分研究项目填补了国内空白，该项目曾获伊春市科技进步一等奖。2007年与中国气象科学研究院共同完成了《生态气象观测资料质量控制、分析技术和应用研究（CMATG2007M09）》项目；2008年与中国气象科学研究院共同研究完成了《生态气象质量评估与陆面过程模式改进研究》项目。根据林木观测资料及试验成果，撰写了多篇论文，其中论文《温度与适时作业对苗木产量质量影响的试验研究》，是通过对温度与苗木生长关系的研究，确定出了育苗生产适时作业有关的最佳的定量气象指标，明显的提高了苗木“三率”和苗木的产量、质量而且增加了苗木抵抗各种灾害的能力，解决了由于热量不足给林区育苗生产带来的难题。这篇论文获省气象系统重要农气服务二等奖，并在中加（加拿大）农业专家学术研讨会上进行了学术交流。

气象观测 建站初期，地面观测项目主要有气压、气温、湿度、风向、风速、降水、蒸发（小型）、日照、地温（曲管和直管）、积雪深度、积雪密度以及云量、云状、能见度、天气现象；目前观测的项目有气压、气温、湿度、风向、风速、降水、蒸发（小型）、日照、地温（曲管）、积雪深度以及云量、云状、能见度、天气现象。1974年1月，停止观测1.6米和3.2米直管地温表。1980年1月，停止观测40厘米和80厘米直管地温表。2003年9月建设了自动气象站，自动观测项目有气压、气温、湿度、风向、风速、降水和地温，采集器自动采集，观测数据每小时自动上传至省气象网络中心。2006年开始投入单轨运行。

气象预报 20世纪70年代初期，开始收听省台天气形势广播的资料绘制简易天气图，结合本站资料、群众看天经验，制作24小时天气预报。1985年配备了123型传真机，接收数值预报物理量传真图，以此为基础制作预报产品。1998建立了PC-VSAT小站，开始接收卫星广播的高空、地面常规气象资料，卫星云图，数值预报产品，制作24小时和48小时预报产品。《小兴安岭森林生态环境质量评估报告》，为政府部门进行生态环境建设和保护的科学决策提供服务。

2. 气象服务

公众气象服务 每天通过广播、电视等发布五营区24小时天气预报。

决策气象服务 重点围绕森林防火、防汛对区政府开展决策服务。每年在春秋防火期、夏季防汛期向区政府提供不定期气象预报。遇有重大天气变化及时向区领导提供预报情报。

专业与专项气象服务 1988年开始进行专业气象有偿服务。从1992年开始,围绕营林生产的各个环节,向地方领导和服务用户提供11项营林系列化服务,包括旱涝分析、营林撤土、盖土、最佳移苗期、造林期、苗床病虫害、红松种子产量、初终霜日期及冬季生产等预报情报内容。服务手段从原来单一的纸质服务材料,发展到现在的电话、电视、因特网、手机短信等多种手段。2000年成立了五营区雷电防护管理委员会,办公室设在五营气象局,下设防雷检测站,每年对五营辖区的建筑物、构筑物、易燃易爆场所、微机室的防雷装置进行一次的常规检测,对新建建筑物、构筑物防雷工程进行竣工验收。

气象科普宣传 充分利用"3·23"世界气象日及广播、电视等新闻媒体,开展气象科普宣传。

气象法规建设与管理

1. 社会管理

行业管理 积极推动防雷管理,2000年区人民政府办公室下发了《五营区人民政府办公室关于加强雷电防护和防雷设施安全检测工作的通知》(〔2000〕11号),区政府成立了防雷办公室,设在气象局,防雷办公室下设雷电防护设施检测站,负责全区防雷工程设计安装、开工检查、竣工验收、防雷设施的管理、检测等职责,并为区政府防雷减灾决策提供依据。

切实加强气象探测环境保护工作,2008年初,向区政府上报了《关于保护气象探测环境的请示》,文件标明了气象站探测环境保护标准、探测环境保护控制图等。区政府批复(五政发〔2008〕1号文件)文件要求:城建和土地管理部门要根据城市建设规划和气象探测环境的要求进行用地的设计和审批工作,对破坏气象探测环境的,将视情节轻重给予行政处罚。

政务公开 设立了政务公开栏,向社会公布了五营气象局机构、工作职责、依法履行的管理职能及依据、执法程序、防雷收费依据和标准、专业气象有尝服务收费依据和标准以及投诉电话。

定期召开政务会议,向职工公开工程招投标、资金使用与工程进度等情况,公开单位收入与支出情况,公开福利与奖金情况,公开人事任命情况,公开单位近期重点工作、决策工作情况,公开各月业务质量和服务情况等。

党建与气象文化建设

1. 党建工作

支部组织建设 1972年建设党支部,有党员3人。1994年五营区党支部改由伊春市气象局党总支管理,有党员3人。

党风廉政建设 把廉政建设融入气象业务建设、领导班子建设、干部队伍建设之中，以教育为基础、以制度为保障、以监督为重点，落实“一岗双责”责任，把反腐倡廉建设纳入年度工作目标管理；加强廉政教育，开展了以“学”促廉、以“警”示廉、以“文”扬廉和廉政知识竞赛等活动，让廉政意识更加深入人心；加强监督管理，全面贯彻落实党风廉正建设制度，进一步完善并落实政务公开、民主决策等规章制度，设立举报电话，设立廉正监督员，对容易发生以权谋私、权钱交易环节进行监督。

2. 气象文化建设

精神文明建设 在精神文明建设中，一是组织落实，以“一把手”为组长及分管领导为成员的精神文明建设领导小组，形成了一把手亲自抓，主管领导专门抓，全站动员的创建格局。二是责任落实，对创建工作实行了目标责任制，纳入了领导任期目标，推行了百分考核办法。三是内容落实，结合实际制定精神文明创建方案，几年来先后开展了四项基本原则教育、职业道德教育、预防职务犯罪教育、基础法律知识教育、“三个代表”重要思想学习等创建活动内容。四是方法落实。在创建工作上，做到有针对性，在求实上下工夫，通过集中学习、座谈讨论等方法，使职工牢固树立起全局观念，充分发挥人的积极性、主动性和创造性。与此同时，加强了办公环境等基础设施建设。

文明单位创建 坚持“两手抓，两手都要硬的方针”，以创建省级文明单位为目标，提出了以思想道德教育为重点，提高职工的政治素质；以科学文化建设为重点，提高职工的业务文化素质；以加强反腐倡廉为重点，提高干部品德素质；以开展“荣辱观”教育为重点，提高职工言行素质。一方面坚持开展政治思想教育，坚持用科学发展观武装头脑、指导工作，另一方面要求全体职工，讲文明、讲科学、讲正气，恪守文明守则。通过开展一系列文明活动，全体职工思想道德素质，文明行为得到很大提高。2006 年被省政府授予省级文明单位称号。

文体活动 为陶冶职工情操、活跃职工文化生活，每年元旦、春节均举办文艺联欢会，在“三八”节、“五四”青年节、“七一”组织职工开展各项娱乐活动。2008 年五营区政府召开了五营第九届运动会，单位积极组织职工参加了环城、四百米接力、铅球、跳高、跳远等多个项目。

3. 荣誉

集体获得的主要荣誉

获奖年份	奖励情况	颁发单位
1993 年、1995 年、1996—1997 年度、2000—2001 年度	支援林区建设“先进单位”	区人民政府
1986 年、1995 年、1997 年、2001 年、2003 年、2004 年	全省气象部门“双文明”建设先进单位	黑龙江省气象局
1997 年、1998 年、1999 年、2001 年、2003 年、2004 年、2005 年	“双文明”建设先进集体	伊春市气象局
1996—1997 年度	科技工作先进单位	区人民政府

续表

获奖年份	奖励情况	颁发单位
2004 年	文明单位	伊春市气象局
2006 年	文明单位	省委、省政府
2006 年 12 月	全省气象部门“先进气象台站”	黑龙江省气象局
2007 年 3 月	气象行业“先进台站”	伊春市政府
2007 年 3 月	五营区 20 年(1987——2006 年)无森林火灾“贡献单位”	五营区委、区政府
2007—2008 年度	全省气象部门先进台站标兵	黑龙江省气象局
2008 年 4 月	先进集体	伊春市气象局
2008 年 12 月	黑龙江省金牌服务单位	黑龙江日报社会信誉百姓评价活动组委会

获得省部级以下综合表彰的先进个人

姓名	年度	授奖种类	发奖机关
王风梅	1987 年、1992 年、1993 年	区“先进工作者”	区政府、区工会
贺德清	1990 年、1997 年	“记功”奖励	伊春市气象局
	1993 年	“记大功”奖励	伊春市气象局
	1990 年	五营区“双文明”先进个人	五营区政府、区工会
	1996—1997 年度	“区劳动模范”称号	区政府
方喜兰	1976 年	全省气象部门先进工作者	黑龙江省气象局
	1984 年、1985 年、1986 年、1989 年、1991 年、1994 年	先进个人	区政府
	1984 年、1991 年	五营区“双文明”先进个人	区政府、区工会
	1985 年、1994 年、1996 年	“记功”奖励	伊春市气象局
王淑华	1997 年、2002 年	全省气象部门模范工作者	黑龙江省气象局
	1995 年	黑龙江省气象局中青年优秀人才	黑龙江省气象局
	2002 年	市气象系统文明职工	伊春市气象局
	1982 年、1992 年、1996 年	“记功”奖励	伊春市气象局
	1998—1999 年度、2000—2001 年度	区劳动模范	区委、区政府
	1996—1997 年	区先进科技工作者	五营区委、区政府
	1994—1995 年度	“双文明”先进个人	区委、区政府

台站建设

1963 年迁至现址，办公室是平房，冬季值班员自己烧炉子取暖。1986 年建设办公楼，面积为 600 平方米，并建设了锅炉房，改造了冬季取暖条件。2002 年开始台站综合改造，办公楼内外进行了装修，修建了 400 延长米围墙，更换了办公桌椅，更新了锅炉，办公条件进一步改善。2006 年，安装了自来水、建设了室内卫生间，铺设水泥路面 800 平方米、平整绿化场地7000平方米、栽植绿化树1000多株，每年栽花2000余株。综改后，办公楼宽敞明亮，院内绿树成荫，成为五营区一道靓丽的风景线。

1964年的办公室

2002年的办公楼

鸡西市气象台站概况

鸡西市位于黑龙江省东南部，下辖密山市、虎林市、鸡东县和6个区，幅员面积22531平方千米，人口200万。年平均气温4.2℃，最高气温出现在7月，极端最高气温为37.6℃(1982年)，最低气温出现在1月，极端最低气温为零下35.1℃(1951年)，年平均降水量542.0毫米。

气象工作基本情况

历史沿革 鸡西气象站始建于1948年，1954年定为国家基本气象站，1991年定为国家基准气候站。虎林气象站始建于1956年，1960年被确定为国家一级农气站，1964年被确定为国家基本气象站。密山气象站始建于1958年，鸡东气象站始建于1966年，均属国家一般气象站。

领导体制 1949年由东北军区司令部气象处领导。1953年由松江省农林水利局领导。1954年至1970年，双重领导体制变动2次。1971年实行军事部门与地方政府双重领导，以军队为主的管理体制。1973年实行地方政府与省气象部门双重领导，以地方为主的管理体制。1980年实行以省气象局和地方政府双重领导，以省气象局为主的管理体制，一直延续至今。

从1992年起鸡西市气象局对行政区内的鸡东、虎林、密山气象局实施管理，此前上述三站和鸡西局由牡丹江气象局管理。

人员状况 2008年全市气象部门定编71人，其中国家气象编制51人，地方编制20人。现有在编职工81人。本科以上学历38人，大专学历30人。高级职称3人，中级职称42人。

主要业务范围

地面观测 全市现有地面气象观测站4个，其中1个国家基准气候站、1个国家基本气象站、2个国家一般气象站。区域自动气象站57个，其中两要素站53个，四要素站4个。1个国家一级农气站，2个酸雨监测站，1个雷电监测站。

国家一般气象站(密山、鸡东)的观测项目有云、能见度、天气现象、气压、气温、湿度、风、降水、雪深、日照、小型蒸发、地温等，每天08、14、20时3次定时观测，发报任务有每天3次加密气象观测报、重要天气报、气象旬(月)报。

虎林国家基本气象站增加冻土、电线积冰、雪压和 E-601B 型蒸发器观测。每天进行 02、05、08、11、14、17、20、23 时 8 次观测 8 次天气报，承担航空报、危险天气报和重要天气报、气象旬(月)报发报任务。

鸡西国家基准气候站每天进行 24 小时地面观测，编发气候月报、气象旬(月)报、重要天气报，每天编发 06—18 时固定航危报。

国家一级农气站(虎林)进行小麦、大豆、水稻及物候观测，土壤墒情的测定。

酸雨监测站(鸡西、虎林)测量降水样品的 PH 值与电导率，每天 13 时前上传酸雨日数据文件，编制酸雨观测报表。

雷电监测站(鸡西)进行雷电灾害的监测和预警。

2003 年开始建设地面自动气象站，改变了地面气象要素人工观测的历史。2003 年 8 月 1 日—2005 年 1 月 1 日，自动气象站陆续进入双轨运行，2006 年 1 月 1 日投入单轨运行。

气象预报服务 短时天气预报(0～12 小时)和短期天气预报(12～72 小时)主要面向社会公众，每天通过电视、报纸、广播电台、“12121”电话、手机气象短信、气象网站、电子显示屏等多种渠道向公众传递天气信息。中期天气预报(预报时效 4～10 天)和长期天气预报(预报时效 10 天以上)主要服务于政府有关部门及专业服务用户。随着气象现代化建设的发展，气象卫星综合应用业务系统、卫星云图接收系统、省—市—县气象信息传输系统等各种先进技术的运用，预报准确率提高，天气预报向精细化、个性化方向发展，以不断满足社会各界和广大人民群众的需求。

鸡西市人工影响天气工作始于 1975 年，利用鸡西军分区的“三七”高炮开展人工增雨作业。从 1979 年开始，通过省气象局调配和地方政府购置“三七”高炮，开展人工增雨、防雹作业。2003 年，市、县两级地方政府投入资金购置了人工影响天气车载式移动火箭发射装置。目前全市共有“三七”高炮 19 门，车载式火箭发射架 6 台。

鸡西市气象局

机构历史沿革

1. 历史沿革

鸡西气象站始建于 1948 年，观测平台设在鸡西矿区党委二层白楼的楼顶，1949 年 1 月 1 日开始观测。观测场位于北纬 45°17′，东经 130°57′，海拔高度 190.5 米。1957 年 7 月 1 日，站址迁至南山郊外，距原址 1500 米处。1984 年，成立鸡西市气象局，实行局、站合一的管理体制。1988 年 1 月，鸡西气象站改建为气象台(正处级)。1991 年 1 月 1 日，观测站迁至和平南大街。1992 年 1 月，观测站调整为国家基准气候站。2004 年 1 月 1 日，观测站迁至红星乡鸡兴村郊外新址。观测场位于北纬 45°18′，东经 130°56′，海拔高度 280.8 米。

2005年11月，鸡西市气象局业务平台整体搬迁到新址办公楼。

2. 建制情况

领导体制和机构设置 1949年4月，鸡西气象站由东北军区司令部气象处直接管理；1950年2月，由牡丹江中心台领导；1951年6月，由鸡西县武装部领导。1953年10月，由松江省人民政府农业厅领导。1954年8月，实行以省气象局为主的双重领导。1958年8月，改由地方政府为主的领导体制。1964年4月，改由黑龙江省气象局为主领导。1968年8月起，实行地方为主的管理体制。1971年1月，以军队为主领导。1973年7月，实行地方政府为主的领导体制。1980年5月起，实行以省气象局和地方政府双重领导，以省气象局为主的管理体制，一直延续至今。

1988年1月，鸡西市气象站改建为气象台，鸡西市气象局成为正处级单位，由牡丹江气象局代管，下设观测站、预报室、服务科、办公室、服务公司5个科室。1990年2月起，鸡西市气象局由省气象局直接管理。现设办公室、业务科技科、计划财务科3个职能科室，气象台、基准气候站、气象科技服务中心、防雷中心、后勤中心、执法大队6个直属单位。

人员状况 1948年建站时，只有2人；1978年底，有职工14人。1988年气象台成立时，定编40人。其中气象编制20人，地方编制20人。现有职工55人，其中气象编制35人，地方编制20人。59～50岁7人，49～40岁32人，39～30岁9人，29岁以下7人。本科以上学历29人，大专以上学历15人。高级职称3人，中级职称30人。

名称及主要负责人变更情况

单位名称	姓名	职务	任职时间
鸡西气象站	唐　昆	负责人	1949年1—10月
	苏　群	负责人	1949年10—12月
	李绍俊	负责人	1949年12月—1953年4月
	陈际爽	站长	1953年4—9月
	王忠全	站长	1953年9月—1954年7月
	杜继康	站长	1954年7月—1956年11月
	欧阳午	站长	1956年11月—1958年8月
	朱秉钧	站长	1958年8月—1962年9月
	李聚会	站长	1962年9月—1975年5月
	徐　成	指导员	1972年12月—1973年2月
	王忠林	站长	1975年5月—1978年4月
	陈殿荣	站长	1978年4月—1983年6月
	陆　选	站长	1983年6月—1984年5月
	韩精强	副站长	1984年5月—1988年1月
鸡西市气象局（鸡西气象台）	陈印西	副局长	1988年1月—1990年2月
	李玉清	局长	1990年2月—1995年2月
		党组书记	1990年11月—1997年7月
	于仕成	局长、党组书记	1997年7月—2003年3月
	陈兴东	副局长、党组副书记	2003年4月—2006年1月
	陈兴东	局长、党组书记	2006年1月—

气象业务与服务

1．气象业务

①气象观测

1949年1月至1955年4月每天进行02、08、14、20时4个时次地面观测；1955年5月至1991年12月每天进行02、05、08、11、14、17、20、23时8个时次地面观测，编发8次地面天气报；1992年1月起，每天进行24小时地面观测。观测项目有云、能见度、天气现象、气压、气温、湿度、风、降水、雪深、雪压、日照、电线积冰、冻土、蒸发（4—9月观测E-601B型蒸发器，其它时间观测小型蒸发器）、地面温度、浅层地温及深层地温，1982年5月至2003年9月观测遥测雨量计。鸡西国家基准气候站是参加全球气象资料交换的测站，1983年1月开始编发气象旬（月）报；2004年7月—2008年5月增加了降水降尘观测，每旬对采集的样品进行化验；2005年6月安装了闪电定位仪，进行雷电灾害的监测和预警；2007年1月编发气候月报，当月增加了酸雨观测业务，每天13时前上传酸雨日数据文件，月末形成月报表归档、保存。

自1986年起使用PC-1500袖珍计算机取代人工编报。1994年7月配备了386微机，使用微机进行计算编报，提高了测报质量和工作效率。2004年建成了CAWS600-S型自动气象站，于2005年1月1日正式投入业务运行。自动站观测项目包括温度、湿度、气压、风向风速、降水、蒸发（4—9月）、地面温度和草面温度，除草面温度外均进行人工并行观测。2006年1月1日起以自动站资料为准发报，自动站采集的资料与人工观测资料均存于计算机中互为备份，每月定时复制光盘归档、保存，并形成月、年报表上报中国气象局和省、市气象局。1999年起通过分组信息交换网向省气象局传输月报表文件，停止报送纸质报表。

航危报任务较重。1950年1月至8月，编发2次航空报；1971年4月至1995年12月，向牡丹江机场编发24小时航危报；1996年1月起，每天编发06—18时固定航危报。

②气象信息网络

建站以来，天气预报所需信息主要靠无线人工手抄、发报，由译电员解密后把电码转为符号填在天气图上，再由预报员绘制天气图经过分析做出天气预报。1974年通过接收黑龙江广播电台发布的天气形势分析，手工绘制天气图经过分析做出天气预报。1986年开始使用传真机收报，逐步取代了人工填图、画天气图的历史。1997年底鸡西局气象卫星综合应用业务系统投入使用，形成以卫星通信为主与地面通信相结合的现代化气象网络系统，该系统可以传输数据、图形、文件等。远程气象电视电话会商系统于2005年投入使用。2007年将原来由PC-VSAT接收设备转换为U6接收设备，大量的资料信息从网络中调出供预报员参考使用。为提高预报准确率创造了条件。

1955年5月以后，观测员手工编写报文后，用电话通过邮电局转发，1999年起先后利用分组网、宽带网向省级业务中心传输气象电报。

③气象预报

气象预报包括短时天气预报、短期天气预报、中期天气预报和短期气候预测。

短时天气预报　2005年起，利用天气雷达、卫星云图资料和区域气象站的观测记录对雷雨、暴雨等灾害性天气信息作出的临近预报或警报。短时预报视气象灾害影响程度或服务需要，不定时制作发布。

短期天气预报 1988 年之前制作县站补充天气预报。1988 年气象站改建为气象台以后，随着 Novell 网、"9210"工程、PC-VSAT 卫星地面接收站、省—市—县电视可视化会商系统的应用，短期预报准确率稳步提高。

中期天气预报 20 世纪 70 年代中期开始制作旬天气预报。20 世纪 80 年代中期，随着数值预报产品的广泛应用，预报人员运用数值预报对形势的分析，结合本地气象资料、短期天气形势、天气过程的周期变化等制作中期天气预报。

短期气候预测 预报种类有月预报、季预报、年预报以及汛期预报、春季防火预报等专题预报。20 世纪 80 年代末，运用数理统计和气候韵律等相结合的方法；20 世纪 90 年代中期引进了预报模式，根据当地的具体情况建立并完善了数据预报指标库、预报方法；20 世纪 90 年代末至今，运用数理统计、天气学、动力学等方法，随着数值天气预报产品内容的增多，短期气候预测准确率有了提高。

1997 年之前，对县站的指导预报通过电话的方式进行。1998 年起，通过局域网以网络信息和电话相结合的方式对县站进行指导。2006 年，省—市—县电视可视化会商系统建成后，对县站的指导预报出现了质的飞跃。

2. 气象服务

公众气象服务 1971 年以前，公众气象服务的服务方式主要是利用电话开展天气预报咨询。1971 年起，通过鸡西广播站和《鸡西日报》向社会刊播短期天气预报。1989 年 8 月起，黑龙江人民广播电台向社会播发鸡西城市天气预报。1995 年 5 月 1 日起，鸡西电视台每天定时播发全市天气预报；1996 年 5 月 1 日起，增播夏季旅游景点天气预报；2004 年 12 月 1 日起，播发冬季旅游景点天气预报。1995 年 7 月，开通了"121"气象预报自动答询业务；2005 年 3 月，"121"升位到"12121"。2001 年 7 月 1 日，鸡西城市天气预报在中央电视台全国旅游城市天气预报节目播发，2002 年初，又在中央人民广播台第一套节目全国旅游城市天气预报节目中播发。2001 年 11 月起，公众可通过定制手机气象短信的方式查询鸡西天气预报。2005 年 8 月起，建立了预警信号发布流程，经市委宣传部批复后，开始通过电视等媒体向社会发布气象灾害预警信号。

决策气象服务 1989 年前，决策气象服务主要以用书面形式为主，内容是旬、月、季、年的天气预报和气候预测，为市政府及有关部门安排生产和防御气象灾害提供气象服务。1990 年开始，开展了农业、防火、防汛系列化服务。2003 年，修订和完善了《鸡西市气象局决策服务周年方案》，使气象决策服务工作进一步专业化、系列化和规范化。2005 年 5 月，开始通过手机短信的形式向市委、市政府及有关部门的领导发布气象灾害预警信息。2006 年 6 月起，气象决策服务系统投入使用。2008 年，准确地预报了 3 月 4—5 日的暴雪、7 月 15—16 日暴雨和 8 月 11—12 日特大暴雨天气过程，及时启动应急预案，进入紧急状态，加强监测、会商，加密发布天气预报预警信息，及时准确向各级部门和公众服务，为防暴雪、防洪抢险胜利奠定了基础。

专业与专项气象服务 1975—1977 年，由于旱情严重，利用鸡西军分区 2 门"三七"高炮，开展了人工增雨作业。2003年，鸡西市人民政府成立了人工影响天气办公室，挂靠在市气象局。2003—2004年，市政府先后投入40万元购置了3部车载火箭，用于人工影响天气作业。

1992年、1995—1997年，与市技术监督局签订协议，联合开展防雷装置周期检测业务。1998年起，独自开展防雷装置周期检测业务，次年开始承揽防雷工程业务。

气象科技服务 1984年起对粮食、电力、砖厂等部门开展了专业气象有偿服务。2003年2月，开始对专业服务用户通过手机短信的形式发布气象灾害预警信息。2004年建立了气象专业服务网站，开展微机终端服务。2006年在市内开展了电子显示屏气象服务业务。

气象科普宣传 1999年编写了《鸡西气象服务手册》，把农业气象知识奉献给农民朋友。2000—2008年，在《鸡西日报》开辟了气象专栏，向广大群众宣传普及气象科学知识。每年的“3·23”世界气象日，都通过设置宣传台、散发宣传材料、气象台站开放等形式，积极开展气象科技宣传活动。2006年，市气象局被省科学技术协会评为鸡西市唯一一家省级青少年科普基地。2007年，市气象局被市旅游局及多家旅行社定为科普城乡之旅精品线景点之一。

法规建设与管理

气象法规建设 1998年12月，鸡西市人民政府下发了《关于加强雷电防护工作的通知》(鸡政办发〔1998〕90号)。2001年4月，下发了《关于进一步加强全市防雷装置检测工作的通知》(鸡政办发〔2001〕29号)。2006年8月，下发了《关于进一步做好防雷减灾工作的通知》(鸡政办发〔2006〕116号)。

行业管理 2003年8月，经市政府确认，市气象局具有行政执法主体资格。2004年4月，市气象局保留了防雷装置设计审核和竣工验收等3项行政许可项目。2004年起，市气象局被列为市政府安全委员会成员单位。2007年，市气象局的104项行政职权得到市政府确认，并在市政府网站上向社会公示。

1998年6月，成立鸡西市雷电防护领导小组，领导小组办公室设在市气象局。2003年开始，每年都与市安全生产监督局组成联合检查组，对全市雷电安全重点防护单位进行专项检查，发现问题限期整改。

1995年7月，与市公安局联合下发了《关于加强施放民用氢气球安全管理的通知》(鸡气字〔1995〕22号)。1998年5月，成立了鸡西市民用氢气球飞行器安全管理办公室。2003年9月，成立了鸡西市氢气球施放资质评审委员会。通过多年的依法管理，施放气球活动有序开展，市场运营规范。

政务公开 2003年起，市气象局开展政务公开工作，制定了《鸡西市气象局局务公开实施办法》，重大事项决策、大额资金分配使用、人事变动、干部任用、财务预决算、建设项目资金筹措、大型设备购置等群众关心的问题，都按制度召开局长办公会研究决定；与群众利益关系密切的工资、奖金、公积金的发放都按月及时公示；行政处罚、行政许可的有关内容以及气象科技服务收费标准都通过气象网站和公示板向社会公示。

党建与气象文化建设

1. 党建工作

党组织建设情况 鸡西市气象站党支部成立于1978年9月，当时有3名党员。1979党员人数增加到6人。现有党员26人。1990年11月成立鸡西市气象局党组。1998年成立鸡西市气象局党组纪检组。多年来，气象局坚持“以抓好党建，促发展”的工作思路，全面推进党的思想、组织、作风和制度建设，党组织发挥了政治核心作用和战斗堡垒作用。

党风廉政建设情况 加强了党风廉政建设和反腐败工作，重视在党员内部进行反腐倡廉教育，每年开展不同主题的党风廉政宣传教育月活动，构筑了党员干部的思想道德防线。建立一系列完整的工作制度，用制度管人、管事。党员干部为构建和谐健康的发展环境提供了保障。

2000年11月14日，原任鸡西市气象局副局长杜慧权，被牡丹江市中级人民法院以贪污罪和受贿罪判处有期徒刑五年。

2. 气象文化建设

精神文明建设 始终坚持开展精神文明建设活动，重视加强职工队伍素质建设，引导职工注重礼仪、文明服务，规范职工文明行为，制定了气象服务标准，向社会公示，丰富职工的文化生活，经常组织开展文体活动，营造了团结和谐、开拓进取的良好氛围。

文明单位创建情况 1998年被鸡西市鸡冠区委、区政府命名为精神文明建设“先进集体”，2000年晋升为“文明单位标兵”，2002年被鸡西市委、市政府命名为“文明单位”，2004年被命名为“文明单位标兵”，2006年被省委、省政府命名为“文明单位”，2008年被命名为全省“文明单位标兵”。

3. 荣誉

集体荣誉 1991年被国家税务局评为全国税法宣传教育合格单位。2002年被评为省气象学会工作先进集体。2004年获全省人工增雨防雹工作先进集体。2005年黑龙江省气象部门内审工作先进单位。2006年晋升为黑龙江省省级文明单位。2008年晋升为省级文明单位标兵。同年被黑龙江省科学技术学会确定为黑龙江省科普教育基地。

个人荣誉 多人次获全国质量优秀测报员、全国优秀预报员。9人次获得黑龙江省全能观测员称号。有35人次获得全省气象部门先进个人，115人次获得鸡西市先进个人。现任局长陈兴东被鸡西市人民政府推荐为“十佳公仆”。

台站建设

台站综合改造 气象站刚成立时，观测室设在鸡西矿区党委二楼的一个房间，面积为20平方米左右。

1957年气象站动迁，占地面积10000平方米，办公楼面积214平方米，条件比较艰苦。

1980年由国家投资重新更新建造了一座350平方米的办公用房，建造了650平方米的家属房。职工办公条件和生活条件有了一定的改善。1988年鸡西气象站改建为气象台，市政府投资71.5万元建造了1290平方米混合结构的办公楼，另为鸡西气象站征用13000平方米土地，建造了303平方米业务用房和3栋职工宿舍，使工作环境和生活环境得到明显改善。

2004年鸡西市气象局台站面貌发生跨越式转变。利用地方投资建造了1679平方米的办公楼和379平方米的业务用房(原1290平方米办公楼依然在用)，至此台站环境得到彻底改善。

办公与生活条件　建站初期，办公环境和办公设施都比较简陋。之后经过几次扩建、新建办公和生活条件不断改善。特别是2005年、2008年2次投资扩建新建后，业务用房面积符合标准、布局合理，外形美观，能满足气象业务现代化、办公自动化和台站美化的需要。

园区建设　2006年在庭院基础设施建设中，按照"绿色综改、花园台站"建设理念，使院内各项设施齐全，绿化面积达到43.7%，硬化了5000平方米水泥路面和园林小路，基本建成了具有时代特征、气象特点的花园式台站。

1980年的鸡西气象站全景

2004年的观测场

2005年新建成的鸡西市气象局办公大楼

虎林市气象局

虎林市远在新石器时代就有人类活动，最早的居民为赫哲族。清光绪二十年（公元1894年）设政称呢吗厅，后改称虎林厅，1913年改厅为县。1958年虎林县与饶河县及密山、宝清县的一部分合并为虎饶县，1964年撤销虎饶县恢复虎林县。1996年虎林撤县设市。

机构历史沿革

历史沿革 1938年10月1日虎林设立气象观测点，原为简易观测所，东经132°52′，北纬45°45′，海拔高度214.0米，到1945年终止气象观测。1956年12月1日，虎林气候站成立，站址虎林镇西岗大队后山，占地20亩，东经132°58′，北纬45°46′，海拔高度110.3米。1964年，站址迁至虎林县虎林镇新兴委广场街。1975年虎林气象站更名为虎林气象科。1984年，更名为虎林县气象局。1996年10月20日，更名为虎林市气象局。

1960年被确定为国家一级农气站，1964年被确定为气象观测国家基本站，2007年被确定为酸雨观测站。2007年1月1日改为国家气象观测站一级站。2008年12月31日改为国家气象观测基本站。观测场位于北纬45°46′，东经132°58′，海拔高度100.2米。

管理体制 1956—1958年4月，实行双重领导、以气象部门为主的管理体制。1958年5月至1964年5月，改为以地方为主的双重领导体制。此后经历4次领导体制变动，1980年起，实行以气象部门为主的双重领导体制。

名称及主要负责人变更情况

名称	时间	负责人
虎林气候站	1956—1958	陈育樵
	1958—1960	宋德铭
虎饶县气象服务站	1960—1962	李聚会
虎饶县气象服务站	1962—1963	宋德铭
虎林气象服务站	1963—1968	宋德铭
虎林气象站	1968—1970	杨惠芳
	1970.3—1970.8	尹桂珍
	1970.8—1970.10	王守义
	1970.11—1972	站长邹洪国、指导员王殿忠
	1973—1975	宋德铭
虎林气象科	1975—1984	冯定胜
虎林县气象局	1984—1989	鄢建平
虎林县气象局	1989.1—1996	刘本振
虎林市气象局	1996—1998	刘本振
虎林市气象局	1998.1—1999.1	候亚秋
虎林市气象局	1999—	冯丽华

人员状况 1956年建站时只有2人。现人员编制14人,在编12人,合同制工人3人。本科学历5人,大专学历4人。党员3人。中级专业技术人员5人,初级专业技术人员6人。汉族13人,朝鲜族2人。

气象业务与服务

1. 气象服务

虎林市气象局地处三江平源腹地,属寒温带大陆性季风气候。多年来,坚持以经济社会需求为导引,不断使决策气象服务、公众气象服务、专业气象服务和气象科技服务融入到经济社会发展和人民群众生产生活之中。

服务方式 1981年之前,抄收黑龙江省气象台发布的简易天气形势(黑龙江省广播电台发布),结合本地天气实况分析天气情况、预测未来天气,发布短期天气预报,取得了较好的预报效果。1981年开始使用天气图传真机,接收北京的气象传真和日本的传真图表。1993年由牡丹江市气象局、虎林县政府共同投资10万元,自筹2万元,建立农村甚高频电话网,全县15个乡镇安上了高频电话共21部,手持机2部。同时,正式使用气象预警系统对外开展服务,每天上、下午广播1次,服务单位通过预警接收机接收多种气象信息。

1998年,由省气象局和地方政府共同投资影视制作设备,虎林市气象局建成多媒体电视天气预报制作系统,将自制节目录像带送电视台播放。2003年11月,天气预报制作系统升级为非线性编辑系统。

1998年7月,气象局同电信局合作正式开通“121”天气预报自动咨询电话,主服务器由虎林市气象局建设维护。2005年1月,“121”电话升位为“12121”。

1994年,气象局建起县级计算机业务系统,进行试运行,1996年正式开通使用(传真图接收同时进行)。预报所需资料全部通过业务系统进行网上接收。1999年7月14日,地面卫星接收小站建设并正式启用。2008年9月,为更好地为农业生产服务,建起了“虎林气象网站”,促进全市农村产业化和信息化的发展。

2008年,为了更及时准确地为县、镇、村领导服务,通过移动通信网络以手机短信方式为他们发送气象信息。同时利用全市公共场所的电子显示屏及时发布气象灾害信息。

服务种类 积极做好公众服务,大力加强决策气象服务,并从1982年开始推行气象专业有偿服务。

1975年,虎林县人民政府人工降雨办公室成立,设在县气象局,有1门单管“三七”高炮。2003年购置1部火箭架。2007年9月,由政府投资购置2门双管“三七”高炮。2008年,由政府投资组建了3个乡镇炮站,培训炮手12名,首次开展乡镇炮站增雨防雹工作。

2000年虎林市气象局与建委首次联合下发文件,将防雷工程从设计、施工到竣工验收,全部纳入气象行政管理范围。1994年虎林市人政府法制办批复确认气象局具有独立的行政执法主体资格,并为4名干部办理了行政执法证,气象局成立行政执法队伍。2004年气象局被列入市安全生产委员会成员单位,负责全市防雷安全的管理,定期对液化气站、加油站等高危行业的防雷设施进行检查,对不符合防雷技术规范的单位,责令进行整改。

服务效益 气象服务在本市经济建设和社会发展中取得了显著效益。

1968—1970年珍宝岛战役，向沈阳军区、沈阳空军司令部发报，并提供支缓前线天气预报。

2001年虎林市气象局向市政府提出了《充分利用热量气候资源发展虎林绿色水稻》的建议。市政府采纳了气象部门的建议，组织各乡镇实施，有效地提高了虎林绿色水稻、大豆的品质。

2007年6月6—7日，虎林连下2天暴雨，导致穆棱河沿岸水位暴涨，市政府拿出30多万元搬迁费，决定夹信子村整体搬迁后，市政府根据气象局未来天气转晴的预报取消搬迁决定，节省了30多万元搬迁费。2007年虎林市遭遇3次大到暴雪过程，虎林局都提前5天发出气象预警信息，从而减轻了重大灾害损失。

2. 气象预报预测

短期天气预报 1960年，开始制作补充天气预报。在20世纪80年代初期，大力加强短期预报业务基本建设，主要对建站后各种灾害性天气个例进行建档，对气候分析材料、预报服务调查与灾害性天气调查材料、预报方法使用效果检验、预报质量月报表、预报技术材料、中央省地各类预报业务会议材料等建立业务技术档案。

中期天气预报 20世纪80年代初，通过传真接收中央气象台，省气象台的旬、月天气预报，再结合分析本地气象资料、短期天气形势、天气过程的周期变化等制作1旬天气过程趋势预报。后此种预报作为专业专项预报内容对外服务。

长期天气预报 20世纪70年代中期开始主要运用数理统计方法和常规气象资料图表及天气谚语、韵律关系等方法，分别作出具有本地特点的补充订正预报。20世纪80年代为适应预报工作发展的需要，建立一整套长期预报的特征指标和方法，一直沿用至今。长期预报主要有年度预报、春季预报、春播预报、防火预报、汛期预报、秋季预报。到20世纪90年代后期，上级业务部门对长期预报业务不作考核，但因服务需要，这项工作仍在继续。

3. 气象综合观测

地面观测时次 1956年12月1日至1964年8月30日，每天02、08、14、20时4次观测发报任务；1964年9月1日起，每天02、05、08、11、14、17、20时7次，23时只观测不发报；2007年1月1日每天02、05、08、11、14、17、20、23时8次观测发报。观测项目有云、能见度、天气现象、气压、气温、湿度、风向风速、降水、雪深、日照、蒸发、地温等。

发报内容 天气报的内容有云、能见度、天气现象、气压、气温、风向风速、降水、雪深、地温等；航空报的内容只有云、能见度、天气现象、风向风速等。当出现危险天气时，5分钟及时向所有需要航空报的单位拍发危险报；重要天气报的内容有暴雨、大风、雨凇、积雪、冰雹、龙卷风等。

本站编制的报表有4份气表-1，4份气表-21。1998年11月通过分组网向省气象局传输原始资料，停止报送纸质报表。

农业气象观测 进行小麦、大豆、水稻及物候观测，土壤墒情的测定。

酸雨观测 测量降水样品的pH值与电导率，编制酸雨观测报表。

现代化观测系统 20世纪90年代末，县级气象现代化建设开始起步，2003年，建成大气探测自动站(DYYZ-Ⅱ型)，自行设计了圆形围栏，直径35.5米，周长约110米，内设25米×25米隐形角钢围栏。自动站于8月开始试运行至2005年12月。自动气象站观测项目有气压、气温、湿度、风向风速、降水、地温等，观测项目全部采用仪器自动采集、记录，替代了人工观测。2006年1月1日，自动气象站正式投入业务运行。

乡镇自动雨量观测站陆续建设 2006年8月，在6个乡镇首先建成自动雨量站。2007年5月，又在5个乡镇建成自动雨量站。2007年8月，由中国气象局投资设备在珍宝岛建成了珍宝岛七要素自动气象站。2008年在虎头镇大王家水稻绿色基地建立四要素自动观测站。

科学管理与气象文化建设

法规建设与管理 2000年，虎林市气象局依据《中华人民共和国气象法》等有关法规，与市建设局联合下发了《关于进行建筑物防雷设施设计审查的通知》，又与技术监督局、保险公司联合下发《关于对全市防雷设施进行检测的通知》。2001年会同物价局、财政局三家联合向社会发布《气象系统行政事业性收费标准》公告，明确了气象服务、防雷检测、竣工验收等收费标准，并在虎林报刊登。2003年虎林市气象局与消防大队联合下发《关于加强易燃易爆场地和建筑物防雷设施安全检测工作的通知》，加强了一类防雷场所的专项治理工作，首次开展了石油系统的防雷检测。2005年市政府下发了《关于进一步加强防雷安全工作的通知》，使防雷工作步入了法制化、规范化和标准化的管理轨道。2006年制作了防雷图纸审核和竣工验收审批流程图版并上墙。

加强局务公开 对气象行政审批办事程序、气象服务内容、服务承诺、气象行政执法依据、服务收费依据及标准等，采取了通过户外公示栏、电视广告、报纸等方式向社会公开。干部任用、财务收支、目标考核、基础设施建设、工程招投标等内容则采取职工大会或上局公示栏张榜等方式向职工公开。财务状况每半年公示一次，年底对全年收支、职工奖金福利发放、领导干部待遇、劳保、住房公积金等向职工详细说明。干部任用、职工晋职、晋级等及时向职工公示或说明。2001年制作了虎林市气象局收费罚没项目公示板并上墙，同时在《虎林报》公示。

规章制度建设 1999年5月重新修订并下发了《虎林气象局综合管理制度》，主要内容包括计划生育，干部、职工脱产(函授)学习和申报职称等，干部、职工休假及奖励工资，医药费，各项业务管理制度，会议制度，科技服务与产业制度、财务，福利制度等。

党风廉政建设 认真落实党风廉政建设目标责任制，积极开展廉政教育和廉政文化建设活动，努力建设文明机关、和谐机关和廉洁机关。在台站综合改造3个项目建设期间与施工单位签署廉政协议，保证了工程质量。

气象文化建设 虎林市气象局始终坚持三个文明建设一起抓，紧紧围绕以人为本，弘扬自力更生、艰苦创业精神，深入持久地开展文明单位创建工作，文明单位创建连续八年晋升四档，经营收入逐年递增，队伍建设成效显著，职工业余文化生活丰富多彩，精神面貌焕然一新，使精神文明建设和气象事业发展相得益彰。

虎林市气象局把领导班子的自身建设和职工队伍的思想建设作为文明创建的重要内容，通过开展经常性的政治理论、法律法规学习，造就了清正廉洁的干部队伍，锻炼出一支高素质的职工队伍，先后发展了3名党员，培养了2名中青年干部、2名产业带头人、2名业务带头人。选送2人到中国气象局培训中心学习深造。全局干部职工遵纪守法，无一例上访和刑事民事案件，无一人超生超育。

文明创建 开展文明创建规范化建设，改造观测场、兴建办公楼及附属设施、庭院绿化美化，统一制作局务公开栏、学习园地、法制宣传栏和文明创建标语等宣传用语牌。每年春播前和"3·23"世界气象日深入乡镇进行科普宣传、科技讲座，普及防雷知识，近距离为农民服务。积极参加市里组织的文艺汇演和户外健身，丰富职工的业余生活。2008年制作了庭院文化长廊。

荣誉 1992年被省农业委员会、省气象局授予"全省发展农村气象服务网先进县"称号；2003年、2004年被黑龙江省气象局授予"双文明建设先进集体"称号；2005年被中国气象局授予"局务公开先进单位"；2006年被中国气象局授予"文明台站标兵"，同年被中共黑龙江省委员会、黑龙江省政府授予"黑龙江省级文明单位"，黑龙江省气象局"先进气象台站"；2008年被中国气象局授予"全国气象部门局务公开示范单位"，被黑龙江省气象局授予"先进台站标兵"，被黑龙江省政府授予"黑龙江省级文明单位标兵"，在黑龙江省百姓信誉评价中荣获"金牌服务单位"。

1998年以来，多人次被中国气象局授予"质量优秀测报员"。2006年12月，局长冯丽华被黑龙江省气象局选入"龙江气象风采"报告团成员之一，曾荣获黑龙江省气象局"模范工作者"称号，被虎林市人民政府授予"十佳公仆"荣誉称号。

台站建设

1956年建站在西岗大队后山平房气象业务办公。1964年迁站后，办公地点在原日伪时期的通信基站房，面积170多平方米。1969年，省气象局投资建办公楼220多平方米。1985年扩建后面积为440多平方米。2004年在新一轮台站综改建设中，国家投资30万元，地方政府匹配40万元，兴建业务办公楼，对院内进行彻底整治。共建成520平方米造型新颖别致的业务办公楼和与其相匹配的148平方米的附属设施。2005年10月1日喜迁新址。2006年又完成了硬地铺装。2007年实施了庭院绿化、美化建设项目，完成了观测植物园区、办公区、健身区等建设任务，安装了电动大门、修建了形象墙、围栏等。

气象局改造前全景

虎林市气象局观测园区

虎林市气象局现办公楼及附属设施

密山市气象局

密山属于寒温带大陆性季风气候，四季变化明显。冬季漫长，干燥而严寒；夏季短促，湿热且多雨；春季多大风，易干燥；秋季寒潮降温，常有冻害发生。年平均气温为3.8℃，无霜期在130～150天，年降水量在500毫米左右。年平均风速为3.6米/秒，日照时数为2400小时。

机构历史沿革

1. 始建及站址迁移情况

伪满洲国中央观象台曾于1936年在密山设立气象观测站，至1945年停止观测。密山市气象局(站)始建于1958年，1959年3月1日正式开始工作，观测场位于北纬45°32′，东经131°51′。1959年10月1日迁站址，新址位于原址西北方2.1千米处。因工作需要，1981年11月1日观测场向西南方移动60米处，位于北纬45°33′，东经131°52′，海拔高度151.7米。承担国家一般气象站观测任务。

2. 建制情况

领导体制与机构设置 密山气象局(站)自1958年建站至1962年6月，以地方领导为主，隶属于密山县水利科领导，为股级单位，业务工作由省水利厅气象水文局管理。1962年6月后，实行以省气象局为主的双重领导体制。1968年8月以地方政府领导为主。1971

年4月实行军队为主的领导体制，属正科级单位。1973年10月改称为密山县气象科，以地方政府领导为主。1980年5月改称为密山县气象局，实行气象部门为主的双重领导体制。1988年改称密山市气象局。

人员状况 密山气象站成立时有职工6人，年龄都在20岁左右，其中5人为中专学历，1人为初中学历，均为汉族，2人为团员。

密山市气象局现有在编职工8人，临时工2人。其中本科学历6人、专科学历1人、中专1人，中级技术职称5人、初级技术职称3人，党员2人，40～50岁2人、30～39岁3人、20～29岁3人，汉族7人，朝鲜族1人。

主要领导更替情况

站长王守涟(1958年—1964年7月)

站长黄楚雷(1964年7月—1969年1月)

站长蔡连文(1969年1月—1971年2月)

站长邱成木(1971年2月—1972年5月)

站长冯吉生(1972年6月—1973年9月)

科长韦春茂(1973年10月—1975年1月)

科长刘振荣(1975年2月—1979年8月)

局长陈维清(1979年9月—1989年1月)

局长鄢建平(1989年2月—1995年3月)

局长金春山(1995年4月—1999年1月)

局长刘长肖(1999年2月—2007年1月)

局长段洪岭(2007年2月—2009年1月)

局长刘景花(2009年2月—)

气象业务与服务

1. 气象业务

气象观测 1959年3月起开始正式地面观测，每天进行08、14、20时3次定时地面观测，夜间不守班。观测项目有气温、降水、温度、湿度、风、地温、日照、云状、云量、天气现象及土壤墒情。1965年增加了蒸发的观测，1969年增加了气压的观测。1965年改为02、08、14、20时4次定时观测，24小时守班。1990年改08、14、20时3次定时观测，夜间不守班。2003年6月开始建设DYYZ-Ⅱ型自动气象站，2004年1月1日起与人工观测并轨运行，2006年1月1日开始自动站单轨运行。自动站项目包括温度、湿度、气压、风向风速、降水、地面温度、深层地温、草面温度。

1965年起，每天08、20时定时向哈尔滨、牡丹江拍发天气报，内容为气温、气压、风向、风速、云、能见度、天气现象、降水量、雪深、地温等。并按时编发旬月报、重要天气报，重要天气报的内容有暴雨、冰雹、龙卷风、大风、雨凇、积雪等。1969年开始向哈尔滨、牡丹江、佳木斯拍发预约航危报。建站后气象年报表、月报表一式3份，分别上报省气象局资料室、市气象局资料室各1份，本站自备1份。1983年1月开始使用计算机制作气象年报、月报表。2006 年 1 月起气象报表制作自动化。

气象信息网络 在 2001 年以前，气象电报都是人工编报，通过电话传报给邮电局转发。2000 年 5 月建成气象卫星单收站，同年 9 月 X.25 分组数据交换网正式业务运行。2001 年 3 月 1 日，开始启用分组交换网，传递气象电报和各种信息。2005 年通过宽带网络，每小时向省气象网络中心上传自动站实时数据。2006 年建成了 15 个乡镇自动雨量站，区域雨量网正式运行。2008 年 5 月将 1957—2003 年的气象记录档案气簿-1、温度、湿度、气压、风向风速、雨量自记纸整理归入黑龙江省气象局档案馆，密山市气象局只保留 5 年的气象记录档案。所有的气象记录和有关文件都实现了纸质与电子版同时保存归档。

气象预报 建站初期，气象站制作发布短期天气预报，预报方法仅限于本站资料，收听省广播电台播发的天气资料，结合老农看天经验进行制作。20 世纪 70 年代，利用积累 10 余年的气象资料，逐渐由短期天气预报扩展到中长期天气预报。预报方法多为相关、相似、曲线分析，并由县广播站播发短期天气预报。后引进数理统计等数学模式，采用数学统计方法制作中长期预报。20 世纪 80 年代配备 123 型传真机，结束了手抄简易天气图的历史，天气预报的信息大量增加。又开展了能量分析方法和有物理统计法。同时开展了树木年轮的长期天气预报的研究与制作。2000 年安装 PC-VSAT 卫星地面接收站，极大地丰富了天气预报信息。

2. 气象服务

公众气象服务 建站初期主要是以气象资料服务为主，公众服务只通过县广播站播发短期天气预报。20 世纪 80 年代根据农业发展的需要，密山市气象局将中、长期天气预报，免费邮寄到市有关单位和 20 多个乡镇及 200 多个村屯，深得广大乡镇干部和农民的欢迎。20 世纪 90 年代初建立了全市气象警报广播网，200 多个乡镇、村屯及市直有关单位安装了气象警报接收机，接收市气象局的多种气象服务。1998 年通过市电视台播报 24 小时天气预报。1998 年建立“121”天气预报自动查询系统，广大市民可以随时通过电话查询 24 小时天气预报，未来 3 天天气趋势预报及各种气象信息。自此，全市的气象服务又上了一个新的台阶。

决策气象服务 密山市气象局始终把决策气象服务放在重要位置，积极有效地开展气象服务，在为市委、市政府等决策部门指挥生产、组织防灾减灾、各类气候资源的开发利用和环境保护等决策提供了准确的气象信息，取得了显著成效。如 1982 年的夏初苗期气象服务、1993 年春旱预报、1998 年大暴雨的预报，2002 年 10 月 27 日暴雪预报、2007 年年初两场暴雪的预报服务，由于及时向市委、市政府及有关部门汇报，及时采取防范措施，避免重大损失。20 世纪 80 年代开始，密山市气象局按照制定的《周年服务方案》、《气象系列化服务 35 项》在年初和农时关键期向市委、市政府提供详实的年景分析、春播预报、旱涝分析、汛期预报、秋季预报等气象服务材料。遇有转折性、灾害性等重大天气过程，密山市气象局形成的气象情报在最短时间内呈报市委、市政府有关领导，并及时通知服务用户。近年来，气象情报还在电视台以新闻或游字广告形式对社会公众发布，2006 年在密山市经济信息网开辟气象专栏，扩大了气象信息的覆盖面。

专业专项气象服务 20 世纪 80 年代中期起，密山市气象局开展专业有偿服务，与有关单位和企业签订有偿服务合同，随着通讯媒体的发展，天气信息的发布与传送不断更新，开始以邮寄材料和电话通知等方式为用户提供服务。后来采用全新警报接收机，传送气象信息。近几年随着农村种植结构的调整，专业专项气象服务领域也在随着市场的需要调整和发展，生产期为当地白瓜、烤烟等经济作物提供未来一周滚动天气预报以及不利天气条件分析信息等材料，使农户和管理部门及时掌握天气变化，做好田间管理，并制作了《烤烟苗期冻害专项预报》、《4—8月气候对烤烟的影响》等专项预报。

密山市地处完达山脉，作物生长期多有冰雹、时有干旱发生。从20世纪70年代起，采用空炸炮开展了人工防雹工作。1984年5月密山市人民政府人工影响天气办公室成立，从此市政府每年都安排一定经费支持"三七"高炮人工增雨防雹作业。2003年购进车载火箭发射装置并开展抗旱作业。到2008年底，密山气象局有6门高炮、1部火箭，作业能力明显增强。20年来为北郊山区的农田防雹和全市抗旱增雨做出了积极贡献。

1999年成立密山市防雷中心，逐步开展防雷设施检测安装、图纸审核、竣工验收、工程施工等，每年对易燃易爆场所及生产和存储单位、煤矿、粮食仓储、人口密集场所、通讯和广播电视设施、计算机信息系统、电力设施、电气装置、施工场地、高层建筑物及室外附属的金属构件物、重要生产设备的防雷设施进行检测，同时加强了新建、改建、扩建工程的防雷装置设计审核和竣工验收工作。

20世纪80年代，密山气象局就编写了农业气候区划，在推广区划成果中，积极向县乡领导及有关部门宣传，提供合理化建议。协助教育部门将区划成果供农村初级职业技术教育和农村技术培训使用编写成教材，受到农民和师生的高度好评。区划成果的推广，在农业增产中发挥了积极作用。

气象科普宣传 自成立至今，密山市气象局经常组织学生参观气象站，普及气象知识。还应邀到学校开展气象专题讲座，受到了师生的欢迎。每年的"3·23"世界气象日，都组织人员走上街头，向广大市民宣传气象知识和气象法规，发放气象宣传单，使人们更好地了解气象、应用气象。

世界气象日开展气象科普宣传活动

法规建设与管理

气象法规建设与行业管理 1999年，密山市政府发出文件，将防雷工程设计、施工到验收及日常检测的行政管理和氢气球制作与施放交给了密山市气象局，同年成立了雷电防护管理工作领导小组，同时确认了气象局具有执法资格。经市政府法制办培训，有5名同志取得执法资格，气象局成立了执法组织。每年对全市的高大建筑物、学校、粮库、加油站、易爆炸仓库等单位的防雷设施进行检测，对合格的发放合格证，对不合格的责令限期整改。对全市氢气球的制作与施放进行了规范化管理。5年来，共检测防雷装置400余个，审核防雷工程图纸20份，验收工程50多个，有效地减少了雷电灾害，保护了国家和人民生命财产安全。

规章制度建设 为了提高对气象灾害的应急处置能力，2007年密山市气象局制定了密山市气象灾害应急预案，包括防御冰雹、龙卷风、沙尘暴、暴雨、暴雪、高温等气象灾害预案。

根据各项工作特点，分别建立了有关制度和综合管理制度。使职工始终有法规的意识，明确应该如何规范自己的行为。

政务公开 密山市气象局的政务公开在干部任用、晋升之前都在职工全体会议上公布，征求意见和民主测评。在财务上，每季度对单位的收支情况张榜公布，职工奖金的发放作详尽说明。对于工程施工建设招标都向全体职工说明，并征求意见。

对于气象行政执法与服务，通过公示栏向社会公示气象服务内容、承诺及收费标准和依据，并有详尽的说明解释。

党建与气象文化建设

党建工作 自1971年3月到1982年5月气象局有一名党员编入市政府农委党支部。1982年6月气象局成立党支部。1998年由于人员变动，党员仅2名，重新编入市政府农委党支部。

1982—1987年成立党支部。认真落实党方针政策，充分发挥了战斗堡垒作用。自己动手进行台站改造建设，受到了省、市局领导的好评。党员经常找群众谈心、交心，使群众增强了向心力。党支部把清正廉洁、反腐倡廉作为工作的准则，严格遵守政务和财务制度，给职工树立了榜样。建站五十年来，没有一名党员和职工因为经济或其他违法问题受到党纪国法的处分。

气象文化建设 密山气象局成立以来，一直重视文明建设。认真组织理论学习，引导职工树立爱岗敬业、无私奉献、乐于助人、脚踏实地、积极进取的气象人精神。在精神文明创建活动中，建立了领导小组和相应的制度。建立和完善了文明创建工作机制。2005年被评为市级文明标兵单位。

多年来，密山市气象局以青年人居多，各任领导都关心年轻人的业余文化生活，组织开展文体活动。2003年建立了乒乓球室、健身房和图书室，为进一步活跃职工文体生活创造了条件。

荣誉 1982年密山县气候区划获得省科技成果三等奖；2004年获得省气象局“人工增雨防雹先进工作单位”称号。2005年被密山市委市政府授予“文明单位标兵”称号。1982年李国强被评为省气象部门先进工作者。

台站建设

密山气象局始建时，办公室不足30平方米。1964年建成120平方米的砖木办公室。1975年建成230平方米的二层砖混小楼。2003年新建成500平方米的办公楼，并更换了办公桌椅，安装了空调，改善了办公环境。2006年开始进行庭院改造，铺设了办公楼前的水泥路面，安装了200延长米的铁艺围栏，庭院和基础设施建设仍在继续。

1975 年的办公楼

2003 年新建的办公楼

鸡东县气象局

鸡东于 1965 年建县，因位于鸡冠山之东得名。建县虽晚，但历史悠久，考古发掘表明，在新石器晚期的原始社会，满族祖先肃慎部族便在这一带繁衍生息，此后历朝对此地进行行政管辖。1949 年新中国成立后属密山县、鸡西县分管。现隶属黑龙江省鸡西市。本地具有明显的大陆性季风气候特征，冬季漫长寒冷干燥，夏季短促温和湿润，春秋两季天气多变、气温变化无常。年平均气温 4.4℃，极端最低气温零下 35.0℃，极端最高气温 37.2℃，年平均降水量 517.6 毫米。

机构历史沿革

始建情况　鸡东国家一般气象站筹建于 1966 年 4 月，同年 8 月 1 日开始地面气象观测工作。观测场位于鸡东县鸡东镇德胜村一组（城郊），地理坐标北纬 45°15′，东经131°08′，观测场海拔高度建站时为 175.8 米，1985 年重新测定为 176.0 米。

沿革情况　1966 年承担每日 4 次基本定时地面气象观测任务，观测项目 11 项，夜间不守班。1985 年取消 02 时观测任务。1995 年 4 月 1 日改为辅助站，并调减云、能、天、地温、蒸发、雪深等观测项目。1999 年 1 月 1 日恢复一般站。1966—1984 年，先后使用过鸡东县气象站、鸡东县气象服务站、黑龙江省鸡东气象站等站名；1984 年 10 月按黑龙江省气象局（以下简称省局）体制改革要求成立鸡东县气象局（以下简称鸡东局），同时使用黑龙江省鸡东气象站站名；2007 年 1 月 1 日，按国家业务体制改革统一规定，站名变更为鸡东国家气象观测站，属二级站；2009 年 1 月 1 日根据黑气发〔2008〕236 号文件要求变更为鸡东国家一般气象站。

建制情况　1966 年由省局领导，1968 年由鸡东县人民政府（以下简称县政府）领导，1971 年由鸡东县武装部领导，1973 年由县政府领导，1980 年 7 月开始实行以气象部门领导为主、气象与地方政府双重领导的管理体制，一直延续至今。

人员状况 1966年建站时只有2人从事测报工作。2008年12月定编8人，实有在编职工7人(其中女性职工4人)，本科学历5人，大专学历1人，中专学历1人；中级职称2人，初级职称5人；在编职工平均年龄30岁，最大42岁，最小24岁；在职党员4人，团员3人，退休党员3人(2人组织关系已迁出)；临时工2人。

名称及主要负责人变更情况

时间	名称	内设机构	负责人
1966.08—1968.04	鸡东县气象站	测报组	蔡连文
1968.05—1968.12	鸡东县气象站	测报组	唐传信
1969.01—1969.05	鸡东县气象服务站	测报组	石晋塘
1969.06—1969.11	鸡东县气象服务站	测报组	于清泉
1969.11—1970.11	鸡东县气象服务站	测报组	李春生
1970.12—1972.07	鸡东县气象服务站	测报组	臧文学
1972.08—1974.12	鸡东县气象服务站	测报组	金崇海
1975.01—1984.09	鸡东县气象服务站	测报股、预报股	宋　奎
1984.10—1998.01	鸡东县气象局	测报股、预报股	宋　奎
1998.02—2000.07	鸡东县气象局	测报股、预报股	陈兴东
2000.08—	鸡东县气象局	测报股、预报股	侯亚秋

气象业务与服务

1. 气象业务

气象综合观测 站内设测报组(股)，建站之初只有2人从事地面气象观测工作，1968到1995年有1～4人从事地面气象观测工作，1995到1998年缩减为2人，1999年开始调整为3～4人，2004年调整为2人，2005年至今为5人。1966年8月1日开始地面气象观测工作，定时气候观测时次为08、14、20、02时，夜间不守班，观测项目有云、天气现象、空气温度、湿度、风向、风速、地面温度、降水量、蒸发量、雪深、地表温度。其后陆续增加了5～320厘米地温、日照、积雪密度、冻土、气压、能见度等观测项目。截至2008年承担的观测项目有云、能见度、天气现象，空气温度、湿度，气压，风向、风速，地面温度，草温，5～320厘米地温，蒸发、日照、降水、雪深；发报任务有每天3次加密气象观测报、重要天气报、气象旬(月)报。2003年4—10月完成了DYYZ Ⅱ型自动气象站建设任务，11—12月承担了省气象局下达的业务运行试点任务。2004年1月1日开始进入双轨运行阶段，2006年1月1日投入单轨运行。自动观测项目有气压、气温、湿度、风向、风速、降水、地温、草温。按照省、市气象局要求及鸡东县“十一五”规划项目，于2006年7月县政府投资12万元完成了首期乡(镇)级9个CAWS600-R(T)型区域自动气象服务站建设任务，2007年由鸡西市气象局投资在鸡东县地质灾害易发区增加了1套相同型号的自动气象服务站，2008年完成了鸡东县“十一五”规划确定的水库上游、灾害易发区9个CAWS737-RE型区域自动气象服务站建设任务。截至2008年鸡东县域内共有19个两要素区域自动气象服务站投入业务使用，平均网络密度为12.7千米×12.7千米。2008年完成了全国风能资源观测网建设项目中鸡东测风塔的选址、塔基建设等工作，2009年3月23日正式进行观测。

气象信息网络 建站之初，主要通讯手段是模拟电话、邮电通信、电台，气象电报通过邮电局转发，气象资料、政务材料、上级文件主要通过邮寄方式实现，通过收音机接收天气实况广播绘制天气图制作预报。1984年3月开始使用ZSQ-1B气象传真收片机接收传真图。1986年6月省局人控处下拨APPLE Ⅱ微机1台用于人工影响天气工作。1988年4月开始使用高频电话系统和QJF-83型气象警报系统，用于与市局通话、预警信息发布。1994年投资4万元购进80386计算机1台，其后配备了高频调制解调器，实现了与市气象台无线互联，用于接收预报资料，建立了高频无线电台，1996年为各炮站配备高频电话。1998年开通了“121”自动答询和电视天气预报，使气象信息的发布手段得以完善。2000年5月PC-VSAT气象卫星单收站投入业务使用，同年9月X.25分组数据交换网正式业务运行，提高了气象信息接收与上报的时效性。2005年1月1日启用2兆光纤通讯；同年6月启用2兆实IP的ADSL备份网络，并建立了单位内部局域网。2008年建成了气象预警短信平台，解决了气象信息“最后一千米”问题。经过多次技术更新，形成了以光纤通讯、卫星地面单收站为主，以Internet构建VPN专网通讯为辅，以电话传真、短信平台、普通拨号上网为补充的气象网络系统。

气象档案管理 1983年5月对1967—1982年的气象资料进行综合汇编。1986年9月进行了气象科技档案归档建设，对1966—1980年所有气象资料进行整理、统计，形成了气候资料累年薄，其后逐年续加，持续至2000年。2008年5—6月对鸡东局保管的所有原始气象资料进行逐日清点、登记、重新装订，于当年6月20日将1966—2003年除日照自记、气表、累年簿以外的所有原始资料移交到省局气象档案馆。2009年开始，鸡东局只保存最近5年的原始气象资料，5年以外的资料逐年上交。

气象预报 20世纪70年代初开始制作24小时天气预报，主要预报内容为降水、气温、风向风速，1975年开始通过鸡东广播电台每天2次播放，1998年开始制作乡镇24小时天气预报，通过鸡东电视台发布。从2000年开始，将12～72小时城镇天气预报通过网络上传至市气象台。2008年7月以前只对24小时预报进行质量评定，此后开始对12～72小时预报进行效果检验，并将检验结果上报市局。20世纪70年代中期开始制作旬、月天气预报，从2005年开始制作周预报。2004年以前，长期预报主要运用三线图、韵律等方法结合本地气候指标分析制作。从2005年开始引入数理统计预报方法进行了本地化应用，结合省、市气象台制作的指导预报产品，制作符合鸡东实际的长期预报产品。预报产品主要有：年度预报、春季度预报、汛期预报、秋季预报(9—10月)、冬季预报(11月—次年2月)，预报发布对象为政府、专业专项服务单位、农业相关部门。中、长期预报不参加业务质量考核，仅作为专业专项和政府决策的服务内容内部使用。

农业气象 从1967年4月8日开始，每年2月下旬到11月上旬逢8日观测10～30厘米土壤湿度，2004年6月下旬开始观测10～50厘米土壤湿度。1976—1979年进行了为期3年的水稻、大豆种植试验与农气观测，截至2008年鸡东局农气主要任务是观测土壤湿度。农业气象服务产品主要有春播期天气趋势预报、秋收期天气趋势预报、生育期积温预报、产量预报、墒情监测与预测、农业气象情报等。2006年县政府拨入专款支持鸡东局与鸡东县农委联合开发了对农事活动针对性、指导性更强的服务产品——《气象与农事》。

2. 气象服务

公众气象服务 截至2008年，通过各种方式向社会公众提供的服务内容有本地24、48、72小时的风向风速、气温、降水预报，周、旬、月天气趋势预报，短时临近预报、预警，节日、重大活动专题天气预报，紫外线强度气象指数、城市火险指数、人体舒适度指数。服务方式由电台广播、气象警报广播发展到电视、电话、手机短信、网络及电话预约指定用途、时效的专项预报。

决策气象服务 从20世纪70年代开始为鸡东县党、政领导和决策部门指挥生产、组织防灾减灾、气候资源合理开发利用、重大招商项目引进、重要社会活动和环境保护等方面的科学决策提供气象服务。服务内容包括常规开展长期、中期、短期、短时天气预报服务，情报服务，农业气象服务，防汛、抗旱、防火气象服务，遥测遥感信息，环境气象服务，气候资源开发建议等。2000年起，鸡东局开始参与鸡西支线机场建设项目的气候论证工作，并于2004年6月—2005年5月进行了为期1年的现场气象观测，为机场设计提供必要的技术支持，先后提供气象资料37次。2003年春夏之交鸡东县大旱，鸡东气象局于6月8日做出6月15日左右有阵雨可进行人工增雨作业的建议，引起县政府高度重视，专题召开县委常委会研究抗旱工作，并决定划拨15万元引入火箭增雨项目，先后开展火箭增雨5架次，受益面积49万亩。2005年夏季鸡东严重干旱，气象局抓住有利天气形势，利用火箭、高炮开展了联合人工增雨作业，全县普降中—大雨，有效地缓解了旱情。

1979年6月10日人工增雨作业

专业与专项气象服务 20世纪70年代中后期开始，建立了农、林、水的专项系列化周年服务方案。截至2008年开展了春秋两季的森林防火、夏季防汛、粮食晾晒、旅游、农业生产、水库蓄水等气象服务。

人工影响天气 1979年开始利用省局调配的1门“三七”高炮开展人工增雨防雹工作，1990年又购置了2门“三七”高炮，1995年11月再添5门高炮，又于1999年、2007年各增1门高炮。2003年6月，在全区率先引入1部火箭发射系统并成功开展了火箭增雨作业。截至2008年，拥有10门高炮、1部火箭，作业人员44人。2000年以来每年平均开展人工防雹作业21次，经济效益年均192万元；2003年以来每年平均开展火箭增雨作业3架次，年均增雨量207.5万吨。

气象科技服务 20世纪80年代中后期开始开展有偿气象科技服务，当时服务项目主要是专业专项气象服务，服务对象主要为涉农企事单位、全县各村，属行政事业性收费项目。1998年开始服务项目拓展为庆典礼仪、防雷检测、“121”、电视天气预报广告。后于2000年成立了鸡东县气象科技服务中心，属国有企业，经营范围：广告服务、庆典礼仪服务、专业专项气象服务、气象有偿服务、防雷工程设计、防雷工程施工、防雷检测等。气象科技服务创收作为气象经费的有力补充，缓解了事业经费不足的压力。

气象科普宣传 每年利用气象科技三下乡、世界气象日、安全生产月宣传日、台站开放日等时机，大力开展气象科普宣传，做到气象科普“进机关、进企业、进学校、进社区、进农村”。

1987年7月科普宣传

法规建设与管理

1. 气象法规建设

气象法规建设 全国人大、国务院、中国气象局及黑龙江省出台的相关法律法规均按有关要求在鸡东县法制办公室进行了备案。鸡东县依法制订了一批有关气象工作的规范性文件，《鸡东县人民政府办公室关于下发〈鸡东县2009年人工影响天气实施方案〉的通知》(鸡政办发〔2007〕53号)、《鸡东县人民政府突发公共事件应急委员会关于印发〈鸡东县气象保障预案〉的通知》(鸡应急委发〔2008〕16号)、《鸡东县人民政府突发公共事件应急委员会关于印发〈鸡东县重大暴雨灾害应急预案〉的通知》(鸡应急委发〔2008〕28号)、《鸡东县人民政府突发公共事件应急委员会关于印发〈鸡东县重大冰雹灾害应急预案〉的通知》(鸡应急委发〔2008〕29号)、《鸡东县人民政府突发公共事件应急委员会关于印发〈鸡东县重大暴雪灾害应急预案〉的通知》(鸡应急委发〔2008〕30号)等文件。内容涉及防雷管理、施放气球管理、气象探测环境保护、气象灾害预警信号发布、气象灾害应急预案等各个方面。先后与县教育局、县安全办、县公安局联合下发防雷安全管理文件2个，每年定期对全县中小学校、加油站、煤矿及非煤矿山、建筑工地、粮食系统进行专项检查检测各一次。通过努力，一个与国家、省相关法律、法规配套的气象法规制度框架初步建立起来，为依法发展气象事业、规范管理气象活动奠定了基础。

规章制度建设 2008年制订的4个气象灾害专项应急预案、1个气象综合保障预案纳入了县政府制订的应急保障体系中，每年开展1次应急演练。于1997年制定的4项炮站管理制度以及于2003年制定的测报报文传输保障制度在鸡西地区进行推广。

2. 社会管理

行业管理 经过培训考核，已有7人取得了行政执法资格证，依法履行了气象行政管理的职责与义务。定期对县域内的水利、林业系统设立的气象监测站点进行业务指导、资料共享、人员培训，规范了预报预警信息发布。依法保护气象探测环境，2002年成功阻止了一起将严重影响鸡东局探测环境的建筑工程，使该工程由原地上5层设计改为地上3层，达到了探测环境标准。依法行使了防雷管理、人工影响天气管理、施放氢气球管理等社会管理职能，规范了氢气球施放和防雷市场。依法履行了防雷工程设计审核、防雷工程竣工验收的行政许可。

政务公开 成立了政务公开工作领导小组，做到集体领导与分工负责相结合。公开范围涉及气象行业管理、防雷管理、人工影响天气管理、施放气球管理等各方面。气象收费、建设项目审批验收做到了法规政策依据、办事部门与人员、工作程序、取费标准、纪律监督、处理结果六公开。采取设置局务公开栏、重大信息新闻媒体发布、工作人员挂牌上岗、设立群众举报信箱等形式对外公开，对内实行重大决策集体讨论决定制度、公示制度、定期进行群众评议活动，把群众评议结果作为改进工作的重要内容。聘请社会有关方面的特邀局务公开监督员，定期听取对本单位局务工作的意见。

党建与气象文化建设

1. 党建工作

支部组织建设 鸡东气象局党支部成立于20世纪70年代初期，党员3人，党员人数一直维持到1994年未变，1995年、2004—2007年5年间先后发展了6名党员(2名已调离鸡东局)，现有在职党员4人，退休党员1人，2008年确定入党积极分子2人。2000年前气象局党支部由县直机关工委领导，2000年开始由鸡东县农委党委领导，支部设书记、组织委员、宣传委员各1人。

党风廉政建设 鸡东气象局建立了治理商业贿赂制度、党内监督十项制度、“三重一大”制度、局务公开制度、领导干部一岗双责制度。每年开展党风廉政宣传教育月活动，认真做好领导干部“述廉、考廉、评廉”和“三必谈、三必做”工作，成立了党内监督小组，开展了领导干部廉洁自律专项检查，建立了领导干部廉政档案。1966年以来，鸡东局无严重违纪事件发生。

2. 气象文化建设

精神文明建设 于2005年提炼出有鸡东特色的鸡东气象人精神“以国家富强、民族振兴为己任的爱国精神，以服务人民、奉献社会为宗旨的奉献精神，以自力更生、艰苦奋斗为指导的创业精神，以自己动手、丰衣足食为传统的守业精神，以站兴我荣、以站为家为动力的爱业精神，以锲而不舍、敢于攻坚为传统的敬业精神。严谨求实、一丝不苟的观云测天精神，与时俱进、团结拼搏的气象团队精神，诚实守信、优质高效的科技服务精神，清正廉洁、依法行政的行政管理精神。”建立、健全各项规章制度，增强内部制度的实用性与可操作性。截至2008年底，建立了《鸡东县气象局职业道德规范》、《地面气象观测制度》、《计算机管理制度》、《气象档案管理制度》、《规范化气象服务制度》、《防雷管理制度》、《行政执法制度》等8个制度汇编手册。支持职工参加在职教育，1995—2008年全站共8人次参加了在职学历教育。

文明单位创建 经过鸡东局职工团结拼搏、开拓创新，物质文明、政治文明、精神文明建设取得了丰硕的成果。2002年、2004年、2006年、2008年连续4次被鸡西市委、市政府评为“文明单位标兵”。

文体活动 1980年购置黑白电视机1台，20世纪80年代中期投资800元购置了乒乓球台，1995年投资5000元购置了NEC日制彩色电视机，2005年投资5000元设立了单位阅览室。1999年夏季，鸡东县直机关工委举办篮球比赛，鸡东局组织了包括局长、副局长在内的5名队员参赛，在连替补队员都没有的情况下经过7场奋力拼搏，赢得了团体第三名的佳绩。从2003年开始，每年订购报刊、期刊的投入在5000～7000元之间。2008年自筹资金3.5万元购置了笔记本电脑2台、台式机5台，做到全局职工人手1台电脑。

行政执法与政务公开 具备执法资格人员由1995年的2人发展到2008年的7人。成立了政务公开工作领导小组，做到集体领导与分工负责相结合。实行重大决策集体讨论制度、公示制度。聘请社会有关方面的特邀局务公开监督员，定期听取对本单位局务工作的意见。

3. 荣誉

根据现有资料统计，1975—1978年、1986—2008年鸡东气象局共获得县团级以上集体荣誉62项，其中省局授予“人工增雨防雹先进单位”称号20次、“双文明建设先进”称号11次、“双文明建设标兵”称号4次。

共有11人获得省级以下奖励59次，其中被省气象局奖励12人次，被鸡西市委、市政府奖励4人次，被市气象局奖励19人次，被县委、县政府奖励17人次。侯亚秋先后4次被鸡西市委、市政府授予“农业和农村工作先进个人”，被省农委、省人事厅授予“农村优秀科技人才”称号，获奖金2000元，享受退休上调一级工资待遇；被县委、县政府授予各类荣誉12次。陈利华在省气象局、省总工会举办的黑龙江省首届气象行业测报技能竞赛中荣获“地面气象测报全能优秀奖”和“地面气象编报操作单项三等奖”，并被省技术业务能手评审委员会授予“黑龙江省技术能手”称号，获省、市、县气象局奖励分别为1300元、5600元、1750元，享受破格晋升职称待遇，2006年创“百班无错情”1个，打破鸡东局无“百班”的历史。王春玉在2002—2008年先后6次被鸡西市气象局记功奖励。

台站建设

鸡东县气象局占地10000平方米。1966年建站之初办公用房与职工宿舍为低矮的泥草房。1970年前后建设了二层小楼作为办公用房，1985年6—11月建设了370平方米三层办公楼。先后于1985年、1992年建设了9户546.4平方米职工宿舍。1995年进行房改，部分公房的产权有限转让到职工手中，同年将原大院围栏拆除，新建高2米、长200米的砖墙，并对大门进行了改造，将10000平方米的大院一分为二，外4000平方米为职工生活区，有7位职工居住在此区域。内6000平方米主要为办公区，由于历史原因，尚有2位职工、1位职工子女在此区域内居住。1996年自筹资金建设生活区、办公区白色路面490平方米。

2003年5—8月，在进行自动站建设的同时，改造了观测场、办公区大门。同年9月15

日—10月31日省气象局投资20.0万元、自筹5.8万元对20世纪60—80年代三个时期建设的办公楼进行了综合改造，工程包括天面、外墙、内墙、门窗、地面、楼梯等项目的改造与装修、停车场建设、卫星天线搬迁、供电系统改造、原炮库拆除与扩建等，综改后新增办公面积90平方米。2004年3—5月自筹1.5万元平整了观测场周边空地回填营养土860立方米，对办公楼前300平方米的空地进行绿化、美化。2005年自筹0.5万元对三楼进行了装修，改造成会议室，兼有阅览室、活动室功能。2008年5—6月自筹4.5万元对综合改造时增加的大办公室改造为60平方米预测预警中心。自筹资金3.5万元购置了笔记本电脑2台、台式机5台，做到全局职工人手1台电脑，办公条件明显改善。

2005年办公楼

双鸭山市气象台站概况

双鸭山市位于黑龙江省东北部，下辖集贤县、宝清县、饶河县和四个区，幅员22036平方千米，人口150余万。年平均气温4.0℃，极端最高气温为38.5℃(1961年)，极端最低气温为零下37.1℃(1971年)，年平均降水量530毫米。

气象工作基本情况

历史沿革 双鸭山气象站始建于1956年，集贤气象站始建于1956年，饶河气象站始建于1958年，以上三个站均为一般气象站。宝清气象站始建于1956年，为国家基本气象站。

领导体制 1955—1958年，以气象部门为主领导。1958—1962年，以地方政府为主管理。1962—1968年，以气象部门为主管理。1968—1970年改以地方政府为主领导。1971—1973年，实行军队为主领导体制。1973—1979年，以地方政府为主管理。1980年起至今，实行气象部门为主的双重领导体制。1992年9月，双鸭山市气象局由佳木斯市气象局跨区管理，改由省气象局为主和市政府双重领导，宝清、饶河、集贤县气象局改由双鸭山市气象局管理，一直延续至今。

人员状况 2008年全市气象部门定编64人，其中国家气象编制59人，地方编制5人。现有在编职工63人。本科以上学历29人、大专学历16人，高级职称2人、中级职称28人。

主要业务范围

地面观测 全市现有地面气象观测站4个，其中1个国家基本气象站、3个国家一般气象站。区域自动气象站28个，均为两要素站。3个国家一级农气站，1个酸雨监测站。

国家一般气象站(双鸭山、集贤、饶河)的观测项目有云、能见度、天气现象、气压、气温、湿度、风、降水、雪深、日照、小型蒸发、地温等，每天08、14、20时3次定时观测，发报任务为每天3次加密气象观测报、重要天气报、气象旬(月)报。宝清国家基本气象站增加冻土、电线积冰、雪压和E-601B型蒸发器观测。每天进行02、05、08、11、14、17、20、23时8次观测8次天气报，承担航空报、危险天气报和重要天气报、气象旬(月)报发报任务。

天气预报 双鸭山市气象预报起步于1958年大跃进时期，主要是做大台的订正预报，当时各站均没有固定的预报员编制，由测报人员轮流值班。1982年预报业务开始独立开展，1982—1984年主要以手工绘制天气图制作天气预报。1992年9月建局下辖3个县站，成立双鸭山市气象台，天气预报正式加入全省天气预报联播，承担短时、短期、中期和长期预报项目。远程气象电视电话会商系统于2005年投入使用。2006年利用佳木斯多普勒雷达资料，开始开展短时临近预报、预警业务。2008年6月开始每天4次制作发布72—120小时精细化预报。

气象信息网络 1989年4月市政府出资建立危险天气警报网，同年9月高频电话通讯网业务启用。1994年6月建成省NOVELL NETWARE总线型局域网。1997年双鸭山市气象局“9210”工程业务应用软件安装调试成功，同年10月正式启用。1999—2000年建成双鸭山市及所辖各县局的PC-VSAT小站并投入业务使用.2007年将原来由PC-VAST接收设备转换为U6接收设备，大量的资料信息从网络中调出供预报员参考使用。2001年完成双鸭山市气象局及下辖3个县局的局域网建设。2008年初双鸭山市气象局公网光纤接入。1956年开始制作气象月报表、年报表，当时以手工抄写方式编制。1993年开始使用微机打印气象月报表，向省气象局、市气象局资料室报送磁盘和纸质报表。2008年向省气象局、市气象局资料室仅报送电子版报表，双鸭山市气象局观测站刻录光盘存档。每月打印1份酸雨月报表，每年刻录2张酸雨全年月数据文件光盘，1份上报省信息中心，1份观测站存档。

双鸭山市气象局

机构历史沿革

始建情况 双鸭山气候站始建于1955年，同年10月1日正式开始工作。位于双鸭山市尖山区西郊(选煤厂东)，北纬46°30′，东经131°10′，观测场海拔高度为142.2米。承担国家一般观测站任务。1961年1月1日因环境影响，迁至双鸭山市北山“山顶”，代表性较好，离原址的直线距离2.1千米，北纬46°38′，东经131°09′，海拔高度为175.3米。

领导体制与机构设置 1955—1958年，以气象部门为主领导。1958—1962年，以市人民政府为主管理。1962—1968年，由省气象局管理。1968—1970年以市政府领导为主。1971—1973年，实行军队为主领导体制，由双鸭山市武装部管理。1973—1979年，以地方政府为主管理。1980年起至今，实行气象部门为主的双重领导体制。1992年9月，双鸭山市气象局升格为处级单位，由佳木斯市气象局跨区管理，改由省气象局为主和地方政府双重领导，并对宝清、饶河、集贤县气象局实施管理。

人员状况 1955年成立时，有5名职工，均为汉族、中专学历。1992年市气象局成立时共有职工18人。其中，气象编制13人、地方编制5人，党员7人，本科学历1人、大专1

人、中专8人。2008年年底，共有职工36人。其中气象编制职工25人(超编2人)，地方编5人，聘用6人。具有研究生学历的1人，本科学历22人，大专学历10人，初、高中文化3人，党员19人，50岁以上4人、40～49岁的10人、30～39岁的16人、30岁以下6人，汉族35人、满族1人。

主要领导更替情况 1955年10月—1962年12月，负责人陆青山；1963年1月—1965年10月，负责人左现政；1965年11月—1970年3月，负责人王梦周；1970年4月—1973年3月，负责人钱后生；1973年4月—1974年12月，负责人王梦周；1975年1月—1981年1月，负责人张德发；1981年2月—1982年11月，负责人孙志信；1982年12月—1984年7月，负责人王梦周；1984年8月—1988年6月，负责人卢容谦；1988年7月—1990年7月，负责人李伯年；1990年8月—2001年12月，负责人张修岩；2002年1月—2008年1月，负责人孙凤阁；2008年1月至今，负责人白鸣祺。

气象业务与服务

1. 气象业务

地面气象观测 双鸭山市气象局观测站为国家一般气象站。各时期观测时制、时次及小图报时次变化情况详见下表。

观测时制、时次及天气报时次变化情况

时间	标准时制	观测时次(时)	日界	发报时次
1956—1961.9	地方平均太阳时	01、07、13、19	19时	无
1961.10—12	东经120°北京时	08、14、20(夜间不守班)	20时	无
1962.1	东经120°北京时	02、08、14、20(夜间不守班)	20时	02、08、14、20
1962.2—1970.12	东经120°北京时	08、14、20(夜间不守班)	20时	08、14、20
1971.1—1973.12	东经120°北京时	02、08、14、20(夜间守班)	20时	02、08、14、20
1974.1—1986.12	东经120°北京时	02、08、14、20(夜间不守班)	20时	08、14、20
1987.1—2001.3.31	东经120°北京时	08、14、20(夜间不守班)	20时	无
2001.4.1—至今	东经120°北京时	08、14、20(夜间不守班)	20时	08、14、20(加密报)

观测项目有风向、风速、气温、气压、湿度、云、能见度、天气现象、降水、日照、小型蒸发、地面温度(含草面温度)、浅层地温、雪深等。1985年双鸭山气象站配备PC-1500袖珍计算机，提高了测报质量和工作效率，减轻了观测员的劳动强度。2000年4月1日起，正式启用安徽地面4.0版测报程序制作气表-1。2001年4月1日起开始编发加密气象电报。2005年业务软件开始使用OSSM-2004。2005年年末建成DYYZ-Ⅱ型自动气象站开始试运行，2006年1月1日正式双轨运行。自动观测项目包括温度、湿度、气压、风向风速、降水、地面温度(含草面温度)、浅层地温，除地面温度、浅层地温外均为发报项目。除草面温度外，其他观测项目均进行了为期2年的人工平行观测。2007年新增酸雨观测项目，进行降水样品的电导率和pH值测量。2008年1月1日起自动站单轨运行，自动站采集的资料与人工观测资料同存于计算机中，每月将分钟数据文件备份至其他磁盘并向省气象信息中心上报电子版月数据文件。

双鸭山市气象局20世纪80年代初开始土壤湿度观测，属非农气站，只承担逢“8”固定地段土壤湿度观测，为地方政府和农业部门提供土壤墒情服务。

气象信息网络 1989年4月市政府出资建立气象警报网，用于对用户的天气预报广播。同年9月加入佳木斯地区气象高频电话网进行天气会商及其它业务联系。1994年6月建成省NOVELL NETWARE总线型计算机局域网。1998年底起采用分组数据交换网传输气象信息。同年完成市气象局及3个县局的局域网建设。1999年市气象局“9210”工程业务应用软件升级及计算机网络改造完成，同时MICAPS气象信息综合分析处理系统投入业务使用。1999—2000年建成双鸭山市及所辖各县局的PC-VSAT小站并投入业务使用，2007年市局将原来由PC-VSAT接收设备转换为U6接收设备，大量的资料信息从网络中调出供预报员参考使用。2004年年末升级全省综合信息网络业务系统。2008年年初双鸭山市气象局公网光纤接入。

1956年开始制作气象月报表、年报表。1993年开始使用微机打印气象月报表，向省气象局、市气象局资料室报送磁盘和纸质报表，2008年报送电子版报表，市局观测站刻录光盘存档。每月打印1份酸雨月报表，每年刻录2张酸雨全年月数据文件光盘，1份上报省信息中心，1份观测站存档。每年1月底前制作酸雨环境报告书。

气象预报 气象预报起步于1958年，主要制作补充订正预报，为当地政府和工农林业、煤矿服务。1984年配置CZ-80型气象传真机，结束了收听记录省广播电台播发的天气预报站点资料、手工绘制天气图的历史。1988年林火天气预报方法开始应用。1992年9月双鸭山市气象台成立，承担本市及所辖3县的短时、短期、中期和长期预报项目，预报内容包括风向风速、晴雨、温度及大风、寒潮、暴雨等警报，遇灾害性天气及时发布重要天气信息专报，防火期发布森林火险等级预报。远程气象电视电话会商系统于2005年投入使用，实行与省台、兄弟台站可视化天气会商。2006年建立天气雷达资料实时共享系统，利用佳木斯多普勒雷达资料，开始制作短时临近预报。2008年6月开始每天4次制作发布72～120小时精细化预报。

2. 气象服务

公众气象服务 从1964年开始播发天气预报以来，陆续利用有线广播站，无线电台，有线电视台，传递短期天气预报和灾害性天气警报。1997年底建成电视天气预报制作系统，播出的天气预报细化到乡镇，扩大了受众面。1995年年初“121”电话天气预报答询系统建成并投入使用，2005年升级为“12121”，为市民随时了解天气情况提供了便利条件。2008年开通“双鸭山市气象信息网”、手机短信发布平台，通过Internet网络，使天气预报、重大天气警报等气象信息扩大了服务面，提高了传播的及时性。2007年6月双鸭山市矿业集团举办文艺演出活动，市气象台提前一周提供滚动预报，预测演出日上午无降水，午后有雷阵雨，建议演出于中午12时前结束。实况是文艺演出后半小时下起了雷阵雨。

决策气象服务 双鸭山市气象局十分重视决策气象服务，把防灾减灾服务作为头等大事来抓。从1982年起，每年的年景分析、春防预报、汛期预报、各季度天气趋势预报等都以文件的形式呈报市委、市政府主要领导。1992年建局后，气象服务产品逐渐丰富，相继增加了短时临近、雨情、旱情分析等决策服务产品，服务形式有电话、传真、信函等，向手机短信、电视、微机终端、互联网等发展，服务效益显著提高。1997年各级政府根据气象局关于天气条件不利小麦生长的年景分析，减少了小麦的种植面积，扩大了水稻、大豆等高产作物的面积，年末获得了创历史的大丰收。2001年3月4日，市气象台预报未来1～2天内，双鸭山市将出现暴雪天气，由于预报准确，信息发送及时，各地组织群众提前预防，使受灾程度减小到最低。

专业与专项气象服务 20世纪70年代初，对农业等部门制作发布春播期预报、作物生育期预报、晒粮期预报、秋收期预报、病虫害预报、土壤水分监测公报等；对建筑部门制作发布春季施工开始期预报、冬季施工结束期预报，主要以信函方式送达有关部门。

人工影响天气工作始于1990年。现在市气象局有作业高炮1门，车载火箭发射架1部。2000年6月30日一次人工增雨作业，纯增水量20万立方米，缓解了持续35天的旱情。

防雷管理起步于1999年，主要开展常规防雷检测、设计图纸审核和工程验收，同时开展防雷工程设计和施工。2000年10月，举办了防雷学习班，共有18人参加，提高了人员素质。2008年完成全市中、小学教学楼防雷设施检测，消除了多处雷击隐患，确保在校师生的人身安全。

气象科技服务与技术开发 1985年起开展专业气象有偿服务。1993年开展氢气球庆典服务。1998年1月成立华云广告有限公司，增加了天气预报背景广告业务。2008年5月手机短信平台投入使用，提高了灾害性天气预警发布能力。2008年7月双鸭山市气象网站研发成功并投入使用，拓宽了气象信息服务渠道。

气象科普宣传 气象科普宣传在宣传合理利用农业气候资源，发展农业生产等方面做了大量工作。编写的《双鸭山市农业气候资源深入开发及其利用》一书于1999年7月印1500册，发有关部门和各行政村。

每年都组织科技人员参加全市的科技宣传周和科技下乡活动，积极向市民和农民讲解气象科普知识。每年世界气象日都组织职工进行相关宣传活动，印发气象科普小手册和传单，开放气象台站，普及气象知识。

法规建设与管理

1. 气象法规建设

气象法规建设 2002—2008年，市政府先后下发了《双鸭山市人民政府办公室关于加强全市雷电安全防护管理工作的通知》(双政办发〔2002〕35号)、《双鸭山市人民政府办公室关于加强全市雷电装置检测管理工作的通知》(双政办发〔2004〕64号)、《双鸭山市人民政府办公室转发市气象局、市教育局、市安全生产监督管理局关于加强全市各级学校防雷安全工作的意见的通知》(双政办发〔2007〕46号)、《双鸭山市人民政府关于气象探测环境保护专项规划的批复》(双政函〔2008〕134号)等4份规范性文件。

自2004年11月起，市气象局进入市行政审批中心开始受理业务。每年的世界气象日、科技宣传周、法制宣传日等重要节日期间，都组织人员在市内繁华地段设置宣传台，开展气象法规宣传，并联系各类新闻媒体进行采访报道。

制度建设 为规范内部管理，建立健全了各项制度。2003年制定了《财务管理制度》，2004年制定了《车辆管理制度》，2008年新修订了《严格请假和考勤制度的暂行规定》、《电话包干费用使用的有关规定》、《车辆管理制度》、《政务值班工作制度》、《机关安全保卫管理办法》、《公章使用管理制度》等。

2. 社会管理

行业管理 1997年3月市气象局向市政府递交《双鸭山市气象局关于保护气象台站观测环境的请示》。2005年为保护观测环境，依法到双鸭山市规划局、建设局、国土资源局进行登记备案。同年，对广播、电视、报纸等公共媒体传播天气预报信息情况进行检查，并完成了相关登记工作，规范了公共媒体传播气象信息行为。同年4月，在市规划局的支持下，依法否决了市广播电视局在气象探测环境保护范围内建设住宅楼的方案。2008年市规划局将双鸭山气象探测环境保护标准纳入城市总体规划。同年6月，委托市规划设计院编制了全市4个站的气象探测环境保护专项规划，并得到市、县政府的批准，成为全省第一个全面完成气象探测环境保护专项规划的地区。

加强了气球施放市场管理，基本杜绝了违法违规施放气球现象。2007年5月对不具备气球施放资质，私自灌充、运输系留氢气球的个体户进行了依法查处，维护了市场秩序。

自《关于加强雷电防护设施安全管理工作的通知》(黑政办〔1998〕21号)下发后，当年成立了双鸭山市人民政府雷电防护管理办公室(办公室设在市气象局)负责全市防雷管理工作。2008年与市安监局联合对全市防雷重点单位进行了安全检查，对不合格单位责令限期整改，消除了雷击隐患。

政务公开 对内实行三公开，一是财务公开。坚持大宗物品集体采购，局内收支情况每月向党组成员公开，每半年向职工公开，1000元以上支出由班子集体讨论决定；二是廉政公开。坚持财务收支情况公开、招待费用公开，重大事项和决定公开，考核和测评结果公开；三是用人公开。严格执行《干部选拔任用工作暂行条例》，选拔干部按照公平竞聘、集体考核、群众测评、班子研究决定、任前公示等程序进行。对外，通过网络、传单等方式将气象行政审批办事程序、气象服务内容、服务承诺、气象行政执法依据、服务收费依据及标准等其他应当公开信息向社会公开，并编辑印制了《双鸭山市气象局政务公开目录》在市政府政务公开办备案。

党建与气象文化建设

1. 党建工作

支部组织建设 1980年成立党支部。历届党支部重视对党员的培养和职工的教育工作。坚持每周组织一次党员学习、每季召开一次党的民主生活会、每半年组织一次党员专题民主生活会、每年组织一次党员民主评议活动。多年来，注重发挥党支部的战斗堡垒作用和党员的模范带头作用，加强对入党积极分子的培养。1992年以来共发展党员7人。党支部获“优秀党组织”4次，有6人次荣获“优秀共产党员”和“优秀党务工作者”称号。

党风廉政建设 坚持每年开展反腐倡廉宣传教育月活动，坚持与县站领导班子签署廉政责任状，对新任科级干部进行廉政谈话。建立各级党政领导干部廉政档案，逐步完善《党风廉政建设责任制度》和《党风廉政建设追究制度》。对直属单位及各县气象局主要领导进行经济责任审计、财务收支审计、项目跟踪审计等。

2. 气象文化建设

精神文明建设 双鸭山市气象局成立了以市气象局局长为组长、有关负责人为成员的文明行业创建领导小组。制订了《文明创建制度》、《政治学习制度》、《目标任务考核奖惩办法》以及有关业务学习、安全管理等文明建设方面的27项制度。深入开展思想政治教育、职工道德教育，倡导艰苦奋斗，爱岗敬业，无私奉献，热心服务的气象人精神，营造浓厚的文明气氛。

文明单位创建 文明单位创建作为气象局建设的重要目标，做到创建有规划，落实有措施，年年有检查，不断提升文明单位档次。1997年市气象局被命名为“市级文明单位”，1999年被命名为“市级文明单位”和“市级文明系统”，2001年被命名“市级文明单位标兵”及“市级文明系统”，2005年被命名为“省级文明单位”及“市级文明系统”。2008年完成重新申报“省级文明单位”工作。

文体活动 积极为职工开展文体活动创造条件。局机关设职工阅览室，有图书500册、刊物及报纸15份，并设有职工乒乓球室、篮球场。同时积极组织职工参加上级机关组织的活动。近几年先后参加市农委、市直机关和省气象局组织的篮球赛，2次参加全省气象部门乒乓球赛，并取得了组织奖、道德风尚奖等奖项。

2005年省级文明单位挂牌仪式

3. 荣誉

集体荣誉 2001年被市委、市政府授予文明单位标兵；2003年被市委、市政府授予文明单位建设“先进系统”；2005年荣获省级文明单位；2007年被市委、市政府评为“服务三农先进单位”；2008年市直机关工委授予市气象局党支部先进党组织；2001—2008年连年获得全市安全生产先进单位荣誉；2008年气象台获得省气象局授予的重大气象服务先进集体。

个人荣誉 多人次获全国优秀值班预报员和全国网络优秀管理员称号；孙凤阁被市直工委评为优秀共产党员，被市委评为“十佳公仆”；闫春华被市直工委评为优秀共产党员；郭彦民被市直工委评为优秀共产党员。

台站建设

台站综合改造 双鸭山市气象站1960年迁至现址，占地面积17840平方米，办公用房240平方米，条件比较艰苦。1973年省气象局投资扩建办公用房310平方米。1988年扩建办公楼347平方米。职工办公条件和生活条件有了一定的改善。1993年在原办公楼基础上扩建一层434平方米，办公用房总面积781平方米，使工作环境得到明显改善。2002年重新修建围墙。2003年省气象局投资修建院内水泥路面2240平方米。2006年对旧办公楼房盖进行维修，新建办公楼785平方米。至此台站环境得到彻底改善。2008年对旧办公楼维修，院内路面实现硬化，增设篮球场，修建大门。目前，业务用房面积符合标准、布局合理，满足了办公自动化的需要。

园区建设 2008年，在原有庭院设施的基础上，新安装路灯4个，铺设了草坪、种植了灌木、新增草本花镶嵌其间的绿地面积5000平方米，硬化水泥路面和园林小路，园区面貌焕然一新。

建站初期的气象站

2008年市气象局办公楼全景

宝清县气象局

宝清县位于黑龙江省东北部，三江平原腹地。伪满洲国时期，曾建有气象站。新中国成立后，1956年宝清气象站成立，一直是国家基本气象站，观测资料参加国际气象组织东亚地区的资料交换。

机构历史沿革

始建情况 1940年11月，伪满洲国中央观象台曾在宝清建立气象观测站，一直工作到1945年。1956年10月宝清县气象局建成，11月1日开始正式观测记录，位于宝清镇郊外，北纬46°19′，东经132°11′，观测场海拔高度83.0米。建站以来观测环境一直较好，从未迁站。

机构设置与领导体制 1956年建站后由气象部门为主管理。1958年6月转为地方建制，归宝清县水利电力局领导，业务归气象局管理。1962年6月改为以气象部门为主管理，业务仍归合江地区气象台领导。1968—1971年以县革命委员会领导为主。1971—1973年实行军队为主的双重领导体制，由县人民武装部领导。1973—1979年归县革命委员会领导，业务由气象部门管理。1980年起实行双重领导，以气象部门为主的管理体制。

同年5月,成立宝清县气象科。1984年改称宝清县气象局,隶属于佳木斯市气象局管理。编制16人,下设测报股、预报股。1992年9月起归双鸭山市气象局领导。1999年10月8日成立宝清县防雷检测站。

名称及主要负责人变更情况

名称	时间	内设机构	主要负责人
宝清气象站	1956.10—1959	预测报组	郑　起
宝清气象站	1959—1962	预测报组	李士清
宝清气象站	1962—1969	预测报组	冯连举
宝清气象站	1969—1971	预测报组	于清泉
宝清县气象科	1971—1984	测报组、预报组	冯连才
宝清县气象局	1984—1986	测报股、预报股、人控办	周日祥
宝清县气象局	1986—1987	测报股、预报股、人控办	高　权
宝清县气象局	1987—1989	测报股、预报股、人控办	刘宝和
宝清县气象局	1989—1991	测报股、预报股、人控办	康书方
宝清县气象局	1991—1992	测报股、预报股、人控办	张忠江
宝清县气象局	1992—1994	测报股、预报股、人控办	邹春荣
宝清县气象局	1994—2002	预测报股、人控办、防雷办	李秀玉
宝清县气象局	2002—	预测报股、人控办、防雷办	刘哲姝

人员状况　1956年建站时为股级事业单位,编制7人,设站长1人,观测员6人。2008年,宝清县气象局、气象站局站合一,现有在编职工14人,在岗18人,其中干部13人、工人1人、合同制4人,本科学历4人、大专学历9人,党员8人,汉族16人、满族3人。

气象业务与服务

1. 气象业务

地面气象观测　建站起承担地面气象观测、发报和编制报表。每天进行02、08、14、20时4次定时观测和05、11、17、23时补充定时观测及编发7次绘图报,24小时昼夜守班,观测资料参加国际气象组织东亚地区的资料交换。1980年5月装备遥测雨量计,实现有线遥测观测。1987年装备PC-1500袖珍计算机,用于地面观测的计算和编报,减轻了观测员劳动强度,提高了气象电报质量。从1961年起,担负向北京、沈阳、长春、哈尔滨等军航民航机场拍发预约航空报和航空危险报任务。2003年4月建成自动气象站,2004年1月1日起执行地面新规范,自动站和人工站平行观测,实行双轨运行。2005年12月31日20时,自动气象站投入业务单轨运行(以自动站为主)。2006年12月31日20时改为8次观测8次发报(更名为宝清国家气象观测站一级站,更名前是8次观测7次发报),每日20时人工站观测1次,其它时次观测取消人工观测。2008年6月取消温度、湿度、气压、风向风速自记,保留遥测雨量计、风向风速指示器。2006年5月安装完成宝清县10个乡镇自动雨量点并投入运行。2005年7月建成土壤湿度自动观测站并投入运行。

观测项目有云、能见度、天气现象、气压、空气的温度和湿度、风向风速、降水、雪深、雪压、日照、冻土、地温(浅层和深层)、草温、电线积冰、蒸发(小型、大型)。

气象信息网络 建站起一直采用人工编报,由邮电局传报。1998 年使用分组数据交换网传输报文,调用气象信息。1988 年装备 APPLEⅡ型微机,结束了长达 40 年的手工抄录气表的历史。1998 年开始采用计算机进行地面观测的记录处理、计算、电报编发和报表传输,实现了从手工到信息网络传输的改变。1988 年开始建立了农村气象警报网,1989 年安装了甚高频电话系统,每天 2 次定时开展气象知识和天气预报服务。2005 年 5 月采用宽带网上传和下载各种气象信息,传输速率和传输量大幅度提高。观测记录簿、自记纸永久保存。向中国气象局、省气象局、市气象局报送年、月气象报表。

天气预报 自建站后陆续开展短期、中长期天气预报。短期天气预报以收听省台发布的天气形势广播和分片预报,结合本站的观测资料,以及九线图、点聚图、韵律等方法,制作与发布各种时效的天气预报。1984 年 6 月起采用气象传真接收机,接收中央气象台天气形势图、日本以及欧洲预报图进行分析预报。1997 年使用无线数字传输接收机,接收地面天气图和高空图。2000 年 3 月安装卫星地面接收系统,即 PC-VSAT 接收站,直接接收风云-2 号气象卫星的云图和天气图表等资料,使预报信息量大幅度增加。预报员使用数值预报产品、云图等资料,进行综合分析,与省、市气象台及有关台站的天气会商,提高了天气预报的准确率。目前制作发布的长期天气预报,包括 3—10 月长期天气趋势预报,春季、夏季、秋季、冬季天气预报;二是中期天气预报,包括 3—10 月各旬天气预报;短期天气预报,包括 24~72 小时天气预报,短时灾害性天气警报。

农业气象 1958 年开始进行农作物物候观测。1960 年开始进行土壤湿度观测。1983 年 4 月开始进行自然物候观测。作物观测有小麦、大豆、水稻等主栽作物,近年来以观测大豆、水稻为主。土壤湿度观测:每年 2 月 28 日开始观测,每月逢 3 日、8 日测定土湿,11 月 8 日终止测湿。自然物候观测有蒲公英、旱柳等,观测闪电、雷鸣,土壤解冻、封冻、结冰等现象。农业气象服务主要有农业年景分析及预报,全年积温预测、粮豆产量预报、年度农业气候评价、农业气候资源调查和区划等。还进行农业气象灾情调查、土壤墒情普查,开展农业气象系列化服务等。

2. 气象服务

公众气象服务 气象站制作的天气预报由电台、电视台向社会发布。天气预报服务于社会,1991—1992 年曾通过气象警报网向用户播发天气预报。1995 年建成电话天气预报自动答询系统,24 小时提供答询服务。2000 年 10 月开始建立电视天气预报制作系统,由电视台播出的预报开始细化到乡镇,方便广大农民使用。

决策气象服务 以防灾减灾为重点,紧紧围绕农业生产开展决策服务。历年来,主要通过气象预报情报等书面材料向政府领导及相关部门提供服务。近年来又发展了手机短信业务,及时发布重要天气信息和天气警报。1996 年和 2008 年秋季出现的初霜,气象局提前准确做出预报,县政府据此组织烟农提前将烟叶掰回,减少了巨大的经济损失。2003 年春,宝清出现了历史少见的干旱,气象局及时向县领导汇报未来两天的天气趋势,县政府及时组织抗旱工作,并决定积极进行人工增雨作业,结果在大旱之年取得了大丰收,受到县领导好评。

专业与专项气象服务 宝清县从1975年借用2门“三七”高炮，开始人工增雨防雹作业。目前，全县已有10门高炮和1部火箭发射架，10门高炮分别布设在3条雹道上的10个村屯，由气象局负责管理和指挥作业。每年举行防雹培训班，对近50名作业炮手进行培训，炮手工资、人身保险、劳动保护等费用，在1996—2004年由受益村支付，2005年开始由宝清县政府从烟税提成中拨付。近几年，平均每年作业30次左右，每年耗弹量2800～3000发，经济效益在600万元左右。

防雷装置检测从1999年10月开始。7年来，年常规检测已由最初的10多个单位增加到现在的30个单位。防雷工程竣工验收单位也逐年增加。防雷工程图纸审查与验收已纳入宝清县建筑行政审批大厅。

1985年后开展了气象专业有偿服务。1997年开展了庆典氢气球服务。2000年开展了电视天气预报广告。

气象科普宣传 每年利用农民科技节、“3·23”世界气象日，组织职工上街开展宣传和现场答询，发放宣传材料；利用电视滚动字幕、电子显示屏等手段宣传气象日主题。近几年，为了减轻雷电灾害，还派人并走进社区、学校、建筑工地和田间地头向群众普及防雷减灾等科普知识。在宣传科普知识的同时，也提高了气象局在社会上的知名度。

气象法规建设与管理

1. 气象法规建设

近些年县政府及有关部门先后下发了有关法规性文件，主要有《宝清县人民政府关于印发宝清县防雷减灾工作意见的通知》(宝政发〔2002〕4号)，宝清县气象局、宝清县安全生产监督管理局联合下发了《关于进一步加强雷电安全防护管理工作的通知》(宝气联发〔2004〕8号)，宝清县公安局、安全生产监督管理局、气象局联合下发了《关于加强防雷安全工作的通知》(宝气联字〔2006〕2号)，县政府办公室下发了《宝清县人民政府办公室关于加强乡镇社区村气象灾害应急信息联络员队伍建设的通知》(宝政办发〔2008〕41号)等。

2. 社会管理

行业管理 气象探测环境保护，一直是宝清县气象局高度重视的一项工作，早在20世纪90年代就将保护标准和具体范围等材料送交到城建部门备案。近两年，随着城市建设步伐的加快，探测环境遭受破坏的可能性也越来越大，经过与政府及相关部门的积极沟通，《宝清县气象探测环境保护专项规划》即将出台。在施放气球管理上，严格按照安全操作规程制氢，严格按照有关法规施放，并且会同安监部门和城市管理部门共同管理施放市场。

防雷管理工作逐步走上正规。2005年防雷工程图纸设计审查正式纳入建筑行政审批程序，新建防雷工程的验收，已全部按规定执行。

政务公开 从2003年开始推行局务公开工作。5年来，按照“总体规划、因地制宜、稳步推进、注重实效”的原则，制定了《宝清县气象局局务公开制度》，制做对内、对外的公开揭示板，推行阳光操作。同时，建立了民主管理机制，加强依法行政，强化内部管理和监督，预防腐败现象发生，树立良好气象行业形象。全局呈现了团结稳定的局面。2005 年中国气象局授予宝清县气象局“全国气象部门局务公开先进单位”称号。

党建与气象文化建设

1. 党建工作

支部组织建设 1972 年成立党支部，成立之初有党员 4 名。多年来支部重视对党员的思想教育，健全了各项制度，认真培养积极分子，1972 年至今共发展党员 5 名。气象局党支部多次荣获县直机关“优秀党支部”称号，有 15 人次获“优秀共产党员”、“优秀共产党员标兵”称号。

党风廉政建设 高度重视党风廉政建设工作，坚持以邓小平理论和“三个代表”重要思想和科学发展观为指导，全面贯彻落实党的十七大和十七届三中全会精神，加强党风廉政建设。认真抓好领导干部和党员廉洁自律工作，加强理论体系教育和党性党风党纪教育，引导党员干部严格遵守党章，坚定理想信念，树立正确的政绩观和利益观，开展警示教育和廉政教育，提高党员干部拒腐防变的意识和能力，加强反腐倡廉宣传教育工作，树立良好的气象工作者形象，多年来，宝清县气象局党员领导干部和党员没有违法违纪行为发生。

2. 气象文化建设

精神文明建设 坚持“两手抓，两手都要硬”的工作思想，高度重视精神文明建设，成立精神文明建设领导小组，认真组织政治学习、职业道德教育。同时建立了学习制度、岗位练功制度。组织职工自己动手美化绿化庭院，创造文明、优美、舒适的工作环境。引导职工提高政治素质和文化专业素质。精神文明创建做到了年初有规划、年终有总结。从 1989 年至今一直都是双鸭山市市级文明单位。

文体活动 为了活跃职工文化生活，在院内设置了 6 台健身器材，配备了乒乓球、羽毛球等设备。积极组织职工参加县直机关的文体活动，曾在乒乓球赛、棋类等比赛中获得优异成绩。2008 年局领导还参加奥组委在宝清县举行的奥运会火炬手确认仪式。

3. 荣誉

集体荣誉 从建站至 2008 年，共获得集体荣誉 58 次，主要有 1958 年中央水利电力部授予“民办气象红旗站”称号；1959 年黑龙江省政府授予“省农业先进单位”；2005 年中国气象局授予“气象部门局务公开先进单位”，2006 年黑龙江省气象局授予“全省气象部门先进气象台站”，2008 年黑龙江省气象局授予“全省气象部门先进台站标兵”等荣誉。此外，在 1989 年、1999 年、2001 年、2005 年先后被佳木斯市、双鸭山市委、市政府授予市级文明单位、“一流台站”等称号。

获省部级以下综合表彰的先进个人

姓名	发奖单位	时间(年)	奖项名称
高　权	省气象局	1986	先进工作者
李秀玉	双鸭山市气象局	1994 至 1995	记功奖励
李秀玉	双鸭山市气象局	1996	特殊贡献奖
李秀玉	宝清县妇联	1998	三八红旗手
李秀玉	宝清县委	1999 至 2001	优秀共产党员
刘哲姝	宝清县妇女联合会	2002 和 2003	三八红旗手
王传义	宝清县机关工委	2004 至 2006	优秀共产党员
刘哲姝	宝清县妇女联合会	2006	十大女杰
刘哲姝	宝清县团县委	2007	青年五四奖章
刘哲姝	宝清县机关工委	2008	优秀共产党员标兵

台站建设

1956 年建站时办公室面积为 154 平方米，工作条件比较艰苦。1977 年新建办公楼 250 平方米、建锅炉房 50 平方米，冬季采暖得到改善。1982 年建铁围栏 250 延长米、围墙 190 延长米，建炮库 144 平方米。1988 年扩建办公楼 106 平方米。2002 年以后，逐年改善办公环境，进行园区建设。更新了锅炉，改造了取暖设施。356 平方米的办公楼外墙全部贴面，楼盖铺彩钢板，室内地面铺大理石，更换塑钢窗，更新全部办公桌椅。从 2003 年起，进行园区改造，当年种草坪 800 平方米，庭院硬化 400 平方米。之后，大规模改造庭院，新建大门一座、白色路面 818 平方米、铺人行步道砖路面 1300 平方米、种草坪 3000 平方米、建铁艺围墙 70 延长米、砖围墙 92 延长米、装路灯 6 座、安装户外健身器材 6 台。2007 年新种草坪 6000 平方米。经过改造建设，办公区布局合理，整洁舒适，园区进一步美化、绿化，使职工心情舒畅的工作。

1975 年时的办公楼

1988—2002 年间的办公楼

2009年宝清县气象局全貌

集贤县气象局

集贤县位于黑龙江省东北部，三江平原腹地。年平均气温4.4℃，历史最低气温零下35.6℃，历史最高气温为38.6℃。年平均降水量为527.0毫米。

机构历史沿革

始建及站址迁移情况 1956年，站址位于笔架山农场郊外，北纬46°51′，东经131°07′，海拔高度120.5米。1958年12月3日站址迁至集贤县福利屯郊外，位于北纬46°51′，东经131°07′，海拔高度为102.5米。1992年8月迁至福利镇胜利村东南郊外新址，北纬46°44′，东经131°07′，海拔高度102.3米。

领导体制 建站至1958年12月，以气象部门领导为主。1959—1979年双重领导体制变动多次。1980年4月起，实行以气象部门领导为主的双重领导，一直延续至今。1980年建立集贤县气象科。1984年改称集贤县气象局，均实行局(科)站合一。

人员状况 1956年建站时只有3人，1964年人员编制5人，1970年人员编制为10人，现在编制10人。现有职工10人，其中编外3人。大学学历5人，大专学历2人，中专学历2人；中级职称4人，初级职称3人；50岁以上2人，党员3人，预备党员1人。

名称及主要负责人变更表

名称	时间	负责人
集贤笔架山气候站	1956年12月—1958年5月	左希胜
集贤气象水文站	1958年6月—1961年	左希胜

续表

名称	时间	负责人
集贤气象服务站	1962 年—1968 年	曾庆荣
集贤气象站	1968 年 5 月—1969 年 1 月	曾庆荣
集贤县气象站	1969 年 2 月—1980 年 3 月	曲盛泉
集贤县气象科	1980 年 4 月—1982 年 1 月	曲盛泉
集贤县气象科	1982 年 2 月—1984 年 7 月	倪汉清
集贤县气象局	1984 年 8 月—1986 年 4 月	曲盛泉
集贤县气象局	1986 年 4 月—1986 年 10 月	孙志信
集贤县气象局	1986 年 11 月—1990 年 7 月	曲廷敏
集贤县气象局	1990 年 7 月—2001 年 12 月	潘印国
集贤县气象局	2001 年 12 月—	周　颖

气象业务与服务

建站初期只有地面观测、天气预报、农业气象观测，1975 年开展人工影响天气作业，1995 年开展施放气球，1999 年开展影视广告业务，1999 年开展防雷检测业务。

1. 气象业务

气象观测　1956 年建站时观测项目为云、风向、风速、能见度、天气现象、温度、湿度、降水、蒸发、地温、积雪深度、日照、每天进行 01、07、13、19 时 4 次观测。1969 年 1 月增加预约航空报，到 1988 年终止。1985 年 7 月 1 日改为 3 次观测(02 时观测取消)。1985 年配备了 PC-1500 计算机，1988 年气表-1 改用 APPLE 计算机制作。2001 年 3 月 1 日开始启用分组交换网传递气象电报和各种信息。2005 年建成 8 个乡镇自动雨量站，区域雨量网开始运行。2006 年 1 月 1 日地面自动站与人工站双轨运行，2008 年 1 月 1 日自动站单轨运行，现以自动站观测资料为准发报，自动站采集的资料与人工观测资料存于计算机中互为备份。

气象信息网络　建站初期气象电报拍发是观测员每天通过电话传给邮电局发出，1990 年建立气象警报网，向农村等用户传送天气预报等信息。1990 年加入佳木斯地区气象甚高频电话网，进行天气会商及其他业务联系。2001 年起利用分组网传输气象电报和观测资料。2006 年自动站运行后，现有地面观测资料和气象电报通过宽带网自动上传，实现了从手工到信息网络传输的重大改变。2008 年建成可视化天气会商系统，实现与省、市、县台站可视化会商。2008 年 5 月 20 日将 1957—2003 年的气象记录档案气簿-1、温度、湿度、气压、风向风速、雨量自记纸整理归入黑龙江省气象局档案馆，县气象局只保留 5 年的气象记录档案。所有的气象记录和有关文件都实现了纸质与电子版同时保存归档。

气象预报　建站初期开展短期天气预报。1959 年开始增加中、长期预报项目，为当地政府提供服务。根据本站方法并参考省、市台、有关县的预报信息及相关农谚制作天气预报。当时制作预报以“九线图”、“点距图”为主要预报工具。1980 年开始使用 123 型传真机，每天接收北京下发的天气图，用于短期天气预报。1999 年卫星单收站建成，每天接收各种卫星云图、高空、地面形势天气图、物理量图等，使短期预报的制作增加了科技含量，加之利用原有预报方法，提高了预报的准确率。2007年利用新一代天气雷达实时资料，开始制作发布未来6小时的短期预报和未来3小时的临近预报。

农业气象 集贤气象站为国家二级农业气象站，有2种作物观测（大豆、玉米）、2个自然物候观测（蒲公英、小叶杨）。承担土壤含水率观测（逢3、8进行）。还进行农业气象灾情调查、土壤墒情普查，开展农业气象系列化服务等。

2．气象服务

公众气象服务 早期公众气象服务通过县广播站播报天气预报。20世纪90年代，随着广播、电视等传媒发展，公众气象服务的服务手段、服务内容、服务群体都有了很大的改观。1997年与电信局合作开通“121”天气预报自动查询电话，为公众提供气象信息服务。2002年对“121”答询系统进行升级改造，2005年“121”升位为“12121”，信息内容更加丰富。1999年电视天气预报节目制作系统投入使用，由气象局制作录像带送到电视台播放，使千家万户能看到全县各乡镇的天气预报。

决策气象服务 决策气象服务材料主要有重要天气预报、旬报及长期天气预报和雨情、墒情等情报。定期和不定期报送给县领导及相关部门。遇有重要天气预报时，及时用电话向领导汇报并通知相关部门。县领导高度重视气象服务，经常听取气象部门的汇报。2003年春季出现严重旱情，县政府领导带着气象人员深入村屯进行旱情调查。2005年春季低温多雨寡照，严重影响春播生产，气象局跟踪服务，及时为县领导提出防灾建议，派出人员深入农村实地调查，现场为农民提供服务。2006年起，开通了决策气象服务手机短信业务，提高了服务的及时性。

专业与专项气象服务 1975年开始开展人工增雨作业，每年县财政都拨出专项经费支持此项工作。2004年大旱，原有的3门高炮满足不了抗旱需求，由市政府出资购置了5门高炮和1部车载火箭，经作业全县解除旱情。2007年遭遇到百年不遇大旱，人工增雨缓和了旱情，节约抗旱资金80多万元。

1999年开始防雷周期检测工作，到2007年集贤县各单位的防雷设施全部由气象防雷检测站检测。特别对全县中小学校教学楼及远程教育系统的防雷设施进行检测，受到教育部门好评。

气象科技服务与技术开发 1985年以后开展气象专业有偿服务。从1995年起，开展庆典气球施放服务。1999年电视天气预报节目制作系统建成后，附带的电视广告业务逐步开展起来。集贤气象局研制的《大暴雨、连阴雨模式预报》、《低温冷害预报》分别在1975年、1980年东北地区经验交流会受到好评。1981—2005年，对气候资源开发利用进行3次分析论证，在积温带划分、品种选择方面为县政府及相关部门提出合理化建议。

气象科普宣传 2000年在集贤县第二小学建立气象科普联系点，小学生不定期到气象局参观学习，气象人员到学校给小学生讲解防雷等知识。县农职高中的师生也经常到气象站参观学习，使青少年增长了气象知识。每年利用“3·23”世界气象日、科技大集到街头宣传气象知识、气象法律法规和防灾减灾知识等。5年内向群众发放宣传单累计7万余份，发放宣传手册600余册，宣讲气象科普知识24次，台站对外开放32次，接待参观学生760余人次。

法规建设与管理

1. 气象法规建设

2008 年县政府下发了《关于加强民用氢气球安全管理》的文件，进一步规范氢气球施放工作。同年县政府根据气象局提出的气象探测环境的意见书，下发了《关于开展集贤县气象探测环境保护专项规划工作》通知，为保护气象探测环境提供了保障。集贤气象局利用一年一度的气象日进行宣传，增强大众的法律意识。

2. 社会管理

行业管理 从 2002 年起，防雷管理纳入了县政府监管范围，每年春季、秋季与安监部门进行防雷安全检查。主要开展行业执法工作。2002 年有一家种子销售公司利用外地长期天气预报向农民推销种子，发现后立即依法处理，制止了一起异地传播气象信息误导农民、坑农害农事件发生。2008 年 9 月及时处理一起无证人员施放氢气球事件。

政务公开 对气象行政审批办事程序、气象服务内容、服务承诺、气象行政执法依据、服务收费依据及标准等，采取了通过电视广告、发放宣传单等方式向社会公开。在办公楼门前铁艺围栏上设立了探测环境保护告示牌以及天气预报查询监督电话等。

内部公开上，在财务、用人等方面实行公开化，每季度开一次职工大会进行财务公开。对办公楼维修、供暖系统改造等项目实行公开招标，成立专项工程领导小组，即监督工程质量和监督财务支出。在 2007 年由省气象局把关，向正规院校招聘 3 名大学生。

党建与气象文化建设

党建工作 1973 年 7 月成立党支部，现有党员 6 人，预备党员 1 名。党支部坚持加强组织、思想、作风建设，每半年召开党员专题民主生活会 1 次。促进党员严格要求自已，加强政治学习，遵纪守法，扎实工作，清政廉洁。对新来的 3 名大学生加强培养，有 1 名已成为预备党员。

气象文化建设 建立精神文明建设领导小组，一把手负总责。健全了各项管理制度，组织文明创建活动。坚持人才强局战略，定期派业务人员出去深造学习，与先进台站进行业务交流。坚持带领职工发扬艰苦奋斗的良好作风，组织职工自己动手改造台站环境，美化绿化庭院，节约了大量资金。

2002—2004 年连续 3 年获全省气象部门“双文明”建设先进单位标兵称号。

荣誉 1978 年 10 月中央气象局授予集贤气象站“全国气象部门双学红旗单位”。1973 年至 2008 年，先后受到上级主管部门及地方政府给予集贤气象局先进集体、文明单位标兵等奖项共计 28 项次，县政府授予集贤县气象局支农先进单位、先进集体等奖励 23 项次。

获省部级以下综合表彰的先进个人

姓名	发奖单位	时间	奖项名称
周　颖	集贤县政府	2008	先进工作者
吴　敏	集贤县政府	2002	记功奖励
宋淑华	集贤县政府	1993	记功奖励

台站建设

1956年气象站办公室为100平方米木结构平房，1958年迁至集贤县城北，占地面积为1000平方米，与安帮河水利站合属办公。1964年在观测场北70米处新建1栋办公室和家属房230平方米，站内环境简陋。1992年由于城市建设需要，集贤气象局搬迁到现在站址，新建1栋362平方米的二层办公楼。当时动迁费较少，办公楼及室内装修简单。2003省气象局投资维修了房盖，解决了漏雨问题，同年自筹资金更换办公室门窗。2004年至2006年先后对办公楼、庭院建设及供暖系统进行改造装修。办公楼前打上了水泥路面，原有的砖围墙换成了铁艺围栏，安装了不锈钢自动伸缩门，大门外两侧修建了4个花池。办公楼内的走廊和楼梯全部铺上了大理石地面，办公室全部铺上木质地板，更换成了新式塑钢窗，在微机室和值班室安装了新式空调，多次更新了计算机等设备，观测场内安装了4排地灯，完成了观测场亮化工程。

气象局新貌

饶河县气象局

饶河县处于黑龙江省东北部，隔江与俄罗斯相望。1958 年与虎林县合并称虎饶县，1964 年恢复饶河县。属于寒温带大陆性季风气候，年平均气温 2.2℃，年平均降水量为 575.1 毫米。

机构历史沿革

历史沿革 饶河县气象站始建于 1958 年 11 月，位于在虎饶县东安镇下营处，称东安气候站，观测场位于北纬 47°23′，东经 134°12′，海拔高度 52.4 米。1961 年 5 月迁移至虎饶县饶河镇郊外，位于东经 134°01′，北纬 46°48′，海拔高度 54.8 米，距原址 60 千米，更名为饶河气候服务站。1962 年 5 月改称饶河气象站。1974 年 1 月迁至饶河镇“西郊”，观测场位于北纬46°48′，东经 134°00′，海拔高度 54.4 米，现为国家一般气象站。

建制情况 始建之初，以地方政府为主领导。1962—1968 年以气象部门领导为主。1968 年划归地方建制。1971 年起实行军队为主领导体制。1973 年 7 月又划归饶河县人民政府为主领导，改称饶河县气象科。1980 年 4 月起实行以气象部门领导为主的双重领导体制，一直延续至今。1984 年 2 月，实行局台(站)合一管理体制。饶河县人民政府气象科改为饶河县气象局、饶河气象站。1993 年前，隶属佳木斯气象局管理。之后划归双鸭山市气象局管理。

人员状况 始建时有职工 3 人。2008 年有职工 12 人，其中 50 岁以上 2 人、40～49 岁 3 人、30～39 岁 3 人、30 岁以下 4 人，本科 2 人、大专 7 人、中专 2 人、高中 1 人，工程师 6 人、助理工程师 5 人，中共党员 6 人，满族 1 人。

名称及主要负责人变更情况

名称	姓名	职务	任职期间
东安气候站	资斗廷	负责人	1958.11—1962.1
饶河气候服务站	杜秉均	站长	1962.1—1962.10
饶河气象服务站	杨宝仁	负责人	1962.10—1964.10
饶河气象站	顾万来	负责人	1964.10—1984.7
饶河气象站	方松泉	指导员(兼职)	1971.1—1973.7
饶河气象站	张文良	指导员(兼职)	1971.1—1973.7
饶河气象科	王宪章	科长	1974.3—1981.3
饶河县气象局	陈茂梅	副局长(主持工作)	1984.8—1985.1
饶河县气象局	曹凤彬	局长	1985.1—1994.5
饶河县气象局	张友安	局长	1994.5.2—1995.12
饶河县气象局	张福林	局长	1995.12—1996.11

续表

名称	姓名	职务	任职期间
饶河县气象局	曹凤彬	局长	1996.11—2002.12
饶河县气象局	王恩胜	副局长(主持工作)	2002.12—2003.12
饶河县气象局	王恩胜	局长	2004.1—

气象业务与服务

1. 气象业务

气象观测　建站初期每天进行4次定时观测，1960—1970年改为08、14、20时3次观测，夜间不守班。观测项目有云量、云状、能见度、空气温度和湿度、风向、风速、天气现象、地温(0、5、10、15、20厘米)、降水量、日照、积雪深度和密度、冻土深度。1971—1987年进行4次定时观测。1971年1月1日开始增加气压观测。1979年停止了冻土观测和积雪密度观测。

1964年开始编发气象旬月报，1965年增加向省台拍发天气报任务。1970年增加预约航危报。1986年开始使用PC-1500计算机进行微机编报。1991年拍发加密天气报。2005年7月，建成自动观测气象站，11月实行自动站、人工对比观测。2007年1月1日自动气象站正式观测运行。现在的观测项目有云量、云状、能见度、天气现象、气压、空气温度和湿度、风向风速、降水量、雪深、日照、小型蒸发、地温(0、5、10、15、20、40、80、160、320厘米)及草面温度。

天气预报　1964年开始制作天气预报，主要通过广播收听省台发布的天气形势和分析预报，结合本站资料，制作补充短期天气预报。1970年后，通过广播收听省台天气形势电码，绘制天气图。采用点聚图、剖面图、压温湿曲线图，及其24小时变量演变图等预报方法。20世纪70年代末，开始制作中长期预报，应用周期分析、方差分析、回归分析、时间序列分析，谐波分析等数理统计预报方法制作。1985年配备了CE-80型气象传真机，接收传真天气图。1999年10月，建成PC-VSAT小站，开始利用卫星接收系统接收卫星云图，及各类天气分析图、物理量分析图。2000年4月，开始使用MICAPS气象信息综合分析处理系统软件，丰富了县站短期天气预报的信息量。

气象信息网络　1986年以前气象电报主要通过邮电局转发。1988年建成甚高频电话，实行与相邻台站的天气会商等业务联系。2001年4月，建成X.25分组数据交换网，传输各种气象信息。2004年10月，分组数据交换网升级为光纤宽带网，提高了数据传输的速率。2005年7月，自动气象站观测数据通过光纤宽带网向省气象信息中心传输。2008年7月将建站以来到2003年底的气簿、自记纸等气象资料进行清点、汇总，移交至省气象档案馆，气象站只保留最近五年的气象记录档案。

农业气象　1970年4月起开展固定地段土壤湿度。1977年4月至1979年进行大豆、小麦发育期观测。1982年6月，开始蜜源植物(椴树)和蜜蜂(东北黑蜂)的观测至1985年停止。1991年被定为国家级农气基本站，观测项目主要有农作物观测（春小麦、大豆）、土壤湿度观测（固定地段、作物地段测定深度均为50厘米）、物候观测等。2007年根据当地种植结构的调整，将春小麦作物观测更换为玉米作物观测。

2. 气象服务

公众气象服务 1964年以来，陆续利用县有线广播站、无线电台、有线电视台，播发短期天气预报和灾害性天气警报。1996年开通天气预报电话答询系统，公众可通过电话查询短期天气预报。2004年气象局建成电视天气预报制作系统，自作的电视天气预报细化到乡镇，方便群众使用。遇有重大灾害天气及时地在电视节目中滚动播出气象预警信息。2005年开始利用短信平台，2008年使用互联网对外发布天气预报。

决策气象服务 重视决策气象服务，以防灾减灾为重点，从1982年起将年景分析、春防预报、汛期预报、各季度天气趋势预报等气象决策信息以文件的形式报送县委、县政府领导。遇有灾害性、关键性、转折性天气，及时向领导报送“重要天气情报”，收到较好的经济效益和社会效益。1983年初，在年景分析材料中提出夏季将有低温灾害，建议县政府扩大小麦播种面积，大田作物宜播早熟品种，县政府和相关部门及时做出调整，使全县粮食总产喜获丰收。

专业与专项气象服务 1976年开展人工增雨工作，借调4门“三七”高炮，实施人工增雨作业。1987年新增单管“三七”高炮1门。2000年投资13万元，新增双管“三七”高炮2门，组建了人工增雨作业队。2006年省气象局调拨人工增雨火箭1部。至2008年全县已有人工增雨作业持证上岗炮手10名。在抗旱、扑火关键期，适时开展人工增雨作业，为农业丰收和森林防火做出了贡献。1998年11月，成立了饶河县雷电防护设施监测站，对全县防雷工程计图纸进行审核，进行防雷工程验收和防雷设施检测。近10年来共完成建（构）筑物防雷图纸审核、防雷工程验收、检测100余件次。

气象科技服务与技术开发 1985年开展专业有偿气象服务，服务对象涉及农业、粮库、保险、医药、电力、交通运输、建筑等部门。最初以信件邮寄的形式向用户提供针对性较强的天气预报和情报，2005年以后逐步采用手机短信和互联网等形式进行气象服务，不但提高了服务效率，也提高了气象服务的社会效益和经济效益。1999年开展试种小麦有关气象方面的研究，为冬小麦在饶河地区种植和推广提供了科学依据。1999年开展了气候区划细划工作，成为种植结构与制度、安排农事活动的重要科学依据之一。2002年开展施放气球庆典业务。2004年开始开展电视天气预报广告业务。

气象科普宣传 近几年，多次接待小学生到气象站参观。每年“3·23”世界气象日和科普日，采取走到街头、下乡、进入工厂等形式开展宣传活动。不定期在县广播站、电视台宣传主要灾害天气的成因、发生频率、防范措施。平均每年发放科普材料3千余份，受到社会各界的好评。

气象法规建设与管理

1. 气象法规建设

围绕防雷设施安全的管理，2000 年县政府颁布了《饶河县防雷设施管理办法》，明确规定了县气象局是本行政区域内雷电监测和管理工作的主管机构，县防雷设施监测站负责防雷技术管理、技术服务、防雷产品鉴定和颁发检测合格证等工作。通过培训考核，4 人取得了行政执法资格。

2. 社会管理

行业管理 1998 年 9 月向县政府及县城建规划部门备案气象探测环境保护标准。2000 年 7 月在县建委对气象探测环境保护进行了正式备案。2007 年 12 月依法在县城建局规划处、县土地局进行了气象探测环境保护再次备案。

2002 年成立了执法队伍，对辖区内违反《中华人民共和国气象法》及《饶河县防雷设施管理办法》的行为进行执法。每年春季、秋季与安监部门、公安等部门对防雷设施等进行联合执法检查。

政务公开 气象局政务公开分对内公开和社会公开两部分。对内公开的主要内容有：年度工作目标及完成情况、财务预算及支出情况、干部使用、技术职称晋升等。社会公开有：专业服务内容、有偿专业服务收费标准、防雷检测执法依据、防雷检测程序、检测内容及收费标准、气象服务承诺等。

党的建设和气象文化建设

1. 党建工作

党支部组织建设情况 1980 年前，气象站党员少，未成立党支部。1980 年成立党支部。党支部重视对中青年积极分子的培养教育，先后发展 8 名同志加入中国共产党。至 2008 年末，在职共产党员有 5 名，占全部职工的 42%。气象局党支部多次获得县直机关优秀党支部称号，曹志锋多次被县农业党委评为优秀党员。

党风廉政建设 重视党风廉政建设工作，认真落实党风廉政建设责任制，积极开展党风廉政建设教育，加强理想信念教育、宗旨意识教育、勤政廉政教育，不断完善各项纪律约束制度和考核制度。廉洁自律从领导班子做起，严格要求自己，为群众做表率。县气象局多次在县委县政府及农业党委组织的机关作风建设评议中获优秀，被评为廉政建设先进党支部称号，建站 40 多年来没有出现过廉政作风问题。

2. 气象文化建设

精神文明建设 始终坚持“两手抓、两手都要硬”，不断深化精神文明建设工作。1989 年成立了精神文明创建办公室。每年将精神文明建设工作纳入年度工作目标，进行量化考核，做到了创建工作有目标、有计划、有落实、有检查。结合本单位实际，制订了文明单位创建规划，明确了责任。提倡科学、文明、健康的生活方式，积极开展开展文明股(室)、文明职工评选活动。1988 年饶河县气象局获得县文明单位等荣誉称号。

文体活动 饶河县气象局虽地处偏远，但文化生活丰富多彩。近几年，成立了图书阅览室，有各类图书 2000 多册，购置了乒乓球台等设备。多次组织职工参加县里、市气象局组织的歌咏比赛，篮、排球赛文体活动。

3. 荣誉与人物

集体荣誉 1990—1992 年连续被县政府评为森林防火先进单位。1999 年、2001 年、2003 年 3 次被省气象局评为全省气象部门"双文明"建设先进单位。2003 年被黑龙江省人民政府人工降雨办公室评为全省人工降雨防雹工作先进单位。

人物简介

陈茂梅 1944 年 11 月出生，山东益都人，1970 年 8 月毕业于南京气象学院气象专业，同年在饶河县气象站参加工作。历任测报组长、副局长。主持工作期间，该同志扎根边疆工作，业务上精益求精，认真钻研。1983 年编写的《饶河县农业气候区划》、《夏季低温冷害对粮食产量的影响》等受表彰，1984 年被黑龙江省人民政府授予黑龙江省劳动模范称号，1985 年获全国边陲优秀儿女银质奖章。

获得省部级以下综合表彰的先进个人

姓名	授奖名称	授奖单位	授奖时间
曹凤彬	先进科技工作者	饶河县委、县革委	1978 年
吴　群	县劳动模范	饶河县人民政府	2000 年

台站建设

台站综合改造 1983 年地方政府投资 3 万元，新建办公楼供水，供热系统。1992 年省气象局投资 16 万元，地方政府配套 8 万元，新建两层办公楼 296 平方米，办公条件有所改善。1998 年争取 10 万元建设资金，进行了办公室装修、地面硬化、办公围墙、更换取暖锅炉等项目。2008 年国家气象局投入资金 130 万元，在台站的北侧临依饶公路新建了业务用房 728 平方米，办公条件明显改善。

园区建设 历届领导都把台站环境治理作为重要工作来抓。组织职工自己动手修花坛、修路平道、植树绿化、平整庭院实现台站美化、净化、绿化，使站容站貌有了很大的改观。1992 年硬化道路 600 多平方米，1999 年新建了小围墙和花坛。2008 年进一步绿化了庭院。

饶河县气象局老业务办公楼(1974 年建)

饶河县气象局业务办公楼(1992 年建)

饶河县气象局新业务办公楼(2008 年建)

鹤岗市气象台站概况

鹤岗市位于黑龙江省东北部，地处小兴安岭和三江平原的缓冲地带，南临松花江与佳木斯市毗邻，北界与俄罗斯的犹太自治州隔江相望。面积1.47万平方千米，人口110万人。鹤岗市属寒温带大陆性季风气候。年平均气温为3.2℃，极端最高温度为37.7℃，极端最低温度为零下34.5℃。年平均降水量为623.6毫米，年无霜期平均值为147天。≥10℃的年积温平均值为2471.1℃·日。

气象工作基本情况

历史沿革 鹤岗市气象站始建于1955年，属国家基本气象站，2007年定为国家一般气象站；绥滨县气象站始建于1964年，属国家一般气象站；萝北县气象站始建于1956年，属国家一般气象站，2007年定为国家基本气象站，2009年定为国家一般气象站。

领导体制 气象台站一直实行双重领导体制，到1970年先后实行2次气象建制，2次地方建制。1971—1973年实行军队为主的领导体制。1973—1979年又改以地方政府为主领导，1980年起实行省气象局和地方政府双重领导，以省气象局为主的管理体制。1991年前，鹤岗、萝北、绥滨3站均由佳木斯气象局管理。1992年鹤岗气象站升格为气象局后，行政区内绥滨、萝北两县气象局划归其管理。

人员状况 截至2008年底，全市气象部门共有编制50人，其中国家气象编制45人(市气象局29人，萝北县气象局8人，绥滨县气象局8人)，地方编制5人。现在编职工52人，其中，研究生学历3人、本科以上学历21人、大专学历17人，副高级职称3人、中级职称23人。

主要业务范围

气象观测 全市有1个国家基本气象站和2个国家一般气象站，有29个区域自动气象站，1个CO大气自动监测站。

国家一般气象站(鹤岗、绥滨)主要观测项目有云、能见度、天气现象、气压、气温、湿度、风、降水、雪深、雪压、日照、蒸发、地温等，每天08、14、20时3次定时观测和发报，20时进行人工观测。鹤岗站增加了酸雨和紫外线观测项目。

萝北国家基本气象站现每天进行08、14、20时3次定时观测和发报。

2004年起3个站逐步建成自动气象站，鹤岗站是2004—2005年双轨运行，2006年起单轨运行；萝北和绥滨站是2006—2007年双轨运行，2008年起单轨运行。

气象预报 从20世纪60年代初开始气象预报成为气象站的一项主要基础业务。预报业务逐步从24小时预报发展到7天预报中期、不定期、长期、短时临近天气预报，以及防火、非职业性CO中毒、紫外线等各种专业气象指数预报等。气象预报资料、方法也由最初的收听加看天，结合单站资料方法，发展到使用传真天气图、MOS方法等。到目前，预报员通过人机交互系统可以查看卫星云图、雷达实时资料、数值预报产品以及各种上级指导预报，同时每天进行全国和全省的可视化天气会商，提高了天气预报的准确率。

气象网络 1987年各站安装了无线高频电话，可直接与佳木斯地区各台站通话，会商天气。1992年鹤岗台配备了单边带电台，可直接与省内各城市气象台通话，会商天气。1997年按照统一要求，建立了VSAT小站，实现卫星数据双向通讯，市、县两级气象信息数据全部实现了网络化传输。2005年初，建成了佳木斯多普勒雷达鹤岗终端系统。2006—2007年市气象台和绥滨、萝北县站全部建成了可视化会商系统，实现了国家、省、市、县四级台站的可视化会商。

2. 气象服务

公众与决策服务 各台站通过广播、电视以及报纸等媒体，开展公众气象服务。2005年手机短信平台的建立、“12121”自动答询台的完善，公众与决策服务方式有了很大变化，提高了气象服务的及时性。多年来，气象服务为地方经济建设和防灾减灾提供了准确及时的预报和服务，取得了明显效益。如，1991年6月初第一场透雨、1993年6月强降温降水、1998年抗洪抢险、2005年7月28日大暴雨、2006年6月15日暴雨、2007年夏季50年一遇的特大干旱、2008年3月21日和2009年春季森林扑火，以及重要农时季节的气象服务，都在防灾减灾和农业生产中发挥了重要作用，获得了领导和百姓的一致认可。

专业与专项服务 从1984年起开展专业有偿气象服务，服务领域逐渐扩展到农业、林业、交通、水利、消防、保险、电业、供热和煤矿生产、商业超市等多个部门和行业。同时，逐步改进服务方式，通过手机短信平台及“12121”开设专栏等形式，方便快捷地为专业用户提供气象信息，得到了用户的一致好评。1976年萝北气象站开展人工增雨防雹作业，绥滨、鹤岗气象局分别于1999年和2003年先后开展起来。目前，全市共有5门高炮和5部火箭架，共布设固定作业点3个。市、县两级防雷工作均从1999年开展起来，目前开展的主要业务有雷电安全监督管理、防雷检测、图纸设计审核、防雷工程专业设计与施工、竣工验收、雷电灾害调查等。

鹤岗市气象局

机构历史沿革

历史沿革 建国后，由于鹤岗市煤炭工业迅猛发展，矿务局向省气象局提出在鹤岗建立气象站的请求。后经双方协商，由矿务局负责建气象站办公用房和职工住房，省气象局负责调配技术人员和仪器设备，鹤岗气象站于1955年10月建成，11月1日正式开始观测记录。位于现鹤岗市向阳区新兴路22号，观测场处在北纬47°20′，东经130°16′，海拔高度227.9米。从建站至2007年，为国家基本气象站，2007年起属国家一般气象站。

建制情况 1955—1958年，地方隶属鹤岗矿务局，业务主管归省气象局，佳木斯气象局代管。1958—1962年，属市农业局，业务主管归佳木斯气象局。1962—1968年，实行以气象部门为主的领导体制。1968—1971年，以军队为主的双重领导。1971年3月又转以地方为主领导。1980年起，实行以气象部门领导为主的双重领导体制。1992年鹤岗市气象站机构升格为鹤岗市气象局(正处级)后，实行省气象局为主的双重领导。下辖绥滨、萝北2县气象局，并担负宝泉岭农管局所属13个专业台站的行业管理工作。市气象局现设综合办公室、业务科技科、计划财务审计科3个职能科室和气象台、观测站、气象科技服务中心、庆典服务中心、防雷中心5个直属事业单位。

人员状况 鹤岗气象站在建站之初只有4名职工，1959年12人，1992年增加至25人。2008年底增至35人，其中研究生学历3人、本科学历15人、大专学历12人，大专以上学历占职工总数的85.7%，有副高级职称3人、中级职称11人，年龄在50岁以上5人、41～50岁12人、31～40岁9人、30岁以下9人。

名称及主要负责人变更情况

单位名称	姓名	职务	任职时间
鹤岗市气象站	吴宝泉	站长	1955年9月—1956年8月
	刘学斌	站长	1956年8月—1961年8月
	张忠权	站长	1961年10月—1962年6月
	何锡福	站长	1962年6月—1969年8月
	赵云清	站长	1969年8月—1973年8月
	谷正仁	站长	1970年—1972年
	杨东录	站长	1974年9月—1981年1月
	郑　起	站长	1981年1月—1984年9月
	杨　超	站长	1986年8月—1989年1月
	刘宝和	站长	1989年1月—1992年10月

续表

单位名称	姓名	职务	任职时间
鹤岗市气象局	刘宝和	副局长	1992年10月—1996年3月
	王会山	副局长	1995年2月—1996年3月
	王会山	局长	1996年3月—2000年6月
	杨晓明	副局长	1995年2月—2000年6月
	邢俊江	副局长	1998年2月—
	王有祥	局长	2000年6月—
	王洪波	副局长	2000年6月—

气象业务与服务

1. 气象业务

气象观测 1955年建站时，仪器设备比较简陋，自记仪器从前苏联或东德进口。全日守班，每天进行8次观测，4次发报(02、08、14、20时)，观测项目有能见度、天气现象、云、风、气温、气温最高、气温最低、湿度、蒸发、降水、地温、气压、日照、积雪深度、积雪密度。1960年增加冻土观测，1962年停止160厘米和320厘米深层地温观测。1971年更换测风仪器，改为室内操作，而且可自动记录。1982年雨量计由虹吸式改为翻斗遥测式，也从室外操作改为室内仪表显示。1984年配置2台PC-1500微机，自动编发气象电报和编制气象报表。2003年，完成了自动站观测设备的安装，于2004年与人工站进行对比观测。2004年8月1日开始进行紫外线(仪器型为LF-2000)观测。2007年1月1日开始进行酸雨观测。2006年1月1日自动站开始正式运行，人工仪器部分保留，以备自动站故障时替代。2007年1月1日更名为鹤岗国家一般气象站，每天改为3次观测，停发地面天气报并拍发天气加密报，改为每天08—20时守班。

气象信息网络 建站后，气象电报主要通过邮电局转发。天气预报信息主要从广播中收听电码，再转换为气象要素符号，绘成天气图。1983年配置了传真接收机，可直接接收欧亚及北半球的天气图和物理量图，增加了上游天气的信息量。1987年安装了无线甚高频电话，可直接与佳木斯地区各市县通话和会商天气。同年，建成气象警报网，天气预报和灾害性天气警报可通过气象电台向外发布。1992年配备了单边带电台，可直接与省内各城市气象局通话及会商天气。1997年建成PC-VSAT气象卫星小站与人机交互系统为一体的气象卫星通信网络，实现卫星数据双向通讯，可随时调用国家气象中心、沈阳区域气象中心和省气象台的各种预报图表资料，市、县两级气象信息数据也全部实现了网络化传输，传输速率较以前提高10倍。2005年初，建成了佳木斯多普勒雷达鹤岗终端系统，使全区的预测预警能力得到明显加强。2006年6月建成了可视化会商系统，并投入使用，2007年绥滨、萝北两站开通了可视化会商系统，实现了国家、省、市、县四级台站的可视化天气会商。

气象预报 从20世纪60年代初，鹤岗气象站有气象预报业务。2000年以后，发展到包括短时临近天气预报、短期天气预报、中期天气预报和短期气候预测等预报业务。

短时临近天气预报和预警业务 随着天气雷达、卫星云图资料和区域自动气象站等观测资料的应用，对中小尺度的天气过程的预报和预警能力逐步增强，2005 年起开展了短时临近预报业务，建立了各类临近预报、预警信号模块，出现相关天气时及时调出模块进行修改，实现了直接生成语音，发布到“12121”答询电话系统，直接生成预警信号发布到灾害性天气预警平台，极大地提高了气象服务能力。目前短时临近预报和预警信息，可在第一时间通过手机短信、农村大喇叭、“12121”电话、电视游字等方式，发布到各级领导和广大市民手中。

短期天气预报 1998 年之前，鹤岗市气象局只是简单地依靠传真图制作 24 小时的预报。随着卫星地面单收站及可视化天气会商系统等科技手段的应用，逐步建立了依靠实况、卫星资料、天气雷达和数值预报产品解释应用为主的现代天气预报业务体系，预报质量得到了明显的提升。预报时效由原来的 1 天增加到 2 天、3 天，2007 年精细化预报业务开始运行，预报时效增加到五天，预报精度由过去的 24 小时精确到 12 小时，预报发布频率也由过去的每天 1 次，逐渐增加到现在的 4 次。由于需要处理的信息量不断加大，1998 年开始建立并不断完善天气预报业务系统，目前已经建成了集资料收集、预报制作、编发报、收回执、气象服务为一体的《新一代天气预报业务系统》，大大减少了手工操作的工作量，目前全省有多个地市引用了该系统。

中期预报 鹤岗市气象局在 20 世纪 70 年代开始制作旬天气预报。随着全球中期数值预报模式的改进和应用，预报人员逐步建立了以应用中期数值预报产品为主，综合参考本地气候特点，短期天气预报和上级指导预报的中期预报模式。

短期气候预测 20 世纪 80 年代末，短期气候预测主要应用历史资料进行数理统计分析，通过点聚图、变化曲线、周期分析等方法。目前，引进新的统计预报方法，如小波分析、网络神经元等现代预报技术，同时综合分析海气相关和遥相关，如海冰、副高、极涡、海温、太阳黑子等指数的变化规律。预报理由较为充分，预报准确率有了提高。

2. 气象服务

公众气象服务 1998 年通过鹤岗广播电视台向外发布短期天气预报。1988 年面向农村各乡镇及鹤岗八大煤矿开通气象警报广播，向用户传送气象信息。1996 年正式面向市民开通“121”电话气象预报自动答询系统。1992 年 9 月鹤岗市天气预报正式在黑龙江省电视台“天气预报”节目中播出，1998 年建成了电视天气预报制作系统，同年，短期天气预报正式在鹤岗市电视台播出。1999 年 12 月 22 日，鹤岗市天气预报首次在中央电视台(1 套节目)早间 8 时 20 分播出。2000 年以后，服务手段也从单纯的电话、广播、电视增加了网络、手机短信等传播途径。2005 年“121”气象预报自动答询系统升位至“12121”，同时，增加了 48 小时和 3～5 天天气预报及气象小知识和专业专项预报等服务功能。2006 年建立了制作发布精细化天气预报的初步功能，可以完成市区、两县、关键区域、重要景点的天气预报，研制开发的“天气预报字幕自动生成系统”、“自动气象站实时资料与“12121”语音自动转换系统”、“精细化天气预报制作与发布系统”等多个软件，先后在全省推广使用。

决策气象服务 始终坚持以为农服务和防灾抗灾为重点，根据领导决策的需要和不同农时季节为市委、市政府及相关部门提供年景分析、春防、秋防火险趋势预报，春播期、汛期气候预测等决策气象服务材料。采取长、中、短期及不定期预报相结合的方式，努力提高决策气象服务的针对性。2005 年 3 月，自行投资建成了“灾害性天气预警平台”，在重大转折性、灾害性天气来临前，在第一时间通过此预警系统向市委、市政府及涉农部门领导、防灾重点部门提供气象信息。2006年在全市6个村屯及林业、水库等有代表性地区安装区域自动气象站14个，及时掌握全市各地雨量，为指挥抗旱防汛工作提供了重要信息。为了掌握市区及周边大气CO浓度的分布变化及流动情况，对CO进行实时监测，市气象局与中国华云技术开发公司联合研制成功了集温度、降水、风向、风速、一氧化碳浓度监测为一体的无人自动监测站，此设备填补了黑龙江省乃至全国大气一氧化碳气象监测的空白。2009年8月研制了乡镇雨量资料实时填图和检索系统，并在防汛部门及有关领导的机器中安装了该系统，用户可以实时看到各水库的实时雨量和气温，并可以检索历史资料。

随着气象科技的发展，决策服务水平有了明显提高。先后成功预报了1991年6月初的透雨、1993年6月强降温、1994年9月霜冻、1998年夏季降水、2005年7月28日大暴雨、2006年6月15日暴雨、2007年夏季50年一遇的特大干旱、2008年3月21日等重大天气过程。为抗灾抢险提供了重要依据，受到了省、市领导的好评。与此同时，成功地为大型活动提供了气象保障，使2002年中俄边境青年友谊联欢节、2005年“迎五一庆五四”大型文艺演出、2005年建市60周年系列庆祝活动、2006中国俄罗斯年鹤岗活动周、2007年鹤岗市运动会等顺利进行。

专业与专项气象服务 鹤岗市气象局人工增雨防雹工作起步于2003年。目前有3门高炮、2部火箭架发射装置和1辆牵引车。6年来，累计作业达68次，受益面积达80万亩，经济效益达8000万元。尤其在2007年抗御50年一遇的特大干旱中，人工增雨作业明显缓和了旱情，得到了领导和群众的高度称赞。

防雷工作起步于1999年，2000年成立市防雷中心，防雷业务由单一的安全检测发展到现在的防雷检测、图纸设计审核、防雷工程专业设计与施工、竣工验收、雷电灾害调查等业务。2003年成为市安全委员会成员单位，2005年市人民办事中心成立，气象局7项行政许可事项被列入办事中心审批项目之中。2007年雷电安全管理工作纳入市政府《二〇〇七年安全生产工作责任状》，成为政府安全责任九项目标之一。目前防雷中心10名工作人员经过培训先后取得了检测证、防雷工程施工证和防雷工程设计证。2005年鹤岗市防雷中心获得了《防雷工程施工乙级资质》和《防雷工程设计乙级资质》。

庆典服务由单纯的氢气球服务发展成为集氢气球施放、礼仪、乐队等为一体的系统化庆典服务，并逐步占领了庆典服务市场。2005年走出国门，为俄罗斯犹太州建州70周年提供庆典服务。

气象科技服务 1985年后，开展专业气象有偿服务。多年来，大力实施“拓展领域战略”，将服务领域扩展到农业、林业、交通、水利、消防、保险、电业、供热和煤矿生产、商业超市等多个部门和行业。并且逐步改进服务方式，通过手机短信平台及“12121”开设专栏等形式方便快捷地为专业用户提供气象信息，得到了用户的一致好评。

气象科普宣传 利用每年农民科技节、“3·23”世界气象日、科技活动周等宣传时机，向社会开放气象台和观测站，宣传气象知识。从2001年起与邻近的公园小学开展了局校共建活动，每周派技术人员为小学气象小组讲解气象科普知识，并定期组织他们到气象台实地参观学习，2002年3月公园小学把市气象局台设为“公园小学气象科普基地”，开展经常性的科技教育活动。

法规建设与管理

气象法规建设 从1999年至今,每年均下发《关于开展全市雷电防护设施安全检测的通知》,并从2003年起同时在《鹤岗日报》、《鹤岗晚报》上刊登检测文件。与此同时,先后与市安全生产监督管理局、建设、消防、教育、公安等部门下发联合检查通知,每年对防雷安全工作检查一次,复查一次。2000年起法规队伍逐步建立起来,到2008年有9人取得了行政执法证。近年来,加大了《中华人民共和国气象法》等法律法规知识学习与宣传力度,在2002、2003和2004年多次与市安全办、市建设局等单位联合在《鹤岗日报》、《鹤岗晚报》、电台等媒体发布《中华人民共和国气象法》、《防雷减灾管理办法》等法律法规公告,2004年还为部分人大代表举行了《中华人民共和国气象法》法规法规知识讲座。同时,积极开展行政执法工作。1999年鹤岗市人民政府办公室下发了《关于加强雷电防护设施安全管理工作的通知》,2001年鹤岗市人民政府办公室下发了《关于转发省雷电防护管理领导小组关于进一步加强全省防雷减灾工作的通知》,2002年市政府办公室下发了《关于转发市气象局关于在全市开展气象执法检查工作的通知》(鹤政办发〔2002〕54号),2001年通过检查气象探测环境,制止了萝北县气象探测环境内个人占地建房问题。市政府法制办会同市气象局对全市气象信息发布、传播情况进行了执法检查。局内加强了行政执法制度建设,建立健全了《重大处罚备案制度》、《重大决策专家咨询制度》等6项制度,在组织上、制度上保证了气象法律法规的贯彻实施。

行业管理 鹤岗市气象局于1992年成立后,就担负境内宝泉岭农管局所属13个气象台站的行业管理工作,成立了行业协调管理小组。对农管局气象台站观测标准化建设、自动气象站建设加强了技术指导,重大天气进行会商,实现了气象信息共享与资料汇交。

鹤岗气象局举办气象法知识讲座

政务公开 制定了局(政)务公开制度实施方案,制作了对外、对内局(政)务公开图板,使公开内容图示化,以便于群众监督执行。对外公开的图板内容有:气象局工作目标、人工影响天气办公室工作职责、气象行政执法依据、雷电防护办公室工作职责、气象行政执法范围、气象服务简介、气象服务承诺、气象职工道德规范、违法违纪的投诉。同时,对正科级以上干部的姓名和职务进行了公开,便于群众联系。对内公开图板内容有:工作目标、气象业务与服务、财务管理、精神文明建设、选拔使用干部及其它公开事项。进一步建立健全了相关制度,重点是财务、人事等项工作制度。还把目标管理、气象决策服务、精神文明建设与党建、防雷技术服务等项重要工作图板上墙,有利于局(政)务公开工作的开展。

党建与气象文化建设

1. 党建工作

党组织建设情况 鹤岗市气象局党支部成立于1987年，当时有党员11名，现有党员20名。1992年7月正式成立鹤岗市气象局党组。2003年成立鹤岗市气象局党组纪检组。

党风廉政建设情况 鹤岗市气象局党组始终把反腐倡廉工作作为班子建设和事业发展的重要任务，每年利用党风廉政宣传教育月活动对党员干部进行反腐倡廉教育，组织参观“党风廉政建设反腐倡廉成果展”等大型展览，对党员干部进行警示教育。党组坚持实行党员干部“三必谈”、“三必做”制度，建立健全了《领导干部廉政档案》。同时，积极参加各类廉政知识竞赛等活动。从2005年起，在元旦、春节、国庆、中秋等重大节日，利用局手机短信平台，向全局党员干部及副科级以上干部发送廉政短信。同年出台了一系列措施，把住“关口”，在财务支出上严格执行集体讨论，购买物品实行集体采买。实行招待饭费审批单、公章使用审批、购买物品、器材审批制度。

2. 气象文化建设

精神文明建设 鹤岗市气象局始终坚持“三个文明”齐抓共管，为切实加强领导，成立了以党组书记、局长任组长的精神文明建设机构，建立健全了精神文明建设各项制度和规范，把精神文明建设纳入制度化、规范化、科学化的运行轨道。

文明单位创建 在文明单位创建工作中，始终坚持自建与共建相结合的原则，先后开展了“学习型气象局”、“规范化气象服务”、“业务竞赛”等具有气象特色的文明创建活动，达到了基础业务建设与精神文明建设相互促进、共同提高的目的。1996年被评为“市级文明单位”，1998年晋升为“市级文明单位标兵”，2005年晋升为“省级文明单位”，2007年晋升为“省级文明单位标兵”荣誉称号。

文体活动 积极组织开展职工文体活动。2000年投资建起了乒乓球室、台球活动室，2004年建立了报刊阅览室。每年组织职工春游，举办春节文艺联欢会及职工乒乓球、台球、扑克、跳棋等综合性文体活动。从2003年起组织职工每天作广播体操。2005年以建站50周年为契机，举行了演讲、歌咏比赛。与此同时，积极参加上级机关组织的各项文体活动，先后在“全国气象系统运动会”、“黑龙江气象系统首届职工乒乓球比赛”、“东极杯”乒乓球比赛及“铁人杯”乒乓球比赛、“小灵通”杯安全知识竞赛、“黑龙江省气象部门首届气象人精神演讲比赛”中均取得了个人和集体的好成绩。

庆七一局校共建联欢会（鹤岗）

3. 荣誉与人物

集体荣誉 多年来，市气象局先后被鹤岗市委、市政府授予“1998年抗洪抢险先进集体”、“2005年度抗涝抢险先进集体”、2000年至2007年度连续8年获全市“为农服务有功单位”、2000年至2008年度连续9年全市“安全生产先进单位”、2005年度全市“支持项目建设先进单位”等荣誉称号。被黑龙江省气象局授予2005、2006、2007年度全省气象部门双文明建设先进单位、“2002年夏季低温冷害预报服务先进集体”、“2007年度决策气象服务先进集体”等称号。被鹤岗市直机关工委授予2005年全市“先进基层党组织”、“精神文明建设先进集体”、“党旗飘鹤岗、机关争先锋”活动先进集体等称号。被市文明办授予“2002年度文明机关”称号。2005年市气象局党支部晋升为“市级标准化党支部”称号，同年，团支部被黑龙江团省委授予“省级青年文明号”称号。

个人荣誉 有3人先后被中国气象局授予“全国优秀值班预报员”荣誉称号：有2人次被黑龙江省气象局记三等功；有4人次被市委、市政府授予全市先进工作者，有3人次被黑龙江省气象局授予“全能观测员”称号。有6人次被鹤岗市直机关工委授予“优秀共产党员”和“优秀党务工作者”称号，有4人次被鹤岗团市委授予“优秀团干部”、“全市青年岗位能手”等称号。

台站建设

综合改造 建站初期，有一座面积仅为120平方米的二层小楼。1994年11月建成了一幢面积为248平方米的平房。1999年在地方政府和省气象局的支持和帮助下，建成了一栋面积为1100平方米的办公楼，办公条件得到根本改善。

2004年以来先后对市气象局观测站、局大门、楼内办公室门窗、会议室进行了整体装修改造，使办公室面貌一新。

园区建设 按照花园式台站的建设目标，近年来，对庭院进行了整体绿化规划，在庭院四周种植了云杉，购置了盆景，在每层楼道窗户台上摆放鲜花，单位的整体环境得到了进一步改善，台站绿化面积达到41.6%。

鹤岗气象站原貌

鹤岗气象局现貌

萝北县气象局

萝北县建于清光绪三十四年(1908年),位于小兴安岭末端,属温凉半湿润季风气候,年平均气温2.4℃,年极端最低温度零下41.4℃,出现在1980年1月15日。极端最高温度39.0℃,年平均降水量569.8毫米,最大雪深50厘米。

机构历史沿革

1. 始建及站址迁移情况

萝北气象局始建于1956年11月,于12月1日开始工作。站址在萝北县凤翔镇东南城郊,观测场海拔高度84.3米,地处东经130°47′,北纬47°30′。1957年由于城市建设需要,1957年10月14日观测场搬迁,经纬度未变,观测场海拔高度改为84.2米。1964年由于造纸厂扩建,观测环境受到明显影响,同年10月迁至于东经130°50′,北纬47°34′,观测场海拔高度83.3米,为国家一般气象站。

2. 建制情况

领导体制 萝北气象站成立至1959年,由省气象局为主管理。1959年7月至1962年,改为萝北县政府建制,业务由气象部门管理。1962年6月至1968年,以省气象局领导为主。1968年至1971年建制归萝北县政府,业务由气象部门领导。1971—1973年,实行军队为主等双重领导,归县武装部管理。1973—1980年以县政府为主领导。1980年4月至今实行省气象局为主的双重领导体制,同年改称萝北县气象局。

人员状况 1956年建站时仅4人。2008年有正式职工10人,其中,中共党员3人,中级职称6人,大学本科以上学历5人、大专学历2人、其余为中专学历,所有人员均为汉族,年龄在20～30岁之间的4人、30～40岁之间的1人、40～50岁之间的5人。

名称及主要负责人变更情况

单位名称	姓名	职务	任职时间
萝北气象站	谢振梅	负责人	(1956.8—1956.11)
	张世和	负责人	(1956.11—1958.5)
	杨炳茹	副站长(主持工作)	(1958.5—1965.7)
	张仁同	站长	(1965.7—1969.9)
	马建清	指导员	(军管:1969.9—1970.2)
	王国祥	指导员	(军管:1970.2—1970.5)
	黄　魁	指导员	(军管:1970.5—1970.9)
	孙元康	站　长	(1970.9—1973.10)

续表

单位名称	姓名	职务	任职时间
萝北气象站	易德财	站　长	(1973.11—1977.7)
	张兴有	站　长	(1977.7—1977.11)
	王　瑞	副站长(主持工作)	(1977.11—1980.11)
萝北县气象局	杨炳茹	局长	(1980.11—1987.6)
	高树起	局长	(1987.6—1999.1)
	丁锦琪	局长	(1999.1—　　)

气象业务与服务

萝北县气象局的主要业务是地面观测、天气预报、气象服务,雷电防护管理和人工影响天气工作等。

1. 气象业务

气象观测　建站起,每日进行4次观测,观测项目有云状、云量、能见度、天气现象、风向、风速、温度、湿度、最高气温、最低气温、地面状态、降水、蒸发、积雪深度、积雪密度。每天编发08、14时2次小图报以及旬月报、夏季05时重要天气报等项目。1985年以前,承担预约编发航危报。1957年以后,观测项目和观测时次多次变化。1957年5月1日增加了曲管地温观测,9月增加了地面0厘米、地面最高气温观测和日照观测,1958年3月增加地面最低观测,5月增加雨量自记观测,6月增加了40、80、160、320厘米直管地温观测,1960年1月由4次观测改为3次观测,1961年5月编发06—06时降水量报,1962年停发06—06时降水量报,1964年1月停测160、320厘米直管地温,1966年11月增加了冻土观测,1979年12月31日停测冻土观测,1971年1月开始气压观测,1971年1月更改为4次观测,夜间守班,1974年1月改为4次观测夜间不守班,1979年12月31日停测积雪密度观测,停测40、80厘米直管地温观测,1990年改为3次观测夜间不守班。

2005年DYYZ-Ⅱ型自动气象站建成,试运行;2006年自动气象站和人工观测双轨运行,以人工观测为主,2007年自动气象站和人工观测双轨运行,以自动站观测为主,2008年至今自动站单轨运行,人工观测改为20时观测,停止自记观测,每天3次报文,并编发旬月报和不定时重要天气报,每年4月1日至10月15日编发05时降水重要天气报,每年4月15日至9月30日08时,当最低气温小于等于3.0℃时编发霜冻报。

建站后,气象月报、年报气表,用手工抄写编制。1984年配备了PC-1500计算机,提高了编制气表时的工作效率。1988年配备了APPLE-Ⅱ计算机,报表改用磁盘报送。随着计算机的更新和开通光纤通信,从2005年通过网络把观测数据文件报送上级业务主管部门,结束了手工抄写报表的历史。

气象信息网络　建站伊始,气象电报通过邮电局机房转发。1989年建成甚高频无线对讲电话,可与当时所在地区市县台站直接进行天气会商。2002年开通了网络通信,结束了邮电局转发气象电报等历史。与其他市、县局之间可以方便地沟通、分享和传送气象资料,卫星云图、北京预报图、日本的实况图、预报传真图,欧洲的预报图都可以方便调取应用。2005年萝北县气象局铺设了宽带光纤，提高了传输资料的速度和时效，2008年又建成了预报可视化会商系统，可以与各级台站进行天气会商。

气象预报 1959年萝北县气象局开始制作天气预报，主要抄收省电台的天气形势广播绘制天气图，结合云天变化、九线图等制作短期预报制作。20世纪70年代还采用MOS预报方法。随着事业的发展，传真图、卫星云图、数值预报产品、MICAPS系统逐渐成了如今的萝北预报员的预报工具，预报准确率有一定提高。1984年，开始通过传真机接收中央气象台、省气象台和欧洲中期预报及图表，结合本地气象资料、方法制作中期天气预报，主要有逐旬天气预报、周天气预报和不定期天气预测。长期天气预报主要采用数理统计、数值预报、要素相关、预报软件等多种方法，结合上级部门的指导预报制作。主要有年度、春季、秋季气候预测，春防期火险趋势预报，积温预测，汛期预报，秋季火险趋势预测等。

农业气象 萝北气象局1959年开始进行作物物候观测和土壤湿度观测。物候观测项目有小麦、大豆、水稻3种作物，1960年增加了玉米观测，1961年更改为水稻、小麦2种作物。1962—1963年调整为水稻、大豆2种作物。1981年更改为自然物候观测和土壤湿度观测。1981—1995年业务更改为对不同土质的作物进行观测，1994年停止农业气象观测。

2. 气象服务

萝北县是一个农业县，灾害性天气较多，气象局坚持把服务工作放在首位，使气象服务融入到本县经济发展和人民群众的生产生活中去。

公众气象服务 20世纪70年代之前的公众气象服务，主要靠电话通知、县广播站播送等方式进行服务。1990年建成气象警报网，每天定时向各乡镇和部分村播发天气预报和重大天气预警信息，把气象服务送到了村屯。1992年建成电视天气预报制作系统，开始制作各乡镇天气预报，由萝北电视台在“天气预报”节目中按时播放，扩大了农村服务面。同年，开通了气象“121”热线答询电话，为公众提供气象预报服务。2005年萝北县气象局建立了手机短信气象业务平台，更加及时地向用户提供天气预报和警报。2008年1月，与电视台合作开通了“每周天气预报”节目，在每周一固定栏目播发一周天气预报，同年4月建设了萝北气象网站，为更多的群众提供天气信息服务。

决策气象服务 决策服务是气象服务的重点，围绕县领导指挥防灾抗灾和农业生产，按季节提供多项中、长期预报和气象情报。主要有旬天气预报、年景分析、春季预报、春秋两季火险预报、大田播种预报、积温预报、汛期天气预报、秋季预报、初霜预报等，并为本地制作产量预报和土壤墒情分析等。从1990年起开展15项农业系列化服务，为指导农业生产提供决策依据。2006年建成各乡镇雨量温度自动站后，第一时间把各乡镇雨情和温度情况，报给县领导和有关部门，为防灾减灾提供了及时信息。2007年由县政府发文，公布了气象灾害性天气预警预案，防灾工作及时，有效开展。

专业与专项气象服务 从1976年起开展人工影响天气工作，现有车载火箭发射架2部，火箭车进行流动作业，主要用于人工增雨。1999年起开展防雷设施检测安装、图纸审核、竣工验收、工程施工等。

2008年开通了林业防火气象终端，为境内各林场和政府部门决策提供气象依据。

科普宣传 以防灾减灾、普及气象科技知识为工作中心，以“为农服务”为主题，以每年的世界气象日、农村科技节、科技下乡等活动为载体，积极宣传气象科技知识，分发气象科普材料，解答气象知识，并在萝北气象网站上开办《气象与健康》、《气象谚语》、《身边的气象》等栏目，普及气象科普知识，为广大群众了解气象、认识气象开辟了便捷途径。

法规建设与管理

1. 气象法规建设

萝北县政府和萝北防雷办多次下发法规性文件，对防雷工作进行规范性指导。

1999 年萝北县政府办公室下发 24 号文件《萝北县人民政府办公室关于加强雷电防护工作的通知》。1999 年萝北县雷电防护管理领导小组下发 1 号文件《关于加强全县防雷设施安全检测工作的通知》。2000 年萝北县公安局和萝北县雷电防护管理领导小组联合下发 73 号文件《关于加强计算机信息网络(场地)及重要电子设施雷电防护工作的通知》。2001 年萝北县机构编制委员会发布文件，批复萝气呈〔2000〕1 号文件，同意成立萝北县雷电防护中心，并隶属气象局。2001 年萝北县计划委员会、萝北县雷电管理小组、萝北建设局、萝北县安全委员会联合下发 27 号文件《关于加强全县建设项目防雷工程设计、审核施工监督、检测验收工作的通知》。2002 年萝北县防雷办公室下发 1 号文件《关于加强全县雷电防护设施检测工作通知》。2003 年萝北县防雷办公室下发 1 号文件《关于开展 2003 年全县雷电防护设施检测工作通知》。2004 年萝北县防雷办公室下发 1 号文件《关于开展 2004 年全县雷电防护设施检测工作通知》。2005 年萝北县防雷办公室下发 1 号文件《关于开展 2005 年全县雷电防护设施检测工作通知》。

为了认真履行气象法赋予的职责，行使气象部门社会职能，2003 年，萝北局有 3 名行政执法人员取得执法证。与此同时，通过各种宣传活动对气象法规知识进行了广泛宣传。

2. 社会管理

行业管理　1998 年以来，一直与安监部门联合开展防雷、制氢安全检查和执法工作。对银行、电信、加油站等重点单位加强了监督和检查。在执法中，坚持增强工作的透明度，完善了监督制约机制。

从 1999 年至今，每年均下发《关于开展全县雷电防护设施安全检测的通知》，2001 年进入县政府行政审批序列。2004 年参与建筑物防雷装置设计审核及验收，2006 年至今与县安全生产监督管理局、建设、消防、教育、公安等部门每年对防雷工作进行检查一次。

行政审批保留的项目有防雷装置设计审核和竣工验收。

政务公开　多年来萝北县气象局重视政务公开的积极作用，并以政务公开为载体，加强内外的监督，制作了对内和对外公开板和公开栏，对局内重大事项进行公开，积极促进了依法行政、提高工作效率、方便群众办事，在工作中起到了不可估量的作用。

党建与气象文化建设

1. 党建工作

党支部建设 1956年成立了党支部。近几年,先后发展5名党员,现有党员6人。党支部加强了组织、思想、作风建设,注重发挥战斗堡垒和党员的模范带头作用,带动群众完成各项工作任务。

党风廉政建设 为认真贯彻落实党风廉政建设和反腐败斗争的一系列部署和要求,坚持把党风廉政建设与其它工作紧密结合,一起部署、一起落实、一起检查、一起考核。2004年起成立党风廉政建设责任制领导小组,建立和完善了党风廉政建设责任制和民主评议制度。每年对领导班子、领导干部执行党风廉政建设责任制和廉洁自律情况进行一次民主评议或民主测评。同时建立廉政档案,记载领导干部抓党风廉政建设和廉洁自律情况,作为领导干部的业绩考评、奖励惩处的重要依据。

2. 气象文化建设

精神文明建设 认真执行《黑龙江省文明单位条例》,学习贯彻《公民道德建设实施纲要》,以为民提供优质服务为主题,以提高气象科技能力为中心,树立科学发展观,不断加强思想、作风建设,提高干部职工的整体素质。为了丰富广大职工的精神文化生活,组织篮球队,开设乒乓球室、台球室。2006年,购买了大量的图书,建立阅览室供职工阅览,并不定期组织职工开展各项文体活动。

文明单位创建 为建立精神文明创建机制,形成文明创建工作的整合力,先后制定了《萝北气象局文明单位创建规划》、《萝北气象局领导班子文明单位创建工作责任制》、《萝北县气象局文明职工标准》等工作制度。在党员和职工的共同努力下,萝北县气象局精神文明程度稳步提升,2007年被市文明办评为"市级文明单位",2008年又成功晋升为"市级文明单位标兵"。

3. 荣誉

集体荣誉 1983年至2008年,被市气象局和市政府授予荣誉称号和奖励16次,被县委县政府授予荣誉称号和奖励21次。1986年省气象局授予萝北县气象"气象服务先进集体"称号,1999年省气象局授予萝北县气象"全省气象部门双文明建设先进单位"称号,2006年中国气象局授予萝北县气象局"局务公开先进单位"称号,2007年被省气象局评为"人工增雨防雹先进单位",同年被授予"市级文明单位"称号,2008年被省气象局授予"全省气象部门先进台站"称号。

个人荣誉 1956年建站至今,萝北个人获得各项奖励120余人次。

其中1982年,丁锦琪获得省级先进个人荣誉称号。

台站建设

建站时,地点位于萝北县城偏僻的城郊,仅有办公用泥草房3间,使用面积57平方米。

1964年修建泥草房宿舍6间，使用面积115平方米。1969年，建起140平方米砖瓦结构办公室，改善了办公条件。1979年建设砖瓦结构宿舍200平方米，使老职工们搬离了居住多年的泥草房，1981和1991年共修建了铁围栏600延长米，保护了气象探测环境。1986年又建设砖瓦结构宿舍280平方米，解决了新职工的住房问题。1987年新建办公楼307平方米，锅炉房36平方米，职工的办公条件有了进一步的改善。1992年，建起自来水系统，彻底解决了办公室没有自来水的问题。2005年和2006年使用资金20万元用于庭院道路、绿化、围栏、锅炉等改造，办公环境有了巨大的变化。

院内建起五彩的花坛，水泥板铺设的道路，榆树墙内是绿莹莹的草坪。萝北县气象局正向花园式台站迈进。

2008年气象局办公楼

绥滨县气象局

绥滨县位于黑龙江省东北部三江平原，松花江与黑龙江汇流的夹角地带。年平均气温3.0℃，历史上最低气温为零下38.8℃，历史上最高气温为37.6℃，≥10℃积温为2630.2℃·日，年平均降水量为501.7毫米。

机构历史沿革

始建情况　绥滨县气象局始建于1967年，并于当年1月1日正式开始地面气象观测，地理位置为绥滨县绥滨镇西郊，北纬47°17′，东经131°51′，海拔高度61.8米。随着县城发展，现址已在绥滨镇镇内，观测环境尚好，为国家一般气象站。

建制情况　建站时，以气象部门领导为主。1968年，改以地方领导为主，业务由气象部门管理。1970年12月起，实行以军队为主的双重领导体制，隶属于绥滨县武装部。

1973 年 12 月起，改由地方领导为主，业务由气象部门管理。1980 年 4 月至 2008 年 12 月，实行气象部门为主的双重管理体制。1980 年称绥滨县气象科，1984 年改称气象局，均为局(科)站合一。

名称及主要负责人变更情况

名称	时间	内设机构	主要负责人
绥滨县气象站	1967.1—1973.10	预测报组	韩宝身
绥滨县气象站	1973.10—1977.5	预测报组	孙德才
绥滨县气象站	1977.5—1977.9	预测报组	韩宝身
绥滨县气象站	1977.9—1979.3	预测报组	王诚信
绥滨县气象站	1979.4—1980.8	预测报组	姜立财
绥滨县气象科	1980.8—1984.8	预测报组	姜立财
绥滨县气象局	1984.8—1989.6	测报股、预报股	姜立财
绥滨县气象局	1989.6—1996.4	测报股、预报股	闫喜魁
绥滨县气象局	1996.4—1996.8	测报股、预报股	王殿江
绥滨县气象局	1996.9—1997.3	测报股、预报股	崔庆滨
绥滨县气象局	1997.3—2003.3	测报股、预报股、防雷办	赵国满
绥滨县气象局	2003.4—	预报股、测报股、防雷办	邵玉平

人员状况 绥滨站 1967 年成立时只有 2 人，全部为中专学历。到 1989 年，气象职工 10 人，其中大专学历 2 人，中专学历 5 人，党员 5 人。2008 年底，气象职工 8 人，其中本科学历 1 人，大专学历 4 人，党员 4 人，工程师 3 人，40～49 岁 3 人、40 岁以下 5 人。

气象业务与服务

1. 气象业务

气象观测 1967 年始建时气象观测项目主要有云量、云状、风向、风速、地面温度、地中温度、冻土、气温、湿度、降水、蒸发、日照、积雪深度、积雪密度，每天进行 4 次定时观测。1970 年增设电接风设备，1973 年 1 月增设水银气压计，1980 年取消雪压观测项目，1981 年取消深层地温观测项目，1981 年 6 月取消冻土观测项目，1982 年增设遥测雨量计，1985 年开始改为 3 次定时观测，夜间不守班。2001 年 4 月 1 日 08 时开始编发天气加密报。2005 年 7 月 1 日，按照统一部署，完成了自动气象站的安装调试工作并开始了试运行，自动气象站数据定时向省气象网络中心上传。2006 年开始，自动气象站与人工气象站双轨运行平行观测。2007 年开始以自动站数据进行编发电报。2008 年自动气象站进入单轨运行。

气象信息网络 建站后，气象电报长时间通过电话传给邮电局转发。1989 年建成气象警报网，通过甚高频电话向农村和专业用户广播天气预报等信息。2001 年 3 月 1 日，开始启用分组交换网，传递气象电报和各种信息。2005 年通过宽带网络，传输速率和信息量大幅度增加，每小时通过网络向省气象网络中心上传自动站实时数据。2006 年建成了 6 个乡镇自动雨量站，区域雨量网正式运行。2007 年县政府投资，建成可视化天气会商系统，增强了与上级台站天气会商能力。2008 年 5 月 20 日将 1967—2003 年的气象记录档案气簿-1、温度、湿度、气压、风向风速、雨量自记纸整理归入黑龙江省气象局档案馆，县气象局只保留 5 年的气象记录档案。所有的气象记录和有关文件都实现了纸质与电子版同时保存归档。

气象预报　自建站以来一直承担着长期、中期和短期天气预报的制作与发布工作。根据本站的观测资料并参考省、市气象局和有关县的预报信息，制作与发布各种时效的天气预报。手工绘制高空、地面天气图制作或补充订正预报，1985 年增设 123 型传真机，用传真图相关分析、逐步回归，制作短、中、长期天气预报及专业预报，采用雷达、卫星云图，国家、日本、欧洲天气图等资料综合分析、制作短、中、长期天气预报及专业预报。1998 年开通本县电视天气预报节目，使气象信息迅速及时地传送到千家万户。1999 年安装了气象信息综合分析处理系统（卫星单收站），通过卫星直接接收云图和各种天气图。2001 年 1 月 1 日开始通过分组交换网接收鹤岗市气象局的指导预报，并编发绥滨县的城镇天气预报。全县天气预报已经制作到乡镇。

2. 气象服务

公众气象服务　绥滨县气象局从 1967 年开始发布天气预报，通过县广播站向公众广播，服务于百姓生活。1989 年建立天气预报警报网向各乡镇和粮库发布 24 小时天气预报和重大天气预报。1998 年开展电视天气预报制作，设置 9 个画面，预报各乡镇的天气，每天 3 次播放，扩大了农村服务面。1999 年建立“121”天气预报自动查询系统，通过电话查询 24 小时天气预报，未来 3 天天气趋势预报及各种气象信息。

决策气象服务　绥滨县境内发生的气象灾害主要有干旱、暴雨、洪涝、大风、暴雪、霜冻等。在决策服务中，坚持以防灾减灾和农业生产服务为重点，定期、不定期向县领导及有关部门提供长、中、短期天气预报和情报。从 1982 年开始发布年景分析及各季节性长期预报。从 1990 年起开展 15 项农业系列化服务，为县委县政府指导农业生产提供决策依据。2007 年开始发布灾害性天气预警信息，为防灾减灾提供服务。多年来，决策服务取得了显著成效。如 1986 年 9 月 21 日霜冻气象服务、1998 年抗洪关键阶段连阴雨的准确预报、2006 年 9 月 12 日霜冻气象服务、2007 年干旱气象服务，由于及时向县领导汇报，及时采取防范措施，避免了重大损失。

专业与专项气象服务　1999 年起开展人工影响天气工作，现有高炮 2 门、火箭发射架 2 部。设立 3 个高炮作业点，火箭流动作业，主要用于人工增雨和防雹，近三年人工增雨防雹有效作业 15 次，农作物受益面积 600 余万亩。1999 年开展防雷设施检测安装、图纸审核、竣工验收、工程施工等，近三年对 70 多个部门进行防雷设施检测，竣工验收新建建筑物防雷工程 40 余幢，防雷工程施工 30 余幢。

气象科技服务与技术开发　1985 年起开展专业气象有偿服务。1999 年起与网通合作开展“121”自动答询业务。2001 年开展气球庆典服务。2004 年开始在电视天气预报上插播广告。2006 年起开展手机短信业务。

2007 年 6 月进行雷电设施检测

2008 年 6 月进行高炮人工增雨作业

气象科普宣传 积极参加县政府举办的科技大集，设立气象咨询台，现场为群众讲解气象知识、发放气象科技资料。在每年"3·23"世界气象日，发放各种气象宣传资料，向广大群众讲解气象专业知识。在"安全生产月"活动中，专门设置气象咨询台，宣传《中华人民共和国气象法》、《防雷减灾管理办法》等法律、法规。2007 年到各乡镇中、小学校，利用彩图，宣传讲解雷电防护知识。

法规建设与管理

1. 气象法规建设

气象法规建设 围绕雷电防御和探测环境保护下发的文件主要有《绥滨县人民政府关于印发绥滨县关于落实安全重点单位安全责任实施方案的通知》(绥政发〔2002〕6 号)，《关于防雷装置设计、施工、检测事宜的通知》(绥防雷办发〔2000〕01 号)，绥滨县公安局、气象局联合下发的《关于加强计算机信息网络(场地)及重要电子设施雷电防护工作的通知》(绥公联发〔2001〕27 号)，绥滨县安全生产监督管理局、气象局联合下发的《关于进一步加强防雷安全工作的通知》(绥气联发〔2004〕01 号)，绥滨县安全生产监督管理局、气象局联合下发的《关于进一步加强防雷安全工作的通知》(绥气联发〔2007〕01 号)，绥滨县教育局、气象局联合下发的《关于在全县各中小学校进行防雷安全检查的紧急通知》(绥气联发〔2007〕02 号)，绥滨气象局下发的《关于绥滨县气象局观测站探测环境保护备案的函》(绥气函〔2007〕01 号)等文件。

2. 社会管理

行业管理 为加强气象行业管理工作，气象局有 4 人经培训考核取得了气象执法资格证书，重点加强雷电防护管理及探测环境保护工作。1997 年将气象探测环境保护标准到县建设局进行了备案，取得主管部门对探测环境保护的支持，在建设项目审批及实施时予以充分考虑。2002 年绥滨县气象局被列为县政府和县安全生产委员会成员单位，纳入了县政府监管范围。近几年，每年都与消防、公安、安监等部门进行防雷安全检查，尽最大可能消除雷电灾害安全隐患。

政务公开 从2004年起开展了政务公开，对内设立公开栏，对外设立公开板。公开板内容包括机构设置及职能、防雷装置检测、收费项目标准，依法行政依据和范围，气象专业服务收费项目与标准。公开栏内容包括年度预决算、工程发包、人事任用、年度计划、重大事项决策、目标管理、职工福利、固定资产状况，业务质量等。

党建与气象文化建设

1. 党建工作

支部组织建设情况 建站之初有党员1名。1979年成立了党支部。1980—2008年共发展5名党员。支部组织建设不断得到加强，在气象事业发展和服务地方经济建设中发挥了核心作用。1982年被绥滨县委授予先进党支部称号。

党风廉政建设情况 高度重视党风廉政建设工作，建立了党风廉政建设责任制，制定了保持共产党员先进性长效机制，建立了“三会一课”制度、党员民主评议制度、党员联系群众制度、党建目标管理制度、政治学习制度、发展党员规划制度、政务公开制度以及领导廉政承诺制度。坚持开展反腐倡廉教育，领导干部带头勤政廉政，不断推进党风廉政建设。

2. 气象文化建设

成立了精神文明创建机构，同时建立了学习和考核制度、岗位练功制度以及文明单位创建规划等。精神文明创建做到了年初有规划、年终有总结。在文明建设中，紧密结合业务工作，从气象预报、科技服务等方面入手，讲文明办公、优质服务，促进了文明单位建设。1986年被县委授予县级文明单位，1998年和2005年被省气象局评为全省气象部门双文明建设先进单位。2007年被鹤岗市委、市政府命名为市级文明单位。

绥滨县气象局重视气象文化建设，建立了图书阅览室，职工活动室，购置了体育器材。经常开展丰富多彩的文体活动，多次积极参加上级机关组织的文体活动。

3. 荣誉

建站以来，绥滨县气象局获各类集体荣誉70余项，其中获市级以上表彰奖励40余次。突出的有，1985年获省气象局“职工教育先进集体”，1990年获鹤岗市委“农业先进单位”，2004—2005年被绥滨县人大评为“人民满意单位”，2005年被评为“全省气象部门双文明建设先进单位”，2005—2006年连续两年获“全省人工增雨防雹工作先进单位”称号，2007年被评为市级文明单位，2007年被绥滨县委、县政府评为“支农先进单位”。

1987年韩宝身被省气象局授予“双文明先进个人”称号。

台站建设

台站综合改造 建站以来，1986年、2002年、2008年先后对气象局办公用房进行综合改造。1986年新建了两层办公楼。2002年由原有办公楼的基础上改造成三层楼，并进行了内外装修，使得办公环境得到很大改善。2008年对供暖系统进行改造，供热方式改成集中供热，使得职工工作更加温暖舒适。

综合改造后办公条件得到明显改善。其中业务办公用房 450 平方米，仓库 2 间、暖库 1 间，水房 1 间。办公楼内设有微机室、测报值班室、预报值班室、传达室、档案室、图书室、活动室、会议室等。全部更换了办公桌椅，购置了 8 台微机。

园区建设 园区建设共分为两块，一块是观测区，观测场采用角钢焊接白漆围栏，观测场内用青色防滑石板铺设甬道，并采用种植草坪绿化。观测场外种植低矮农作物，净化了空气，美化了环境。另一块为办公区，院内土质路面，种植了花草树木，道路两侧为榆树墙。

七台河市气象台站概况

七台河市系新兴煤矿城市。1958 年开发建设，1983 年晋升为省辖市。现辖三区一县（勃利）。七台河市处中温带湿润气候区。年平均气温 4.3℃，年平均降水量 549 毫米，年日照时数 2485 小时。

气象工作基本情况

始建及建制情况　勃利县气象站建站于 1958 年 9 月，原隶属于佳木斯气象局管理。由于经济建设发展需要，1993 年地方投资，气象部门与当地政府共同调配人员编制建立七台河市气象局（台）。同年，勃利县气象站划归七台河市气象局。

人员状况　目前全市气象职工 37 人，其中，市气象局 27 人（地方编制 14 人），勃利县气象局 10 人。

主要业务范围

市气象局观测站和勃利县气象站均为国家一般气象站。其中，市气象局观测站在 2001 年正式列入国家台站序列。两站每天均进行 3 次定时观测。2002 年均建成自动气象站，取代人工观测。市气象局还承担天气雷达探测、酸雨及干湿沉降观测任务。

勃利县气象站从 1958 年起开始天气预报业务。市气象台建立后，即开展长、中、短期预报任务。勃利气象站还承担农业气象观测等任务。目前市、县两局均开展人工影响天气工作，全市有作业高炮 16 门，车载火箭发射架 2 部，均开展雷电防护管理及技术服务。

七台河市气象局

机构历史沿革

1. 始建情况

七台河市气象局由市政府和省气象局协商，共同出资、调配人员编制于 1993 年建成。1994 年 1 月 1 日正式开始地面气象观测。2001 年 12 月 1 日正式列入国家气象台站序列。观测场位于北纬 45°17′，东经 131° 01′，海拔高度 223.5 米。

2. 建制情况

建制情况 从建局起，一直实行以气象部门为主，与地方政府双重领导的管理体制。

主要负责人变更情况

姓名	职务	任职时间
曹应环	局长(党组书记)	1993 年 3 月—2000 年 8 月
张　金	副局长(党组成员)	1996 年 5 月—2000 年 8 月(调离)
刘景满	副局长(党组副书记)	1996 年 8 月—2001 年 8 月
李　伦	局长(党组书记)	2001 年 9 月—
王剑波	副局长(党组成员)	2003 年 5 月—
孔繁艳	副局长(党组成员)	2004 年 12 月—
刘景满	纪检组长(党组成员)	2001 年—2009 年 5 月(退休)

人员状况 七台河市气象局现有职工 27 人，其中，国家气象编制 13 人、地方编制 14 人，研究生 1 人、大学本科 12 人、大学专科 9 人，中级以上技术职称 13 人，平均年龄 35 岁。

气象业务与服务

1. 气象业务

气象观测 七台河市气象局每天进行 08、14、20 时 3 个时次地面观测。观测项目有风向、风速、气温、气压、云、能见度、天气现象、降水、日照、小型蒸发、地面温度、草面温度、雪深、冻土等。每天向省气象台编发 08、14、20 时 3 个时次的天气加密报。除草面温度及冻土、小型蒸发观测外均为发报项目。2003 年 5 月 1 日开始使用自动雨量计。

2002 年，七台河市气象局建成了 DYYZ-Ⅱ型自动气象站，于 2002 年 12 月 31 日 20 时投入业务试运行。自动站观测项目包括温度、湿度、气压、风向风速、降水、地面温度。2004 年自动站正式运行，自动站采集的资料与人工观测资料存于计算机中互为备份，每年复制光盘归档、保存、上报。2006 年在 16 个乡镇(区)建立雨量、温度自动监测站,连同水利、农场及勃利县雨量点,形成区域雨情监测网。

建站后地面月报报表均为微机打印一式三份,分别上报省气象档案馆、市气象局档案室、本站留底一份。从 2004 年开始使用微机打印气象年报表,上报光盘并保存资料存档。

2002 年 2 月起增加 0～50 厘米的土壤相对湿度观测。2002 年 11 月起开始进行紫外线观测,主要观测整点瞬时值和 24 小时累计值。2004 年 8 月 31 日年起开展大气成分监测,主要观测大气干湿降尘和酸雨。

气象信息网络 1999 年起采用分组数据交换网,与省气象网络中心及其它台站传输交换信息,2001 年起改用宽带网传输。2002 年建成自动气象站,所采集的数据传送至省气象数据网络中心,每天定时传输 24 次。气象电报传输实现了网络化、自动化。建站初,有 3 台 386 微机,天气预报所需信息主要使用传真机及租用电话专线,采用远程终端调取天气预报资料。使用电话拍发加密天气报;1997 年底 PC-VSAT 小站建成,初步形成以卫星通信为主与地面通信相结合的气象网络系统,用以传输数据、图形、文件等。1999 年起先后采用分组数据交换网、宽带网向省气象网络中心传输气象电报调取预报信息。2005 年,远程可视化会商系统建成,可以与省、县台站会商天气等。2007 年将原来由 PC-VSAT 接收设备转换为 U6 接收设备,大量的资料信息从网络中调出供预报员参考使用。为提高预报准确率创造了条件。

气象预报 1993 年七台河市气象局开始天气预报业务,10 月 1 日制作出第一份市区天气预报。目前,气象预报业务包括短时、临近天气预报、短期天气预报、中期天气预报和短期气候预测。

短时、临近预报业务开始于 2005 年。主要依靠天气雷达、卫星云图资料和区域雨情网资料,结合数值预报产品,定期或不定期制作发布灾害性天气短时临近预报预警产品。

1996 年开始制作发布 72 小时预报,2008 年 5 月起延长至 120 小时。2009 年 6 月预报时效延长至 168 小时。目前,市气象台已制作全市所有乡镇及旅游景点 24 小时天气预报。每年防火期制作发布未来 48 小时城镇火险预报。

中期天气预报(预报时效 5～10 天)主要以旬报形式服务于政府领导、有关部门及专业服务用户。

短期气候预测,有月预报、季预报、年预报以及汛期预报、春季防火预报等。主要运用数理统计、天气学、动力学等方法,随着数值天气预报产品内容的增多,短期气候预测准确率有了提高。

2. 气象服务

公众气象服务 1993 年 10 月 1 日起通过市广播电台播出短期天气预报,为公众服务。1995 年 7 月 1 日起,市电视台每天定时播发全市天气预报;1999 年 5 月 1 日起,增播旅游景点天气预报。1996 年 7 月,开通"121"天气预报电话自动答询业务,平均每年为 31 万群众提供答询服务。2005 年在市内大型电子屏幕上发布天气预报,同年 7 月 1 日,七台河城市天气预报在中央电视台全国旅游城市天气预报节目播发。2002 年 11 月起,手机气象短信业务开通,定制用户可多次接收七台河天气预报和警报信息。2006 年 8 月起,建立了灾害天气预警信号发布流程，经市委宣传部批复后，开始通过电视等媒体向社会发布气象灾害预警信号。

决策气象服务 以防灾减灾为重点，围绕农时、煤矿安全生产、交通安全等开展服务。开始，决策气象服务以书面材料发送为主，重要天气采用电话或者当面汇报方式。2002 年后，发展了微机终端、互联网等传输方式，通过决策服务系统向各级领导及有关部门提供包括天气实况、预报预警等气象信息。2003 年制定了《七台河市气象局周年服务方案》，并逐年完善。2005 年为了更好地为防灾减灾服务，在全国首先编制了气象灾害地图。2007 年 5 月，建立手机短信服务平台后，组建了包括防火、防汛、清冰雪、交通、电力、煤矿、防一氧化碳等部门多个服务网络，使决策服务面进一步扩大。

近年来，决策气象服务取得了明显效果，特别是 2003 年抗旱气象服务、2005 年 11 月 27 日矿难应急气象服务、2006 年 2 月 21 日非职业性一氧化碳污染事件应急气象服务、“6·26”预防风雹灾害气象服务、2007 年三场罕见大暴雪气象服务、2007—2008 年“城市供水危机”气象服务。同时完成了气象保障工作，多次受到市委、市政府及省气象局表扬，2005、2006 连续 2 年被黑龙江省气象局评为重大气象服务先进集体。

专业与专项气象服务 2001 年 5 月七台河市人民政府人工影响天气办公室成立，设在市气象局。当年，市政府投资购买火箭 2 部，火箭作业车 1 辆。主要用于农业抗旱、防雹、水库蓄水、森林防火作业。2002 年市政府先后投入 20 万元购置 1 部车载火箭，用于人工增雨服务。

1998 年与市技术监督局签订协议联合开展防雷装置周期检测业务，2001 年起，独立开展防雷周期检测和防雷工程业务。

气象科技服务与技术开发 1993 年起对粮食、电力、保险等部门开展了专业气象有偿服务。2003 年 4 月，开始对专业服务用户通过手机短信的形式发布气象灾害预警信息。2003 年建立了气象专业服务网站，开展微机终端服务。

气象科普 每年利用“3·23”世界气象日、科技宣传周、科普日、科技下乡、社区文化广场等活动，向社会开展气象科普宣传活动。2002 年气象局建立了科普基地，每年对外开放，接待中小学生和社会各界人士，现在已成为中小学生的第二课堂。2002 年 12 月被省科协命名为黑龙江省科普基地，2003 年 12 月又被省委宣传部、省教育厅、省科技局以及省科协命名为首批黑龙江省青少年科技教育基地。同时被市政府指定为七台河市科普宣传教育场馆。

法规建设和管理

1. 气象法规建设

气象法规建设 根据《中华人民共和国气象法》，依法承担本行政区域内气象行业管理、气象行政执法工作。

2002 年七台河市气象局建立了依法行政责任制、制定了依法行政责任追究制度。经培训考核，有人取得了执法资格证书，负责全市气象执法工作。

规章制度建设 2006 年七台河市人民政府下发了《七台河市自动雨量监测系统建设

方案的通知》(七政办发〔2006〕15 号)。2008 年七台河市人民政府办公室下发了《关于七台河市各类气象探测环境保护标准的通知》(七政办发〔2008〕2 号)。2008 年七台河市人民政府下发了《关于七台河市安全隐患整改年活动实施方案的通知》(七政发〔2008〕7 号),在方案中,气象局被列为具体参与单位,牵头负责 4 项整改工作。2008 年市发改委下发了《关于七台河市风电场工程前期测量工作管理暂行办法》的通知(七发改发〔2008〕148 号),规范了风电场建设期间气象部门依法管理的内容。

2. 社会管理

行业管理 2004 年 3 月,经市政府确认,市气象局具有行政执法主体资格。2005 年起,市气象局被列为市政府安全委员会成员单位。2008 年 6 月气象依法行政工作进入市政府行政审批大厅,行使气象行政审批事项七项,并在《七台河日报》上向社会公示。

1996 年 4 月,成立七台河市雷电防护领导小组,领导小组办公室设在市气象局。2002 年起,每年都与市安全生产监督管理局、市煤炭局组成联合检查组,对全市雷电安全重点防护单位进行专项检查。近几年,平均每年检测防雷装置达 27 个单位、图纸审核 13 个,验收防雷工程 13 个。

2002 年开始,气象探测环境和设施在市土地局、规划局、环保局、市人大、市法制办等相关单位备案。平时及时掌握气象台站周边变化情况,出现影响探测环境的行为及时进行执法,保障气象探测环境不被破坏。

政务公开 对外公开内容,主要包括实行气象行政审批办公程序、气象服务内容、服务承诺、气象行政执法依据、服务收费依据及标准等,通过政府行政审批大厅向社会公示。对内公开建立局(政)务公开栏,对干部任用、财务情况、基本建设等重大事项通过张榜进行公示。同时建立了党员领导干部公开制度和市气象局党组议事规则。

党建和气象文化建设

1. 党建工作

支部组织建设 1993 年 10 月成立党支部。1996 年 8 月成立中共七台河市气象局党组。从建局以来有 6 名同志加入党组织,党员人数由 1993 年的 4 人,发展到现在的 12 人,多年来,全面推进党的思想、组织、作风和制度建设,注重发挥政治核心作用和战斗保垒作用。

党风廉政建设 坚持把贯彻执行党风廉政建设责任制放在重要位置,每年市气象局党组都与各科室和县气象局签订党风廉政建设责任状,制定了《七台河市气象局党组成员党风廉政建设责任制》、《七台河市气象局党风廉政建设执行情况检查考核办法》、《七台河市气象局党风廉政建设和反腐败工作主要任务及责任分工》等各项制度。共同把好党风廉政关,全市干部职工没有出现违法违纪行为。

2008 年七台河市气象局被中国气象局命名为全国气象部门廉政文化示范点。

2. 气象文化建设

精神文明建设 为了使文明创建工作有序地开展,从加强组织、加强领导入手,成立了以党组书记为组长，党组成员为副组长，各科室主要领导为成员的文明单位创建活动领导小组，并提出两年晋升一个档次的创建目标，为了使这一目标具体化，制定了创建文明单位近期规划及长远规划，明确创建阶段目标和总体目标。相继开展了弘扬气象人精神专题演讲和征文活动，开展了以“树荣辱观、唱正气歌、展气象人风貌，弘扬气象人精神，促和谐发展”为主题的庆“七一”廉政歌曲演唱会活动，在迎奥运期间开展了登山和排球比赛等活动。自 2002 年开始，局党组共计投资 10 万余元用于职工培训。大专以上学历人员的比例达 94.5%。几年来，经过全体职工的共同努力，2008 年七台河市气象局被评为省级文明单位，文明建设取得了新的成果。

文明单位创建情况 2002 年获“区级文明单位标兵”称号；2002 年获气象部门“双文明”建设先进单位；2004 年获得“市级文明单位”称号；2006 年市政府授予文明单位标兵；2002 年获气象部门“双文明”建设先进单位；2005 年获“精神文明建设十佳优胜”单位；2008 年被评为省级文明单位。

3. 荣誉

集体荣誉 2002 年汛期大到暴雨预报服务成绩显著获优质天气预报服务一等奖；2003 年汛期大到暴雨预报服务成绩显著获优质天气预报服务三等奖；2004—2006 年获市政府授予森林防火先进单位；2005 年度荣获省气象局重大服务奖；2006—2008 年连续 3 年被市政府评为中省直单位目标责任考核优秀。

个人荣誉 2003 年李伦获省气象局嘉奖奖励；2005 年孔繁艳获全市“三八红旗手”称号；2004 年王建华同志荣获七台河市第一届十大科技青年称号。

台站建设

台站综合改造 1993 年七台河市气象局成立时，占地面积 10000 平方米，办公楼面积 600 多平方米。2004 年由国家和自筹资金投资建设 713 雷达，新增土地 1167 平方米，新增办公楼 700 多平方米，同时改造更新了办公及业务用房，办公条件明显改善。目前，业务用房面积符合标准，布局合理，外形美观，基本满足了办公自动化和台站美化的需要。同时，增设了 150 平方米活动室以及阅览室、荣誉室等。

现在的办公楼

园区建设 2006 年在庭院基础设施建设中，按照“绿色综改、花园台站”的建设理念，使院内各项设施齐全，绿化面积达到 54.8%，硬化 900 平方米水泥路和园林小路，栽种了果树、松树，基本建成了具有时代特征、气象特点的花园式台站。

勃利县气象局

机构历史沿革

1. 始建及站址迁移情况

1958年9月7日，黑龙江省勃利气象站成立，站址在勃利镇北门外，地理坐标为东经130°33′，北纬45°45′，海拔高度217.2米。1959年11月6日站址搬迁至勃利县勃利镇东门外，在原址东南方1千米处。1984年6月9日，为了改善观测环境，原观测场向东南移60米，地理坐标为东经130°35′，北纬45°45′，海拔高度为220.5米。随着城市的快速发展，2008年1月1日，气象局整体迁移至勃利县勃利镇东出口，地理坐标为东经130°36′，北纬45°45′，海拔高度234.4米。

2. 建制情况

领导体制与机构设置演变 建站后，领导体制多次变动。1958—1962年实行地方为主的领导体制，业务工作由合江气象台领导，1962年6月至1968年7月改由气象部门为主的双重领导。1968年8月至1971年3月实行地方政府为主的双重领导。1971年4月至1973年6月实行军队为主的领导体制。1973年7月至1979年改为地方为主的领导体制，业务由佳木斯气象局管理。1980年以后实行以气象部门为主的双重领导。从1993年10月由佳木斯气象局领导，改由新成立的七台河市气象局管理。

人员状况 1958年建站时只有3人。2008年年底定编数为13人。现有在编职工10人，聘用2人。其中，大学学历2人、大专学历4人、中专学历5人。中级专业技术人员6人，初级专业技术人员5人。40～45岁6人，30～40岁3人，25～30岁2人。全部为汉族。

主要负责人变更情况

时间	负责人
1958—1960	谢振梅
1960—1962	刘景春
1962—1970	谢振梅
1970—1973	杨殿臣 刘殿武(军代表)
1973—1975	孙会民
1975—1978	李　黎
1978—1984	翟万良(书记) 谢振梅
1984—1994	曹应环
1994—1998	赵明旭

续表

时间	负责人
1998—2002	谢子鸿
2002—2008	梁洪波

气象业务与服务

1. 气象业务

气象观测 从1985年9月7日开始进行02、08、14、20时4次观测，夜间不守班。观测的项目有空气温度、湿度、云量、云状、降水、风向、风速、积雪深度、密度、蒸发、日照、地温、天气现象、能见度、地面状态。后增加曲管地温与雪压观测项目。1960年1月1日开始编发天气报，并开展预约航危报业务。逢雨情向省台拍发雨情报。气象电报经县邮电局传输。地面气象记录月报表制作3份，地面气象记录年报表制作4份。1978年1.6米、3.2米深层地温停测，1980年0.4米、0.8米地温停测。1986年5月1日应用PC-1500机编报。1987年1月1日开始4次观测改为3次观测，夜间不守班，并取消02、08、14时小图报。2003年10月21日地面观测自动站建成，与人工观测同时进行，2003年12月31日20时至2004年12月31日20时以自动气象站观测为主。

2007年1月1日由国家一般站升格为国家一级站，由3次观测改为8次观测。观测项目有云、能见度、天气现象、气压、空气的温度和湿度、风向和风速、降水、日照、蒸发、地面温、雪深、浅层和深层地温、地面状态。

气象预报 1959年县站开始制作短期天气预报。1982年以前，主要以收听省电台播报天气形势，结合本站资料图表制作天气预报。1982—2000年，每天采用123型传真机接收气象信息，在此基础上，结合本站的预报方法制作天气预报，并在每天下午通过高频电话与市气象局进行天气会商，增强了预报服务能力。2000年建成了卫星单收站，预报信息量大幅度增加，为提高预报准确率创造了条件。2007年建立了天气预报可视化会商系统，能及时与省、市气象局会商重要天气，使县站预报服务能力进一步增强。

20世纪60年代开始制作中长期预报。主要制作和发布年度预报、生长季节预报(3—10月)、春季预报(含春季防火期预报)(3—5月)、大田播种预报、夏季预报(汛期预报)(6—8月)、秋季预报(含秋季防火预报)(9—10月)、冬季预报。

农业气象 20世纪70年代末定为国家二级农业气象站。开展土壤墒情、农作物生长发育期、自然物候等项观测。观测作物及自然物候作物：玉米、大豆；自然物候：两种草本(蒲公英、车前)，两种木本(小叶杨、紫丁香)；一种动物(家燕)。

1979年初，根据县内气象、水文、农场气象站资料，完成了《勃利县农业气候区划》，为农业发展提供了气象依据。1983年起制作产量预报。

1981年以来勃利县气象局农业气象观测质量较高，多次获得“百班无错”，受到省气象局的表彰。2次取得“250班无错情”，受到国家气象局的表彰。2002年，在全省农业气象标准化竞赛活动中，获得了优秀的成绩。

2. 气象服务

公众气象服务 建站后到1986年公众服务手段较少，仅靠县广播站传播短期天气预报。1987年，气象局建立健全了农村气象服务网，在各乡镇布设雨量点和气象预警接收机，在乡镇设兼职气象助理。气象局通过警报广播每天定时播发天气预报和农情信息，全县207个自然村都配备了警报接收机，收到信息后通过村里的广播向全体村民播放。乡镇气象助理负责本乡镇的雨量观测以及气象信息的传播工作。这一网络受到了各级领导和农民的欢迎。农村气象服务网的建设得到省气象局肯定，并向全省推广。

1998年6月气象局同电信局合作开通了“121”天气预报自动咨询电话，2004年升级为数字天气预报查询系统，增加了为公众服务的手段。

1999年5月1日，气象局建立电视天气预报制作系统，制成节目后由县每晚19时30分播出。全县天气预报已细化到乡镇。2005年电视天气预报制作系统升级为非线性编辑系统。

决策服务 主要为各级领导及相关单位提供中长期天气预报和土壤墒情等分析材料。遇有重要天气及时向县领导汇报。近几年对重大预报及雨情等信息，还通过手机短信等方式对相关领导进行专人专项服务。决策气象服务在抗旱、防汛、森林防火等防灾减灾中发挥了重要作用。

专业专项气象服务 从1976年开始借用高炮进行人工增雨作业。人工防雹开始利用自制土炮作业。1980年配发2门“三七”高炮，勃利县人民政府人工降雨办公室成立，办公室设在气象局。1995年后随着烤烟面积的扩大，防雹任务加重，高炮作业逐步增加，到2005年全县高炮增加到16门，购进火箭发射架1部。在全县共设16个作业点，对烤烟等经济作物区进行重点防御。近几年进行增雨防雹作业70次，都取得了缓和旱情、减轻雹灾的良好效果。

1999年气象局成立了防雷办公室，建立了避雷检测站。将防雷工程设计、施工到竣工验收、全部纳入到气象行政管理范围。2006年，气象局被列为县安全生产委员会成员单位，负责全县防雷安全管理，后期对液化气站、加油站、学校等高危行业的防雷设施进行检查。近几年，平均每年检测防雷装置37个，审查图纸5～6个，验收工程3～4个。

气象科技服务与技术开发 1976年开展人控防雹工作，开展以来得到县委县政府的大力支持，投入经费逐年增加。1999年开展防雷工作服务对象遍布全县，1989年开展“121”自动答询业务，随着气象信息服务面逐年扩大，1990年开展天气预报广告。

气象科普宣传 每年利用“3·23”世界气象日，科技大集等活动进行现场气象科普宣传，散发宣传单和气象情报、预报及科普文章等。还利用电视台宣讲气象科普知识，组织中小学生参观气象站。

法规建设与管理

气象法规建设 围绕业务建设和气象服务，与县安全办联合下发了《关于加强雷电安全防护管理及雷电检测的通知》(勃安办联发〔2000〕1号)，与县建设局联合下发了《关于加强建设项目防雷工程管理工作的通知》。为了保护气象探测环境，将气象探测环境保护标准到县建设局、规划局、土地局进行了备案，取得主管部门对探测环境保护的支持。施放氢气球纳入了气象监管范围。每年春季联合安全办对全县防雷设施状况进行全面检查。

行业管理 2004年6月，经县政府确认，县气象局具有行政执法主体资格。2006年6月，县人民政府令保留了县气象局气球施放作业审批、防雷装置检测审批、防雷装置设计审核和竣工验收、防雷装置设计审核、危害气象探测环境的工程建设许可等5项行政许可项目。

1999年6月，成立勃利县雷电防护领导小组，领导小组下设的办公室在县气象局。2000年开始，每年都与县安全生产监督局组成联合检查组，对全市雷电安全重点防护单位进行专项检查，发现问题限期整改。

政务公开 县气象局把局务公开作为一项重要工作，建立组织机构，制定了《气象局局务公开实施细则》。对内设立公开栏，对外设立公示板。对外公开内容包括机构设置及职能，文明单位创建情况，防雷装置检测、收费项目标准，依法行政的依据和范围，气象专业服务收费项目标准。对内公开内容包括财务状况、工程发包、人事任免、重大事项决策、职工福利、固定资产等。

党建与气象文化建设

党支部建设 1987年以前，气象局支部隶属县农业局党委，有党员4名。1987年之后，支部归县直属机关工委领导。2002年以来，气象支部加大对入党积极分子的培养，先后发展5名同志加入中国共产党。党员数占全体职工的80%以上。

党风廉政建设 认真落实党风廉政建设的目标责任制，积极开展廉政教育和廉政文化建设活动。经常组织观看警示教育片等活动，近几年，先后6次被县直机关工委授予党风廉政先进单位称号。努力建设文明机关、和谐机关、廉洁机关。

精神文明建设 勃利县气象局成立精神文明建设领导小组，深入持久地开展文明创建工作，努力做到政治学习有制度，文体活动有场所，电化教育有设施。通过开展经常性的政治理论学习和思想政治教育，提高了职工素质。全局干部职工及家属子女无一人违法乱纪。2007年建立职工活动室、阅览室，购置了乒乓球桌、台球桌等设施，为职工开展文体活动创造了条件。

2002年勃利县气象局被评为县文明单位，2005年晋升为县文明单位标兵，2009年被授予七台河市“文明单位”称号。

荣誉 勃利县气象局共获得各类奖项50余项，突出的有2002年、2003年、2004年、2006获省气象局人工增雨防雹工作先进单位，2007年、2008年连续获县委县政府“服务三农”先进单位。

台站建设

1958年建站之初，租用民房作办公室，工作环境简陋，办公设备不全。1959年搬迁至新址后，建办公室8间，使用面积127.7平方米，占地1万平方米。1984年，新建二层办公楼，面积304.6平方米。2007年随着城市的发展，观测环境遭到破坏，气象局迁移，新建气象办公楼3层，面积1130平方米，办公环境发生了根本变化。绿化面积15000平方米，硬化面积2000平方米，植树148棵。

1959年观测场

2008年观测场

1959年办公楼

2007年办公楼

2008年办公楼

大庆市气象台站概况

大庆市位于黑龙江省西部，松辽盆地中央坳陷区北部。下辖林甸、杜蒙、肇州、肇源4个县，面积2.1万平方千米，人口273.3万。年平均气温4.2℃，极端最高气温为39.8℃，极端最低气温为零下39.2℃，年平均降水量427.5毫米，年均无霜期143天，年日照时数为2726小时。

气象工作基本情况

历史沿革 大庆市气象台前身萨尔图气候站、林甸气象站、肇源气象站始建于1956年，杜蒙气象站始建于1959年，均属国家一般气象站。肇州气象站建于1956年，1991年定为国家基准气候站。

领导体制 大庆市气象台前身萨尔图气候站始建时，由黑龙江省气象局领导。1964年以松辽石油勘探局为主和省气象局双重领导。1966年10月移交大庆石油管理局领导。1982年归大庆市人民政府办公室领导。1996年9月直接由大庆市政府领导。1997年4月1日行政区内4个县气象局划归大庆局管理，市气象局实行省气象局和市政府双重领导，以市政府为主的管理体制，一直延续至今。4个县气象局从建站起，一直实行双重领导体制，但建制多次变换，有3次以气象部门为主，3次以地方政府为主领导。从1980年后改以气象部门为主的双重领导体制。大庆市气象局成立后，林甸、杜蒙、肇源、肇州站分别由齐齐哈尔、绥化市划归大庆市气象局管理。

人员状况 2008年全市气象部门定编92人，其中国家气象编制40人，地方编制52人。现有在编职工96人，其中，本科以上学历30人、大专学历34人，高级职称10人、中级职称26人。

主要业务范围

地面观测 全市现有地面气象观测站5个，其中1个国家基准气候站、4个国家一般气象站，1个国家二级农气站，1个酸雨监测站，1个雷电监测站，56个区域自动气象站。

国家一般气象站的观测项目有云、能见度、天气现象、气压、气温、湿度、风、降水、雪深、日照、小型蒸发、草温、地温等，每天08、14、20时3次定时观测，发报任务有每天3次加密气象观测报、重要天气报、气象旬(月)报。

肇州国家基准气候站每天进行24小时地面观测,编发气候月报、气象旬(月)报、重要天气报,每天编发24小时预约航空报。

国家二级农气站(肇源)进行玉米、水稻、高粱及自然物候观测,土壤湿度的测定。

酸雨监测站(大庆)测量降水样品的pH值与电导率,每天13时前上传酸雨日数据文件,编制酸雨观测报表。

雷电监测站(大庆)进行雷电灾害的监测。

2003年开始建设地面自动气象站,基本结束了地面气象要素人工观测的历史。2004年1月1日—2005年1月1日,自动气象站陆续进入双轨运行,2006年1月1日投入单轨运行。

气象预报服务 各台站均承担天气预报业务。短时天气预报(0～12小时)和短期天气预报(12～72小时)主要面向社会,每天通过电视、报纸、广播电台、“12121”电话、手机气象短信、气象网站、电子显示屏等多种渠道向公众传递天气信息。中期天气预报(预报时效4～10天)和长期天气预报(预报时效10天以上)主要服务于政府有关部门及专业服务用户。随着气象现代化建设的发展,气象卫星综合应用业务系统、卫星云图接收系统、省—市—县气象信息传输系统等各种先进技术的运用,预报准确率逐步提高,天气预报向精细化、个性化方向发展,以不断满足社会各界和广大人民群众的需求。

大庆市气象局

机构历史沿革

1. 历史沿革

大庆气象局(台)前身为安达萨尔图气候站,始建于1956年。1956年11月1日开始观测,观测场位于北纬46°39′,东经125°00′,海拔高度152.9米。1964年11月迁至萨尔图东郊,观测场位于北纬46°36′,东经125°01′,海拔高度150.5米。1987年将原办公平房翻建成三层楼房(为大庆气象台旧址)。1993年8月成立大庆市气象局,为大庆市政府机关直属事业单位。2001年10月搬迁至大庆东风新村高新技术产业开发区,观测场位于北纬46°34′,东经125°08′,海拔高度147.2米。

2. 建制及人员情况

领导体制和机构设置 萨尔图气候站成立时由省气象局领导。1958年6月改由安达县人民委员会为主领导。1962年改以省气象局为主领导。1966年10月移交大庆石油管理局领导,先后由大庆生产办农林局、后勤部、人武部、机关行政管理处、农林办、农工商联合公司管理。1969 年改称大庆市气象台。1978 年确定为科级单位。1982 年由大庆市政府办公室领导，1990 年 9 月，升格为副处级单位。1996 年 9 月，升格为正处级单位，由大庆市政府和省气象局双重领导，以市政府领导为主。

2001 年，按照大庆市政府的“三定”方案，气象局下设办公室（人事科）、业务管理科、天气科、气候科、气象观测科、人工影响天气科、防雷减灾科 7 个科室。

人员状况 1956 年建站时只有 7 人。2001 年定编 55 人。现有职工 52 人，全部为地方编制。50～59 岁 7 人、40～49 岁 24 人、30～39 岁 16 人、29 岁以下 5 人。本科以上学历 18 人、大专学历 21 人，高级职称 9 人、中级职称 14 人。

名称及主要负责人变更情况

名称变更时间	名称	负责人	任职时间
1956	萨尔图气候站	文焕煜	1956—1959.5
		张容生	1959—1963
1962	萨尔图畜牧气象试验站	王殿相	1964—1966.2
1966	安达萨尔图气象站	刘志明	1966.3—1967.12
		张国龙	1968—1969
		曹祥生	1969—1970
		王仰林	1970—1972
1969	大庆气象台革命委员会	吴效忠	1973—1976
		魏殿清	1976—1977
		李自君	1977—1978
1978	大庆气象台	于　跃	1978—1982
		项忠南	1982—1986
1986	大庆市气象台	项忠南	1986—1993
1993	大庆市气象局（大庆市气象台）	项忠南	1993—

气象业务与服务

1. 气象业务

①气象观测

1956 年 11 月至 1959 年 12 月每天进行 01、07、13、19 时 4 次地面观测。1957 年开展农业气象工作；1960 年 1 月由 4 次观测变为了 3 次观测。1969 年 4 月增加 02 时观测，每天进行 4 次观测。观测项目有云、能见度、天气现象、气压、气温、湿度、风、降水、雪深、雪压、日照、冻土、观测小型蒸发、地温。编发旬月报和降水报。1983 年 5 月至 2003 年 9 月使用观测遥测雨量计。1991 年 1 月业务人员自行开发软件，应用计算机制作地面测报月报表。1997 年 5 月使用安徽地面测报程序。2003 年 8 月建成 DYYZ-Ⅱ型自动气象站，于 2004 年 1 月 1 日正式投入业务运行。自动站观测项目包括温度、湿度、气压、风向风速、降水、蒸发、地面温度和草面温度，除草面温度外均进行人工并行观测。2005 年 6 月安装了闪电定位仪，进行雷电灾害的监测。2007 年 1 月 1 日增加酸雨观测业务，每天 13 时前上传酸雨日数据文件，月末形成月报表归档、保存。2005年3月起通过分组数据交换网向省气象局传输月报表文件，停止报送纸质报表。2006年1月1日起以自动站资料为准发报，自动站采集的资料与人工观测资料均存于计算机中互为备份，形成月、年报表上报中国气象局和省气象局。2008年将1959—2003年的气簿-1、温度、湿度、气压、风向风速、雨量自记纸等气象记录档案移交黑龙江省气象局档案馆，本局只保留5年的气象记录档案。

②气象信息网络

1976年前，通过人工莫尔斯电报抄收报文，手工填绘天气图。1976—1985年利用电传机、无线单边带电台接收报文。1992年引进东西方信息公司研制的自动化信息处理系统，自动翻译电码、传报、绘制天气图，这项技术的引进在当时属全省气象部门首例。1994年建成了计算机广域网，实现了省地之间的信息传输。1996年建成卫星地面站，气象卫星综合应用业务系统投入使用。2006年远程气象电视电话会商系统投入使用，实现了与国家、省、市、县气象台站的天气会商。2007年将PC-VSAT接收设备转换为U6接收设备，大量的资料信息从网络中调出供预报员参考使用。

③气象预报

短时天气预报　1977年安装711天气雷达，进行监控对流天气。2005年，开始制作短时临近预报，不定时发布；2008年，开始发布气象灾害预警。

短期天气预报　从1960年起，为油田建设服务需要，制作补充天气订正预报。1970年开始通过广播电台对社会发布天气预报。1978年通过填充绘制天气图，分析天气形势制作短期天气预报，1979年开始接收传真图，研究数值预报模式制作预报。1997年开始对县站发布指导预报。随着气象信息网络的发展，2001年结束天气图绘制，2002年取消传真图接收，完全应用MICAPS系统制作数值预报。2008年调整城镇天气预报业务流程，制作精细化预报。

中期天气预报　20世纪70年代后期随着数值预报的发展，结合本地气象资料、短期天气形势、天气过程的周期变化等开始制作旬天气预报。2002年开始增作周预报、节假日预报，以及各类专业预报。

短期气候预测　20世纪80年代末，运用数理统计和韵律相结合等方法开始制作短期气候预测，20世纪90年代中期根据当地的具体情况建立并完善了数据预报指标库，实现了预报模式本地化。预报种类逐渐增多，现有月预报、季预报、年预报以及汛期、春季防火等专题预报。

2. 气象服务

公众气象服务　从1963年起，公众气象服务的主要方式是利用电话开展天气预报答询。1970年，通过大庆广播站向社会发布短期天气预报。1978年，通过大庆广播电台、电视台、报纸等媒体对外播发短期天气预报。1994年5月1日起，大庆电视台和油田有线电视台每天定时播发全市天气预报。1999年7月，开通了“121”电话气象预报自动答询业务；大庆城市天气预报在中央电视台一套全国旅游城市天气预报节目播发；2001年11月起，公众可通过定制手机气象短信的方式查询大庆市天气预报。2005年初，在中央电视台第四套节目全国旅游城市天气预报节目中播发大庆城市天气预报，3月“121”改号为

“12121”,8 月建立了预警信号发布流程,开始通过电视等媒体向社会发布气象灾害预警信号。2007 年大庆电视台百湖频道开通天气预报节目,公众服务面不断扩大。

决策气象服务 1989 年前,大庆市气象局决策气象服务以书面形式为主,内容是旬、月、季、年的天气预报和气候预测,为市政府及有关部门安排生产和防御气象灾害提供气象服务。1990 年起,开展了农业、防火、防汛系列化服务。2003 年,修订和完善了《大庆市气象局决策服务周年方案》。2005 年,开始增加手机气象短信向市委、市政府及有关部门的领导发布气象灾害预警信息,5 月,全市自动雨量网投入使用,实现在第一时间掌握全区雨情,为领导决策及时提供信息。2006 年起,“气象决策服务系统”投入使用,决策服务产品逐渐增加到《重要气象情报》、《防汛天气专报》、《抗旱天气专报》、《决策气象信息》、《病虫害预报》、《一周天气趋势预测》等。《重要气象情报》多次得到市委书记、市长等领导同志的重要批示。1983 年 4 月 29 日发生了历史上罕见的暴风雪,给油田生产带来巨大破坏,经气象人员反复论证,做出了钻井台面应加高到 1.2 米至 1.5 米高的科学结论,为油田安全生产提供了决策依据。1998 年嫩江流域发生百年一遇的特大洪水,气象台提前做出 7、8 月多雨,有大汛的预报,为抗洪抢险赢得了主动,受到省、市领导的表彰。2008 年,准确预报了 8 月 8 日奥运火炬传递大庆时的天气过程,为火炬传递顺利进行提供了有力保障。

专业与专项气象服务 大庆市人工影响天气工作始于 1978 年,当时与大庆地区武装部合作,利用“三七”高炮开展人工增雨作业。1983 年,又与大庆军分区合作,利用其“三七”高炮开展人工增雨作业。1999 年,设立人工增雨指挥中心,下辖人工增雨高炮营实施作业。2001 年在全省率先引进火箭(WR-1B)作业技术,在连年实施的人工增雨作业中取得了增大雨量、缓解旱情的显著效果。2008 年,市气象局拥有车载移动火箭发射装置 18 部,采用天气雷达指挥作业,提高了作业效果。

2002 年 3 月,大庆市人民政府成立了人工影响天气办公室和防雷管理办公室,挂靠在市气象局。同年,市气象局设立了人工影响天气科和防雷减灾科,开始开展防雷装置周期检测等业务。

气象科技服务 1995 年起对热力公司、高速公路建设指挥部、庆典公司等部门开展专业气象有偿服务。1999 年建立了“121”电话天气预报自动答询业务,开展对用户的微机终端服务。2005 年 2 月,开始对专业服务用户,通过手机短信形式,传送气象灾害预警信息。2008 年在全市开展了电子显示屏气象服务业务。2008 年、2009 年先后两年为大庆地区高速公路建设指挥部提供专业气象服务。2008 年研发并推广了“地面气象资料加工与检索系统”,该软件的成功研制是地面气象资料查询手段的一个质的飞跃。

气象科普宣传 1977 年编写了《大庆农业气象服务手册》,为各级领导组织农业生产提供参考。2004 年编写了《大庆气候》,对大庆地区气候资源进行了全面深入清查、分析和研究,普及了气象知识。2005 年 8 月,成立了大庆市气象学会。气象科普宣传逐渐走向制度化,每年 2 次向全市市民开放气象台会商室、气候服务中心,每年定期举办三次科普报告会。2006 年 2 月,和大庆市农业技术推广协会联合开展了“农民科技节”送气象科技下乡活动;6 月大庆市气象学会科普网站正式开通,并译成全版英文;8 月首次组织青少年气象科技夏令营活动。

法规建设与管理

气象法规建设 2000年，大庆市人民政府下发了《大庆市人民政府办公室关于加强全市雷电灾害防护工作的通知》(庆政发〔2000〕19号)。2006年，大庆市人民政府下发了关于印发《大庆市人工增雨预案》(庆政发〔2000〕19号)。2006年4月，大庆市人民政府下发了《关于加强全市雷电灾害防护工作的通知》(庆政办发〔2006〕40号)。2007年6月，下发了《关于进一步做好防雷减灾工作的通知》(庆政办发〔2007〕49号)。2007年6月，市防雷办与市教育局联合下发了《关于在全市各学校开展防雷安全检查检测工作的紧急通知》。

行业管理 2003年9月，经市政府确认，市气象局具有行政执法主体资格。2004年4月，市气象局保留了防雷装置设计审核和竣工验收等5项行政许可项目。2004年起，市气象局被列为市政府安全委员会成员单位。2007年，市气象局的114项行政职权得到市政府确认，并在市政府网站上向社会公示。

2000年6月，成立大庆市雷电防护领导小组，领导小组下设的办公室在市气象局。2003年开始，每年都与市安全生产监督局组成联合检查组，对全市雷电安全重点防护单位进行专项检查，发现问题限期整改。

2000年5月，成立了大庆市民用氢气球飞行器安全管理办公室。2003年9月，成立了大庆市氢气球施放资质评审委员会。通过多年的依法管理，施放气球活动有序开展，市场运营规范。

政务公开 2003年起，市气象局开展政务公开工作，制定了《大庆市气象局局务公开实施办法》，重大事项决策、大额资金分配使用、人事变动、干部任用、财务预决算、建设项目资金筹措、大型设备购置等群众关心的问题，都按制度召开局长办公会研究决定；与群众利益关系密切的工资、奖金、公积金的发放都按月及时公示。属于行政处罚、行政许可的有关内容以及气象科技服务收费标准等，通过大庆市政务公开网站和公示板向社会公示。

党建与气象文化建设

1. 党建工作

党组织建设情况 1969年7月成立大庆气象台党支部，当时有4名党员。现有党员16人。多年来，党支部围绕气象服务中心工作，坚持“抓党建、促发展、强服务、保民生”的工作思路，全面推进党的思想、组织、作风和制度建设，加强基层党组织自身建设和党员队伍建设。2002年开展了领导干部“三讲”教育，2005—2006年开展了党员“先进性”教育，凝炼出了气象部门党员先进性标准为：做学习创新的模范、做爱岗敬业的模范、做艰苦奋斗的模范、做勇于拼搏的模范、做廉洁奉公的模范。增强了党组织的战斗力、凝聚力，发挥了政治核心作用和战斗堡垒作用。

党风廉政建设情况 加强组织机构建设，成立了党风廉政建设工作领导小组。从2002年起市气象局立兼职纪检组长1名，兼职纪检监察员1名，审计人员2名，各县气象局分别设立1名纪检监察员，规范了职责范围，有效地加强了全市气象部门的党风廉政建设工作。加强宣传教育工作，开展反腐倡廉教育，以弘扬“大庆精神、铁人精神”为主题，每年开展形式多样的党风廉政宣传教育月活动。2000—2008年参与气象部门和市直机关工委组织的党风廉政知识竞赛、书画展、廉政格言创作等活动共11次；加强制度体系建设。2007年6月，在原有制度的基础上，重新制定、完善了工作、学习、服务、财务、党风廉政、卫生安全等六个方面共计35项规章制度，形成了完整的制度体系，并编印《大庆市气象局制度汇编》，发放到每名职工手中，做到用制度管人、管事。加强预防和惩治腐败体系建设。深入贯彻落实《党内监督条例》、《中国共产党纪律处分条例》，从2007年起，每年定期召开局领导述职述廉报告会，并层层签定《党风廉政建设责任书》，推进教育、制度、监督并重的惩治和预防腐败体系建设。

2. 气象文化建设

精神文明建设　坚持开展精神文明建设活动，重视加强职工队伍素质建设，坚持把“大庆精神、铁人精神”教育作为干部职工政治学习的必修课。2006年4月，邀请“龙江风采”气象人先进事迹报告团作报告。2007年，积极参与“书香大庆”百万市民读书活动和“文明大庆”、“礼仪大庆”活动，丰富职工精神文化生活。经常组织开展文体活动，营造了团结和谐、开拓进取的良好氛围。2007年，气象局创作的“气象之光”冰灯作品，获第三届“大庆之冬”冰雪艺术节一等奖。2008年在全市十七大精神知识竞赛中，获团体第三名。2007年全省气象部门篮球比赛中，获得团体第三名。2008年在市直机关“十佳公仆”评选活动中，天气科科长王波被列为候选人。2007年，有2个家庭分获大庆市“五好家庭”、“大庆市文明家庭”称号；从2002年开始连续3年大庆市气象局被评为市直机关“文明职工之家”。

2006年参加市直属机关第九届职工运动会

文明单位创建情况　成立了文明单位创建工作组织机构，每年将文明单位创建工作纳入年度整体工作计划，制定《文明单位创建年度工作目标》；以创建学习型单位为目标，始终坚持每周五学习制度，努力提高干部职工思想道德素质、科学文化素质，坚持开展学习“四大精神”活动（大庆精神、铁人精神、北大荒精神、突破高寒禁区精神）。切实转变工作作风，优化服务质量，制订并执行了《大庆市气象局服务承诺制度》，做到服务主动、文明礼貌、用语规范、热情周到。坚持开展“四好三优一满意”活动（好班子、好支部、好党员、好队伍，优质服务、优良作风、优美环境，让基层和人民满意），经过全局职工的共同努力，2006年获得了全市“双文明”单位称号。

3. 荣誉

1998年9月被大庆市委授予抗洪抢险先进集体称号；从1999年开始，共获得先进党支部称号7次。从2002年开始，连续7年被黑龙江省气象局评为全省人工增雨防雹工作先进集体。2008年被大庆市委授予奥运火炬传递活动先进集体称号。1998年9月项忠南被大庆市委授予抗洪抢险先进个人，从2003年起，连续5年获得市直机关工委授予的模范党务工作者称号．2001年，郭宏庆获市级优秀共产党员称号。2007年刘玉梅获市级劳动模范称号。从1999年以来，大庆市气象局党支部共有10人次获得市直机关工委授予的优秀党员称号。

台站建设

台站综合改造 1956年11月建站时有8间平房，为第一代办公用房。1968年，由大庆油田投资在观测场的北面建起了二层楼房作为办公用房。1983—1984年，扒掉原二层楼房新建起三层楼房，在观测场南面建起了平房家属区和车库，办公条件改善。2001年10月，经人大会议审议通过了气象台搬迁的议案，搬迁至大庆开发区，使气象局的面貌和办公条件发生了根本性转变，观测场占地面积为1000平方米，办公楼面积2100平方米，使工作环境和生活环境得到明显改善。

办公与生活条件 建站初期，办公环境和办公设施简陋，工作和生活条件艰苦。之后经过扩建、新建，办公和生活条件不断改善，特别是2001年搬迁到开发区新址后，共有办公室20间，业务用房面积符合标准、布局合理，外形美观，完全满足气象业务现代化、办公自动化和台站美化的需要。为了给职工创造更好的活动场所，2004年7月在办公楼前修建了篮球场、排球场，购置了健身器材。2007年修建了一个职工洗浴间，改造了乒乓球活动室，使工作和生活条件得到明显改善。

园区建设 在庭院建设中，按照“绿色综改，花园台站”的建设理念，使院内各项设施齐全，绿化面积达到100%，硬化了500平方米水泥路面和园林小路，基本建成了具有时代特征、气象特点的花园式台站。

2001年大庆市气象局新办公楼

2001年大庆市气象局新建观测场

杜尔伯特蒙古族自治县气象局

机构历史沿革

始建及站址变迁情况 杜尔伯特蒙古族自治县位于黑龙江省西南部。杜尔伯特县气象局始建于1958年，1959年1月1日正式开始地面气象观测。地理位置为杜尔伯特县泰康镇西街，东经124°26′，北纬46°52′，海拔高度153.1米。1964年10月观测场南移，海拔高度为153.7米，1980年1月经省测绘局复测观测场海拔高度变为150.9米。1981年7月观测场平整铺草层，海拔高度变为150.0米。2003年5月迁入现址，距原址2.5千米，位于杜尔伯特县泰康镇西南郊，距离城镇中心2.7千米，观测场位于东经124°25′，北纬46°50′，海拔高度145.4米，为国家一般气象站。

建制情况 1959年1月建站，以县人民委员会领导为主，称杜尔伯特气候水文站。1962年6月以省气象局领导为主，改称杜尔伯特气象服务站。1968年12月以县革命委员会领导为主。1971年1月划归县武装部，改称杜尔伯特蒙古族自治县气象站；1973年11月划归县革命委员会，1979年1月起改称杜尔伯特蒙古族自治县气象科。1981年2月起实行气象部门和地方双重领导，以气象部门为主的管理体制。1984年4月起改称杜尔伯特蒙古族自治县气象局。

名称及主要负责人变更情况

站名	时间	内设机构	主要负责人
杜尔伯特气候水文站 (1959.1—1962.8) 杜尔伯特气象服务站 (1962.9—1970.12)	1959.1—1963.4	测报组	李兴臣
杜尔伯特气象服务站	1963.5—1964.8	报组	刘月秋
杜尔伯特气象服务站	1964.9—1967.10	测报组	赵魁生
杜尔伯特气象服务站	1967.11—1969.4	测报组	包永连
杜尔伯特气象服务站 杜尔伯特蒙古族自治县气象站 (1971.1—1978.12) 杜尔伯特蒙古族自治县气象科 (1979.1—1984.3)	1969.5—1979.3	测报组、预报组	高永祥
杜尔伯特蒙古族自治县气象科	1979.4—1984.1	测报组、预报组	曹玉槐
杜尔伯特蒙古族自治县气象科、气象局 杜尔伯特蒙古族自治县气象站 (1984.4—2006.12)	1984.2—1992.4	测报股、预报股	耿树山
杜尔伯特蒙古族自治县气象站	1992.5—1995.4	测报股、预报股	田翠茹
杜尔伯特蒙古族自治县气象站	1995.5—2002.5	测报股、预报股	朱久顺

续表

站名	时间	内设机构	主要负责人
杜尔伯特蒙古族自治县气象站 杜蒙国家气象观测站一级站(2007.1—)	2002.6—	业务股、防雷设施检测站	张大勇

人员状况 1959年成立时只有3人，全部为观测员，其中中专学历1人，党员1人。20世纪70年代初气象站引进大中专毕业生，人员素质有了明显提高。2008年底，在编职工11人，其中本科学历7人，大专学历1人，中专学历3人，党员5人，高级工程师1人，工程师3人，助理工程师7人。

气象业务与服务

1. 气象业务

气象观测 建站时气象观测项目有云、天气现象、能见度、温度、湿度、风向风速、降水、积雪、日照、蒸发、地面状态，每天进行02、08、14、20时4次定时观测，夜间不守班。1960年7月1日停止02时观测。1972年1月1日增加02时观测，夜间守班。1991年开始改为3次定时观测，夜间不守班。2001年4月1日08时开始编发天气加密报。2004建成自动气象站，与人工气象站双轨运行。2006年自动气象站开始单轨运行。现在每天进行08、14、20时3次定时观测，编发3次天气加密报及达到发报标准的重要天气报，每旬编发气象旬月报，观测项目有云、能见度、天气现象、气温、气压、湿度、风向、风速、降水、日照、小型蒸发、地面温度、草面温度、浅层地温、深层地温、雪深。每日20时进行人工校准观测。每年5月1日至9月30日观测虹吸雨量自记。

气象信息网络 在2001年以前，气象电报都是人工编报，通过电话传给邮电局转发。2001年3月1日，开始启用分组数据交换网，传输气象电报和各种信息。2005年成功接入通信光缆，通过宽带网络上传和接收有关信息。同年，建成了11个乡镇自动雨量站，区域雨量网正式运行。2008年将1959—2003年的气簿-1、温度、湿度、气压、风向风速、雨量自记纸等气象记录档案移交省气象局档案馆，县气象局只保留5年的气象记录档案。

气象预报 自建站以来一直承担着县域内长期、中期和短期天气预报的制作与发布工作。短期天气预报主要预报未来24～120小时的天气。20世纪80年代使用“123”传真机接收天气预报图表，结合本站资料和方法制作短、中期预报。1999年安装了气象信息综合分析处理系统，通过卫星单收站接收天气预报资料。2006年开通本县电视天气预报节目，由县电视台负责制作播出，使气象信息迅速及时地传送到千家万户。目前，全县天气预报已经制作到乡镇。2005年齐齐哈尔新一代天气雷达建成投入使用后，本站可同步接收其探测资料，通过对雷达产品的深度开发，开始制作发布未来6小时的短时预报和未来3小时的临近预报，强化了局地强对流天气预报。2007年可视会商系统投入使用，可与省、市气象台进行天气会商。

2. 气象服务

公众气象服务 1979年至1989年短期天气预报通过县(旗)广播站广播，为公众提供服务。1998年建立"121"天气预报自动答询系统，通过电话为公众提供天气预报等信息。2006年全县电视天气预报细化到乡镇天气预报，同时发布各种气象预警信息，深化了公众服务。

决策气象服务 杜尔伯特县发生的气象灾害主要有干旱、暴雨、大风、暴雪、寒潮、霜冻等，多年来气象灾害给当地农业和经济造成重大损失。决策服务主要向县委、县政府及有关部门提供天气预报及重要天气实况。遇有重要灾害性天气及时用电话向领导机关报告。1998年嫩江流域发生特大洪水，县气象局积极准确地预报暴雨、大风等灾害天气，为抗洪抢险提供了科学依据，取得了显著成效。2005年区域雨量网建成后，能在第一时间掌握全县雨情，特别在春播期和汛期，为防灾减灾决策提供了重要依据。

专业气象服务 1976年开展人工影响天气工作，采用1门高炮进行人工增雨作业。2002年在大庆市和县政府的支持下建成了火箭增雨防雹作业系统，增配2部火箭发射车，2部固定式火箭发射架和1部车载校准雷达，使作业能力明显提高，作业范围扩展到全县各乡镇。

2000年成立了防雷设施检测站，对全县的防雷装置进行周期检测，对新、改、扩建建（构）筑物防雷工程进行图纸审核和竣工验收，提供防雷设施安装技术服务。

专业有偿服务 1986年开展气象有偿服务。1998年开展施放氢气球业务。1998年与电信合作开展"121"自动答询业务。2006年开始在电视天气预报上插播广告，同年开展手机短信业务。

气象科普宣传 1999年起参加县政府举办的科普之冬活动，举办气象科技知识讲座。2002年起参加县政府举办的科技下乡活动，现场开展科技咨询、发放气象科技资料，进行气象科普宣传。2005年起气象站被列为气象科普教育基地，每年"3·23"世界气象日，气象站都对公众开放并邀请中小学生来站参观。

法规建设与管理

1. 气象法规建设

围绕业务建设和气象服务下发的文件主要有：2005年杜尔伯特县气象局《关于加强建设项目中防雷装置设计审核和竣工验收工作的通知》，2007年 杜尔伯特县建设局《关于杜蒙县气象站气象探测环境保护技术规定备案的复函》，2008年杜尔伯特县气象局《关于开展雷电防护专项检查的通知》等文件。

2. 社会管理

行政执法 严格按照上级主管部门和县政府的要求，积极开展雷电防护设施的监督管理和安全检查，每年定期对全县范围的机关企事业单位的防雷装置进行检测。对于新、改、扩建建（构）筑物的防雷设施图纸认真审核。加强防雷工程的监督，杜绝了没有资质的单位从事防雷施工。加强施放氢气球的行政管理，严格执行施放氢气球制度。将气象探测环境保护列入行政执法工作之中，取得县政府及有关部门对气象探测环境保护的支持。

政务公开 2006年开展了政务公开，公开方式是在气象局大厅内设立公开板，在政府网站上发布政务公开信息。公开板内容包括气象局职能职责、组织机构、部门领导，防雷装置检测收费标准，行政执法依据和范围，气象专业服务收费项目及标准。在政务公开网上公布了行政许可、行政审批项目，并制作了行政处罚流程图、系留气球施放作业流程图、设计审核和竣工验收流程图、媒体传播气象信息登记流程图等。

党建与气象文化建设

1. 党建工作

支部组织建设情况 建站初期只有1名党员。1984年起建立党支部，有党员5名，积极分子3名。支部制定和完善了岗位责任、会议学习等制度。不断提高党员的思想政治素质，增强了党支部的战斗力、凝聚力。2006年、2007年被县机关工委授予“先进党支部”称号，2006年张大勇被县机关工委授予“先进党员”称号，2007年毕文泽被县机关工委授予“先进党员”称号。

党风廉政建设情况 党支部有计划地组织干部职工认真学习党风廉政建设的有关文件和规定，开展党风廉政宣传教育活动，认真落实党风廉政建设责任制，加强内部监督检查，积极搞好政务、财务公开工作，促进了干部职工勤政廉政。2006年张大勇被县委授予“党风廉政建设先进个人”称号。

2. 气象文化建设

精神文明建设和文明单位创建情况 成立了以局长为主要负责人的精神文明创建领导小组，把精神文明建设列入重要的议事日程，坚持“思想在创建中升华，工作在创建中提高”的精神文明建设目标，2005—2007年连续3年被县委县政府授予“文明单位”称号，2008年被县委县政府授予“文明单位标兵称号”。

文体活动情况 积极参加县委、县政府和市局组织的各项文体活动。局内建起了健身房、篮球场和乒乓球室，使职工既可以锻炼身体又丰富了业余文化生活。

3. 荣誉与人物

集体荣誉 1980年被评为全省气象部门“先进单位”，1998年被省委、省政府授予“抗洪抢险先进集体”称号，2005年、2008年先后被评为大庆市气象部门“人工增雨先进集体”，2006—2008年连续3次被评为大庆市气象部门“双文明先进集体”。

个人荣誉 1976年、1977年孙书君连续2次被评为全省气象部门“先进工作者”。2008年全卫军和尹鸿润被评为市气象部门“双文明先进个人”。

人物简介

耿树山 男，1942年出生。1980年被省委、省政府命名为全省劳动模范。该同志爱岗敬业，技术上精益求精。特别在文化大革命后对已破坏的测报工作秩序，大胆整顿，建立各项工作制度，为全省测报工作整顿提供了典型经验。在全省首创“100班、250班无错情”。1979年、1982年2次被国家气象局授予“优秀测报员”称号。

台站建设

建站之初，办公用房建筑面积150平方米，砖瓦结构。1983年在原办公用房西北新建了一栋建筑面积260平方米的2层楼房，办公环境有所改善。办公楼两侧为420平方米的家属区，原办公用房改为仓库和炮库。2003年5月迁至新址，新址占地1万平方米，办公楼为建筑面积600平方米的2层楼房，内设观测值班室、办公室、机房、财务室、资料室、宿舍、活动室等。另有340平方米的车库。2005年自筹资金装修了办公楼，新增了会议室、健身房。院内修筑水泥路面近1800平方米，设置了健身器器械，修建了篮球场。2006年安装自来水，建立食堂解决了职工吃饭难问题。2007年对办公楼进行了平改坡屋顶改造，还将传统的暖气改造成了新型节能壁挂式冷热水空调，在车库北20米处建了弹药库，在库内设有红外监控，并且在办公楼内外多处安装了监控探头。2008年安装了太阳能热水器。从2004年开始对庭院进行绿化，截至2008年底累计绿化7000平方米，庭院绿化率达到70%，变成了花园式台站。

建于1983年的老气象局办公楼

2003年迁站后新气象局办公楼

林甸县气象局

林甸县位于松嫩平原中部，属温带大陆性季风气候，年平均气温3.3℃，历史上最低气温为零下39.2℃，历史上最高气温为39.8℃。≥10℃积温2741.9℃·日。年降水量423.7毫米。

机构历史沿革

1. 始建及站址迁移情况

林甸县气象局始建于1956年11月，位于林甸县新发乡三村第二繁殖农场。东经

124°51′,北纬 47°10′,海拔高度 156.1 米。1957 年 6 月 1 日迁至林甸镇西门外,观测场位于东经 124°50′,北纬 47°11′,海拔高度 154.0 米。1998 年 11 月观测场北移 3 米,海拔高度 154.6 米,为国家一般气象站。

2. 建制情况

领导体制与机构设置 建站之初,以省气象局领导为主。1958 年改由县人委领导为主。1962 年 6 月改以省气象局领导为主。1968 年 12 月改由县革委会为主领导。1971—1973 年以军队领导为主,由县武装部管理。1973 年 4 月起改由地方政府领导为主,同年 10 月改称县气象科。1980 年起实行以气象部门为主的双重领导体制。1981 年 10 月改称县气象局,实行局站合一。林甸气象站原归齐齐哈尔市气象局管理,1997 年 4 月划归大庆市气象局管理。

名称及主要负责人变更情况

名称	时间	内设机构	主要负责人
林甸气候站(1956.11—1962.2)	1956.11—1957.9	预报组、测报组	伍世伟
林甸县气候站	1957.10	预报组、测报组	刘庭辅
林甸县气象服务站(1962.3—1969.12)	1957.11—1966.2	预报组、测报组	冉隆明
林甸县气象服务站	1966.3—1967.9	预报组、测报组	王锡生
林甸县气象服务站	1967.10	预报组、测报组	邓国万
林甸县气象服务站	1967.11—1968.3	预报组、测报组	徐忠盛
林甸县气象站	1968.4—1973.9	预报组、测报组	关振义
林甸县气象科	1973.10—1975.10	测报股、预报股	姜福元
林甸县气象科	1975.11—1976.7	测报股、预报股	朱　祥
林甸县气象科	1976.8—1977.9	测报股、预报股	姜福元
林甸县气象科	1977.10—1981.9	测报股、预报股	朱　祥
林甸县气象局	1981.10—1984.12	测报股、预报股	李德春
林甸县气象局	1985.1—1990.4	测报股、预报股	冯　韧
林甸县气象局	1990.5—2008.6	业务股、防雷检测站	高　见
林甸县气象局	2008.7—	业务股、防雷检测站	文　泽

人员状况 建站时只有 2 人,全部为中专学历。到 1990 年,气象职工 12 人,其中,大专学历 1 人、中专学历 8 人,党员 5 人。截至 2008 年底,气象职工 9 人,其中本科学历 2 人、大专学历 4 人,党员 5 人,工程师 4 人,50 岁以上 3 人、40～49 岁 5 人、40 岁以下 1 人。

气象业务与服务

1. 气象业务

气象观测 始建时气象观测项目主要有温度、湿度、风向风速、降水、积雪、云、天气现象、能见度、日照时数、0～20 厘米地温、蒸发、地面状态等,每天进行 4 次定时观测。1987 年开始改为 3 次定时观测,夜间不守班。1958—1995 年进行农业气象观测。1987 年,使用

PC-1500计算机制作气表。2001年4月1日08时开始编发天气加密报。2003年10月16日，按照统一部署，完成了自动气象站的安装调试工作并开始试运行，自动气象站数据定时向省气象网络中心上传。2004年开始自动气象站与人工气象站双轨运行平行观测，同年开展牧草观测。2005年开始以自动站数据进行编发电报。2006年自动气象站进入单轨运行。

气象信息网络 1985年建全县雨量网，通过乡镇兼职气象信息员收集雨情，用电话报给县气象站。1989年建成甚高频电话，与市台及邻近站进行天气会商等业务联系。2001年以前，气象电报均由人工编报，通过电话传给邮电局转发。同年3月1日，开始启用分组数据交换网，传输气象电报和各种信息。2005年开通宽带网络，每小时向省气象网络中心上传自动站实时数据，调用有关天气信息。2006年在8个乡镇建立雨量、温度自动监测站，区域雨量网正式运行。2008年5月20日将1957—2003年的气象记录档案气簿-1、温度、湿度、气压、风向风速、雨量自记纸整理归入黑龙江省气象局档案馆，县气象局只保留5年的气象记录档案。所有的气象记录和有关文件都实现了纸质与电子版同时保存归档。

气象预报 自1958年以来一直承担着长期、中期和短期天气预报的制作与发布工作。开始根据省台的天气形势广播，绘制简易天气图，结合本站的方法和资料，制作补充订正预报。1980年开始使用CZ80传真机接收天气图，结合本站方法，制作短期、中期天气预报。1999年安装了气象信息综合分析处理系统（卫星单收站），直接接收卫星云图和各种天气图，预报信息量大幅度增加。2001年1月1日开始通过分组数据交换网，接收大庆市气象局的指导预报，并编发林甸县的城镇天气预报。全县天气预报已经制作到乡镇。2006年建成新一代天气雷达资料实时共享系统，用于制作发布未来6小时的短时预报和未来3小时的临近预报。1997年可视化天气会商系统投入使用，可与省、市台及邻近台站进行天气会商。

农业气象 自1958年起开展农业气象观测业务，1995年该业务撤销。

2. 气象服务

公众气象服务 从1960年开始通过县广播站向公众发布天气预报，服务于百姓生活。1989年建立天气预报警报网，每天2次向各乡镇和粮库等用户广播24小时天气预报和重大天气预报。1997年通过县电视台播报24小时天气预报。1999年建立“121”电话天气预报自动答询系统，公众可通过电话查询24小时天气预报、未来3天天气趋势预报及各种气象信息。1998年建立电视天气预报节目制作系统，通过电视台播出各乡镇天气预报，扩大了服务面。2009年建成气象灾害预警系统，通过电视、电子显示屏向社会发布预警信息。

决策气象服务 林甸县境内发生的气象灾害主要有干旱、暴雨、大风、暴雪、寒潮、冰雹、霜冻等。在决策服务中，坚持以农业生产和防灾减灾为重点，定期和不定期地向县领导及有关部门提供天气预报和情报。从1988年开始发布年景分析及各季节长期预报。从1992年起开展15项农业系列化服务，为县委县政府指导农业生产提供决策依据。2007年开始发布灾害性天气预警信息，为县域经济发展和防灾减灾提供服务。多年来，决策气象服务收到明显效果。如1983年4月29日暴风雪天气，由于提前一天作出预报，县领导动员全县群众迅速防灾抗灾，全县未死1人，损失降到最低程度。再如1986年5月8日冻害，由于提前报出，县政府紧急部署防冻，使幼苗免遭冻害，受到领导和群众好评。

专业与专项气象服务 1973年起开展人工影响天气工作，现有高炮2门，车载火箭发射装置3部，设立2个高炮作业点，火箭流动作业。在农业抗旱、防雹中发挥了重要作用。近五年，累计作业40次，发射火箭弹185枚，发射炮弹1300发，经济效益达千万元。2000年成立雷电防护设施检测站，防雷检测工作全面展开。同年，气象局被列为县安全生产委员会成员单位，负责全县防雷安全的管理。近几年，对50多个单位的防雷装置进行了定期检测。

气象科技服务与技术开发 1985年起开展专业气象有偿服务。1998年开始在电视天气预报上插播广告。1999年起与电信合作开展“121”自动答询业务。2005年起开展气球庆典服务。

气象科普宣传 每年“3·23”世界气象日，都在繁华市区设置咨询台，分发气象宣传材料，宣传气象科普知识和法规。2003年县教育局将气象局作为气象科普基地。从2005年起参加县里组织的科普大集、科技下乡和科技周等宣传活动，同年在气象站建成了气象科普长廊和青少年科普活动基地，每年接待大量中小学生参观学习。

法规建设与管理

1. 气象法规建设

围绕业务建设和气象服务下发的规范性文件主要有《关于林甸县雷电安全防护管理权归属问题的意见》(林政办发〔1999〕7号)，《关于加强雷电安全防护管理及防雷电、静电检测的通知》(林政办发〔2003〕25号)，林甸县建设局、气象局联合下发的《关于加强建设项目防雷工程管理工作的通知》(林建发〔2006〕4号)。2009年与安监局联合下发《关于开展防雷专项检查的通知》(林安联发〔2009〕1号)。

2. 社会管理

行业管理 1993年将气象探测环境保护标准在县规划局进行了备案，取得主管部门对探测环境保护的支持。1999年对县电业局在气象观测场西南100米处预建楼房进行了气象执法，使其改变计划，保护了观测环境。把施放氢气球和防雷工作作为行政管理的重点，加强检查，严格履行审批手续。近几年，共审核防雷工程图纸43份，验收防雷工程62个。每年春季与安监局进行防雷安全检查。

政务公开 从2005年起开展了政务公开工作，对内设立公开栏，对外设立公开板。公开板内容包括机构设置及职能，防雷装置检测、收费项目标准，依法行政依据和范围，气象专业服务收费项目标准。公开栏内容包括年度预、决算，工程发包，人事任用，年度计划，重大事项决策，目标管理，职工福利，固定资产状况等内容。

党建与气象文化建设

1. 党建工作

支部组织建设 建站之初，气象站有2名党员。1973年建立党支部。1976年至2008

年气象支部共发展7名党员，支部组织建设得到加强。在气象事业发展和服务地方经济建设中，注重发挥党支部的先锋模范作用和核心作用。1974年至1976年连续三年被林甸县委授予“先进党支部”称号。

党风廉政建设 高度重视党风廉政建设工作，建立了党风廉政建设责任制，制定了保持共产党员先进性长效机制，建立了“三会一课”制度、党员民主评议制度、党员联系群众制度、党建目标管理制度、政治学习制度、政务公开制度以及领导廉政承诺制度。以制度约束党员，促进党员发挥先锋模范作用，以领导干部勤政廉政的表率作用，带动党风廉政建设。

2. 气象文化建设

精神文明建设 高度重视精神文明建设工作，历届班子均成立了精神文明创建领导小组，坚持两个文明一起抓，把精神文明与物质文明建设紧密结合起来，落到实处。建立实行了学习和考核制度、岗位练功计划以及文明单位创建规划等。重视气象文化建设，设置职工活动室，购置了体育器材。精神文明创建做到了年初有规划、年终有总结。文明单位创建取得了丰硕成果，2000年被县委、县政府命名为县级文明单位。1998—2000年连续3年被省气象局评为全省气象部门双文明建设先进集体。

文体活动 1984年至1993年连续9年参加县农委组织的篮球赛。现有乒乓球活动室和文化娱乐室，每年都举行乒乓球赛和其它娱乐活动。

3. 荣誉

集体荣誉 1983年因“4·29”暴风雪气象服务成绩突出，受到省气象局全省通报表彰；1998—2000年连续3年被省气象局评为双文明建设先进集体；2000年被县委、县政府评为城乡建设先进单位；2005年被大庆市气象局评为“双文明”先进集体。

个人荣誉 1983年冯韧、李淑芬获省气象局记大功奖励。1985年冯韧获齐齐哈尔市人民政府劳动模范称号。1998年9月张文旭被省委、省政府授予抗洪抢险模范称号，10月获中国气象局防汛抗洪气象服务先进个人称号。

台站建设

台站综合改造 建站之初仅有55平方米办公用房，条件艰苦。1957年建55平方米土坯房办公室2间，冬季烧柴草取暖。1965年建150平方米砖瓦办公室6间，室内打浅水井1眼，冬季用铁炉子烧煤取暖。1980年建成240平方米办公楼，90平方米炮库2间，接通了自来水，办公条件有所改善。2008年在不影响办公条件的基础上，改建车库4间，职工食堂2间，宿舍3间，取暖纳入市政管网集中供热。办公楼内设办公室10间，另设有微机室、会议室和活动室，并配备多功能卫生间2个，办公和生活条件得到根本改善。

园区建设 园区建设共划分两块。硬化区板块由路面、停车场和休闲广场组成，硬化面积1500平方米。另一块是绿化区，绿化面积6000平方米，栽植云杉22棵、果树21棵，种植万寿菊5000棵，绿化带四块，面积400平方米。绿化面积达到了全覆盖。

2009 年 9 月林甸气象局全景

肇源县气象局

肇源县原名郭尔罗斯后旗，1956 年改称肇源县，现隶属大庆市。位于黑龙江省西南角，地处松嫩平原腹地，属寒温带大陆性季风气候。年平均气温 4.6℃，极端最低气温零下 40.2℃，极端最高气温 37.5℃，≥10℃积温 2944℃·日，无霜期 145 天。年降水量平均为 415.6 毫米。

机构历史沿革

始建及站址迁移情况 肇源气象站的前身为 1956 年 5 月在肇源农场建立的五乃岗气候站，站址位于北纬 45°37′，东经 124°18′，海拔高度为 129.1 米。1958 年 7 月迁至肇源县城南门外，观测场位于北纬 45°25′，东经 125°03′，海拔高度为 127.4 米。1959 年 7 月 1 日由原址迁至红旗街 50 号，观测场位于北纬 45°30′，东经 125°05′，海拔高度为 127.5 米。属国家一般气象站。

建制情况 建站初期以气象部门领导为主，在肇源农场期间隶属农场，迁址肇源县城后隶属肇源县人民委员会。1958 年改以地方领导为主，隶属肇源县水利科。1962 年改由气象部门领导为主，归松花江专署气象科管理。1968—1971 年改以地方领导为主，归属肇源县革委会农业站管理，业务归绥化地区气象局管理。1971 年起实行以军队为主的双重领导体制，隶属肇源县武装部。1973 年 3 月起实行以地方政府为主的双重领导体制，隶属肇源县革命委员会。1974 年改称县气象科。1980 年起实行以气象部门为主的双重领导体制，由绥化行署气象局管理。1984 年改称县气象局，实行局站合一。1992 年 12 月 1 日肇源县划归大庆市行政区，肇源气象站仍归绥化地区气象局管理。1997 年 4 月 1 日肇源气象站划归大庆市气象局管理。

建站初期仅有职工 3 人，平均年龄 29 岁，均为中专文化，党员 1 人。到 1998 年有职工 13 人，平均年龄 39 岁，大专学历 1 人、中专学历 4 人，均为汉族，党员 7 人。2008 年底有职工 10 人，平均年龄 46 岁，其中，大学本科学历 2 人、中专学历 3 人，均为汉族，党员 5 人，工程师 5 人、助理工程师 4 人，50 岁以上 5 人、40～49 岁 3 人、40 岁以下 2 人。

名称及主要负责人变更情况

单位名称	时段	内设机构	主要负责人
肇源五乃岗气候站	1956.5—1958.6		白凤林
肇源气候站	1958.7—1961.5		
肇源县气象水文中心站	1961.6—1962.9		于其昌
肇源县气候服务站	1962.9—1966.5		刘景生
肇源县气象站	1966.6—1971.1		孙　风
	1971.2—1974.7	预报组、测报组	王银龙
肇源县气象科	1974.10—1978.6	预报组、测报组	刘俊卜
	1978.7—1979.11	预报组、测报组	尚　克
	1979.11—1981.2	预报组、测报组	许传耕
	1981.3—1984.8	预报组、测报组、财务组	尹贵生
	1984.9—2000.11	预报组、测报组、财务组	陈炳义
	2000.12—	预报组、测报组、防雷办、办公室	李　生

气象业务与服务

1. 气象业务

气象观测　建站初期地面观测项目有气温、湿度、风向、风速、降水、蒸发、积雪、云、天气现象、能见度、日照时数、地面状况、0～20 厘米地温、40、80、160、320 厘米地中温度、冻土深度等。每天 02、08、14、20 时 4 次定时观测、夜间守班。1961 年增加气压观测。1985 年 7 月 1 日，改为 08、14、20 时 3 次观测，夜间不守班。2003 年 3 月 7 日安装自动气象站，并开始试运行。2004 年 1 月 1 日起自动站与人工观测双轨平行观测，2005 年 1 月 1 日起实行微机制作气表、编报。2006 年 1 月 1 日起自动站单轨运行。

气象信息网络　自建站起，气象电报长期采用人工编报，通过电话传给邮电局转发。1989 年建立气象警报系统，向乡镇和用户传递天气预报等信息。1984 年建成甚高频电话，实现与地区台及邻近站天气会商。2001 年 3 月 1 日起使用分组数据交换网传递气象电报、调用各种气象信息。2005 年 1 月 1 日起通过光纤宽带网络，逐时向省气象网络中心上传自动站实时数据，接收气象图表等信息。2005 年 7 月按统一部署在各乡镇安装雨量、温度自动监测站，区域自动雨量网开始运行。2007 年建成可视化会商系统，实现了与省、市、县台站的可视化天气会商。2008 年 5 月将 2003 年前地面观测资料气簿-1、气压、温度、湿度、风向风速、雨量等自记纸，农气簿-1、农气簿-2、农气簿-3 等，全部上交省气象档案馆保管。2004—2008 年地面资料实行纸质与电子版同时保存。

气象预报 自1961年起，根据上级气象台的预报，制作补充订正天气预报。1963年起制作4—9月农作物生长季的逐旬天气预报，1964年起制作全年逐旬的天气预报，并用书面材料发至县领导、各乡镇及粮库等有关部门。主要采用综合时间剖面图、杨献初曲线、周期叠加、韵率分析等相似相关法进行预报分析。20世纪70年代加强了预报业务基础建设，整理了基本资料，建立了当地天气基本档案和基本预报方法。接收黑龙江省气象台和吉林省气象台的天气形势广播，绘制简易天气图，增加了农事季节长期天气预报和汛期预报，以及霜冻等灾害天气预报预报。1982年增配了123型传真机，直接接收我国、日本等气象中心的传真天气图，在此基础上结合本站方法制作短、中预报。1999年安装了气象信息综合分析处理系统(卫星单收站)，接收各种天气图、卫星云图等气象信息，预报信息量大幅度增加，提高了预报能力。2005年市局给增置了TVR天气雷达，用于临近天气预报。2007年建成大屏幕可视化天气会商系统，2005年通过接收新一代天气雷达实时信息，开始制作短时临近预报，目前短期天气预报有3、6、12、24、48、72小时增到120小时预报；7天预报(周预报)、旬预报；长期预报有汛期预报、各季预报、年度预报。从2006年增加了灾害性天气预报警报。

农业气象 肇源气象站1959年起进行农作物发育期观测、土壤湿度观测。1959年观测作物为小麦、大豆、高粱，1960年观测作物为大豆、玉米，至1964年农作物观测停止，土壤湿度观测一直进行。1979年被省气象局定为农气基本站(省级农气站)，全面恢复农业气象观测。观测作物玉米、大豆、小麦、高粱，同时对土壤湿度、自然物候、候鸟进行观测。1994年观测作物为玉米、高粱。土壤湿度分为固定地段、农作物发育地段、大田调查地段。自然物候观测杨树、柳树、杏树、丁香、蒲公英、车前草、苍耳、家燕、豆雁、蟋蟀、青蛙及江河等全部项目。2000年因当地农作物种植调整，增加了水稻观测。2003年起开展草原牧草生态观测。农业气象服务与试验同步开展。1982年完成了农业气候区划，1984年10月完成了“农业气象基本资料”整编。结合当地农业生产，开展了农气试验研究，如“玉米热量指标鉴定”、“玉米无土育苗移栽”、“玉米大双覆小气候鉴定”等。“肇源县水稻种植可行性论证”、“吉字号玉米引种的气象条件分析”等成果在当地农业生产中发挥了重要作用。1982年起，结合农业生产实际，创办了《气象信息》、《气象与农业》简报，收到了明显效果，被省气象局推广到全省气象台站。

2. 气象服务

公益服务 自1959年起，每天通过县广播站、广播电台向全县播报天气预报，为公众服务。从1964年起向全县各乡镇及有关部门印发旬、月天气预报。1981年起印发《气象与农业》至各村。1989年4月建立气象警报系统，每天两次定时向各乡镇及重点服务单位播报天气预报、警报，1999年9月与网通公司共同开通了“121”电话天气预报自动答询服务，2008年与县电视台合作，开辟了每周一次的天气咨询专题节目。同年县局在县政府、商场分别装置了综合气象信息大屏幕，24小时滚动播放天气预报及各类气象信息。

决策服务 肇源县是农业县，水热资源较好。在决策服务中，坚持以农业服务和防灾减灾为重点，把天气预报与农业气象紧密结合起来进行服务，收到了明显效果。通过调研和试验，先后为县政府提出了“吉字号玉米引种的气象条件分析”、“水稻种植的可行性论证”，促进了为中晚熟玉米的大面积种植及沿江乡镇水稻旱育稀植的普及。玉米、水稻总产成几倍增长。2008 年肇源进入全国产粮大县行列。1998 年肇源县发生了超百年一遇的特大洪水，每天两次向防汛部门汇报天气预报及实况，为抢险部队和防汛指挥部等提供专项预报情报 30 份。准确地预报了 3 次江面 5～6 级大风，报准了 7 月 14 日大暴雨，为抗洪抢险做出了积极贡献，受到了上级机关的表彰。2001 年大旱，年初就作出了预报，提醒各乡镇作好抗旱播种的准备，并 2 次进行了全县逐乡镇的墒情普查。在全县春耕生产会议上，气象局长就干旱形势作了专题发言，建议做好抗大旱准备。由于抗旱工作得力，实现了大旱之年不减产。

专业气象服务 自 1975 年开始开展人工影响天气作业。1982 年增 2 门“三七”高炮。2001 年市局给配置落地 WR-98 型火箭发射架 1 部、车载 2 部。2001 年是历史上最旱的一年，气象局先后进行了 9 次人工增雨作业，受益面积达 12000 公顷，累计增加降水量 1800 立方米，明显缓解了旱情，在大旱之年获得了大丰收。

1999 年 3 月开展防雷检测，2005 年 1 月设立肇源雷电防护办公室，设专职检测人员对境内及大庆市大同区范围内高大建筑物、工矿企业厂房、油田泵站、加油站等易燃易爆场所进行防雷电检测。2008 年对 72 个单位进行了检测，收取检测费用 8 万元。

气象科技服务与技术开发 1988 年开始开展专业气象有偿服务，主要提供专业气象资料、专业天气预报和专题气象分析等。同时还开展了庆典拱门、礼炮、气球等专项服务。1994 年与县农业开发办联合进行了啤酒大麦引植开发试验，1997 年与省气象科研所共同进行植物激素“根多壮”的推广应用，都取得了较好效果。

气象科普宣传 2004—2008 年间气象局每年都与新站镇政府联合，在春季农村大集上，发放当年的农作物年景分析。并与民意、二站、新站、头台等乡镇 10 多户农民建立了常年科技咨询服务关系。积极参加县政府、县科协等单位组织的科普之冬科技大集活动，在薄荷台乡全县科技大集上一次发放“年景分析”“年度预报”等科技资料、图片 1 万多份，并在“3·23”世界气象日举办电视讲座，召开乡镇气象助理座谈会，向中小学学生开放等方式宣传普及气象知识。

1993 年省气象局局长王锦贵(中)在肇源气象站农业气象大麦引植试验田

法规建设与管理

1. 气象法规建设

县政府及有关部门下发的规范性文件主要有《关于加强保险防灾的气象服务的联合通知》(保源字、源气字(1988)1 号)，县安全办《关于转发加强消防、保险、气象部门联合防火、防灾工作意见》(源安办字(1989)5 号)，《关于做好安全防火、保险等气象服务工作的通知》(源气联字(1995)2 号)，《肇源县人民政府关于切实加强雷电防护设施安全管理工作的通知》(源政办发(2001)16 号),《关于肇源县气象环境保护方案的复函》(源建字(2007)58 号)。

2. 社会管理

行业管理 为了全面贯彻落实《中华人民共和国气象法》等法律法规,加强气象执法工作,已有 3 人经过培训考核取得了执法资格证书,负责本县气象执法工作。2000 年根据《中华人民共和国气象法》有关规定,对影响气象观测环境的 2 个村在气象站西侧、南侧栽树一事,进行了执法处理。两个村将已栽的树苗移走,保护了观测环境。2002 年大庆一个公司未经申报,擅自施放氢气球。依照有关规定,进行了处理。2003 年县交通局在松花江大桥处设计筹建新港,气象局根据《中华人民共和国气象法》有关规定,对全部工程依法进行了检测和验收,保证了新港按时交付使用。

政务公开 2006 年对外设置公示板,公布气象服务、情报、预报、资料等收费项目,收费标准。对内定期对内公布年度工作安排、重大事项决策、财务执行情况、年度总结等。

党建与气象文化建设

1. 党建工作

支部建设 肇源气象站建站初期没有党员。1961 年 6 月有 1 名党员。1971 年党员增加到 4 名,成立党支部。到 2008 年先后发展了 8 名党员,2008 年站内 10 名职工,6 名党员。党支部加强组织建设的同时,加强思想、作风建设,注重发挥政治核心作用和党员的先锋模范作用。1992 年、1994 年、2005—2008 年 6 次被县政府机关党委评为先进党支部。

党风廉政建设 党支部坚持抓好党员的政治学习,开展民主评议活动,认真执行"三会一课",提高党员的政治素质。改革开放以来,把廉政勤政作为党员尤其是领导干部考核标准,设立兼职纪检监察员,加强党风廉政监督。通过抓新时期党的目标、党员标准等一系列学习教育活动,提高了党员廉洁自律的自觉性,在提高业务水平和台站建设中发挥了骨干作用。

2. 气象文化建设

精神文明建设 坚持"两手抓,两手都要硬"的思想,把精神文明建设与物质文明建设紧密结合起来,把创建"双文明单位"放在重要位置,建立健全了政治业务学习制度、业务考核制度等,引导职工提高文明素质和业务素质。1986—1989 年、1992 年 5 次被县政府授予"双文明"单位称号。1991 年、1992 年、2001 年、2002 年 4 次被黑龙江省气象局授予"双文明先进单位"称号。

3. 荣誉与人物

集体荣誉 肇源气象局先后 10 次获省气象局奖励、8 次获市气象局奖励。1977 年获全省气象部门"双学"先进单位,1998 年全省气象部门抗洪抢险气象服务先进单位,2001 年大庆市人工增雨先进单位等奖励。

个人荣誉 尹贵生，1964年、1979年2次获全省测报"五过硬"比赛气表单项第一名，1977年全省气象部门"双学"先进工作者。张洪彬1986年获省政府"抗洪先进个人"。1997年获全省气象部门先进工作者称号。邹向丽1980年获全省气象部门先进工作者称号，1996年获全国优秀测报员称号。

1985年以来，还有66人次获市气象局记功奖励，78人次获县政府奖励。邹向丽、曹绘霞两名女职工2006—2008年连续被县妇联评为"三八红旗手"。

人物简介

赵殿臣 男，汉族，1946年10月生于黑龙江省肇源县，党员，大专文化，省劳动模范。1979年起担任肇源气象站农气员，工作认真负责，精益求精，先后22次获观测"百班无错情"奖，5次获国家局"全国优秀测报员"奖。刻苦钻研，为肇源县对农气服务，提高粮食产量，引种主产的"吉字号"玉米，推广水稻旱育稀植作出了重要贡献，他主编的《气象与农业》简报，为全省农业气象服务提供了重要经验。1989年、1991年、2004年分获黑龙江省气象局农气服务一、二、三等奖。1978年获省"劳动模范"、"先进科技工作者"称号。1982年被评为黑龙江省青年自学成才标兵。

台站建设

台站综合改造 建站初期只有1间房，办公室使用面积35.1平方米，座落在农田中，条件很差。1975年省气象局拨款，建1幢中间2层，带有平台的办公小楼，建筑面积200平方米，预报、测报有了专用值班室，改善了工作条件。1976年修建了气象站围墙、大门。形成了完整院落。1984年上级拨款3.4万元，解决7户职工住房问题。1990年上级拨款3万元，从城里引来自来水，解决了多年吃高氟水的问题。1999年省气象局拨款14万元，新建200平方米的二层办公楼，与原办公用房连成一体。2005年省气象局拨款18万元对办公楼进行了装修，更换了全部办公桌椅等设施。庭院硬化面积400平方米，在大院北侧、西侧修建了排水渠，解决单位和家属区排水问题。院内栽植垂榆、火炬树、梧桐等106棵，自筹资金2万元，用红砖铺设了家属区巷道，单位面貌焕然一新。

1959年肇源气象站全貌

2008年肇源气象站全貌

肇州县气象局

肇州县地处黑龙江省西南部，松嫩平原腹地，属中温带大陆性季风气候，四季分明。年平均气温为4.3℃，年平均风速为4.0米/秒，年平均降水量为462.8毫米，年平均日照为2828.2小时。

机构历史沿革

1. 始建及站址迁移情况

肇州站始建于1956年12月，站址在肇州县新民乡县第二繁殖农场，位于北纬45°43′，东经125°13′，海拔高度未测定。1959年11月1日，迁至肇州县肇州镇西门外城郊，北纬45°42′，东经125°15′，观测场海拔高度为148.7米。

2. 建制情况

领导体制与机构设置 肇州站成立时由省气象局为主领导与组建。1958年改由县政府为主管理。1962年6月改由省气象局为主管理，由松花江专署气象科管理。1964年1月根据(64)黑编字15号文件归属黑龙江省气象局。1968年以县革命委员会领导为主，业务归绥化地区气象台管理。1971年1月，实行军队为主的双重领导体制，隶属县人民武装部。1973年实行以地方政府管理为主的双重领导体制。1975年改称县气象科。1980年起实行以气象部门为主的双重领导体制，归绥化地区气象局管理。1984改称“肇州县气象局”。

1992年12月1日肇州县划归大庆市，肇州气象站仍归绥化地区气象局管理。1997年4月1日根据黑气(1997)30号文件，肇州站正式归大庆市气象局管理。

人员状况 肇州站始建时2人，高中学历、中专学历各1人，平均年龄20岁。2008年年底，在编职工14人，临时工作人员4人。其中，本科学历7人、大专学历2人、中专学历3人、高中学历2人，党员6人，平均年龄36岁，均为汉族。从建站到2008年先后有55人在肇州站工作。

主要领导更替情况

1956—2008年历任主要领导

负责人：瞿履巽(1956.9—1961—5)

副站长：刘济铨(1958.1—1961.4)

站　长：孙　林(1959.4—1979.5)

站　长：刘兆福(1971.1—1973.12)

指导员：刘丙利(1972.5—1973.10)

科　长:谷玉民(1975.5—1979)
科　长:任存友(1976.6—1977.8)
副科长:王景春(1978.1—1981.12)
副科长:贾连生(1979.2—1986.8)
局　长:梁润平(1986.8 —1989)
局　长:贾冲顺(1989—2000)
局　长:孙树学(2000—　　)

气象业务与服务

肇州县气象局主要业务包括地面气象观测、气象预报、气象服务、人工影响天气、防雷管理等。

1. 气象业务

气象观测　建站起,每天进行02、08、14、20时4次地面观测和02、08、14时的小图报发报任务。观测的项目有云状、云量、估测云高、能见度、天气现象、风向风速、气温、湿度、气压、日照、降水量、地温、积雪密度。1987年12月31日起承担国家基准器后者观测任务。2007年1月1日起改为02、05、08、11、14、17、20、23时8次观测和拍发天气报。观测的项目有云状、云量、估测云高、能见度、天气现象、风向风速、气温、湿度、气压、降水量、地温、直管地温、直管地温、草温、冻土、电线积冰、日照、大小型蒸发积雪深度、雪压。每月编发旬月报。1960年1月1日起至今一直担负24小时的预约航空报任务。肇州站是国家基准气候站。

1986年5月1日配备了PC-1500袖珍电子计算机,取代了人工查算、编报,大大提高了工作效率和编报质量。1991年配备286计算机,地面气象观测完全用计算机进行查算编报。2003年10月,按照省气象局的统一部署,安装了自动气象站设备并开始试运行。自动站实时数据定时向省气象网络中心上传。2004年开始自动站与人工站实行双轨运行平行观测。2005年开始以自动站数据进行编发电报。2006年自动站进入单轨运行,仍保留人工观测的一切项目,每天进行24次观测。

气象预报　自建站以来,陆续开展短期、中期和长期天气预报业务。1958年起,主要收听省台的天气形势广播,结合本站资料、方法制作补充订正短期天气预报。1981年后,使用123型传真机,接收北京和日本传真图,结合本站的预报方法,制作短、中期天气预报。中期预报开展的项目有不定时的3～5天预报和旬天气预报。长期天气预报主要使用周期迭加和相似法制作。1999年建成卫星单收站,直接接收卫星云图、各种天气图和数值预报产品,通过Micaps1.0分析处理,进行预报。由于预报信息量大幅度增加,预报准确率明显提高。2004年开始通过网络接收大庆市气象局的指导预报。2005年起使用新一代天气雷达实时资料,开始制作短时临近天气预报。2007年建成可视化会商系统,实现了与省、市、县台站的可视化天气会商,增强了灾害性、关键性天气预报能力。目前,短期天气预报已制作到乡镇。

气象信息网络　从建站起,气象电报一直通过邮电局转发。1985年建成气象警报系统,向农村传播天气预报等信息。1986年起建立甚高频电话,与市台和邻近台站进行天气会商等业务联系。1998 年 1 月 1 日正式使用分组数据交换网，传输各种气象电报和接收各种信息。2003 年使用宽带光纤网络上传每小时实测数据接收各类信息。2006 年 5 月建立了 11 个乡镇的自动雨量站，区域雨量网正式开始运行。2008 年 5 月将 1956—2003 年的气象记录档案气簿-1、温度、湿度、气压、风向风速、雨量自记纸全部整理归入省气象档案馆，肇州局保留 2004—2008 年的气象资料。每月的气象资料和报表全部存盘备份并上报市局业务科。所有的气象资料、记录和有关文件都实现了纸质与电子版同时保存归档。

2. 气象服务

公众气象服务 建站初期，主要使用电话为群众答询天气预报。从 1960 年起通过县广播站向全县发布未来 24 小时天气预报，为公众服务。1987 年开始使用气象警报广播系统，每天 2 次向各乡镇和粮库、砖厂、亚麻厂等用户传送天气预报等气象信息。1999 年建立了"121"电话天气预报自动答询系统，为公众提供短、中期预报及气象情报等服务。从 2005 年起向公众发布灾害性天气预警信号。

决策气象服务 坚持以农业生产和防灾减灾为重点，为县党政领导及有关部门提供决策需要的天气预报和雨情、墒情等情报。目前，主要项目有短期重要天气预报、定期的中长期天气预报、农业气象情报、专项天气预报、灾害性天气预警信息等。主要通过电话、信函和当面汇报等方式进行服务。2007 年 8 月 11 日出现大到暴雨天气，由于准确预报，及时服务，县里提前组织地势低洼地区的群众转移，中小学提前放假，城镇交通提前进行了准备，避免了人身伤亡发生和大量的经济损失。

专业与专业气象服务 肇州县十年九春旱，从 1975 年起使用"三七"高炮开展人工增雨作业。1980 年成立县政府人工增雨办公室，设在县气象局，加强组织管理工作。2002 年以来，先后配备 5 部车载式火箭发射架，作业高炮增加到 10 门，在 5 个乡镇布设了固定作业点，车载火箭实行流动作业。2005 年自筹资金，修建炮库 315 平方米，2008 年上级拨款 10 万元修建了人工增雨弹药库，为人工影响天气工作提供了安全保障。近几年，平均每年人工增雨防雹作业 23 次，受益面积 480 平方千米，在缓和旱情、减轻雹灾上发挥了重要作用，受到了当地政府和广大农民的好评。

防雷工作稳步发展。1999 年成立了县雷电设施安全管理领导小组，办公室设在气象局。有 5 人取得了行政执法证，对县域内防雷工程设计图纸进行审查和竣工验收，定期对学校、液化气站、加油站、易爆仓库和高危行业的防雷设施进行检查，对不符合防雷技术规范的单位，责令进行整改并帮助检查安装防雷设施。

法规建设与管理

为了全面贯彻落实《中华人民共和国气象法》等法律法规，肇州县下发的规范性文件主要有：1999 年肇州县政府下发的《关于成立肇州县雷电设施安全管理领导小组的通知》（州编字〔1999〕8 号）。2005 年 4 月 19 日，将气象探测环境在县建设保护局进行了备案，肇州县建设保护局下发了《关于肇州县气象探测环境保护备案函》（州建字〔2005〕14 号）。2001 年县第二中学拟在气象站东侧建六层楼房，如建成将严重影响气象探测环境，气象局成功进行了执法，使其改变了计划，保护了探测环境。2003 年在避雷检测工作中与县技术监督局发生分歧，气象局领导及时与县政府、县纪委、监察局反映，依法成功地进行了维权。

从2000年起，开展政务公开工作。对内公开的内容有：重大项目执行情况，财务收支，有偿服务收入情况，领导班子和局务会决定事项，人事变动等。对外公开的内容有行政许可规定，行政收费项目及标准，行政审批程序、时限、服务承诺等。2006年被中国气象局评为气象部门局务公开先进单位。

党建与气象文化建设

1. 党建工作

支部组织建设情况 肇州站1972年成立了党支部，2000年以来发展了6名党员，现有党员7名、预备党员3名。党支部在加强组织建设的同时，不断加强思想、作风建设，充分发挥了党支部在事业发展和为经济建设服务中的政治核心作用。

党风廉政建设情况 认真落实党风廉政建设目标责任制，积极开展廉政教育和廉政文化建设活动，设立党风廉政意见箱，坚持开展民主生活会，建立局务公开制度，加强内部监督，努力建设文明机关、和谐机关和廉洁机关。

2. 气象文化建设

气象文化建设 肇州站十分注重气象文化建设，特别是2000年以来建立健全了学习制度，对业务学习紧抓不放，有学习计划和考试制度，开展岗位练功等，做到年初有计划，年终有总结。文化教育取得显著成效，在大庆地区举行的历次业务比赛中，预报、测报都取得了双冠的好成绩。2006年修建了篮球场，购置了体育建身器材，建立了乒乓球室，使职工工作生活有张有驰，丰富多彩。

精神文明建设 坚持“两个文明一起抓，两个成果一起要”的工作思想，把精神文明建设融入到业务服务工作中，做到文明办公，热心服务。积极开展文明单位创建活动。2003—2008年连续5年被省气象局命名为全省气象部门双文明建设标兵单位。2005年被大庆市委、市政府命名为文明单位，被县政府命名为双文明先进集体。2006年再次被评为市级文明单位。2008年被县政府授予文明单位标兵。2002—2008年连续7年被大庆市气象局评为双文明先进集体。

3. 荣誉

建站以来，获得的各类集体荣誉50多项。其中主要有，2003年全省气象部门双文明建设标兵单位，全省人工增雨防雹工作先进单位。2004年全省人工增雨防雹工作先进单位，全省气象部门双文明建设标兵单位，2005年被评为文明单位标兵、全省气象部门先进台站。2006年被大庆市总工会、人事保障局、市科技技术局、市经济委员会评为大庆市创新杯优胜单位。2008年全省气象部门先进台站标兵，全省人工影响天气工作先进单位。近8年连续被评为双文明先进集体。

台站建设

1959年土木结构办公室仅60平方米。1972年对办公环境进行了改造，建成“一头沉”办公用房272平方米，办公条件有所改善。1987年征地5000平方米，修围墙330延长米，观测场向南移20米。1993年使用中央和地方资金18万元，修建综合办公楼339平方米及锅炉房一间，2005年使用上级拨款32万元，扩建办公楼240平方米，大大地改善了办公条件。2005年自筹资金修建了炮库315平方米。2007年修建了体育场地1325平方米、安装了健身器材，硬化白色路面1100平方米、铺设草坪1500平方米，修建围栏200延长米、围墙170米，安装了电动门，绿化庭院1400平方米。2008年大庆市政府财政拨款10万元修建人工增雨弹药库70平方米。通过综合改造，办公条件和园区环境得到根本改善。

1983年观测场全景

现在观测场全景

现在办公楼全景

佳木斯气象卫星地面站

机构历史沿革

1. 始建情况

佳木斯气象卫星地面站于2007年8月8日经中国气象局《气发(2007)274号文件》批准成立，位于佳木斯市南郊四丰山风景区水库东侧，占地面积51196平方米，海拔高度129米，东经130°22′48″，北纬46°45′20″，是我国气象卫星地面应用系统的重要组成部分，与北京、广州、乌鲁木齐等卫星地面站一起构成了我国气象卫星地面接收应用系统网络。

根据中国气象发展战略和FY-3A气象卫星的发射计划，国家发改委、国防科工委和中国气象局决定在黑龙江省新建一个卫星地面站。2003年9月22—29日，由中国气象局监测网络司和国家卫星气象中心组成的专家选址组，对佳木斯市及抚远县等地进行了实地考察。通过实地考察，对备选站址的水电、交通、通信和电磁环境等条件的综合分析，确定佳木斯市南郊四丰山风景区水库东侧作为佳木斯气象卫星地面站站址，2004年1月该项目正式定在佳木斯市。受黑龙江省气象局的委托，佳木斯市气象局承担了佳木斯气象卫星地面站的建设工程任务。

2006年6月12日及16日，国家卫星气象中心分别与黑龙江省统一征地工作站和黑龙江省龙川土地开发有限责任公司签定《征收土地包干协议》和《表土剥离委托协议》，征用51196平方米基本农田。

2006年佳木斯气象卫星地面站工程建设项目正式启动，建设的主要内容包括卫星地面站综合楼、卫星天线地座建设及其生活基地建设，建设项目拟定总投资约为3450万元，建设项目总建筑规模约为20000平方米。2006年12月25日市委、市政府领导及有关部门的领导实地察看了筹建场地，并召开现场办公会议，研究加快建设有关问题。2007年4月12日，佳木斯市规划局正式批准了建设规划。

2007年4月13日上午10时58分在佳木斯市郊区四丰山东侧举行了工程奠基仪式。中国气象局、国家卫星气象中心、省气象局、市委、市政府领导同志出席奠基仪式。2007年4月15日正式开始动工。

奠基

2007年4月29日，业务楼土建正式开工。8月15日，业务楼主体封闭。开始进行外墙处理，内部装修，水电暖等附属工程同时开工建设。2007年10月31日，水、电、暖等附属工程基本完工。经过200余天的紧张施工，于2007年12月30日完成了全部建设任务。

2. 建制及机构设置

领导体制　佳木斯气象卫星地面站为黑龙江省气象局直属事业单位，业务运行及工程建设接受国家卫星气象中心指导。机构规格为正处级，核定编制为28名。主要工作职责是承担极轨气象卫星资料的接收传输、系统设置的检测、维护与管理，业务保障系统的运行、检测、管理及基础设施建设的组织管理以及相关气象卫星工程建设、业务系统改造等。

机构设置　佳木斯气象卫星地面站内设综合办公室和业务运行科。综合办公室工作范围包括政务、人事、劳资、经费的预算决算、财务审计、文秘及后勤管理、并负责协助站领导对各科室工作进行综合协调、督办落实组织日常工作，制订基本建设的有关规划、安全保卫、设施的维修、水电供给、基建管理、食堂管理等各项管理制度并负责具体执行。业务运行科负责极轨气象卫星资料的接收、系统设备的检测、维护与管理，业务保障系统的运行、检测、维护、管理及基础设施建设的组织管理以及相关气象卫星工程建设、业务系统改造等。

人员状况　2009年全站在职职工人员15人，其中，本科学历10人，具有高级工程师资格的1人、工程师2人，党员4人，平均年龄32岁。

名称及主要负责人变更情况

单位	姓名	职务	时间
佳木斯气象卫星地面站	王　军	站长	2007.10—
	陈东风	副站长	2008.8—
	裘　奕(北京站站长助理)	站长助理(援站)	2008.5—2009.6
	裘　奕	副站长	2009.6—

气象卫星业务与服务

1. 气象卫星业务

2008年5月佳木斯气象卫星地面站进入试运行。在国家卫星气象中心的指挥调度下，经过一年的在轨测试，于 2009 年 6 月 22 日转入正式业务运行。主要接收风云系列极轨气象卫星“风云三号”发送的实时、延时遥测资料等，承担风云三号气象卫星遥感数据的接收、存储和传输、卫星入轨跟踪、卫星遥感资料的提取处理转发以及卫星遥感应用产品生成等业务，实现与资料处理中心的通信。

2008 年 3 月 29 日，国家卫星气象中心系统发展室张志清主任到站指导工作，对二、四、五号天线做了全面的查看与指导，对佳木斯气象卫星站的工作给与了高度评价。

2008 年 4 月 24 日，国家卫星气象中心朱爱军及各设备厂家代表来站现场验收设备，初步验收通过。中国气象局局长郑国光在电话会议上作关于“风云三号”发射前的动员报告。

2008 年 4 月 26 日，国家卫星气象中心总工程师董超华以及省气象局副局长贾世民等到佳木斯气象卫星地面站检查工作。召开了“风云三号”数据初步移交的会议，朱爱军汇报整体设备自检情况。

2008 年 5 月 8 日佳木斯气象卫星地面站业务运行科正式开始业务值班工作。

2008 年 5 月 13 日兄弟站援站人员（北京站 2 人、新疆站 2 人、广州站 2 人）正式进站。

2008 年 5 月 26 日站长王军召开站内“风云三号”卫星发射工作的动员会，对发射前的整体工作做了全面部署。

2008 年 5 月 27 日上午 11 时 02 分，“风云三号”气象探测卫星发射成功，进入预定轨道。2008 年 5 月 29 日 10 时 16 分 39 秒，佳木斯卫星地面站成功捕获“风云三号”A 星高质量第一轨卫星云图数据。黑龙江省人民广播电台、佳木斯市人民广播电台、《佳木斯日报》头版、《三江晚报》头版等均作了详实报道。

佳木斯第 1 幅 FY-3A 云图

2008 年 6 月 10 日关于天线电波干扰问题，在站内召开了重要会议，参加会议的有市委领导、省气象局监网处专家。

2008 年 7 月 15 日中国气象局监网司副司长赵立成、国家卫星气象中心副主任刘扬及省气象局领导对佳木斯气象卫星地面站的工作进行检查与指导。

2008 年，根据新建站的实际情况，重点加强人员技术培训和业务运行整章建制上。在业务培训上，请派来援站工程师，以集中讲课形式培训 10 余次，北京站援站同志裘奕主持了业务工作，使职工的业务能力在短期内有较大提高。同时加强了站内自行培训，每个人准备培训教材，采取集中轮流讲课的方式，业务培训取得了较好的效果。

2. 气象卫星服务

佳木斯气象卫星地面站业务工作重点是，完成“风云三号”气象卫星探测与遥测资料的接收任务，为解决全球、全天候、高分辨率、多光谱、三维地球大气、海表和陆地表面特征参数和生态环境的定量遥感问题提供资料，对提高天气预报和气候变化预测水平具有十分重要的意义。

2008 年 11 月 18 日，佳木斯气象卫星地面站经过 300 多名科技人员 5 个月的在轨测试，我国新一代极轨气象卫星“风云三号”A 星及地面应用系统正式投入业务试运行。

在轨测试期间，坚持“边测试、边应用、边服务”，利用各地面站接收的“风云三号”A 星资料，为北京奥运会和残奥会气象保障服务、汛期灾害性天气监测服务以及生态环境监测等方面，提供极有价值的科学数据。

2009 年春节前夕，中国气象局副局长宇如聪到佳木斯市气象卫星地面站进行视察慰问，对地面站的规划与建设给予了高度的肯定。

法规建设与管理

建站伊始，佳木斯气象卫星地面站根据实际情况先后完善 20 多项制度。综合办公室形成了《督查催办制度》、《佳木斯气象卫星地面站工作制度》、《安全防火规章制度》、《夜间保卫制度》、《电工岗位责任制度》、《更夫岗位职责》、《食堂岗位职责》、《锅炉工岗位职责》等。业务上形成了《业务运行岗位职责》、《业务运行科值班制度》、《业务运行科机房管理制度》、《业务运行科办公室管理制度》、《业务运行科资料保管存档制度》、《机房防火管理制度》、《业务运行科日常工作规范》等相关的业务制度。为规范值班人员工作行为，保障轨道接收成功率，还先后制订了《极轨业务系统巡检记录》、《极轨业务系统值班记录》、《极轨业务系统交接班记录》、《极轨业务系统故障记录》、《极轨业务系统设备操作手册》、《极轨业务系统运行应急手册》、《极轨业务系统天线巡检记录》等一系列表簿，确保了“风云三号”卫星资料接收工作的成功率。

佳木斯气象卫星地面站制定了每周一的例会制度，主要是总结分析上一周的工作情况，安排本周的工作内容，周例会制度的执行起到了良好的效果。

党建与气象文化建设

1. 党建工作

2008 年佳木斯气象卫星地面站坚持以邓小平理论和“三个代表”重要思想为指导，认真学习贯彻十七大精神，深入贯彻落实科学发展观，以构建社会主义核心价值体系为根本，以和谐文化建设为着力点，提高干部职工的整体素质，坚持围绕中心、服务大局，努力提高业务质量，拓宽服务领域。

2008 年 7 月 1 日组织全体党员对胡锦涛 6·30 重要讲话精神进行学习和讨论，提出贯彻讲话精神的要求。在工作注重把党员干部的思想政治工作同精神文明建设融为一体，与业务工作紧密结合，从小事抓起，从日常工作做起，把发挥党员作用落实到每项日常工作中。坚持开展“争先创优”活动，充分发挥党员的模范带头作用，形成开拓创新、勤奋工作、乐于奉献的良好局面。

2. 文化建设

文明单位创建情况　2008 年 9 月成立文明单位创建领导小组。先后建立《文明单位创建方案》、《职工文明守则》、《职工理论学习制度》、《站貌绿化建设计划》等。在工作中以提高素质，强化服务为宗旨，狠抓工作作风和工作质量。2009年5月4日组织职工到中国人民解放军预备役师参观，学习军队雷厉风行的作风。目前，争创学习型科室、服务型科室已形成氛围。

文体活动 通过经常开展健康有益文体活动，丰富大家业余文化生活。如开展篮球、羽毛球、乒乓球比赛和健美操活动等。

2008年4月8日全省乒乓球比赛安排在站内活动室。2008年7月站内组织了“乒乓球友谊赛”。2009年陈东风等代表佳木斯气象卫星地面站参加全省乒乓球比赛。

台站建设

建站以来，全面贯彻“以人为本”和绿化、美化、净化的工作理念，努力建设和改善工作条件和生活环境。

台站综合改造 由于佳木斯气象卫星地面站地处四丰山上，雨季道路泥泞，冬季易积雪、路滑车辆难以通行。为解决这一问题，争取了项目投资，从单位门前通向主干道修建了一条白色路面500多延长米，从而改善了交通运输条件。2008年为解决异地员工的住宿的问题，建造了单身宿舍，为员工创造了一个安静、舒适的生活环境。同年还建立了200平方米职工文体活动室、150平方米职工学习阅览室。职工活动室设有3个乒乓球台和健身器材等设施，为职工提供业余休闲娱乐场所。

园区建设 为建设花园式卫星地面站，因地制宜，修建草坪12000多平方米、花坛6个、种植果木100余棵、松树145余棵。

全站职工积极参与绿地保洁，拔草劳动等活动，营造了人人爱护环境、美化环境的良好氛围。

办公楼全景

龙凤山大气本底污染监测站

黑龙江龙凤山大气本底污染监测站简称龙凤山本底站，英文名称：Longfengshan Regional Background Atmosphere Monitoring Station，龙凤山本底站坐落在黑龙江省五常市龙凤山水库西岸凤山山顶，位于东经 127°36′，北纬 44°44′，海拔高度 331 米，年平均气温 4.9℃，年均降水量 645.3 毫米，属典型的寒温带季风气候。龙凤山本底站位于龙凤山国家森林公园的中心地带，三面临水，一面依山，山下库容 2.7 亿立方米的龙凤山水库，东南的群山为张广才岭西坡。站址四周森林覆盖，没有污染源，是较理想的大气本底监测场所。

该站是中国政府与联合国世界气象组织、全球环境基金以及其他有关机构合作开展的对中尺度本底污染浓度进行监测的国际合作项目，观测数据及研究成果对地球大气成分的变化起着早期预警、监测作用。

龙凤山本底站的工作得到了各级领导的关怀和重视，中国气象局的领导先后多次到站视察。1998 年 6 月份中国气象局名誉局长邹竞蒙到龙凤山本底站视察工作，对龙凤山本底站给予高度评价。2002 年 1 月秦大河局长、2005 年 8 月王守荣副局长先后到龙凤山本底站视察工作，对龙凤山本底站建设工作给予充分肯定，鼓励全站同志再接再厉，充分发挥新系统的效益。

机构历史沿革

始建情况 龙凤山本底站始建于 1989 年，是当时中国三个区域本底站之一，并纳入全球大气监测网(GAW)的业务观测体系。1991 年在世界气象组织(WMO)的支持下，利用国外提供的仪器设备和技术，从 10 月起，先后开展了常规气象、降水化学、大气浑浊度、臭氧总量等长期业务观测项目。2003—2004 年，中国气象局先后投入 183 万元，对龙凤山大气本底站进行一期综合改造。2005 年中国气象局又投入 300 多万元更新观测设备。业务项目由原来的 4 个观测项目，发展到现在的 6 个大类 30 多个观测项目。同时还投入 126 万元实施台站环境及通信综合改造，使龙凤山本底站观测环境和基础设施等适应新增业务的需要。

领导体制与机构建制 龙凤山本底站于 1989 年 3 月 25 日开始筹建时，隶属于黑龙江省气象科学研究所，为独立的正科级事业单位，编制 9 人。1996 年 12 月 25 日，黑龙江省气象局决定，自 1997 年 1 月 1 日起，龙凤山本底站隶属黑龙江省气象局直接管理的正科级单位。2005 年 2 月 2 日，中国气象局对龙凤山本底站的机构规格及管理体制进行了调整，机构规格升为副处级，实行黑龙江省气象局和中国气象科学研究院双重领导，编制为 13 人。

人员状况　龙凤山本底站成立时仅有 5 人，全部为中专学历，其中党员 1 人。现有职工 14 人，其中站长 1 人、党支部书记 1 人、业务副站长 1 人、业务人员 8 人、司机 1 人、病休 1 人、退休 1 人。有党员 6 人，本科及本科以上学历 8 人、大专学历 5 人。

学术带头人外聘 3 人，其中徐晓斌博士任龙凤山本底站的业务副站长。详情见下表：

姓名	职称	专业	单位
徐晓斌	博士、研究员	大气化学	中国气象科学院
郑向东	博士、研究员	大气物理与大气环境	中国气象科学院
魏松林	正研级高工	气象	哈尔滨市气象局

主要负责人变更情况

时间	职务	姓名
1989—2008	站长	张忠华
2008—	站长	宋庆利

气象业务

业务范围　龙凤山本底站主要业务是完成大气本底数据的在线观测及常规地面气象观测。每天向黑龙江省信息中心和中国气象科学研究院大气成分观测与服务中心上传实时观测数据。龙凤山本底站建站初期，主要承担臭氧总量、酸雨观测、浑浊度和地面气象观测等任务，随着本底站的建设和发展，2008 年业务量已增加到 6 大项，30 多个小项。观测项目及仪器情况见下表。

龙凤山本底站主要观测项目及仪器情况

观测类别与要素		设备名称	设备型号	生产厂家	满足指标体系	使用率
常规气象	温度	自动气象站	DYYZ2	长春气象仪器厂	气象观测标准	连续
	气压	自动气象站	DYYZ2	长春气象仪器厂	气象观测标准	连续
	风向	自动气象站	DYYZ2	长春气象仪器厂	气象观测标准	连续
	风速	自动气象站	DYYZ2	长春气象仪器厂	气象观测标准	连续
	湿度	自动气象站	DYYZ2	长春气象仪器厂	气象观测标准	连续
	降水量	自动气象站	DYYZ2	长春气象仪器厂	气象观测标准	连续
地面遥感	O_3 总量	Brewer 分光光谱仪	MK Ⅱ	荷兰 Kipp & Zonen	臭氧总量长期观测要求	连续
	SO_2 总量	Brewer 分光光谱仪	MK Ⅱ	荷兰 Kipp & Zonen	二氧化硫总量一般观测要求	连续
	UV-B	Brewer 分光光谱仪	MK Ⅱ	荷兰 Kipp & Zonen	UV-B 长期观测要求	连续
降水化学	降水 pH	酸度计	PHS-3B	上海雷兹	国家酸雨观测标准规范 GB/T19117-2003	降水日
	降水电导率	电导率仪	DDS-307	上海雷兹	国家酸雨观测标准规范 GB/T19117-2003	降水日
	降水离子成分	离子色谱仪	DX-500	美国 Dionex	本底监测要求	中心实验室共用，使用率高

续表

观测类别与要素		设备名称	设备型号	生产厂家	满足指标体系	使用率
温室气体	取样	温室气体采样器	MAKS	美国 NOAA/CMDL	本底监测要求	每周1－2次
	CO_2浓度分析	非色散红外分析仪	Li-7000	美国 Li-Cor	本底监测要求	中心实验室共用，使用率高
	CH_4浓度分析	气相色谱仪	6890N	美国 Agilent Technologies	本底监测要求	中心实验室共用，使用率高
反应性气体	O_3 浓度	紫外吸收光度仪	8910B	澳大利亚 ECOTECH，	本底监测要求	连续
	NO-NO_2-NOx 浓度	化学发光 NO-NO_2-NOx 分析仪	9841B	澳大利亚 ECOTECH，	本底监测要求	连续
	SO_2 浓度	脉冲荧光分析仪	9850T	澳大利亚 ECOTECH，	本底监测要求	连续
	CO 浓度	红外吸收分析仪	9830B	澳大利亚 ECOTECH，	本底监测要求	连续
	O_3 标定	O_3 标定仪	Model 49C PS	美国 Thermo Electron	本底监测要求	中心实验室巡回，每半年1次
	其他成分标定	动态校正仪	GasCal1000	澳大利亚 ECOTECH	本底监测要求	标定时
	零空气源	零气发生器	8301LC	澳大利亚 ECOTECH，	本底监测要求	标定时
	NO 标准	NO/N_2	GBW08116	国家标物中心	国家一级标准	标定时
	SO_2 标准	SO_2/N_2	GBW080244	国家标物中心	国家二级标准	标定时
	CO 标准	CO/N_2	GBW08110	国家标物中心	国家一级标准	标定时
气溶胶	PM1/PM10 浓度	微振荡天平环境颗粒物测定仪	TEOM 1400a＋ACCU＋SES	美国 R&P	本底监测要求	连续
	黑碳浓度	灰度仪	AZ-31	美国 Magee scientific	本底监测要求	连续
	凝结核浓度	冷凝粒子计数器	3010	美国 TSI	本底监测要求	连续
	能见度	能见度仪	FD12	芬兰 Vaisala	本底监测要求	连续
	大气光学厚度	多波段太阳光度计	318N-VPS8	法国 CIMEL	本底监测要求	连续
辐射	总辐射	总辐射表	CM21	荷兰 Kipp&zonen	BSRN 要求	连续
	直射辐射	直射辐射表	CH1	荷兰 Kipp&zonen	BSRN 要求	连续
	散射辐射	散射辐射表	CM21	荷兰 Kipp&zonen	BSRN 要求	连续
	长波辐射	长波辐射表	CG4	荷兰 Kipp&zonen	BSRN 要求	连续
	太阳跟踪	太阳跟踪器	2AP	荷兰 Kipp&zonen	BSRN 要求	连续

业务质量 龙凤山本底站自业务运行以来，工作质量逐年提高。特种观测错情率从开始的1.0‰，下降到2001年0.0‰。从1991年开始，历次全国酸雨考核全部达优秀标准。1994年至1998年龙凤山本底站向WMO定时拍发臭氧资料报，在4年中累计拍发780多份，没有漏过1份报。龙凤山本底站积极配合中国气象科学研究院完成地球环境研究课题中有关臭氧、大气化学等本底资料的采集，截至2005年末，共分析降水样品998次，采集老

雪样 158 个、降水样品 541 个，大气浑浊度观测 2051 次，臭氧观测 3037 天。各类特种观测报表上报及时，错情率 0.1‰。

科研成果 在科研方面，龙凤山本底站相继完成《龙凤山区域酸雨变化规律》、《地面要素值变化对本底监测值的影响》等课题研究，与中国气象科学院气候所合作完成《亚洲区域臭氧分布的研究》课题，2001 年完成科技部《大陆大气本底基准研究》课题。依托龙凤山本底站试验观测场和数据条件共发表论文 28 篇，完成技术报告 13 份，其中近 5 年发表的论文 8 篇中，有 4 篇进入 SCI。

对外交流 龙凤山本底站的 Brewer 臭氧仪，在全国第一、二、三次臭氧仪国际标校比对中，其仪器数据变化曲线和国际标准仪器曲线全部吻合，得到加拿大 Brewer 专家的高度赞誉。这标志着龙凤山本底站的臭氧资料是最准确臭氧资料之一，填补了东北亚中高纬度无臭氧资料的空白。此外，龙凤山本底站的臭氧仪器曲线同俄罗斯西伯利亚的臭氧仪器曲线变化规律相一致，引起希腊臭氧中心专家的极大兴趣和高度重视。

2003 年，世界气象组织中 13 个成员国的气象局长到龙凤山本底站参观交流，龙凤山本底站的台站风貌、业务素质及研究成果得到国际同行的好评。

党建与气象文化建设

党建工作 龙凤山本底站地处山区，人烟稀少，工作辛苦，生活艰苦。在 1992 年成立党支部。通过 10 多年的努力，发展 5 名党员，支部组织建设不断得到加强，在工作中发挥核心带头作用。建站之初有党员 1 名，现在共有党员 6 名，占在职职工人数的 46%。

龙凤山本底站党支部高度重视党风廉政建设工作，建立了党风廉政建设责任制，制定了保持共产党员先进性长效机制，建立实行了“三会一课”制度、党员民主评议制度、党员联系群众制度、党建目标管理制度、政治学习制度、发展党员规划制度、政务公开制度以及领导廉政承诺等制度。

气象文化建设 多年来，龙凤山本底站坚持两个文明一起抓，精神文明建设取得显著成绩。1992 至 1996 年连续 5 年获省气象局“双文明先进单位”称号。1997 至 2005 年，连续 8 年被评为全省气象部门双文明先进单位标兵。1997 年被国家环保总局评为“全国环境监测网络先进监测站”。1999 年获省直“双文明建设先进单位”称号，2001 年获省直“双文明建设先进标兵”称号，2005 年获省级文明单位称号。同年通过科技部组织的国家野外站专家评审，龙凤山本底站成为首批大气成分本底国家野外站之一。

龙凤山本底站建站 10 多年来，走过了一条艰苦创业之路。正在向世界一流的大气本底站迈进。

台站建设

基础设施建设 建站初期，山顶观测室、山下后勤基地房屋面积共 662 平方米。站长带领 4 名新毕业的中专生在山上值班，吃住在站里，条件比较艰苦。在中国气象局和黑龙江省气象局领导的关心和支持下，龙凤山本底站基础设施不断改造，取得了较大进展。中国气象局先后 3 次共投资 129 万元，用于供电等基础设施改造。特别是 2002 年的第三次改造，一次性投入 99 万元，完成了山上、山下护坡及房盖等基础设施改造，2004 年又投资

84 万对工作用房进行维修改造。2005 年投资 106 万对探测环境进行改造，从根本上解除了龙凤山本底站的后顾之忧。为减少损失，提高投资效益，黑龙江省气象局又经中国气象局同意，垫付 23 万元，在改造护坡的同时，根据“大气监测自动化工程一期工程”建设的要求，在山上扩建业务用房 80 平方米，并对山上整个业务用房进行了防寒保温改造，不但使山上工作区焕然一新，而且使山上基础设施完全满足本底站新增业务的需要。为了改善艰苦工作环境，中国气象局给龙凤山本底站安装了“法拉地笼式”防雷装置，保证了值班员的人身安全。中国气象局和黑龙江省气象局共同出资购置了雪地摩托车，解决了冬季大雪封山时的交通困难。

多年来，在台站建设改造中，全站人员发扬艰苦奋斗、自力更生精神，自行架设了 1500 米电话线路，自行开辟了山上值班区与山下后勤基地道路 480 延长米，使后勤保障车可直接上下山，节省了 10 多万元的费用。全站职工还在山下后勤基地栽果树 300 余棵，修建了一个养鱼池、葡萄园，养鸡、鸭 60 余只，还开荒种菜，改善了职工生活，使大家安心于偏远、艰苦的本底站工作。

探测环境保护 大气本底观测对环境要求高，自建站以来高度重视观测环境保护。1993 年，在地方政府的支持下，迁移了本底站周围 70 多座坟墓，解决了群众上坟烧纸，污染空气问题。制止了龙凤山建砖场的计划，有利地保护了观测环境。

政务公开 从 2006 年起开展了政务公开，设立公开栏，公开栏内容包括年度预、决算，工程发包，人事任用，年度计划，重大事项决策，目标管理，职工福利，固定资产状况等。

龙凤山本底站山下业务楼

本书主要执笔人员

哈尔滨市气象局(林海滨　王清)
呼兰区气象局(隋玉山　唐伟杰)
阿城区气象局(孙艳艳)
方正县气象局(张剑强　陆凤歧)
木兰县气象局(袁晓惠　潘立明)
巴彦县气象局(于柏奇　荀丽波)
依兰县气象局(王峻峰)
双城市气象局(冷玉杰)
通河县气象局(张立波　王道远)
五常市气象局(丁铁　赵秉军)
延寿县气象局(张海军　苏立君)
宾县气象局(杨君　高艳芹)
尚志市气象局(刘雪敏　韩雪)

齐齐哈尔市气象局(袁长焕)
讷河市气象局(温凤歧)
富裕气象局(马繁东)
甘南县气象局(王铁银)
泰来县气象局(伍昭民)
依安县气象局(陈兆海　刘春荣)
龙江县气象局(王彬　姚琨)
拜泉县气象局(王亭富)
克东县气象局(于振海　洪刚)
克山县气象局(谢志刚　亢晋霞)

牡丹江市气象局(王敏华　冯岩)

绥芬河市气象局（臧广涛　赵凯）
林口县气象局（朱明胜　张启祥）
穆棱市气象局（王兴贺　李宪萍）
海林市气象局（成英爱　罗斌祥）
宁安市气象局（杜大梁　张翠娥）
东宁县气象局（修俊梅　金秀东）

佳木斯市气象局（郑建星　高天祥）
富锦市气象局（张佩友　王振田）
同江市气象局（赵兴全　周国军）
桦南县气象局（朱安东　曹中印）
汤原县气象局（朴春兰）
桦川县气象局（王洪军　王凤莲）
抚远县气象局（吴廷刚　于芳）

大兴安岭地区气象局（马金国　栗昭东）
呼中区气象局（吴淑琴　富饶）
漠河县气象局（桂翰林　周学军）
塔河县气象局（刘涛）
新林区气象局（王世坤　刘占林）
呼玛县气象局（于会杰　常旭佳）

大庆市气象局（项忠南　周瑾）
肇州市气象局（孙树学　王桂玲）
肇源县气象局（赵殿臣）
林甸县气象局（王菲　张文旭）
杜尔伯特蒙古族自治县气象局（张大勇　谢永德）

鸡西市气象局（秦四元　董云清）
虎林市气象局（冯丽华　金华）
密山市气象局（姚远　王琪鳞）
鸡东县气象局（王春玉　董斌）

绥化市气象局（冯树生　吴迪）
肇东市气象局（张云丽　王伟东）
海伦市气象局（王兆臣　高淑娟）
庆安县气象局（唐景杰　张景媛）
绥棱县气象局（高淑娟）

望奎县气象局(侯晓东)
安达市气象局(孟宪宝　郎国斌)
明水县气象局(程培玉　高长宇)
兰西县气象局(文明　唐晓琳)
北林区气象局(于冬至　付占军)
青冈县气象局(夏松成　赵士彬)

伊春市气象局(赵友红　丰冠州)
乌伊岭区气象局(王海南　谢同颖)
五营区气象局(靳世波)
铁力市气象局(林作军　赵国荣)
嘉荫县气象局(王金山　安志伟)

黑河市气象局(吴继合)
爱辉区气象局(朱亚萍　周双玲)
五大连池市气象局(徐淑华　胡冰洁)
北安市气象局(孙立志　高春玲)
孙吴县气象局(金国勋　杨文晓)
嫩江县气象局(田波　邵文东)
逊克县气象局(吴春德　陈桂玲)

鹤岗市气象局(杜海波)
萝北县气象局(杨华威)
绥滨县气象局(王志军)

双鸭山市气象局(卢志平　赵博)
宝清县气象局(康书方)
饶河县气象局(曹凤彬　吴群)
集贤县气象局(宋淑华)

七台河市气象局(李伦　鄂义琴)
勃利县气象局(梁洪波)

龙凤山大气本底站(王鹏　张忠华)

佳木斯气象卫星地面站(陈荣　高宇婷)

后　记

《黑龙江省基层气象台站简史》的编撰工作，从2009年5月下旬起，至10月中旬完成总稿，历时5个月。为做好基层气象台站简史编撰的组织领导工作，省气象局成立了“台站史志编撰领导小组”，设在机关党委办的台站史志办公室，抽调了3名同志专职负责台站简史初稿的审核及总编纂工作。6月3日发出《关于做好基层台站史志编纂工作的通知》，要求市、县气象局加强领导，成立史志编纂工作班子，严格按照《基层气象台站史编纂大纲》格式和省气象局规定的时间、进度组织编纂工作。6月16日根据中国气象局举办的史志编纂培训班及经验交流会学到的经验，再次发出通知，作出详细部署，并确定鸡西市气象局和富锦市气象局分别作为市、县局史志编撰试点单位，加强了指导。其后，省气象局史志办编发了4期《简报》，对编撰工作的成熟经验、需要注意的问题及样本，通报各台站供参考。

在《黑龙江省基层气象台站简史》的编撰过程中，许多台站的领导高度重视，亲自把关，抽调专人负责历史资料的收集及撰写工作。多数台站建立50～60年，编撰人员翻阅了大量历史档案，并走访离退休的老领导、老气象人员，回忆历史重要事件，收集历史照片，弥补了史志资料的不足。一些台站两易、三易其稿，使史志真实可靠、全面简练。省气象局史志办认真审核台站报送的史志初稿，对需要改动和补充的内容，及时与台站沟通，有的反复两三次，直至满意为止。

《黑龙江省基层气象台站简史》编撰工作，中共黑龙江省气象局党组十分重视，并得到中国气象局文明办的指导和帮助，得到了省气象局机关各处室的支持，在此一并表示感谢。

编者

2009年10月19日